国家出版基金项目
NATIONAL PUBLICATION FOUNDATION

ARJ21新支线飞机技术系列

主编 郭博智 陈 勇

支线飞机适航符合性
设计与验证（中）

Regional Aircraft Compliance
Design and Certificatin

徐有成 郝 莲 等 编著

上海交通大学出版社
SHANGHAI JIAO TONG UNIVERSITY PRESS

大飞机读者俱乐部

内容提要

本书是在全面整理 ARJ21-700 飞机项目取证过程中的符合性验证资料、重要成果和宝贵经验的基础上，结合民用运输类飞机适航规章条款要求研究结果，从系统性、完整性和实用性角度出发，将丰富的实践经验进一步提炼而成。出版该书旨在为从事航空专业尤其是从事运输类民机设计、适航技术和审定的人员正确理解和准确把握运输类飞机适航规章每个适航条款的条款内容与要求、条款背景意图、满足条款要求而需采取的符合性验证要求（包括符合性验证思路、符合性方法、验证过程和符合性判据）提供技术指导，同时为从事航空专业人员提供适航技术专业教材，满足适航专业人才培养对教材的迫切要求。

图书在版编目(CIP)数据

支线飞机适航符合性设计与验证：全三册／徐有成
等编著. —上海：上海交通大学出版社，2017(2019 重印)
大飞机出版工程
ISBN 978-7-313-18558-7

Ⅰ.①支… Ⅱ.①徐… Ⅲ.①飞机—适航性—设计
Ⅳ.①V22

中国版本图书馆 CIP 数据核字(2017)第 307698 号

支线飞机适航符合性设计与验证(上中下)

编 著：徐有成 郝 莲 等			
出版发行：上海交通大学出版社	地 址：上海市番禺路 951 号
邮政编码：200030	电 话：021-64071208
印 制：上海万卷印刷股份有限公司	经 销：全国新华书店
开 本：710 mm×1000 mm 1/16	总 印 张：130.5
总 字 数：2612 千字	
版 次：2017 年 12 月第 1 版	印 次：2019 年 8 月第 2 次印刷
书 号：ISBN 978-7-313-18558-7/V	
定 价：999.00 元(上中下)	

大飞机出版工程

丛书编委会

总主编

顾诵芬（中国航空工业集团公司科技委原副主任、中国科学院和中国工程院院士）

副总主编

贺东风（中国商用飞机有限责任公司董事长）

林忠钦（上海交通大学校长、中国工程院院士）

编委会（按姓氏笔画排序）

王礼恒（中国航天科技集团公司科技委主任、中国工程院院士）

王宗光（上海交通大学原党委书记、教授）

刘　洪（上海交通大学航空航天学院副院长、教授）

任　和（中国商飞上海飞机客户服务公司副总工程师、教授）

李　明（中国航空工业集团沈阳飞机设计研究所科技委委员、中国工程院院士）

吴光辉（中国商用飞机有限责任公司副总经理、总设计师、中国工程院院士）

汪　海（上海市航空材料与结构检测中心主任、研究员）

张卫红（西北工业大学副校长、教授）

张新国（中国航空工业集团副总经理、研究员）

陈　勇（中国商用飞机有限责任公司工程总师、ARJ21飞机总设计师、研究员）

陈迎春（中国商用飞机有限责任公司CR929飞机总设计师、研究员）

陈宗基（北京航空航天大学自动化科学与电气工程学院教授）

陈懋章（北京航空航天大学能源与动力工程学院教授、中国工程院院士）

金德琨（中国航空工业集团公司原科技委委员、研究员）

赵越让（中国商用飞机有限责任公司总经理、研究员）

姜丽萍（中国商用飞机有限责任公司制造总师、研究员）

曹春晓（中国航空工业集团北京航空材料研究院研究员、中国工程院院士）

敬忠良（上海交通大学航空航天学院常务副院长、教授）

傅　山（上海交通大学电子信息与电气工程学院研究员）

ARJ21 新支线飞机技术系列

编 委 会

顾 问

赵越让（中国商用飞机有限责任公司总经理、研究员）

罗荣怀（中国商用飞机有限责任公司原副总经理、研究员）

吴光辉（中国商用飞机有限责任公司副总经理、中国工程院院士）

主 编

郭博智（中国商用飞机有限责任公司副总经理、ARJ21 项目原副总指挥、研究员）

陈 勇（中国商用飞机有限责任公司工程总师、ARJ21 项目总设计师、研究员）

副主编

谢灿军（中国商用飞机有限责任公司 ARJ21 项目办公室主任、研究员）

李 玲（中国商飞上海飞机客户服务有限公司总经理、原上海飞机设计研究院项目行政指挥、研究员）

编 委

刘乾酉（中航商用飞机有限责任公司原副总经理、研究员）

徐庆宏（中国商用飞机有限责任公司科技委副主任、研究员）

田剑波（中国商飞上海飞机设计研究院 ARJ21 项目副总设计师、研究员）

常 红（中国商飞上海飞机设计研究院 ARJ21 项目副总设计师、研究员）

赵克良（中国商飞上海飞机设计研究院 ARJ21 项目总设计师、研究员）

修忠信（中国商飞上海飞机设计研究院 ARJ21 项目副总设计师、研究员）

朱广荣（中国商飞上海飞机设计研究院 ARJ21 项目副总设计师、研究员）

吕 军（中国商飞上海飞机设计研究院 ARJ21 项目副总设计师、研究员）

赵春玲（中国商飞上海飞机设计研究院 ARJ21 项目副总设计师、研究员）

辛旭东（中国商飞上海飞机设计研究院 ARJ21 项目副总设计师、研究员）

徐有成（中国商飞上海飞机设计研究院 ARJ21 项目副总设计师、研究员）

柏文华（中国商飞上海飞机客户服务有限公司 ARJ21 项目副总设计师、研究员）

尹力坚（中国商飞上海飞机制造有限公司 ARJ21 型号总工程师、研究员）

王 飞（中国商飞上海飞机设计研究院院长助理、ARJ21 工程管理办公室主任、研究员）

任 和（中国商飞上海飞机客户服务有限公司副总工程师、教授）

叶群峰（中国商飞上海飞机设计研究院 ARJ21 工程管理办公室副主任、高级工程师）

总　序

　　国务院在 2007 年 2 月底批准了大型飞机研制重大科技专项正式立项,得到全国上下各方面的关注。"大型飞机"工程项目作为创新型国家的标志工程重新燃起我们国家和人民共同承载着"航空报国梦"的巨大热情。对于所有从事航空事业的工作者,这是历史赋予的使命和挑战。

　　1903 年 12 月 17 日,美国莱特兄弟制作的世界第一架有动力、可操纵、比重大于空气的载人飞行器试飞成功,标志着人类飞行的梦想变成了现实。飞机作为 20 世纪最重大的科技成果之一,是人类科技创新能力与工业化生产形式相结合的产物,也是现代科学技术的集大成者。军事和民生的需求促进了飞机迅速而不间断的发展和应用,体现了当代科学技术的最新成果;而航空领域的持续探索和不断创新,也为诸多学科的发展和相关技术的突破提供了强劲动力。航空工业已经成为知识密集、技术密集、高附加值、低消耗的产业。

　　从大型飞机工程项目开始论证到确定为《国家中长期科学和技术发展规划纲要》的十六个重大专项之一,直至立项通过,不仅使全国上下重视我国自主航空事业,而且使我们的人民、政府理解了我国航空事业半个多世纪发展的艰辛和成绩。大型飞机重大专项正式立项和启动标志着我国的民用航空进入新纪元。经过 50 多年的风雨历程,当今中国的航空工业已经步入了科学、理性的发展轨道。大型客机项目产业链长、辐射面宽、对国家综合实力带动性强,在国民经济发展和科学技术进步中发挥着重要作用,我国的航空工业迎来了新的发展机遇。

　　大型飞机的研制承载着中国几代航空人的梦想,在 2016 年造出与波音公司

B737 和空客公司 A320 改进型一样先进的"国产大飞机"已经成为每个航空人心中奋斗的目标。然而,大型飞机覆盖了机械、电子、材料、冶金、仪器仪表、化工等几乎所有工业门类,集成数学、空气动力学、材料学、人机工程学、自动控制学等多种学科,是一个复杂的科技创新系统。为了迎接新形势下理论、技术和工程等方面的严峻挑战,迫切需要引入、借鉴国外的优秀出版物和数据资料,总结、巩固我们的经验和成果,编著一套以"大飞机"为主题的丛书,借以推动服务"大飞机"作为推动服务整个航空科学的切入点,同时对于促进我国航空事业的发展和加快航空紧缺人才的培养,具有十分重要的现实意义和深远的历史意义。

2008 年 5 月,中国商用飞机有限公司成立之初,上海交通大学出版社就开始酝酿"大飞机出版工程",这是一项非常适合"大飞机"研制工作时宜的事业。新中国第一位飞机设计宗师——徐舜寿同志在领导我们研制中国第一架喷气式歼击教练机——歼教 1 时,亲自撰写了《飞机性能及算法》,及时编译了第一部《英汉航空工程名词字典》,翻译出版了《飞机构造学》《飞机强度学》,从理论上保证了我们的飞机研制工作。我本人作为航空事业发展 50 多年的见证人,欣然接受上海交通大学出版社的邀请担任该丛书的主编,希望为我国的"大飞机"研制发展出一份力。出版社同时也邀请了王礼恒院士、金德琨研究员、吴光辉总设计师、陈迎春副总设计师等航空领域专家撰写专著、精选书目,承担翻译、审校等工作,以确保这套"大飞机"丛书具有高品质和重大的社会价值,为我国的大飞机研制以及学科发展提供参考和智力支持。

编著这套丛书,一是总结整理 50 多年来航空科学技术的重要成果及宝贵经验;二是优化航空专业技术教材体系,为飞机设计技术人员的培养提供一套系统、全面的教科书,满足人才培养对教材的迫切需求;三是为大飞机研制提供有力的技术保障;四是将许多专家、教授、学者广博的学识见解和丰富的实践经验总结继承下来,旨在从系统性、完整性和实用性角度出发,把丰富的实践经验进一步理论化、科学化,形成具有我国特色的"大飞机"理论与实践相结合的知识体系。

"大飞机出版工程"丛书主要涵盖了总体气动、航空发动机、结构强度、航电、制造等专业方向,知识领域覆盖我国国产大飞机的关键技术。图书类别分为译著、专著、教材、工具书等几个模块;其内容既包括领域内专家们最先进的理论方法和技术成果,也包括来自飞机设计第一线的理论和实践成果。如:2009 年出版的荷兰原福克飞机公司总师撰写的 *Aerodynamic Design of Transport Aircraft*(《运输类飞机的空气动力设计》);由美国堪萨斯大学 2008 年出版的 *Aircraft Propulsion*(《飞机推进》)等国外最新科技的结晶;国内《民用飞机总体设计》等总体阐述之作和《涡量动力学》《民用飞机气动设计》等专业细分的著作;也有《民机设计 1 000 问》《英汉航空缩略语词典》等工具类图书。

　　该套图书得到国家出版基金资助,体现了国家对"大型飞机"项目以及"大飞机出版工程"这套丛书的高度重视。这套丛书承担着记载与弘扬科技成就、积累和传播科技知识的使命,凝结了国内外航空领域专业人士的智慧和成果,具有较强的系统性、完整性、实用性和技术前瞻性,既可作为实际工作指导用书,亦可作为相关专业人员的学习参考用书。期望这套丛书能够有益于航空领域里人才的培养,有益于航空工业的发展,有益于大飞机的成功研制。同时,希望能为大飞机工程吸引更多的读者来关心航空、支持航空和热爱航空,并投身于中国航空事业做出一点贡献。

2009 年 12 月 15 日

序

民用飞机产业是大国的战略性产业。民用客机作为一款高附加值的商品,是拉动国家经济发展的重要力量,是体现大国经济和科技实力的重要名片,在产业和科技上具有强大的带动作用。

自新中国成立以来,中国民机产业先后成功地研制了 Y-7 系列涡桨支线客机和 Y-12 系列涡桨小型客机等民用飞机。在民用喷气客机领域,曾经在 20 世纪 70 年代自行研制了运-10 飞机,国际合作论证了 MPC-75、AE-100 等民用客机,合作生产了 MD-80 和 MD-90 飞机。民机制造业转包生产国外民机部件,但始终没有成功研制一款投入商业运营的民用喷气客机。

支线航空发展迫在眉睫。2002 年 2 月,国务院决定专攻支线飞机,按照市场机制发展民机,并于 11 月 17 日启动 ARJ21 新支线飞机项目,意为"面向 21 世纪的先进涡扇支线飞机(Advanced Regional Jet for the 21st Century)"。从此,中国民机产业走上了市场机制下的自主创新之路。

ARJ21 作为我国民机历史上第一款按照国际通用适航标准全新研制的民用客机,承担着中国民机产业先行者和探路人的角色。跨越十五年的研制、取证和交付运营过程,经历的每一个研制阶段,解决的每一个设计、试验和试飞技术问题,都是一次全新的探索。经过十五年的摸索实践,ARJ21 按照民用飞机的市场定位打通了全新研制、适航取证、批量生产和客户服务的全业务流程,突破并积累了喷气客机全寿命的研发技术、适航技术和客户服务技术,建立了中国民机产业技术体系和产业链,为后续大型客机的研制打下了坚实的基础。

习近平总书记考察中国商飞公司时要求改变"造不如买、买不如租"的逻辑,坚持民机制造事业"不以难易论进退",在ARJ21取证后要求"继续弘扬航空报国精神,总结经验、迎难而上"。马凯副总理2014年12月30日考察ARJ21飞机时,指出,"要把ARJ21新支线飞机项目研制和审定经验作为一笔宝贵财富认真总结推广"。工信部副部长苏波指出:"要认真总结经验教训,做好积累,形成规范和手册,指导C919和后续大型民用飞机的发展。"

编著这套书,一是经验总结,总结整理2002年以来ARJ21飞机研制历程中设计、取证和交付各阶段开创性的重要成果及宝贵经验;二是技术传承,将民机研发技术专家、教授、学者广博的学识见解和丰富的实践经验总结继承下来,把丰富的实践经验进一步理论化、科学化,形成具有我国特色的民机理论与实践相结合的知识体系,为飞机设计技术人员提供参考和学习的材料;三是指导保障,为大飞机研制提供有力的技术保障。

丛书主要包括了项目研制历程、研制技术体系、研制关键技术、市场研究技术、适航技术、运行支持系统、关键系统研制和取证技术、试飞取证技术等分册的内容。本丛书结合了ARJ21的研制和发展,探讨了支线飞机市场技术要求、政府监管和适航条例、飞机总体、结构和系统关键技术、客户服务体系、研发工具和流程等方面的内容。由于民用飞机适航和运营要求是统一的标准,在技术上具有高度的相似性和相关性,因此ARJ21在飞机研发技术、适航验证和运营符合性等方面取得的经验,可以直接应用于后续的民用飞机研制。

ARJ21新支线飞机的研制过程是对中国民机产业发展道路成功的探索,不仅开发出一个型号,而且成功地锤炼了研制队伍。参与本套丛书撰写的专家均是ARJ21研制团队的核心人员,在ARJ21新支线飞机的研制过程中积累了丰富且宝贵的实践经验和科研成果。丛书的撰写是对研制成果和实践经验的一次阶段性的梳理和提炼。

ARJ21交付运营后,在飞机的持续适航、可靠性、使用维护和经济性等方面,继续经受着市场和客户的双重考验,并且与国际主流民用飞机开始同台竞技,因此需要针对运营中间发现的问题进行持续改进,最终把ARJ21飞机打造成为一款航空公司愿意用、飞行员愿意飞、旅客愿意坐的精品。

　　ARJ21是"中国大飞机事业万里长征的第一步"，通过ARJ21的探索和积累，中国的民机产业会进入一条快车道，在不远的将来，中国民机将成为彰显中国实力的新名片。ARJ21将继续肩负着的三大历史使命前行，一是作为中国民机产业的探路者，为中国民机产业探索全寿命、全业务和全产业的经验；二是建立和完善民机适航体系，包括初始适航、批产及证后管理、持续适航和运营支持体系等，通过中美适航当局审查，建立中美在FAR/CCAR25部大型客机的适航双边，最终取得FAA适航证；三是打造一款具有国际竞争力的喷气支线客机，填补国内空白，实现技术成功、市场成功、商业成功。

　　这套丛书获得2017年度国家出版基金的支持，表明了国家对"ARJ21新支线飞机"的高度重视。这套书作为上海交通大学出版社"大飞机出版工程"的一部分，希望该套图书的出版能够达到预期的编著目标。在此，我代表编委会衷心感谢直接或间接参与本系列图书撰写和审校工作的专家和学者，衷心感谢为此套丛书默默耕耘三年之久的上海交通大学出版社"大飞机出版工程"项目组，希望本系列图书能为我国在研型号和后续型号的研制提供智力支持和文献参考！

ARJ21总设计师

2017年9月

前　言

随着我国航空工业的发展,特别是在当前国产民用飞机项目的快速推进和通用航空蓬勃发展的趋势下,民用飞机的适航性成为关注重点,在型号研制过程中,构建飞机的适航性、验证飞机的适航性、向适航当局表明飞机的适航符合性以及保证飞机已有的适航性,使其持续适航,这一系列适航工作是民机制造商实现产品研制成功、商业成功的根本和前提。自 2002 年新支线飞机项目正式立项,ARJ21-700 飞机经过 12 年的研制和适航取证工作,历经坎坷,终于于2014 年 12 月 30 日获得了型号合格证,取得了进入民用市场的通行证。ARJ21-700 飞机是我国第一架完全按照《运输类飞机适航标准》(CCAR25 部)进行设计和验证的民用飞机,也是第一架严格按照《民用航空产品和零部件合格审定规定》(CCAR21 部)及《航空器型号合格审定程序》(AP-21-03)的要求全过程开展型号合格审定的飞机。其间按照 ARJ21-700 飞机审查组批准的型号合格审定基础、符合性方法表、专项合格审定计划和合格审定计划共完成了 300 多项地面试验验证,完成了 285 个科目的申请人表明符合性的试飞验证和 243 个科目的审定试飞验证,累计试飞 2 942 架次,共 5 257 小时 38 分钟;完成了 3 418 份符合性报告编制和审查方批准,全部 398 条适用适航条款关闭,即其条款符合性检查清单得到审查方批准。在适航取证过程中,同时建立并逐步完善了中国商飞公司适航体系。

中国商用飞机有限责任公司作为实现国家大型飞机重大专项中大型客机项目、统筹干线和支线飞机发展、实现我国民用飞机产业化的主体,加强与实施本公司并带动我国民用航空企业适航能力建设是当务之急,及时总结归纳型号取证经验,形成适航工作指南是建设公司适航能力的必然途径。鉴于 ARJ21-700 飞机项目的设计与验证过程,积累了大量宝贵的适航条款符合性验证经验,非常有必要对其积累的经验进行总结、固化和提升,转化成显性知识,供中国商用飞机有限责任公司其他型号研制和取证人员及业内人员共享,为此特策划编辑出版本书。

本书针对民用运输类适航规章(包括 CCAR25 部、CCAR34 部和 CCAR36 部)中喷气支线飞机适用的 334 条适航条款(不包括 CCAR26 部适用条款 5 条,并将 55 条 APU 条款与相应的动力装置条款合并,CCAR34 部和 CCAR36 部分别作为单独 1 条),给出条款描述、条款解读、条款符合性方法、条款符合性验证说明和符合性判据。全书分为上、中、下三册。

上册:CCAR25 部 A 分部(总则)、B 分部(飞行)和 G 分部(适用限制和资料)和 CCAR36 部。

中册:CCAR25 部 C 分部(结构)和 D 分部(设计与构造)。

下册:CCAR25 部 E 分部(动力装置)、F 分部(设备)和 CCAR34 部。

本书各条款均适用的参考文献列于此,不再引入各条款的参考文献章节中:

1. 中国民用航空局. CCAR - 25 - R4 中国民用航空规章第 25 部运输类飞机适航标准[S]. 中国民用航空局,2011.

2. 14 CFR Part 25-Airworthiness Standards Transport Category Airplanes [S/OL]. Washington:Legal Information Institute,2016.

3. 郑作棣. 运输类飞机适航标准技术咨询手册[M]. 北京:航空工业出版社,1995.

本书是在全面整理 ARJ21 - 700 飞机项目取证过程中的符合性验证资料、重要成果和宝贵经验的基础上,结合民用运输类飞机适航规章条款要求研究结果,从系统性、完整性和实用性角度出发,将丰富的实践经验进一步提炼而成。出版该书旨在为从事航空专业尤其是从事运输类民机设计、适航技术和审定的人员正确理解和准确把握运输类飞机适航规章每个适航条款的条款内容与要求、条款背景意图、满足条款要求而需采取的符合性验证要求(包括符合性验证思路、符合性方法、验证过程和符合性判据)提供技术指导,同时为从事航空专业人员提供适航技术专业教材,满足适航专业人才培养对教材的迫切要求。

本书是"ARJ21 新支线飞机技术系列"丛书之一,其出版发行由国家出版基金资助,体现了国家对"大飞机项目"及民用飞机适航的高度重视。此书由中国商飞公司上海飞机设计研究院适航工程中心组织编写,上海交通大学出版社出版发行,这将促进我国适航技术和民机事业的发展以及加快适航紧缺人才的培养,具有十分重要的现实意义和深远的历史意义。期望本书能够有益于民用航空领域的适航人才的培养,有益于国内适航技术的发展,有益于大飞机其他型号的研制。

本书由徐有成和郝莲主持编写,各分册编写人员如下(排名按姓氏首字母拼音顺序):

1. 上册

编写：陈玲、范基坪、韩丽、黄雄、黄跃智、贾洪、邝丽丽、兰星海、李杰、李涛、李杨、梁家瑞、林桂平、彭震、沈飞、孙铭慧、王丹、王豪、王佳杰、熊超、印帅、周艳萍

审核：褚静华、王修方、熊超、周艳萍

统稿：陈双、金时彧、刘曦明、邹海明

2. 中册

编写：丁立冬、董翠玲、范基坪、符越、黄跃智、贾洪、邝丽丽、兰星海、李杰、梁家瑞、廖飞鹏、刘文成、陆建国、罗欢、罗青、乔玉、秦飞、王豪、王留呆、王曦瑶、吴文龙、熊超、徐俐、于海生、袁烨、张方、周凯华、朱鸣鸣

审核：陈卢松、程凯、冯慧冰、路遥、罗青

统稿：李大海、李斯琪、哈红艳、孙越、杨敏

3. 下册

编写：卞浩、丁立冬、丁腾跃、范基坪、郭晋之、黄莘、黄跃智、贾洪、邝丽丽、李杰、李涛、林桂平、林科、陆军、毛文懿、彭震、沈飞、王丹、辛慧秋、熊超、于海生、张方、张利辉、郑海飞、朱鸣鸣

审核：陈巴生、李承立、颜万亿、袁烨、张利辉

统稿：陈炜、林家冠、王哲、杨波、姚远

全书最后由徐有成和郝莲负责统校和审定。

本书在编写过程中得到了中国商用飞机有限责任公司和上海飞机设计研究院各级领导、各设计研究部的大力支持与悉心指导；得到了上海交通大学出版社相关人员的鼎力帮助。在此，表示衷心的感谢。

本书在编写过程中，虽然我们力求做到言简意赅、严谨准确和通俗易懂，但由于各位编者的经历和实践差异等，以及水平有限，书中内容存在的不妥之处，敬请读者批评指正。

目 录

上 册

CCAR25 部 A 分部 总则

CCAR25 部 B 分部 飞行

CCAR25 部　G 分部　使用限制和资料

CCAR36 部

中　　册

CCAR25 部　C 分部　结构

CCAR25 部　D 分部　设计与构造

下　册

CCAR25 部　E 分部　动力装置

CCAR25 部　F 分部　设备

CCAR34 部

CCAR25 部
C 分部　结构

运输类飞机适航标准
第 25.301 条符合性验证

1 条款介绍

1.1 条款原文

第 25.301 条 载荷

(a) 强度的要求用限制载荷(服役中预期的最大载荷)和极限载荷(限制载荷乘以规定的安全系数)来规定。除非另有说明,所规定的载荷均为限制载荷。

(b) 除非另有说明,所规定的空气、地面和水载荷必须与计及飞机每一质量项目的惯性力相平衡。这些载荷的分布必须保守地近似于或接近地反映真实情况。除非表明确定受载情况的方法可靠,否则用以确定载荷大小和分布的方法必须用飞行载荷测量来证实。

(c) 如果载荷作用下的变形会显著改变外部载荷或内部载荷的分布,则必须考虑载荷分布变化的影响。

1.2 条款背景

第 25.301 条是载荷总则性条款。目的是要保证按照载荷条款所计算的分析载荷必须能准确反映飞机的实际受载,并以一个接近真实(或保守)的方式加载到飞机上,从而保证用于强度校核的载荷是准确(或保守)的。

1.3 条款历史

第 25.301 条在 CCAR25 部初版首次发布,截至 CCAR - 25 - R4,该条款未进行过修订,如表 1 - 1 所示。

表 1 - 1 第 25.301 条条款历史

第 25.301 条	CCAR25 部版本	相关 14 CFR 修正案	备　注
首次发布	初版	25 - 23	

1985 年 12 月 31 日发布了 CCAR25 部初版,其中包含第 25.301 条,该条款参考 1964 年 12 月 24 日 FAA 发布的 14 CFR PART 25 中的 §25.301 以及 1970 年

发布的 14 CFR 修正案 25 - 23 的内容制定。

1970 年 FAA 颁布 14 CFR 修正案 25 - 23,对 § 25.301 进行了修订。14 CFR 修正案 25 - 23 指出,对于新设计的飞机,缺乏可靠的载荷评估对比数据,因此明确要求除非能够证明用于确定载荷的方法是可靠的,否则用于确定载荷大小和分布的方法必须经过飞行载荷测量的验证。

2 条款解读

2.1 条款要求

第 25.301 条是载荷总则性条款。目的是要保证按照载荷条款所计算的分析载荷必须能准确反映飞机的实际受载,并以一个接近真实(或保守)的方式加载到飞机上,从而保证用于强度校核的载荷是准确或保守的。

第 25.301(a)款明确强度的要求用限制载荷和极限载荷来规定。限制载荷是飞机实际服役中预期的可能达到的最大载荷,极限载荷是限制载荷乘以规定的安全系数,该规定的安全系数根据第 25.303 条确定。注意规章中直接规定的极限载荷是由限制载荷乘以安全系数得到的,在计算中不能由极限载荷除以安全系数反推得到限制载荷。

第 25.301(b)款规定,机体结构强度不仅与结构所承受的载荷大小有关,还与载荷的分布有关,因此载荷的大小和分布尽可能地反映飞机的真实受载情况。但是,由于影响载荷分布的因数较多(M 数、迎角、温度和结构柔性等),要使载荷分布完全符合实际机体受载情况是十分困难的,因此允许采用偏保守的方法来近似地确定载荷的分布,即载荷分布对结构的影响是保守的,但是要接近真实受载情况。在载荷分析中,飞机在实际使用中所承受的空气,地面(或水面)等载荷必须与计及飞机每项质量的惯性力相平衡。用于确定载荷大小和分布的方法,如果是经过试验验证是可靠的或有类似机型的使用经验,则可以采用该方法确定载荷的大小和分布。否则,确定载荷大小和分布的方法必须通过飞行载荷测量验证。此外,应注意风洞试验需考虑一些特殊条件对载荷的影响,如结冰情况下气动力分布变化带来的载荷变化等。需要特别说明的是,全机载荷必须考虑发动机和安装结构的载荷。

第 25.301(c)款要求在载荷作用下,如果结构的变形(如机翼的大变形)会显著改变外部载荷和内部载荷的分布,则在载荷计算时,必须考虑结构变形所带来的对该载荷分布变化的影响。

2.2 相关条款

第 25.301 条是载荷总则条款,规定了载荷计算的总体性原则和要求,与第 25.301 条相关的条款如表 2 - 1 所示。

表 2 - 1　第 25.301 条相关条款

序　号	相　关　条　款	相　关　性
1	第 25.303，25.305，25.307，25.321，25.331，25.333，25.335，25.337，25.341，25.343，25.345，25.349，25.351，25.361，25.363，25.365，25.367，25.371，25.373，25.391，25.393，25.395，25.397，25.399，25.405，25.407，25.409，25.415，25.427，25.445，25.457，25.459，25.471，25.473，25.477，25.479，25.481，25.483，25.485，25.487，25.489，25.491，25.493，25.495，25.497，25.499，25.503，25.507，25.509，25.511，25.519，25.521，25.523，25.525，25.527，25.529，25.531，25.533，25.535，25.537 条	第 25.301 条是这些条款载荷计算的总体原则和要求，这些条款均关闭后，第 25.301 条才能最终关闭

3　验证过程

3.1　验证对象

第 25.301 条的验证对象为飞机所有机体结构。

3.2　符合性验证思路

针对第 25.301(a)款，通过 MOC1 说明性文件表明符合性。说明性文件通常可用载荷计算原则，按照条款中的规定，定义限制载荷和极限载荷。

针对第 25.301(b)款，通过 MOC2 载荷分析/计算、MOC4 风洞试验和 MOC6 载荷试飞来验证。为验证载荷计算方法，还将按照 AC25.301 要求进行载荷试飞，试飞完成后，通过采用同样的飞行参数，进行载荷计算，并与实测载荷进行对比，来验证载荷分析输入数据和分析方法的正确性。

针对第 25.301(c)款，考虑飞机在受载情况下机翼结构大变形对载荷分布的影响，通过开展 MOC2 载荷分析/计算对机翼载荷进行气动弹性修正，供强度校核使用，从而表明对本款的符合性。

3.3　符合性验证方法

通常，针对第 25.301 条的符合性验证方法如表 3 - 1 所示。

表 3 - 1　建议的符合性方法

条　款　号	专　业	符 合 性 方 法										备　注
		0	1	2	3	4	5	6	7	8	9	
第 25.301(a)款	强　度		1									
第 25.301(b)款	强　度			2		4		6				
第 25.301(c)款	强　度			2								

3.4 符合性验证说明

3.4.1 第 25.301(a)款符合性验证说明

载荷顶层文件规定载荷设计要求。为表明符合第 25.301(a)款要求,在如《载荷计算原则》等顶层文件中纳入条款要求,对限制载荷和极限载荷做出明确规定,并对计算分析中采用的载荷类型按照规章要求做出明确规定,作为载荷设计的依据。

3.4.2 第 25.301(b)款符合性验证说明

风洞试验获取气动力数据。通过开展全机高速测压、全模低速测压、高速测力、低速测力、高速测力校核、低速测力校核、载荷验证试飞高速补充和载荷验证试飞低速补充风洞试验,获取载荷计算必需的气动力大小以及载荷分布等数据,作为载荷计算的输入。

起落架载荷的试验验证。验证起落架着陆载荷分析模型,开展前、主起落架落震试验,编制试验报告和仿真分析模型验证报告,以验证起落架设计限制载荷系数和动态特性。

载荷分析计算与试飞验证。根据载荷条款中要求的设计重量和质量分布及载荷系数等,开展分析计算并与相应的惯性力相平衡。

建议考虑的载荷分析情况,如表 3-2 所示。

表 3-2 典型飞机结构受载情况

载荷类别	载荷情况
飞行载荷	稳定俯仰机动、滚转机动、偏航机动、校验机动、非校验机动、失配平状态、发动机失效引起的非对称载荷、非对称载荷和减速板打开情况
地面载荷	水平着陆、尾沉着陆、单起落架着陆、侧向载荷情况、回跳着陆情况、滑跑、滑行刹车、转弯、前轮侧偏、回转、倒行刹车、牵引、顶起和系留载荷
动载荷	侧向/垂向调谐离散突风、垂直/侧向连续突风、动着陆和动滑行响应载荷
其他部件载荷	襟翼气动载荷、缝翼气动载荷、翼稍小翼气动载荷、扰流板气动载荷、起落架舱门气动载荷、操纵系统载荷、次操纵系统载荷、风车载荷、FBO 载荷和动力装置界面载荷

考虑所有载荷情况,除非规章另有说明,所规定的载荷均为限制载荷。在载荷分析报告中,需注明所提供载荷为限制载荷或极限载荷。飞行载荷、地面载荷以求解运动方程为基础,进行全机各部件载荷计算时必须考虑气动载荷与飞机每一质量项目的惯性力相平衡。需注意的一点,载荷分析中需考虑弹性变形对全机载荷的影响,包括弹性变形对气动导数、总载荷及分布载荷的影响。

若没有可靠的对比数据,没有经过验证的载荷计算方法作为载荷评估的依据,按照规章要求,需开展载荷试飞,通过试飞进行载荷测量,对载荷大小和分布计算方法的可靠性进行验证。将载荷试飞结果与计算分析结果进行对比分析，表明飞行载荷的计算分析方法可靠，计算结果满足条款要求。为验证载荷计算方法，可按照 AC25.301 要求进行载荷试飞验证。试飞前飞机的气动特性数据通过对高低速测力和测压风洞试验结果进行必要的经验性修正后得到。载荷试飞内容包括机翼、尾翼和起落架载荷测量，襟缝翼测压，活动面铰链力矩测量等。载荷试飞前，将完成相应的测试改装并将完成地面校准试验，以得到载荷方程。载荷试飞通过完成一系列设计的飞行机动动作，测量结构应变或者压力分布，整个试飞过程还将记录各种飞行参数。试飞完成后，通过采用同样的飞行参数，进行载荷计算，并与实测载荷进行对比，验证载荷分析输入数据和分析方法的正确性。

3.4.3　第 25.301(c)款符合性验证说明

大变形结构（机翼）弹性修正考虑结构变形对载荷分布的影响。根据第 25.301(c)款要求，考虑飞机受载情况下机翼结构大变形对载荷分布的影响，依据翼根弯矩从纵向机动飞行载荷中挑选出载荷严重情况进行机翼载荷气动修正计算，供强度校核使用。该结构变形带来的载荷分布改变是在限制载荷范围内，对限制载荷进行弹性修正，而不是对极限载荷进行修正，极限载荷是限制载荷乘以安全系数放大后得到的，其分布并未改变。

3.5　符合性文件清单

通常，针对第 25.301 条的符合性文件清单如表 3-3 所示。

表 3-3　建议的符合性文件清单

序　号	符 合 性 报 告	符合性方法
1	载荷计算原则	MOC1
2	起落架地面载荷计算	MOC2
3	地面操作载荷计算	MOC2
4	地面操作惯性分布载荷计算	MOC2
5	地面着陆载荷计算	MOC2
6	地面着陆惯性分布载荷	MOC2
7	地面情况载荷系数计算	MOC2
8	动着陆载荷分析	MOC2
9	动着陆响应起落架交点载荷计算	MOC2
10	动滑行起落架载荷计算	MOC2
11	动滑行载荷分析	MOC2
12	载荷计算与分析	MOC2
13	飞行速度包线	MOC2
14	飞行载荷计算与分析	MOC2
15	全机惯性力分布	MOC2

（续表）

序 号	符 合 性 报 告	符 合 性 方 法
16	载荷气动弹性修正	MOC2
17	动力装置界面载荷	MOC2
18	全机高/低速测压试验大纲	MOC4
19	全机高/低速测压试验报告	MOC4
20	高/低速测力试验大纲	MOC4
21	高/低速测力试验报告	MOC4
22	起落架落震试验大纲	MOC4
23	起落架落震试验报告	MOC4
24	载荷试飞大纲	MOC6
25	载荷试飞报告	MOC6

4 符合性判据

针对第 25.301 条的符合性判据如下：

（1）在结构设计顶层文件中对限制载荷和极限载荷以及计算分析中采用的载荷类型有明确规定。

（2）按条款要求考虑了所有载荷情况。

（3）设计重量和质量分布报告考虑的设计重量和质量分布等数据准确和全面。

（4）载荷分析根据载荷条款中要求的设计重量和质量分布以及气动力分布数据进行，并与相应的惯性力（考虑所有质量项目）相平衡。

（5）分析方法是成熟可靠的，且经过试飞载荷测量验证。

（6）考虑了大变形结构（通常是机翼结构）对载荷分布的影响，弹性修正的方法（可参照 NACA - TN - 3030）正确。

（7）适用的载荷条款关闭后，本条款方能最终关闭。

参考文献

［1］ 14 CFR 修正案 25 - 23 Transport Category Airplane Type Certification Standards［S］.

［2］ FAA. AC25.672 - 1 Active Flight Controls［S］. 1983.

［3］ FAA. AC25 - 21 Certification of Transport Airplane Structure［S］. 1999.

［4］ FAA. AC25 - 10 Guidance for Installation of Miscellaneous，Nonrequired Electrical Equipment［S］. 1987.

［5］ FAA. AC20 - 151B Airworthiness Approval of Traffic Alert and Collision Avoidance Systems（TCAS Ⅱ），Versions 7.0 & 7.1 and Associated Mode S Transponder ［S］. 2014.

［6］ FAA. AC25.1435 - 1 Hydraulic System Certification Tests and Analysis ［S］. 2001.

［7］ FAA. AC20 - 131A Airworthiness Approval of Traffic Alert and Collision Avoidance Systems（TCAS Ⅱ ）and Mode S Transponders ［S］. 1993.

［8］ FAA. AC25.735 - 1 Brakes and Braking Systems Certification Tests and Analysis ［S］. 2002.

［9］ EASA. AMC25.301 NO.1 Loads ［S］.

［10］ EASA. AMC25.301 NO.2 Flight Load Validation ［S］.

［11］ NASA. NACA - TN - 3030 A method for calculating the subsonic steady-state loading on an airplane with a wing of arbitrary plan form and stiffness ［S］. 1953.

运输类飞机适航标准第 25.303 条符合性验证

1 条款介绍

1.1 条款原文

第 25.303 条 安全系数

除非另有规定,当以限制载荷作为结构的外载荷时,必须采用安全系数 1.5;当用极限载荷来规定受载情况时,不必采用安全系数。

1.2 条款背景

第 25.303 条的目的是通过对服役中预期的最大载荷(限制载荷)进行放大,以放大后的载荷(极限载荷)作为设计载荷,来保证飞机结构的完整性。

1.3 条款历史

第 25.303 条在 CCAR25 部初版首次发布,截至 CCAR - 25 - R4,该条款未进行过修订,如表 1-1 所示。

表 1-1 第 25.303 条条款历史

第 25.303 条	CCAR25 部版本	相关 14 CFR 修正案	备 注
首次发布	初版	—	

1985 年 12 月 31 日发布了 CCAR25 部初版,其中包含第 25.303 条,该条款参考 1964 年 12 月 24 日发布的 14 CFR PART 25 中的 §25.303 的内容制定。

2 条款解读

2.1 条款要求

本条的要点有:

(1)当以限制载荷作为结构的外载荷时都必须采用 1.5 的安全系数。特殊情况时需要考虑特殊的安全系数。这些特殊情况有第 25.619 条至第 25.625 条及第 25.657(a)款和第 25.693 条等。

(2)当以极限载荷作为结构的外载荷时,不必采用安全系数。某些情况下对于极限载荷还有特殊的安全系数,如第 25.561(c)(2)项和第 25.785(f)(3)项等规定的情况。在某些情况下,飞机型号的审定基础存在一些专用条件,如"系统与结构的相互影响"。这些特殊情况的载荷若作为极限载荷考虑的,除了专用条件本身规定的安全系数以外,不必再乘以 1.5 的安全系数。

2.2　相关条款

第 25.303 条相关的条款如表 2-1 所示。

表 2-1　第 25.303 条相关条款

序　号	相关条款	相　关　性
1	第 25.619 条 第 25.621 条 第 25.623 条 第 25.625 条	在使用限制载荷作为外载荷时,除了要考虑本条规定的安全系数 1.5,还要叠加第 25.619 条~第 25.625 条的特殊安全系数
2	第 25.561 条	当考虑第 25.561 条规定时,作为极限载荷考虑,无须再考虑第 25.303 条规定的安全系数 1.5,但也不符合第 25.303(c)(2)项的描述。而是第 25.561(c)(2)项本身规定了额外的安全系数
3	第 25.785 条	第 25.785 条对相关设备提出了更高的要求。对于第 25.785 条考虑的设备和结构,第 25.303 条不适用

3　验证过程

3.1　验证对象

第 25.303 条的验证对象为需要承受外载荷的飞机结构。

3.2　符合性验证思路

要验证第 25.303 条的符合性,需要采用 MOC1 和 MOC2 的方法。需一一说明全机所有进行强度校核的结构对该条款的符合性,对于适用本条款的结构,要说明是如何按本条款考虑的;对于不适用本条款的结构,也即是条款所述的"另有规定",需要说明该结构不适用本条款的规定是什么。

3.3　符合性验证方法

通常,针对第 25.303 条的符合性验证方法如表 3-1 所示。

表 3-1　建议的符合性方法

条　款　号	专　业	符　合　性　方　法										备　注
		0	1	2	3	4	5	6	7	8	9	
第 25.303 条	载　荷		1	2								
第 25.303 条	强　度		1	2								

3.4　符合性验证说明

3.4.1　MOC1 验证过程

制定用于强度校核的顶层文件,纳入第 25.303 条的要求。明确表明除非另有规定,强度计算时各部位凡是提供限制载荷作为外载荷时都必须采用 1.5 的安全系数。

3.4.2　MOC2 验证过程

按强度校核顶层文件,对每个涉及强度的结构(含结构与设备的连接)和设备本身进行强度校核。并提供"有特殊规定"的报告清单。

这些特殊规定的情况一般包含:

(1) 对于增压舱载荷,进行强度分析时需要将 1 倍压差乘以 1.33(准许飞行高度在 13 700 米及以下的飞机)或 1.67(准许飞行高度在 13 700 米以上的飞机)作为限制载荷考虑,极限载荷计算时需乘以 1.5 倍的安全系数。该部分要求见第 25.365 条。

(2) 第 25.561 条要求的情况,这些载荷作为极限载荷来考虑,无须再乘以 1.5 倍的安全系数。该部分要求见第 25.561 条。

(3) 发动机 FBO 载荷作用到发动机装置和支架上时,取用 1.0 的安全系数;当作用到邻近的机身结构上时,取用 1.25 的安全系数。

3.5　符合性文件清单

通常,针对第 25.303 条的符合性文件清单如表 3-2 所示。

表 3-2　建议的符合性文件清单

序　号	符　合　性　报　告	符合性方法
1	强度计算原则	MOC1
2	"有特殊规定"的报告清单	MOC2

4　符合性判据

本条款符合性的判据可总结为:在考虑条款指出的"另有规定"的情况时,"规定"明确,范围全面,采用的系数合适。

参考文献

[1]　FAA. AC25-21 Certification of Transport Airplane Structure [S]. 1999.

[2]　FAA. AC25-10 Guidance for Installation of Miscellaneous, Nonrequired Electrical Equipment [S]. 1987.

[3]　FAA. AC20-151B Airworthiness Approval of Traffic Alert and Collision Avoidance

Systems（TCAS Ⅱ），Versions 7. 0 & 7. 1 and Associated Mode S Transponders ［S］. 2014.

［4］ FAA. AC25. 1435 - 1 Hydraulic System Certification Tests and Analysis ［S］. 2001.

［5］ FAA. AC20 - 131A Airworthiness Approval of Traffic Alert and Collision Avoidance Systems（TCAS Ⅱ）and Mode S Transponders ［S］. 1993.

［6］ FAA. AC25. 735 - 1 Brakes and Braking Systems Certification Tests and Analysis ［S］. 2002.

运输类飞机适航标准
第 25.305 条符合性验证

1 条款介绍

1.1 条款原文

第 25.305 条　强度和变形

(a) 结构必须能够承受限制载荷而无有害的永久变形。在直到限制载荷的任何载荷作用下,变形不得妨碍安全运行。

(b) 结构必须能够承受极限载荷至少三秒钟而不破坏,但是当用模拟真实载荷情况的动力试验来表明强度的符合性时,则此三秒钟的限制不适用。进行到极限载荷的静力试验必须包括加载引起的极限变位和极限变形。当采用分析方法来表明符合极限载荷强度要求时,必须表明符合下列三种情况之一:

(1) 变形的影响是不显著的;

(2) 在分析中已充分考虑所涉及的变形;

(3) 所用的方法和假设足以计及这些变形影响。

(c) 如果结构的柔度特性使在飞机运行情况中很可能出现的任一加载速率会产生比相应于静载荷的应力大得多的瞬态应力,则必须考虑这种加载速率的影响。

(d) [备用]

(e) 飞机必须设计成能承受在直到 V_D/M_D 的任何可能的运行条件下(包括失速和可能发生的无意中超出抖振包线边界)会发生的任何振动和抖振。这一点必须通过分析、飞行试验、或中国民用航空局适航部门认为必要的其它试验进行验证。

(f) 除经证明为极不可能的情况外,飞机必须设计成能承受因飞行操纵系统的任何故障、失效或不利情况而引起的结构强迫振动。这些强迫振动必须视为限制载荷,并必须在直到 V_C/M_C 的各种空速下进行研究。

〔中国民用航空局 1995 年 12 月 18 日第二次修订,2001 年 5 月 14 日第三次修订〕

1.2 条款背景

第 25.305 条对飞机结构强度及变形提出要求。该条款是总则性条款,需要在其他相关条款的符合性满足后,才能满足该条款的符合性要求。

1.3 条款历史

第 25.305 条在 CCAR25 部初版首次发布,截至 CCAR - 25 - R4,该条款共修订过 2 次,如表 1-1 所示。

表 1-1 第 25.305 条条款历史

第 25.305 条	CCAR25 部版本	相关 14 CFR 修正案	备 注
首次发布	初版	—	
第 1 次修订	R2	25 - 77	
第 2 次修订	R3	25 - 86	

1.3.1 首次发布

1985 年 12 月 31 日发布了 CCAR25 部初版,其中包含第 25.305 条,该条款参考 1964 年 12 月 24 日发布的 14 CFR PART 25 中的 §25.305 的内容制定。

1.3.2 第 1 次修订

1995 年 12 月 18 日发布的 CCAR - 25 - R2 对第 25.305 条进行了第 1 次修订,本次修订参考了 14 CFR 修正案 25 - 77 的内容:新增 §25.305(e)和(f),给出了结构抖振和振动要求以及飞行控制系统失效后引起的结构强迫振动要求。

1.3.3 第 2 次修订

2001 年 5 月 14 日发布的 CCAR - 25 - R3 对第 25.305 条进行了第 2 次修订,本次修订参考了 14 CFR 修正案 25 - 86 的内容:删除 §25.305(d),将该条款与 §25.341(b)一致。

2 条款解读

2.1 条款要求

第 25.305(a)款规定了结构在限制载荷作用下的强度和变形要求,须满足以下要求。

(1)结构必须能够承受限制载荷而无有害的永久变形。

(2)在直到限制载荷的任何载荷作用下,变形不得妨害安全运行。妨害飞机安全运行的变形情况主要包括:由于结构的变形使操纵机构产生的卡滞或松弛;飞机外表面的蒙皮皱褶影响升力或阻力等气动特性的情况。

第 25.305(b)款规定了结构在极限载荷作用下的强度和变形要求,必须满足以下几个条件。

(1)当用极限载荷试验验证结构的强度时,要求结构能够承受极限载荷 3 秒而不破坏。要求载荷保持 3 秒,是因为飞机是弹性结构,受载时应力传递存在滞后的情况,根据工业界静力试验经验表明,保载 3 秒可以使结构内部的应力分布不受应力传递滞后的影响,达到结构承受极限载荷的考核。此处可以认为只要结构能够继续承受外载荷,就没有破坏。

（2）对于模拟真实情况的动力试验,如座椅的动态载荷试验,结构的冲击试验等。

（3）进行到极限载荷的静力试验必须考虑加载引起的极限变位和极限变形。因飞机是弹性结构,受载时会产生一定的变形。特别对于一些大型运输类飞机,在极限载荷情况下,机翼变形可达到几米。这样的结构变形会导致试验加载方向的改变,因此,试验时必须考虑结构变形对加载方向的影响。

（4）如果采用分析方法表明结构在极限载荷作用下的静强度,也需要考虑结构变形的影响。必须表明符合下列三种情况之一:① 变形的影响是不显著的;② 在分析中已充分考虑所涉及的变形;③ 所用的方法和假设足以计及这些变形影响。

第 25.305(c)款规定在进行结构强度验证时,应考虑由于结构的弹性使结构产生比相应的静载荷作用大得多的瞬态载荷情况,主要是结构动响应分析(如突风响应和动态着陆等情况)。

第 25.305(e)款规定了结构在直到 V_D/M_D 的任何可能的运行条件下,飞机结构能承受任何振动和抖振(包括失速和可能发生的无意中超出抖振包线边界)。必须通过分析、飞行试验或适航当局认为必要的其他试验来验证结构满足本款要求。

第 25.305(f)款规定了飞机结构能够承受因飞行操纵系统的任何故障、失效或不利情况而引起的结构强迫振动,而这些强迫振动产生的载荷作为限制载荷进行考虑,该载荷情况不包括极不可能发生的失效情况。需要通过故障载荷和相应的强度分析表明飞机结构能够承受故障情况引起的强迫振动载荷。

2.2　相关条款

与第 25.305 条相关的条款如表 2-1 所示。

表 2-1　第 25.305 条相关条款

序　号	相　关　条　款	相　关　性
1	第 25.307 条	第 25.307 条要求当用静力或动力试验来表明第 25.305(b)款对飞行结构的符合性时,对于试验结果必须采用合适的材料修正系数
2	第 25.427 条	第 25.427 条要求考虑到第 25.305(e)款中因抖振情况所造成的尾翼上的非对称载荷
3	第 25.621 条	第 25.621 条要求对应于铸件系数为 1.25 的极限载荷作用下满足第 25.305 条的强度要求,在 1.15 倍限制载荷的作用下满足第 25.305 条的变形要求

（续表）

序　号	相　关　条　款	相　关　性
4	第 25.301、25.303、25.305、25.307、25.321、 25.337、25.341、25.343、25.349、25.351、25.361、 25.363、25.365、25.367、25.371、25.391、25.393、 25.395、25.397、25.399、25.405、25.415、25.427、 25.445、25.457、25.459、25.471、25.473、25.479、 25.481、25.483、25.485、25.487、25.489、25.491、 25.493、25.495、25.499、25.503、25.507、25.509、 25.511、25.519、25.561、25.563、25.571、25.601、 25.619、25.621、25.623、25.625、25.631、25.651、 25.681、25.721、25.729、25.843、25.963、25.965、 25.1141、25.1193 条	其他相关条款

3　验证过程

3.1　验证对象

第 25.305 条的验证对象为飞机结构。

3.2　符合性验证思路

该条款是总则性条款,需要在其他相关条款的符合性满足后,才能满足该条款的符合性要求。

制定顶层文件,规定强度计算的原则和方法;采用分析方法来表明结构符合极限载荷强度要求;通过计算方法确定飞机的抖振载荷,并通过抖振试飞,验证分析得到抖振载荷,以此用于结构的强度符合性验证,满足条款的要求;采用分析方法确定飞机系统失效后引起的强迫振动载荷。在分析中,考虑结构的弹性,进行结构的动态响应分析,得到动态载荷。

通过限制载荷验证试验,验证限制载荷作用下的结构变形是否影响或妨害飞机的安全运行;通过限制载荷验证试验,验证结构卸载后是否存在有害的永久变形。通过实验室试验验证在极限载荷作用下结构满足强度要求。

3.3　符合性验证方法

通常,针对第 25.305 条的符合性验证方法如表 3-1 所示。

表 3-1　建议的符合性方法

条 款 号	专 业	符 合 性 方 法										备　注
		0	1	2	3	4	5	6	7	8	9	
第 25.305 条	起落架		1	2		4						
第 25.305 条	辅助动力装置		1	2								

条　款　号	专　业	符 合 性 方 法										备　注
		0	1	2	3	4	5	6	7	8	9	
第 25.305 条	机头雷达罩		1	2		4						
第 25.305 条	内饰和设备		1	2		4						
第 25.305 条	舱门		1	2		4						
第 25.305 条	机身		1	2		4						
第 25.305 条	机翼		1	2		4						
第 25.305 条	尾翼		1	2		4						
第 25.305 条	窗户		1	2		4						
第 25.305 条	短舱和吊挂		1	2		4						

3.4　符合性验证说明

针对第 25.305 条，采用的符合性验证方法包括 MOC1、MOC2 和 MOC4，各项验证具体工作如下。

3.4.1　MOC1 验证过程

制定强度计算的顶层文件，文件中规定强度计算原则和强度计算方法。由强度计算原则来规范强度计算所用的分析软件工具、取值规定及符号和单位约定，结合第 25.305 条要求制定设计强度要求，主要包含限制载荷静强度、极限载荷静强度、安全系数和安全裕度等。由强度计算方法来规范主要结构的强度计算方法，如框结构、壁板、蒙皮、梁、板与梁缘条连接、板与板连接、接头和耳片等结构形式的计算方法，用于后续的全机各结构的静强度校核。

3.4.2　MOC2 验证过程

1）静强度计算

对机体结构、起落架系统、发动机及短舱、APU 系统、飞控系统、操纵器件和内饰进行静强度校核，针对筛选出的严重工况，使用条款规定的安全系数，进行极限载荷情况下的静强度校核，校核结果显示强度裕度大于零。完成相关的强度校核报告及系统应力分析报告。

2）动态响应分析

进行突风动态响应分析、滑行动态响应分析和着陆动态响应分析，考虑了动态响应产生的瞬态应力，强度校核的载荷工况涵盖了动载荷，并将这些瞬态峰值载荷作为静载荷进行强度校核，校核结果显示强度裕度均大于零。此外，对于 FBO 情况和风车情况，进行界面载荷计算和强度校核，校核结果显示强度裕度大于零。

3）振荡故障载荷分析及强度计算

对振荡故障载荷进行分析，并把振荡故障载荷作为限制载荷，采用规定的安全系数后，对机身、机翼及尾翼结构进行静强度校核，结果显示强度裕度大于零。

3.4.3　MOC4 验证过程

选择临界载荷工况进行全尺寸限制载荷静力试验,试验结果能表明结构在有效时间内承受限制载荷后卸载,没有发生有害的永久变形,且操纵系统和活动面能够实现预期的功能。

选择临界载荷工况进行全尺寸极限载荷静力试验,若试验结果能表明结构在有效时间内能够承受极限载荷不破坏,且在 2.5g 试验中考虑机翼变形对载荷方向的影响,试验时采用垂直机翼弦平面加载的方法,并计及机体变形对加载的影响。

完成全尺寸静力试验项目,主要有:驾驶舱内操纵系统强度静力试验、前起落架交点区静力试验、主起落架交点区静力试验、尾翼静力试验、机身气密舱充压试验、发动机吊挂静力试验、全机静力试验(-1g、2.5g、偏航机动、最大垂直力和侧偏着陆)、前起舱门静力试验、主起舱门静力试验、RAT 支架及舱门静力试验、座椅连接静力试验、电源中心支架静力试验、行李箱接头静力试验、厨房、卫生间连接接头静力试验、APU 安装静力试验、雷达罩与机体连接静力试验、雷达罩静力试验、前起落架静力试验、主起落架静力试验、主起落架保险轴销静强度试验、发动机短舱反推力隔栅静力试验、进气道内壁板连接接头静力试验、短舱锁扣静力试验、前起落架前舱门机构静强度试验、驾驶舱门静力试验、货舱内饰强度试验、应急撤离绳强度试验、天花板强度试验、救生筏绑带强度试验、厨房强度试验、盥洗室强度试验和分舱板强度试验等。

3.5　符合性文件清单

通常,针对第 25.305 条的符合性文件清单如表 3-2 所示。

表 3-2　建议的符合性文件清单

序　号	符 合 性 报 告	符合性方法
1	强度计算原则	MOC1
2	强度计算方法	MOC1
3	静强度分析报告	MOC2
4	静力试验大纲	MOC4
5	静力试验报告	MOC4

4　符合性判据

第 25.305(a)款:通过限制载荷作用下的结构分析和验证试验,验证限制载荷作用下的结构变形在正常允许范围内,验证结构卸载后无永久变形;直到在限制载荷的任何载荷作用下,变形未妨碍安全运行。

第25.305(b)款：采用强度分析方法，表明结构符合极限载荷强度要求必须满足变形的影响不显著，并在分析中充分考虑变形以及所用的方法和假设足以计及这些变形的影响。

通过实验室试验，验证在极限载荷作用下结构满足强度要求，即除用模拟真实载荷情况的动力试验来表明强度的符合性外，结构要求能够承受限制载荷至少三秒钟而不破坏。

第25.305(c)款：考虑结构的弹性，进行结构的动态响应分析和动态试验，验证弹性结构在动载荷下的强度，考虑加载速率的影响，使在飞机运行情况中出现的任一加载速率产生的瞬态应力应比相应于静载荷的应力大。

第25.305(e)款：通过抖振试飞，验证采用分析方法得到的抖振载荷。通过计算分析和试验，确定飞机在振动和抖振时，结构具有足够的强度，能够承受在直到V_D/M_D的任何可能的运行条件下会发生的任何振动和抖动。

第25.305(f)款：直到在V_D/M_D的各种空速下，将强迫振动视为限制载荷，并通过动态响应载荷分析，采用分析方法确定飞机系统失效后引起的强迫振动载荷，并且结构满足在飞机操纵系统出现故障时能够承受由此引起的强迫振动载荷。

参考文献

[1]　Amdt. 25 - 77 振动、抖振和气动弹性稳定性[S].

[2]　Amdt. 25 - 86 修订离散突风载荷设计要求[S].

[3]　FAA. AC25 - 10 Guidance for Installation of Miscellaneous, Nonrequired Electrical Equipment [S]. 1987.

[4]　FAA. AC20 - 151B Airworthiness Approval of Traffic Alert and Collision Avoidance Systems (TCAS Ⅱ), Versions 7. 0 & 7. 1 and Associated Mode S Transponders [S]. 2014.

[5]　FAA. AC20 - 131A Airworthiness Approval of Traffic Alert and Collision Avoidance Systems (TCAS Ⅱ) and Mode S Transponders [S]. 1993.

[6]　FAA. AC25. 1329 - 1B Change 1 Approval of Flight Guidance Systems [S]. 2012.

[7]　FAA. AC25. 629 - 1A Aeroelastic Stability, Substantiation, Transport Category Airplanes [S]. 1998.

[8]　FAA. AC25. 672 - 1 Active Flight Controls [S]. 1983.

[9]　FAA. AC25 - 21 Certification of Transport Airplane Structure [S]. 1999.

[10]　冯振宇. 运输类飞机适航要求解读,第2卷结构[M]. 北京: 航空工业出版社,2013.

运输类飞机适航标准
第 25.307 条符合性验证

1 条款介绍

1.1 条款原文

第 25.307 条　结构符合性的证明

(a) 必须表明每一临界受载情况下均符合本分部的强度和变形要求。只有在经验表明某种结构分析方法对某种结构是可靠的情况下,对于同类的结构,才可用结构分析来表明结构的符合性。当限制载荷试验可能不足以表明符合性时,适航当局可以要求作极限载荷试验。

(b)［备用］

(c)［备用］

(d) 当用静力或动力试验来表明符合第 25.305(b)条对飞行结构的要求时,对于试验结果必须采用合适的材料修正系数。如果被试验的结构或其一部分具有下列特征:多个元件对结构总强度均有贡献,而当一个元件损坏以后,载荷通过其它路径传递导致重新分布,则不必采用材料修正系数。

〔中国民用航空局 1995 年 12 月 18 日第二次修订〕

1.2 条款背景

第 25.307 条的目的是保证飞机结构通过保守的分析和/或必要的试验来满足要求的强度和变形要求,同时对某些试验结果要求使用合适的材料修正系数。

1.3 条款历史

第 25.307 条在 CCAR25 部初版首次发布,截至 CCAR - 25 - R4,该条款共修订过 1 次,如表 1 - 1 所示。

表 1 - 1　第 25.307 条条款历史

第 25.307 条	CCAR25 部版本	相关 14 CFR 修正案	备　　注
首次发布	初版	25 - 23,25 - 54	
第 1 次修订	R2	25 - 72	

1.3.1 首次发布

1985 年 12 月 31 日发布了 CCAR25 部初版,其中包含第 25.307 条,该条款参考 1964 年 12 月 24 日发布的 14 CFR PART 25 中的 §25.307 及 14 CFR 修正案 25-23、25-54 的内容制定。

14 CFR 修正案 25-23 修订了 §25.307,增加了 §25.307(d)要求,当用静态或动态试验来表明对 §25.305(b)的强度符合性要求时,要求使用合适的材料修正系数。通过对施加的试验载荷使用材料修正系数,以考虑材料的分散性。规章要求对单传力关键飞行结构的极限载荷试验,使用材料修正系数;对于多传力关键飞行结构,其中一个传力路径失效情况下的破损安全试验,也需要使用材料修正系数。对于限制载荷试验,或破损安全设计的极限载荷(失效部件传递的载荷重新分配,由剩余结构承受)试验,申请人不需要使用材料修正系数。

14 CFR 修正案 25-54 进一步修订了 §25.307,增加 §25.307(a)的最后一句,"当限制载荷试验可能不足以表明符合性时,适航当局可以要求作极限载荷试验"。FAA 同意工业方的意见,对所有临界载荷进行极限载荷试验将极大增加要求的试验数量,因为还没有服役经验显示目前的验证方法是不充分的。在许多情况下,服役中的结构破坏是由疲劳或腐蚀等情况引起的,但是,这些情况并不能被极限载荷试验覆盖。因此,FAA 删除了对所有结构部件进行极限载荷试验的要求。但是在一些情况下,必须用限制和/或极限载荷试验对分析进行补充。

1.3.2 第 1 次修订

1995 年 12 月 18 日发布的 CCAR-25-R2 对第 25.307 条进行了第 1 次修订,本次修订参考了 14 CFR 修正案 25-72 的内容:原 §25.307(b)和(c)改为备用,因为它们仅提出结构要参照条款 §25.571"结构的损伤容限和疲劳评定"与 §25.601"总则"进行符合性验证,是重复的和多余的。

2 条款解读

2.1 条款要求

对于每一个临界受载情况,都必须采用分析或试验的方法表明结构符合第 25.305 条的强度和变形要求。

当仅采用分析方法表明条款的符合性时,无论是静力还是动力的分析,其分析方法必须是经验表明可靠的,否则必须用验证试验来表明分析方法的可靠性。在静力试验中,如果限制载荷试验的测量结果与分析计算结果差别较大,限制载荷试验不足以支持分析方法,则适航当局可以要求进行极限载荷试验,用试验的方法来表明结构符合第 25.305 条的强度和变形要求。

仅以静力或动力试验来表明结构在第 25.305(b)款极限载荷情况下的强度与变形符合性时,由于材料性能存在分散性,因此要采用材料修正系数对试验结果进行修正。这种修正仅适用于单传力路径的结构,对于多传力路径结构,当其中某个元件损坏时,通过其他元件内力的重新分布,结构能继续承载,无需对试验结果进行修正。

2.2　相关条款

第 25.307 条为结构的总则性条款,是在结构相关条款完成符合性验证的基础上再进行条款符合性验证的,故本条款与结构条款相关。此处仅列出条款中与第25.307 条存在直接引用关系的条款。

与第 25.307 条相关的条款如表 2-1 所示。

表 2-1　第 25.307 条相关条款

序　号	相关条款	相　　关　　性
1	第 25.305 条	第 25.305 条给出了本条的判据,对第 25.305(b)款的验证方式为第 25.307(d)款的适用前提
2	第 25.651 条	第 25.651 条提出操纵系统连接结构和铰链也需符合本条要求

3　验证过程

3.1　验证对象

第 25.307 条的验证对象是机体结构。

3.2　符合性验证思路

第 25.307 条是总则性条款,需要在其他相关条款的符合性满足后才能满足该条款的符合性要求。

针对第 25.307(a)款,采用试验和试验支持的分析对飞机结构每一临界受载情况按第 25.305 条规定的强度和变形要求进行验证。通过全尺寸静力试验表明结构分析方法的符合性。对于复合材料结构的验证应参考 AC20-107B 结构验证—静力章节的建议,通过积木式的验证试验进行验证。

针对第 25.307(d)款,对于仅采用试验验证的单传力结构件,试验结果要采用合适的材料修正系数,在试验报告中对材料修正系数的选取进行说明。

3.3　符合性验证方法

通常,针对第 25.307 条的符合性验证方法如表 3-1 所示。

表 3 - 1　建议的符合性方法

条　款　号	专　业	符 合 性 方 法										备　注
		0	1	2	3	4	5	6	7	8	9	
第 25.307 条	机体结构			2		4						
第 25.307 条	强度			2		4						
第 25.307 条	起落架			2		4						
第 25.307 条	发动机			2		4						
第 25.307 条	APU			2		4						
第 25.307 条	内饰和设备			2		4						

3.4　符合性验证说明

针对第 25.307 条,采用的符合性验证方法包括 MOC2 和 MOC4,各项验证具体工作如下。

3.4.1　MOC2 验证过程

通过对机体结构、起落架系统、发动机及短舱、APU 系统、飞控系统、操纵器件、内饰等进行静强度计算与分析,筛选出临界工况,使用条款规定的安全系数,进行极限载荷情况下的静强度计算,计算结果得到的强度裕度均大于零,才能表明结构符合第 25.305 条的强度和变形要求,该强度分析方法必须是经验表明可靠的。由于强度计算的内力主要来源于全机有限元计算或局部细节模型计算结果,因此全机有限元模型需通过全机静力试验的验证,以满足第 25.307(a)款的要求。

3.4.2　MOC4 验证过程

选择临界载荷工况进行全机和部件的全尺寸限制载荷与极限载荷静力试验,试验项目根据具体结构特征、受载情况和已有经验等因素确定。

如果结构是采用分析或者试验加分析来表明满足在第 25.305(b)款极限载荷情况下的强度与变形符合性的情况,则第 25.307(d)款不适用,不再对试验结果采用材料修正系数;如果仅通过试验来表明结构在第 25.305(b)款极限载荷情况下满足强度与变形的要求且结构为单传力路径,则对试验结果采用材料修正系数以表明第 25.307(d)款的符合性。

3.5　符合性文件清单

对于第 25.307 条主要通过分析和试验验证各结构的强度,文件包括各结构的静强度试验大纲、试验报告和强度校核/分析报告等,通常,针对第 25.307 条的符合性文件如表 3 - 2 所示。

表 3 - 2　建议的符合性文件清单

序　号	符 合 性 报 告	符合性方法
1	×××工况全机静力试验大纲	MOC4
2	×××工况全机静力试验报告	MOC4
3	×××结构强度校核报告	MOC2

4　符合性判据

在进行第 25.307 条符合性判断之前,需保证相关条款都已满足符合性。

针对第 25.307 条,表明飞机结构在每一临界受载情况下均满足第 25.305 条的强度和变形要求。具体判据如下。

(1) 采用静力试验,结构能够承受限制载荷 30 秒无有害变形,能够承受极限载荷 3 秒不破坏。

(2) 采用分析方法,所使用的分析方法应是被验证可靠的,在使用合理的安全系数后,严重工况极限载荷情况下的强度裕度均大于零。

(3) 当仅用试验来表明某单一传力结构符合第 25.305(b)款对飞行结构的要求时,对于试验结果采用合适的材料修正系数后,强度裕度大于零。

参考文献

[1]　14 CFR 修正案 25 - 23 Transport Category Airplane Type Certification Standards [S].

[2]　14 CFR 修正案 25 - 54 Airworthiness Review Program；Amendment No. 8A：Aircraft，Engine，and Propeller Airworthiness，and Procedural Amendments [S].

[3]　14 CFR 修正案 25 - 72 Special Review：Transport Category Airplane Airworthiness Standards [S].

[4]　FAA. AC20 - 107B Composite Aircraft Structure [S]. 2009.

[5]　FAA. AC25 - 10 Guidance for Installation of Miscellaneous，Nonrequired Electrical Equipment [S]. 1987.

[6]　FAA. AC25 - 21 Certification of Transport Airplane Structure [S]. 1999.

运输类飞机适航标准
第25.321条符合性验证

1 条款介绍

1.1 条款原文

第25.321条 总则

(a) 飞行载荷系数是气动力分量(垂直作用于假设的飞机纵轴)与飞机重力之比。正载荷系数是气动力相对飞机向上作用时的载荷系数。

(b) 必须按下列各条表明符合本分部的飞行载荷要求,此时要考虑每一速度下的压缩性影响:

(1) 在申请人选定的高度范围内的每一临界高度;

(2) 从相应于每个特定飞行载荷情况的设计最小重量到设计最大重量的每一重量;

(3) 对于每一要求的高度和重量,按在飞机飞行手册规定的使用限制内可调配载重的任何实际分布。

(c) 必须研究设计包线上和设计包线内足够多的点,以保证获得飞机结构中每个部分的最大载荷。

(d) 作用在飞机上的重要的力必须以合理或保守的方式处于平衡。线惯性力必须与推力和全部气动载荷相平衡,而角(俯仰)惯性力必须与推力和全部气动力矩(包括作用在诸如尾翼和短舱等部件上的载荷引起的力矩)相平衡,必须考虑从零到最大连续推力范围内的临界推力值。

〔中国民用航空局2001年5月14日第三次修订〕

1.2 条款背景

第25.321条对飞行载荷提出了总的要求,以保证按本部分要求计算得到的飞行载荷考虑了所有临界情况。

1.3 修订说明

第25.321条在CCAR25部初版首次发布,截至CCAR-25-R4,该条款共修订过1次,如表1-1所示。

表 1 - 1　第 25.321 条条款历史

第 25.321 条	CCAR25 部版本	相关 14 CFR 修正案	备　注
首次发布	初版	25 - 23	
第 1 次修订	R3	25 - 86	

1.3.1　首次发布

1985 年 12 月 31 日发布了 CCAR25 部初版,其中包含第 25.321 条,该条款参考了 14 CFR 修正案 25 - 23 的内容制定。该修正案在 §25.321(b)(2)中增加了"相应于每个特定飞行载荷情况",使重量要求更加明确,必须对每个特定飞行载荷充分考虑所有对应的重量。

1.3.2　第 1 次修订

2001 年 5 月 14 日发布的 CCAR - 25 - R3 对第 25.321 条进行了修订,本次修订参考了 14 CFR 修正案 25 - 86 的内容:在原有内容基础上增加了(c)款和(d)款的要求。

2　条款解读

2.1　条款要求

本条款是飞行载荷的总则性条款。

第 25.321(a)款规定了飞行载荷系数的定义,即载荷系数是垂直于飞机纵轴的气动分量与飞机重力之比。气动力相对飞机向上作用时载荷系数为正。

第 25.321(b)款要求在确定飞行载荷时要考虑压缩性的影响,要求对于飞行速度高的飞机,需要在分析中考虑不同马赫数下不同的气动力参数。所考虑的飞行速度包括各个规定的特征速度,以及飞行速度的边界。在表明符合本部分的飞行载荷要求时,要考虑选定高度范围内的各种临界高度,必须包括飞行速度包线中各个速度拐点对应的高度、速压最大高度、机场特征高度等;考虑的重量包括从相应于每个特定飞行载荷情况的设计最小重量到设计最大重量的每一重量;同时,对于每一规定的高度和重量,要求考虑按在飞机飞行手册规定的使用限制内可调配载重的任何实际分布,考虑重心的前、后限。

第 25.321(c)款要求必须分析包线中规定的各个特征点如边界点和拐角点,并在包线中验证足够多的点,保证通过飞行载荷的分析计算得到各个部件的最大载荷,不会遗漏载荷的临界情况。

第 25.321(d)款要求所有作用在飞机上的力和力矩,必须通过平衡方程进行计算,力的平衡方法必须合理,分析过程中使用的方法必须保守,必要时用试飞验证其符合性。计算时必须要考虑推力的影响,推力值从零到最大发动机连续推力。

2.2　相关条款

与第 25.321 条相关的条款如表 2-1 所示。

表 2-1　第 25.321 条相关条款

序　号	相关条款	相　关　性
1	第 25.331 条	第 25.331 条为对称机动情况,要求研究在俯仰机动期间作用在飞机上的每一项重要的载荷,包括气动载荷和惯性载荷
2	第 25.333 条	第 25.333 条为飞行机动包线,为飞机实际操作时允许的飞行包线提供了一种结构设计包线
3	第 25.335 条	第 25.335 条为设计空速,其目的是建立进行飞机结构设计所使用的设计空速
4	第 25.337 条	第 25.337 条为限制机动载荷系数,规定了最小机动载荷系数,以保证飞机能够承受服役期间任何可能遇到的机动并无结构损伤
5	第 25.341 条	第 25.341 条为突风和紊流载荷,定义了飞机在服役期间可能遭遇的载荷情况,飞机结构须按照能承受该突风载荷设计
6	第 25.343 条	第 25.343 条为设计燃油和滑油载重,规定了进行飞机载荷计算时须考虑燃油和滑油惯性载荷的影响。规定了飞机在所有可调配重的组合中,需要满足颤振、变形和振动的要求
7	第 25.345 条	第 25.345 条为增升装置,目的是保证飞机在襟翼或类似增升装置展开后,飞机在正常飞行和进行操作时全机结构具有足够的强度水平
8	第 25.349 条	第 25.349 条为滚转机动,目的是保证结构能够承受其服役期间可能出现的滚转情况和非对称突风情况
9	第 25.351 条	第 25.351 条为偏航机动情况,目的是保证飞机结构能承受其服役期间可能出现的偏航情况和侧向突风情况

3　验证过程

3.1　验证对象

第 25.321 条的验证对象为飞机飞行载荷和强度。

3.2　符合性验证思路

该条款是飞行载荷规章的总则,应在每个飞行载荷的相关条款中贯彻本条的规定。

针对第 25.321(a)款,需要采用设计说明的方法,表明在分析/计算过程中的飞行载荷系数为垂直于飞机纵轴的气动力分量与飞机重力之比,当气动力相对飞机向上作用时载荷因数为正,以表明对本条款的符合性。

针对第 25.321(b)款,需要采用分析/计算、实验室试验和飞行试验等方法表明符合性。通过模型风洞试验获得接近真实的气动力数据,供载荷计算使用。在确定飞行载荷时需要考虑压缩性影响以及下述四个方面的问题:① 速度的选择;② 高度的选择;③ 重量的选择;④ 需要考虑飞机飞行手册中规定的所有可能的装载分布。

针对第 25.321(c)款,需要通过分析/计算、飞行试验等方法表明符合性。飞行试验对各部件的载荷进行实际测量,对大量实测数据进行统计处理,并对分析计算方法的合理性和保守性进行分析和验证。

针对第 25.321(d)款,需要通过分析/计算、飞行试验的方法表明符合性。通过飞行试验对分析计算方法的合理性进行分析和验证。

3.3 符合性验证方法

针对第 25.321 条的符合性验证方法如表 3-1 所示。

表 3-1 建议的符合性方法

条 款 号	专 业	符 合 性 方 法										备 注
		0	1	2	3	4	5	6	7	8	9	
第 25.321 条	载 荷		1	2				6				
第 25.321 条	气 动					4						

3.4 符合性验证说明

3.4.1 第 25.321(a)款符合性验证说明

针对第 25.321(a)款,通过 MOC1 设计说明规定飞行载荷计算原则,定义飞行载荷系数为垂直于飞机纵轴的气动力分量与飞机重力之比,当气动力相对飞机向上作用时载荷因数为正。

3.4.2 第 25.321(b)款符合性验证说明

针对 25.321(b)款采用的符合性验证方法包括 MOC2、MOC4 和 MOC6,各项验证工作具体如下。

1) MOC2 验证过程

使用全机高低速测力和测压风洞试验得到的飞机气动特性数据,依据第 25.331 条、第 25.333 条、第 25.349 条、第 25.351 条和第 25.367 条等对飞机运动参数(如角速度、角加速度和法向载荷因数等)的要求,计算得到飞机速度—高度包线。通过选择不同高度、速度和重量的组合,同时考虑重心的位置,计算出飞行载荷。

2) MOC4 验证过程

通过全机高低速测力和测压风洞试验得到飞机的气动特性数据,作为飞行载荷计算的输入。具体试验过程如下:通过全机高速测力试验获得当时构型系列马赫数下的基本纵、横向气动特性及舵面效率特性，全机高速测压试验获得系列马赫数下的纵、横向全部压力分布，全机低速测力试验获得当时构型低速情况下的基本纵、横向气动特性及舵面效率特性，全机低速测压试验获得低速气动载荷数据，高速测力校核风洞试验获得全机高速气动力数据，低速测力校核风洞试验获得全机低速气动力数据，载荷验证试飞高速补充风洞试验获得高速状态和干净构型下，双侧多功能扰流板打开对全机气动特性、舵面操纵特性及洗流特性的影响，载荷验证试飞低速补充风洞试验获得在扰流板打开的情况下低速纵、横航向基本气动特性数据和各操纵效率等气动特性数据以及各部件表面压力分布情况等数据。高速试验按第 25.321(b) 款的要求进行不同马赫数下的试验，以考虑压缩性的影响。

3) MOC6 验证过程

通过载荷试飞结果验证载荷计算方法的合理性和保守性。试飞科目可包括：机动平衡、俯仰机动、滚转机动、偏航机动、增升装置、平尾升降舵协调和主飞控面铰链力矩等。对飞行试验数据进行处理，得到主翼面（机翼、平尾和垂尾）、增生装置（前缘缝翼和襟翼）、主飞控面（升降舵、方向舵和副翼）和发动机等的载荷，将其与分析计算的载荷数据进行对比，确认上述载荷基本保守地近似于或接近地反映真实情况。

3.4.3　第 25.321(c) 款符合性验证说明

针对第 25.321(c) 款采用的符合性验证方法包括 MOC2 和 MOC6，各项验证工作具体如下。

1) MOC2 验证过程

通过分析计算表明：在计算飞行载荷时选取了机动包线上和机动包线内的足够多的点，包括包线上各特征点（如边界点和拐角点等）。

2) MOC6 验证过程

通过载荷试飞结果验证载荷计算方法的合理性和保守性。详见 3.4.2 节 3)。

3.4.4　第 25.321(d) 款符合性验证说明

针对第 25.321(d) 款，采用的符合性验证方法包括 MOC2 和 MOC6，各项验证工作具体如下。

1) MOC2 验证过程

通过分析计算表明，在计算飞行载荷时，所有的载荷，包括飞机的纵向、航向和横向必须达到力和力矩的平衡，所有载荷以合理或保守的方式分布。线惯性力与推力和全部气动载荷相平衡，角（俯仰）惯性力必须与推力和全部气动力矩（包括作用在诸如尾翼和短舱等部件上的载荷引起的力矩）相平衡，考虑了从零到最大连续推力范围内的临界推力值。

2) MOC6 验证过程

通过载荷试飞结果验证载荷计算方法的合理性和保守性。详 3.4.2 节 3)。

3.5 符合性文件清单

通常,针对第 25.321 条的符合性文件清单如表 3-2 所示。

表 3-2 建议的符合性文件清单

序 号	符 合 性 报 告	符合性方法
1	飞机载荷计算原则	MOC1
2	飞机飞行速度包线	MOC2
3	飞机机动飞行总载荷(稳定俯仰机动、校验机动、非校验机动、滚转机动和偏航机动)	MOC2
4	飞机失配平状态飞行总载荷	MOC2
5	飞机低速状态飞行总载荷	MOC2
6	飞机发动机失效飞行总载荷	MOC2
7	飞机机翼、机身、尾翼和活动面飞行分布载荷(纵向情况、侧向情况和低速等情况)	MOC2
8	飞机全机惯性力分布(纵向情况、侧向情况和低速等情况)	MOC2
9	飞机突风载荷(非对称、侧向连续、垂向连续、垂向调谐离散和侧向调谐离散)	MOC2
10	风洞试验大纲(高速测压、低速测压、高速测力和低速测力)	MOC4
11	风洞试验报告(高速测压、低速测压、高速测力和低速测力)	MOC4
12	飞行载荷试飞试验大纲	MOC6
13	飞行载荷试飞试验报告	MOC6

4 符合性判据

4.1 针对第 25.321(a)款

确认定义了飞行载荷系数,符合本款要求。

4.2 针对第 25.321(b)款

完成了全机高低速测力和测压风洞试验,获得了气动力数据供载荷计算。完成了不同马赫数下的高速试验。计算飞行载荷时考虑了不同高度、速度和重量的组合以及重心的位置。试飞载荷与分析载荷趋势一致,分析载荷接近试飞载荷,且偏保守。

4.3 针对第 25.321(c)款

分析计算时对各个特征点如边界点、拐角点进行分析,并在包线中验证足够多的点。试飞载荷与分析载荷趋势一致,分析载荷接近试飞载荷,且偏保守。

4.4 针对第 25.321(d)款

所有作用在飞机上的力和力矩通过平衡方程进行计算,力的平衡方法合理或保守。计算时考虑了从零到最大发动机连续推力范围内的临界推力值的影响。试飞载荷与分析载荷趋势一致,分析载荷接近试飞载荷,且偏保守。

参考文献

[1]　14 CFR 修正案 25 - 23 Transport Category Airplane Type Certification Standards [S].

[2]　14 CFR 修正案 25 - 86 Revised Discrete Gust Load Design Requirements [S].

[3]　FAA. AC25 - 21 Certification of Transport Airplane Structure [S]. 1999.

运输类飞机适航标准
第25.331条符合性验证

1 条款介绍

1.1 条款原文

第25.331条 对称机动情况

(a) 方法 对本条(b)和(c)规定的机动飞行情况进行分析,采用下列规定:

(1) 当规定操纵器件突然移动时,所采用的操纵面偏转速率不得小于驾驶员通过操纵系统能施加的偏转速率;

(2) 在确定飞机在转弯和拉起时的升降舵偏角和弦向载荷分布(根据本条(b)和(c)的机动情况)时,必须计及相应的俯仰角速度的影响。必须考虑第25.255条规定的配平和失配平飞行情况。

(b) 机动平衡情况 必须研究第25.333(b)条中的机动包线上A到I的机动情况,假定飞机在俯仰角加速度为零的情况下处于平衡。

(c) 俯仰机动情况 必须研究本条(c)(1)和(2)规定的情况。可以调整俯仰操纵面的运动以考虑第25.397(b)条规定的最大驾驶员作用力的限制值、操纵系统止动器和操纵系统输出的限制值引起的任何间接影响(例如:有动力操纵系统可以达到的失速力矩或最大速率)。

(1) V_A 时的升降舵最大偏转 假定飞机正在进行定常平飞(A_1点,第25.333(b)条),此时,突然移动俯仰操纵器件来获得极大的抬头俯仰加速度。在确定尾翼载荷时,必须考虑飞机的响应。在重心处的法向加速度超过正限制机动载荷系数(第25.333(b)条的A_2点)或引起的尾翼法向载荷达到最大值(两者中取先到者)以后的飞机载荷不必加以考虑。

(2) 规定的操纵器件移动 必须根据合理的俯仰操纵运动相对时间的剖面图确定校验机动,在此机动中不应超出第25.337条规定用于设计的限制载荷系数。飞机的响应必须产生不小于下述值的俯仰角加速度,但不可能达到或超过该值的情况除外:

(i) 假定正俯仰角加速度(抬头)与等于1.0的飞机载荷系数(A_1点到D_1点,

第 25.333(b) 条)同时达到。此正俯仰角加速度必须至少等于

$$\frac{39n^{①}}{V}(n-1.5),（弧度／秒^2）$$

式中：

n 为所考虑速度下的正载荷系数；

V 为飞机的当量速度(节)。

(ii) 假定负俯仰角加速度(低头)与正机动载荷系数(A_2 点到 D_2 点,第 25.333 (b)条)同时达到。此负俯仰角加速度必须至少等于

$$\frac{-26n}{V}(n-1.5),（弧度／秒^2）$$

式中：

n 为所考虑速度下的正载荷系数；

V 为飞机的当量速度(节)。

〔中国民用航空局 2001 年 5 月 14 日第三次修订〕

1.2　条款背景

第 25.331 条通过要求对本条所述的特定机动情况的研究,确保飞机结构能承受在任意规定的俯仰机动中可能遭遇到的飞行载荷,它规定申请方必须研究在俯仰机动期间作用在飞机上的每一项重要的载荷,包括气动载荷和惯性载荷。

1.3　条款历史

第 25.331 条在 CCAR25 部初版首次发布,截至 CCAR‐25‐R4,该条款共修订过 2 次,如表 1‐1 所示。

表 1‐1　第 25.331 条条款历史

第 25.331 条	CCAR25 部版本	相关 14 CFR 修正案	备　　注
首次发布	初版	—	
第 1 次修订	R2	25‐23,25‐46,25‐72	
第 2 次修订	R3	25‐86,25‐91	

1.3.1　首次发布

1985 年 12 月 31 日发布了 CCAR25 部初版,其中包含第 25.331 条,该条款参考 1964 年 12 月 24 日发布的 14 CFR PART 25 中的 §25.331 的内容制定。

1.3.2　第 1 次修订

1995 年 12 月 18 日发布的 CCAR‐25‐R2 对第 25.331 条进行了第 1 次修订,

本次修订参考了 14 CFR 修正案 25 - 23、25 - 46 和 25 - 72 的内容：

(1) 参考 14 CFR 修正案 25 - 23 规定了所有作用在飞机上的力和力矩包括所有的气动力、推力和惯性力及力矩必须平衡，必须考虑零推力和最大推力下的影响。操纵面的偏转速率必须不小于驾驶员通过操纵系统实际施加的值。

(2) 参考 14 CFR 修正案 25 - 46 提出了现行的纵向操纵器件移动的加速度规定。

(3) 参考 14 CFR 修正案 25 - 72 进行了文字上的改动。

1.3.3　第 2 次修订

2001 年 5 月 14 日发布的 CCAR - 25 - R3 对第 25.331 条进行了第 2 次修订，本次修订参考了 14 CFR 修正案 25 - 86 和 25 - 91 的内容：

(1) 参考 14 CFR 修正案 25 - 86 强调了计算中使用的偏转速率不小于实际值，充分考虑俯仰角速度的影响和平尾载荷弦向分布，必须考虑一般的配平状态和 §25.255 规定的失配平状态，去掉了突风部分的参考内容，并将本条款中的总则性内容放入 §25.321 中，同时将本条名称从"总则"更改为"对称机动情况"。

(2) 参考 14 CFR 修正案 25 - 91 规定计算中使用的偏角的具体值应参考 §25.397 及具体操纵系统输出端产生的值，考虑到系统及结构的偏度限制。规定在非校验机动中的最大机动载荷不必达到规定的最大值。

2　条款解读

2.1　条款要求

第 25.331(a)(1) 项规定了对称机动飞行情况分析方法必须考虑操纵系统偏转速率。要求在进行纵向对称机动分析时，所使用的操纵面偏转速率必须是驾驶员按规定的作用力所能施加的操纵面最大的偏转速率，或比此偏转速率还要大的值。通常认为使用阶跃式的操纵面偏转输入是足够保守的。

第 25.331(a)(2) 项条规定了机动载荷分析时须考虑飞机俯仰角速度的影响和第 25.255 条规定的配平和失配平飞行情况。

第 25.331(b) 款要求对于机动平衡情况假定飞机在俯仰角加速度为零的情况下处于平衡。机动分析时必须研究第 25.333(b) 款中的机动包线上 A 到 I 的机动情况。

第 25.331(c) 款规定了俯仰机动情况的要求，俯仰机动包括非校验机动和校验机动两种情况。非校验机动情况下，初始状态速度为 V_A，载荷系数等于 1g，操纵力配平为零。整个过程假定速度不变，升降舵的偏转速率的取值不小于第 25.331(a) 款要求的数据。此时，突然移动俯仰操纵器件到最大偏度并保持，来获得极大的抬头俯仰加速度。水平尾翼载荷在俯仰机动过程中变化很大，尾翼载荷的确定与迎角、角速度和角加速度都有关，它们对尾翼载荷的大小、压心和分布影响很大。因此，确定尾翼载荷必须考虑飞机响应。在重心处的法向加速度超过第 25.333(b) 款要求的正限制载荷系数或引起的尾翼法向载荷达到最大值(两者中取先到者)以后的飞机载荷不必加以考虑。

对于校验机动情况,条款要求在速度 V_A 至 V_D 范围内都进行计算。

根据第 25.331(c)(2)(i)目要求,机动过程从平飞开始,然后移动俯仰操纵器件,使飞机低头。在达到第 25.337 条要求的最大负载荷系数前舵偏反向移动到某一位置,使飞机达到 1g 载荷系数[A_1 点到 D_1 点,第 25.333(b)款]后退出俯仰机动,同时要求此时飞机的正俯仰角加速度符合第 25.331(c)(2)(i)目。

根据第 25.331(c)(2)(ii)目要求,机动过程从平飞开始,然后移动俯仰操纵器件,使飞机抬头。在达到第 25.337 条要求的最大正载荷系数前舵偏反向移动到某一位置,使飞机达到最大载荷系数[A_2 点到 D_2 点,第 25.333(b)款]后退出俯仰机动,同时要求此时飞机的负俯仰角加速度符合第 25.331(c)(2)(ii)目。

条款没有对舵偏角的大小做出直接规定,但规定了初始阶段载荷系数为 1.0 时的正俯仰角加速度的大小,实际上是对舵偏的大小做了限制;规定了达到最大载荷系数时的负俯仰角速度的大小,实际上是对返舵的大小做了限制。舵偏角如果超出结构限制偏角就取结构限制偏角。若舵偏角已经达到结构限制偏角,正负角加速度还不满足条文要求,说明飞机不可能达到规定的角加速度值,此种情况也是符合条文要求的。

失配平情况是第 25.255 条中的规定的一种特殊情况,具体到飞机的纵向情况来说就是指平尾微动角没有正确的配平飞机,而其未配平部分,则由舵面来配平。按规范要求,失配平度定义为按实际偏转速率偏 3 秒产生的微动角,需要考核的过载为 $-1.0 \sim +2.5$。

2.2 相关条款

与第 25.331 条相关的条款如表 2-1 所示。

表 2-1 第 25.331 条相关条款

序 号	相 关 条 款	相 关 性
1	第 25.255 条	本条中提及的失配平情况由第 25.255 条具体规定
2	第 25.333 条	本条引用到的机动包线见第 25.333 条
3	第 25.335 条	本条引用到的各种飞机速度由第 25.335 条具体规定
4	第 25.337 条	本条引用到的各种机动载荷系数由 25.337 条确定

3 验证过程

3.1 验证对象

第 25.331 条的验证对象为飞机在对称机动情况产生的载荷。

3.2 符合性验证思路

该条款需要计算在对称机动载荷情况产生的飞机载荷,包括飞行载荷和惯性载荷。这些对称机动情况包括机动平衡情况、非校验机动情况、校验机动情况和失配平状态。在计算时需使用的气动导数和压力分布数据需从合理的风洞试验获得。

3.3 符合性验证方法

通常,针对第 25.331 条的符合性验证方法如表 3-1 所示。

表 3-1 建议的符合性方法表

条 款 号	专 业	符 合 性 方 法										备 注
		0	1	2	3	4	5	6	7	8	9	
第 25.331 条	载 荷			2								
第 25.331 条	气 动					4						风洞试验

3.4 符合性验证说明

本条款的验证方法为 MOC2 计算分析和 MOC4 实验室试验。

3.4.1 MOC2 验证过程

为了验证本条,首先应把本条款对对称机动情况的纵向载荷计算原理,固化到飞机型号的载荷计算原理中,并形成统一的和具体的计算方法,以确保整个型号的载荷计算统一按条款要求进行。这也证明了对第 25.331(a)款的符合性。

(1) 按第 25.331(b)款计算机动平衡情况的飞机总载荷。假定飞机在俯仰角加速度为零的情况下达到平衡,也即是假定飞机是稳定俯仰的。在这种假定条件下,飞机始终处于一种平衡状态,可以通过静气动平衡方程求解。载荷计算时要考虑从第 25.333(b)款中的从 A 点到 I 点的机动平衡情况。其中 A 点是襟翼收上状态下达到正向最大过载的情况,此时飞机最大过载为 +2.5。而 I 点是襟翼放下时达到正向最大过载的情况,此时飞机最大过载为 +2.0。在此机动计算模拟中如果飞机由于自身特性达不到限制过载系数,则按照实际情况进行计算;但若由于升降舵的偏转限制使飞机达不到最大正载荷系数时,则应调整飞机安定面的配平角度进行补偿,直至达到最大正载荷系数。

(2) 按第 25.331(c)款计算飞机的 V_A 时的升降舵最大偏转(非校验机动)情况和规定的操纵器件移动(校验机动)情况的总载荷。

第 25.331(c)(1)项所规定的是初始状态为 V_A 的 1g 平飞状态,飞机由全动平尾配平。此时假设驾驶员施加第 25.397 条中对应的操纵力使升降舵突然上偏至最大位置,直到平尾最大载荷出现,或飞机达到最大机动载荷系数(取先到者)。整个过程中可假定速度不变,如有操纵的合理数据,升降舵偏转速率只要不小于合理数值即可。如无合理数据,则可采用阶跃输入(更为保守)。

第 25.331(c)(2)项所规定的校验机动情况要求在速度 V_A 至 V_D 范围内都要分析,以得到飞机最大正负角加速度情况下对应的最大载荷。对校验机动的分析国内和国际上存在很多做法,如时间历程法等。CCAR 规章实际上是采用了简单估算的方法。其做法是首先按机动平衡状态给出飞机在过载 1g 和 n_{MAX} 时对应的全机载荷,然后将由加速度产生的载荷叠加到原载荷上得到载荷分析结果。

(3) 计算飞机在失配平状态下的飞行总载荷。

(4) 按上述计算得到的飞行总载荷,得到飞机各个部分的分布载荷,用于后续强度校核。

3.4.2　MOC4 验证过程

在条款要求的速度范围,进行足够多的测压和测力风洞试验,以获取载荷计算时需要的气动导数和压力分布数据。

3.5　符合性文件清单

通常,针对第 25.331 条的符合性文件清单如表 3-2 所示。

表 3-2　建议的符合性文件清单

序　号	符　合　性　报　告	符合性方法
1	飞行速度包线	MOC2
2	稳定俯仰机动飞行总载荷	MOC2
3	校验机动飞行总载荷	MOC2
4	非校验机动飞行总载荷	MOC2
5	失配平状态飞行总载荷	MOC2
6	低速状态飞行总载荷	MOC2
7	全机惯性力分布(纵向情况)	MOC2
8	机翼飞行分布载荷(纵向情况)	MOC2
9	机身飞行分布载荷(纵向情况)	MOC2
10	平尾飞行分布载荷(纵向情况)	MOC2
11	活动翼面飞行分布载荷(纵向情况)	MOC2
12	风洞试验大纲	MOC4
13	风洞试验报告	MOC4

4　符合性判据

对于本条款的符合性验证,符合性判据如下:

(1) 原始数据来源需足够可靠。这些数据包括重量重心、速度、飞机的升力和力矩系数,平尾升力系数、发动机推力等。

(2) 使用的所有气动数据都必须是现行有效的,相关风洞试验经过审查方审查。

(3) 载荷分析必须考虑条款中规定的飞行包线上的各个边界点。

(4) 在各种机动状态下的分析必须充分考虑飞机的飞行速度的影响。

(5) 在载荷分析时还应考虑飞机的弹性变形的影响。

(6) 需进行必要的条款符合性说明。

(7) 本条款需要在载荷试飞完成后才能关闭。

参考文献

[1]　14 CFR 修正案 25 - 23 Transport Category Airplane Type Certification Standards [S].

[2]　14 CFR 修正案 25 - 46 Airworthiness Review Program Amendment No. 7 [S].

[3]　14 CFR 修正案 25 - 72 Special Review：Transport Category Airplane Airworthiness Standards [S].

[4]　14 CFR 修正案 25 - 86 Revised Discrete Gust Load Design Requirements [S].

[5]　14 CFR 修正案 25 - 91 Revised Structural Loads Requirements for Transport Category Airplanes [S].

[6]　FAA. AC25 - 21 Certification of Transport Airplane Structure [S]. 1999.

运输类飞机适航标准
第 25.333 条符合性验证

1 条款介绍

1.1 条款原文

第 25.333 条 飞行机动包线

（a）总则 位于本条（b）中典型的机动包线（V−n 图）边界上和边界内的空速和载荷系数的任一组合，均必须满足强度要求。在确定第 25.1501 条中规定的飞机结构使用限制时也必须采用此包线。

（b）机动包线

（c）〔删除〕

〔中国民用航空局 2001 年 5 月 14 日第三次修订〕

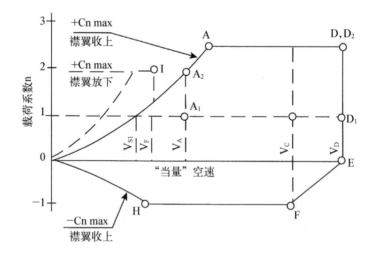

1.2 条款背景

本条款规定了飞机在机动过程中载荷因数和空速的限制范围，为飞机实际操作时允许的飞行包线提供了一种结构设计包线。

1.3 条款历史

第 25.333 条在 CCAR25 部初版首次发布,截至 CCAR – 25 – R4,该条款共修订过 1 次,如表 1 – 1 所示。

表 1 – 1 第 25.333 条条款历史

第 25.333 条	CCAR25 部版本	相关 14 CFR 修正案	备 注
首次发布	初版	—	
第 1 次修订	R3	25 – 86	

1.3.1 首次发布

1985 年 12 月 31 日发布了 CCAR25 部初版,其中包含第 25.333 条,该条款参考 1964 年 12 月 24 日发布的 14 CFR PART 25 中的 §25.333 的内容制定。

1.3.2 第 1 次修订

2001 年 5 月 14 日发布的 CCAR – 25 – R3 对第 25.333 条进行了修订,本次修订参考了 14 CFR 修正案 25 – 86 的内容:删除了 §25.333(c)阵风包线,将标题由"飞行包线"改为"飞行机动包线",并对(a)引用部分做了相应的修改。

2 条款解读

2.1 条款要求

飞行机动包线是飞机在机动过程中载荷系数和空速的限制范围。本条款要求飞机在包线边界上和边界内的空速和载荷系数的任一组合必须满足强度要求。在飞机使用限制中的各种载荷系数和空速组合时不允许超出该机动包线范围。

第 25.1501 条是 G 分部使用限制和资料的总则性条款。第 25.1531 条要求制定不大于第 25.333(b)款的正向限制载荷系数。

飞行机动包线中使用的速度是当量速度。飞行机动包线分为襟翼收上状态的包线(实线部分)和襟翼放下状态的包线(虚线部分)。

包线中各个特征点对应于飞机使用的设计速度。上下边界对应于规定的机动载荷系数,左边界对应于最大法向升力系数,右边界对应于飞机的设计俯冲速度。

襟翼放下状态的包线上边界对应于襟翼放下时的最大法向升力系数,右边界对应于飞机的襟翼设计速度。

机动包线 H 点处及其左边界的确定需要使用负 C_{nmax},一般情况下,得到负 C_{nmax} 的风洞试验难以实现,可以采用估计值,在正的最大升力系数上乘以一个系数。如:

$$负\ C_{nmax} = -k（正\ C_{nmax}）$$

系数 k 通常可以取 $0.6 \sim 1.0$。

2.2　相关条款

与第 25.333 条相关的条款如表 2-1 所示。

表 2-1　第 25.333 条相关条款

序　号	相关条款	相　关　性
1	第 25.321 条	第 25.321 条为飞行载荷的总则性条款
2	第 25.335 条	第 25.335 条为设计空速。确定本条要求的飞行机动包线使用的各个特征设计速度应符合第 25.335 条的要求
3	第 25.337 条	第 25.337 条为限制机动载荷系数。确定本条要求的飞行机动包线最大正/负机动载荷系数应符合第 25.337 条的要求
4	第 25.345 条	第 25.345 条为增升装置。对于飞行机动包线襟翼放下状态的上边界，根据第 25.345 条，低速情况飞机机动到正过载系数+2.0
5	第 25.1501 条	在确定第 25.1501 条中规定的飞机结构使用限制时也必须采用此包线
6	第 25.1531 条	第 25.1531 要求制定不大于第 25.333(b) 条的正向限制载荷系数

3　验证过程

3.1　验证对象

第 25.333 条的验证对象为飞机飞行载荷和强度。

3.2　符合性验证思路

针对第 25.333 条，需要通过载荷分析/计算的方法确定飞机机动包线来表明符合性。

3.3　符合性验证方法

通常，针对第 25.333 条的符合性验证方法如表 3-1 所示。

表 3-1　建议的符合性方法

条　款　号	专　业	符合性方法										备　注
		0	1	2	3	4	5	6	7	8	9	
第 25.333 条	载　荷			2								

3.4　符合性验证说明

根据第 25.335 条确定包线中的各个特征设计速度，包括每个不同重量高度下

的 V_A、V_C、V_D 和 V_F。

对于襟翼收上状态,根据第 25.337 条确定最大正机动载荷系数,即上边界;确定最大负机动载荷系数,即下边界;右边界由 V_D 确定;右下边界的负载荷系数由 V_C 时的-1.0 线性变化到 V_D 时的 0 过载;左边界使用飞机的最大法向力系数进行计算。

对于襟翼放下状态,根据第 25.345 条,低速情况飞机机动到正过载系数 +2.0,即上边界;由 V_F 确定右边界;左边界使用襟翼放下状态时飞机的最大方向力系数进行计算。

针对飞机不同的重量和高度,给出相应的飞行机动包线。

在本条规定的机动包线内及边界上选择足够多的点,确保不遗漏载荷严重情况。并据此包线确定第 25.1501 条的使用限制。

3.5　符合性文件

通常,针对第 25.333 条的符合性文件清单如表 3-2 所示。

表 3-2　建议的符合性文件清单

序　号	符 合 性 报 告	符合性方法
1	飞机飞行机动包线计算分析报告	MOC2

4　符合性判据

针对第 25.333 条,按条款的规定设计机动包线。位于机动包线边界上和边界内的空速和载荷系数的任一组合,经计算分析、静力试验和飞行试验验证能够满足第 25.305 条的强度要求。确定第 25.1501 条中规定的飞机结构的使用限制时采用了此包线。

参考文献

[1]　14 CFR 修正案 25-86 Revised Discrete Gust Load Design Requirements [S].

[2]　FAA. AC25-10 Guidance for Installation of Miscellaneous, Nonrequired Electrical Equipment [S]. 1987.

[3]　FAA. AC25-21 Certification of Transport Airplane Structure [S]. 1999.

运输类飞机适航标准
第 25.335 条符合性验证

1 条款介绍

1.1 条款原文

第 25.335 条　设计空速

选定的设计空速均为当量空速(EAS)。估算的 V_{SO} 和 V_{S1} 值必须是保守的。

(a) 设计巡航速度 V_C　对于 V_C,采用下列规定:

(1) V_C 的最小值必须充分大于 V_B,以应付严重大气紊流很可能引起的意外的速度增加;

(2) 除第 25.335(d)(2)条以外,V_C 不得小于 $V_B+1.32U_{REF}$(U_{REF} 按第 25.341(a)(5)(i)条的规定),但 V_C 也不必超过飞机在相应的高度以发动机最大连续功率(推力)平飞时的最大速度;

(3) 在 V_D 受 M 数限制的高度上,V_C 可限制在一选定的 M 数。

(b) 设计俯冲速度 V_D　必须选定 V_D 以使 V_C/M_C 不大于 $0.8V_D/M_D$,或使 V_C/M_C 和 V_D/M_D 之间的最小速度余量是下列值中的大者:

(1) 从以 V_C/M_C 定常飞行的初始情况开始,飞机颠倾,沿着比初始航迹低 7.5° 的飞行航迹飞行 20 秒钟,然后以载荷系数 1.5(0.5g 的加速度增量)拉起。只要所使用的气动数据是可靠的或保守的,则上述机动中出现的速度增量可采用计算值。开始拉起之前假定具有第 25.175(b)(1)(iv)条规定的功率(推力),开始拉起时可以假定功率(推力)减小并使用驾驶员操纵的阻力装置;

(2) 最小速度余量必须足以应付大气条件的变动(例如水平突风和穿过急流与冷峰),以及应付仪表误差和飞机机体的制造偏差。这些因素可以基于概率来考虑。但是在 M_C 受到压缩性效应限制的高度上,该余量不得小于 0.07M,除非用合理的分析考虑了所有自动系统的影响得到了更低的余度。在任何情况下,该余量不得小于 0.05M。

(c) 设计机动速度 V_A　　对于 V_A，采用下列规定：

(1) V_A 不得小于 $V_{Sl}\sqrt{n}$ ①

式中：

(i) n 为 V_C 时的正限制机动载荷系数；

(ii) V_{Sl} 为襟翼收起形态的失速速度。

(2) V_A 和 V_{Sl} 必须按所考虑的设计重量和高度进行计算；

(3) V_A 不必大于 V_C，或不必大于同正 C_{Nmax} 曲线与正机动载荷系数线交点相对应的速度，两者中取小值。

(d) 对应最大突风强度的设计速度 V_B

(1) V_B 不得小于

公制：$V_{Sl}\left(1+\dfrac{KgUrefVca}{16W}\right)^{1/2}$

英制：$V_{Sl}\left(1+\dfrac{KgUrefVca}{498W}\right)^{1/2}$

式中：

V_{Sl} 为以 C_{NAmax} 为基础在所考虑的特定重量下，襟翼收起形态的 1g 失速速度

V_C 为设计巡航速度（米/秒，节，当量空速）

U_{ref} 为从第 25.341(a)(5)(i) 条得到的参考突风速度（米/秒，英尺/秒，当量空速）

W 为在所考虑的特定重量下的平均机翼载重（公斤/米^2，磅/英尺^2）

$$K_g = \frac{0.88\mu}{5.3+\mu}$$

$$\mu = \frac{2W}{\rho c a g}$$

ρ 为空气密度（公斤·秒^2/米^4，斯拉格/英尺 3②）

c 为机翼的平均几何弦长（米，英尺）

g 为重力加速度（米/秒^2，英尺/秒^2）

a 为飞机法向力系数曲线的斜率，C_{NA}/弧度

(2) 在 V_C 受马赫数限制的高度上

(i) V_B 的选择可以在低和高的速度抖振边界之间给出最佳余度；

(ii) V_B 不必大于 V_C。

(e) 设计襟翼速度 V_F　　对于 V_F，采用下列规定：

---

① 原条款未区分正斜体，且此处应为 $V_{Sl}\sqrt{n}$。——编注
② 原文如此，应为英尺^3。——编注

（1）对应每一襟翼位置（按第 25.697(a) 条制定）的设计襟翼速度，必须充分大于对各相应飞行阶段（包括中断着陆）所推荐的飞行速度，以计及空速控制的预期变化和由一种襟翼位置到另一种襟翼位置的转换；

（2）如采用襟翼自动定位装置或载荷限制装置，则可取此装置程序规定的或装置许可的速度和相应襟翼位置；

（3）V_F 不得小于：

（i）$1.6V_{S1}$，襟翼在以最大起飞重量起飞时的位置；

（ii）$1.8V_{S1}$，襟翼在以最大着陆重量进场时的位置；

（iii）$1.8V_{S0}$，襟翼在最大着陆重量着陆时的位置。

（f）设计阻力装置速度 V_{DD}　对每一阻力装置所选定的设计速度，必须充分大于使用该装置时所推荐的速度，以计及速度控制的预期变化，对于供高速下降时使用的阻力装置，V_{DD} 不得小于 V_D。当阻力装置采用自动定位措施或载荷限制措施时，设计中必须取此自动措施程序规定的或自动措施许可的速度和相应的阻力装置位置。

〔中国民用航空局 2001 年 5 月 14 日第三次修订〕

1.2　条款背景

第 25.335 条明确了进行飞机结构设计所使用的设计空速要求。

1.3　条款历史

第 25.335 条在 CCAR25 部初版首次发布，截至 CCAR - 25 - R4，该条款共修订过 1 次，如表 1-1 所示。

表 1-1　第 25.335 条条款历史

第 25.335 条	CCAR25 部版本	相关 14 CFR 修正案	备注
首次发布	初版	25 - 23	
第 1 次修订	R3	25 - 86,25 - 91	

1.3.1　首次发布

1985 年 12 月 31 日发布了 CCAR25 部初版，其中包含第 25.335 条，该条款参考了 14 CFR 修正案 25 - 23 的 §25.335 的内容制定：对设计俯冲速度的定义进行了修改；增加了第 25.335(f) 款，对飞机操纵部件所允许的最大飞行空速（设计阻力装置速度）进行了定义。

1.3.2　第 1 次修订

2001 年 5 月 14 日发布的 CCAR - 25 - R3 对第 25.119 条进行了修订，本次修订参考了 14 CFR 修正案 25 - 86 和 25 - 91 的内容。

修正案 25 - 86 更改了规章中的突风载荷分析要求，定义了新的突风分析方法，并将对应大突风强度的速度 V_B 的规定进行了更改,与新的突风分析方法中的规定保持一致。FAA 认为新的规定与原内容并无大的差别,但其得出是建立在很多的飞机服役经验数据的基础上,更加能够反映真实情况并符合保守的原则,修正案中还考虑到,飞机在运营过程中会按厂家给出的紊流穿越速度 V_{RA} 在遇到突风时进行飞行,充分保证了与失速速度间的余量,所以在定义 V_B 时可以不考虑该项因素。同样的规定也将很快被欧洲规章所采用。另外公式中的一些错误在本修正案中进行了更正。

修正案 25-91 基于速度 V_C 对应的大突风强度(修正案 25-86 中对第 25.341 条的规定),对这个最小速度余量进行了重新定义,并说明了第 25.335(b)(2)项的目的,要求进行合理的分析。并推荐申请人按 AC25-335-1 的方法表明对条款的符合性,FAA 认为使用 0.07M 的余量可以代替对合理分析的要求。而原来规定的速度余量 0.05M 则不能充分满足此项要求必须补充进行合理的应对大气条件的分析。

2 条款解读

2.1 条款要求

设计空速是制定飞行包线的基础,飞机结构必须保证飞机在飞行包线内以及边界上的飞行安全。飞行载荷的计算都是在规定的设计空速下进行的,因此设计空速的正确性是设计分析飞机结构强度的前提。

2.1.1 设计巡航速度 V_C

本条(a)款主要从强度角度考虑以应付大气紊流的影响,特别是迎面阵风造成飞机意外的速度增加。当飞机遇到迎面强阵风时,会引起相对气流的速度增加,动压增加,从而引起飞机气动载荷增加。V_B 是本条规定的对应最大阵风强度的设计速度。因此,本款要求 V_C 的最小值必须充分大于 V_B,这样在遇到强阵风时,飞行速度就不会超过 V_C,从而保证飞机的强度。本条(a)款规定,V_C 不得小于 V_B+1.32 U_{REF}(U_{REF} 按第 25.341(a)(5)(i)目的规定),这样 V_C 的下限有了限制。至于上限由于飞行速度受推力限制,若 V_C 定得太大而实际达不到会使强度设计过于保守,也是不合理的,因此条款又规定 V_C 不必超过飞机在相应的高度以发动机最大连续功率(推力)平飞时的最大速度。

设计速度中最大的速度是 V_D,定义为设计俯冲速度。在速度一定的情况下,高度越高马赫数越大,而气动特性在接近临界马赫数的附近变化很大,不利于飞机的正常飞行,因此 V_D 到一定高度将受到马赫数的限制。此时 V_D 将减小,这样 V_C 用速度限制就与 V_D 不协调,因此本款又规定了在 V_D 受马赫数限制的高度上,V_C 可限制在一选定的马赫数。

2.1.2 设计俯冲速度 V_D

V_C 是正常使用(包括下滑)不能超过的速度,而 V_D 是考虑紧急情况时下滑达到的设计限制速度。V_D 定得太小则与 V_C 之间的余量太小不能满足应急情况的飞行要求；定得太大实际下滑时达不到，飞机强度太保守，因此本条(b)款对 V_D 和 V_C 之间的速度余量做出定量规定，或是满足 V_C/M_C 不大于 $0.8 V_D/M_D$，或是 V_C/M_C 和 V_D/M_D 之间的速度余量取下述两种余量的大者：

(1) 飞机以速度 V_C(马赫数限制高度上以 M_C)定常飞行开始，飞机低头沿比初始航迹低 7.5°的飞行航迹飞行 20 秒，然后以载荷系数 1.5(0.5g 的加速度增量)拉起。此速度增量在使用的气动数据时可靠的或保守地条件下可以采用计算值。整个俯冲在拉起之前发动机功率按照第 25.175(b)(1)(iv)目的规定值，开始拉起时可假定功率减小并使用驾驶员操纵的阻力装置。

(2) 在不受压缩性影响的高度上，需验证速度的余量能够满足大气条件的变化(如水平阵风和穿过急流与冷锋)，在分析的过程中还应考虑飞机的仪表引起的速度测量误差，及在制造过程中产生的飞机外部蒙皮皱褶等影响流场从而导致速度测量误差的因素；在受马赫数限制的高度上，两者间的速度余量最小不能低于0.07M，即使有充分的数据能证明两者间的余度足够，其余量也不能小于 0.05M。

2.1.3　设计机动速度 V_A

设计机动速度 V_A 是飞机急剧俯仰机动(急偏升降舵)时的规定速度。在滚转机动时，规定副翼偏角达到最大，也作为确定使用限制机动速度的条件。因此，V_A 取得太大，飞机受载严重，取得太小，机动载荷因数上不去，机动性不能充分发挥；本条规定 V_A 不得小于 $V_{S1}\sqrt{n}$。n 为 V_C 时的限制机动载荷因数，V_{S1} 为襟翼收起构型的失速速度。V_{S1} 与所考虑的设计重量和高度有关，因此规定 V_A 和 V_{S1} 必须按所考虑的重量和高度进行计算。对 V_A 的下限做出了以上的规定后，规定其上限值部大于 V_C 或不必大于的第 25.333(b)款中机动包线 A 点对应的速度，两者取小值，一般后者小。

2.1.4　对应最大阵风强度的设计速度 V_B

V_B 是对应飞机遭遇第 25.341(a)(1)项中规定的最强阵风时的飞行速度。V_B 取得太大，会使载荷过大，造成飞机强度过于保守；取得太小，使飞机遭遇最强阵风时的实际迎角大于失速迎角，危及飞行安全。所以，本条(d)(1)项规定了 V_B 的最小取值。对于 V_B 的上限，本条(d)(2)项规定其在 V_C 受马赫数限制的高度上，V_B 不必大于 V_C。飞机在一个特定的重量和高度下，具有低速和高速情况下的两个抖振边界，V_B 的选择可以参照低速和高速抖振边界，在这两个抖振边界之间给出最佳速度余量。

2.1.5　设计襟翼速度 V_F

襟翼为增升装置，一般在着陆、进近、起飞和复飞时使用并有响应的襟翼位装置。在使用个过程中都有相应的推荐速度，这些速度在随机文件中给出。为了考虑由于阵风等因素或襟翼位置的变化所引起的飞行速度增加，飞机设计襟翼速度必须充分大于相应的推荐速度。应在对飞机的襟翼等部件进行结构强度校核的过程中考虑设计襟翼速度 V_F。

对于采用了襟翼自动定位装置或载荷限制装置的飞机，遇到各种因素引起的速度变化,其受载不会增加,因此这种襟翼的设计速度可取此装置程序规定的或装置许可的速度和相应的襟翼位置。

本条(e)(3)项对 V_F 的下限值做了具体规定,V_F 不得小于:

(1) $1.6V_{S1}$,襟翼在以最大起飞重量起飞时的位置。

(2) $1.8V_{S1}$,襟翼在以最大着陆重量进场时的位置。

(3) $1.8V_{SO}$,襟翼在以最大着陆重量着陆时的位置。

2.1.6 设计阻力装置速度 V_{DD}

阻力装置是一种减速装置。在飞行过程中或者着陆过程中有时需要加快减速,阻力装置打开后,阻力增加,速度下降增快。根据使用情况,随机资料要给出适用阻力装置的推荐速度,但有时遭遇阵风,或其他非正常情况下的使用,要考虑这些因素对使用该装置时所推荐的速度。有的阻力装置使用中对应不同的速度范围打开的角度大小不一样,有的超过某一载荷时能减小打开角度以保持某一载荷值,对于这种装置必须取此自动定位程序规定的或自动装置许可的速度和相应的阻力装置位置。

2.2 相关条款

与第 25.335 条相关的条款如表 2-1 所示。

表 2-1 第 25.335 条相关条款

序 号	相 关 条 款	相　关　性
1	第 25.175 条	第 25.175 条为纵向静稳定性的演示。第 25.335(b)(1)项中提及"开始拉起之前假定具有第 25.175(b)(1)(iv)条规定的功率(推力)"
2	第 25.321 条	第 25.321 条为飞行载荷的总则性条款
3	第 25.333 条	第 25.333 条为飞行机动包线。确定飞行机动包线时使用的空速数据应符合本条的要求
4	第 25.337 条	第 25.337 条为限制机动载荷系数,其中使用的 V_C、V_D 应符合本条的要求
5	第 25.341 条	第 25.341 条为突风和紊流载荷。本条(d)(1)项中要求 U_{ref} 为从第 25.341(a)(5)(i)目得到的参考突风速度;第 25.341 条中使用的 V_C、V_D 等应符合本条的要求
6	第 25.697 条	第 25.697 条为升力和阻力装置及其操纵器件。第 25.335(e)(1)项中每一襟翼位置应按第 25.697(a)款制定

3 验证过程

3.1 验证对象

第 25.335 条的验证对象为飞机的设计空速。

3.2 符合性验证思路

针对第 25.335 条,通过分析计算表明设计空速均符合该条款的要求。通过飞行试验验证 V_C 与 V_D 的余量。

3.3 符合性验证方法

通常,针对第 25.335 条的符合性验证方法如表 3-1 所示。

表 3-1　建议的符合性方法

条 款 号	专 业	符 合 性 方 法										备 注
		0	1	2	3	4	5	6	7	8	9	
第 25.335 条	载 荷			2								
第 25.335 条	气 动							6				

3.4 符合性验证说明

针对第 25.335 条,采用 MOC2 计算分析和 MOC6 飞行试验的方法表明符合性。

3.4.1 V_C 和 V_D 的确定

V_C 和 V_D 采用初始设计数据,后续通过验证的方式确认其符合第 25.335(a)款和第 25.335(b)款的要求。

3.4.2 V_A 的计算

V_A 的要求见第 25.335(c)款,计算时考虑取 $V_A = V_{S1}\sqrt{n}$。 其中,V_{S1} 针对考虑的各种设计重量和高度确定,V_C 对应的 n 按第 25.337(b)款的要求确定。

3.4.3 V_B 的计算

V_B 的要求见第 25.335(d)款和第 25.335(a)(2)项,计算时考虑取 V_B 等于 $V_{S1}\left(1+\dfrac{K_g U_{ref} V_C a}{16W}\right)^{1/2}$,在 V_C 受马赫数限制的高度上检查抖振升力系数与相应重量下 V_B 升力系数的比值,若过小,则增大 V_B,但不大于 V_C;在不受马赫数限制的高度下检查 V_B 是否不大于 $V_C - 1.32U_{ref}$,若大于则减小 V_B 至 $V_C - 1.32U_{ref}$。

3.4.4 V_F 的计算

V_F 的要求见第 25.335(e)款,按第 25.335(e)(3)项计算出 V_F 的最小值,参考相似机型确定 V_F 数值,并确认其满足第 25.335(e)(1)项和第 25.335(e)(2)项的要求。

3.4.5 V_{DD} 的计算

确定每一阻力装置使用时的速度范围作为推荐速度,研究确定速度控制的预期变化增量,设计阻力装置的速度至少取推荐速度与速度预期变化增量之和。高速下降时使用的设计阻力装置的速度取 V_D。阻力装置采用了自动定位措施或载荷限制措施时,取与阻力装置各种位置相应的许可速度作为设计速度。

3.4.6　飞行试验

进行高速特性飞行试验,从 V_C/M_C 配平飞机到稳定飞行,之后使飞机颠倒,沿着比初始航迹低 7.5°的飞行航迹飞行 20 秒,然后以载荷系数 1.5(0.5g 的加速度增量)拉起,试验结果应表明拉起后的速度小于 V_D/M_D。

3.5　符合性文件清单

通常,针对第 25.335 条的符合性文件清单如表 3-2 所示。

表 3-2　建议的符合性文件清单

序　号	符 合 性 报 告	符合性方法
1	飞机飞行速度包线	MOC2
2	高速特性飞行试验大纲	MOC6
3	高速特性飞行试验报告	MOC6

4　符合性判据

针对第 25.335 条,可接受的符合性判据为:

(1) 选定的设计空速均为当量空速。

(2) 估算的失速速度偏保守,并经试飞验证。

(3) V_A 不小于 $V_{S1}\sqrt{n}$。

(4) V_B 不小于 $V_{S1}\left(1+\dfrac{K_g U_{ref} V_C a}{498W}\right)^{1/2}$,在 V_C 受马赫数限制的高度上,V_B 不大于 V_C。

(5) V_C 大于 V_B,在 V_C 不受马赫数限制的高度上,V_C 不小于 $V_B+1.32U_{ref}$。V_C/M_C 不大于 $0.8V_D/M_D$,或计算及试飞结果表明两者间的最小速度余量满足第 25.335(b)(1)项和第 25.335(b)(2)项的要求。

(6) V_F 不小于第 25.335(e)(3)项计算出的数值,且对应每一襟翼位置,充分大于各相应飞行阶段所推荐的飞行速度。

(7) V_{DD} 符合第 25.335(f)款数值要求。

参考文献

[1]　14 CFR 修正案 25-23 Transport Category Airplane Type Certification Standards [S].

[2]　14 CFR 修正案 25-86 Revised Discrete Gust Load Design Requirements [S].

[3]　14 CFR 修正案 25-91 Revised Structural Loads Requirements for Transport Category Airplanes [S].

[4]　FAA. AC25.253-1A High-speed Characteristics [S]. 1976.

[5]　FAA. AC25.629-1A Aeroelastic Stability, Substantiation, Transport Category Airplanes

[S]. 1998.

[6]　　FAA. AC25. 335 – 1A Design Dive Speed [S]. 2000.

[7]　　FAA. AC25 – 21 Certification of Transport Airplane Structure [S]. 1999.

[8]　　FAA. AC25. 672 – 1 Active Flight Controls [S]. 1983.

运输类飞机适航标准 第25.337条符合性验证

1 条款介绍

1.1 条款原文

第25.337条 限制机动载荷系数

（a）除受到最大（静）升力系数的限制外，假定飞机经受对称机动并达到本条所规定的限制机动载荷系数。必须考虑相应于飞机拉起和定常转弯机动的合适的俯仰速度。

（b）对于直到V_D的任一速度，正限制机动载荷系数"n"不得小于

$$2.1+\left(\frac{10,890}{W(公斤)+4,540}\right) \qquad \left(2.1+\left(\frac{24,000}{W(磅)+10,000}\right)\right),$$

但是"n"不得小于2.5，不必大于3.8，此处W为设计最大起飞重量。

（c）对于负限制机动载荷系数，采用下列规定：

（1）在直到V_C的各种速度下，不得小于−1.0；

（2）必须随速度从V_C时的对应值线性变化到V_D时的零值。

（d）如果飞机具有的设计特征使其在飞行中不可能超过本条规定的机动载荷系数，则可采用小于本条规定的值。

1.2 条款背景

第25.337条对飞行限制机动载荷因数提出了要求，以保证飞机能够承受在服役期间任何可能遇到的机动并无结构损伤。

1.3 条款历史

第25.337条在CCAR25部初版首次发布，截至CCAR−25−R4，该条款未进行过修订，如表1−1所示。

表1−1 第25.337条条款历史

第25.337条	CCAR25部版本	相关14 CFR修正案	备　注
首次发布	初版	25−23	

1985 年 12 月 31 日发布了 CCAR25 部初版,其中包含第 25.337 条,该条款参考 14 CFR 修正案 25-23 制定:1964 年 12 月 24 日发布的 14 CFR PART 25 中的 §25.337 只规定飞机的最大机动载荷系数不小于 2.5,而在此基础上的数值是由申请人自己确定的,无规章要求。修正案 25-23 对该条款的要求进行了修改,给出根据飞机最大起飞重量计算限制机动载荷系数的公式,此公式与 23 部中使用的公式一致,对最大起飞重量小于 50 000 磅的飞机限制机动载荷系数为 2.5~3.8。

2　条款解读

2.1　条款要求

飞行包线规定了飞机重心处的载荷系数,其变化范围左边界由最大法向力系数确定,其他机动载荷系数由本条(b)款和(c)款给出。分别对应于飞机机动包线中的上、下边界。

本条(a)款强调要同时考虑飞机拉起和定常转弯机动的俯仰速率,即要考虑俯仰速率对在载荷因数的影响。如果飞机俯仰或定常侧滑时飞机的俯仰角速度过大,那么将直接导致飞机的机动过载系数增加。

本条(a)款中规定可以考虑飞机最大(静)升力系数的限制,即可能存在飞机全机升力系数不高,飞行达不到规定的载荷系数的情况。

本条(d)款还进行了补充说明,由于飞机具有的设计特征使其在飞行中不可能超过本条规定的载荷系数,则可采用小于本条(b)款和本条(c)款中规定的限制机动载荷系数。

2.2　相关条款

与第 25.337 条相关的条款如表 2-1 所示。

表 2-1　第 25.337 条相关条款

序　号	相 关 条 款	相　　关　　性
1	第 25.321 条	第 25.321 条为飞行载荷的总则性条款
2	第 25.333 条	第 25.333 条为飞行机动包线。确定第 25.333 条要求的飞行机动包线使用的各个特征设计速度应符合本条的要求
3	第 25.335 条	第 25.335 条为设计空速。本条款中 V_C 和 V_D 应符合第 25.335 条的要求

3　验证过程

3.1　验证对象

第 25.337 条的验证对象为限制机动载荷。

3.2　符合性验证思路

针对第 25.337 条,通过载荷分析/计算得到限制机动载荷系数,并确定满足本条的要求。

3.3　符合性验证方法

通常,针对第 25.337 条的符合性验证方法如表 3 - 1 所示。

表 3 - 1　建议的符合性方法

条　款　号	专　业	符 合 性 方 法										备　注
		0	1	2	3	4	5	6	7	8	9	
第 25.337 条	载　荷			2									

3.4　符合性验证说明

针对第 25.337 条,通过 MOC2 计算分析表明符合性。

通过本条(b)款提供的公式确定飞行包线上正限制机动载荷系数。按照公式计算得到的载荷系数 n,若小于 2.5,则取 n 为 2.5;若大于 3.8,则取 n 为 3.8。负机动载荷系数可由本条(c)款确定。在直到 V_C 的所有速度范围内 n 不小于 -1.0。而从 V_C 到 V_D,n 从 -1.0 线性变化到 0。

若实际飞行中的某些状态下,飞机机动载荷系数受到飞机最大升力系数影响达不到限制载荷因数,或飞机具有的设计特征使其在飞行中不可能超过本条规定的载荷系数,应进行分析/说明。

3.5　符合性文件清单

通常,针对第 25.337 条的符合性文件清单如表 3 - 2 所示。

表 3 - 2　建议的符合性文件清单

序　号	符 合 性 报 告	符合性方法
1	飞机飞行速度包线	MOC2

4　符合性判据

针对第 25.337 条,可接受的符合性判据为:

(1) 正限制机动载荷系数在直至 V_D 的任一速度下,不小于 $2.1 + \left(\dfrac{10\ 890}{W(公斤) + 4\ 540}\right)$ 和 2.5 中的大者,不大于 3.8。

(2) 负限制机动载荷系数在直至 V_C 的任一速度下,不小于 -1.0,并随速度从 V_C 时的对应值线性变化到 V_D 时的零值。

参考文献

［1］ 14 CFR 修正案 25 - 23 Transport Category Airplane Type Certification Standards ［S］.

［2］ FAA. AC25 - 21 Certification of Transport Airplane Structure ［S］. 1999.

［3］ FAA. AC25.672 - 1 Active Flight Controls ［S］. 1983.

运输类飞机适航标准 第25.341条符合性验证

1 条款介绍

1.1 条款原文

第25.341条 突风和紊流载荷

(a) 离散突风设计准则 假定飞机在平飞中遇到对称的垂直和横向突风,限制突风载荷的确定必须根据下列规定:

(1) 必须通过动态分析确定结构各部分的载荷。分析必须考虑非定常气动特性和包括刚体运动在内的所有重要的结构自由度。

(2) 突风形状必须是:

对于 $0 \leqslant s \leqslant 2H$ $U = \dfrac{U_{ds}}{2} \times [1 - Cos(\pi s / H)]$

式中:

s 为进入突风区的距离(米,英尺)

U_{ds} 为用本条(a)(4)规定的当量空速表示的设计突风速度;

H 为突风梯度,即突风达到其峰值速度时与飞机飞行航迹的平行距离(米,英尺)。

(3) 必须在9.1米(30英尺)到106.7米(350英尺)范围内对突风梯度进行足够的研究,找出每个载荷数值的临界响应。

(4) 设计突风速度必须是:

$$U_{ds} = U_{ref} F_g \left(\frac{H}{350} \right)^{\frac{1}{6}}$$

式中:

U_{ref} 为用本条(a)(5)确定的当量空速表示的参考突风速度

F_g 为本条(a)(6)确定的飞行剖面缓和系数

(5) 采用下列参考突风速度:

(i) 在飞机设计速度 V_C 时:必须考虑海平面上参考突风速度为17.07米/秒

(56.0 英尺/秒)EAS 的正负突风。参考突风速度可以从海平面 17.07 米/秒(56.0 英尺/秒)EAS 线性下降到 4575 米(15,000 英尺)13.41 米/秒(44.0 英尺/秒)EAS。参考突风速度还可以进一步线性下降,从 4575 米(15,000 英尺)13.41 米/秒(44.0 英尺/秒)EAS 下降到 15200 米(50,000 英尺)7.92 米/秒(26.0 英尺/秒)EAS。

(ii) 在飞机设计速度 V_D 时:参考突风速度必须是从第 25.341(a)(5)(i)条得到的值的 0.5 倍。

(6) 飞行剖面缓和系数 F_g 必须从海平面值起线性增加到第 25.1527 条确定的最大使用高度时的 1.0。在海平面时,飞行剖面缓和系数由下列公式确定:

$$Fg=0.5(Fgz+Fgm)$$

式中:

$$F_{gz}=1-\frac{Z_{mo}}{250000}$$

Fgm＝R2Tan(πR1/4)的平方根;

R1 为最大着陆重量/最大起飞重量

R2 为最大零燃油重量/最大起飞重量

Zmo 为第 25.1527 条确定的最大使用高度

(7) 当分析中包括了增稳系统时,在从限制突风情况得到限制载荷时必须考虑任何显著的系统非线性影响。

(b) 连续突风设计准则 必须考虑飞机对垂直和横向连续紊流的动态响应。除非证明有更合理的准则,否则必须用本部附录 G 的连续突风设计准则来确定动态响应。

〔中国民用航空局 2001 年 5 月 14 日第三次修订〕

1.2 条款背景

第 25.341 条定义了飞机服役期间可能遇到的突风和紊流载荷情况,飞机的结构需按照该突风载荷设计。

1.3 条款历史

第 25.341 条在 CCAR25 部初版首次发布,截至 CCAR－25－R4,该条款共修订过 2 次,如表 1－1 所示。

表 1－1 第 25.341 条条款历史

第 25.341 条	CCAR25 部版本	相关 14 CFR 修正案	备 注
首次发布	初版	—	
第 1 次修订	R2	25－72	
第 2 次修订	R3	25－86	

1.3.1　首次发布

1985 年 12 月 31 日发布了 CCAR25 部初版,其中包含第 25.341 条,该条款参考 1964 年 12 月 24 日发布的 14 CFR PART 25 中的 §25.341 的内容制定。

1.3.2　第 1 次修订

1995 年 12 月 18 日发布的 CCAR‐25‐R2 对第 25.341 条进行了第 1 次修订,本次修订参考了 14 CFR 修正案 25‐72 的内容:修改了文字错误。

1.3.3　第 2 次修订

2001 年 5 月 14 日发布的 CCAR‐25‐R3 对第 25.341 条进行了第 2 次修订,本次修订参考了 14 CFR 修正案 25‐86 的内容:将之前的突风情况更改为调谐式离散突风,而引自原规章 §25.305 中的连续突风的内容没有变化。去掉了飞行包线中的突风包线,及规章中对突风载荷系数的规定。去掉了原偏航情况条款中的横向突风载荷的相关内容,而将其纳入 §25.341 的范畴。针对飞机设计的发展及安全的需要,本条补充了对飞机气动和结构动响应的考核内容,并根据多年飞机的运行数据积累和飞机的设计经验积累,更改了飞机在进行突风载荷分析时的特征速度和计算情况。另外,从飞机突风的安全考虑增加了一则新条款为紊流穿越速度 §25.1517,结合飞机的运行经验和突风速度 V_B 来规定。

2　条款解读

2.1　条款要求

本条款规定了飞机在运营期间可能遇到的突风载荷情况,飞机的结构必须按照该突风载荷来设计。

本条款规定了两种不同类型的紊流突风计算方法,调谐离散突风和连续紊流突风。突风载荷的计算以飞机的 1g 平飞为初始状态,然后遭遇大气紊流突风(垂直或横向),发生俯仰和沉浮,或者偏航、侧滑和滚转,分析计算的过程应按时间历程进行,必须考虑飞机的重量分布和结构弹性的影响,即进行动态分析和动态响应计算。

本条(a)款规定了飞机平飞中遇到垂直(对称)和横向离散突风时限制载荷的确定方法,必须通过动态分析确定结构各部分的载荷,分析必须考虑非定常气动特性和包括刚体运动在内的所有重要的结构自由度。参考突风速度的大小按照条款中的规定,与重量、高度、速度有关,突风形状规定为 1‐cos 形态,突风梯度为 9.1 米～106.7 米,需要在此区间选择足够多的点来计算突风载荷的最大值。

本条(b)款规定了连续紊流突风设计原则。除非证明有更合理的准则,否则必须使用本部附录 G 的连续突风设计准则来确定动态响应。附录 G 给出了连续紊流突风的两种计算方法,一种是设计包线分析准则,另一种是任务分析与补充设计包线分析相结合。

2.2 相关条款

与第 25.341 条相关的条款如表 2-1 所示。

表 2-1 第 25.341 条相关条款

序号	相关条款	相关性
1	第 25.321 条	第 25.321 条为飞行载荷的总则性条款
2	第 25.335 条	第 25.335 条为设计空速。本条使用的 V_C 和 V_D 等应符合第 25.335 条的要求;第 25.335(d)(1)项中要求 U_{ref} 为从本条(a)(5)(i)目得到的参考突风速度
3	第 25.343 条	第 25.343(b)(1)(ii)目要求考虑本条的突风情况,并假定为本条(a)(4)项规定的设计速度的 85%
4	第 25.345 条	第 25.345(a)(2)项要求突风形状必须按照本条(a)(2)项的规定;第 25.345(c)(2)项要求范围确定的条件包括第 25.341(a)款的离散垂直突风准则
5	第 25.349 条	第 25.349(b)款要求用由第 25.341(a)款直接得到的机翼最大空气载荷或由第 25.341(a)款计算出的垂直载荷系数间接得到的机翼最大空气载荷确定限制载荷
6	第 25.371 条	第 25.371 条要求任何发动机或辅助动力装置的支承结构必须按第 25.331 条和第 25.341(a)款等中规定情况产生的包括陀螺载荷在内的载荷进行设计
7	第 25.373 条	第 25.373 条提及飞机需按第 25.341(a)款规定的垂直和横向突风情况进行设计
8	第 25.391 条	第 25.391 条提及操纵面按第 25.341(a)款等中的各种飞行情况进行设计
9	第 25.427 条	第 25.427 条要求考虑平尾受到如下情况确定的非对称载荷情况：第 25.331 条的对称机动情况和第 25.341(a)款的垂直突风情况最大载荷的 100% 分别作用于对称面一侧的平尾上
10	第 25.445 条	第 25.445 条要求考虑"包括俯仰、滚转及偏航机动和第 25.341(a)款中规定的作用于与航迹成直角的任何方位的突风的受载情况"
11	第 25.571 条	应依据第 25.571(b)款所考虑的结构失效情况,制定作为极限载荷处理的限制突风载荷
12	第 25.1527 条	第 25.341(a)(6)项中 Z_{mo} 为第 25.1527 条确定的最大使用高度

3 验证过程

3.1 验证对象

第 25.341 条的验证对象为动载荷。

3.2 符合性验证思路

针对第 25.341 条,通过 MOC2 离散和连续突风载荷分析/计算表明符合性。

3.3 符合性验证方法

通常,针对第 25.341 条的符合性验证方法如表 3-1 所示。

表 3-1 建议的符合性方法

条 款 号	专 业	符 合 性 方 法										备 注
		0	1	2	3	4	5	6	7	8	9	
第 25.341 条	载 荷			2									

3.4 符合性验证说明

针对第 25.341 条,采用的符合性验证方法为 MOC2。

突风载荷由遭遇突风瞬间的 1g 平飞载荷和突风增量载荷组成。突风对飞机的作用是一种外激励,会引起飞机迎角和运动的改变,并产生附加的气动力和惯性力。飞机各部位在突风激励下会产生位移、速度、加速度和弯、剪、扭载荷的响应。突风响应分析包括垂直离散突风响应、横向离散突风响应、垂直连续突风响应和横向离散突风响应。

3.4.1 离散突风载荷计算

对于离散突风的计算,按第 25.341(a) 款确定突风场,考虑不同飞行总重、重量分布、飞行高度、飞行速度以及突风梯度等主要参数的各种组合,使用模态坐标系,以突风引起的气动载荷为外激励,通过傅立叶变换获得突风的频域形式,求解各部件频域结构响应,再转化为时域结构响应,获取各部件站位相应剖面的内力(矩)。在计算离散突风情况下各个部件的总载荷时,分别考虑突风响应增量载荷的正负值,与其 1g 平飞载荷相加,得到各部件最严重的总载荷。

3.4.2 连续突风载荷计算

对于连续突风的计算,按附录 G 要求,采用设计包线分析方法或任务分析与补充设计包线分析相结合的方法。

采用设计包线分析方法时,考虑不同飞行总重、重量分布、飞行高度、飞行速度等主要参数的各种组合,采用功率谱密度法计算突风响应增量,分析结果为各响应量的均方根值。在计算连续突风情况下各个部件的总载荷时,分别考虑突风响应增量的正负均方根值,与其 1g 平飞载荷相加,得到各部件最严重的总载荷。

若采用任务分析方法,则确定飞行剖面,规定载荷分布以及速度、高度、总重及重心位置随时间的变化,将飞行剖面分成若干任务段,对每一段确定载荷增量均方根值和突风速度均方根值之比,以及载荷功率谱密度函数绕零频率点的回转半径。计算各载荷量的超越频率,根据每小时超越 2×10^{-5} 的频率在各个载荷量超越次数曲线上读取限制载荷。同时需补充设计包线分析,步骤与设计包线分析方法相同,阵风速度按要求修订。

3.5　符合性文件清单

通常,针对第 25.341 条的符合性文件清单如表 3-2 所示。

表 3-2　建议的符合性文件清单

序　号	符 合 性 报 告	符合性方法
1	飞机垂直离散突风载荷分析	MOC2
2	飞机横向离散突风载荷分析	MOC2
3	飞机垂直连续突风载荷分析	MOC2
4	飞机横向连续突风载荷分析	MOC2

4　符合性判据

针对第 25.341 条,可接受的符合性判据为:

(1) 计算分析考虑了非定常气动特性和包括刚体运动在内的所有重要的结构自由度。各部件突风载荷为 1g 平飞载荷和突风增量载荷的叠加。

(2) 进行离散突风分析时,突风形状按本条(a)(2)项确定,考虑了飞机各种不同的特征重量和重量分布,突风梯度考虑了 9.1 米到 106.7 米间多个点,V_C 和 V_D 时参考突风速度随高度变化符合条本条(a)(5)项要求,飞行剖面缓和系数按本条(a)(6)项取值。

(3) 进行连续突风分析时,若设计包线分析方法,考虑了飞机各种不同的特征重量、重量分布和飞行高度,V_B、V_C 和 V_D 时的突风速度符合要求。若采用任务分析方法,同时进行了补充设计包线分析。

参考文献

[1]　14 CFR 修正案 25-72 Special Review：Transport Category Airplane Airworthiness Standards [S].

[2]　14 CFR 修正案 25-86 Revised Discrete Gust Load Design Requirements [S].

[3]　FAA. AC25-21 Certification of Transport Airplane Structure [S]. 1999.

运输类飞机适航标准
第25.343条符合性验证

1 条款介绍

1.1 条款原文

第25.343条 设计燃油和滑油载重

（a）可调配载重的各种组合，必须包括从零燃油和滑油到选定的最大燃油和滑油载重范围内的每一燃油和滑油载重。可选定在第25.1001(e)和(f)条（取适用者）所限定的运行条件下不超过45分钟余油的某种结构储油情况。

（b）如果选定了某种结构储油情况，则该情况必须用来作为表明符合本分部规定的飞行载荷要求的最小燃油重量情况，此外还要求：

（1）结构必须按在机翼内零燃油和滑油的情况进行设计，此情况的限制载荷相应于下列规定：

（i）机动载荷系数为+2.25；

（ii）第25.341(a)条的突风情况，但假定为第25.341(a)(4)条规定的设计速度的85%。

（2）结构的疲劳评定必须计及由本条(b)(1)的设计情况所获得的任何使用应力的增量；

（3）颤振、变形和振动要求，也必须在零燃油情况下得到满足。

〔中国民用航空局2001年5月14日第三次修订〕

1.2 条款背景

第25.343条规定了在进行飞机的载荷计算过程中必须考虑燃油和滑油的惯性载荷的影响。规定了飞机在所有可调配重的组合中，需满足颤振、变形和振动的要求。

1.3 条款历史

第25.343条在CCAR25部初版首次发布，截至CCAR-25-R4，该条款共修订过2次，如表1-1所示。

1.3.1 首次发布

1985年12月31日发布了CCAR25部初版，其中包含第25.343条，参考了14

表 1 - 1 第 25.343 条条款历史

第 25.343 条	CCAR25 部版本	相关 14 CFR 修正案	备 注
首次发布	初版	25 - 18	
第 1 次修订	R2	25 - 72	
第 2 次修订	R4	25 - 86	

CFR 修正案 25 - 18 的内容制定。修正案 25 - 18 对 § 25.1001 应急放油系统进行了修订。修订前的 § 25.1001(c) 成为 § 25.1001(b),是对活塞发动机飞机燃油系统的要求。因此,在该次修订中,§ 25.343(a) 对 § 25.1001 的引用也进行了相应的修改。但修订前的 § 25.343 只规定活塞发动机飞机的最小结构储油量的选定方式,并未对涡轮发动机飞机进行要求,所以该修正案补充了涡轮发动机飞机的最小结构储油量的选定方式,即增加了对 § 25.1001(i) 的引用,扩展了本条款的适用范围。

1.3.2 第 1 次修订

1995 年 12 月 18 日发布的 CCAR - 25 - R2 对第 25.343 条进行了第 1 次修订,本次修订参考了 14 CFR 修正案 25 - 72 的内容:对第 25.343 条中关于 § 25.1001 的引用进行了修订。

1.3.3 第 2 次修订

2001 年 5 月 14 日发布的 CCAR - 25 - R3 对第 25.343 条进行了第 2 次修订,本次修订参考了 14 CFR 修正案 25 - 86 的内容:将之前的突风强度的 85% 更改为突风设计速度的 85%;修改了机翼零燃油和滑油情况下结构限制载荷需考虑的阵风强度的表述,使条款要求更加明确。

2 条款解读

2.1 条款要求

本条是对第 25.321 条"总则"的一个补充规定,主要对可调载重中的重要部分(即燃油及滑油)做了明确要求。

飞机飞行时,机翼内的燃油对机翼具有卸载作用,不同燃油载重会造成同一飞行状态的飞机机翼所受载荷不同,而零燃油时机翼受载可能最为严重。本条(a)款规定,对飞机进行载荷分析时需要考虑燃油和滑油的各种载重情况,即从零燃油和滑油到满燃油和滑油(选定的最大燃油和滑油情况)范围内的每一燃油和滑油载重情况。在实际使用中,为了保证飞行安全,必须保证机内有一定的余油,以便遇到紧急情况时保证飞机能巡航一段时间或再次复飞。所以零燃油和滑油是一种极端情况,在实际使用中是不会再出现的。可按第 25.1001(e) 款和(f)款选定某种结构储油情况作为表明符合本部分规定的飞行载荷要求的最小燃油载重情况,并作为飞机设计的最小设计载重。

本条(b)款规定,如果选定了某种结构储油情况作为表明符合本部分规定的飞行载荷要求的最小燃油载重情况,即作为飞机设计的相应的最小设计载重,则对于机翼还需补充零燃油和滑油情况。

民用飞机大量燃油是装在机翼内,因此机翼满油和零油情况的惯性卸载相差很大,所以结构必须按机翼内零燃油和滑油情况进行设计。本条(b)款的要求实际上是考虑飞机在飞行中发生故障,放掉全部燃油和滑油的极限情况(零燃油和滑油状态)。由于多重故障几乎不可能同时发生,比如当飞机处于零燃油和滑油状态时,做较大的机动或遇到强阵风的概率比较小,因此规章在保持同等安全水平的基础上,对机动载荷系数和阵风强度都做了相应的减小。这一点在第 25.343(b)(1)项中做了明确规定。

如果选定了某种结构储油情况作为结构设计的最小燃油和滑油载重情况,那么在进行结构疲劳评定时,还必须计及由第 25.343(b)(1)项所获得的任何使用应力的增量。

颤振、变形和振动与质量分布密切相关,在对其进行分析时必须考虑零燃油和滑油情况。

2.2 相关条款

与第 25.343 条相关的条款如表 2 - 1 所示。

表 2 - 1 第 25.343 条相关条款

序 号	相关条款	相 关 性
1	第 25.321 条	本条是对第 25.321 条"总则"的一个补充规定,主要对可调载重中的重要部分(即燃油及滑油)做了明确要求
2	第 25.305 条	本条(b)(1)项提及"结构必须按在机翼内零燃油和滑油的情况下进行设计"。本条(a)(3)项要求变形和振动也必须在零燃油情况下满足
3	第 25.341 条	本条(b)(1)(ii)目提及考虑第 25.341(a)款的突风情况
4	第 25.571 条	本条(b)(2)要求结构的疲劳评定必须计及由本条(b)(1)项的设计情况所获得的任何使用应力的增量
5	第 25.629 条	本条(b)(3)项要求"颤振、变形和振动要求,也必须在零燃油情况下得到满足"
6	第 25.1001 条	本条(a)款提及"可选定在第 25.1001(e)和(f)条(取适用者)所限定的运行条件下不超过 45 分钟余油的某种结构储油情况"

3 验证过程

3.1 验证对象

第 25.343 条规定了飞机的设计燃油和滑油载重要求,验证对象为飞机载荷和强度。

3.2 符合性验证思路

针对第 25.343(a)款,通过 MOC2 计算分析说明计算飞行载荷时所选定的可调配载重的各种组合。并说明按照第 25.1001(e)款或者(f)款选定某种结构储油情况的方法。

针对第 25.343(b)款,通过 MOC2 计算分析说明将结构储油情况作为飞行载荷要求的最小燃油重量情况。同时结构按在机翼内零燃油和滑油的情况进行设计,即使用条款给出的限制载荷要求。在机翼零燃油和滑油情况的结构疲劳特性分析时考虑本条(b)(1)项中所获得的任何使用应力的增量;针对零燃油情况下的结构进行颤振、变形及振动分析。

3.3 符合性验证方法

通常,针对 25.343 条款的符合性验证方法如表 3-1 所示。

表 3-1   建议的符合性方法

条 款 号	专 业	符 合 性 方 法										备 注
		0	1	2	3	4	5	6	7	8	9	
第 25.343 条	载 荷			2									

3.4 符合性验证说明

针对第 25.343(a)款,在计算飞行载荷时说明所选定的可调配载重的各种组合,从最大零油重量(使用空机重量+最大商载+零油)到最大飞行重量(最大起飞重量减去飞机爬升到相应高度上耗去的油重,含最大商载、最大油载分别对应的重量)和最大着陆重量(含最大商载、最大油载分别对应的重量)。按第 25.1001(f)款选定结构储油情况,即从海平面爬升到 3 000 米,然后以最大航程速度巡航飞行 45 分钟的需用油量,作为最小燃油重量情况。

针对第 25.343(b)(1)项,计算最大零油重量情况下限制载荷时,机动载荷系数取+2.25,离散突风情况设计速度取第 25.341(a)(4)项的 85%。

针对第 25.343(b)(2)项,疲劳载荷谱中不包含零燃油状态,本条(b)(2)项中提及的零燃油状态仅需在"25.571 结构的损伤容限和疲劳评定"条款的剩余强度载荷中考虑,通过剩余强度载荷计算报告表明符合性。

针对第 25.343(b)(3)项,对零燃油情况的结构进行颤振、变形和振动分析,表明符合性。

3.5 符合性文件清单

通常,针对第 25.343 条的符合性文件清单如表 3-2 所示。

表 3 - 2 建议的符合性文件清单

序　号	符 合 性 报 告	符合性方法
1	飞机设计燃油和滑油载重符合性说明	MOC2
2	飞机机翼、机身、尾翼飞行分布载荷报告	MOC2
3	飞机横向、垂直离散突风载荷报告	MOC2
4	飞机机翼、机身、尾翼静强度分析报告	MOC2
5	飞机剩余强度载荷报告	MOC2
6	飞机颤振特性分析报告	MOC2

4　符合性判据

针对第 25.343(a)款：

(1) 明确描述了从零燃油到最大燃油的可调配重的不同组合。飞行载荷计算以上述各组合为基础。

(2) 确定了在第 25.1001(e)款和(f)款(取适用者)所限定的运行条件下不超过 45 分钟余油的某种结构储油情况。

针对第 25.343(b)款：

(1) 选定的结构储油情况用作符合飞行载荷要求的最小燃油重量情况。

(2) 结构限制载荷考虑了机翼内零油情况,机动载荷系数和离散突风设计速度满足条款要求。

(3) 剩余强度载荷考虑了零燃油工况。

(4) 零燃油情况下的颤振、变形及振动分析满足要求。

参考文献

[1] 14 CFR 修正案 25 - 18 Fuel Jettisoning Systems [S].

[2] 14 CFR 修正案 25 - 72 Special Review：Transport Category Airplane Airworthiness Standards [S].

[3] 14 CFR 修正案 25 - 86 Revised Discrete Gust Load Design Requirements [S].

[4] FAA. AC25. 629 - 1A Aeroelastic Stability，Substantiation，Transport Category Airplanes [S]. 1998.

[5] FAA. AC25 - 21 Certification of Transport Airplane Structure [S]. 1999.

运输类飞机适航标准第 25.345 条符合性验证

1 条款介绍

1.1 条款原文

第 25.345 条 增升装置

（a）如果在起飞、进场或着陆期间要使用襟翼，则假定在对应于这些飞行阶段的设计襟翼速度（按第 25.335(e)条制定）下，且襟翼处于相应的位置，飞机经受对称机动和对称突风，必须由下列情况得到限制载荷：

（1）机动到正限制载荷系数 2.0；

（2）垂直作用于水平飞行航迹的正、负突风速度为 7.60 米/秒（25 英尺/秒）EAS。必须用合理的分析确定结构各部分的突风载荷。分析必须考虑非定常气动特性和飞机的刚体运动。突风形状必须按照第 25.341(a)(2)条的规定，其中：

U_{ds}＝7.60 米/秒（25 英尺/秒）EAS

H＝12.5c；且

c 为机翼的平均几何弦长（米，英尺）

（b）飞机必须按本条(a)规定的条件设计，但是在分别计及下列条件的影响时，飞机载荷系数不必大于 1.0：

（1）在设计襟翼速度 V_F 时，对应于发动机最大连续功率的螺旋桨滑流，以及对应于发动机起飞功率，飞机速度不小于 1.4 倍的失速速度（此时襟翼处于特定位置，飞机为相应的最大重量）下的螺旋桨滑流；

（2）迎面突风，其风速为 7.60 米/秒（25 英尺/秒）（EAS）。

（c）如果在航路飞行情况中要使用襟翼或类似的增升装置，此时襟翼处在适当的位置，飞机速度直到按这些情况选定的襟翼设计速度，则假定飞机经受对称机动和对称突风，其范围由下列条件确定：

（1）机动到第 25.337(b)条规定的正限制载荷系数；

（2）第 25.341(a)条的离散垂直突风准则。

（d）飞机必须按最大起飞重量、襟翼和类似的增升装置处于着陆构型、机动载荷系数为 1.5 进行设计。

〔中国民用航空局 2001 年 5 月 14 日第三次修订〕

1.2　条款背景

第 25.345 条的制定目的是保证飞机在襟翼或类似的增升装置开启后,飞机在正常飞行和进行操纵时全机结构具有足够的强度水平,保证飞机的安全。

1.3　条款历史

第 25.345 条在 CCAR25 部初版首次发布,截至 CCAR - 25 - R4,该条款共修订过 2 次,如表 1 - 1 所示。

表 1 - 1　第 25.345 条条款历史

第 25.345 条	CCAR25 部版本	相关 14 CFR 修正案	备　注
首次发布	初版	—	
第 1 次修订	R2	25 - 72	
第 2 次修订	R3	25 - 86,25 - 91	

1.3.1　首次发布

1985 年 12 月 31 日发布了 CCAR25 部初版,其中包含第 25.345 条,该条款参考 1964 年 12 月 24 日发布的 14 CFR PART 25 中的 §25.345 的内容制定。

1.3.2　第 1 次修订

1995 年 12 月 18 日发布的 CCAR - 25 - R2 对第 25.345 条进行了第 1 次修订,本次修订参考了 14 CFR 修正案 25 - 72 的内容:

规定航路飞行中使用的襟翼需要按 §25.337(b) 中规定的限制载荷系数来计算。这个更改源自 §25.337(b) 的更改,之前本条与 §25.337(b) 中对载荷系数的要求都只是 2.5,而更改过后的最大过载系数是按给出的公式计算得到的。

1.3.3　第 2 次修订

2001 年 5 月 14 日发布的 CCAR - 25 - R3 对第 25.345 条进行了第 2 次修订,本次修订参考了 14 CFR 修正案 25 - 86 和 25 - 91 的内容:

(1) 参考 14 CFR 修正案 25 - 86 修订了 §25.345(a)(c)。

(2) 参考 14 CFR 修正案 25 - 91 更改了 §25.345(d),进一步明确了本条规定的是一种空中机动载荷情况,而非地面着陆载荷情况。

2　条款解读

2.1　条款要求

第 25.345(a) 款规定在起飞、进场或着陆期间使用增升装置时,需考虑直到对应的设计襟翼速度下的对称机动和对称突风。此时的正过载系数受第 25.345(a)(1)项限制为 2.0g。此时的突风速度受第 25.345(a)(2)项限制,即突风形状按第 25.345(a)(2)项确定,设计突风速度(7.60 米/秒 EAS)和突风梯度(12.5c,c 为平均几何弦长)。

第 25.345(b)款提出了按第 25.345(a)款规定的条件设计增升装置时的两种例外情况,这两种情况下的飞机载荷系数不必大于 1.0。其中,第 25.345(b)(1)项是对于螺旋桨飞机而言的;第 25.345(b)(2)项是指当量空速为 7.60 米/秒的迎面突风情况。

第 25.345(c)款规定了有增升装置的飞机如果在航路飞行时使用增升装置,则需考虑飞机直到对应的 V_F 速度以下的对称机动和对称突风,且需按以下条件确定:

(1) 机动到第 25.337(b)款规定的正载荷系数;

(2) 第 25.341(a)款的离散垂直突风准则。

第 25.345(d)款规定当飞机按最大起飞重量、襟翼和类似的增升装置处于着陆构型,只需按 1.5 的机动载荷系数进行设计,不需使用第 25.345(a)(1)项要求的 2.0。

2.2 相关条款

与第 25.345 条相关的条款如表 2-1 所示。

表 2-1 第 25.345 条相关条款

序 号	相 关 条 款	相 关 性
1	第 25.335 条	飞机设计襟翼速度按第 25.335(e)款确定
2	第 25.337 条	飞机正限制载荷系数按第 25.337(b)款确定
3	第 25.341 条	突风形状和离散突风准则按第 25.341 条确定

3 验证过程

3.1 验证对象

第 25.345 条的验证对象为增升装置。

3.2 符合性验证思路

要表明此条款的符合性,首先需用风洞试验得到各项气动数据,然后计算使用增升装置(襟翼和缝翼)情况的全机总载荷和分布载荷,最后由载荷试飞来验证载荷计算方法准确性和可靠性。

3.3 符合性验证方法

通常,针对第 25.345 条的符合性验证方法如表 3-1 所示。

表 3-1 建议的符合性方法

条 款 号	专 业	符 合 性 方 法										备 注
		0	1	2	3	4	5	6	7	8	9	
第 25.345 条	载 荷			2				6				
第 25.345 条	气 动					4						

3.4 符合性验证说明

本条款的验证方法为 MOC2 计算分析、MOC4 实验室试验和 MOC6 验证试飞。

3.4.1 MOC2 验证过程

按第 25.345(a)款要求,计算襟、缝翼使用期间,对称机动和对称突风情况下的飞机总载荷和分布载荷。其中对称机动计算 V_F 下过载范围为 0~2.0g 的气动载荷,对称突风计算时使用 7.60 米/秒(EAS)的设计突风速度和 12.5c 突风梯度。

如果飞机采用涡轮喷气发动机,则第 25.345(b)(1)项不适用。

计算飞机迎面突风时的,飞机载荷系数不必大于 1.0。

如果飞机在航路飞行中需要使用襟缝翼,则需按第 25.345(c)款要求计算对应速度下的飞机总载荷和分布载荷。

按最大起飞重量、增升装置处于着陆构型和机动载荷系数 1.5 进行飞行载荷计算。

3.4.2 MOC4 验证过程

进行风洞试验来获得载荷分析的气动输入数据。包括:全机高速测力试验(获得系列 M 数下的基本纵、横向气动特性及舵面效率特性)、全机高速测压试验(获得系列 M 数下的纵、横向全部压力分布)、全机低速测力试验(获得低速情况下的基本纵、横向气动特性及舵面效率特性)、全机低速测压试验(获得低速气动载荷数据)。在型号设计中一般还会在获得详细飞机参数后进行高速、低速的测力校核风洞试验,以获得更准确的飞机高速、低速气动力数据。

3.4.3 MOC6 验证过程

最后在结构载荷试飞中测量增升装置(襟翼、缝翼)的载荷分布,并用飞行载荷计算方法,按试飞参数计算的增升装置载荷与试飞测量得到的载荷相比较,验证载荷计算方法接近真实并趋于保守。

3.5 符合性文件清单

通常,针对第 25.345 条的符合性文件清单如表 3-2 所示。

表 3 - 2　建议的符合性文件清单

序　号	符 合 性 报 告	符合性方法
1	使用增升装置状态飞行总载荷	MOC2
2	使用增升装置状态飞行分布载荷	MOC2
3	使用增升装置状态全机惯性力分布	MOC2
4	对应速度测压试验大纲	MOC4
5	对应速度测压试验报告	MOC4
6	对应速度测压试验大纲	MOC4
7	对应速度测压试验报告	MOC4
8	结构载荷试飞大纲	MOC6
9	结构载荷试飞报告	MOC6

4　符合性判据

（1）取证飞机型号的襟翼功能是否有规章规定的属于航路襟翼的飞行情况。

（2）申请方进行计算分析使用的重量、重心、高度和升力阻力系数是否真实有效。

（3）扰流板通常在飞机襟翼的上方，襟翼打开后机翼下方气流经襟翼前缘与扰流板形成的分析到达机翼上方。因此扰流板的打开关闭情况将严重改变襟翼处的流场。因此在验证襟翼气动载荷计算时不能遗漏扰流板打开的情况。

（4）测力、测压风洞试验时应全面考虑各种使用情况，数据处理方法应接近真实并趋于保守。

（5）完成载荷试飞。并能证明所使用的载荷计算方法真实并趋于保守。

参考文献

［1］ 14 CFR 修正案 25 - 72 Special Review：Transport Category Airplane Airworthiness Standards ［S］.

［2］ 14 CFR 修正案 25 - 86 Revised Discrete Gust Load Design Requirements ［S］.

［3］ 14 CFR 修正案 25 - 91 Revised Structural Loads Requirements for Transport Category Airplanes ［S］.

［4］ FAA. AC25 - 21 Certification of Transport Airplane Structure ［S］. 1999.

运输类飞机适航标准第 25.349 条符合性验证

1 条款介绍

1.1 条款原文

第 25.349 条 滚转情况

飞机必须按本条(a)和(b)规定的情况引起的滚转载荷进行设计。对重心的不平衡气动力矩,必须由惯性力以合理的或保守的方式予以平衡,认为此惯性力由主要质量提供。

(a)机动 必须把下列各种情况、速度和副翼偏转(可能受驾驶员作用力限制的偏转除外),同数值为零及等于设计中所用正机动载荷系数的三分之二的飞机载荷系数组合起来考虑。在确定所要求的副翼偏转时,必须按第 25.301(b)条考虑机翼的扭转柔度。

(1)必须研究相应于各种定常滚转速度的情况。此外,对于机身外面有发动机或其它集中重量的飞机,还必须研究相应于最大角加速度的情况。对于角加速度情况,在对机动的时间历程缺少合理的研究时,可以假定滚转速度为零;

(2)速度 V_A 时,假定副翼突然偏转到止动器;

(3)速度 V_C 时,副翼的偏转必须为产生不小于按本条(a)(2)得到的滚转率所要求的偏转;

(4)速度 V_D 时,副翼的偏转必须为产生不小于按本条(a)(2)得到的滚转率的三分之一所要求的偏转。

(b)非对称突风 假定平飞的飞机遇到非对称垂直突风,必须用由第 25.341(a)条直接得到的机翼最大空气载荷或由第 25.341(a)条计算出的垂直载荷系数间接得到的机翼最大空气载荷确定限制载荷。必须假定 100% 的机翼空气载荷作用于飞机的一侧,80% 作用于另一侧。

〔中国民用航空局 2001 年 5 月 14 日第三次修订〕

1.2 条款背景

第 25.349 条的目的是保证飞机结构能够承受在服役期间可能出现的滚转情

况和非对称突风情况的载荷,保证飞机的安全。

1.3　条款历史

第25.349条在CCAR25部初版首次发布,截至CCAR-25-R4,该条款共修订过1次,如表1-1所示。

表1-1　第25.349条条款历史

第25.349条	CCAR25部版本	相关14 CFR修正案	备　注
首次发布	初版	—	
第1次修订	R3	25-86,25-94	

1.3.1　首次发布

1985年12月31日发布了CCAR25部初版,其中包含第25.349条,该条款参考1964年12月24日发布的14 CFR PART 25中的§25.349的内容制定。

1.3.2　第1次修订

2001年5月14日发布的CCAR-25-R3对第25.349条进行了第1次修订,本次修订参考了14 CFR修正案25-86和25-94的内容:

(1) 参考14 CFR修正案25-86去掉了之前参考§25.341规定的非对称离散突风要求,转而规定机翼的非对称载荷可以从新的§25.341(a)中的最大机翼载荷直接获得或从垂直载荷系数计算得到,假设一边加100%,一边加80%。

(2) 参考14 CFR修正案25-94对条款进行了文字修改,更改了文字错误。

2　条款解读

2.1　条款要求

飞机结构必须按照本条款规定的由滚转机动和非对称突风引起的滚转载荷进行设计。在滚转机动和非对称突风情况中,在气动滚转力矩的作用下,飞机将产生滚转加速度,因而在飞机各承力面上除气动力和气动力矩外,还应考虑惯性载荷。气动力矩和惯性力矩必须平衡,其平衡方法应是合理或保守的。

2.1.1　第25.349(a)款

第25.349(a)款要求,滚转机动必须考虑机动载荷系数 $n=0$ 及 max 情况下的稳态滚转(角加速度为零)及最大加速滚转(假设角速度为零)情况,必须按第25.301(b)款考虑机翼扭转柔度。并规定:

(1) 速度 V_A 时,假定副翼突然偏转到止动器;

(2) 速度 V_C 时,副翼的偏转必须为产生不小于按本条(a)(2)得到的滚转率所要求的偏转;

（3）速度 V_D 时，副翼的偏转必须为产生不小于按本条（a）（2）得到的滚转率的三分之一所要求的偏转。

2.1.2　第 25.349（b）款

第 25.349（b）款规定必须考虑平飞状态下遭遇非对称垂直突风的情况。需按第 25.341（a）款直接得到的机翼最大空气载荷或由第 25.341（a）款计算出的垂直载荷系数间接得到的机翼最大空气载荷确定限制载荷。

2.2　相关条款

与第 25.349 条相关的条款如表 2-1 所示。

表 2-1　第 25.349 条相关条款

序　号	相关条款	相　关　性
1	第 25.301 条	第 25.349（a）款情况确定副翼偏转时需考虑 25.301（b）款考虑机翼的扭转柔度
2	第 25.335 条	条款所述的各种飞行速度由第 25.335 条规定
3	第 25.341 条	非对称突风下的机翼最大空气载荷由第 25.341（a）款得到

3　验证过程

3.1　验证对象

第 25.349 条的验证对象是飞机在滚转机动时的载荷。

3.2　符合性验证思路

该条对飞机的滚转情况的飞行载荷计算提出了设计要求。

为表明对该条款的符合性，一般需要用到分析计算和实验室试验。以风洞试验的结果作为气动输入依据，根据条款要求计算飞机滚转机动情况的滚转总载荷、部件分布载荷和非对称突风载荷。

3.3　符合性验证方法

通常，针对 25.349 条的符合性验证方法如表 3-1 所示。

表 3-1　建议的符合性方法表

条　款　号	专　业	符 合 性 方 法										备　注
		0	1	2	3	4	5	6	7	8	9	
第 25.349 条	载　荷			2								
第 25.349 条	气　动					4						

3.4　符合性验证说明

3.4.1　MOC2 验证过程

把本条款的要求纳入滚转机动载荷计算顶层文件,并按此原则计算本条(a)款描述的滚转机动情况飞行总载荷。本条(a)款要求计算两种情况的载荷,一种是稳定滚转情况(滚转角速度不为零,滚转角加速度为零)。另一种是加速滚转情况(滚转角速度为零,滚转角加速度不为零)。建立单自由度纯滚转运动方程,以" $t=0$ 时滚转角速度＝角加速度＝0,副翼偏度＝扰流板偏度＝0"为初始条件,以" $t>0$ 时副翼和扰流板偏转为相应偏度"为边界条件,解出 V_A、V_C、V_D 时稳定滚转及加速滚转的角速度和角加速度及副翼与扰流板偏度,进而得到总载荷。最后得到分布载荷。

飞机副翼偏转应按条款要求保守地考虑,一般认为,采用阶跃输入形式是一种保守的考虑。为了考虑机翼偏转扭转柔度对副翼偏转的影响,计算中所用的气动导数需经气动弹性修正。

而对于第 25.349(b)款非对称突风的规定,首先在由第 25.341(a)款计算出的垂直突风总气动载荷中挑选出机翼载荷最大情况,然后按照如下原则进行非对称突风分布载荷的计算:左机翼承受 100% 气动载荷,右机翼承受 80% 气动载荷,保持动力装置、挂架和尾翼气动力与垂直突风情况一样;右机翼减少的 20% 气动载荷由机身承担,左右机翼气动力不对称引起的滚转角加速度计入全机的惯性力分布中去。

3.4.2　MOC4 验证过程

进行风洞试验来获得载荷分析的气动输入数据。包括:全机高速测力试验(获得系列 M 数下的基本纵、横向气动特性及舵面效率特性)、全机高速测压试验(获得系列 M 数下的纵、横向全部压力分布)。在型号设计中一般还会在获得详细飞机参数后进行高速测力校核风洞试验,以获得更准确的飞机高速气动力数据。

3.5　符合性文件清单

通常,针对第 25.349 条的符合性文件清单如表 3-2 所示。

表 3-2　建议的符合性文件清单

序　号	符　合　性　报　告	符合性方法
1	滚转机动飞行总载荷	MOC2
2	分布载荷(滚转情况)	MOC2
3	非对称突风载荷	MOC2
4	高速测压试验大纲	MOC4
5	高速测压试验报告	MOC4
6	高速测力试验大纲	MOC4
7	高速测力试验报告	MOC4
8	高速校核测力试验大纲	MOC4
9	高速校核测力试验报告	MOC4

4 符合性判据

在第 25.349 条的符合性验证工作中,必需满足以下要求:

(1)滚转载荷计算必须考虑飞机各种重量、重心和高度的变化,进行滚转载荷计算的方法合理,能充分满足条款的要求。

(2)计算中使用的副翼偏角和偏转速率要有充分依据,符合飞机的实际情况,在缺少确切的数据时要使用保守的方法。

(3)完成相应的风洞试验,试验结果用于载荷计算。

(4)气动载荷的分布合理。

(5)载荷严重情况的分析结合飞机的实际操纵规律和飞行状态进行。

参考文献

[1] 14 CFR 修正案 25 - 23 Transport Category Airplane Type Certification Standards [S].

[2] 14 CFR 修正案 25 - 86 Revised Discrete Gust Load Design Requirements [S].

[3] 14 CFR 修正案 25 - 94 Transport Category Airplanes, Technical Amendments and Other Miscellaneous Corrections [S].

[4] FAA. AC25 - 21 Certification of Transport Airplane Structure [S]. 1999.

运输类飞机适航标准
第 25.351 条符合性验证

1 条款介绍

1.1 条款原文

第 25.351 条 偏航机动情况

飞机必须按本条(a)到(d)规定的偏航机动情况引起的载荷进行设计,速度范围从 V_{MC} 到 V_D。对重心的不平衡气动力矩必须以合理或保守的方式予以平衡,并考虑飞机惯性力。在计算尾翼载荷时,可以假定偏航速度为零。

(a) 当飞机以零偏航角非加速飞行时,假定方向舵操纵器件突然移动使方向舵偏转到受下列条件限制的偏转量;

(1) 操纵面止动器;或

(2) 驾驶员作用力的限制值,从 V_{MC} 到 V_A 为 1330 牛(136 公斤,300 磅),从 V_C/M_C 到 V_D/M_D 为 890 牛(90.7 公斤,200 磅),在 V_A 与 V_C/M_C 之间按线性变化。

(b) 当方向舵操纵器件偏转,以始终保持在本条(a)中规定的限制值内可用的最大方向舵偏转时,假定飞机偏航到过漂侧滑角。

(c) 当飞机偏航到静平衡侧滑角时,假定方向舵操纵器件保持,以获得在本条(a)中规定的限制值内最大可用方向舵偏转。

(d) 当飞机偏航到本条(c)的静平衡侧滑角时,假定方向舵操纵器件突然回到中立位置。

〔中国民用航空局 1995 年 12 月 18 日第二次修订,2001 年 5 月 14 日第三次修订〕

1.2 条款背景

第 25.351 条对飞机偏航机动情况提出了具体要求,要求飞机结构能够承受在服役期间可能出现的偏航机动情况和侧向突风情况,保证飞机的安全。在后来的修订历史中,侧向突风情况从该条款中分离了出去,变为只针对偏航机动情况。

1.3 条款历史

第 25.351 条在 CCAR25 部初版首次发布,截至 CCAR - 25 - R4,该条款共修订过 2 次,如表 1 - 1 所示。

表 1 - 1 第 25.351 条条款历史

第 25.351 条	CCAR25 部版本	相关 14 CFR 修正案	备 注
首次发布	初版	—	
第 1 次修订	R2	25 - 23,25 - 46,25 - 72	
第 2 次修订	R3	25 - 86,25 - 91	

1.3.1 首次发布

1985 年 12 月 31 日发布了 CCAR25 部初版,其中包含第 25.351 条,该条款参考 1964 年 12 月 24 日发布的 14 CFR PART 25 中的 §25.351 的内容制定。

1.3.2 第 1 次修订

1995 年 12 月 18 日发布的 CCAR - 25 - R2 对第 25.351 条进行了首次修订,本次修订参考了 14 CFR 修正案 25 - 23、25 - 46 和 25 - 72 的内容:

(1) 参考 14 CFR 修正案 25 - 23 规定了在偏航机动时方向舵突然偏转到止动器位置,或是操纵力为 300 磅对应的位置,取两者中的严重载荷情况作为设计情况。

(2) 参考 14 CFR 修正案 25 - 46 规定了条款分析的速度范围为从 V_{MC} 到 V_D。

(3) 参考 14 CFR 修正案 25 - 72 对本条中侧向突风的部分做了文字上的修改。

1.3.3 第 2 次修订

2001 年 5 月 14 日发布的 CCAR - 25 - R3,对第 25.351 条进行了第 2 次修订,本次修订内容参考了 14 CFR 修正案 25 - 86 和 14 CFR 修正案 25 - 91 的内容:

(1) 参考 14 CFR 修正案 25 - 86 规定飞机中心处的不平衡气动力矩在必须按合理或者保守的方式结合飞机的质量分部和惯性载荷一同考虑。

(2) 参考 14 CFR 修正案 25 - 91,为了考虑与欧洲规章的一致性,改为与欧洲规章一致。将侧向突风的要求从本条移除,并将原来的操纵力 300 磅改为现在的 V_{MC} 至 V_A 之间按线性关系变化。

2 条款解读

2.1 条款要求

飞机结构必须按照偏航机动情况引起的载荷进行设计。偏航机动是由于方向舵偏转诱发的侧向机动。偏航机动中因飞机侧滑造成飞机不对称受载。方向舵偏转和侧滑使得垂尾产生较大载荷,是垂尾和后机身的主要受载情况。飞机进行偏航机动操作可能的飞行速度范围为 V_{MC} 至 V_D(V_{MC} 为空中最小可操纵速度,V_D 为设计俯冲速度);高度考核范围为海平面到最大飞行高度的每一临界高度(即为速度包线内的每一边界点);重量与重心考核范围为最小飞行重量到最大飞行重量的重心前限与后限。

条款规定,计算尾翼载荷,可假定偏航角速度为零,即忽略垂尾上的阻尼载荷,而阻尼载荷是减载的,所以这是一种偏保守的假设。

2.1.1　第 25.351(a)款

第 25.351(a)款定义了当飞机以零偏航角非加速飞行时,方向舵突然转动到最大可用偏度的两种假设情况,并取其小值:

(1) 方向舵突然转动到操纵面止动器。

(2) 用条款规定的最大操纵力矩操纵方向舵到实际可能的最大偏转。

对于电传操纵的飞机应考虑操纵系统特性对方向舵偏度的影响。

2.1.2　第 25.351(b)款

第 25.351(b)款规定了一种临界操纵时刻,该时刻是由保持方向舵为第 25.351(a)款中的最大可用偏度,飞机偏航到达过漂侧滑角的时刻。过漂侧滑角是指飞机在整个过程中能够达到的最大侧滑角。

2.1.3　第 25.351(c)款和(d)款

第 25.351(c)款规定了一种临界操纵时刻,该时刻是飞机达到静平衡侧滑角时,操纵器件保持以获得第 25.351(a)款中规定的方向舵最大可用偏度。静平衡侧滑角是指对应于飞机的方向舵偏角,飞机能够在到达此侧滑角位置时达到气动力平衡。

第 25.351(d)款规定了另一种临界操纵时刻,该时刻是飞机达到静平衡侧滑角,方向舵突然回到中立位置。

2.2　相关条款

第 25.351 条无相关条款。

3　验证过程

3.1　验证对象

第 25.351 条的验证对象为承受偏航机动情况载荷的飞机结构。

3.2　符合性验证思路

型号设计中需要通过合理的方法来得到偏航机动情况的设计载荷,而本条款对偏航机动情况相关载荷的计算提出了具体的要求。验证本条款的符合性意即验证偏航机动载荷计算方法和计算结果的合理性。

3.3　符合性验证方法

通常,针对第 25.351 条的符合性验证方法如表 3-1 所示。

表 3-1　建议的符合性方法

CCAR25 条款	专　业	符 合 性 方 法										备　注
		0	1	2	3	4	5	6	7	8	9	
第 25.351 条	载　荷			2								
第 25.351 条	气　动					4						

3.4　符合性验证说明

本条款的验证方法为 MOC2 计算分析和 MOC4 实验室试验。

3.4.1　MOC2 验证过程

验证该条款需要编制飞机偏航机动载荷计算原理报告,对飞机侧向载荷计算原理进行说明;按偏航机动载荷计算原理,计算飞机偏航机动总载荷;按得到的偏航机动总载荷计算飞机偏航机动情况机身、机翼和尾翼分布载荷。

首先需要建立描述飞机响应的侧滑角及方向舵偏角二自由度方程。

一般来说,由于民用飞机方向舵操纵系统由控制率辅助控制,实际驾驶员操纵力不会达到第 25.351(a)(2)项所述的最大操纵力矩,因此方向舵最大偏度 δ_{rmax} 一直是第 25.351(a)(1)项所述的常值。图 3-1(b)三个设计点一一对应第 25.351(b)款、(c)款和(d)款所指的三种情况。

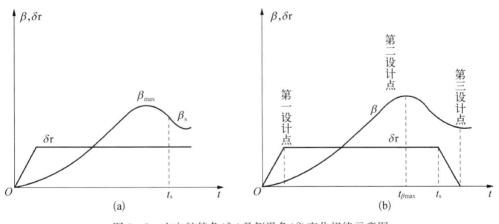

图 3-1　方向舵偏角(δr)及侧滑角(β)变化规律示意图

用图 3-1(b)中所示的三个设计点来概括整个机动过程。

第一设计点:δr 偏至 δr_{max} 之瞬时,δr_{max} 对应方向舵最大可用偏度。

第二设计点:F_{V} 为最大之瞬时(在 $t_{\beta\mathrm{max}}$ 附近),$t_{\beta\mathrm{max}}$ 为对应过漂侧滑角的时刻。

第三设计点:δr 回舵至中立之瞬时。

可先按本条(a)款的设定条件得到侧滑角的响应方程。再按(b)款至(d)款的设定条件得出整个过程的方向舵偏角和侧滑角的响应,得出垂尾和无尾飞机的总载荷。再通过合理的方式得到各个部件的分布载荷。

飞机响应方程中用到的气动力数据通过风洞测力试验得到。

分载时用到的气动压力分布通过风洞测压试验得到。

速度范围为速度包线中允许进行偏航机动的每一特征速度和足够多的速度范围差值。

高度范围为高度包线中允许进行偏航机动的每一临界高度和足够多的高度范围差值。

重量与重心为飞机运行时可能遇到的每一重量与重心组合。

3.4.2 MOC4 验证过程

进行充分的风洞试验(高速测压和测力),风洞试验得到的气动压力数据和铰链力矩数据作为分析计算的输入数据。

3.5 符合性文件清单

通常,针对第 25.351 条的符合性文件清单如表 3-2 所示。

表 3-2 建议的符合性文件清单

序 号	符 合 性 报 告	符合性方法
1	偏航机动飞行总载荷计算报告	MOC2
2	机翼飞行分布载荷计算报告	MOC2
3	机身飞行分布载荷计算报告	MOC2
4	平尾飞行分布载荷计算报告	MOC2
5	垂尾飞行分布载荷计算报告	MOC2
6	高速风洞试验大纲	MOC4
7	高速风洞试验报告	MOC4

4 符合性判据

对于本条款的符合性验证,需满足以下要求:

(1) 偏航机动载荷的计算方法合理,能充分满足条款的要求。

(2) 计算中使用的方向舵偏角和偏转速率等数据有充分依据,符合飞机的实际情况,在缺少确切数据时使用保守的方法。

(3) 飞机的速度、高度和重量与重心范围全面覆盖条款要求。

(4) 条款涉及的高度和速度范围及可能的构型组合全面(干净构型和增升构型等)。考虑飞机可能的状态,如扰流板打开及收上状态。

(5) 规范中规定的突然偏转是指驾驶员的突然操纵,而不是方向舵本身的突然偏转。在偏航机动中使用的方向舵输入必须符合实际情况的按时间规律变化的曲线,飞机在方向舵开始偏转的那一瞬间开始偏航运动。

（6）由偏航角产生的载荷增加计及方向舵偏转和自动控制系统的影响。

（7）偏航机动中的最大侧滑角是飞机过偏运动中的最大侧滑角,当飞机达到最大静平衡侧滑角时,方向舵要正好回到中立位置。

（8）本条款必须在结构载荷试飞完成后才能关闭。

参考文献

［1］ 14 CFR 修正案 25 - 23 Transport Category Airplane Type Certification Standards ［S］.

［2］ 14 CFR 修正案 25 - 46 Airworthiness Review Program Amendment No. 7 ［S］.

［3］ 14 CFR 修正案 25 - 72 Special Review: Transport Category Airplane Airworthiness Standards ［S］.

［4］ 14 CFR 修正案 25 - 86 Revised Discrete Gust Load Design Requirements ［S］.

［5］ 14 CFR 修正案 25 - 91 Revised Structural Loads Requirements for Transport Category Airplanes ［S］.

［6］ FAA. AC25 - 21 Certification of Transport Airplane Structure ［S］. 1999.

运输类飞机适航标准 第 25.361 条符合性验证

1 条款介绍

1.1 条款原文

第 25.361 条　发动机扭矩

(a) 发动机架及其支承结构,必须按下列组合效应进行设计:

(1) 相应于起飞功率及螺旋桨转速的发动机限制扭矩,和第 25.333(b) 条中飞行情况 A 的限制载荷的 75% 同时作用;

(2) 相应于最大连续功率及螺旋桨转速的发动机限制扭矩,和第 25.333(b) 条中飞行情况 A 的限制载荷同时作用;

(3) 对于涡轮螺旋桨装置,除了本条 (a)(1) 和 (2) 的规定情况外,相应于起飞功率及螺旋桨转速的发动机限制扭矩乘以下述系数后和 1g 平飞载荷同时作用。该系数是用于考虑螺旋桨操纵系统故障(包括快速顺桨),在缺少详细的分析时,必须取为 1.6。

(b) 对于涡轮发动机装置,发动机架及其支承结构必须设计成能承受下列每一种载荷:

(1) 由于故障或结构损坏(例如压气机卡住)造成发动机突然停车所产生的发动机限制扭矩载荷;

(2) 发动机最大加速所产生的发动机限制扭矩载荷。

(c) 本条 (a) 考虑的发动机限制扭矩,必须由相应于规定的功率和转速的平均扭矩乘以下列系数得出:

(1) 对于涡轮螺旋桨装置,为 1.25;

(2) 对于有 5 个或 5 个以上汽缸的活塞发动机,为 1.33;

(3) 对于有 4、3、2 个汽缸的发动机,分别为 2、3、4。

1.2 条款背景

第 25.361 条规定了飞机的发动机挂架和支承必须能够承受在服役期间可能出现的发动机扭矩情况。

1.3　条款历史

第 25.361 条在 CCAR25 部初版首次发布,截至 CCAR - 25 - R4,该条款共修订过 1 次,如表 1 - 1 所示。

表 1 - 1　第 25.361 条条款历史

第 25.361 条	CCAR25 部版本	相关 14 CFR 修正案	备　　注
首次发布	初版	—	
第 1 次修订	R2	25 - 23,25 - 46,25 - 72	

1.3.1　首次发布

1985 年 12 月 31 日发布了 CCAR25 部初版,其中包含第 25.361 条,该条款参考 1964 年 12 月 24 日发布的 14 CFR PART 25 中的 §25.361 的内容制定。

1.3.2　第 1 次修订

1995 年 12 月 18 日发布的 CCAR - 25 - R2 对第 25.361 条进行了第 1 次修订,此次修订参考了 14 CFR 修正案 25 - 23、25 - 46 和 25 - 72 的内容:

(1) 参考 14 CFR 修正案 25 - 23 对第 25.361(a)(3)项进行了修改,对涡轮螺旋桨飞机的扭矩情况作了规定,并允许用合理的分析代替规定的螺旋桨飞机失效扭矩系数 1.6。

(2) 参考 14 CFR 修正案 25 - 46 对本条做了文字上的修改,强调了规章中计算的发动机扭矩是限制载荷。

(3) 参考 14 CFR 修正案 25 - 72 对由平均发动机扭矩获得最大扭矩的系数做了规定。在此次修订中修改了本条自沿袭 4b.261 条以来一直就存在的文字编辑问题,之前的规章中规定了发动机、吊挂及支承必须能承受发动机的扭矩载荷,确定扭矩的系数,规章限制只对最大连续速度下的发动机扭矩适用,而申请人要确定最大连续起飞推力情况下的发动机扭矩时,需要进行额外的试验,来表明对条款的符合性,造成很大成本提高。实际上规定的系数应该可以应用于规章中的其他两种情况。该修正案对此项错误进行了更正,并给出不同发动机类型对应的系数大小。

2　条款解读

2.1　条款要求

本条款对飞机发动机的扭矩对发动机架及其支承结构的影响给出了(a)(b)(c)三款规定,其中(b)款对涡轮发动机有效,(a)款和(c)款只适用于螺旋桨发动机。

2.1.1　第 25.361(a)款

本条(a)款涡轮螺旋桨发动机的发动机架和支承结构必须能承受如下三种情

况下的发动机扭矩：

（1）发动机限制扭矩取起飞功率及螺旋桨转速状态的值，气动载荷取第 25.333(b)款中飞行情况 A 的限制载荷的 75％。这些载荷同时作用在相应部位上。在速度 V_A 时，速度比起飞时大得多，包线 A 点的载荷系数是最大值，比起飞时的载荷系数大。若直接选取包线上 A 点对应的气动载荷与起飞状态的发动机限制扭矩叠加太严重，因此条款要求将飞机最大过载的 75％的限制载荷与此时的起飞功率下发动机扭矩（也是限制载荷）叠加。

（2）发动机限制载荷扭矩取最大连续功率及螺旋桨转速相应的值，气动载荷取第 25.333(b)款机动包线上 A 点对应的载荷。这些载荷同时作用在相应部位，气动载荷作用在短舱上，发动机扭矩作用在发动机轴线上。

（3）对于涡轮螺旋桨发动机，由于螺旋桨操纵系统故障（快速顺桨），使桨叶角不能正常地改变，造成扭矩增大，因此该情况要对限制扭矩放大一个系数。条款规定，在缺少详细的分析时，该系数必须取为 1.6。这是一个故障状态，需要与 1g 平飞载荷叠加，这些载荷同时作用在相应部位上。

2.1.2　第 25.361(b)款

本条(b)款要求涡轮发动机装置的发动机架和支承结构能承受如下两种载荷的任意一种：

（1）发动机轻度故障（如压气机卡住）载荷。

在确定发动机最大减速情况的限制扭矩时可以按发动机在 Δt 时间内从最大转速 ω_{xmax} 到零。Δt 的大小按发动机转动惯量的大小取值，如果惯量小，则减速容易可取 0.2 秒；如果惯量大，则减速慢可取较大的值，目前国外最大的发动机惯量情况取到 0.5 秒。通常情况国外飞机取 0.2～0.3 秒。最大减速时发动机扭矩为

$$M = \sum \omega_{xmax} \cdot \frac{I_x}{\Delta t}$$

（2）发动机最大加速载荷。

发动机最大加速情况，首先要确定各转动部分在最大加速情况下的最大角加速度，最大角加速时的发动机限制扭矩为

$$M = \sum \omega_{xmax} \cdot \frac{I_x}{\Delta t}$$

虽然条款没有规定，但是在本条(b)款考虑的两种情况都应与飞机平飞时的气动载荷和惯性载荷叠加对发动机架及支承结构进行校核。

2.1.3　第 25.361(c)款

本条(c)款规定了在按(a)款计算涡轮螺旋桨发动机载荷时必须乘以(c)款规定的系数。

　　实际上,对于涡轮发动机,发动机风扇叶片丧失(FBO)情况往往是发动机扭矩的最严重情况。另外,对于装有 APU(辅助动力装置)的飞机,第 25.361 条的要求同时适用于 APU。因此,国外在涡轮发动机飞机设计时通常会引入"发动机突然停车"专用条件来代替第 25.361(b)款,用以覆盖 APU 及其支架的要求和发动机FBO 情况的考虑。该专用条件描述如下:

　　(a) 对于涡轮发动机装置,发动机架、吊挂及支承必须设计成能承受下列每种最大限制扭矩载荷及 1g 平飞载荷的同时作用:

　　(1) 由故障造成的、能使发动机推力暂时丧失的发动机减速;

　　(2) 发动机最大加速。

　　(b) 对于 APU 装置,APU 架及其支承必须设计成能承受下列每种最大限制扭矩载荷及 1g 平飞载荷的同时作用:

　　(1) 由于故障或结构损坏造成的 APU 突然减速;

　　(2) APU 的最大加速。

　　(c) 对于发动机支承,必须考虑 1g 平飞载荷和下述动载荷同时作用的极限载荷:

　　(1) 任何风扇、压气机或涡轮叶片的丧失,以及

　　(2) 任何能引起更大载荷的发动机结构损坏。

　　(d) 当(c)(1)和(c)(2)所定义的极限载荷作用到发动机架和吊挂上时,必须乘以 1.0 的安全系数;当作用到邻近的机体支承上时,必须乘以 1.25 的安全系数。

2.2　相关条款

　　第 25.361 条相关的条款如表 2-1 所示。

表 2-1　第 25.361 条相关条款

序　号	相 关 条 款	相　　关　　性
1	第 25.333 条	本条(a)(1)项所述发动机扭矩必须与第 25.333(b)款机动包线情况 A 襟翼手上状态包线的限制载荷的 75%同时作用

3　验证过程

3.1　验证对象

　　第 25.361 条的验证对象为发动机架及其支承结构(如吊挂和机身吊挂框)。

3.2　符合性验证思路

　　第 25.361 条要求发动机及其支承结构必须能承受条款规定的发动机扭矩。这些支承结构包括发动机架、吊挂和支承吊挂的机身机构。

为验证该条款的符合性,需采取分析计算的方法,表明对条款的要求的符合性。

结构静强度校核和静力试验应考虑此发动机扭矩。

若考虑发动机突然停车专用条件,为了得到准确的 FBO 载荷,还需进行发动机 FBO 响应测量的实验室试验(以下简称 FBO 试验)来修正载荷计算模型。

3.3　符合性验证方法

为验证第 25.361 条的符合性,符合性方法如表 3-1 所示。

表 3-1　第 25.361 条的符合性方法

条款号	专业	符合性方法										MOC
		0	1	2	3	4	5	6	7	8	9	
第 25.361 条	载荷			2								
专用条件	强度			2		4						

3.4　符合性验证说明

本条款的符合性验证方法为 MOC2 计算分析及 MOC4 实验室试验。

3.4.1　MOC2 验证过程

首先发动机制造商给出符合设计要求的发动机重要参数,以及飞机发动机—吊挂界面的界面载荷。这些界面载荷包含地面载荷、动载荷、飞行载荷、FBO 及风车载荷、发动机扭矩载荷、应急着陆情况、短舱特殊载荷情况、离散源损伤容限剩余强度载荷及非离散源损伤容限剩余强度载荷。其中发动机扭矩载荷是第 25.361 条要求的限制载荷。

按照上述界面载荷,校核发动机架和支承的静强度。发动机扭矩载荷作为极限载荷考虑时乘以 1.5 的安全系数。

考虑发动机突然停车专用条件,发动机扭矩载荷通常会被 FBO 载荷所覆盖。为了避免发动机安装节和吊挂过强击穿机体,校核 FBO 载荷情况下的强度时,发动机架和吊挂应乘以安全系数 1.0,邻近的机体支承校核时应把 FBO 极限载荷乘以安全系数 1.25。

3.4.2　MOC4 验证过程

考虑发动机突然停车专用条件,进行发动机 FBO 试验,试验的目的是获得 FBO 情况的真实响应。试验结果用来修正 FBO 载荷的计算模型。最终得到的 FBO 载荷参与发动机架、吊挂及周边连接结构的强度校核。

3.5　符合性文件清单

通常,针对第 25.361 条的符合性文件清单如表 3-2 所示。其中标 * 的项目为考虑专用条件所需的文件。

表 3-2　建议的符合性文件清单

序　号	符　合　性　报　告	符合性方法
1	动力装置界面载荷报告	MOC2
2	吊挂静强度校核报告	MOC2
3	发动机架静强度校核报告	MOC2
4	发动机架连接结构强度校核报告	MOC2
5	FBO 界面载荷报告*	MOC2
6	APU 界面载荷报告*	MOC2
7	APU 架强度校核报告*	MOC2
8	APU 连接结构强度校核报告*	MOC2
9	FBO 试验大纲*	MOC4
10	FBO 试验报告*	MOC4

4　符合性判据

第 25.361 条的符合性判据如下：

（1）即使第 25.361 条中的发动机扭矩载荷会被其他载荷如 FBO 载荷覆盖，也要按第 25.361 条单独计算发动机架与支承在正常飞行时和一般故障时的载荷情况，以验证条款的符合性。计算时考虑飞机的 1g 平飞载荷同时作用。

（2）计算专用条件中的 FBO 载荷时，发动机架、吊挂端和机体结构端采用不同的安全系数。

（3）在计算发动机停车产生的扭矩时，Δt 的选择是很重要的，按前面介绍的方法进行。

（4）在分析中使用的发动机的相关参数必须来源可靠。

（5）在强度校核分析时，根据飞机吊挂的具体连接形式和设计特点，将发动机扭矩传递到邻近的支承上。飞机两侧发动机通常是同时作用和同向旋转的，计算时应两侧发动机同时作用到机体结构上。可只截取邻近发动机的一段机体结构单独计算而不必全机求解。

参考文献

[1]　14 CFR 修正案 25 - 23 Transport Category Airplane Type Certification Standards [S].

[2]　14 CFR 修正案 25 - 46 Airworthiness Review Program Amendment No. 7 [S].

[3]　14 CFR 修正案 25 - 72 Special Review：Transport Category Airplane Airworthiness Standards [S].

[4]　FAA. AC25 - 21 Certification of Transport Airplane Structure [S]. 1999.

运输类飞机适航标准
第 25.363 条符合性验证

1 条款介绍

1.1 条款原文

第 25.363 条 发动机和辅助动力装置支架的侧向载荷

(a) 发动机和辅助动力装置支架及其支承结构必须按横向限制载荷系数(作为作用在发动机和辅助动力装置支架上的侧向载荷)进行设计,此系数至少等于由偏航情况得到的最大载荷系数,但不小于下列数值:

(1) 1.33;

(2) 第 25.333(b)条所述的飞行情况 A 的限制载荷系数的三分之一。

(b) 可假定本条(a)规定的侧向载荷与其它飞行情况无关。

〔中国民用航空局 2001 年 5 月 14 日第三次修订〕

1.2 条款背景

第 25.363 条对发动机和辅助动力装置支架及其支承结构承受的侧向载荷提出要求。为保证飞机发动机和辅助动力装置支架及其支承结构能够承受在设计机动包线内操纵时出现的任何侧向载荷情况。

1.3 条款历史

第 25.363 条在 CCAR25 部初版首次发布,截至 CCAR-25-R4,该条款共修订过 1 次,如表 1-1 所示。

表 1-1 第 25.363 条条款历史

第 25.363	CCAR25 部版本	相关 14 CFR 修正案	备 注
首次发布	初版	25-23	
第 1 次修订	R3	25-91	

1.3.1 首次发布

1985 年 12 月 31 日发布了 CCAR25 部初版,其中包含第 25.363 条,该条款参考 1964 年 12 月 24 日发布的 14 CFR PART 25 中的 §25.363 和 14 CFR 修正案 25-23 的内容制定。

1.3.2 第 1 次修订

2001 年 5 月 14 日发布的 CCAR-25-R3 对第 25.363 条进行了第 1 次修订，本次修订参考了 14 CFR 修正案 25-91 的内容：修改了 §25.363 的标题及 §25.363(a) 的概述部分，明确了除了之前规定的发动机支架载荷，同时也将考虑辅助动力装置的支架载荷，扩大了条款的适用范围。

2 条款解读

2.1 条款要求

条款规定的内容主要针对发动机和辅助动力装置支架及其支承结构，其侧向所受的力主要是惯性载荷，所以首先要确定横向限制载荷系数。条款规定横向限制载荷系数应至少等于由第 25.351 条偏航情况得到的最大载荷系数，但不小于下列数值：

(1) 1.33。

(2) 第 25.333(b) 款机动包线所述的飞行情况 A 的限制载荷系数的三分之一。

当按上述规定进行侧向载荷计算时，可假定与其他飞行情况无关即不与其他飞行情况进行组合考虑。

2.2 相关条款

与第 25.363 条相关的条款如表 2-1 所示。

表 2-1 第 25.363 条相关条款

序 号	相 关 条 款	相 关 性
1	第 25.333 条	第 25.363(a)(2) 项的载荷系数根据第 25.333(b) 款的要求确定
2	第 25.351 条	第 25.363(a) 款的载荷系数根据第 25.351 条的要求确定

3 验证过程

3.1 验证对象

第 25.363 条的验证对象为发动机和辅助动力装置支架及其支承结构。

3.2 符合性验证思路

为表明对该条款的符合性，一般采用计算分析的方法。

通过分析计算分别得出偏航情况下发动机重心处和辅助动力装置重心处的最大侧向限制载荷系数，将上述情况下计算所得到的数值与第 25.363(a)(1) 项和第

25.363(a)(2)项进行比较,取其中较大者作为计算发动机和辅助动力装置侧向载荷的载荷系数,表明满足第 25.363(a)款的要求。

在分析计算中假定与其他飞行情况无关,表明满足第 25.363(b)款的要求。

3.3　符合性验证方法

通常,针对第 25.363 条的符合性验证方法如表 3-1 所示。

表 3-1　建议的符合性方法

条 款 号	专 业	符 合 性 方 法										备 注
		0	1	2	3	4	5	6	7	8	9	
第 25.363 条	载　荷			2									

3.4　符合性验证说明

计算偏航情况下发动机重心处和辅助动力装置重心处的最大侧向载荷系数,计算时不考虑与其他飞行情况进行组合;计算第 25.333(b)款所述的飞行情况 A 的限制载荷系数的三分之一;将上述两步计算所得数据与 1.33 进行对比,取其中最大者作为计算发动机装置载荷的载荷系数。并对发动机和辅助动力装置支架及其支承结构进行强度校核时采用此系数。

3.5　符合性文件清单

通常,针对第 25.363 条的符合性文件清单如表 3-2 所示。

表 3-2　建议的符合性文件清单

序　号	符 合 性 报 告	符 合 性 方 法
1	发动机和辅助动力装置侧向载荷计算报告	MOC2
2	辅助动力装置及支架静强度分析报告	MOC2

4　符合性判据

针对第 25.363 条,满足下述情况可判定为符合:

(1) 对发动机和辅助动力装置支架及其支承结构进行强度校核时采用该条款要求的系数,计算得到的强度裕度大于零。

(2) 采用的载荷系数为条款中三点要求中的最大值。

参考文献

[1]　14 CFR 修正案 25-23 Transport Category Airplane Type Certification Standards [S].

〔2〕 14 CFR 修正案 25 - 91 Revised Structural Loads Requirements for Transport Category Airplanes〔S〕.

〔3〕 FAA. AC25 - 21 Certification of Transport Airplane Structure〔S〕. 1999.

运输类飞机适航标准第 25.365 条符合性验证

1 条款介绍

1.1 条款原文

第 25.365 条　增压舱载荷

下列规定适用于有一个或一个以上增压舱的飞机：

（a）飞机结构必须有足够的强度来承受飞行载荷和由零到释压活门最大调定值的压差载荷的组合作用；

（b）必须计及在飞行中的外部压力分布以及应力集中和疲劳影响；

（c）如允许机舱带压差着陆，则着陆载荷必须和由零到着陆期间所允许的最大压差载荷相组合；

（d）飞机结构必须设计成能承受下述压差载荷，对于申请批准在直到 13700 米（45,000 英尺）的高度运行的飞机，该载荷为释压活门最大调定值的 1.33 倍；对于申请批准在 13700 米（45,000 英尺）以上运行的飞机，该载荷为释压活门最大调定值的 1.67 倍，并略去其它载荷。

（e）增压舱内部和外部的任何结构、组件或零件，如因其破坏而可能妨碍继续安全飞行和着陆时，则必须设计成能够承受在任何使用高度由于以下每一情况使任何舱室出现孔洞而引起的压力突降：

（1）发动机碎裂后发动机的一部分穿通了增压舱；

（2）在任何增压舱有尺寸不超过 H_0 的任何孔洞，但对无法合理预期会局限于小舱室的孔洞，可以将小舱室与其相邻增压舱合并起来作为一个舱室考虑。尺寸 H_0 须按下式计算：

$$H_0 = PA_s$$

式中：

H_0 为最大孔洞面积，米 2[①]（英尺 2），不超过 1.86 米 2（20 英尺 2）；

[①]　应为米^2，后英尺 2 同，原条款如此。——编注

$$P = \frac{A_s}{580} + 0.024 \qquad \left(P = \frac{A_s}{6.240} + 0.024 \right)$$

A_S 为增压壳体垂直于纵轴的最大横截面积,米 2(英尺 2);

(3) 未经表明是极不可能出现的由于飞机或设备损坏而造成的最大孔洞。

(f) 在符合本条(e)款,确定损坏或穿通的概率和可能的孔洞尺寸时,如果还考虑到关闭装置可能有的使用不当以及误开舱门的情况,则可以考虑设计的破损—安全特征。而且,合成的压差载荷还必须以合理和保守的方式与 1 g 平飞载荷以及由于应急泄压情况引起的任何载荷相组合。这类载荷可以按极限载荷考虑,但是,因这些情况引起的任何变形均不得妨碍继续安全飞行和着陆。也可考虑由于各舱之间的通风所提供的减压。

(g) 载人增压舱内的隔框、地板和隔板必须设计成能承受本条(e)所规定的情况。此外,还必须采取合理的设计预防措施,以尽量减小由于零件的脱落而伤害座位上乘员的概率。

〔中国民用航空局 1995 年 12 月 18 日第二次修订,2001 年 5 月 14 日第三次修订〕

1.2　条款背景

第 25.365 条对飞机所承受的增压舱载荷提出要求。当飞机任意舱室的客舱压力突然泄压后,会产生压差载荷,为保证机身压力容器在所有营运条件下结构的完整性,制定了本条款,对飞机所承受的增压舱载荷提出要求。

1.3　条款历史

第 25.365 条在 CCAR25 部初版首次发布,截至 CCAR - 25 - R4,该条款共修订过 2 次,如表 1 - 1 所示。

表 1 - 1　第 25.365 条条款历史

第 25.365 条	CCAR25 部版本	相关 14 CFR 修正案	备　注
首次发布	初版	25 - 54	
第 1 次修订	R2	25 - 71,25 - 72	
第 2 次修订	R3	25 - 87	

1.3.1　首次发布

1985 年 12 月 31 日发布了 CCAR25 部初版,其中包含第 25.365 条,该条款参考 1964 年 12 月 24 日发布的 14 CFR PART 25 中的 §25.365 和 14 CFR 修正案 25 - 54 的内容制定。

14 CFR 修正案 25 - 54 对 §25.365(e)进行了修订,明确了增压舱可能出现孔洞的情况,并定义了孔洞尺寸的计算方法。

1.3.2　第 1 次修订

1995 年 12 月 18 日发布的 CCAR‐25‐R2 对第 25.365 条进行了第 1 次修订，本次修订参考了 14 CFR 修正案 25‐71 和 14 CFR 修正案 25‐72 的内容。

14 CFR 修正案 25‐71 对运输类飞机结构承受增压舱载荷的要求进行了全面改进，要求考虑在任何舱室中由指定尺寸的孔引起的压差载荷，对于压力区域外的结构失效会妨碍继续安全飞行和着陆时，也要设计成能够承受泄压载荷。如果适用本条规定，那么某些支撑飞机上重要系统的结构必须考虑破损所造成的系统功能丧失对飞行安全的影响。造成失压的因素包括爆炸物、舱门的意外打开、转子叶片的飞出等多项因素。

14 CFR 修正案 25‐72 对 §25.365 进行了文字上的修订，明确规章的要求不但适用于有乘员的舱，而且适用于没有乘员的行李舱和货舱。

1.3.3　第 2 次修订

2001 年 5 月 14 日发布的 CCAR‐25‐R3 对第 25.365 条进行了第 2 次修订，本次修订参考了 14 CFR 修正案 25‐87 的内容：对第 25.365(d)款进行了修订，按照不同的飞行高度选择合适的系数，对高高度运行的飞机要求一个更高的压力座舱设计载荷系数，对于在 13700 米(45000 英尺)的高度运行的飞机仍然维持原系数 1.33，而对于在 13700 米(45000 英尺)以上运行的飞机，该系数被提高到 1.67。

2　条款解读

2.1　条款要求

第 25.365(a)款是对增压舱进行强度计算的基本要求。飞机结构必须有足够的强度来承受飞行载荷和由零到释压活门最大调定值的压差载荷的组合作用，选择其严重组合作为设计载荷。

第 25.365(b)款是第 25.365(a)款的补充规定。如果在飞行中对应于规定载荷的应力明显受到外部压力分布的影响，则在相应于所考虑的飞行情况中，必须考虑外部压力分布的影响。对于非类似球形的机身增压舱结构，其结构局部截面往往形成应力集中，这对强度有很大影响，所以在对增压舱按第 25.365(a)款进行强度计算时，必须考虑应力集中的影响。增压舱在飞机飞行中经常承受重复载荷，有可能引起疲劳破坏，所以必须进行疲劳评定。

第 25.365(c)款是考虑着陆情况，若飞机允许机舱带压差着陆，则应考虑着陆载荷和压差载荷的组合作用。其压差载荷规定为零到着陆期间所允许的最大压差载荷。

第 25.365(d)款将增压舱作为一个增压容器来进行强度计算，主要承受压差载荷。在大多数情况下，由于不定因素较多，因此压差载荷很难通过分析或试验来确定。特别对于非圆形截面的机身结构，其所受内载荷以及由此引起的应力分布,受到现有方法的限制很难准确确定。故本款规定,对于在直到 13700 米的高度运行的飞机,载荷为释压活门最大调定值的 1.33 倍,而对于在 13700 米以上运行的飞机,系数被提高到 1.67。单独作用的极限压力,可能成为机身的严重载荷情况。

第 25.365(e)款规定了对飞机增压舱发生突然泄压情况的安全要求。对那些增压舱被隔板、隔框或地板分成两部分或更多部分的结构,应设计成能经受住任一隔舱压力突然下降所产生的载荷。飞机增压舱在空中时增压过程很慢,各隔舱之间没有压差,只由外壁承受静压。如果在空中出现舱门脱落、离散源损伤或壁板局部疲劳破坏等,则将引起所在隔舱突然泄压,造成空气迅速流动,使得一些相邻隔舱间产生压差。这种压差载荷可能导致结构破坏或操纵失效,影响飞行安全。

第 25.365(f)款规定在确定疲劳或漏气的可能性和可能出现的损坏孔口尺寸时,可以考虑设计的破损安全特征,而且还应考虑到关闭装置操作不当以及误开舱门情况,考虑到由于各舱之间通风引起的压力下降。

第 25.365(g)款是从乘员安全方面对结构设计提出要求。必须采取合理的设计预防措施以尽量减小由于零件的脱落而伤害座位上乘员的概率。

2.2 相关条款

与第 25.365 条相关的条款如表 2-1 所示。

表 2-1 第 25.365 条相关条款

序 号	相 关 条 款	相 关 性
1	第 25.571 条	按照第 25.571 条的要求对增压舱承受的重复载荷进行疲劳评定

3 验证过程

3.1 验证对象

第 25.365 条的验证对象为飞机增压舱结构和对乘客可能产生伤害的内饰内设。

3.2 符合性验证思路

为表明对该条款的符合性,一般采用说明性文件、计算分析和实验室试验的方法。

通过内饰和设备系统描述表明考虑设计的破损—安全特征,以及考虑了客舱内可能对乘客造成伤害的所有情况。分别通过总体载荷结合压差载荷以及对应的局部载荷组合、压差载荷与着陆情况载荷的组合、单独作用的极限压差载荷及泄压载荷对增压舱结构和各舱室隔板进行强度校核计算。通过选取临界的设计载荷工况和单独作用的极限压差载荷工况进行强度试验验证。

3.3 符合性验证方法

通常,针对第25.365条款的符合性验证方法如表3-1所示。

表3-1 建议的符合性方法

条 款 号	专 业	符 合 性 方 法										备 注
		0	1	2	3	4	5	6	7	8	9	
第25.365(a)款	载 荷			2		4						
第25.365(b)款	载 荷			2		4						
第25.365(c)款	载 荷			2								
第25.365(d)款	载 荷			2		4						
第25.365(e)款	内 饰		1									
	载 荷			2								
	舱 门					4						
第25.365(f)款	内 饰		1									
	载 荷			2								
第25.365(g)款	内 饰		1									
	载 荷			2								
	内 饰					4						

3.4 符合性验证说明

3.4.1 第25.365(a)款和第25.365(b)款符合性验证说明

对第25.365(a)款和第25.365(b)款,采用的符合性验证方法包括MOC2和MOC4,各项验证具体工作如下。

1) MOC2验证过程

在增压舱结构强度分析中,选取所有的飞行载荷工况叠加增压载荷,同时考虑对应的局部外部气动压力,作为限制载荷,乘以1.5的安全系数,作为极限载荷,对机身增压舱结构进行强度校核,强度校核裕度大于零,表明相应的结构满足强度要求。

对于增压舱结构存在疲劳问题,对舱门、承受增压载荷的口盖以及整个增压舱结构进行详细的疲劳评定,疲劳裕度大于零,表明相应的结构满足疲劳强度要求。

2) MOC4验证过程

对飞机结构开展全机静力限制载荷试验,选取临界工况的飞行载荷和增压舱载荷组合作为试验载荷,试验过程中记录结构受载和变形情况,最后形成试验报告以表明符合性。通过试验结果表明,飞机结构能够承受飞行载荷和增压舱压差载荷的组合作用,满足第25.365(a)款的要求。

3.4.2 第25.365(c)款符合性验证说明

针对第25.365(c)款,采用的符合性验证方法为MOC2,各项验证具体工作如下。

选取飞机着陆工况载荷叠加零到着陆期间增压舱最大压差载荷作为限制载荷,对增压舱结构进行强度校核,强度校核裕度大于零,表明相应的结构满足强度要求。

3.4.3 第 25.365(d)款符合性验证说明

针对第 25.365(d)款,采用的符合性验证方法包括 MOC2 和 MOC4,各项验证具体工作如下。

1) MOC2 验证过程

对机身增压舱进行单独作用增压载荷进行分析,对于运行高度不大于 13 700 米的飞机,选取压差载荷×1.33 作为限制载荷;对于运行高度在 13 700 米以上的飞机,选取压差载荷×1.67 作为限制载荷。乘以 1.5 的安全系数,作为极限载荷,对增压舱进行强度校核,强度校核裕度大于零,表明机身增压舱结构满足极限强度要求。

2) MOC4 验证过程

对飞机结构开展增压舱增压限制载荷试验,对于运行高度不大于 13 700 米的飞机,选取压差载荷×1.33 作为试验载荷;对于运行高度在 13 700 米以上的飞机,选取压差载荷×1.67 作为试验载荷,试验过程中记录结构受载和变形情况,最后形成试验报告以表明符合性。

对飞机结构开展增压舱增压极限载荷试验,对于运行高度不大于 13 700 米的飞机,选取压差载荷×1.33×1.5 作为试验载荷;对于运行高度在 13 700 米以上的飞机,选取压差载荷×1.67×1.5 作为试验载荷,试验过程中记录结构受载和变形情况,最后形成试验报告以表明符合性。

通过增压舱增压限制载荷试验和增压舱增压极限载荷试验结果表明,飞机结构能够承受单独增压舱压差载荷,满足第 25.365(d)款的要求。

3.4.4 第 25.365(e)款符合性验证说明

针对第 25.365(e)款,采用的符合性验证方法包括 MOC1、MOC2 和 MOC4,各项验证具体工作如下。

1) MOC1 验证过程

机身破损又可分为两种情况:第一种,如果破损孔洞出现在驾驶舱内,由于外界的压力远小于飞机增压舱内的压力,那么此时驾驶舱内的压力就会迅速地下降。虽然在驾驶舱门关闭时,但驾驶舱和客舱之间并非完全气密,两舱之间可通过夹缝和安装间隙相互连通。但此时仅仅通过夹缝和间隙是不能及时平衡压差的,于是驾驶舱和客舱之间瞬间产生较大的压差。通过内饰和设备系统描述表明在设计过程中考虑了在驾驶舱门上设计释压门,来降低瞬间产生的压差,以减轻相关结构的承载压力。

第二种,如果破损孔洞出现在客舱,但由于客舱的容积远大于驾驶舱,产生的压差要比前一种情况小很多,产生的载荷相对较小,因此可以不用安装释压门。

2) MOC2 验证过程

在增压舱突然泄压时,考虑如下三种情况下的孔洞尺寸:发动机碎裂后发动机的一部分穿通了增压舱的孔洞尺寸;按照本款规定的公式计算的孔洞尺寸;根据每个舱室的具体情况,对驾驶舱风挡,舱门空中意外打开,疲劳裂纹引起的增压舱孔洞等情况进行评估,确定未经表明是极不可能出现由于飞机或设备损坏而造成的最大孔洞。最终取上述三种情况中最严重情况用于突然泄压载荷分析。

通过飞机的总体布局分别计算各增压舱室出现破洞情况下各隔舱的泄压载荷,对增压舱内部和外部的任何结构、组件或零件在突然泄压的情况下进行强度校核,强度校核裕度大于零,表明相应的结构满足强度要求。

3) MOC4 验证过程

通过对驾驶舱门、厨房和盥洗室进行静力试验,以验证其具有承受第 25.365 (e)款规定的泄压载荷的能力,满足静强度要求。泄压载荷应作为驾驶舱门静力试验,厨房和盥洗室静力试验的严重载荷工况,在试验过程中记录结构受载和变形情况,最后形成试验报告以表明符合性。

3.4.5　第 25.365(f)款符合性验证说明

针对第 25.365(f)款,采用的符合性验证方法包括 MOC1 和 MOC2,各项验证具体工作如下:

1) MOC1 验证过程

在内饰内设系统描述中详细说明飞机在各个舱之间安置了合适的通风面积,用于降低压差载荷,保证飞机结构可以承受泄压载荷而不破坏。

2) MOC2 验证过程

根据第 25.365(e)款计算得出的各舱室隔板上的压差载荷叠加 1g 平飞载荷作为极限载荷,对隔框结构、客舱地板结构、中后机身结构、后机身结构和垂尾结构等相关的飞机结构进行强度校核,强度校核裕度大于零,表明结构能够满足强度要求,变形不会影响飞机的安全飞行和着陆。

3.4.6　第 25.365(g)款符合性验证说明

针对第 25.365(g)款,采用的符合性验证方法包括 MOC1、MOC2 和 MOC4,各项验证具体工作如下:

1) MOC1 验证过程

通过内饰和设备系统描述表明载人增压舱内的设计考虑了可能对乘员造成伤害的部件,通过设计以减小对乘员造成伤害的概率。如对驾驶舱通道门,通过设计连接结构,避免驾驶舱泄压时,泄压板飞出造成对驾驶员的伤害;对行李箱通过设计减小行李箱所失效的概率;对厨房小推车,通过双锁设计或其他设计特征,避免小推车滑出对乘客造成伤害。

2) MOC2 验证过程

根据第 25.365(e)款计算得出的各舱室隔板上的压差载荷作为极限载荷,对载人增压舱内的结构(如电源中心及其与机体连接结构、防劫机门及其与机体连接结构、前厨房及其与机体连接结构和客舱地板结构等)进行强度校核,强度校核裕度大于零,表明客舱中结构满足强度要求对乘员的保护。

3) MOC4 验证过程

通过对厨房和盥洗室开展静力试验,表明设计中考虑了客舱内有可能对乘客造成伤害的内饰及设备经过极限载荷试验考核。采用泄压载荷作为厨房、盥洗室静力试验的试验载荷工况,在试验过程中记录结构受载和变形情况,最后形成试验报告以表明符合性。

3.5 符合性文件清单

通常,针对第 25.365 条的符合性文件清单如表 3-2 所示。

表 3-2 建议的符合性文件清单

序 号	符 合 性 报 告	符合性方法
1	内饰内设系统描述	MOC1
2	飞机结构强度校核报告	MOC2
3	飞机结构疲劳强度计算分析报告	MOC2
4	增压舱增压试验大纲	MOC4
5	增压舱增压试验报告	MOC4
6	驾驶舱门静力试验大纲	MOC4
7	驾驶舱门静力试验报告	MOC4
8	厨房、盥洗室静力试验大纲	MOC4
9	厨房、盥洗室静力试验报告	MOC4

4 符合性判据

针对第 25.365 条,满足下述情况可判定为符合。

(1)对增压舱结构按飞行载荷工况叠加增压载荷,乘以 1.5 的系数作为极限载荷,计算得到的强度裕度大于零。

(2)对增压舱结构按着陆工况载荷叠加零到着陆期间增压舱最大压差载荷作为限制载荷,计算得到的强度裕度大于零。

(3)对于运行高度不大于 13 700 米的飞机,选取压差载荷×1.33 作为限制载荷;对于运行高度在 13 700 米以上的飞机,选取压差载荷×1.67 作为限制载荷。乘以 1.5 的安全系数,作为极限载荷,对飞机结构进行强度校核,计算得到的强度裕度大于零。

(4)对增压舱结构按泄压载荷进行强度校核,计算得到的强度裕度大于零。

(5)对增压舱结构按压差载荷叠加 1g 平飞载荷作为极限载荷,计算得到的强度裕度大于零。

（6）对增压舱结构进行疲劳评定，计算得到的疲劳裕度大于零。

（7）设计中考虑了适当的措施在可能由于失压引起的结构破损、零件脱落时不会伤及乘客，或设计了有效的保护措施。

（8）静力试验结果表明结构能够在承受限制载荷时无永久有害变形，在极限载荷作用下至少3秒不破坏。

参考文献

[1]　14 CFR 修正案 25 - 54 Airworthiness Review Program；Amendment No. 8A：Aircraft，Engine，and Propeller Airworthiness，and Procedural Amendments [S].

[2]　14 CFR 修正案 25 - 71 Improved Structural Requirements for Pressurized Cabins and Compartments in Transport Category Airplanes [S].

[3]　14 CFR 修正案 25 - 72 Special Review：Transport Category Airplane Airworthiness Standards [S].

[4]　14 CFR 修正案 25 - 87 Standards for Approval for High Altitude Operation of Subsonic Transport Airplanes [S].

[5]　FAA. AC25. 795 - 2A Flightdeck Penetration Resistance [S]. 2008.

[6]　FAA. AC20 - 128A Design Considerations for Minimizing Hazards Caused by Uncontained Turbine Engine and Auxiliary Power Unit Fotor Failure [S]. 1997.

[7]　FAA. AC25 - 20 Pressurization，Ventilation and Oxygen Systems Assessment for Subsonic Flight Including High Altitude Operation [S]. 1996.

[8]　FAA. AC25 - 21 Certification of Transport Airplane Structure [S]. 1999.

[9]　FAA. AC25. 795 - 1A Flightdeck Intrusion Resistance [S]. 2008.

[10]　FAA. AC25. 775 - 1 Windows and Windshields [S]. 2003.

运输类飞机适航标准
第 25.367 条符合性验证

1 条款介绍

1.1 条款原文

第 25.367 条　发动机失效引起的非对称载荷

（a）飞机必须按由临界发动机失效引起的非对称载荷进行设计。涡轮螺旋桨飞机必须按下列情况和螺旋桨阻力限制系统单个故障的组合进行设计，同时要考虑驾驶员在飞行操纵器件上预期的纠正动作：

（1）在 V_{MC} 与 V_D 之间的各种速度下，由于燃油流动中断而引起功率丧失所产生的载荷作为限制载荷；

（2）在 V_{MC} 与 V_C 之间的各种速度下，由于发动机压气机与涡轮脱开或由于涡轮叶片丢失所产生的载荷作为极限载荷；

（3）上述发动机失效引起的推力减少和阻力增加的时间历程，必须由试验或其它适用此特定发动机—螺旋桨组合的资料予以证实；

（4）对于驾驶员预期的纠正动作的时间和纠偏量的大小，必须保守地加以估计。在估计时要考虑特定的发动机—螺旋桨—飞机组合的特性。

（b）可以假定驾驶员的纠正动作在达到最大偏航速度时开始，但不早于发动机失效后二秒钟。纠偏量的大小可以根据第 25.397(b) 条中规定的操纵力确定，但如果分析或试验表明较小的力能够控制由上述发动机失效情况所产生的偏航和滚转，也可以取较小的力。

1.2 条款背景

第 25.367 条为了保证临界发动机失效后飞机能承受相应的侧向载荷，依靠方向舵等的纠偏在非对称推力下仍然保持安全飞行，从发动机失效所产生的非对称载荷方面对飞机结构设计提出要求。

1.3 条款历史

第 25.367 条在 CCAR25 部初版首次发布，截至 CCAR - 25 - R4，该条款未进行过修订，如表 1 - 1 所示。

表 1-1　第 25.367 条条款历史

第 25.367 条	CCAR25 部版本	相关 14 CFR 修正案	备　　注
首次发布	初版	—	

1985 年 12 月 31 日发布了 CCAR25 部初版,其中包含第 25.367 条,该条款参考 1964 年 12 月 24 日发布的 14 CFR PART 25 中的 §25.367 的内容制定。

2　条款解读

2.1　条款要求

此条款规定了临界发动机失效后由于推力不对称造成的偏航机动情况。失效的发动机推力衰减和阻力增加产生偏航力矩,使飞机产生偏航角加速度;驾驶员适当偏转方向舵(及副翼等)可以平衡发动机失效产生的偏航力矩,使飞机回复零侧滑角飞行(如果最大方向舵偏度仍不足以使飞机回复零侧滑,则使飞机偏航角加速度为零)。

发动机失效情况分为两类:

第 25.367(a)(1)项所规定的燃油流动中断引起的发动机失效,推力衰减时间相对较长,停车后发动机保持风车状态,阻力较小。需要在 V_{MC} 与 V_D 之间的各种速度下的载荷作为限制载荷。

第 25.367(a)(2)项所规定的发动机机械故障(如卡阻)而停止转动,故障可以假定为瞬间发生,故障后的阻力比风车状态大得多。需要在 V_{MC} 与 V_C 之间的各种速度下的载荷作为极限载荷。

对于涡轮螺旋桨飞机,需要将这两类情况和螺旋桨阻力限制系统单个故障组合设计。

推力减少和阻力增加的时间历程需按第 25.367(a)(3)项的要求合理确定,或取较短的时间历程(如依据真实发动机失效时间取时间更短的推力到阻力的线性变化时间值)。

第 25.367(a)(4)项要求纠正动作的时间和纠偏量的大小必须保守地加以估计,同时满足假定驾驶员的纠正动作在达到最大偏航速度时才开始,若发动机失效后 2 秒内就达到最大偏航速度则应等到 2 秒后才能纠偏;纠偏所用方向舵偏度可以采用方向舵最大可用偏度,也可以通过分析取较小值让发动机失效产生的偏航速度为零即可。分析时通过时间历程方法可以获取合理的飞行特性,研究发动机失效后不纠偏的时间历程和纠偏的时间历程,可以确定满足条款要求的纠正动作时间和纠偏量的大小。

2.2　相关条款

与第 25.367 条相关的条款如表 2-1 所示。

表 2-1　第 25.367 条相关条款

序　号	相关条款	相　关　性
1	第 25.397 条	按照第 25.397(b)款中规定的操纵力确定纠偏量的大小

3　验证过程

3.1　验证对象

第 25.367 条的验证对象为机体结构。

3.2　符合性验证思路

为表明对该条款的符合性,一般采用实验室试验和计算分析的方法:需要通过风洞试验获得接近真实的气动力数据,并在飞行载荷计算时验证条款的要求,表明满足第 25.367 条的要求。

3.3　符合性验证方法

通常,针对第 25.367 条的符合性验证方法如表 3-1 所示。

表 3-1　建议的符合性方法

条　款　号	专　业	符 合 性 方 法										备　注
		0	1	2	3	4	5	6	7	8	9	
第 25.367 条	载　荷			2		4						
第 25.367 条	强　度			2								

3.4　符合性验证说明

3.4.1　MOC2 验证过程

通过载荷计算时考虑第 25.367 条的要求,计算发动机失效飞行总载荷,以及机翼高速侧向情况下的飞行分布载荷、机身高速侧向情况下的飞行分布载荷、平尾高速侧向情况下的飞行分布载荷、垂尾高速侧向情况下的飞行分布载荷和高速侧向情况下的惯性力分布载荷。将上述计算所得载荷作为输入对飞机结构进行设计和强度校核。

3.4.2　MOC4 验证过程

开展测压风洞试验和测力风洞试验,获得接近真实的气动力数据作为气动输入依据。

3.5　符合性文件清单

通常,针对第 25.367 条的符合性文件清单如表 3-2 所示。

表 3 - 2　建议的符合性文件清单

序　号	符 合 性 报 告	符合性方法
1	载荷计算报告	MOC2
2	静强度分析报告	MOC2
3	全机风洞试验大纲	MOC4
4	全机风洞试验报告	MOC4

4　符合性判据

针对第 25.367 条,满足下述情况可判定为符合:

(1) 在载荷计算中使用的推力减少和阻力增加、纠正动作的时间和纠偏量的大小有充分依据。

(2) 对飞机结构按照发动机失效引起的非对称载荷进行强度校核,计算得到的强度裕度大于零。

参考文献

FAA. AC25 - 21 Certification of Transport Airplane Structure [S]. 1999.

运输类飞机适航标准
第 25.371 条符合性验证

1 条款介绍

1.1 条款原文

第 25.371 条　陀螺载荷

任何发动机或辅助动力装置的支承结构必须按第 25.331 条、第 25.341(a)条、第 25.349 条、第 25.351 条、第 25.473 条、第 25.479 条、第 25.481 条中规定情况产生的包括陀螺载荷在内的载荷进行设计,且发动机或辅助动力装置处于与该情况相应的最大转速。为了符合本条的要求,必须满足第 25.331(c)(1)条的俯仰机动的要求直到达到正的限制机动载荷系数(第 25.333(b)条的 A_2 点)。

〔中国民用航空局 2001 年 5 月 14 日第三次修订〕

1.2 条款背景

第 25.371 条规定的目的是保证飞机的机体结构能够承受任何飞机的飞行载荷和发动机最大转速时引起的陀螺载荷的共同作用。

1.3 条款历史

第 25.371 条在 CCAR25 部初版首次发布,截至 CCAR - 25 - R4,该条款共修订过 1 次,如表 1-1 所示。

表 1-1　第 25.371 条条款历史

第 25.371 条	CCAR25 部版本	相关 14 CFR 修正案	备　注
首次发布	初版	—	
第 1 次修订	R3	25 - 86,25 - 91	

1.3.1　首次发布

1985 年 12 月 31 日发布了 CCAR25 部初版,其中包含第 25.371 条,该条款参考 1964 年 12 月 24 日发布的 14 CFR PART 25 中的 §25.371 的内容制定。

1.3.2　第 1 次修订

2001 年 5 月 14 日发布的 CCAR - 25 - R3 对第 25.371 条进行了第 1 次修订,

本次修订参考了 14 CFR 修正案 25 - 86 和 14 CFR 修正案 25 - 91 的内容：

（1）参考 14 CFR 修正案 25 - 86，在原来只对发动机进行规定的内容上补充对 APU 支承结构的考虑规定，对应情况为发动机或 APU 的最大连续转速情况。

（2）参考 14 CFR 修正案 25 - 91，将原来规定的发动机最大连续转速更改为最大转速，并补充考虑了地面着陆时的陀螺载荷情况 §25.473、§25.479 和 §25.481，同时明确了在考虑 §25.333(b) 规定的情况时，必须机动到规定的正限制载荷系数，以获得飞机的最大合理俯仰角速度。

2 条款解读

2.1 条款要求

本条规定了发动机和 APU 的支承结构的一个设计要求。在设计支承结构时，必须按第 25.331 条、第 25.341(a) 款、第 25.349 条、第 25.351 条、第 25.473 条、第 25.479 条和第 25.481 条中规定情况产生的载荷情况进行分析，需包括发动机和 APU 以最大转速工作时产生的陀螺载荷。

2.2 相关条款

第 25.371 条相关的条款如表 2 - 1 所示。

表 2 - 1 第 25.371 条相关条款

序 号	相 关 条 款	相 关 性
1	第 25.331 条 第 25.341(a) 款 第 25.349 条 第 25.351 条 第 25.473 条 第 25.479 条 第 25.481 条	APU 的支承结构的设计必须考虑这些条款规定的载荷情况下发动机和 APU 以最大转速运转产生的陀螺载荷

3 验证过程

3.1 验证对象

第 25.371 条的验证对象为飞机动力装置和辅助动力装置的支承结构。

3.2 符合性验证思路

第 25.371 条要求发动机和辅助动力装置（APU）的支承结构的设计必须考虑发动机以最大转速工作所产生的陀螺载荷。为了验证第 25.371 条的符合性，需要一般采用计算分析的方法，计算发动机和 APU 在条款规定情况下的陀螺载荷，在对周边支承结构的强度校核时考虑陀螺载荷与飞行载荷的共同作用。

3.3 符合性验证方法

通常,针对第 25.371 条的符合性验证方法如表 3 - 1 所示。

表 3 - 1 建议的符合性方法

条 款 号	专 业	符 合 性 方 法										备 注
		0	1	2	3	4	5	6	7	8	9	
第 25.371 条	载 荷			2								
第 25.371 条	强 度			2								

3.4 符合性验证说明

本条款的符合性验证方法为 MOC2 计算分析。

为符合第 25.371 条,在发动机和 APU 的载荷报告中应包含第 25.371 条要求的载荷,即在对称机动情况、离散突风情况、滚转情况、偏航机动情况、水平着陆情况和尾沉着陆情况按发动机最大转速运转产生的陀螺载荷。

校核发动机的支承结构(发动机安装节、吊挂和机体主结构与吊挂连接的部分)和 APU 支承结构(APU 组件安装和 APU 拉杆与对应机身框的连接等)的强度时都必须考虑这些陀螺载荷与飞行载荷的共同作用。

3.5 符合性文件清单

通常,针对第 25.371 条的符合性文件清单如表 3 - 2 所示。

表 3 - 2 建议的符合性文件清单

序 号	符 合 性 报 告	符合性方法
1	动力装置界面载荷报告	MOC2
2	辅助动力装置界面载荷报告	MOC2
3	发动机架静强度校核报告	MOC2
4	发动机架连接结构静强度校核报告	MOC2
5	APU 架静强度校核报告	MOC2
6	APU 架连接结构静强度校核报告	MOC2

4 符合性判据

进行计算分析时需满足以下要求:

(1) 由空中飞行情况第 25.331 条、第 25.349 条和第 25.351 条和地面着陆情况第 25.473 条、第 25.479 条和第 25.481 条中最大俯仰/偏航角速度产生的发动机的陀螺力矩必须与对应的气动载荷和惯性载荷以合理的方式叠加进行载荷的计算分析。

（2）第 25.331(c)(1)项规定的非校验俯仰机动状态，在考虑陀螺载荷时计算到规定的最大过载系数。许多涡轮螺旋桨飞机在动态着陆状态下会经受高俯仰速率，按此作为陀螺载荷的临界设计状态。

（3）陀螺载荷的计算情况应为发动机或 APU 的最大转速情况而不是最大连续转速或者其他情况。

（4）分析中应考虑升降舵向上下两个方向及方向舵向左右两个方向的突然偏转，以分析得到最大陀螺载荷。在小重量时宜出现飞机的发动机支架处惯性载荷及陀螺载荷的严重情况的叠加。

（5）载荷计算方法与强度校核方法须合理并保守。

参考文献

［1］ 14 CFR 修正案 25 – 86 Revised Discrete Gust Load Design Requirements ［S］.

［2］ 14 CFR 修正案 25 – 91 Revised Structural Loads Requirements for Transport Category Airplanes ［S］.

［3］ FAA. AC25 – 21 Certification of Transport Airplane Structure ［S］. 1999.

运输类飞机适航标准
第 25.373 条符合性验证

1　条款介绍

1.1　条款原文

第 25.373 条　速度控制装置

如果装有供航路飞行中使用的速度控制装置(例如扰流板和阻力板),采用下列规定:

(a) 飞机必须根据每个调定位置和与此相应的最大速度,按第 25.333 条和第 25.337 条规定的对称机动、第 25.351 条规定的偏航机动和第 25.341(a)条规定的垂直和横向突风情况进行设计。

(b) 如果速度控制装置具有自动操纵或载荷限制机构,则飞机必须根据该机构所允许的各种速度和相应的速度控制装置的位置,按本条(a)规定的机动和突风情况进行设计。

〔中国民用航空局 2001 年 5 月 14 日第三次修订〕

1.2　条款背景

第 25.373 条规定了航路飞行中使用速度控制装置的情况下的要求,要求飞机在该情况下能够承受对称机动、偏航机动和突风情况下的载荷。

1.3　条款历史

第 25.373 条在 CCAR25 部初版首次发布,截至 CCAR-25-R4,该条款共修订过 2 次,如表 1-1 所示。

表 1-1　第 25.373 条条款历史

第 25.373 条	CCAR25 部版本	相关 14 CFR 修正案	备　注
首次发布	初版	—	
第 1 次修订	R2	25-72	
第 2 次修订	R3	25-86	

1.3.1　首次发布

1985 年 12 月 31 日发布了 CCAR25 部初版,其中包含第 25.373 条,该条款参考 1964 年 12 月 24 日发布的 14 CFR PART 25 中的 §25.373 的内容制定。

1.3.2　第 1 次修订

1995 年 12 月 18 日发布的 CCAR-25-R2 对第 25.373 条进行了第 1 次修订,本次修订参考了 14 CFR 修正案 25-72 的内容:明确了分析过程应考虑速度控制装置的每个设定位置及该位置所对应的最大飞行速度。

1.3.3　第 2 次修订

2001 年 5 月 14 日发布的 CCAR-25-R3 对第 25.373 条进行了第 2 次修订,本次修订参考了 14 CFR 修正案 25-86 的内容:更改了原条款中对突风文字的描述,具体规定了所考虑的突风是 §25.341(a) 中的垂直和横向离散突风。

2　条款解读

2.1　条款要求

本条规定了航路飞行中使用速度控制装置的情况下的要求,要求飞机在该情况下能够承受对称机动、偏航机动和突风情况下的载荷。

第 25.373(a) 款要求必须对应每个调定位置和与此相应的最大速度进行设计,需考虑第 25.333 条和第 25.337 条规定的对称机动情况、第 25.351 条规定的偏航机动和第 25.341(a) 款规定的垂直和横向突风情况。

第 25.373(b) 款规定,如果速度控制装置具有自动操纵或载荷限制机构,则飞机必须根据该机构所允许的各种速度和相应的速度控制装置的位置进行设计。

2.2　相关条款

第 25.373 条相关的条款如表 2-1 所示。

表 2-1　第 25.373 条相关条款

序　号	相　关　条　款	相　　关　　性
1	第 25.333 条 第 25.337 条 第 25.351 条 第 25.341(a) 款	飞机结构必须考虑这些条款规定的载荷情况,根据速度控制装置每个调定位置和与此相应的最大速度进行设计

3　验证过程

3.1　验证对象

第 25.373 条的验证对象为使用速度控制装置时的飞机结构。

3.2 符合性验证思路

第 25.373 条研究的是航路飞行中使用速度控制装置(扰流板或减速板)时的飞机飞行载荷。

验证该条款需要用 MOC2 的方法计算扰流板打开的如下情况：第 25.331 条规定的对称机动情况(包括机动平衡、非校验机动、校验机动和失配平状态)；第 25.351 条规定的偏航机动的飞行载荷。载荷计算用到的气动力数据由 MOC4 风洞试验结果提供或者由合理的分析得到。

3.3 符合性验证方法

为验证第 25.373 条的符合性,符合性方法如表 3-1 所示。

表 3-1　第 25.373 条的符合性方法

条 款 号	专 业	符 合 性 方 法										备 注
		0	1	2	3	4	5	6	7	8	9	
第 25.373 条	载 荷			2								
第 25.373 条	气 动					4						

3.4 符合性验证说明

3.4.1 MOC2 验证过程

确定航路中使用到的速度减速装置,该装置一般为扰流板。考虑扰流板在空中作为减速板被打开的时候的载荷。

计算减速板打开情况的飞机飞行载荷,包含第 25.331 条规定的对称机动情况(包括机动平衡、非校验机动、校验机动和失配平状态)；第 25.351 条规定的偏航机动情况及第 25.341 条规定的垂直和横向突风情况(包括连续突风和离散突风)。

3.4.2 MOC4 验证过程

进行风洞试验来获得载荷分析的气动输入数据。包括：全机高速测力试验(获得系列 M 数下的基本纵、横向气动特性及舵面效率特性)、全机高速测压试验(获得系列 M 数下的纵、横向全部压力分布)。经过对试验数据的处理,得到在第 25.373 条提到的对称机动、偏航机动和垂直、横向离散突风情况,扰流板打开不同角度时,对应最大飞行速度下的飞机受载情况。用于扰流板打开情况下飞机飞行载荷的计算。

3.5 符合性文件清单

通常,针对第 25.373 条的符合性文件清单如表 3-2 所示。

表 3-2　建议的符合性文件清单

序　号	符 合 性 报 告	符合性方法
1	减速板打开情况飞机飞行载荷	MOC2
2	飞机全机高速测压试验大纲	MOC4
3	飞机全机高速测压试验报告	MOC4
4	飞机全机高速测力试验大纲	MOC4
5	飞机全机高速测力试验报告	MOC4

4　符合性判据

符合性验证工作中需满足以下要求：

（1）使用的扰流板类型是否正确。在计算扰流板打开状态载荷时，不仅计算扰流板本身的载荷，也计算全机载荷，以保证在这种情况下不会遗漏其他部件的载荷临界情况。

（2）扰流板打开情况是否全面考虑了高速襟翼收上状态和低速襟翼打开状态，除了扰流板本身的强度以外，重点分析扰流板内外侧机翼的受载情况。

（3）本条款需在结构载荷试飞完成后才能关闭。

参考文献

［1］　14 CFR 修正案 25 - 72 Special Review： Transport Category Airplane Airworthiness Standards ［S］.

［2］　14 CFR 修正案 25 - 86 Revised Discrete Gust Load Design Requirements ［S］.

［3］　FAA. AC25 - 21 Certification of Transport Airplane Structure ［S］. 1999.

［4］　FAA. AC25.672 - 1 Active Flight Controls ［S］. 1983.

运输类飞机适航标准
第25.391条符合性验证

1　条款介绍

1.1　条款原文

第25.391条　操纵面载荷：总则

操纵面必须按第25.331条、第25.341(a)条、第25.349条和第25.351条中的各种飞行情况及第25.415条中的地面突风情况产生的限制载荷进行设计，并考虑下列要求：

(a) 第25.393条中的平行于铰链线的载荷；

(b) 第25.397条中的驾驶员作用力的影响；

(c) 第25.407条中的配平调整片的影响；

(d) 第25.427条中的非对称载荷；

(e) 第25.445条中的辅助气动力面。

〔中国民用航空局2001年5月14日第三次修订〕

1.2　条款背景

第25.391条旨在保证操纵面的静强度可以承受飞行或地面突风条件下的载荷。

1.3　条款历史

第25.391条在CCAR25部初版首次发布，截至CCAR-25-R4，该条款共进行过1次修订，如表1-1所示。

表1-1　第25.391条条款历史

第25.391条	CCAR25部版本	相关14 CFR修正案	备　　注
首次发布	初版	—	
第1次修订	R3版	25-86	

1.3.1　首次发布

1985年12月31日发布的CCAR25部初版，其中包括第25.391条。该条款参考1964年12月24日发布14 CFR PART 25中§25.391的内容制定。

1.3.2　第 1 次修订

2001 年 5 月 14 日发布的 CCAR - 25 - R3 版对第 25.391 条进行了第 1 次修订。本次修订参考了 1996 年 FAA 发布的 14 CFR 修正案 25 - 86 的相关内容，对本条款引言和§25.341(e)进行了修订，在引言中增加了§25.341(a)的要求，同时将原§25.341(e)中的外侧端板更改为辅助气动面。

2　条款解读

2.1　条款要求

操纵面载荷比较复杂，受载情况多，不仅要考虑它作为飞机结构的一部分，还要考虑它是可动翼面，在飞行中可以由驾驶员操纵使它偏转，在停机时则可用突风锁固定，要考虑它的地面情况和驾驶员作用力和调整片的影响。本条款规定操纵面必须按照下列情况所产生的限制载荷来设计。

所有操纵面必须按第 25.331 条、第 25.341(a)款、第 25.349 条和第 25.351 条中的各种飞行情况及第 25.415 条中的地面突风情况产生的限制载荷进行设计，上述条款具体包括：机动飞行情况、失配平情况、离散突风情况、滚转情况、偏航情况及地面突风和顺风滑行情况等。上述条款本身是考虑飞机主要部件的受载情况，本条款着重要求分析这些载荷情况下操纵面承受的载荷。各操纵面除了按照上述临界载荷情况进行设计外，还必须考虑下列补充情况，但这两部分载荷不叠加。

（1）平行于铰链线作用的惯性载荷，详见第 25.393 条。

（2）操纵面载荷不必超过第 25.397 条中规定的驾驶员作用力。

（3）当操纵面载荷受到驾驶员最大作用力的限制时，需考虑配平调整片的影响，详见第 25.407 条。

（4）对于升降舵和全动平尾必须考虑由于偏航和滑流的影响所产生的非对称载荷同各种飞行情况的组合。

（5）当垂尾安装在平尾的外侧时，升降舵必须按照最大的平尾载荷同端板效应在垂尾上引起的相应载荷组合进行设计，这种端板效应不必与其他垂尾载荷相组合，详见第 25.445 条。

2.2　相关条款

与第 25.391 条相关的条款如表 2 - 1 所示。

表 2 - 1　第 25.391 条相关条款

序　号	相 关 条 款	相　　关　　性
1	第 25.331 条	第 25.391 条条文中引用该条款，明确操纵面设计必须按该条款中的飞行情况产生的限制载荷进行设计，因此该条款关闭是第 25.391 条关闭的前提条件

序　号	相 关 条 款	相　　关　　性
2	第 25.341(a)款	第 25.391 条条文中引用该条款,明确操纵面设计必须按该条款中的飞行情况产生的限制载荷进行设计,因此该条款关闭是第 25.391 条关闭的前提条件
3	第 25.349 条	第 25.391 条条文中引用该条款,明确操纵面设计必须按该条款中的飞行情况产生的限制载荷进行设计,因此该条款关闭是第 25.391 条关闭的前提条件
4	第 25.351 条	第 25.391 条条文中引用该条款,明确操纵面设计必须按该条款中的飞行情况产生的限制载荷进行设计,因此该条款关闭是第 25.391 条关闭的前提条件
5	第 25.393 条	第 25.391 条条文中引用该条款,要求操纵面设计时需考虑该条款要求,因此该条款关闭是第 25.391 条关闭的前提条件
6	第 25.397 条	第 25.391 条条文中引用该条款,要求操纵面设计时需考虑该条款要求,因此该条款关闭是第 25.391 条关闭的前提条件
7	第 25.407 条	第 25.391 条条文中引用该条款,要求操纵面设计时需考虑该条款要求,因此该条款关闭是第 25.391 条关闭的前提条件
8	第 25.415 条	第 25.391 条条文中引用该条款,明确操纵面设计必须按该条款中的地面突风情况产生的限制载荷进行设计,因此该条款关闭是第 25.391 条关闭的前提条件
9	第 25.427 条	第 25.391 条条文中引用该条款,要求操纵面设计时需考虑该条款要求,因此该条款关闭是第 25.391 条关闭的前提条件
10	第 25.445 条	第 25.391 条条文中引用该条款,要求操纵面设计时需考虑该条款要求,因此该条款关闭是第 25.391 条关闭的前提条件

3　验证过程

3.1　验证对象

第 25.391 条的验证对象为飞机的操纵面。

3.2　符合性验证思路

该条款是总则性条款,通过分析计算机动飞行情况、离散突风情况、滚转情况、偏航情况及地面突风情况下操纵面承受的载荷,还必须计算第 25.393 条中平行于铰链线的载荷、第 25.397 条中驾驶员作用力的影响、第 25.427 条中的非对称载荷以及第 25.445 条中的辅助气动力面载荷。

通过计算分析得出规定的限制载荷,并对升降舵、平尾外伸段后缘舱、方向舵接头、方向舵、垂尾后缘舱、副翼、副翼作动器支架、外翼副翼舱以及扰流板等进行静强度校核,确保这些结构满足各种载荷工况下的静强度要求。

操纵面的载荷情况比较复杂,欲得到较为准确的操纵面载荷,在分析计算的基础上,可通过实验室试验或飞行试验检验,验证载荷分析方法的正确性和可靠性并对载荷分析方法及计算结果进行必要的修正。然而试验验证不是必需的,如果分析方法是成熟且已经过验证的,且操纵面设计特征与经验证的操纵面是相似的,那么可仅采用分析计算来表明符合性。

此外,该条款是总则性条款,需要在其他相关条款的符合性得到确认后,才能确认已满足该条款要求。

3.3　符合性验证方法

通常,针对第 25.391 条的符合性验证方法如表 3-1 所示。

表 3-1　建议的符合性方法

条 款 号	专 业	符 合 性 方 法										备 注
		0	1	2	3	4	5	6	7	8	9	
第 25.391 条	强 度			2		4						

3.4　符合性验证说明

3.4.1　MOC2 验证说明

与本条款有关的操纵面包括升降舵、方向舵和副翼。升降舵、方向舵、副翼均按第 25.391 条的临界情况和补充情况所产生的限制载荷来设计,按相关条款给出的计算公式和规定等来进行分析和计算。在操纵面按照飞行载荷、地面突风载荷、机动载荷进行设计计算时,同时需要考虑平行于铰链的载荷、驾驶员作用力、非对称载荷以及辅助气动力面的载荷。但是,这两部分载荷取较严酷值即可,无须进行叠加。对于带有助力器的可逆作动筒,操纵面通常按照作动筒的最大输出功率对应的操纵面偏转情况进行设计;如果带有助力器的作动筒是不可逆的,那么考虑到突风载荷的显著影响,这时需要按照飞行载荷设计操纵面。此外,还须考虑失配平的影响。根据第 25.255 条失配平特性,载荷工况为驾驶员在其意识到飞机发生失配平情况后 3 秒钟之后开始修正操作。

3.4.2　MOC4 验证说明

试验前对加载设备进行称重,对试验件的结构重量和加载设备重量采用反配重的方式进行扣除,对配平加载点只扣除加载设备重量。如果试验各情况载荷是以节点载荷形式给出,那么个别节点载荷有可能因位置原因无法粘贴胶布带或因载荷太小无法连接成杠杆系统而在试验中难以实施,必须进行等效处理。对需要处理的节点载荷按照合力等效、矩等效以及对周边结构影响最小为原则进行处理,最后得到各胶布带节点的试验实加载荷。

试验中按试验加载级数,逐级记录各加载点作动筒载荷,并对应变和位移数据逐级测量。试验加载控制设备通过控制液压作动筒把载荷施加到试件上,试验控制系统的误差通常要求小于 1%。相对各点每一级载荷值,可以满足主动加载点的动态载荷误差<3%、主动加载点静态误差<1%的精度要求。试验数据采集系统能对应变和位移进行实时自动采集,在采集过程中可对选定的重要通道进行实时显示,数据采集系统的测量误差通常要求小于 1%。

试验前、试验中和试验后的检查要求通常如下:

试验前检查试验机是否挂适航标签,试验实施大纲及图纸是否经适航审批;对试验机进行全面详细目视检查,并确认试验机状态是否满足大纲要求;试验机支持方式、试验加载、控制、测量系统安装是否符合大纲及图纸要求;检查所有假件安装符合当前载荷情况要求。

试验中检查试验加载过程中应仔细检查加载控制系统、数据采集系统是否正常,检查加载反馈值,位移、应变测量是否正常,并填写试验现场记事。

试验完成后,应拆除加载设备,对飞机考核部位区域及其他承载结构进行全面详细目视检查,重点检查部位和检查要求,检查结构是否存在残余变形等情况,并填写试验件检查记录表;对于试验中发出异常响声部位,在正常目视检查无法实现的情况下,需采用内窥镜或其他无损探伤方法进行检查;另外,还需检查飞机破损情况,评估是否会影响后续试验。

3.5 符合性文件清单

通常,针对第 25.391 条的符合性文件清单如表 3-2 所示。

表 3-2　建议的符合性文件清单

序　号	符 合 性 报 告	符合性方法
1	活动面强度校核报告	MOC2
2	活动面接头强度校核报告	MOC2
3	作动器支架静强度校核报告	MOC2
4	活动面载荷分析	MOC2
5	活动面静力试验大纲	MOC4
6	活动面静力试验报告	MOC4

4　符合性判据

针对第 25.391 条的符合性判据如下:

(1)飞机操纵面的设计考虑了第 25.331 条、第 25.341(a)款、第 25.349 条和第 25.351 条中的各种飞行情况及第 25.415 条中的地面突风情况产生的限制载荷。

(2)飞机操纵面设计考虑了第 25.393 条、第 25.397 条、第 25.407 条、第 25.427 条及第 25.445 条的要求。

(3)操纵面静强度校核分析计算所得值得到试验验证并修正。

(4)完成了相关的静力试验,试验结果满足强度设计要求。

参考文献

［1］　14 CFR 修正案 25 - 86 Revised Discrete Gust Load Design Requirements ［S］.
［2］　FAA. AC25 - 7C Flight Test Guide for Certification of Transport Category Airplanes ［S］.
　　　　2012.

运输类飞机适航标准
第 25.393 条符合性验证

1 条款介绍

1.1 条款原文

第 25.393 条 平行于铰链线的载荷

(a) 操纵面及支承铰链架必须按平行于铰链线作用的惯性载荷进行设计。

(b) 在缺少更合理的资料时,可以假定此惯性载荷等于 KWg(公制和英制:KW),式中:

(1) K=24,对于垂直安装的操纵面;

(2) K=12,对于水平安装的操纵面;

(3) W 为操纵面重量,公斤(磅);

g 为重力加速度,米/秒^2。

1.2 条款背景

第 25.393 条对飞机的操纵面和支承铰链的强度提出了要求,保证其能够承受平行于操纵面铰链线的任意载荷。

1.3 条款历史

第 25.393 条在 CCAR25 部初版首次发布,截至 CCAR-25-R4,该条款未进行过修订,如表 1-1 所示。

表 1-1 第 25.393 条条款历史

第 25.393 条	CCAR25 部版本	相关 14 CFR 修正案	备 注
首次发布	初 版	—	

1985 年 12 月 31 日发布了 CCAR25 部初版,其中包含第 25.393 条,该条款参考 1964 年 12 月 24 日发布的 14 CFR PART 25 中的 §25.393 的内容制定。

2 条款解读

2.1 条款要求

飞机操纵面主要包含水平尾翼升降舵、垂直尾翼方向舵、副翼和扰流板等。本条款规定了操纵面及支承铰链架的设计载荷值及载荷方向。操纵面及支承铰链架承受的设计载荷方向要求平行于铰链线。在缺少可靠数据时,设计时使用的惯性载荷值可按本条(b)款规定的方法计算得到,计算时需区分操纵面的安装方向。本条款规定的载荷是限制值,在进行强度校核时需乘以 1.5 的安全系数。

2.2 相关条款

与第 25.393 条相关的条款如表 2-1 所示。

表 2-1 第 25.393 条相关条款

序 号	相关条款	相 关 性
1	第 25.391 条	第 25.391 条是操纵面载荷的总则性条款,要求操纵面设计时必须考虑第 25.393 条中的平行于铰链线的载荷

3 验证过程

3.1 验证对象

第 25.393 条的验证对象为升降舵、方向舵、副翼和扰流板,以及这些操纵面的支承铰链架。

3.2 符合性验证思路

按照第 25.393 条的要求确定相关操纵面及支承铰链架需承受的载荷,通过分析和试验方法表明对条款的符合性。

3.2.1 平行于铰链线的载荷选取

平行于铰链线的载荷按照本条(b)款的要求进行选取。如对水平尾翼升降舵及支承铰链架结构,按条款要求选取 12×1.5g 惯性载荷。通过各操纵面及支承铰链架的载荷计算报告说明载荷的选取情况,说明其符合条款的要求。

3.2.2 操纵面及支承铰链架校核

分别对相关操纵面及支承铰链架按上述选取的载荷进行应力分析或者试验,以表明相关结构满足静强度要求。

3.3 符合性验证方法

通常,针对第 25.393 条的符合性验证方法如表 3-1 所示。

表 3-1 建议的符合性方法

条 款 号	专 业	符 合 性 方 法										备 注
		0	1	2	3	4	5	6	7	8	9	
第 25.393 条	强 度			2		4						

3.4 符合性验证说明

针对第 25.393 条,采用的符合性验证方法包括 MOC2 和 MOC4。通常情况下,先采用分析计算对结构进行全面的验证,然后对结构的部分临界载荷情况进行限制载荷静力试验,验证所采用的分析方法的合理性,并对分析方法进行合理修正,最后进行临界载荷情况极限载荷静力试验,验证结构的极限承载能力。具体的验证工作如下:

3.4.1 MOC2 验证过程

(1) 对于水平尾翼升降舵、副翼、扰流板及上述操纵面的支承铰链架结构按第 25.393 条的要求选取 $12 \times 1.5g$ 惯性载荷,进行强度校核,计算结果裕度大于零,表明相应的结构能满足静强度要求。

(2) 对于方向舵、支承铰链架及垂直尾翼后缘舱结构按第 25.393 条要求选取 $24 \times 1.5g$ 惯性载荷,进行强度校核,计算结果裕度大于零,表明相应的结构能满足静强度要求。

3.4.2 MOC4 验证过程

(1) 通过对升降舵、副翼、扰流板及支承铰链架进行静力试验,以验证其具有承受第 25.393 条规定的 $12 \times 1.5g$ 惯性载荷的能力,满足静强度要求。开展静力试验时,需选取合理的试验件,模拟飞机的真实状态设定边界约束,根据载荷报告确定临界载荷的试验工况。对试验过程可能出现的异常情况编制预判处理措施。对试验件布置相应的加载点,并就结构变形对加载的影响进行评估。试验过程中记录结构受载和变形情况,最后形成试验报告以表明符合性。

(2) 通过对方向舵及其支承结构进行静力试验,以验证其具有承受第 25.393 条要求的 $24 \times 1.5g$ 惯性载荷的能力,满足静强度要求。

3.5 符合性文件清单

通常,针对第 25.393 条的符合性文件清单如表 3-2 所示。

表 3-2 建议的符合性文件清单

序 号	符 合 性 报 告	符合性方法
1	操纵面及支承铰链架强度校核报告	MOC2
2	操纵面及支承铰链架静力试验大纲	MOC4
3	操纵面及支承铰链架静力试验报告	MOC4

4　符合性判据

针对第 25.393 条,满足下述情况可判定为符合。

(1) 以安装方向划分了各操纵面及其支承铰链架。

(2) 对垂直安装的操纵面按 $24 \times W \times 1.5g$ 选取的载荷,计算得到的强度裕度大于零。

(3) 对水平安装的操纵面按 $12 \times W \times 1.5g$ 选取的载荷,计算得到的强度裕度大于零。

(4) 设置的载荷方向平行于铰链线。

(5) 静力试验结果表明结构能够在承受限制载荷时无永久有害变形,在极限载荷保载 3 秒不被破坏。

参考文献

[1]　FAA. AC25 - 21 Certification of Transport Airplane Structure [S]. 1999.

运输类飞机适航标准
第 25.395 条符合性验证

1 条款介绍

1.1 条款原文

第 25.395 条 操纵系统

(a) 纵向、横向、航向和阻力操纵系统及其支承结构,必须按相应于第 25.391 条中规定情况计算的操纵面铰链力矩的 125% 的载荷进行设计。

(b) 系统限制载荷,除地面突风所引起的载荷外,不必超过一名(或两名)驾驶员和自动的或带动力的装置操作操纵系统时所能产生的载荷。

(c) 系统限制载荷不得小于施加第 25.397(c)条规定的最小作用力所产生的载荷。

1.2 条款背景

第 25.395 条目的是为操纵系统提供设计载荷,使其能满足服役中的使用情况,包括考虑卡阻、地面突风、顺风滑行、操纵惯性和摩擦情况。

1.3 条款历史

第 25.395 条在 CCAR25 部初版首次发布,截至 CCAR-25-R4,该条款共修订过 1 次,如表 1-1 所示。

表 1-1 第 25.395 条条款历史

第 25.395 条	CCAR25 部版本	相关 14 CFR 修正案	备 注
首次发布	初版	25-23	
第 1 次修订	R2	25-72	

1.3.1 首次发布

1985 年 12 月 31 日发布了 CCAR25 部初版,其中包含第 25.395 条,该条款参考 1964 年 12 月 24 日发布的 14 CFR PART 25 中的 §25.395 和 14 CFR 修正案 25-23 的内容制定。其中,14 CFR 修正案 25-23 在 §25.395(a)中去除了"升降舵、副翼、方向舵"的文字,用"纵向、横向、航向和阻力"替代。并修改了 §25.395

(b),规定了可以接受的操纵系统最大和最小载荷,为飞机服役提供足够强的操纵系统。

1.3.2　第 1 次修订

1995 年 12 月 18 日发布的 CCAR-25-R2 对第 25.395 条进行了第 1 次修订,本次修订参考了 14 CFR 修正案 25-72 的内容,删除了 §25.395(b)中的足够强系统的要求,并新增加了(c)款"系统限制载荷不得小于施加 §25.397(c)规定的最小作用力所产生的载荷。"

2　条款解读

2.1　条款要求

操纵系统必须按照第 25.395 条要求的可能施于这些操纵系统上的载荷情况进行设计。其中第 25.395(a)款要求操纵系统及支承结构能够平衡操纵面承受气动力时所产生的载荷;第 25.395(b)(c)款为操纵系统自身额定载荷输出及驾驶员操纵力限制情况的考虑,具体解读如下。

第 25.395(a)款规定操纵系统及其支承结构,必须按操纵面铰链力矩的 125% 载荷进行设计,这些铰链力矩值需由第 25.391 条规定的操纵面载荷情况计算得出。这些情况包括:第 25.331 条规定的各种对称机动情况、第 25.341(a)款规定的离散突风情况、第 25.349 条规定的滚转情况、第 25.351 条规定的偏航情况、第 25.415 条规定的地面突风情况、第 25.393 条的平行于铰链线的载荷、第 25.397 条的驾驶员作用力影响、第 25.407 条的配平调整片的影响、第 25.427 条的非对称载荷和第 25.447 条的辅助气动力面。上述情况的载荷值均为限制载荷,在静力分析或者试验时应采用 1.5 的安全系数。

第 25.395(b)款规定了除地面突风情况以外的、用于操纵系统设计的最大限制载荷,分以下三种情况考虑:

(1) 对于驾驶员直接操纵舵面的人力操纵系统,系统的限制载荷不必超过第 25.397(c)款和第 25.399 条确定的一名或两名驾驶员最大操纵力所能产生的载荷,电传飞机不适用。

(2) 对于采用自动装置以及不可逆助力器操纵系统,在这些装置以后的系统限制载荷,可以小于这些装置所产生的最大载荷(最大载荷应为卸压载荷或 1.25 倍额定输出载荷);在此装置以前的系统限制载荷应视具体情况而定。对于由驾驶员通过机械系统操纵的系统的限制载荷,可以设定为一名(或两名)驾驶员最大操纵力所能产生的载荷。

(3) 对于采用可逆助力器(即舵面铰链力矩有一部分要通过助力器传给驾驶员)的操纵系统,助力器以后部分的限制载荷,可以小于第 25.397(c)款和第 25.399 条确定的一名(或两名)驾驶员最大操纵力所能产生的载荷与助力器所能发出的最大载荷(最大载荷应为 1.25 倍助力器额定输出载荷)之和;助力器以前部分的限制载荷,可以设定为一名(或两名)驾驶员最大操纵力所能产生的载荷。

第 25.395(c)款规定了系统限制载荷的最小值。这一规定是对人力操纵系统和助力操纵系统的助力器(或舵机)以前部分而言,系统的限制载荷最小值,不得小于施加第 25.397(c)款规定的最小作用力所产生的载荷。

2.2 相关条款

与第 25.395 条相关的条款如表 2-1 所示。

表 2-1 第 25.395 条相关条款

序 号	相关条款	相 关 性
1	第 25.391 条	第 25.395 条规定操纵系统及支承结构必须按相应于第 25.391 条规定情况计算的操纵面铰链力矩的 125% 的载荷进行设计
2	第 25.331 条	第 25.395 条规定操纵系统及支承结构的载荷计算需考虑第 25.331 条的对称机动情况
3	第 25.341 条	第 25.395 条规定操纵系统及支承结构的载荷计算需考虑第 25.341(a)款的离散突风情况
4	第 25.349 条	第 25.395 条规定操纵系统及支承结构的载荷计算需考虑第 25.349 条的滚转情况
5	第 25.351 条	第 25.395 条规定操纵系统及支承结构的载荷计算需考虑第 25.351 条的偏航机动情况
6	第 25.415 条	第 25.395 条规定操纵系统及支承结构的载荷计算需考虑第 25.415 条的地面突风情况
7	第 25.393 条	第 25.395 条规定操纵系统及支承结构的载荷计算需考虑第 25.393 条的平行于铰链线的载荷
8	第 25.397 条	第 25.395(a)款规定操纵系统及支承结构的载荷计算需考虑第 25.397 条的驾驶员作用力影响; 第 25.395(c)款要求操纵系统的限制载荷不得小于施加第 397(c)款规定的最小作用力所产生的载荷
9	第 25.407 条	第 25.395(a)款规定操纵系统及支承结构的载荷计算需考虑第 25.407 条的配平调整片影响
10	第 25.427 条	第 25.395 条规定操纵系统及支承结构的载荷计算需考虑第 25.427 条的非对称载荷
11	第 25.445 条	第 25.395(a)款规定操纵系统及支承结构的载荷计算需考虑第 25.445 条的辅助气动力面影响
12	第 25.399 条	第 25.399 条规定的驾驶员作用力与第 25.395 条所得载荷相关
13	第 25.785 条	第 25.785 条规定的驾驶员座椅设计必须考虑第 25.395 条规定的载荷

3 验证过程

3.1 验证对象

第 25.395 条的验证对象为纵向、横向、航向和阻力操纵系统及支承结构。

3.2 符合性验证思路

操纵系统必须按照第 25.395 条要求的可能施于这些操纵系统上的载荷情况进行设计。对于通过机械系统操纵的飞机，驾驶舱内操纵设备、操纵系统执行设备及支承结构均应按第 25.395(a)(b)(c)款要求选取载荷，进行静力分析或者试验来表明符合性。对于采用电传操纵系统的飞机，驾驶舱操纵设备与操纵系统执行设备之间通过电信号传递控制信息，操纵舵面承受的气动力与驾驶员作用力之间无相互的机械反馈。因此，对于操纵系统执行设备及支承结构，按第 25.395(a)(b)款的要求选取载荷，进行静力分析或者试验来表明符合性；对于驾驶舱操纵设备，按第 25.395(c)款要求选取载荷，并通过静力分析或者试验来表明符合性。

3.3 符合性验证方法

通常，针对第 25.395 条的符合性验证方法如表 3-1 所示。

表 3-1 建议的符合性方法

条款号	专业	符合性方法										备注
		0	1	2	3	4	5	6	7	8	9	
第 25.395 条	强度			2		4						
第 25.395 条	飞控			2		4						

3.4 符合性验证说明

针对第 25.395 条，采用的符合性验证方法包括 MOC2 和 MOC4。由于当前的民用飞机通常采用电传操纵系统，因此本章节仅对电传飞机的验证过程进行具体说明。

3.4.1 MOC2 验证过程

对于纵向、横向、航向和阻力操纵系统执行设备及支承结构，考虑按第 25.395(a)(b)款的要求选取载荷。对于第 25.395(a)款的载荷选取，计算分析得到第 25.391 条规定的各种情况下操纵面的载荷，然后根据结构特征计算得出对应的铰链力矩载荷 M_1；对于第 25.395(b)款的载荷，则取操纵系统执行设备的最大限制载荷值 M_2（最大载荷应为卸压载荷或 1.25 倍额定输出载荷）。若 M_1 大于 M_2，操纵系统执行设备会自动卸压，操纵系统实际承受的载荷值无法达到 M_1，因此强度校核时取 M_2 值即可。若 M_1 小于 M_2，强度校核时则取 M_1 值，但型号设计时为保守考虑，通常还是取 M_2 值进行强度校核。

对于驾驶舱内操纵设备,按第 25.395(c)款的要求,选取第 25.397(c)款驾驶员"最小作用力或扭矩"所产生的载荷进行校核即可。但型号设计时为保守考虑,通常取"最大作用力或扭矩"中的所产生的载荷进行强度校核。驾驶舱内操纵设备通常包含有副翼操纵系统、升降舵操纵系统、方向舵操纵系统、脱开机构、脚蹬组件、驾驶杆系统及各类支架,各类系统承受的载荷形式不尽相同,计算分析时应按载荷工况进行施加,算出整个传力路径上的受载情况。

3.4.2　MOC4 验证过程

对于纵向、横向、航向和阻力操纵系统的执行设备和支承结构,考虑按第 25.395(a)(b)款的要求选取载荷,载荷选取过程参见 MOC2 验证过程。然后进行限制载荷和极限载荷静力试验,表明各纵系统执行设备和支承结构满足静强度要求。开展静力试验时,需选取合理的试验件和试验台架,模拟飞机的真实状态设定边界约束,根据载荷报告确定临界载荷的试验工况。民用飞机常见的操纵系统执行设备通常为各类作动器,其形式为二力杆结构。对于作动器的加载通常有以下两种形式:① 利用拉伸试验机将作动器两端头固定后执行加载命令,使作动器承受预设的拉压载荷;② 将作动器两端固定后,对作动器腔内进行充压,使液压油达到预定的载荷值,实现模拟作动器工作时的载荷承受情况。该两种形式均可用于作动器的试验加载,验证试验时选择其一即可。此外,对于操纵系统的执行设备,在限制载荷静力试验完成后需进行 ATP(接收测试程序)检查,以确保操纵系统执行设备承受限制载荷后操纵性能无显著降低。

对于驾驶舱内操纵设备,按第 25.395(c)款的要求选取载荷,具体载荷选取过程参见 MOC2 验证过程。然后进行限制载荷和极限载荷静力试验,表明各驾驶舱内操纵设备满足静强度要求。另外,限制载荷静力试验完成后需要进行 ATP(接收测试程序)检查,以确保驾驶舱内操纵设备承受限制载荷后操纵性能无显著降低。

3.5　符合性文件清单

通常,针对第 25.395 条的符合性文件清单如表 3-2 所示。

表 3-2　建议的符合性文件清单

序　号	符 合 性 报 告	符合性方法
1	操纵系统设备及支承结构强度校核报告	MOC2
2	操纵系统支承结构静力试验大纲	MOC4
3	操纵系统支承结构静力试验报告	MOC4
4	操纵系统设备静力试验大纲	MOC4
5	操纵系统设备静力试验报告	MOC4

4 符合性判据

针对第 25.395 条,满足下述情况可判定为符合。

(1)对各操纵系统设备及支承结构进行强度校核后,计算得到的强度裕度大于零。

(2)静力试验结果表明各操纵系统的支承结构能够在承受限制载荷时无永久有害变形,在极限载荷保载 3 秒不被破坏。

(3)对操纵系统执行设备及驾驶舱操纵设备完成限制载荷试验,其操纵性能无显著降低,设备能满足 ATP(接收测试程序)要求,操纵设备不出现结构破坏和永久有害变形。

(4)对操纵系统执行设备及驾驶舱操纵设备完成极限载荷试验,操纵设备允许有变形和功能丧失,在极限载荷保载 3 秒不被破坏。

参考文献

[1]　14 CFR 修正案 25 - 23 Transport Category Airplane Type Certification Standards [S].

[2]　14 CFR 修正案 25 - 72 Special Review:Transport Category Airplane Airworthiness Standards [S].

[3]　FAA. AC25 - 21 Certification of Transport Airplane Structure [S]. 1999.

运输类飞机适航标准
第 25.397 条符合性验证

1 条款介绍

1.1 条款原文

第 25.397 条　操纵系统载荷

（a）总则　假定本条（c）中规定的驾驶员最大和最小作用力作用在相应的操纵器件握点或脚蹬上（以模拟飞行情况的方式），并且在操纵系统与操纵面操纵支臂的连接处受到反作用。

（b）驾驶员作用力的影响　在操纵面飞行受载情况中，作用在操纵面上的空气载荷和相应的偏转量，不必超过在飞行中施加本条（c）规定范围内的任何驾驶员作用力可能导致的值。如果按可靠的数据获得操纵面铰链力矩，则对于副翼和升降舵可取规定的最大值的三分之二，在应用此准则时，必须考虑伺服机构、调整片和自动驾驶系统的影响。

（c）驾驶员限制作用力和扭矩　驾驶员限制作用力和扭矩如下：

操 纵 器 件	最大作用力或扭矩	最小作用力或扭矩
副翼		
驾驶杆	445 牛（45.4 公斤；100 磅）	178 牛（18.1 公斤；40 磅）
驾驶盘[1]	356D[2] 牛米	178D 牛米
	（36.3D 公斤·米；80D 磅·英寸）	（18.1D 公斤·米；40D 磅·英寸）
升降舵		
驾驶杆	1,110 牛（113 公斤；250 磅）	445 牛（45.4 公斤；100 磅）
驾驶盘（对称）	1,330 牛（136 公斤；300 磅）	445 牛（45.4 公斤；100 磅）
驾驶盘（非对称）[3]		445 牛（45.4 公斤；130 磅）
方向舵	1,330 牛（136 公斤；300 磅）	578 牛（59.0 公斤；130 磅）

[1] 驾驶盘副翼操纵系统部分还必须按单个切向力进行设计，此切向力的限制值等于表中确定的力偶力的 1.25 倍。

[2] D 为驾驶盘直径，米（英寸）。

[3] 非对称力必须作用在驾驶盘周缘的一个正常握点上。

1.2 条款背景

第25.397条规定了驾驶员对操纵器件作用力的设计值范围,给出驾驶员作用力的位置和提供反力的部位,此外还提出驾驶员作用力对操纵面铰链力矩设计值的影响。本条款的目的是确定驾驶员合理的操纵作用力大小,为操纵系统的设计提供载荷输入。

1.3 条款历史

第25.397条在CCAR25部初版首次发布,截至CCAR-25-R4,该条款未进行过修订,如表1-1所示。

表1-1 第25.397条条款历史

第25.397条	CCAR25部版本	相关14 CFR修正案	备 注
首次发布	初版	25-38	

1985年12月31日发布了CCAR25部初版,其中包含第25.397条,该条款参考1964年12月24日发布的14 CFR PART 25中的§25.397和修正案25-38的内容制定。

14 CFR修正案25-38增加了对升降舵驾驶盘的非对称载荷的规定并将隐含的扭矩载荷要求反映到条款内容中。

1990年8月20日,FAA发布14 CFR修正案25-72,修改了脚注中的文字错误,无实质修改。

2 条款解读

2.1 条款要求

第25.397(a)款"总则"规定了驾驶员作用力的位置和提供反力的部位。

驾驶员作用力位置为操纵器握点或脚蹬上,作用力方向没有明确指出,但要模拟飞行操纵的实际情况。一般来说,对于通过驾驶杆操纵的操纵力应垂直于驾驶杆;对于通过驾驶盘操纵的操纵力分为垂直于驾驶盘平面和沿驾驶盘切线方向两种,升降舵多采用垂直于驾驶盘平面的操纵力,副翼多采用沿驾驶盘切线方向的操纵力,并考虑单手操纵情况。对于通过脚蹬操纵的操纵力,原则上应作用于脚蹬着力点与驾驶员臀部和座椅接触点的连线的方向上,为方便,也可取与飞机水平线成20°的夹角方向。

对于驾驶员作用力直接传递到操纵面的操纵系统,如机械系统,本款所规定的对驾驶员作用力提供反作用力的部位为操纵系统与操纵面连接处。对于驾驶员作用力不直接传递到操纵面的操纵系统,如电传系统中,操纵面不向驾驶员提供反作用力,驾驶员反作用力由操纵面模块中的感觉弹簧提供,可采用相应的专用条件代替。

第 25.397(b)款规定了驾驶员作用力对操纵面载荷的影响。

对于驾驶员作用力直接传递到操纵面的操纵系统,如机械系统,操纵面上的铰链力矩总是由驾驶员作用力来平衡,操纵面上的铰链力矩和操纵面的偏转量受到驾驶员操纵力的限制,故操纵面上的空气动力学和偏转量不必超过驾驶员作用力可能导致的值。由于存在通过驾驶员作用力计算得到的铰链力矩远大于操纵面实际铰链力矩的情况,条款中还规定,对于由可靠数据得到的操纵面铰链力矩,可采用驾驶员作用力 2/3 的值作为输入,计算得到铰链力矩作为操纵面铰链力矩的设计值,同时,伺服机构、调整片和自动驾驶系统等会对驾驶员平衡操纵面载荷产生影响,需考虑这些结构和系统的影响。

对于驾驶员作用力不直接传递到操纵面的操纵系统,如电传系统中,驾驶员反作用力由操纵面模块中的感觉弹簧提供,不影响操纵面的载荷,则本条款不适用。

第 25.397(c)款规定了驾驶盘、驾驶盘及脚蹬的驾驶员限制作用力和扭矩范围,对于采用驾驶盘操纵的副翼系统,还要考虑单手操纵情况,此时驾驶盘上施加的切向力为表中规定的力偶力的 1.25 倍。对于其他可能的操纵器件,如侧杆,可采用相应的专用条件对驾驶员操纵力进行规定。

2.2 相关条款

第 25.397 条是 C 分部操纵面和操纵系统载荷中的条款,对操纵系统载荷提出了要求,与第 25.397 条相关的条款如表 2-1 所示。

表 2-1 第 25.397 条相关条款

序 号	相关条款	相 关 性
1	第 25.367 条	第 25.367 条的驾驶员纠偏量由第 25.397(b)款规定的操纵力确定
2	第 25.391 条	第 25.391 条为操纵面载荷的总则条款,对第 25.397 条的验证范围提出了要求
3	第 25.395 条	第 25.395 条的系统限制载荷不得小于第 25.397(c)款规定的最小作用力产生的载荷
4	第 25.399 条	第 25.399 条的驾驶员作用力不得小于第 25.397(c)款中的最小作用力
5	第 25.415 条	第 25.415 条的最靠近操纵面的制动器和驾驶舱内操纵器件之间的操纵系统由第 25.397(c)款给出载荷上限

3 验证过程

3.1 验证对象

第 25.397 条的验证对象包括方向舵、升降舵和副翼等驾驶舱内操作系统。典型飞机的驾驶舱内操作系统布置示意图如图 3-1 所示。

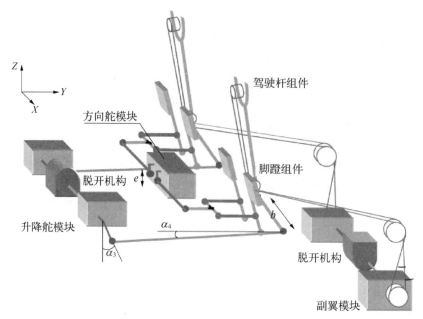

图 3 - 1　典型飞机驾驶舱内操作系统布置

3.2　符合性验证思路

按照第 25.397 条的要求,操纵系统器件必须按驾驶员操纵时可能施加在这些操纵器件上的作用力情况进行设计。通过各操作系统器件的载荷报告表明载荷的选取符合条款要求;通过传力分析,确定对需承受第 25.397 条要求的载荷的操作系统及支承结构进行强度分析,以表明各系统强度满足要求。

3.3　符合性验证方法

通常,针对第 25.397 条的符合性验证方法如表 3 - 1 所示。

表 3 - 1　建议的符合性方法

条　款　号	专　业	符 合 性 方 法 0	1	2	3	4	5	6	7	8	9	备　注
第 25.397(a)款	飞　控			2								
第 25.397(b)款	飞　控			2								
第 25.397(b)款	强　度			2								
第 25.397(c)款	飞　控			2								
第 25.397(c)款	强　度			2								

3.4　符合性验证说明

3.4.1　第 25.397(a)款的符合性

第 25.397(a)款规定了驾驶员作用力的位置和提供反力的部位。

在分析报告(MOC2)中给出驾驶员作用力的位置和提供反力的部位并表明操纵系统器件是按驾驶员可能的操纵进行设计。对于驾驶员作用力直接传递到操纵面的操纵系统,如机械系统,需对操纵系统的传力路径进行说明,明确为驾驶员提供反作用力的部位;对于驾驶员作用力不直接传递到操纵面的操纵系统,如电传操纵系统,需说明驾驶员操纵与操纵面响应的关系,给出驾驶员作用力位置及提供反力的部位或采用相应的专用条件。

3.4.2　第 25.397(b)款的符合性

第 25.397(b)款规定了驾驶员作用力对操纵面飞行受载的影响。

对于驾驶员作用力直接传递到操纵面的操纵系统,如机械系统,通过分析/计算(MOC2)的方法表明符合性。在操纵系统载荷的分析报告中,对驾驶员作用力可能导致的操纵面受载情况进行分析,给出驾驶员作用力对操纵面受载的限制条件;若按可靠数据获得的铰链力矩,则对于副翼和升降舵的分析中可采用所规定驾驶员作用力最大值的 2/3 进行操纵面受载情况分析,这时需考虑伺服机构、调整片和自动驾驶系统的影响。

对于驾驶员作用力不直接传递到操纵面的操纵系统,如电传操纵系统,本条款不适用。

3.4.3　第 25.397(c)款的符合性

第 25.397(c)款规定了驾驶员限制作用力和扭矩,需对操纵系统进行强度校核,确保操纵系统能承受驾驶员作用力导致的操纵系统载荷,通过分析/计算(MOC2)的方法表明符合性。

在条款规定的驾驶员操纵力范围内选取操纵力大小。将驾驶员操纵力和第 25.397(a)款中规定的作用力位置作为载荷工况对相关的操纵器件、传递机构和操纵面连接结构等进行静强度分析,表明该驾驶员操纵力选取的合理性,该分析方法应该是经验证或成熟的。在实际验证中,可采用第 25.397(c)款或专用条件中规定的最大作用力/扭矩作为保守值进行验证,保证驾驶员操纵力在条款规定范围内即可满足条款要求。

3.5　符合性文件清单

通常,针对第 25.397 条的符合性文件清单如表 3-2 所示。

表 3-2　建议的符合性文件清单

序　号	符 合 性 报 告	符合性方法
1	方向舵脚蹬模块静强度计算分析报告	MOC2
2	升降舵操纵模块静强度计算分析报告	MOC2
3	副翼操纵模块静强度计算分析报告	MOC2
4	操纵系统载荷计算分析报告	MOC2

4　符合性判据

针对第 25.397 条,具体判据如下。

(1) 给出驾驶员操纵力作用位置及提供驾驶员反作用力的位置。

(2) 所选取的驾驶员操纵力在第 25.397(c)款或相应专用条件规定的作用力/扭矩范围中。

(3) 依据上述选取的驾驶员操纵力和给出的作用力位置及提供反力的位置等作为载荷计算工况的输入,分析得到的操纵系统各结构强度裕度大于 0,且计算方法是经过验证或成熟的。

(4) 对于驾驶员作用力直接传递到操纵面的操纵系统,飞行受载时操纵面上的空气载荷和相应偏转量应小于所选取驾驶员作用力可能导致的操纵面载荷。

(5) 对于驾驶员作用力直接传递到操纵面的操纵系统,若副翼或升降舵采用驾驶员最大作用力 2/3 的值产生的操纵面载荷作为铰链力矩的限制值,且存在影响驾驶员平衡操纵面载荷的机构,则须考虑这些机构的影响。

参考文献

[1]　14 CFR 修正案 25 - 38 Airworthiness Review Program,Amendment No. 3:Miscellaneous Amendments [S].

[2]　14 CFR 修正案 25 - 72 Special Review:Transport Category Airplane Airworthiness Standards [S].

[3]　FAA. AC25 - 21 Certification of Transport Airplane Structure [S]. 1999.

运输类飞机适航标准
第 25.399 条符合性验证

1 条款介绍

1.1 条款原文

第 25.399 条 双操纵系统

（a）双操纵系统必须按两个驾驶员反向操纵情况进行设计,此时所采用的每个驾驶员作用力不小于下述载荷:

（1）按第 25.395 条所得载荷的 75%；

（2）按第 25.397(c)条中规定的最小作用力。

（b）双操纵系统必须按两个驾驶员同向施加的作用力进行设计,此时所采用的每个驾驶员作用力不小于按第 25.395 条所得载荷的 75%。

1.2 条款背景

第 25.399 条对双操纵系统的驾驶员作用力提出了要求,保证操纵系统能承受两个驾驶员反向和同向操纵时产生的任何驾驶员操纵力。本条款的目的是确定驾驶员合理的操纵作用力大小,为操纵系统的设计提供载荷输入。

1.3 条款历史

第 25.399 条在 CCAR25 部初版首次发布,截至 CCAR–25–R4,该条款未进行过修订,如表 1–1 所示。

表 1–1 第 25.399 条条款历史

第 25.399 条	CCAR25 部版本	相关 14 CFR 修正案	备 注
首次发布	初版	—	

1985 年 12 月 31 日发布了 CCAR25 部初版,其中包含第 25.399 条,该条款参考 1964 年 12 月 24 日发布的 14 CFR PART 25 中的 §25.399 的内容制定。

2　条款解读

2.1　条款要求

第 25.399 条是 C 分部操纵面和操纵系统载荷中的条款,对双操纵系统载荷提出了要求。

本条款规定了由两个驾驶员操纵的飞机操纵系统的设计载荷。双操纵系统考虑两种限制载荷情况:

反向操纵情况,即正、副驾驶员的操纵动作相反。例如一个驾驶员拉杆,而另一个则推杆;一个驾驶员左脚蹬舵,而另一个则右脚蹬舵。条款规定,每个驾驶员作用力导致的载荷不应小于第 25.395 条所得载荷的 75%且驾驶员作用力不应小于按第 25.397(c)款中规定的最小作用力。

同向操纵情况,即正副驾驶员的操纵动作相同,例如两个驾驶员同时拉杆。此时,操纵系统中有两个载荷输入,共用系统中的载荷是两个驾驶员操纵力所产生的载荷之和。条款规定,每个驾驶员作用力导致的载荷不应小于按第 25.395 条所得载荷的 75%。所以,这部分共用系统中的载荷实际是两个驾驶员共同作用载荷之和,即是第 25.395 条所得载荷的 1.5 倍。

2.2　相关条款

与第 25.399 条相关的条款如表 2-1 所示。

表 2-1　第 25.399 条相关条款

序　号	相 关 条 款	相　　　关　　　性
1	第 25.395 条	驾驶员作用力导致载荷的下限为第 25.395 条得到载荷的 75%
2	第 25.397 条	驾驶员作用力的下限为第 25.397(c)款中给出的最小作用力

3　验证过程

3.1　验证对象

第 25.399 条的验证对象包括方向舵、升降舵和副翼等驾驶舱内双操作系统。典型的驾驶舱内操作系统布置示意如图 3-1 所示。

3.2　符合性验证思路

按照第 25.399 条的要求,操纵系统器件设计必须按两个驾驶员操纵的可能施于这些操纵器件上的作用力情况进行设计。通过各操作系统的载荷报告表明载荷的选取符合条款要求。通过传力分析,确定对需承受第 25.399 条要求的载荷的操作系统进行强度分析,以表明各系统强度满足要求。

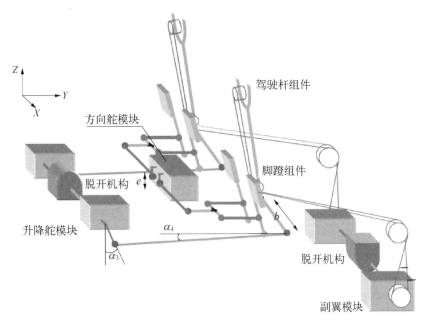

图 3-1　典型电传飞机驾驶舱内操作系统布置

3.3　符合性验证方法

通常,针对第 25.399 条的符合性验证方法如表 3-1 所示。

表 3-1　建议的符合性方法

条　款　号	专　业	符 合 性 方 法										备　注
		0	1	2	3	4	5	6	7	8	9	
第 25.399 条	飞　控			2									
第 25.399 条	强　度			2									

3.4　符合性验证说明

3.4.1　第 25.399(a)款的符合性

第 25.399(a)款规定了驾驶员反向操纵时驾驶员作用力的下限值,通过分析/计算(MOC2)的方法表明符合性。在操纵系统载荷的分析报告中,将所选取的驾驶员单独作用力与第 25.397(c)款或相应专用条件中驾驶员最小作用力以及依据第 25.395 条计算得到单独操纵时驾驶员操纵力的 75% 进行对比,表明所选取的驾驶员作用力满足条款要求。此外,将所选取的驾驶员作用力作为载荷工况,对相关操纵器件、传递机构和操纵面连接结构等进行强度分析,表明该驾驶员操纵力选取的合理性。所用的计算分析方法是经验证或成熟的。

3.4.2　第 25.399(b)款的符合性

第 25.399(b)款规定了驾驶员同向操纵时驾驶员作用力的下限值,通过分析/

计算(MOC2)的方法表明符合性。在操纵系统载荷的分析报告中,将所选取的驾驶员作用力可能导致的操纵面载荷与第 25.395 条中得到的载荷的 75% 进行对比,表明所选取的驾驶员作用力满足条款要求。此外,将所选取的驾驶员作用力作为载荷工况,对相关操纵器件、传递机构和操纵面连接结构等进行强度分析,表明该驾驶员操纵力选取的合理性。所用的计算分析方法是经验证或成熟的。

3.5　符合性文件清单

通常,针对第 25.399 条的符合性文件清单如表 3-2 所示。

表 3-2　建议的符合性文件清单

序　号	符 合 性 报 告	符合性方法
1	操纵系统载荷计算分析报告	MOC2
2	方向舵脚蹬模块静强度计算分析报告	MOC2
3	升降舵操纵模块静强度计算分析报告	MOC2
4	副翼模块静强度计算分析报告	MOC2

4　符合性判据

针对第 25.399 条,表明驾驶员作用力的选取满足条款要求,并通过分析表明各操作系统的强度满足要求。具体判据如下:

(1) 驾驶员同向操纵时,所选取的驾驶员作用力需大于第 25.397(c)款或相应专用条件中规定的最小作用力。

(2) 驾驶员同向操纵时,所选取的驾驶员作用力应大于第 25.395 条中所得驾驶员作用力的 75%。

(3) 驾驶员反向操纵时,所选取的驾驶员作用力应大于第 25.395 条中所得驾驶员作用力的 75%。

(4) 依据上述选的驾驶员操纵力作为载荷计算工况的输入,分析得到的操纵系统各结构强度裕度大于 0,且计算方法是经过验证或成熟的。

参考文献

[1]　FAA. AC25-21 Certification of Transport Airplane Structure [S]. 1999.

[2]　中航工业 AE100 项目管理办公室.民用运输机结构载荷分析:原理与实践[M].1998.

[3]　飞机设计手册总编委会.飞机设计手册(第九册)[M].航空工业出版社,2001.

运输类飞机适航标准
第25.405条符合性验证

1 条款介绍

1.1 条款原文

第25.405条 次操纵系统

次操纵器件,例如机轮刹车、扰流板和调整片的操纵器件,必须按一个驾驶员很可能施于这些操纵器件的最大作用力进行设计。可以采用下列数值:

驾驶员操纵作用力限制值(次操纵器件)

操 纵 器 件	驾驶员限制作用力
各类曲柄、盘或手柄[1]	$\left(\dfrac{0.0254+R}{0.0762}\right) \times 222$ 牛 $\left(\text{公制}:\left(\dfrac{0.0254+R}{0.0762}\right)\times 22.7\ \text{公斤}\qquad \text{英制}:\left(\dfrac{1+R}{3}\right)\times 50\ \text{磅}\right)$ 但不小于222牛(22.7公斤;50磅),不大于667牛(68公斤;150磅) (R为半径,米(英寸))(适用于操纵平面20°以内的任何角度)
扭转	15牛米(1.53公斤·米;133磅·英寸)
推拉	由申请人选定

[1] 限于襟翼、调整片、安定面、扰流板和起落架使用的操纵器件。

1.2 条款背景

第25.405条规定了驾驶员对次操纵器件作用力的设计值范围,保证次操纵系统能承受驾驶员操纵力导致的载荷。本条款的目的是确定驾驶员对次操纵系统合理的操纵作用力大小,为次操纵系统的设计提供载荷输入。

1.3 条款历史

第25.405条在CCAR25部初版首次发布,截至CCAR-25-R4,该条款未进行过修订,如表1-1所示。

表 1-1　第 25.405 条条款历史

第 25.405 条	CCAR25 部版本	相关 14 CFR 修正案	备　　注
首次发布	初版	—	

1985 年 12 月 31 日发布了 CCAR25 部初版,其中包含第 25.405 条,该条款参考 1964 年 12 月 24 日发布的 14 CFR PART 25 中的 §25.405 的内容制定。

2　条款解读

2.1　条款要求

次操纵系统是飞机上除了主操纵之外的辅助操纵系统,通常包括机轮刹车、扰流板和调整片的操纵系统。用手柄操纵的襟翼以及发动机油门等的操纵系统,也属于次操纵系统。

第 25.405 条给出了各类次操纵系统操纵器件设计时的驾驶员限制作用力。次操纵系统应能承受驾驶员限制作用力产生的载荷。

需注意的是,对于采用脚刹的次操纵系统,应当使用第 25.397(c) 款中方向舵的脚蹬力进行设计。

2.2　相关条款

第 25.405 条是 C 分部操纵面和操纵系统载荷中的条款,规定了次操纵系统驾驶员的最大操纵力设计值,未有与该条款直接相关的条款。

3　验证过程

3.1　验证对象

针对第 25.405 条的验证对象为次操纵器件:驾驶舱内减速操纵手柄、襟缝翼操纵手柄、油门台组件、中央操纵台、起落架应急放手柄和停机应急刹车手柄等。

3.2　符合性验证思路

按照第 25.405 条的要求,次操纵系统器件必须按驾驶员操纵时可能施加在这些操纵器件上的作用力情况进行设计。通过各次操作系统器件的载荷报告表明载荷的选取符合条款要求;通过传力分析,确定对需承受第 25.405 条要求的载荷的次操作系统及支承结构进行强度分析,以表明各系统强度满足要求。此外,可通过设备鉴定试验表明条款符合性。

3.3　符合性验证方法

通常,针对第 25.405 条的符合性验证方法如表 3-1 所示。

表 3-1 建议的符合性方法

条 款 号	专 业	符 合 性 方 法										备 注
		0	1	2	3	4	5	6	7	8	9	
第 25.405 条	飞 控			2		4						
第 25.405 条	起落架			2		4						
第 25.405 条	强 度			2								

3.4 符合性验证说明

针对第 25.405 条,采用的符合性验证方法包括 MOC2 和 MOC4,各项验证具体工作如下。

3.4.1 MOC2 验证过程

通过载荷报告说明各次操作系统器件的载荷选取情况。

依据所选取的载荷工况,分别针对驾驶舱内减速操纵手柄、襟缝翼操纵手柄、油门台组件、中央操纵台、起落架应急放手柄和停机应急刹车手柄等次操作系统器件及机体结构内的系统支架及安装进行强度分析,分析结果表明结构强度满足要求,同时说明该分析方法是经过验证或成熟应用于其他机型的。

3.4.2 MOC4 验证过程

将所选取的载荷作为试验工况载荷筛选的输入之一进行静力试验,表明在该载荷条件下系统结构功能承受相应载荷。

3.5 符合性文件清单

通常,针对第 25.405 条的符合性文件清单如表 3-2 所示。

表 3-2 建议的符合性文件清单

序 号	符 合 性 报 告	符合性方法
1	次操作系统载荷分析计算报告	MOC2
2	次操作系统强度评估报告	MOC2
3	次操作系统操纵器件静力试验大纲	MOC4
4	次操作系统操纵器件静力试验报告	MOC4

4 符合性判据

针对第 25.405 条,具体判据如下:

(1) 次操纵器件设计驾驶员作用力按第 25.405 条表格中给出公式的计算得出。

(2) 将(1)中选定的驾驶员作用力作为载荷计算工况的输入,分析得到的各次操纵系统结构强度裕度大于 0,采用的计算方法是经过验证或成熟的。

(3) 将(1)中选定的驾驶员作用力作为设备鉴定试验工况的载荷筛选输入之一,试验结果表明在该载荷条件下系统结构功能正常。

参考文献

［1］　FAA. AC25‐21 Certification of Transport Airplane Structure［S］. 1999.

［2］　中航工业 AE100 项目管理办公室. 民用运输机结构载荷分析：原理与实践［M］. 1998.

［3］　飞机设计手册总编委会. 飞机设计手册（第九册）［M］. 航空工业出版社，2001.

运输类飞机适航标准
第 25.415 条符合性验证

1 条款介绍

1.1 条款原文

第 25.415 条 地面突风情况

(a) 操纵系统必须按下列地面突风和顺风滑行产生的操纵面载荷进行设计:

(1) 在最靠近操纵面的止动器和驾驶舱内操纵器件之间的操纵系统,必须按相应于本条(a)(2)的限制铰链力矩 H 的载荷进行设计。这些载荷不必超过下列数值:

(i) 每个驾驶员单独操纵时,与第 25.397(c)条中的驾驶员最大作用力相对应的载荷;

(ii) 驾驶员同向施加作用力时,与每个驾驶员最大作用力的 75% 相对应的载荷。

(2) 最靠近操纵面的操纵系统止动器、操纵系统的锁以及在这些止动器和锁与操纵面操纵支臂之间的操纵系统零件(如果装有),必须按下列公式中得到的限制铰链力矩 H(公斤米,英尺磅)进行设计,

$$H = 0.0017KV^2cS \qquad (H = 0.0034KV^2cS),$$

式中:

V=65(风速,节);

K 为本条(b)中得到的地面突风情况的限制铰链力矩系数;

c 为铰链线后操纵面的平均弦长(米,英尺);

S 为铰链线后操纵面的面积(米 2[①],英尺 2)。

(b) 地面突风情况的限制铰链力矩系数 K 必须取自下表:

操 纵 面	K	操纵器件位置
(a) 副翼 (b)	0.75 * ±0.50	驾驶杆锁定或系住在中立位置 副翼全偏

---

① 此处应为米 2,英尺 2,原条款如此。——编注

（续表）

操　纵　面	K	操纵器件位置
(c) (d)｝升降舵	*±0.75	(c) 升降航向下全偏 (d) 升降航向上全偏
(e) (f)｝方向舵	0.75	(e) 方向舵中立 (d) 方向舵全偏

* K 为正值表示力矩使操纵面下偏,而 K 为负值表示力矩使操纵面上偏。

〔中国民用航空局 2001 年 5 月 14 日第三次修订〕

1.2　条款背景

在天气非常恶劣时,飞机可以中止飞行,但不可能不在地面停放和操作,不可能避开地面上的大风,飞机在地面遭遇到的突风可能会对操纵面和操纵系统构成受载严重的情况。因此,制定本条款,规定操纵系统必须按地面突风和顺风滑行时所产生的操纵面载荷进行设计。本条款对操纵系统按不同的部位有不同的要求。

本条款的目的是保证飞机的操纵系统和操纵面在遭遇地面突风时不损坏。

1.3　条款历史

第 25.415 条在 CCAR25 部初版首次发布,截至 CCAR - 25 - R4,该条款共修订过 2 次,如表 1 - 1 所示。

表 1 - 1　第 25.415 条条款历史

第 25.415 条	CCAR25 部版本	相关 14 CFR 修正案	备　　注
首次发布	初版	—	
第 1 次修订	R2	25 - 72	
第 2 次修订	R3	25 - 91	

1.3.1　首次发布

1985 年 12 月 31 日发布了 CCAR25 部初版,其中包含第 25.415 条,该条款参考 1964 年 12 月 24 日发布的 14 CFR PART 25 中的 §25.415 的内容制定。

1.3.2　第 1 次修订

1995 年 12 月 18 日发布的 CCAR - 25 - R2 对第 25.415 条进行了第 1 次修订,本次修订参考了 14 CFR 修正案 25 - 72 的内容:对条款公式中的参数进行了详细说明,把操纵面在铰链线后的面积指定为 S,并对文中出现的 W/S 补充进行了说明。

1.3.3　第 2 次修订

2001 年 5 月 14 日发布的 CCAR - 25 - R3 对第 25.415 条进行了第 2 次修订,本次修订参考了 14 CFR 修正案 25 - 91 的内容,该修正案根据 JAR 的相应条款,将突风速度由原来的 52 节增加到 65 节,在 JAR§25.415 中规定了飞机的顶升和系留载荷情况,但是对该情况下的操纵面载荷的要求并没有包含在§25.415 中,所以 FAA 将§25.415 规定的飞机在顶升或系留状态下经受速度 65 节的突风时对所有操纵面的要求纳入本条中,原来规定的计算公式仍然适用。

2 条款解读

2.1 条款要求

本条款主要考虑飞机在地面停放和操作碰到大风时,操纵系统必须按地面突风和顺风滑行时所产生的操纵面载荷进行设计。飞机在地面遭遇到的突风可能会对操纵面和操纵系统构成严重的受载情况。本条款对操纵系统按不同的部位有不同的要求。

(1)对于在最靠近操纵面的止动器和驾驶舱内操纵器件之间的操纵系统,首先按条款中给出的公式进行计算,将计算结果与① 驾驶员最大作用力对应的载荷及② 两人同向施加 75% 作用力对应的载荷相比较,使铰链力矩的选定值不大于两载荷值中的大者。

(2)对于在操纵系统中最靠近操纵面的止动器、操纵系统的锁,以及在这些止动器和锁与操纵面操纵支臂之间的操纵系统零件(如果装有),按本条(a)(2)的限制铰链力矩 H 的载荷进行设计。

2.2 相关条款

与第 25.415 条相关的条款如表 2-1 所示。

表 2-1 第 25.415 条相关条款

序 号	相关条款	相　关　性
1	第 25.391 条	第 25.391 条是操纵面载荷的总则性条款,要求操纵面设计时必须考虑第 25.415 条中的地面突风情况产生的限制载荷
2	第 25.397 条	对于在操纵系统中位于操纵面止动器和驾驶舱内操纵器件之间的部分,第 25.415 条规定要求按照规章规定的铰链力矩 H 值进行设计,但算出的 H 值不必超过下列两种载荷:第一种为与第 25.397(c)款中规定的单个驾驶员独立操作时的驾驶员最大作用力相对应的载荷;第二种为与第 25.397(b)款中规定的两个驾驶员同向施加的每个驾驶员最大作用力的 75% 相对应的载荷
3	第 25.681 条	第 25.681 条中对于操纵系统及其支承结构的强度的验证,需考虑包括第 25.415 条规定的载荷情况,给出临界的载荷情况

3 验证过程

3.1 验证对象

第 25.415 条的验证对象为操纵系统中最靠近操纵面的止动器、操纵系统的锁,以及在这些止动器和锁与操纵面操纵支臂之间的操纵系统零件。

3.2 符合性验证思路

本条款的目的是保证飞机的操纵系统在遭遇地面阵风时不被破坏,上述验证对象必须按照第 25.415 条规定的地面突风和顺风滑行时所产生的操纵面载荷情况进行设计,可通过设计说明在副翼、升降舵和方向舵系统设计时考虑了这些载荷。载荷选取通过计算分析来表明符合性。对于在最靠近操纵面的止动器和驾驶舱内操纵器件之间的操纵系统,按照第 25.415(a)(1)项要求选取限制铰链力矩;对于在操纵系统中最靠近操纵面的止动器、操纵系统的锁,以及在这些止动器和锁与操纵面操纵支臂之间的操纵系统零件(如果装有),按照第 25.415(a)(2)项要求选取限制铰链力矩。得到限制铰链力矩后,需对飞机副翼操纵系统、升降舵操纵系统和方向舵操纵系统进行应力分析评估,对系统支承结构校核其静强度,并对飞机副翼、升降舵和方向舵作动器进行设备合格鉴定。

3.3 符合性验证方法

通常,针对第 25.415 条的符合性验证方法如表 3-1 所示。

表 3-1 建议的符合性方法

条 款 号	专 业	符 合 性 方 法										备 注
		0	1	2	3	4	5	6	7	8	9	
第 25.415 条	强 度			2									
第 25.415 条	飞 控		1									9	

3.4 符合性验证说明

针对第 25.415(a)款,采用的符合性验证方法包括 MOC1、MOC2 和 MOC9,各项验证具体工作如下:

3.4.1 MOC1 验证过程

通过设计说明表明副翼、升降舵和方向舵系统设计时,考虑了本条款中规定的地面突风和顺风滑行时所产生的操纵面载荷。

3.4.2 MOC2 验证过程

操作系统通过 MOC2 对在地面突风情况下产生的操纵面载荷进行了计算,得出操纵面载荷限制铰链力矩 H。

对于在最靠近操纵面的止动器和驾驶舱内操纵器件之间的操纵系统,将操纵面载荷限制铰链力矩 H 与① 驾驶员最大作用力对应的载荷及② 两人同向施加75%作用力对应的载荷相比较,使铰链力矩的选定值不大于两载荷值中的大者。

对于在操纵系统中最靠近操纵面的止动器、操纵系统的锁,以及在这些止动器和锁与操纵面操纵支臂之间的操纵系统零件,选用操纵面载荷限制铰链力矩 H 进行设计。

对于副翼操纵系统、升降舵操纵系统和方向舵操纵系统分别编制应力分析评估报告,对系统的支承结构进行静强度校核。

3.4.3　MOC9 验证过程

针对 MOC9,对飞机副翼、升降舵和方向舵作动器进行设备合格鉴定,根据筛选出的操纵面载荷限制铰链力矩 H,开展限制载荷试验,试验后目视检查,结构无破坏和永久性变形,静态密封圈没出现外部渗漏,功能检查满足功能要求。

3.5　符合性文件清单

通常,针对第 25.415 条的符合性文件清单如表 3-2 所示。

表 3-2　建议的符合性文件清单

序　号	符 合 性 报 告	符合性方法
1	操纵系统设计描述文件	MOC1
2	操纵系统强度计算分析报告	MOC2
3	操纵系统设备鉴定大纲	MOC9
4	操纵系统设备鉴定报告	MOC9

4　符合性判据

针对第 25.415 条,满足下述情况可判定为符合。

(1) 计算得到操纵面载荷限制铰链力矩 H,评估分析副翼操纵系统、升降舵操纵系统和方向舵操纵系统的应力,校核相关支承结构,静强度安全裕度大于 0。

(2) 对副翼、升降舵和方向舵作动器进行设备合格鉴定,试验后目视检查,结构无破坏和永久性变形,静态密封圈没出现外部渗漏,功能检查满足功能要求。

参考文献

[1]　14 CFR 修正案 25 - 72 Special Review: Transport Category Airplane Airworthiness Standards [S].

[2]　14 CFR 修正案 25 - 91 Revised Structural Loads Requirements for Transport Category Airplanes [S].

[3]　FAA. AC25 - 21 Certification of Transport Airplane Structure [S]. 1999.

[4]　Certification Specifications and Acceptable Means of Compliance for Large Aeroplanes CS - 25 [S]. 2017.

[5]　中航工业 AE100 项目管理办公室. 民用运输机结构载荷分析: 原理与实践[M]. 1998.

运输类飞机适航标准
第25.427条符合性验证

1 条款介绍

1.1 条款原文

第25.427条 非对称载荷

(a) 对于按横向突风、偏航机动和滚转机动情况设计飞机时必须考虑到滑流及由于机翼、垂直安定面和其它气动表面气动干扰效应所产生的飞机尾翼上的非对称载荷。

(b) 必须假定平尾受到由下列情况确定的非对称载荷情况:

(1) 第25.331条的对称机动情况和第25.341(a)条的垂直突风情况最大载荷的100%分别作用于对称面一侧的平尾上;和

(2) 此载荷的80%作用于另一侧。

(c) 对平尾有大于±10°的上反角或平尾支承在垂尾上的尾翼布局,各翼面及其支承结构必须按第25.341(a)条中规定的作用于与航迹成直角的任何方位的突风速度进行设计。

(d) 必须考虑到第25.305(e)条中因抖振情况所造成的尾翼上的非对称载荷。

〔中国民用航空局2001年5月14日第三次修订〕

1.2 条款背景

此条款的目的是验证飞机的尾翼结构能够承受任何可能在机动和突风中出现的非对称载荷,并同时考虑任意方向突风及抖振在平尾上产生的非对称载荷。

1.3 条款历史

第25.427条在CCAR25部初版首次发布,截至CCAR-25-R4,该条款共修订过1次,如表1-1所示。

表 1-1 第 25.427 条条款历史

第 25.427 条	CCAR25 部版本	相关 14 CFR 修正案	备　注
首次发布	初版	—	
第 1 次修订	R3	25-86	

1.3.1　首次发布

1985 年 12 月 31 日发布了 CCAR25 部初版,其中包含第 25.427 条,该条款参考 1964 年 12 月 24 日发布的 14 CFR PART 25 中的 §25.427 的内容制定。

1.3.2　第 1 次修订

2001 年 5 月 14 日发布的 CCAR-25-R3 对第 25.427 条进行了第 1 次修订,本次修订参考了 14 CFR 修正案 25-86 的内容,该修正案于 1996 年 3 月 11 日发布,补充规定对于平尾上反角大于 10°或平尾安装在垂尾上的构型,必须考虑平尾和垂尾的组合受载情况,必须考虑任意方向的离散突风动响应载荷。

2　条款解读

2.1　条款要求

飞机在经历横向突风、滚转和偏航机动时都会在两侧的平尾上产生非对称载荷,同时这个非对称载荷还会由螺旋桨滑流、机翼、垂直安定面和其他气动表面气动干扰效应所产生。

本条款规定对于按横向突风、偏航机动和滚转机动情况设计飞机时必须考虑到滑流及由于机翼、垂直安定面和其他气动表面气动干扰效应所产生的飞机尾翼上的非对称载荷。

机翼的非对称载荷在第 25.349(b)款中已经规定,本条款专指尾翼所受的非对称载荷,用以校核平尾及其支承结构。

平尾按第 25.331 条和第 25.341(a)款规定的最大载荷的一边 100% 和另一边 80% 设计。

对平尾上反角大于 10°或平尾安装在垂尾上的构型,除了考虑上述的载荷情况之外,还需要考虑来自垂直于航迹方向任意角度的突风,并将垂尾和平尾的受载情况组合进行考虑。

另外,还需要根据第 25.305(e)款考虑抖振引起的尾翼载荷。

2.2　相关条款

与第 25.427 条相关的条款如表 2-1 所示。

表 2 - 1　第 25.427 条相关条款

序　号	相关条款	相　关　性
1	第 25.305 条	第 25.427 条规定需要根据第 25.305(e)款考虑抖振引起的尾翼载荷
2	第 25.331 条	第 25.331 条和第 25.341 条规定的最大载荷是平尾非对称载荷设计输入,平尾需按第 25.331 条和第 25.341 条规定的最大载荷的一边 100％和另一边 80％设计
3	第 25.341 条	第 25.331 条和第 25.341 条规定的最大载荷是平尾非对称载荷设计输入,平尾需按第 25.331 条和第 25.341 条规定的最大载荷的一边 100％和另一边 80％设计
4	第 25.391 条	第 25.391 条是操纵面载荷的总则性条款,对于升降舵和全动平尾必须考虑第 25.427 条规定的由于偏航和滑流的影响所产生的非对称载荷和各种飞行情况的组合
5	第 25.681 条	第 25.681 条中对于操纵系统及其支承结构的强度的验证,需考虑包括第 25.427 条规定的载荷情况,给出临界的载荷情况

3　验证过程

3.1　验证对象

第 25.427 条的验证对象为尾翼。

3.2　符合性验证思路

将横向突风情况与滚转和偏航时在尾翼上产生的非对称载荷进行比较,筛选出载荷工况最严酷的情况,用于尾翼根部及支承结构的强度校核。

对于平尾结构,根据第 25.331 条和第 25.341(a)款,将垂直突风和俯仰机动情况进行载荷工况筛选,在平尾一侧加载筛选出最大载荷的 100％,另一侧加 80％,以验证平尾结构可以承受该非对称载荷;对于特殊的尾翼布局,如平尾有大于 ±10° 的上反角或平尾支承在垂尾上的情况,翼面及支承结构需根据第 25.341(a)款中规定的与航迹成直角的任何方位的突风载荷进行校核。

对于抖振引起的尾翼非对称载荷,通过飞行试验得到,抖振响应试飞选择在直到 V_D/M_D 的速度包线范围内任何可能发生抖振的试飞状态,抖振载荷计算将抖振发生时的应变代入载荷方程,得到抖振载荷,并以此作为载荷输入,对尾翼进行强度校核。

3.3　符合性验证方法

通常,针对第 25.427 条的符合性验证方法如表 3 - 1 所示。

表 3-1　建议的符合性方法

条 款 号	专 业	符 合 性 方 法										备 注
		0	1	2	3	4	5	6	7	8	9	
第 25.427 条	强 度			2				6				

3.4　符合性验证说明

3.4.1　第 25.427(a)款符合性验证说明

针对第 25.427(a)款,采用的符合性验证方法包括 MOC2,各项验证具体工作如下:确定需要考虑阵风情况的气动面,并按规定的情况进行离散阵风动响应分析,横向突风载荷需计算飞机侧向连续突风载荷和侧向调谐离散突风载荷,偏航机动载荷需计算飞机偏航机动飞行总载荷、平尾飞行分布载荷和垂尾飞行分布载荷,滚转机动载荷需计算滚转机动飞行总载荷和飞行分布载荷。将横向突风情况与滚转和偏航时在尾翼上产生的非对称载荷进行比较,筛选出载荷工况最严酷的情况,用于尾翼根部及支承结构的强度校核。

3.4.2　第 25.427(b)款符合性验证说明

针对第 25.427(b)款采用的符合性验证方法为 MOC2,各项验证工作具体如下:根据第 25.331 条和第 25.341(a)款计算得到的平尾最大载荷一边加载 100%载荷,另一边加载 80%载荷,对尾翼结构进行强度校核,如水平尾翼中央盒段、水平尾翼外伸段上壁板、水平尾翼外伸段下壁板、水平尾翼外伸段加强肋、水平尾翼外伸段普通肋、平尾外伸段前梁、水平尾翼外伸段后梁、水平尾翼外伸段后缘舱、垂直尾翼壁板、垂直尾翼前梁、垂直尾翼中梁、垂直尾翼后梁、垂直尾翼普通肋、垂直尾翼加强肋和垂直尾翼后缘舱等。

3.4.3　第 25.427(c)款符合性验证说明

针对第 25.427(c)款采用的符合性验证方法为 MOC2,各项验证工作具体如下:对于平尾上反角大于 10°或平尾安装在垂尾上的构型,根据第 25.341(a)款规定计算与航迹成直角的任何方位的突风载荷。将任意方向突风看作垂直和横向突风的矢量叠加,即将任意方向突风分解为垂直和横向两个突风分量。这样就可以分别按垂直和横向突风载荷情况计算出任意方向突风的垂直和侧向载荷分量,两者叠加即可得到斜突风情况的包线载荷,筛选出最大载荷用于尾翼结构强度校核。

3.4.4　第 25.427(d)款符合性验证说明

针对第 25.427(d)款采用的符合性验证方法为 MOC6,各项验证工作具体如下:第 25.427(d)款要求的因抖振在尾翼上造成的非对称载荷,通过尾翼抖振载荷飞行试验验证。抖振响应试飞选择在直到 V_D/M_D 的速度包线范围内任何可能发生抖振的试飞状态,抖振载荷计算将抖振发生时的应变代入载荷方程,得到抖振载荷。

3.5　符合性文件清单

通常,针对第 25.427 条的符合性文件清单如表 3-2 所示。

表 3 - 2　建议的符合性文件清单

序　号	符 合 性 报 告	符合性方法
1	尾翼飞行载荷计算分析报告	MOC2
2	尾翼强度计算分析报告	MOC2
3	尾翼抖振载荷试飞大纲	MOC6
4	尾翼抖振载荷试飞报告	MOC6

4　符合性判据

4.1　针对第 25.427(a)款

筛选横向突风、滚转和偏航时在尾翼上产生的最严酷非对称载荷,对尾翼根部及支承结构强度校核,安全裕度大于 0。

4.2　针对第 25.427(b)款

完成了尾翼结构强度校核,安全裕度大于 0,且计算时采用了第 25.331 条和第 25.341(a)款计算得到的平尾最大载荷,给平尾一边加载 100% 载荷,另一边加载 80% 载荷。

4.3　针对第 25.427(c)款

确认飞机设计是否具备平尾上反角大于 10°或平尾安装在垂尾上的构型的特征,此时已在翼面及支承结构设计时考虑了第 25.341(a)款中规定的与航迹成直角的任何方位的突风影响。

4.4　针对第 25.427(d)款

完成了尾翼抖振载荷飞行试验验证,飞行试验的结果表明,按第 25.305(e)款要求,在 V_D/M_D 的速度下,包括失速和超出抖振边界情况下发生抖振时,其抖振载荷未超出尾翼结构承载能力,没有引起结构损伤。

参考文献

[1]　14 CFR 修正案 25 - 86 Revised Discrete Gust Load Design Requirements [S].

[2]　FAA. AC25 - 21 Certification of Transport Airplane Structure [S]. 1999.

运输类飞机适航标准
第 25.445 条符合性验证

1 条款介绍

1.1 条款原文

第 25.445 条 辅助气动力面

(a) 对包括俯仰、滚转、偏航机动和第 25.341(a)条中规定的作用于与航迹成直角的任何方位的突风的受载情况下,在对辅助气动力面,如外侧垂直安定面、翼尖小翼和其支承气动表面之间的气动影响显著时,应将其考虑在内。

(b)当平尾将外侧垂直安定面分成上、下两部分时,为了考虑非对称载荷,由第 25.391 条确定的临界垂尾载荷(单位面积载荷)还必须按下列规定施加:

(1) 平尾以上(或以下)的垂尾受到 100%的载荷;

(2) 平尾以下(或以上)的垂尾受到 80%的载荷。

〔中国民用航空局 2001 年 5 月 14 日第三次修订〕

1.2 条款背景

本条款的目的是考虑到由于相交的气动表面的相互影响造成的载荷重新分布。

1.3 条款历史

第 25.445 条在 CCAR25 部初版首次发布,截至 CCAR‐25‐R4,该条款共修订过 1 次,如表 1‐1 所示。

表 1‐1 第 25.445 条条款历史

第 25.445 条	CCAR25 部版本	相关 14 CFR 修正案	备 注
首次发布	初版	—	
第 1 次修订	R3	25‐86	

1.3.1 首次发布

1985 年 12 月 31 日发布了 CCAR25 部初版,其中包含第 25.445 条,该条款参考 1964 年 12 月 24 日发布的 14 CFR PART 25 中的 §25.445 的内容制定。

1.3.2　第 1 次修订

2001 年 5 月 14 日发布的 CCAR - 25 - R3 对第 25.445 条进行了第 1 次修订，本次修订参考了 14 CFR 修正案 25 - 86 的内容，该修正案于 1996 年 3 月 11 日发布，补充规定了对外侧垂直安定面及翼梢小翼的离散突风分析的标准，同时增加了对翼梢小翼的设计要求，为了使本条的题目更为通用，将本条的名称从原来的"外侧垂直安定面"改为"辅助气动力面"。

2　条款解读

2.1　条款要求

本条(a)款规定，当飞机带有外侧垂直安定面和翼梢小翼时，必须考虑其与支持结构之间的相互气动影响，并在俯仰、滚转、偏航机动和突风载荷情况的载荷分析中考虑其影响。通常当机翼或平尾载荷方向向上时，机翼或平尾之上的翼梢小翼或外侧垂尾载荷方向向内侧，反之则向外侧。

本条(b)款规定的对象是外侧垂直安定面，当平尾将外侧垂直安定面分成上、下两部分时，必须满足第 25.391 条中确定的临界载荷情况及本条规定的非对称载荷要求。

2.2　相关条款

与第 25.445 条相关的条款如表 2 - 1 所示。

表 2 - 1　第 25.445 条相关条款

序　号	相 关 条 款	相　　关　　性
1	第 25.341 条	第 25.341 条中突风载荷情况的载荷分析需考虑飞机外侧垂直安定面和翼梢小翼等辅助气动面与其支承结构之间的相互气动影响
2	第 25.391 条	第 25.391 条是操纵面载荷的总则性条款，要求操纵面设计时必须考虑第 25.445 条中的辅助气动力面的影响
3	第 25.681 条	第 25.681 条中对于操纵系统及其支承结构的强度的验证，需考虑包括第 25.445 条规定的载荷情况，给出临界的载荷情况

3　验证过程

3.1　验证对象

第 25.445 条的验证对象为辅助气动力面，如外侧垂直安定面、翼尖小翼。

3.2　符合性验证思路

以风洞试验的结果作为气动输入依据，分别计算俯仰、滚转、偏航机动和突风情况下的外侧垂直安定面和翼梢小翼载荷,从各机动飞行情况中挑选出载荷严重情况。

对于被平尾分成上、下两部分的外侧垂直安定面,按照本条(b)款的要求对外侧垂直安定面的非对称载荷进行分析,选出外侧垂直安定面的最严重侧向载荷。然后对垂直安定面及其支承结构的强度进行校核,载荷按照本条(b)款的要求,在平尾以上和以下的垂尾载荷分别选取最严重侧向载荷的 100% 和 80% 来进行计算分析。

3.3 符合性验证方法

通常,针对第 25.445 条的符合性验证方法如表 3-1 所示。

表 3-1 建议的符合性方法

条 款 号	专 业	符 合 性 方 法										备 注
		0	1	2	3	4	5	6	7	8	9	
第 25.445 条	强 度			2								

3.4 符合性验证说明

3.4.1 第 25.445(a)款符合性验证说明

针对第 25.445(a)款,采用的符合性验证方法为 MOC2,验证具体工作如下:以风洞试验的结果作为气动输入依据,分别计算俯仰、滚转、偏航机动和突风情况下的外侧垂直安定面和翼梢小翼载荷,从各机动飞行情况中挑选出载荷严重情况。

3.4.2 第 25.445(b)款符合性验证说明

针对第 25.445(b)款采用的符合性验证方法为 MOC2,验证工作具体如下:对于被平尾分成上、下两部分的外侧垂直安定面,按照条款的要求对外侧垂直安定面的非对称载荷进行分析,选出外侧垂直安定面的最严重侧向载荷。对垂直安定面及其支承结构的强度进行校核,载荷按照本条(b)款的要求,在平尾以上和以下的垂尾载荷分别选取最严重侧向载荷的 100% 和 80% 来进行计算分析。

3.5 符合性文件清单

通常,针对第 25.445 条的符合性文件清单如表 3-2 所示。

表 3-2 建议的符合性文件清单

序 号	符合性报告	符合性方法
1	辅助气动力面气动载荷计算分析报告	MOC2
2	辅助气动力面强度计算分析报告	MOC2

4　符合性判据

针对第 25.445(a)款,① 确认飞机设计是否包含外侧垂直安定面和翼梢小翼; ② 确认采用风洞试验的结果作为气动输入,分别计算了俯仰、滚转、偏航机动和突风情况下的翼面载荷。

针对第 25.445(b)款,① 确认外侧垂直安定面的设计特征,针对平尾将垂直安定面分割成上、下两半设计状态,完成非对称载荷分析;② 按第 25.391 条确定外侧垂直安定面上的最严重侧向载荷;③ 对垂直安定面及其支承结构的强度进行校核,在平尾以上和以下的垂尾载荷分别选取最严重侧向载荷的 100% 和 80% 来进行计算分析。

参考文献

[1]　14 CFR 修正案 25 - 86 Revised Discrete Gust Load Design Requirements [S].

[2]　FAA. AC25 - 21 Certification of Transport Airplane Structure [S]. 1999.

运输类飞机适航标准 第25.457条符合性验证

1 条款介绍

1.1 条款原文

第25.457条 襟翼

襟翼及其操纵机构与支承结构必须按第25.345条中规定情况得出的临界载荷进行设计,并计及从某一襟翼位置和空速转换到另一襟翼位置和空速时所产生的载荷。

1.2 条款背景

本条规定的目的是保证襟翼及其支承结构能承受运营过程中任何情况下可能产生的载荷。

1.3 条款历史

第25.457条在CCAR25部初版首次发布,截至CCAR-25-R4,该条款未进行过修订,如表1-1所示。

表1-1 第25.457条条款历史

第25.457条	CCAR25部版本	相关14 CFR修正案	备 注
首次发布	初版	—	

1985年12月31日发布了CCAR25部初版,其中包含第25.457条,该条款参考1964年12月24日发布的14 CFR PART 25中的§25.457的内容制定。

2 条款解读

2.1 条款要求

本条款规定,襟翼、襟翼操纵机构与支承结构必须按第25.345条中规定情况得到的临界载荷进行设计,并还需考虑从某一襟翼位置和空速转换到另一襟翼位置和空速时所产生的载荷,根据转换过程中襟翼、襟翼操纵机构与支承结构各自的载荷严重情况进行设计。

　　在确定增升装置作动过程中的载荷时,有必要考虑作动系统的摩擦载荷。以襟翼滑轨和滚柱为例,由于易受冰雪和泥浆污染,会导致襟翼作动过程阻力增大。需评估每一机构设计以确定对摩擦力的敏感程度,要考虑伴随这类阻力带来的任何载荷,并加入到正常操纵载荷中去。

2.2　相关条款

　　与第25.457条相关的条款如表2-1所示。

表2-1　第25.457条相关条款

序　号	相关条款	相　关　性
1	第25.345条	第25.457条规定,襟翼、襟翼操纵机构与支承结构必须按第25.345条中规定情况得到的临界载荷进行设计
2	第25.681条	第25.681条中对于操纵系统及其支承结构的强度的验证,需考虑包括第25.457条规定的载荷情况,给出临界的载荷情况

3　验证过程

3.1　验证对象

　　第25.457条的验证对象为襟翼。

3.2　符合性验证思路

　　本条款的目的是保证襟翼及其操纵机构与支承结构能承受运营中可能遇到的任何载荷。首先,通过飞行试验测量襟翼上的压力分布,筛选出从某一襟翼位置和空速转换到另一襟翼位置和空速的过程中的临界载荷,保证襟翼位置转换过程中结构和系统的载荷临界情况不遗漏。然后根据筛选出的载荷对襟翼及其操纵机构与支承结构进行强度校核计算。

3.3　符合性验证方法

　　通常,针对第25.457条的符合性验证方法如表3-1所示。

表3-1　建议的符合性方法

条　款　号	专　业	符合性方法										备　注
		0	1	2	3	4	5	6	7	8	9	
第25.457条	强　度			2				6				

3.4　符合性验证说明

　　针对第25.457条,采用的符合性验证方法包括MOC2和MOC6,各项验证具体工作如下。

3.4.1 MOC2 验证过程

采用设计点方法、参数选择法与参数分析法对低速总载荷进行初步筛选,分析计算考虑从某一襟翼位置和空速转换到另一襟翼位置和空速时所产生的载荷对襟翼及其支承结构的影响。在襟翼转换过程中,影响襟翼及其操纵机构与支承结构载荷的因素有:空速的变化、襟翼气动特性的变化和襟翼操纵系统的阻力等。在确定增升装置作动过程中的载荷时,需考虑作动系统的摩擦载荷。根据筛选出的载荷,对襟翼及其操纵机构与支承结构进行强度校核计算。

3.4.2 MOC6 验证过程

通过飞行试验测量襟翼上的压力分布,验证襟翼及其操纵系统载荷的符合性,襟翼载荷采用压力分布法测量。根据襟翼测压飞行试验大纲开展襟翼测压试飞,包含机动平衡、偏航机动和扰流板打开 1g 平飞等状态,通过试飞得到襟翼的压力分布,将压力分布进行积分可以得到襟翼的试飞载荷。

3.5 符合性文件清单

通常,针对第 25.457 条的符合性文件清单如表 3-2 所示。

表 3-2 建议的符合性文件清单

序 号	符 合 性 报 告	符合性方法
1	襟翼载荷计算分析报告	MOC2
2	襟翼强度计算分析报告	MOC2
3	襟翼测压飞行试验大纲	MOC6
4	襟翼测压飞行试验报告	MOC6

4 符合性判据

针对第 25.457 条,满足下述情况可判定为符合。

(1)确认从某一襟翼位置和空速转换到另一襟翼位置和空速的过程中,襟翼、襟翼操纵机构与支承结构载荷的变化历程,各自的载荷临界情况。

(2)确认襟翼位置转换过程中结构和系统的载荷临界情况无遗漏。

(3)确认通过飞行试验测量襟翼上的压力分布,积分得到襟翼的试飞载荷。

(4)校核襟翼及其操纵机构与支承结构,安全裕度大于 0。

参考文献

FAA. AC25-21 Certification of Transport Airplane Structure [S]. 1999.

运输类飞机适航标准
第 25.459 条符合性验证

1 条款介绍

1.1 条款原文

第 25.459 条 特殊装置

对于采用气动操纵面的特殊装置(例如翼缝、缝翼和扰流板),其受载情况必须由试验数据确定。

1.2 条款背景

此条款的目的是要保证用于气动操纵面和系统的特殊装置(如翼缝、缝翼和扰流板)的载荷由试验确定。

1.3 条款历史

第 25.459 条在 CCAR25 部初版首次发布,截至 CCAR - 25 - R4,该条款共修订过 1 次,如表 1-1 所示。

表 1-1 第 25.459 条条款历史

第 25.459 条	CCAR25 部版本	相关 14 CFR 修正案	备 注
首次发布	初版	—	
第 1 次修订	R2	25 - 72	

1.3.1 首次发布

1985 年 12 月 31 日发布了 CCAR25 部初版,其中包含第 25.459 条,该条款参考 1964 年 12 月 24 日发布的 14 CFR PART 25 中的 § 25.459 的内容制定。

1.3.2 第 1 次修订

1995 年 12 月 18 日发布的 CCAR - 25 - R2 对第 25.459 条进行了第 1 次修订,本次修订参考了 14 CFR 修正案 25 - 72 的内容:该修正案于 1990 年 7 月 20 日发布,在对特殊装置的举例说明中增加了"缝翼",以确保表明对本条款的符合性时缝翼不被忽略,在此之前虽然缝翼未在条文中规定,但其作为使用了特殊气动面的特殊装置,也必须符合本条款的要求。

2　条款解读

2.1　条款要求

本条款规定,采用气动操纵面的特殊装置的载荷情况由试验数据确定。通常采用飞行试验。

2.2　相关条款

与第25.459条相关的条款如表2-1所示。

表2-1　第25.459条相关条款

序　号	相关条款	相　关　性
1	第25.681条	第25.681条中对于操纵系统及其支承结构的强度的验证,需考虑包括第25.459条规定的载荷情况,给出临界的载荷情况

3　验证过程

3.1　验证对象

第25.459条的验证对象为翼缝、缝翼和扰流板。

3.2　符合性验证思路

用飞行载荷试飞对翼缝、缝翼和扰流板进行测压试验,对翼缝、缝翼和扰流板进行气动载荷计算,筛选出最严重载荷工况,经强度校核确认设计符合要求。

3.3　符合性验证方法

通常,针对第25.459条的符合性验证方法如表3-1所示。

表3-1　建议的符合性方法

条　款　号	专　业	符　合　性　方　法										备　注
		0	1	2	3	4	5	6	7	8	9	
第25.459条	强　度			2				6				

3.4　符合性验证说明

针对第25.459条,采用的符合性验证方法包括MOC2和MOC6,各项验证具体工作如下:

3.4.1　MOC2验证过程

根据测压试验数据,对翼缝、缝翼和扰流板载荷进行计算,得到气动载荷数据,内容包括总载荷、展向分布载荷、剖面压心和剖面压力分布,筛选出翼缝、缝翼和扰流板的最严重载荷工况,经强度校核确认设计符合要求。

3.4.2 MOC6 验证过程

按照载荷试飞大纲要求开展翼缝、缝翼和扰流板测压试飞,包含机动平衡和推杆机动,给出测压试飞中的关键参数随时间变化的历程曲线,关键参数包括高度、马赫数、校正空速、法向加速度、翼缝、缝翼和扰流板偏度、迎角等,通过试飞得到压力分布,将压力分布进行积分计算得到翼缝、缝翼和扰流板的试飞载荷,并确认获取了这些特殊装置所承受的载荷。

3.5 符合性文件清单

通常,针对第 25.459 条的符合性文件清单如表 3-2 所示。

表 3-2 建议的符合性文件清单

序 号	符 合 性 报 告	符合性方法
1	翼缝、缝翼和扰流板气动载荷计算分析报告	MOC2
2	飞行载荷飞行试验大纲	MOC6
3	飞行载荷飞行试验报告	MOC6

4 符合性判据

针对第 25.459 条,满足下述情况可判定为符合。

(1) 确认通过飞行试验测量翼缝、缝翼和扰流板上的压力分布,积分得到试飞载荷。

(2) 确认翼缝、缝翼和扰流板强度校核使用的载荷是筛选出的最严重工况。

参考文献

[1] 14 CFR 修正案 25-72 Special Review: Transport Category Airplane Airworthiness Standards [S].

[2] FAA. AC25-21 Certification of Transport Airplane Structure [S]. 1999.

运输类飞机适航标准
第 25.471 条符合性验证

1 条款介绍

1.1 条款原文

第 25.471 条 总则

（a）载荷和平衡 对于限制地面载荷，采用下列规定：

（1）按本分部得到的限制地面载荷，认为是施加于飞机结构的外力；

（2）在每一规定的地面载荷情况中，外载荷必须以合理的或保守的方式与线惯性载荷和角惯性载荷相平衡。

（b）临界重心 必须在申请合格审定的重心范围内选择临界重心。使每一起落架元件获得最大设计载荷。必须考虑前后、垂直和横向的飞机重心。如果下列两项成立，且偏离飞机中心线的重心横向位移使主起落架的载荷不超过对称受载情况下临界设计载荷的 103%，则可以选用这种重心横向位移，而不必考虑其对主起落架元件载荷或对飞机结构的影响：

（1）重心横向位移是由于旅客或货物在机身内随机布置，或由于燃油的随机非对称装载或非对称使用造成的；

（2）按第 25.1583(c)(2) 条所制定的对随机可调配载重的适当装载说明，保证重心的横向位移不超过上述限制范围。

（c）起落架尺寸数据 附录 A 图 1 示出起落架基本尺寸数据。

1.2 条款背景

第 25.471 条对飞机的地面限制载荷提出总体要求。

1.3 条款历史

第 25.471 条在 CCAR25 部初版首次发布，截至 CCAR‑25‑R4，该条款未进行过修订，如表 1‑1 所示。

1985 年 12 月 31 日发布了 CCAR25 部初版，其中包含第 25.471 条，该条款参考 1964 年 12 月 24 日发布的 14 CFR PART 25 中的 §25.471 和 14 CFR 修正案 25‑23 的内容制定。

表 1-1 第 25.471 条条款历史

第 25.471 条	CCAR25 部版本	相关 14 CFR 修正案	备 注
首次发布	初版	25-23	

14 CFR 修正案 25-23 对 §25.471(b) 增加了在地面载荷计算中考虑重心横向位移的要求。§25.471(b) 要求选择飞机的临界重心,使每一起落架元件获得最大设计载荷。飞机重心的横向位移关系到起落架载荷的分布。在设计时考虑总的不对称载荷是合理的,因此,规章修订案建议可以考虑允许侧向重心的小偏离,允许由于旅客或货物安置引起的重心侧向位移,但是,该侧向位移使得主起落架载荷的增加不能超过对称载荷情况下临界地面载荷的 3%。

2 条款解读

2.1 条款要求

第 25.471(a) 款指出限制地面载荷是指飞机与地面接触过程中施加于飞机结构的外力。在计算每一种规定的地面载荷时,采用施加惯性力和惯性力矩的方法使飞机满足平衡要求。

第 25.471(b) 款规定了临界重心的选用原则。重心位置的变化直接影响着起落架地面载荷的大小,因此计算起落架地面载荷时,应考虑到飞机的前后、垂直和横向重心位置的变化。在设计的重心范围内选择的临界重心位置应使每一起落架元件在着陆和地面操作情况中都得到最大设计载荷。如果由于旅客或货物在机身内随机布置与燃油的随机非对称装载或非对称使用造成的飞机重心横向位移,使主起落架载荷不超过对称受载情况下临界设计载荷的 103%,并且按照第 25.1583(c)(2) 项制定的飞行手册或重量平衡手册中所列入的随机可调配载重的装载说明能够保证飞机重心的横向位移在飞行中不会超过相应的限制范围,则可以选用此重心横向位移,而不必考虑其对主起落架元件载荷或对飞机结构的影响。

第 25.471(c) 款要求图示出起落架基本尺寸数据,如两主轮间距,主轮轴到前轮轴的水平距离,停机状态飞机重心至前轮轴、主轮轴的水平距离,停机状态飞机重心到地面的垂直距离。

2.2 相关条款

与第 25.471 条相关的条款如表 2-1 所示。

表 2 - 1　第 25.471 条相关条款

序　号	相关条款	相　　关　　性
1	第 25.473 条至第 25.519 条	第 25.471 条为这些条款的总则性条款
2	第 25.1583 条	第 25.471(b)(2)项的重心横向位移范围根据第 25.1583(c)(3)项的要求确定

3　验证过程

3.1　验证对象

第 25.471 条的验证对象为机体结构。

3.2　符合性验证思路

第 25.471 条是关于地面载荷的总则性条款,需要在其他相关条款的符合性满足后,才能满足该条款的符合性要求。

为表明对该条款的符合性,一般采用说明性文件、计算分析和实验室试验的方法。

通过起落架设计图样说明起落架尺寸满足条款的要求,在分析计算本条规定的各情况的地面限制载荷时,考虑施加由于飞机的平移和转动所产生的惯性力;在分析计算起落架载荷时,考虑在申请合格审定的中心范围内选取临界重心。并通过静力试验验证按条款要求得到的限制地面载荷。

3.3　符合性验证方法

通常,针对第 25.471 条的符合性验证方法如表 3 - 1 所示。

表 3 - 1　建议的符合性方法

条　款　号	专　业	符 合 性 方 法										备　注
		0	1	2	3	4	5	6	7	8	9	
第 25.471(a)款	载　荷			2		4						
第 25.471(b)款	载　荷			2								
第 25.471(c)款	载　荷		1									

3.4　符合性验证说明

3.4.1　第 25.471(a)款符合性验证说明

对第 25.471(a)款,采用的符合性验证方法包括 MOC2 和 MOC4,各项验证具体工作如下:

在计算各个情况的地面载荷时,考虑每一质量项目由于飞机的平动过载和转动角加速度所产生的惯性力,并使得飞机在气动力、地面反力和惯性力的作用下满足平衡要求。

对飞机结构开展全机限制载荷静力试验,试验载荷选取地面载荷的严重工况,最后形成试验报告以表明飞机结构满足第 25.471(a)款要求。

3.4.2 第 25.471(b)款符合性验证说明

对第 25.471(b)款,采用的符合性验证方法为 MOC2,验证具体工作如下。

分析计算起落架地面载荷,在分析计算中需考虑由于前、主起落架轮胎压缩量和缓冲支柱行程变化而引起飞机的前后、垂直和横向重心位置的变化。此外,为了使每一起落架元件获得最大设计载荷,计算时应考虑前重心、后重心的位置。重心横向偏移应考虑飞机自身结构及左右座椅不对称布置所引起的重心横向偏移,燃油的非对称装载或非对称使用,及旅客或货物在机身内的随机布置所引起的重心横向偏移。

3.4.3 第 25.471(c)款符合性验证说明

对第 25.471(c)款,采用的符合性验证方法为 MOC1,通过起落架布置说明图示出飞机起落架的基本尺寸数据。

3.5 符合性文件清单

通常,针对第 25.471 条的符合性文件清单如表 3-2 所示。

表 3-2 建议的符合性文件清单

序 号	符 合 性 报 告	符合性方法
1	起落架布置图	MOC1
2	载荷计算报告	MOC2
3	全机限制载荷静力试验静力大纲	MOC4
4	全机限制载荷静力试验静力报告	MOC4

4 符合性判据

针对第 25.471 条,满足下述情况可判定为符合。

(1) 表明起落架尺寸数据满足要求。

(2) 计算限制地面载荷时考虑施加由于飞机的平移和转动所产生的惯性力。

(3) 计算起落架载荷时考虑临界的重量和重心位置。

(4) 静力试验结果表明结构能够在承受限制载荷时无永久有害变形。

参考文献

[1] 14 CFR 修正案 25-23 Transport Category Airplane Type Certification Standards [S].

[2] FAA. AC25-10 Guidance for Installation of Miscellaneous, Nonrequired Electrical Equipment [S]. 1987.

[3] FAA. AC25-21 Certification of Transport Airplane Structure [S]. 1999.

运输类飞机适航标准第 25.473 条符合性验证

1 条款介绍

1.1 条款原文

第 25.473 条 着陆载荷情况和假定

（a）对于第 25.479 条至第 25.485 条中规定的着陆情况，假定飞机按下列情况接地：

（1）以第 25.479 条和第 25.481 条中定义的姿态；

（2）设计着陆重量（以最大下沉速度着陆情况中的最大重量）时的限制下沉速度为 3.05 米/秒（10 英尺/秒）；和

（3）设计起飞重量（以减小的下沉速度着陆情况中的最大重量）时的限制下沉速度为 1.83 米/秒（6 英尺/秒）；

（4）如果能表明飞机具有不能达到上述规定的下沉速度的设计特征，可以修改此下沉速度。

（b）除系统或程序显著影响升力外，可假定飞机升力不超过飞机重力。

（c）飞机和起落架载荷的分析方法至少应考虑下列要素：

（1）起落架动态特性；

（2）起旋和回弹；

（3）刚体响应；

（4）机体结构动态响应（若显著）。

（d）起落架动态特性必须按第 25.723(a) 条中确定的试验来验证。

（e）可以通过考虑滑行速度和轮胎压力的效应来确定轮胎与地面之间的摩擦系数，此摩擦系数不必大于 0.8。

〔中国民用航空局 2001 年 5 月 14 日第三次修订，2011 年 11 月 7 日第四次修订〕

1.2 条款背景

第 25.473 条对飞机着陆载荷情况和假定提出要求。

1.3　条款历史

第 25.473 条在 CCAR25 部初版首次发布,截至 CCAR - 25 - R4,该条款共修订过 2 次,如表 1 - 1 所示。

表 1 - 1　第 25.473 条条款历史

第 25.473 条	CCAR25 部版本	相关 14 CFR 修正案	备　　注
首次发布	初版	25 - 23	
第 1 次修订	R3	25 - 91	
第 2 次修订	R4	25 - 103	

1.3.1　首次发布

1985 年 12 月 31 日发布了 CCAR25 部初版,其中包含第 25.473 条,该条款参考 1964 年 12 月 24 日发布的 14 CFR PART 25 中的 §25.473 和 14 CFR 修正案 25 - 23 的内容制定。

14 CFR 修正案 25 - 23 仅进行了简单的文字更改,使表述更为准确。

1.3.2　第 1 次修订

2001 年 5 月 14 日发布的 CCAR - 25 - R3 对第 25.473 条进行了第 1 次修订,本次修订参考了 14 CFR 修正案 25 - 91 的内容:对 §25.473 的标题进行了修改,对动态着陆情况和横向位移做了一些文字上的通顺性修改。

1.3.3　第 2 次修订

2011 年 11 月 7 日发布的 CCAR - 25 - R4 对 §25.473 进行了第 2 次修订,本次修订参考了 14 CFR 修正案 25 - 103 的内容:对运输类飞机起落架减震试验要求的适航标准进行了更新。

2　条款解读

2.1　条款要求

第 25.473 条所述的地面载荷情况指的是着陆情况。

第 25.473(a)款规定了在计算第 25.479 条至第 25.485 条规定的载荷情况都是着陆撞机情况,必须考虑飞机的姿态、飞机设计重量和相应的下沉速度。依据飞机的受载特点,将着陆分为对称着陆和非对称着陆。第 25.479 条水平着陆情况和第 25.481 条尾沉着陆情况为对称着陆,第 25.483 条单轮着陆情况和第 25.485 条侧向载荷情况为非对称着陆。

飞机接地瞬间重心向下的速度即为下沉速度。飞机接地后由于地面反力的作用将使下沉速度迅速减小而变为零,在此过程中飞机产生了向下的惯性力。由于惯性力的作用,增加了机轮的载荷。下沉速度大小直接影响着飞机重心处的惯性载荷系数。须考虑两种飞机设计重量情况和相应的下沉速度:设计着陆重量(以最大下沉速度着陆情况中的最大重量)时的限制下沉速度为 3.05 米/秒(10 英尺/秒);设计起飞重量(以减小的下沉速度着陆情况中的最大重量)时的限制下沉速度为 1.83 米/秒(6 英尺/秒)。

如果能表明飞机具有不能达到上述规定的下沉速度的设计特征,规章也允许修改此下沉速度。

第 25.473(b)款规定在整个着陆撞击过程中,飞机升力不超过飞机重量。

第 25.473(c)款规定了当采用分析方法计算地面载荷时应考虑的要求。

第 25.473(d)款规定起落架动态特性必须按第 25.723(a)款中确定的减震试验来验证。

第 25.473(e)款规定了起落架轮胎与地面之间的摩擦系数确定方法,此摩擦系数不必大于 0.8。

2.2 相关条款

与第 25.473 条相关的条款如表 2-1 所示。

表 2-1 第 25.473 条相关条款

序 号	相关条款	相 关 性
1	第 25.471 条	第 25.471 条为该条款的总则性条款
2	第 25.479 条至第 25.485 条	第 25.479 条至第 25.485 条为第 25.473 条的着陆情况定义了具体姿态
3	第 25.723 条	第 25.723 条为第 25.473 条的起落架动态特性规定了具体试验要求

3 验证过程

3.1 验证对象

第 25.473 条的验证对象为机体结构和起落架。

3.2 符合性验证思路

第 25.473 条是关于着陆载荷的总则性条款,需要在其他相关条款的符合性满足后,才能满足该条款的符合性要求。

针对第 25.473 条,需要在分析计算着陆载荷时考虑飞机重量、下沉速度、飞机姿态、阻力载荷和缓冲特性,并通过静力试验和第 25.723(a)款中规定的减震试验表明符合性。

3.3 符合性验证方法

通常,针对第 25.473 条的符合性验证方法如表 3-1 所示。

表 3-1 建议的符合性方法

条 款 号	专 业	符合性方法										备 注
		0	1	2	3	4	5	6	7	8	9	
第 25.473 条	载 荷			2		4						
第 25.473 条	起落架			2		4						

3.4 符合性验证说明

3.4.1 MOC2 验证过程

计算飞机在水平着陆情况、尾沉着陆情况、单起落架着陆情况和侧向载荷情况时,着陆撞击时的下沉速度按下述规定选取:

(1) 最大着陆重量时为 3.05 米/秒。

(2) 最大起飞重量时为 1.83 米/秒。

在计算中考虑起落架的动态特性、起旋和回弹载荷以及机体的刚体响应和结构动态响应。

同时在计算着陆载荷时必须考虑轮胎与地面之间的摩擦系数,此摩擦系数不必大于 0.8。

3.4.2 MOC4 验证过程

按第 25.723(a)款中规定的减震试验验证起落架的动态特性,验证限制下沉速度的限制惯性载荷系数。

通过开展全机静力试验、起落架以及交点区静力试验,试验载荷选取着陆情况的严重工况,最后形成试验报告以表明飞机结构满足静强度要求。

3.5 符合性文件清单

通常,针对第 25.473 条的符合性文件清单如表 3-2 所示。

表 3-2 建议的符合性文件清单

序 号	符合性报告	符合性方法
1	着陆载荷计算报告	MOC2
2	起落架落震试验大纲	MOC4
3	起落架落震试验报告	MOC4
4	全机静力试验大纲	MOC4
5	全机静力试验报告	MOC4

4 符合性判据

针对第 25.473 条,满足下述情况可判定为符合。

（1）对整个飞机结构采用动态分析方法，在计算着陆载荷时考虑不同着陆情况下飞机着陆姿态，以及对应的设计重量、下沉速度。

（2）限制下沉速度的限制惯性载荷系数按照第 25.723(a)款中确定的落震试验进行了验证，验证结果符合要求。

（3）静力试验结果表明结构能够在承受限制载荷时无永久有害变形、在极限载荷作用下至少 3 秒钟不破坏。

参考文献

［1］ 14 CFR 修正案 25 - 23 Transport Category Airplane Type Certification Standards［S］.

［2］ 14 CFR 修正案 25 - 91 Revised Structural Loads Requirements for Transport Category Airplanes［S］.

［3］ 14 CFR 修正案 25 - 103 Revised Landing Gear Shock Absorption Test Requirements［S］.

［4］ FAA. AC25.723 - 1 Shock Absorption Tests［S］. 2001.

［5］ FAA. AC25 - 21 Certification of Transport Airplane Structure［S］. 1999.

运输类飞机适航标准
第 25.477 条符合性验证

1 条款介绍

1.1 条款原文

第 25.477 条　起落架布置

当采用正常的操纵技术时,第 25.479 条至第 25.485 条适用于具有常规布置的前、主起落架或主、尾起落架的飞机。

1.2 条款背景

此条款规定具有常规布置起落架飞机适用的条款。

1.3 条款历史

第 25.477 条在 CCAR25 部初版首次发布,截至 CCAR - 25 - R4,该条款未进行过修订,如表 1 - 1 所示。

表 1 - 1　第 25.477 条条款历史

第 25.477 条	CCAR25 部版本	相关 14 CFR 修正案	备　注
首次发布	初版	—	

1985 年 12 月 31 日发布了 CCAR25 部初版,其中包含第 25.477 条,该条款参考 1964 年 12 月 24 日发布的 14 CFR PART 25 中的 §25.477 的内容制定。

2 条款解读

2.1 条款要求

第 25.477 条规定,第 25.479 条至第 25.485 条适用于具有常规布局的前、主起落架或主、尾起落架的飞机。

正常的操纵技术为在飞机一般起落情况下,所规定的通用起降流程所要求的操纵。

常规起落架布局为两个主起落架加一个前起落架或尾轮。

非常规布局,例如中心主起落架,需要制定专用条件。

对于具有常规布置的前、主起落架或主、尾起落架的飞机,均需满足第 25.479 条至第 25.485 条规定的地面载荷,详见第 25.479 条至第 25.485 条。

2.2　相关条款

与第 25.477 条相关的条款如表 2 - 1 所示。

表 2 - 1　第 25.477 条相关条款

序　号	相关条款	相　关　性
1	第 25.479 条	第 25.477 条定义了第 25.479 条适用范围
2	第 25.481 条	第 25.477 条定义了第 25.481 条适用范围
3	第 25.483 条	第 25.477 条定义了第 25.483 条适用范围
4	第 25.485 条	第 25.477 条定义了第 25.485 条适用范围

3　验证过程

3.1　验证对象

第 25.477 条的验证对象为起落架。

3.2　符合性验证思路

通过飞机设计图样说明起落架布置属于本条款规定的常规起落架布局。

3.3　符合性验证方法

通常,针对第 25.477 条的符合性验证方法如表 3 - 1 所示。

表 3 - 1　建议的符合性方法

条　款　号	专　业	符 合 性 方 法										备　注
		0	1	2	3	4	5	6	7	8	9	
第 25.477 条	起落架		1									

3.4　符合性验证说明

针对第 25.477 条的验证方法为 MOC1,其验证过程为,在飞机定义文件中明确飞机的起落架布置,飞机采用的操纵技术等,在设计中采用起落架安装图、操纵系统设计描述具体说明采用的操纵技术和常规的前、主起落架或主、尾起落架的布置形式。

3.5 符合性文件清单

通常,针对第 25.477 条的符合性文件清单如表 3-2 所示。

表 3-2 建议的符合性文件清单

序 号	符 合 性 报 告	符合性方法
1	起落架布置图纸说明报告	MOC1

4 符合性判据

达到下述状态可判定为符合条款要求。

(1) 明确定义了正常的操纵技术。

(2) 确定了前、主或主、尾的起落架的常规布置形式,或非常规布置形式。

(3) 完成了对第 25.479 条至第 25.485 条的验证(仅针对起落架常规布置形式)。

参考文献

[1] FAA. AC25-21 Certification of Transport Airplane Structure [S]. 1999.

[2] 冯振宇. 运输类飞机适航要求解读,第 2 卷结构[M]. 北京:航空工业出版社,2013.

运输类飞机适航标准
第25.479条符合性验证

1 条款介绍

1.1 条款原文

第25.479条 水平着陆情况

(a)假定飞机以水平姿态接地,与地面平行的向前速度分量在 V_{L1} 到 $1.25V_{L2}$ 的范围内并处于第25.473条中规定的情况下:

(1) V_{L1} 等于相应着陆重量和标准海平面条件下的 $V_{SO}(TAS)$;和

(2) V_{L2} 等于相应着陆重量和高度,以及比标准温度高22.8℃(41°F)的热天温度下的 $V_{SO}(TAS)$。

(3)申请获准在超过10节的风速下顺风着陆,则必须研究增大接地速度的影响。

(b)对于尾轮式飞机的水平着陆姿态,必须检查本条规定的情况。此时飞机水平基准线是水平的,按本部附录A图2。

(c)对于本部附录A图2所示的前轮式飞机的水平着陆姿态,必须检查本条规定的情况并假定飞机处于下列姿态:

(1)主轮接地,前轮稍离地面;和

(2)前轮和主轮同时接地(如果在规定的下沉和向前速度下能够合理地获得这种姿态)。

(d)除本条(a)款中规定的受载情况外,对(a)款中计算的最大地面垂直反作用力,采用下列规定:

(1)必须将起落架和直接受影响的连接结构设计成最大地面垂直反作用力与一个向后的且不小于该最大地面垂直反作用力25%的阻力相结合。

(2)必须考虑在侧偏着陆中可能出现的最严重的载荷组合。缺乏对此情况的更合理的分析时,应作下列研究:

(i)应考虑一个等于第25.473条中最大地面反作用力75%的垂直载荷与分别为该垂直载荷的40%和25%的向后和侧向载荷相结合。

（ii）假定减震器和轮胎变形相当于第 25.473(a)(2) 条的最大地面反作用力产生的变形的 75%。不必考虑该载荷与轮胎泄气的组合情况。

（3）认为垂直分力和阻力分力的合力作用在轮轴中心线上。

〔中国民用航空局 2001 年 5 月 14 日第三次修订〕

1.2 条款背景

第 25.479 条内容涉及水平着陆情况的设计要求。水平着陆是飞机着陆载荷情况之一，该情况为起落架及其直接受影响的连接结构、飞机部件（机翼和机身）、大质量部件（外部燃油箱和发动机舱）的严重载荷情况。该条款规定了飞机水平着陆载荷情况计算时必须考虑的与地面平行的向前速度要求、受载情况及飞机水平着陆的姿态要求。

1.3 条款历史

第 25.479 条在 CCAR25 部初版首次发布，截至 CCAR‐25‐R4，该条款共修订过 1 次，如表 1‐1 所示。

表 1‐1　第 25.479 条条款历史

第 25.479 条	CCAR25 部版本	相关 14 CFR 修正案	备　注
首次发布	初版	25‐23	
第 1 次修订	R3	25‐91	

1.3.1 首次发布

1985 年 12 月 31 日发布的 CCAR25 部初版，包含第 25.479 条，该条款参考 1964 年 12 月 24 日发布的 14 CFR PART 25 中的 §25.479 的内容以及 14 CFR 修正案 25‐23 制定。其中，14 CFR 修正案 25‐23 内容为：将原 §25.479(d) 对 "(a)" 的引用修改为 "(a) 至 (c)"，此修订仅为勘误，无实质性更改。

1.3.2 第 1 次修订

2001 年 5 月 14 日发布的 CCAR‐25‐R3 对第 25.479 条进行了第 1 次修订，本次修订参考了 14 CFR 修正案 25‐91 的内容：对 §25.479 重新进行了编排和修改，增加了侧偏着陆载荷的要求。

2 条款解读

2.1 条款要求

第 25.479(a) 款规定了飞机水平着陆载荷情况计算时必须考虑的与地面平行的向前速度分量的要求，向前速度分量在 V_{L1} 和 $1.25V_{L2}$ 的范围内，条款中定义了 V_{L1} 和 V_{L2} 分别为

（1）V_{L1} 等于相应着陆重量和标准海平面条件下的 V_{S0}(TAS)。

（2）V_{L2} 等于相应着陆重量和高度，以及比标准温度高 22.8℃（41℉）的热天温度下的 V_{SO}（TAS）。

其余的载荷计算要求按照第 25.473 条中假定飞机接地的情况，具体详见第 25.473 条。

当申请批准所设计飞机在大于 10 节（18.5 公里/小时）的风速下顺风着陆时，计算接地速度从 V_{L1} 到（1.25V_{L2}＋顺风速度），必须考虑飞机接地速度的增加对着陆载荷的影响。

第 25.479（b）款规定了尾轮式飞机在进行水平着陆时，载荷情况如图 2-1（引自 CCAR-25-R4 附录 A 图 2）所示，考虑飞机在水平基准线是水平状态下的着陆载荷。

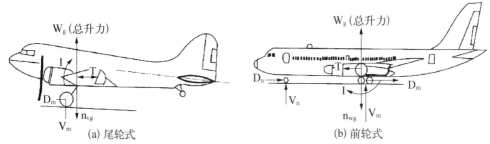

I 为平衡所需的角惯性力　T 为惯性力的向前分量
[注]采用公制和英制时，相应地用 W 代替图 2—图 8 中的 W_g

图 2-1　水平着陆（引自 CCAR-25-R4 附录 A 图 2）

第 25.479（c）款规定了前轮式飞机在进行水平着陆载荷计算时，必须考虑两种不同的水平着陆姿态，即主轮接地，前轮稍离地面姿态（两点着陆）和前轮与主轮同时接地（三点着陆）姿态。主轮着陆姿态，假定飞机着陆冲击期间能量全部由飞机主轮吸收，此时前轮处于刚要接地而又不曾接地的状态。三点着陆姿态，假定飞机着陆撞击期间前轮和主轮同时触地，因此，要对主轮和前轮分别进行考虑。

第 25.479（d）款规定了水平着陆载荷情况除了要满足第 25.479（a）款的要求外，还必须考虑另外的两个载荷情况，具体如下。

必须将起落架和直接受影响的连接结构设计成最大地面垂直反作用力与一个向后的且不小于该最大地面垂直反作用力 25％的阻力相结合。

必须考虑在侧偏着陆中可能出现的最严重的载荷组合。缺乏对此情况的更合理的分析时，该载荷情况下使用的最大地面垂直反作用力取自第 25.479（a）款。此时，假定垂直分力和阻力分力的组合作用在轮轴中心线上。

2.2　相关条款

与第 25.479 条相关的条款如表 2-1 所示。

表 2-1　第 25.479 条相关条款

序　号	相关条款	相　　　关　　　性
1	第 25.473 条	第 25.473 条定义了侧偏着陆中可能出现的载荷
2	第 25.477 条	第 25.477 条定义了第 25.479 条的适用范围

3　验证过程

3.1　验证对象

第 25.479 条的验证对象为水平着陆情况下的飞机载荷。

3.2　符合性验证思路

针对第 25.479 条,需采用 MOC2 分析/计算的方法表明符合性,主要包括水平着陆情况下起落架地面载荷计算、机体地面载荷计算和动着陆地面载荷计算。

3.3　符合性验证方法

通常,针对第 25.479 条的符合性验证方法如表 3-1 所示。

表 3-1　建议的符合性方法

条　款　号	专　业	符合性方法										备　注
		0	1	2	3	4	5	6	7	8	9	
第 25.479 条	载　荷			2									

3.4　符合性验证说明

针对第 25.479 条,采用的符合性验证方法为 MOC2,具体验证工作如下。

首先计算得到水平着陆情况下的起落架载荷。计算时将机体视为刚体,忽略飞机的弹性影响,通过求解微分方程组求得起落架着陆载荷。进一步计算得到交点载荷。然后依据飞机质量及分布,求出全机总的重量、重心及重心处的平动过载与角加速度,并以此计算机身、机翼和尾翼各点的过载,从而得到机身、机翼和尾翼各站位的惯性载荷。进一步考虑飞机着陆时地面气动载荷,将所有外载对选定的机体各站位进行弯、剪及扭积分计算,最终得到机体地面载荷。

另外,还需以飞机着陆撞击时起落架接地瞬间撞击力引起的起落架与机体交点上的载荷,作为飞机弹性机体动力学分析模型的激励力,对弹性机体动着陆响应进行计算分析,得到飞机动力惯性载荷。将其与平飞气动载荷矢量叠加后得到着陆响应总载荷。

3.5　符合性文件清单

通常,针对第 25.479 条的符合性文件清单如表 3-2 所示。

表 3 - 2 建议的符合性文件清单

序 号	符 合 性 报 告	符合性方法
1	飞机起落架地面着陆载荷计算报告	MOC2
2	飞机机体地面着陆载荷系数计算报告	MOC2
3	飞机地面着陆惯性分布载荷计算报告	MOC2
4	飞机机身地面着陆载荷计算报告	MOC2
5	飞机机翼地面着陆载荷计算报告	MOC2
6	飞机尾翼地面着陆载荷计算报告	MOC2
7	飞机动着陆载荷计算报告	MOC2

4 符合性判据

达到下述状态可判定为符合条款要求。

4.1 第 25.479(a)款

在进行水平着陆情况起落架及机体载荷计算时,考虑的最小水平速度为 V_{L1},最大水平速度为 $1.25V_{L2}$(当申请批准所设计飞机在大于 10 节的风速下顺风着陆时,最大水平速度为 $1.25V_{L2}$＋顺风速度)。

4.2 第 25.479(b)款

对于尾轮式飞机的水平着陆情况,载荷计算时的着陆姿态符合图 2 - 1(引自 CCAR - 25 - R4 附录 A 图 2)的要求。

4.3 第 25.479(c)款

对于前轮式飞机的水平着陆情况,载荷计算时的着陆姿态符合图 2 - 1(引自 CCAR - 25 - R4 附录 A 图 2)的要求。且考虑了两点水平着陆和三点水平着陆两种姿态。

4.4 第 25.479(d)款

载荷计算过程中,假定垂直分力和阻力分力的合力作用在轮轴中心线上。

最大地面垂直反作用力取自第 25.479(a)款,向后阻力不小于最大地面垂直反作用力的 25%。

侧偏着陆情况的载荷为第 25.473 条中最大地面反作用力 75% 的垂直载荷、该垂直载荷 40% 的向后载荷以及该垂直载荷 25% 的侧向载荷的组合。假定的减震器和轮胎的变形为第 25.473(a)(2)项的最大地面反作用力产生的变形的 75%。

参考文献

[1] 14 CFR 修正案 25 - 23 Transport Category Airplane Type Certification Standards [S].

［2］ 14 CFR 修正案 25 - 91 Revised Structural Loads Requirements for Transport Category Airplanes ［S］.

［3］ FAA. AC25 - 21 Certification of Transport Airplane Structure ［S］. 1999.

［4］ 冯振宇.运输类飞机适航要求解读,第 2 卷结构［M］.北京：航空工业出版社,2013.

运输类飞机适航标准
第 25.481 条符合性验证

1 条款介绍

1.1 条款原文

第 25.481 条 尾沉着陆情况

(a) 假定飞机以尾沉姿态接地,与地面平行的向前速度分量在 VL1 至 VL2 的范围内,并在第 25.473 条中规定的情况下,其中:

(1) V_{L1} 等于相应着陆重量和标准海平面条件下的 V_{SO}(TAS);和

(2) $_{VL2}$[①] 等于相应着陆重量和高度,以及比标准温度高 22.8℃(41℉) 的热天温度下的 V_{SO}(TAS)。

(3) 认为垂直分力和阻力分力的合力是作用在主轮轴的中心线上。

(b) 对于尾轮式飞机的尾沉着陆情况,假定按附录 A 图 3,主、尾机轮同时接地,且作用于尾轮上的地面反作用力方向如下:

(1) 垂直向上;

(2) 与地平线成 45°角通过轮轴指向后上方。

(c) 对于前轮式飞机的尾沉着陆情况,假定飞机姿态按附录 A 图 3 相应于失速迎角,或相应于除主轮外飞机所有部分均不触地时所允许的最大迎角,两者中取小者。

〔中国民用航空局 2001 年 5 月 14 日第三次修订〕

1.2 条款背景

第 25.481 条内容涉及尾沉着陆情况的设计要求。尾沉着陆是飞机着陆载荷情况之一,与第 25.479 条"水平着陆情况"具有类似的载荷性质,本条款只考虑对称着陆,其目的是保证飞机起落架及其支承结构能够承受在服役中可能遇到的任意载荷。

1.3 条款历史

第 25.481 条在 CCAR25 部初版首次发布,截至 CCAR - 25 - R4,该条款共修订过 1 次,如表 1-1 所示。

---

① 应为 V_{L2},原条款如此。——编注

表 1 - 1 第 25.481 条条款历史

第 25.481 条	CCAR25 部版本	相关 14 CFR 修正案	备　注
首次发布	初版	—	
第 1 次修订	R3	25 - 91, 25 - 94	

1.3.1　首次发布

1985 年 12 月 31 日发布了 CCAR25 部初版,其中包含第 25.481 条,该条款参考 1964 年 12 月 24 日发布的 14 CFR PART 25 中的 §25.481 的内容制定。

1.3.2　第 1 次修订

2001 年 5 月 14 日发布的 CCAR - 25 - R3 对第 25.481 条进行了第 1 次修订,本次修订参考了 14 CFR 修正案 25 - 91 和 14 CFR 修正案 25 - 94 的内容:

(1) 14 CFR 修正案 25 - 91 修改了 §25.481(a)概述,并对 §25.481(a)(2)后未编号的段落编号为 §25.481(a)(3),并删除了其对 §25.479(c)(1)(3)的引用。

(2) 14 CFR 修正案 25 - 94 修改了 §25.481(a)(3)语法错误,因 §25.481(a)(3)与 §25.481(a)概述段相连,不能独立成句,因此删除了句中的"is",此修订仅为语法勘误,无实质性更改。

2　条款解读

2.1　条款要求

第 25.481(a)款规定了飞机尾沉着陆载荷情况计算时必须考虑的与地面平行的向前速度分量的要求,向前速度分量在 V_{L1} 和 V_{L2} 的范围内,条款中定义的 V_{L1} 和 V_{L2} 分别为:

V_{L1} 等于相应着陆重量和标准海平面条件下的 V_{SO}(TAS)。

V_{L2} 等于相应着陆重量和高度,以及比标准温度高 22.8℃(41℉)的热天温度下的 V_{SO}(TAS)。

其余的载荷计算要求按照第 25.473 条的要求,具体详见第 25.473 条。条款规定垂直分力和阻力分力的合力是作用在主轮轴的中心线上。

第 25.481(b)款规定了尾轮式飞机在进行尾沉着陆载荷计算时,载荷情况如图 2-1(引自 CCAR - 25 - R4 附录 A 图 3)所示,考虑尾沉着陆姿态要求以及作用于尾轮上的地面反作用方向。

第 25.481(c)款规定了前轮式飞机在进行尾沉着陆载荷计算时,载荷情况按图 2-1(CCAR - 25 - R4 附录 A 图 3)所示,必须考虑着陆姿态,即选择失速迎角,或相应于除主轮外飞机所有部分均不接触地时所允许的最大迎角两者中的小者。

2.2　相关条款

与第 25.481 条相关的条款如表 2 - 1 所示。

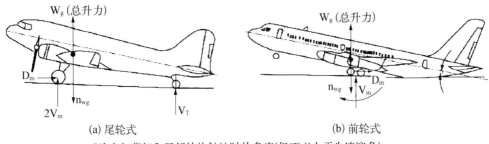

(a) 尾轮式   (b) 前轮式

β 为主起落架和尾部结构触地时的角度(但不必大于失速迎角)

图 2 - 1 尾沉着陆(引自 CCAR - 25 - R4 附录 A 图 3)

表 2 - 1 第 25.481 条相关条款

序 号	相关条款	相 关 性
1	第 25.473 条	第 25.473 条规定了在计算第 25.479 条至第 25.485 条定义的着陆载荷情况时,必须考虑的飞机姿态、飞机设计重量和相应的下沉速度
2	第 25.477 条	第 25.477 条定义了第 25.481 条的适用范围

3 验证过程

3.1 验证对象

第 25.481 条的验证对象为尾沉着陆情况下的飞机载荷。

3.2 符合性验证思路

针对第 25.481 条,采用 MOC2 分析/计算的方法表明符合性,主要包括尾沉着陆情况下起落架地面载荷计算、机体地面载荷计算和动着陆地面载荷计算。

3.3 符合性验证方法

通常,针对第 25.481 条的符合性验证方法如表 3 - 1 所示。

表 3 - 1 建议的符合性方法

条 款 号	专 业	符 合 性 方 法										备 注
		0	1	2	3	4	5	6	7	8	9	
第 25.481 条	载 荷			2								

3.4 符合性验证说明

针对第 25.481 条,采用的符合性验证方法为 MOC2,具体工作如下:

首先计算得到尾沉着陆情况下的起落架载荷。计算时将机体视为刚体,忽略飞机的弹性影响,通过求解微分方程组求得起落架着陆载荷。进一步计算得到交点载荷。然后依据飞机质量及分布,求出全机总的重量、重心及重心处的平动过载与角加速度,并以此计算机身、机翼和尾翼各点的过载,从而得到机身、机翼和尾翼各站位的惯性载荷。进一步考虑飞机着陆时地面气动载荷,将所有外载对选定的机体各站位进行弯、剪和扭积分计算,最终得到机体地面载荷。

另外,还需以飞机着陆撞击时起落架接地瞬间撞击力引起的起落架与机体交点上的载荷,作为飞机弹性机体动力学分析模型的激励力,对弹性机体动着陆响应进行计算分析,得到飞机动力惯性载荷。将其与平飞气动载荷矢量叠加后得到着陆响应总载荷。

3.5　符合性文件清单

通常,针对第 25.481 条的符合性文件清单如表 3-2 所示。

表 3-2　建议的符合性文件清单

序　号	符 合 性 报 告	符合性方法
1	飞机起落架地面着陆载荷计算报告	MOC2
2	飞机机体地面着陆载荷系数计算报告	MOC2
3	飞机地面着陆惯性分布载荷计算报告	MOC2
4	飞机机身地面着陆载荷计算报告	MOC2
5	飞机机翼地面着陆载荷计算报告	MOC2
6	飞机尾翼地面着陆载荷计算报告	MOC2
7	飞机动着陆载荷计算报告	MOC2

4　符合性判据

达到下述状态可判定为符合性条款要求。

4.1　第 25.481(a)款

在进行尾沉着陆情况下起落架及机体载荷计算时,考虑的最小水平速度为 V_{L1},最大水平速度为 V_{L2}(认为垂直分力的合力是作用在主轮轴的中心线上)。

4.2　第 25.481(b)款

对于尾轮式飞机的尾沉着陆情况,载荷计算时的着陆姿态符合图 2-1(CCAR-25-R4 附录 A 图 3)的要求,且作用于尾轮上的地面反作用力方向须垂直向上且与地平线成 45°角通过轮轴指向后上方。

4.3　第 25.481(c)款

对于前轮式飞机的尾沉着陆情况,载荷计算时的着陆姿态符合图 2-1(CCAR-25-R4 附录 A 图 3)相应于失速仰角的要求或是相应于除主轮外飞机所有部分均不触地时所允许的最大迎角,两者中取小者情况时的要求。

参考文献

［1］ 14 CFR 修正案 25 - 94 Transport Category Airplanes，Technical Amendments and Other Miscellaneous Corrections ［S］.

［2］ 14 CFR 修正案 25 - 91 Revised Structural Loads Requirements for Transport Category Airplanes ［S］.

［3］ FAA. AC25 - 21 Certification of Transport Airplane Structure ［S］. 1999.

［4］ 冯振宇.运输类飞机适航要求解读,第 2 卷结构［M］.北京：航空工业出版社,2013.

运输类飞机适航标准 第25.483条符合性验证

1 条款介绍

1.1 条款原文

第25.483条 单起落架着陆情况

对于单起落架着陆情况,假定按本部附录A图4飞机处于水平姿态,以一个主起落架接地,在这种姿态下采用下列规定:

(a) 地面反作用力必须与按第25.479(d)(1)条规定得到的该侧载荷相同;

(b) 每一不平衡的外侧载荷必须由飞机的惯性力以合理的或保守的方式予以平衡。

〔中国民用航空局2001年5月14日第三次修订〕

1.2 条款背景

第25.483条规定了飞机处于水平姿态,一侧主起落架接地时的受载情况,这种情况是客观存在的,此条款是确保此情况下的着陆安全。

1.3 条款历史

第25.483条在CCAR25部初版首次发布,截至CCAR-25-R4,该条款共修订过1次,如表1-1所示。

表1-1 第25.483条条款历史

第25.483条	CCAR25部版本	相关14 CFR修正案	备 注
首次发布	初版	—	
第1次修订	R3	25-91	

1.3.1 首次发布

1985年12月31日发布了CCAR25部初版,其中包含第25.483条,该条款参考1964年12月24日发布的14 CFR PART 25中的§25.483的内容制定。

1.3.2 第1次修订

2001年5月14日发布的CCAR-25-R3对第25.483条进行了第1次修订,

本次修订参考了 14 CFR 修正案 25 - 91 的内容：该修正案修改了 §25.483 标题以及概述，将"单轮着陆情况"修改为"单起落架着陆情况"。同时对 §25.483(a)中的引用做了调整。

2　条款解读

2.1　条款要求

第 25.483 条规定了单起落架着陆情况是指飞机处于水平姿态，一侧主起落架接地时的受载情况。

严格地说，飞机着陆时总是一侧主起落架首先接地，然后另一侧主起落架再接地。真正的两点对称着陆是很少的，就是说单起落架着陆是客观存在的。对于起落架来说，单侧起落架着陆并非是一个严重情况，因为此时有一个很大的恢复力矩，使接地的一侧主起落架载荷还没达到最大值时，飞机便倒向另一侧主起落架，变成两点式着陆状态。规章中单独列出飞机处于水平姿态时以一个主起落架接地的这一受载情况，这种情况对机体结构来说是一种不对称的受载情况，为了确保飞机结构具有足够的强度，应对该载荷情况如图 2 - 1(引自 CCAR - 25 - R4 附录 A 图 4)所示，考虑飞机在单起落架着陆情况下的载荷。

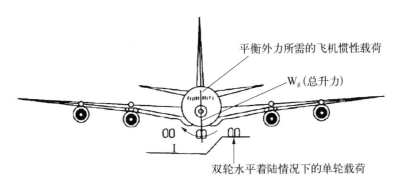

图 2 - 1　单轮着陆(引自 CCAR - 25 - R4 附录 A 图 4)

第 25.483 条规定单起落架着陆的反作用力必须与按第 25.479(d)(1)项规定得到的该侧载荷相同。该外侧载荷必须由飞机的惯性力以合理的或保守的方式予以平衡。该情况对机体结构来说是一种不对称的受载情况，为了确保飞机结构具有足够的强度，对该载荷情况进行符合性验证。

2.2　相关条款

与第 25.483 条相关的条款如表 2 - 1 所示。

表 2 - 1　第 25.483 条相关条款

序　号	相关条款	相　关　性
1	第 25.477 条	第 25.477 条定义了第 25.483 条的适用范围
2	第 25.479 条	第 25.479 条定义了地面反作用力

3　验证过程

3.1　验证对象

第 25.483 条的验证对象为单起落架着陆情况下的飞机载荷。

3.2　符合性验证思路

针对第 25.483 条,采用 MOC2 分析/计算的方法表明符合性,主要包括单起落架着陆情况下起落架地面载荷计算、机体地面载荷计算和动着陆地面载荷计算。

3.3　符合性验证方法

通常,针对第 25.483 条的符合性验证方法如表 3 - 1 所示。

表 3 - 1　建议的符合性方法

条　款　号	专　业	符　合　性　方　法										备　注
		0	1	2	3	4	5	6	7	8	9	
第 25.483 条	载　荷			2								

3.4　符合性验证说明

针对第 25.483 条,采用的符合性验证方法为 MOC2,具体验证工作如下:

首先计算得到单起落架着陆情况下的起落架载荷。计算时将机体视为刚体,忽略飞机的弹性影响,通过求解微分方程组求得起落架着陆载荷。进一步计算得到交点载荷。然后依据飞机质量及分布,求出全机总的重量、重心及重心处的平动过载与角加速度,并以此计算机身、机翼和尾翼各点的过载,从而得到机身、机翼和尾翼各站位的惯性载荷。进一步考虑飞机着陆时地面气动载荷,将所有外载对选定的机体各站位进行弯、剪和扭积分计算,最终得到机体地面载荷。

另外,以飞机着陆撞击时起落架接地瞬间撞击力引起的起落架与机体交点上的载荷,作为飞机弹性机体动力学分析模型的激励力,对弹性机体动着陆响应进行计算分析,得到飞机动力惯性载荷。将其与平飞气动载荷矢量叠加后得到着陆响应总载荷。

3.5　符合性文件清单

通常,针对第 25.483 条的符合性文件清单如表 3 - 2 所示。

表 3 - 2　建议的符合性文件清单

序　号	符 合 性 报 告	符合性方法
1	飞机起落架地面着陆载荷计算报告	MOC2
2	飞机机体地面着陆载荷系数计算报告	MOC2
3	飞机地面着陆惯性分布载荷计算报告	MOC2
4	飞机机身地面着陆载荷计算报告	MOC2
5	飞机机翼地面着陆载荷计算报告	MOC2
6	飞机尾翼地面着陆载荷计算报告	MOC2
7	飞机动着陆载荷计算报告	MOC2

4　符合性判据

达到下述状态可判定为符合条款要求。

4.1　第 25.483(a)款

对于单起落架着陆情况,载荷计算时的着陆姿态符合图 2 - 1(引自 CCAR - 25 - R4 附录 A 图 4)的要求,且地面反作用力必须与按第 25.479(d)(1)项规定得到的该侧载荷相同,具体参见针对第 25.479(d)(1)项的符合性判据。

4.2　第 25.483(b)款

在载荷计算时,针对每一不平衡的外侧载荷须由飞机的惯性力以合理的或保守的方式予以平衡。

参考文献

[1]　14 CFR 修正案 25 - 91 Revised Structural Loads Requirements for Transport Category Airplanes [S].

[2]　FAA. AC25 - 21 Certification of Transport Airplane Structure [S]. 1999.

[3]　冯振宇. 运输类飞机适航要求解读,第 2 卷结构[M]. 北京:航空工业出版社,2013.

运输类飞机适航标准 第25.485条符合性验证

1 条款介绍

1.1 条款原文

第25.485条 侧向载荷情况

除第25.479(d)(2)条外,还应考虑下列情况:

(a) 对于侧向载荷情况,假定按附录A图5,飞机处于水平姿态,仅以主轮接地。

(b) 向内作用且等于垂直反作用力80%的侧向载荷(在一侧)和向外作用且等于垂直反作用力60%的侧向载荷(在另一侧)必须与在水平着陆情况下得到的最大地面垂直反作用力的一半相组合。假定这些载荷作用在轮胎接地点上并为飞机的惯性力所平衡。可以假定阻力载荷为零。

〔中国民用航空局2001年5月14日第三次修订〕

1.2 条款背景

本条款对飞机着陆时的侧向载荷提出了要求。

1.3 条款历史

第25.485条在CCAR25部初版首次发布,截至CCAR-25-R4,该条款共修订过1次,如表1-1所示。

表1-1 第25.485条条款历史

第25.485条	CCAR25部版本	相关14 CFR修正案	备 注
首次发布	初版	—	
第1次修订	R3	25-91	

1.3.1 首次发布

1985年12月31日发布了CCAR25部初版,其中包含第25.485条,该条款参考1964年12月24日发布的14 CFR PART 25中的§25.485的内容制定。

1.3.2 第1次修订

2001年5月14日发布的CCAR-25-R3对第25.485条进行了第1次修订,

本次修订参考了 14 CFR 修正案 25-91 的内容：给出了 §25.479(d)(2) 侧偏着陆情况下除考虑侧向载荷外，还应该考虑侧向载荷的其他情况。

2 条款解读

2.1 条款要求

第 25.485 条规定除了考虑第 25.479(d)(2) 项外，还应考虑侧向载荷的情况。侧向载荷情况是指飞机下降至接近地面时，遇到侧风时，驾驶员通过操纵产生的航向角克服该侧风对飞机的影响，此时飞机仅以主轮接地，前轮未承载，飞机保持水平姿态，载荷情况如图 2-1(引自 CCAR-25-R4 附录 A 图 5)所示，考虑飞机的侧向载荷。

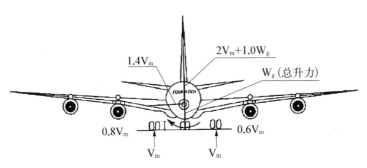

V_m 为水平着陆时每一主起落架最大地面垂直反作用力的一半
V_n 前起落架地面反作用力=0处于水平姿态的前轮式或尾轮式飞机

图 2-1 侧向载荷情况(引自 CCAR-25-R4 附录 A 图 5)

第 25.485 条规定了侧向载荷情况的载荷组合情况、载荷作用点及确定方法。作用在主起落架上的垂直载荷，等于对称水平着陆情况下最大地面垂直反作用力的一半。指向飞机对称面一侧的主起落架侧向载荷，等于该起落架垂直反作用力的 0.8 倍；指向翼尖一侧的主起落架侧向载荷，等于该起落架垂直反作用力的 0.6 倍。两个方向的侧向载荷同时作用，阻力载荷为零，所有载荷都作用在轮胎接地点上，并与飞机的惯性力相平衡。

2.2 相关条款

与第 25.485 条相关的条款如表 2-1 所示。

表 2-1 第 25.485 条相关条款

序 号	相关条款	相 关 性
1	第 25.477 条	第 25.477 条定义了第 25.485 条适用范围
2	第 25.479 条	第 25.479 条定义了侧偏着陆载荷

3 验证过程

3.1 验证对象

第25.485条的验证对象为飞机侧向载荷。

3.2 符合性验证思路

第25.485条采用MOC2分析/计算的方法表明符合性，主要包括在水平着陆和主轮接地情况下起落架地面载荷计算、机体地面载荷计算和动着陆地面载荷计算。

3.3 符合性验证方法

通常，针对第25.485条的符合性验证方法如表3-1所示。

表3-1 建议的符合性方法

条 款 号	专 业	符 合 性 方 法										备 注
		0	1	2	3	4	5	6	7	8	9	
第25.485条	载 荷			2								

3.4 符合性验证说明

针对第25.485条，采用的符合性验证方法包括MOC2，具体验证工作如下：

计算侧向载荷情况的起落架载荷及交点载荷。根据起落架及其交点载荷，计算机体侧向载荷情况下的载荷。分析计算机体地面情况载荷系数及结果，计算机身地面着陆载荷、机翼地面着陆载荷和尾翼地面着陆载荷。在计算动态载荷时，考虑起落架的动态特性和机体结构的刚体响应，如果必要，则弹性机体的动态响应必须考虑。并且，在重心范围内选择临界重心，考虑前后、垂直和横向的飞机重心，使每一起落架元件获得最大设计载荷。地面载荷分析时，根据所要求的设计重量和质量分布、气动力数据、姿态和载荷系数等进行地面载荷分析工作。

3.5 符合性文件清单

通常，针对第25.485条的符合性文件清单如表3-2所示。

表3-2 建议的符合性文件清单

序 号	符 合 性 报 告	符合性方法
1	飞机起落架地面着陆载荷计算报告	MOC2
2	飞机机体地面着陆载荷系数计算报告	MOC2
3	飞机地面着陆惯性分布载荷计算报告	MOC2
4	飞机机身地面着陆载荷计算报告	MOC2
5	飞机机翼地面着陆载荷计算报告	MOC2

（续表）

序　号	符　合　性　报　告	符合性方法
6	飞机尾翼地面着陆载荷计算报告	MOC2
7	飞机动着陆载荷计算报告	MOC2

4　符合性判据

达到下述状态可判定为符合条款要求。

4.1　第 25.485(a)款

对于侧向载荷情况,飞机保持水平姿态,并仅以主轮接地,前轮不受力,且载荷计算符合图 2-1(引自 CCAR-25-R4 附录 A 图 5)的要求。

4.2　第 25.485(b)款

作用在主起落架上的垂直载荷,等于对称水平着陆情况下最大地面垂直反作用力的一半。指向飞机对称面一侧的主起落架侧向载荷,等于该起落架垂直反作用力的 0.8 倍;指向翼尖一侧的主起落架侧向载荷,等于该起落架垂直反作用力的 0.6 倍。两个方向的侧向载荷同时作用,阻力载荷为零,所有载荷都作用在轮胎接地点上,并与飞机的惯性力相平衡。

参考文献

[1]　14 CFR 修正案 25-91 Revised Structural Loads Requirements for Transport Category Airplanes [S].

[2]　FAA. AC25-21 Certification of Transport Airplane Structure [S]. 1999.

[3]　冯振宇.运输类飞机适航要求解读,第 2 卷结构[M].北京:航空工业出版社,2013.

运输类飞机适航标准
第 25.487 条符合性验证

1 条款介绍

1.1 条款原文

第 25.487 条　回跳着陆情况

(a) 起落架及其支承结构,必须按飞机从着陆表面回跳过程中出现的载荷进行检查。

(b) 在起落架完全伸出但不与地面接触情况下,20.0 的载荷系数必须作用在起落架非弹起部份上①,此载荷系数的作用方向必须与非弹起部分相对于起落架弹起部分伸出到极限位置时的运动方向相一致。

1.2 条款背景

第 25.487 条的目的是保证在飞机回跳着陆情况下,起落架和支持结构能够承受起落架非弹起质量伸出到极限位置产生的载荷。

1.3 条款历史

第 25.487 条在 CCAR25 部初版首次发布,截至 CCAR - 25 - R4,该条款未进行过修订,如表 1 - 1 所示。

表 1 - 1　第 25.487 条条款历史

第 25.487 条	CCAR25 部版本	相关 14 CFR 修正案	备　注
首次发布	初版	—	

1985 年 12 月 31 日发布了 CCAR25 部初版,其中包含第 25.487 条,该条款参考 1964 年 12 月 24 日发布的 14 CFR PART 25 中的 §25.487 的内容制定。

---

① 应为"非弹起部分",原条款如此。——编注

2 条款解读

2.1 条款要求

回跳着陆情况是指飞机在着陆过程中,由于操纵不当或缓冲器在正行程与反行程中的滞耗功量小等原因,导致飞机着陆时出现弹跳现象,使起落架机轮完全离地。由于弹跳,缓冲器会在高压气体的作用下,突然伸出而产生反弹载荷,因为这种现象是在一瞬间产生的,所以将引起很大的载荷系数。

本条(a)款规定,起落架和支承结构必须按回跳着陆过程中出现的载荷进行检查。该载荷即指"起落架非弹起部分"质量。对于支柱式起落架,非弹起部分零件包括机轮、轮轴、下防扭臂和活塞杆等;对于摇臂式起落架,非弹起部分零件包括机轮、轮轴、连杆、摇臂和活塞杆等。

此外,本条(b)款规定了载荷计算时需要使用的载荷系数和载荷方向:必须使用 20.0 的载荷系数,作用方向为起落架非弹起部分相对于弹起部分伸出到极限位置的运动方向。20.0 的载荷系数是为了考虑活塞达到全行程时活塞及其他非弹性元件的突然减速造成的载荷。反弹载荷方向与非弹起部分相对于起落架弹起部分伸到极限位置时的运动方向一致,该载荷作用在起落架和支承结构上。

2.2 相关条款

与第 25.487 条相关的条款如表 2-1 所示。

表 2-1 第 25.487 条相关条款

序 号	相关条款	相 关 性
1	第 25.471 条	第 25.471 条是地面载荷总则性条款,该条款对起落架的载荷计算提出了要求

3 验证过程

3.1 验证对象

第 25.487 条的验证对象为起落架及其支承结构。

3.2 符合性验证思路

本条为载荷条款,回跳着陆情况为地面载荷的其中一种情况。对于该条款的验证,采用 MOC2 分析/计算的方法,按规定的载荷系数和载荷方向对起落架及支承结构进行计算,形成载荷计算报告来表明符合性。

3.3 符合性验证方法

通常,针对第 25.487 条的符合性验证方法如表 3-1 所示。

表 3-1 建议的符合性方法

条 款 号	专 业	符 合 性 方 法										备 注
		0	1	2	3	4	5	6	7	8	9	
第 25.487 条	强 度			2								
第 25.487 条	起落架			2								

3.4　符合性验证说明

对第 25.487 条,通常采用的符合性验证方法为 MOC2,具体验证工作如下。

将回跳着陆时的非弹起部分质量作为外部输入载荷,通过计算得到前起落架、主起落架和支承结构的载荷,形成载荷计算报告。回跳载荷方向应为沿支柱轴向并向下,回跳时作用在非弹起质量上的载荷系数应取 20.0。

回跳载荷按如下公式计算:

$$F_{rb} = n_{rb} \times WU \times g$$

式中:

F_{rb}——回跳载荷,方向为沿支柱轴向并向下,单位:N。

n_{rb}——回跳时作用在非弹起质量上的载荷系数,取 20.0。

WU——非弹起质量,单位:kg。

g——9.81 m/s^2。

3.5　符合性文件清单

通常,针对第 25.487 条的符合性文件清单如表 3-2 所示。

表 3-2 建议的符合性文件清单

序　号	符 合 性 报 告	符合性方法
1	起落架回跳着陆载荷计算报告	MOC2

4　符合性判据

针对第 25.487 条,满足下述情况可判定为符合。

(1) 以回跳载荷作为外部输入载荷,计算得到起落架及支承结构的载荷分布。

(2) 回跳载荷为起落架非弹起部分质量载荷。

(3) 载荷计算时使用了 20.0 的系数,且载荷作用方向为沿起落架支柱轴并向下。

参考文献

[1] FAA. AC25-21 Certification of Transport Airplane Structure [S]. 1999.

运输类飞机适航标准
第 25.489 条符合性验证

1 条款介绍

1.1 条款原文

第 25.489 条　地面操纵情况

除非另有规定,起落架和飞机结构必须按第 25.491 条至第 25.509 条中的情况进行检查。此时,飞机为设计机坪重量(地面操作情况的最大重量),不考虑机翼升力,可以假定起落架减震支柱和轮胎处于静态位置。

1.2 条款背景

第 25.489 条用于评估飞机结构和起落架在地面操纵时的各种受载情况。

1.3 条款历史

第 25.489 条在 CCAR25 部初版首次发布,截至 CCAR‐25‐R4,该条款未进行过修订,如表 1‐1 所示。

表 1‐1　第 25.489 条条款历史

第 25.489 条	CCAR25 部版本	相关 14 CFR 修正案	备　注
首次发布	初版	25‐23	

1985 年 12 月 31 日发布了 CCAR25 部初版,其中包含第 25.489 条,该条款参考 1964 年 12 月 24 日发布的 14 CFR PART 25 中的 §25.489 和 14 CFR 修正案 25‐23 的内容制定。其中,修正案 25‐23 将 §25.489"设计起飞重量"(design takeoff weight)修改为"设计机坪重量"(design ramp weight),并对其加以注释"地面操作情况的最大重量"(the maximum weight for ground handling conditions)。

2 条款解读

2.1 条款要求

地面操纵情况是指飞机在地面使用和操纵过程中所遇到的各种受载情况。

包括飞机在直线滑行时由跑道不平度所引起的受载情况，以及由于人为采用了某种操纵动作使飞机改变原来运动状态而产生的载荷情况，例如刹车、转弯、回转、牵引和前轮侧偏等，这些情况也是起落架和飞机结构的重要受载情况。本条款规定起落架和飞机结构必须按第 25.491 条至第 25.509 条中的情况进行检查。

本条款规定地面操纵情况的飞机状态为：

(1) 不考虑机翼升力。

(2) 飞机重量取设计机坪重量。

(3) 起落架缓冲支柱和轮胎处于静态位置。

2.2　相关条款

与第 25.489 条相关的条款如表 2-1 所示。

表 2-1　第 25.489 条相关条款

序　号	相　关　条　款	相　　关　　性
1	第 25.471 条	第 25.471 条是地面载荷总则性条款，该条款对起落架的载荷计算提出了要求
2	第 25.491 条至第 25.509 条	第 25.489 条要求起落架和飞机结构必须按第 25.491 条至第 25.509 条中的情况进行检查

3　验证过程

3.1　验证对象

第 25.489 条的验证对象为机体结构和起落架。

3.2　符合性验证思路

本条为地面操纵情况第 25.491 条至第 25.509 条的总则性条款，采用 MOC2 分析/计算的方法表明符合性，在第 25.491 条至第 25.509 条的符合性要求满足后，才能关闭本条款。

3.3　符合性验证方法

通常，针对第 25.489 条的符合性验证方法如表 3-1 所示。

表 3-1　建议的符合性方法

条　款　号	专　业	符 合 性 方 法										备　注
		0	1	2	3	4	5	6	7	8	9	
第 25.489 条	起落架			2								
第 25.489 条	强　度			2								

3.4　符合性验证说明

针对第 25.489 条,通常采用的符合性验证方法为 MOC2,具体验证工作如下:

根据各地面操纵情况(起飞滑跑、刹车滑行、转弯、前轮侧偏、回转、倒行刹车、牵引等)条款规定的载荷系数、设计重量、平衡方式等,选取不同的重量、重心情况,通过建立静力平衡方程来求解起落架地面操纵载荷,并进行相应的机体载荷计算。要分析起飞、刹车滑行、转弯、前轮侧偏、回转、倒行刹车、牵引设计情况。在计算地面操纵载荷时,不考虑飞机升力,起落架缓冲支柱和轮胎的压缩量取静态位置。地面操纵载荷涉及下列重量:

(1) 最大停机坪重量 M_{RW}:除起飞滑跑外,地面操纵情况均要使用。

(2) 最大起飞重量 M_{TOW}:仅在起飞滑跑和三点急刹车中使用。

(3) 最大着陆重量 M_{LW}:仅在滑行刹车情况中使用。

3.5　符合性文件清单

通常,针对第 25.489 条的符合性文件清单如表 3 - 2 所示。

表 3 - 2　建议的符合性文件清单

序　号	符 合 性 报 告	符合性方法
1	地面情况载荷系数计算报告	MOC2
2	机身地面载荷计算报告	MOC2
3	机翼地面载荷计算报告	MOC2
4	尾翼地面载荷计算报告	MOC2
5	地面分布情况惯性载荷计算报告	MOC2
6	起落架地面操纵静载荷报告	MOC2

4　符合性判据

根据第 25.491 条至第 25.509 条规定的各地面操纵情况计算得到起落架和机体的地面载荷,并且计算时的飞机重量为设计机坪重量、机翼升力为零、起落架缓冲支柱和轮胎处于静态位置。

参考文献

[1]　14 CFR 修正案 25 - 23 Transport Category Airplane Type Certification Standards [S].

[2]　FAA. AC25 - 21 Certification of Transport Airplane Structure [S]. 1999.

运输类飞机适航标准
第 25.491 条符合性验证

1 条款介绍

1.1 条款原文

第 25.491 条 滑行、起飞和着陆滑跑

在相应的地面速度和批准的重量范围内,假定飞机结构和起落架承受不小于飞机在正常运行时可以合理预期的最粗糙地面上得到的载荷。

〔中国民用航空局 2001 年 5 月 14 日第三次修订〕

1.2 条款背景

第 25.491 条的目的是保证起落架和飞机结构在服役中可以合理预期的粗糙表面上操纵(如停机、滑行和滑跑)不会受到损伤。

机场所有铺设的跑道和滑行道具有一个固有的表面不平度或粗糙度,这是建筑工程标准的正常容限的结果。另外,使用中的跑道或滑行道的表面修理也能导致临时的坡面,许多国家已经制定了跑道表面粗糙度的准则。国际民航组织也在 ICAO 附件 14 中颁布了该准则。40 年代晚期,飞机越来越大,地面运行速度越来越高,滑行、着陆滑跑和起飞期间的动态载荷在飞机设计中也变得更为重要。早期 FAA 在 CAR4b. 172 中要求考虑当滑行通过粗糙地面时,起落架变形对结构部件损伤的影响。CAR4b. 235 也要求飞机设计能够承受根据 §4b. 172 计算得到的载荷,这些规章被 14 CFR PART 25 继承作为 §25.235 和 §25.491。

1.3 条款历史

第 25.491 条在 CCAR25 部初版首次发布,截至 CCAR‐25‐R4,该条款共修订过 1 次,如表 1‐1 所示。

表 1‐1 第 25.491 条条款历史

第 25.491 条	CCAR25 部版本	相关 14 CFR 修正案	备 注
首次发布	初版	—	
第 1 次修订	R3	25‐91	

1.3.1 首次发布

1985 年 12 月 31 日发布了 CCAR25 部初版，其中包含第 25.491 条，该条款参考 1964 年 12 月 24 日发布的 14 CFR PART 25 中的 §25.491 的内容制定。

1.3.2 第 1 次修订

2001 年 5 月 14 日发布的 CCAR‐25‐R3 对第 25.491 条进行了第 1 次修订，本次修订参考了 14 CFR 修正案 25‐91 的内容，将滑行和着陆滑跑也包括进来。

2 条款解读

2.1 条款要求

第 25.491 条规定飞机设计载荷应按滑行、起飞和着陆滑跑中最严重的情况制定。即在相应的地面速度和批准的重量范围内，飞机结构和起落架必须承受不小于飞机在正常运行时可以合理预期的最粗糙地面上得到的载荷。对此，FAA 颁布了咨询通告：AC25.491‐1 "Taxi, Takeoff And Landing Roll Design Loads"，EASA 也具有同样内容的 AMC25.491。该 AC 对"滑跑、起飞和着陆滑跑"提出了可接受的符合性方法。

2.2 相关条款

与第 25.491 条相关的条款如表 2‐1 所示。

表 2‐1 第 25.491 条相关条款

序 号	相关条款	相 关 性
1	第 25.471 条	第 25.471 条是地面载荷总则性条款，该条款对起落架的载荷计算提出了要求
2	第 25.489 条	第 25.489 条要求起落架和飞机结构必须按第 25.491 条至第 25.509 条中的情况进行检查

3 验证过程

3.1 验证对象

第 25.491 条的验证对象为机体结构和起落架。

3.2 符合性验证思路

第 25.491 条要求飞机结构和起落架可以承受飞机在正常运行时合理预期的最粗糙地面上得到的载荷，该"合理预期的最粗糙地面上得到的载荷"可参照 AC25.491‐1 中建议的方法得到，然后以此为外部载荷进行机体地面载荷计算、起落架着陆和地面静载荷计算、起落架和机体动滑跑载荷计算，通过 MOC2 计算/分析的方法来表明符合性。

3.3 符合性验证方法

通常,针对第 25.491 条的符合性验证方法如表 3-1 所示。

表 3-1 建议的符合性方法

条 款 号	专 业	符合性方法										备 注
		0	1	2	3	4	5	6	7	8	9	
第 25.491 条	强 度			2								
第 25.491 条	起落架			2								

3.4 符合性验证说明

针对第 25.491 条,采用的符合性验证方法为 MOC2,具体验证工作参照 AC25.491-1 中规定的动态分析方法和静态分析方法来进行滑行载荷分析计算。

3.4.1 静态分析方法

参照 AC25.491-1 5(a)的方法,前、主起同时触地的垂直载荷等于 1.7 倍的静态地面反作用力,这种计算条件应当对应最大起飞重量下最靠前重心和最靠后重心的装载情况,并计及或不计及发动机推力。该情况的平衡方式为:

(1) 垂直方向合外力为零。

(2) 俯仰合力矩为零。

(3) 滚转合力矩为零。

同时对主起落架还应考虑垂直载荷、侧向载荷和阻力载荷的组合情况。参照 AC25.491-1(6)条规定,垂直载荷为 AC25.491-1 5(a)中地面反作用力的 90%,侧向载荷和阻力载荷分别为地面反作用力的 20%,侧向载荷的作用方向是任意的。

3.4.2 动态分析方法

参照 AC25.491-1(4)的方法,引用旧金山 28R 跑道(未修复前)从 1 530 到 1 538 英尺的严重颠簸情况作为连续不平度激励源,进行弹性机体动滑行响应分析。分析过程中将考虑最大起飞重量和最大着陆重量下机翼燃油、商载和重心前后限的组合情况,以及地面摩擦力、发动机推力以及定常气动力(含扰流板、襟翼位置)等因素的影响。对最大起飞重量滑跑速度从 20 节/秒~V_R,在分析过程中以 20 节/秒左右为一个速度增加间隔进行常速度滑跑动响应分析;对最大着陆重量滑跑速度从 20 节/秒~$1.25V_{L2}$,在分析过程中以 20 节/秒为一个速度增加间隔进行常速度滑跑动响应分析。

3.5 符合性文件清单

通常,针对第 25.491 条的符合性文件清单如表 3-2 所示。

表 3 - 2　建议的符合性文件清单

序　号	符 合 性 报 告	符合性方法
1	地面情况载荷系数计算报告	MOC2
2	机身地面载荷计算报告	MOC2
3	机翼地面载荷计算报告	MOC2
4	尾翼地面载荷计算报告	MOC2
5	地面分布情况惯性载荷计算报告	MOC2
6	起落架着陆与地面操纵静载荷报告	MOC2
7	飞机动滑跑起落架载荷计算报告	MOC2
8	飞机动滑跑机体载荷计算报告	MOC2

4　符合性判据

针对第 25.491 条，满足下述情况可判定为符合。

（1）静载荷计算时采用最大起飞重量并考虑最靠前重心和最靠后重心的装载情况，参照 AC25.491 - 1 的计算方法得到起落架和机体的地面载荷数据。

（2）动载荷计算时跑道采用旧金山 28R 跑道（未修复前）作为激励源，分析过程中滑跑速度以 20 节/秒左右为一个速度间隔进行滑跑计算，得到起落架和机体的滑跑载荷。

参考文献

［1］　14 CFR 修正案 25 - 91 Revised Structural Loads Requirements for Transport Category Airplanes［S］.

［2］　FAA. AC25.491 - 1 Taxi，Takeoff and Landing Roll Design Loads［S］. 2000.

［3］　FAA. AC25 - 21 Certification of Transport Airplane Structure［S］. 1999.

运输类飞机适航标准
第25.493条符合性验证

1 条款介绍

1.1 条款原文

第25.493条 滑行刹车情况

（a）假定按附录A图6，尾轮式飞机处于水平姿态，载荷作用在主轮上。飞机限制垂直载荷系数，在设计着陆重量时为1.2，在设计机坪重量时为1.0。阻力载荷（等于垂直反作用力乘以数值为0.8的摩擦系数）必须与地面垂直反作用力相组合，并作用在轮胎接地点上。

（b）对于前轮式飞机，限制垂直载荷系数，在设计着陆重量时为1.2，在设计机坪重量时为1.0。阻力载荷（等于垂直反作用力乘以数值为0.8的摩擦系数）必须与地面垂直反作用力相组合，并作用在每个带刹车机轮的接地点上，按附录A图6，必须考虑下列两种姿态：

（1）所有机轮都接地的水平姿态，载荷分配给主起落架和前起落架，并假定俯仰加速度为零；

（2）仅以主轮接地的水平姿态，俯仰力矩由角惯性力平衡。

（c）如果证实在每一很可能的受载情况下，有效阻力载荷均不能达到垂直反作用力的80%，则可取低于本条规定的阻力载荷。

（d）装有前起落架的飞机必须承受由于突然施加的最大刹车力使飞机动态俯仰运动而产生的载荷。假定飞机在设计起飞重量下，前起落架和主起落架接地并且稳态垂直载荷系数为1.0。稳态前起落架反作用力必须与本条（b）和（c）所规定的由于突然施加最大刹车力而产生的最大前起落架垂直反作用力增量相组合。

（e）在缺乏更合理的分析的情况下，本条（d）所规定的前起落架垂直反作用力必须依照下式计算：

$$V_n = \frac{W_T}{A+B} \times \left(B + \frac{f\mu AE}{A+B+\mu E} \right)$$

式中：

V_n 为前起落架垂直反作用力；

W_T 为设计起飞重量；

A 为飞机重心与前起落架之间的水平距离；

B 为主轮中心连线与飞机重心间的水平距离；

E 为在 1.0 g 静态情况飞机重心距地面的垂直高度；

μ 为摩擦系数，取 0.8；

f 为动态响应系数；除能证实更低的系数外，采用 2.0。在缺乏其它资料的情况下，可由下式确定动态响应系数 f；

f＝1＋exp((−πξ)/(1−ξ2)1/2)

式中：

ξ 为针对主起落架有效接地点的刚体俯仰模态的有效临界阻尼比。

〔中国民用航空局 2001 年 5 月 14 日第三次修订，2011 年 11 月 7 日第四次修订〕

1.2　条款背景

第 25.493 条规定了刹车滑行情况下机轮的载荷，包括飞机状态、载荷系数、载荷作用位置和推荐的载荷计算公式。本条款的目的是确保起落架和飞机结构能够承受任意刹车滑行情况，对起落架的设计和验证提出要求。

1.3　条款历史

第 25.493 条在 CCAR25 部初版首次发布，截至 CCAR‐25‐R4，该条款修订过 2 次，如表 1‐1 所示。

表 1‐1　第 25.493 条条款历史

第 25.493 条	CCAR25 部版本	相关 14 CFR 修正案	备　注
首次发布	初版	25‐23	
第 1 次修订	R3	25‐97	
第 2 次修订	R4	—	

1.3.1　首次发布

1985 年 12 月 31 日发布了 CCAR25 部初版，其中包含第 25.493 条，该条款参考了 1964 年 12 月 24 日发布的 14 CFR PART 25 中的 §25.493 条和修正案 25‐23 的内容。

14 CFR 修正案 25‐23 对 §25.493 进行了修订，把"设计起飞重量"改为"设计机坪重量"。

1.3.2　第 1 次修订

2001 年 5 月 14 日发布的 CCAR‐25‐R3 对第 25.493 条进行了第 1 次修订，本次修订参考了 14 CFR PART 25 修正案 25‐97 的内容，为了保证前起落架和机身结构能够承受由于突然最大刹车力所引起的载荷，采用了 JAR 的动态滑行刹车情况,考虑起落架和机身的俯仰惯性力的影响。

1.3.3　第 2 次修订

2011 年 11 月 7 日发布的 CCAR-25-R4 对第 25.493 条进行了第 2 次修订,本次修为文字修订,(e)款公式中参数 B 的解释由"B 为主轮中心连线与飞机重心间的距离"更改为"B 为主轮中心连线与飞机重心间的水平距离"。

2　条款解读

第 25.493 条为载荷相关条款,需对地面载荷的分析方法进行规定,以合理的方式计算动态载荷,考虑起落架的动态特性和机体结构的刚体响应甚至弹性机体的动态响应以保证载荷的正确性。此外,必须在合格审定的重心范围内选择临界重心,考虑前后、垂直和横向的飞机重心,使每一起落架元件获最大设计载荷。

2.1　条款要求

本条规定了滑行刹车情况载荷,具体如下:

第 25.493(a)款是对尾轮式飞机的规定,按规章附录 A 图 6,飞机姿态处于水平状态,载荷作用在主轮上。飞机限制垂直载荷系数,在设计着陆重量时为 1.2,在设计机坪重量时为 1.0。阻力载荷(等于垂直反作用力乘以数值为 0.8 的摩擦系数)必须与地面垂直反作用力相组合,并作用在轮胎接地点上。

第 25.493(b)款是要求前轮式飞机滑行刹车载荷情况,必须考虑两种飞机姿态:所有机轮都接地的水平姿态,且俯仰加速度为零;仅主轮接地的水平姿态,俯仰力矩由角惯性力平衡。限制垂直载荷系数在最大着陆重量时取 1.2,在最大停机坪重量时取 1.0。阻力载荷(等于垂直反作用力乘以数值为 0.8 的摩擦系数)必须与地面垂直反作用力相组合,并作用在每个带刹车机轮的接地点上。

第 25.493(c)款规定,如果能够证实在每一很可能的受载情况下,有效阻力载荷均不能达到垂直反作用力的 80%,则可以取低于该值的阻力载荷。

第 25.493(d)款规定,装有前起落架的飞机必须能够承受由于突然施加的最大刹车力使飞机动态俯仰运动而产生的载荷,并假定在最大起飞重量下,前起落架和主起落架接地并且稳态垂直载荷系数取 1.0。稳态前起落架反作用力必须与本条(b)款和(c)款所规定的由于突然施加最大刹车力而产生的最大前起落架垂直反作用力增量相组合。

第 25.493(e)款规定,在缺乏合理分析时,可使用本条款给出的计算公式确定前起落架垂直反作用力。

2.2　相关条款

与第 25.493 条相关的条款如表 2-1 所示。

表 2 - 1   第 25.493 条相关条款

序　号	相关条款	相　关　性
1	第 25.471 条	第 25.471 条为地面载荷总则条款,对限制地面载荷进行了规定
2	第 25.489 条	第 25.489 条要求起落架和飞机结构必须按第 25.491 条至第 25.509 条中的情况进行检查,并规定了地面操纵情况的飞机状态

3 验证过程

3.1 验证对象

第 25.493 条的验证对象包括机体结构和起落架。

3.2 符合性验证思路

通过载荷分析/计算(MOC2)来验证。分别针对设计着陆重量、设计停机坪重量,计算三点滑行刹车和两点滑行刹车载荷,其中,三点滑行刹车情况需考虑不同重心位置的影响。限制垂直载荷系数,在设计着陆重量时为 1.2,在设计停机坪重量时为 1.0。对于尾轮式飞机,起落架阻力载荷等于垂直反作用力乘以数值为 0.8 的摩擦系数,在与地面垂直反作用力组合后,作用在每个带刹车机轮的接地点上(前轮式飞机)或轮胎接地点上(尾轮式飞机)。如果能够证实在每一很可能的受载情况下,有效阻力载荷均不能达到垂直反作用力的 80%,则可以取低于该值的阻力载荷。

针对设计起飞重量,若缺乏合理的分析,需按照第 25.493(e)款中给出的计算公式来进行三点急刹车情况前起落架载荷计算,其中动态响应系数 f 采用 2.0。

3.3 符合性验证方法

通常,针对第 25.493 条的符合性验证方法如表 3 - 1 所示。

表 3 - 1   建议的符合性方法

条　款　号	专　业	符 合 性 方 法										备　注
		0	1	2	3	4	5	6	7	8	9	
第 25.493 条	强　度			2								
第 25.493 条	起落架			2								

3.4 符合性验证说明

针对第 25.493 条,采用的符合性验证方法是 MOC2,验证过程具体如下:

分别针对最大着陆重量和最大停机坪重量,需计算三点滑行刹车和两点滑行刹车载荷。限制垂直载荷系数,在最大着陆重量时为 1.2,在最大停机坪重量时为

1.0。装有刹车装置的起落架,考虑承受由于刹车产生的阻力载荷,未装刹车装置的起落架不承受阻力载荷。起落架阻力载荷等于垂直反作用力乘以数值为 0.8 的摩擦系数。针对最大起飞重量,可以按照第 25.493(e)款中给出的计算公式来进行三点急刹车情况前起落架载荷计算,动态响应系数 f 采用 2.0。

根据该情况下的平衡,计算出相应地面载荷。

(1) 垂直方向合外力为零。

(2) 侧向滚转合力矩为零。

3.5　符合性文件清单

通常,针对第 25.493 条的符合性文件清单如表 3 - 2 所示。

表 3 - 2　建议的符合性文件清单

序　号	符　合　性　报　告	符合性方法
1	起落架地面载荷计算报告	MOC2
2	机体结构地面操纵载荷计算报告	MOC2
3	机体地面情况载荷系数计算报告	MOC2

4　符合性判据

针对第 25.493 条,应符合以下要求:

(1) 给出飞机的起落架形式、飞机的重量重心情况。

(2) 给出不同姿态的载荷系数是否满足条款的载荷系数要求。

(3) 给出不同姿态的阻力载荷,阻力载荷系数是否满足阻力载荷系数要求。

参考文献

[1]　14 CFR 修正案 25 - 23 Transport Category Airplane Type Certification Standards [S].

[2]　14 CFR 修正案 25 - 97 Braked Roll Conditions [S].

[3]　FAA. AC25 - 21 Certification of Transport Airplane Structure [S]. 1999.

运输类飞机适航标准
第 25.495 条符合性验证

1 条款介绍

1.1 条款原文

第 25.495 条 转弯

按附录 A 图 7，假定飞机处于静态位置，用操纵前起落架或采用足够的发动机动力差的方法进行定常转弯，以使作用在重心处的限制载荷系数在垂直方向为 1.0，在横向为 0.5。每一个机轮的侧向地面反作用力必须是垂直反作用力的 50%。

1.2 条款背景

第 25.495 条规定了飞机在转弯情况下起落架承受的载荷情况。本条款的目的是确保起落架和飞机结构能够承受转弯情况载荷，对起落架的设计和验证提出要求。

1.3 条款历史

第 25.495 条在 CCAR25 部初版首次发布，截至 CCAR－25－R4，该条款未进行过修订，如表 1－1 所示。

表 1－1　第 25.495 条条款历史

第 25.495 条	CCAR25 部版本	相关 14 CFR 修正案	备　注
首次发布	初版	—	

1.3.1 首次发布

1985 年 12 月 31 日发布了 CCAR25 部初版，其中包含第 25.495 条，该条款参考 1964 年 12 月 24 日发布的 14 CFR PART 25 中的 §25.495 的内容制定。

2 条款解读

第 25.495 条为载荷相关条款，对地面载荷的分析方法进行规定，以合理的方式计算动态载荷，考虑起落架的动态特性和机体结构的刚体响应甚至弹性机体的动态响应以保证载荷的正确性。此外,必须在合格审定的重心范围内选择临界重心,考虑前后、垂直和横向的飞机重心,使每一起落架元件获最大设计载荷。

2.1 条款要求

转弯情况是飞机地面操纵时侧向力最大的受载情况。该情况指飞机在地面运行时,借助发动机动力差或用操纵前起落架的方法进行稳定转弯状态下的起落架受载情况。

第 25.495 条规定了飞机转弯的载荷情况。按规章附录 A 图 7,假定飞机处于静态位置,用操纵前起落架或采用足够的发动机动力差的方法进行定常转弯,在飞机重心处的垂直方向限制载荷系数为 1.0,横向为 0.5。每一个机轮的侧向地面反作用力是垂直反作用力的 50%。

2.2 相关条款

与第 25.495 条相关的条款如表 2-1 所示。

表 2-1 第 25.495 条相关条款

序 号	相关条款	相 关 性
1	第 25.471 条	第 25.471 条为地面载荷总则条款,对限制地面载荷进行了规定
2	第 25.489 条	第 25.489 条要求起落架和飞机结构必须按第 25.491 条至第 25.509 条中的情况进行检查,并规定了地面操纵情况的飞机状态

3 验证过程

3.1 验证对象

第 25.495 条的验证对象包括机体结构和起落架。

3.2 符合性验证思路

通过载荷分析/计算来验证,具体如下:

假定飞机处于静态位置三点滑行状态,重量取停机坪重量,定常转弯情况下,重心处的限制载荷系数垂直方向取 1.0,横向取 0.5。每一个机轮的侧向地面反作用力取垂直反作用力的 50%,侧向力提供转弯时的向心力,与作用在重心处的离心惯性力组成滚转力矩,此力矩使外侧主起落架加载,内侧主起落架卸载,重心处的飞机惯性力与机轮反作用力完全平衡。

3.3 符合性验证方法

通常,针对第 25.495 条的符合性验证方法如表 3-1 所示。

表 3 - 1 建议的符合性方法

条 款 号	专 业	符 合 性 方 法										备 注
		0	1	2	3	4	5	6	7	8	9	
第 25.495 条	强 度			2								
第 25.495 条	起落架			2								

3.4 符合性验证说明

针对第 25.495 条,采用的符合性验证方法包括 MOC2,验证过程具体如下:

按照第 25.495 条起落架做定常转弯的要求,重心处的限制载荷系数垂直方向取 1.0,横向取 0.5。每一个机轮的侧向地面反作用力取垂直反作用力的 50%。根据该情况下的平衡,计算出相应的地面载荷。

(1)垂直方向合外力为零。

(2)俯仰合力矩为零。

(3)侧向滚转合力矩为零。

3.5 符合性文件清单

通常,针对第 25.495 条的符合性文件清单如表 3 - 2 所示。

表 3 - 2 建议的符合性文件清单

序 号	符 合 性 报 告	符合性方法
1	起落架地面载荷计算报告	MOC2
2	机体结构地面操纵载荷计算报告	MOC2
3	机体地面情况载荷系数计算报告	MOC2

4 符合性判据

针对第 25.495 条,应符合以下要求。

(1)明确重量及重心位置,给出该构型状态下合理的载荷分布。

(2)重心处垂直方向限制载荷系数为 1.0,横向为 0.5。

(3)机轮的侧向地面反作用力为垂直反作用力的 0.5。

参考文献

[1] FAA. AC25 - 21 Certification of Transport Airplane Structure [S]. 1999.

运输类飞机适航标准 第25.499条符合性验证

1 条款介绍

1.1 条款原文

第25.499条 前轮侧偏与操纵

(a) 假定飞机重心处的垂直载荷系数为1.0,前轮接地点处的侧向分力等于该处地面垂直反作用力的80%。

(b) 假定在使用一侧主起落架刹车而产生的载荷情况下飞机处于静态平衡,前起落架及其连接结构和重心以前的机身结构,必须按下列载荷设计:

(1) 飞机重心处的垂直载荷系数为1.0;

(2) 飞机重心处向前作用的载荷为一侧主起落架上垂直载荷的80%;

(3) 作用于前起落架接地点处的侧向载荷和垂直载荷是为保持静态平衡所需的载荷;

(4) 飞机重心处的侧向载荷系数为零。

(c) 如果本条(b)款规定的载荷导致前起落架的侧向载荷超过前起落架垂直载荷的80%,则可以把设计前起落架的侧向载荷限制为垂直载荷的80%,而未被平衡的侧偏力矩假定由飞机的惯性力所平衡。

(d) 除前起落架及其连接结构和前机身结构以外的其它结构,受载情况即为本条(b)款规定的情况,但作如下补充:

(1) 如果在每一很可能的受载情况下,有效阻力载荷均不能达到垂直反作用力的80%,则可取用较低的阻力载荷;和

(2) 重心处向前作用的载荷,不必超过按第条25.493(b)规定的作用于一个主起落架上的最大阻力载荷。

(e) 在设计前起落架及其连接结构和前机身结构时,必须考虑正常满操纵扭矩和等于前起落架最大静态反作用力1.33倍的垂直力的组合作用,此时,取飞机设计机坪重量,前起落架处于任一转向操纵位置。

〔中国民用航空局2001年5月14日第三次修订〕

1.2　条款背景

第 25.499 条规定了前轮侧偏的情况下,前起落架所受的侧向载荷情况。本条的目的是为前起落架设计提供输入,保证前起落架及其支持结构、前机身能够承受在服役中可能遇到的任意载荷。

1.3　条款历史

第 25.499 条在 CCAR25 部初版首次发布,截至 CCAR – 25 – R4,该条款修订过 1 次,如表 1 – 1 所示。

表 1 – 1　第 25.499 条条款历史

第 25.499 条	CCAR25 部版本	相关 14 CFR 修正案	备　注
首次发布	初版	25 – 23,25 – 46	
第 1 次修订	R3	25 – 91	

1.3.1　首次发布

1985 年 12 月 31 日发布了 CCAR25 部初版,其中包含第 25.499 条,该条款参考了 1964 年 12 月 24 日发布的 14 CFR PART 25 中的 §25.499 及 14 CFR 修正案 25 – 23、14 CFR 修正案 25 – 46 的内容制定。

14 CFR 修正案 25 – 23 对 §25.499(b)、(c)、(d)做了一些文字上的通顺性工作。

14 CFR 修正案 25 – 46,有提议者指出,超出扭矩和静态反作用力额定值的某些因素也应该把可能增加的载荷包括在内。FAA 认为由操纵产生的前轮载荷系数是不需要的。因此,此提案未做实质性改动而予以通过。

1.3.2　第 1 次修订

2001 年 5 月 14 日发布的 CCAR – 25 – R3 对第 25.499 条进行了第 1 次修订,本次修订参考了 14 CFR 修正案 25 – 91 的内容,对 14 CFR PART 25 和 JAR25 关于 §25.499(e)进行了协调,14 CFR PART 25 对静态反作用力增加了 1.33 倍的要求。14 CFR PART 25 与 JAR25 在第 25.499(e)款上对于前起落架操纵要求是不同的。JAR25 对于最大操纵扭矩和垂直地面反作用力组合的操纵扭矩要求一个 1.33 的系数。这个系数是除了正常的对限制载荷施加的 1.5 安全系数以外使用的。14 CFR PART 25 部有相同的要求,但是没有考虑额外的 1.33 系数。考虑该 1.33 系数,对于最大操纵扭矩与地面反作用力组合作用时是有益的,但是,没有充分的理由对最大操纵扭矩也要求额外的系数。因此,FAR 规章进行修订,对静态地面反作用力要求一个额外的 1.33 系数,而 JAR 规章把 1.33 系数从最大操纵扭矩(第 25.499(e)款)中去除,使得两部规章具有相同的要求。该修订提高了 14 CFR PART 25 部的安全水平。

2 条款解读

2.1 条款要求

前轮侧偏是指飞机滑跑过程中，由于前轮受侧向力作用或一侧主起刹车造成前轮偏离中心位置时，因此在前起落架上产生侧向载荷的受载情况。

第 25.499(a) 款规定了前轮受侧向力作用时的载荷情况，飞机重心处的垂直载荷系数是 1.0，在前轮接地点产生侧向载荷，其值为该点垂直地面反作用力的 80%。

第 25.499(b) 款规定了使用一侧主起落架刹车而产生的载荷情况。此时，飞机处于静态平衡，前起落架及其连接结构和重心以前的机身结构必须能够承受以下载荷情况：

（1）飞机重心处的垂直载荷系数是 1.0。

（2）飞机重心处向前作用的载荷为一侧主起落架上垂直载荷的 80%。

（3）重心处的侧向载荷为零。

（4）作用于前起落架接地点处的侧向载荷和垂直载荷用于保持飞机的静态平衡。

第 25.499(c) 款同时规定了，如果第 25.499(b) 款规定的载荷导致前起落架的侧向载荷超过前起落架垂直载荷的 80%，则可以把设计前起落架的侧向载荷限制为垂直载荷的 80%，而未被平衡的侧偏力矩假定由飞机的惯性力所平衡。

第 25.499(d) 款规定了除前起落架及其连接结构和前机身结构以外的其他结构必须能够承受第 25.499(b) 款规定的载荷情况，但对阻力载荷和重心处向前的载荷系数做了限定：

（1）当阻力载荷均不能达到垂直反作用力的 80%，可取较低的阻力载荷。

（2）同时又要求飞机重心处的向前作用载荷不需超过按第 25.493(b) 款规定的作用于一个主起落架上的最大阻力载荷。

前起落架及其连接结构和前机身结构除了需要满足上述条款要求外，还需满足第 25.499(e) 款的规定，即必须考虑正常满操纵扭矩和等于前起落架最大静态反作用力 1.33 倍的垂直力的组合作用，此时，取飞机设计机坪重量，前起落架处于任一转向操纵位置。

2.2 相关条款

与第 25.499 条相关的条款如表 2-1 所示。

表 2-1 第 25.499 条相关条款

序 号	相关条款	相 关 性
1	第 25.471 条	第 25.471 条为地面载荷总则条款，对限制地面载荷进行了规定
2	第 25.489 条	第 25.489 条要求起落架和飞机结构必须按第 25.491 条至第 25.509 条中的情况进行检查，并规定了地面操纵情况的飞机状态

3　验证过程

3.1　验证对象

针对第 25.499 条的验证对象包括前起落架及其支持结构、前机身结构。

3.2　符合性验证思路

第 25.499 条规定了前起落架及其支持结构、前机身结构必须能够承受前轮侧偏与操纵情况下的载荷,载荷计算要求具体如下:

针对第 25.499(a)款,根据规定的前轮受侧向力作用下的受载情况进行计算:飞机重心处的垂直载荷系数取 1.0,前轮接地点处的侧向分力等于地面垂直反作用力的 80%。

针对第 25.499(b)款,当使用一侧主起落架刹车产生侧向载荷情况时飞机处于静态平衡,根据规定的前起落架及其连接结构、重心以前的机身结构的设计载荷进行计算:飞机重心处的垂直载荷系数取 1.0,侧向载荷系数为 0,向前作用的载荷取一侧主起落架上垂直载荷的 80%;其中作用于前起落架接地点处的侧向载荷和垂直载荷均是为保持静态平衡所需的载荷。

针对第 25.499(c)款,特殊考虑由(b)款确定的前起落架侧向载荷超出前起落架垂直载荷的 80% 情况,计算时可以限定设计前起落架侧向载荷取垂直载荷的 80%,未被平衡的侧偏力矩由飞机的惯性力来平衡。

针对第 25.499(d)款,关于除前起落架及其连接结构、前机身结构以外的其他结构受载情况,按本条(b)款规定的载荷形式进行设计,同时需满足补充规定如下:当分析表明有效阻力载荷均达不到垂直反作用力的 80% 时,计算时可以取较低的阻力载荷;重心处向前的载荷可限定在按第 25.493(b)款规定的作用于一个主起落架上的最大阻力载荷内。

针对第 25.499(e)款,按照规定的前起落架及其连接结构、前机身结构的设计载荷进行计算,必须考虑正常满操纵扭矩与等于 1.33 倍最大静态反作用力的垂直力相组合作用,此时,飞机重量取最大停机坪重量,前起落架处于任一转向操纵位置。

3.3　符合性验证方法

通常,针对第 25.499 条的符合性验证方法如表 3-1 所示。

表 3-1　建议的符合性方法表

条　款　号	专　业	符 合 性 方 法										备　注
		0	1	2	3	4	5	6	7	8	9	
第 25.499 条	强　度			2								
第 25.499 条	起落架			2								

3.4 符合性验证说明

针对第 25.499 条,采用的符合性验证方法为 MOC2。

通过载荷分析/计算、强度计算来验证。

计算前轮侧偏与操纵情况时飞机处于静态平衡,一侧刹住的起落架上作用有回转扭矩和垂直载荷外,其他两个起落架上仅作用垂直地面反力,限制载荷系数垂直方向取 1.0,摩擦系数取 0.8。

第 25.499(a)款:计算载荷时,飞机重心处垂直载荷系数应取 1.0,各起落架阻力为 0;前起落架侧向载荷为 0.8 倍该处垂直反作用力,假设左、右主起落架的侧向载荷相等,为前起落架侧向载荷的一半,且方向相反。

第 25.499(b)款:当使用一侧主起落架刹车产生侧向载荷情况时,假设左、右主起落架侧向载荷相等且偏航合力矩为零来计算。

可给出平衡方程为:

(1) 垂直方向合外力为零。

(2) 侧向合外力为零。

(3) 俯仰合力矩为零。

(4) 滚转合力矩为零。

(5) 偏航合力矩为零。

此时,刹车主起落架上的阻力 0.8 倍该处垂直反作用力,其余起落架的阻力为 0。

第 25.499(c)款:前起落架的侧向载荷可取垂直载荷的 80%。

第 25.499(d)款:有效阻力载荷取垂直反作用力的 80%。通过计算得出的重心处向前作用的载荷与第 25.493(b)款规定的一个主起落架上的最大阻力载荷进行比较,限定在第 25.493(b)款规定的一个主起落架上的最大阻力载荷内。

第 25.499(e)款:取飞机设计停机坪重量(MRW),主起落架仅承受垂直载荷,前起落架除承受 1.33 倍最大静态反作用力的垂直力,还承受一扭矩。此时,各起落架阻力为 0,侧向力为 0。

随后,采用根据本条款计算得到的载荷,通过对起落架和机体结构进行静强度计算,来表明结构能够承受前轮侧偏与操纵情况出现的载荷。

3.5 符合性文件清单

通常,针对第 25.499 条的符合性文件清单如表 3-2 所示。

表 3-2 建议的符合性文件清单

序 号	符 合 性 报 告	符合性方法
1	起落架地面载荷计算报告	MOC2
2	机体结构地面操纵载荷计算报告	MOC2

（续表）

序　号	符 合 性 报 告	符合性方法
3	机体地面情况载荷系数计算报告	MOC2
4	某静力试验大纲	MOC4
5	某静力试验报告	MOC4

4　符合性判据

针对第 25.499 条,应符合以下要求。

（1）明确重量及重心位置,给出该构型状态下合理的载荷分布。

（2）前轮受侧向力作用时的受载状态:前轮接地点产生侧向载荷,值为该点垂直地面反作用力的 0.8;重心处垂直载荷系数为 1.0。

（3）一侧主起刹车时的受载状态:重心处垂直载荷系数为 1.0,侧向载荷系数为零;向前作用载荷为一侧主起垂直载荷的 80%。

（4）前起落架及其连接结构和前机身结构需考虑正常满操纵扭矩和等于前起落架最大静态反作用力 1.33 倍的垂直力的组合作用。

参考文献

［1］　14 CFR 修正案 25‐23 Transport Category Airplane Type Certification Standards［S］.

［2］　14 CFR 修正案 25‐46 Airworthiness Review Program Amendment No. 7［S］.

［3］　14 CFR 修正案 25‐91 Revised Structural Loads Requirements for Transport Category Airplanes［S］.

［4］　FAA. AC25‐21 Certification of Transport Airplane Structure［S］. 1999.

运输类飞机适航标准
第 25.503 条符合性验证

1 条款介绍

1.1 条款原文

第 25.503 条 回转

（a）假定飞机绕一侧主起落架回转，且该侧的刹车刹住。限制垂直载荷系数必须为 1.0，摩擦系数为 0.8。

（b）假定按附录 A 图 8 飞机处于静态平衡，而载荷作用在轮胎接地点上。

1.2 条款背景

第 25.503 条是飞机地面载荷的一种工况，制订此条的目的是保证飞机和起落架及其支承结构能够承受运营期间任何可能的载荷分布情况。

1.3 条款历史

第 25.503 条在 CCAR25 部初版首次发布，截至 CCAR－25－R4，该条款未进行过修订，如表 1－1 所示。

表 1－1 第 25.503 条条款历史

第 25.503 条	CCAR25 部版本	相关 14 CFR 修正案	备 注
首次发布	初版	—	

1985 年 12 月 31 日发布了 CCAR25 部初版，其中包含第 25.503 条，该条款参考 1964 年 12 月 24 日发布的 14 CFR PART 25 中的 §25.503 的内容制定。

2 条款解读

2.1 条款要求

回转情况是起落架受扭转力矩和其他载荷的综合加载情况。将一侧主起落架用刹车刹死，飞机将绕此机轮打转。对于多轮起落架，飞机将绕所有的机轮接触地面的形心打转。

本条款规定了飞机回转情况时的规章要求,按照规章附录 A 图 8(见图 2-1)的要求,飞机处于静态平衡,载荷作用在轮胎接地点上。假定飞机绕一侧主起落架回转,该侧的刹车刹住。限制垂直载荷系数必须为 1.0,摩擦系数为 0.8(此处是因为起落架刹住,所以不能用滚动摩擦系数)。

回转情况是主起落架受扭情况,其载荷主要用于主起防扭臂等零件及主起连接结构的设计,该载荷属于局部严重载荷情况,一般不是机体结构的严重情况。

2.2 相关条款

与第 25.503 条相关的条款如表 2-1 所示。

表 2-1 第 25.503 条相关条款

序 号	相关条款	相 关 性
1	第 25.471 条	是地面载荷总则性条款,对限制地面载荷进行了规定,按本分部得到的限制地面载荷是飞机与地面接触过程中施加于结构的外力
2	第 25.489 条	要求起落架和飞机结构必须按第 25.491 条至第 25.509 条中的情况进行检查,并规定了地面操纵情况的飞机状态

3 验证过程

3.1 验证对象

第 25.503 条的验证对象为机体结构和起落架。

3.2 符合性验证思路

通过 MOC2 载荷分析/计算来验证,具体如下:

假定飞机处于静态平衡,一侧刹住的主起落架上作用有回转扭矩和垂直载荷,其他两个起落架上仅作用垂直地面反力,限制载荷系数垂直方向为 1.0,摩擦系数为 0.8。各起落架上的垂直载荷根据如下平衡方程求得:

$$\sum F_Z = 0$$

$$\sum M_Y = 0$$

$$\sum M_X = 0$$

而一侧刹住机轮上的地面回转扭矩为

$$M = 0.8VL/2$$

式中:V——表示刹车机轮上所受的垂直总载荷;

L——对于共轴双轮主起落架为左右轮距。

3.3　符合性方法

通常,针对第25.503条的符合性验证方法如表3-1所示。

表3-1　建议的符合性方法

条　款　号	专　业	符 合 性 方 法										备　注
		0	1	2	3	4	5	6	7	8	9	
第25.503条	强　度			2									
第25.503条	起落架			2									

3.4　符合性验证说明

针对第25.503条,采用的符合性验证方法为MOC2,验证过程具体如下:计算时飞机处于静态位置,一侧刹住的起落架上作用有回转扭矩和垂直载荷外,其他两个起落架上仅作用垂直地面反力,限制载荷系数垂直方向取1.0,摩擦系数取0.8。根据前文的平衡方程计算得到各起落架的垂直载荷和刹住的起落架的扭转力矩。

3.5　符合性文件清单

通常,针对第25.503条的符合性文件清单如表3-2所示。

表3-2　建议的符合性文件清单

序　号	符 合 性 报 告	符合性方法
1	起落架地面载荷计算报告	MOC2
2	地面操作载荷计算报告	MOC2

4　符合性判据

按照条款规定的飞机状态、载荷系数和摩擦系数计算得到了相应的地面载荷。

参考文献

[1]　FAA. AC25-21 Certification of Transport Airplane Structure [S]. 1999.

运输类飞机适航标准第 25.507 条符合性验证

1 条款介绍

1.1 条款原文

第 25.507 条 倒行刹车

（a）飞机必须处于三点静止地面姿态，与地面平行的向前水平反作用力必须施加在每个带刹车机轮的接地点上，此限制载荷必须等于每一机轮垂直截荷①的 55%，或等于由 1.2 倍名义最大静刹车扭矩产生的载荷。两者中取小值。

（b）对于前轮式飞机，俯仰力矩必须由角惯性力平衡。

（c）对于尾轮式飞机，地面反作用力的合力必须通过飞机重心。

〔中国民用航空局 2011 年 11 月 7 日第四次修订〕

1.2 条款背景

第 25.507 条是飞机地面载荷的一种工况。其目的是保证飞机、起落架及其支承结构能够承受运营期间任何可能的载荷分布。

倒行刹车情况是指飞机在地面操作时，飞机向后牵引或使用反推力装置使飞机向后运动中刹车的载荷。

1.3 条款历史

第 25.507 条在 CCAR25 部初版首次发布，截至 CCAR‐25‐R4，该条款未进行过修订，如表 1‐1 所示。

表 1‐1 第 25.507 条条款历史

第 25.507 条	CCAR25 部版本	相关 14 CFR 修正案	备 注
首次发布	初版	—	

---

① 截荷应为载荷，原条款如此。——编注

1985 年 12 月 31 日发布了 CCAR25 部初版,其中包含第 25.507 条,该条款参考 1964 年 12 月 24 日发布的 14 CFR PART 25 中的 §25.507 的内容制定,内容保持一致。

2 条款解读

2.1 条款要求

倒行刹车就是飞机在倒行(使用反推力装置或向后牵引飞机的运动)过程中两个主轮同时使用刹车,起落架的地面反作用力就是倒行刹车的受载情况。

本条款规定了飞机必须处于三点静止地面姿态,与地面平行的向前水平反作用力必须施加在每个带刹车机轮的接地点上,此限制载荷必须等于每一机轮垂直载荷的 55%,或等于由 1.2 倍名义最大刹车扭矩产生的载荷。两者中取小值。

刹车引起的抬头力矩,对前轮式飞机,由重心处的惯性力矩来平衡。对尾轮式飞机,地面反作用力的合力必须通过飞机重心。

2.2 相关条款

与第 25.507 条相关的条款如表 2-1 所示。

表 2-1 第 25.507 条相关条款

序　号	相关条款	相　关　性
1	第 25.471 条	是地面载荷总则性条款,对限制地面载荷进行了规定,按本分部得到的限制地面载荷是飞机与地面接触过程中施加于结构的外力
2	第 25.489 条	要求起落架和飞机结构必须按第 25.491 条至第 25.509 条中的情况进行检查,并规定了地面操纵情况的飞机状态

3 验证过程

3.1 验证对象

第 25.507 条的验证对象为机体结构和起落架。

3.2 符合性验证思路

按照倒行刹车情况下的受载形式进行载荷分析。

3.3 符合性验证方法

通常,针对第 25.507 条的符合性验证方法如表 3-1 所示。

表 3-1　建议的符合性方法

条款号	专业	符合性方法										备注
		0	1	2	3	4	5	6	7	8	9	
第 25.507 条	强度			2								
	起落架			2								

3.4　符合性验证说明

针对第 25.507 条,采用的符合性验证方法为 MOC2,验证过程具体如下:

对第 25.507(a)款,设定飞机为三点静止地面姿态,将地面平行的向前水平反作用力施加在每个带刹车机轮的接地点上,此限制载荷必须等于每一机轮垂直载荷的 55%,或等于由 1.2 倍名义最大刹车扭矩产生的载荷,两者中取小值。

对第 25.507(b)款,适用于前轮式飞机,平衡方式为俯仰力矩必须由角惯性力平衡。

对第 25.507(c)款,适用于尾轮式飞机,地面反作用力的合力必须通过飞机重心。

在飞机静态位置,取飞机重心处的垂直载荷系数为 1.0,前轮式飞机刹车产生的俯仰力矩由角惯性力平衡,尾轮式飞机地面反作用力的合力通过飞机重心。由于倒行刹车情况所计算的是飞机使用刹车后,飞机要响应还未来得及相应的瞬间,因此该情况的平衡方程为

(1) 垂直方向合力为零。

(2) 仅有前、主起落架垂直载荷产生的俯仰合力矩为零。

(3) 滚转合力矩为零。

未安装刹车的起落架,向前水平反作用力为 0,安装刹车的起落架向前水平反作用力在 0.55 倍机轮垂直载荷和 1.2 倍名义最大刹车扭矩产生的载荷中取小值,无侧向载荷,建立平衡方程计算出倒行刹车情况下的机体载荷。

3.5　符合性文件清单

通常,针对第 25.507 条的符合性文件清单如表 3-2 所示。

表 3-2　建议的符合性文件清单

序号	符合性报告	符合性方法
1	起落架地面载荷计算报告	MOC2
2	地面操作载荷计算报告	MOC2

4　符合性判据

针对第 25.507(a)款,计算时采用了规定的飞机地面姿态及加载点,取 1.2 倍

名义静刹车扭矩产生的摩擦阻力系数与垂向载荷 55% 中的较小值。

　　针对第 25.507(b)(c)款,根据飞机起落架布局形式,考虑了适用的载荷要求。

参考文献

FAA. AC25 - 21 Certification of Transport Airplane Structure [S]. 1999.

运输类飞机适航标准
第 25.509 条符合性验证

1 条款介绍

1.1 条款原文

第 25.509 条 牵引载荷

(a) 本条(d)规定的牵引载荷必须分别考虑。这些载荷必须施加于牵引接头上,且平行于地面。此外,采用下列规定:

(1) 作用于重心处的垂直载荷系数必须等于 1.0;

(2) 减震支柱和轮胎必须处于其静态位置;

(3) WT 为设计机坪重量,牵引载荷 F_{TOW} 取下列数值:

(i) $0.3W_{Tg}$(牛顿),对 W_T 小于 13,600 公斤的飞机;

(ii) $[(6WT+204,100)/70] \times g$(牛顿),对 W_T 在 13,600 公斤到 45,400 公斤的飞机;

(iii) $0.15W_{Tg}$(牛顿),对 W_T 超过 45,400 公斤的飞机;

公制:

(i) $0.3W_T$(公斤),对 W_T 小于 13,600 公斤的飞机;

(ii) $(6W_T+204,100)/70$(公斤),对 W_T 在 13,600 公斤到 45,400 公斤的飞机;

(iii) $0.15W_T$(公斤),对 W_T 超过 45,400 公斤的飞机;

英制:

(i) $0.3W_T$(磅),对 WT 小于 30,000 磅的飞机;

(ii) $(6W_T+450,000)/7$(磅),对 W_T 在 30,000 磅到 100,000 磅的飞机;

(iii) $0.15W_T$(磅),对 W_T 超过 100,000 磅的飞机;

(b) 对于牵引点不在起落架上但靠近飞机对称平面的情况,采用为辅助起落架规定的阻力和侧向牵引载荷分量。对于牵引点位于主起落架外侧的情况,采用为主起落架规定的阻力和侧向牵引载荷分量,在不能达到规定的旋转角时,必须采用可能达到的最大旋转角。

(c) 本条(d)规定的牵引载荷必须受到如下的反作用：

(1) 在主起落架上的牵引载荷的侧向分量，必须受到侧向力反作用，该侧向力作用于承受此载荷的机轮的静地面线上：

(2) 在辅助起落架上的牵引载荷以及在主起落架上的牵引载荷的阻力方向分量，必须受到下述载荷的反作用：

(i) 在承受牵引载荷的机轮轴线上，必须施加一个反作用力，其最大值等于垂直反作用力，为达到平衡，必须施加足够的飞机惯性力；

(ii) 所有载荷必须由飞机惯性力相平衡。

(d) 规定的牵引载荷如下：

牵引点	位 置	载 荷		
		数 值	序号	方 向
主起落架		每个主起落架 $0.75F_{TOW}$	1	向前,平行于阻力轴
			2	向前,与阻力轴成30°
			3	向后,平行于阻力轴
			4	向后,与阻力轴成30°
辅助起落架	转向前	$1.0F_{TOW}$	5	向前
			6	向后
	转向后		7	向前
			8	向后
	从前面转45°	$0.5F_{TOW}$	9	向前,在机轮平面内
			10	向后,在机轮平面内
	从后面转45°		11	向前,在机轮平面内
			12	向后,在机轮平面内

1.2 条款背景

第25.509条的目的是保证飞机、牵引接头和支承结构能够承受运营过程中可能的牵引载荷。

1.3 条款历史

第25.509条在CCAR25部初版首次发布，截至CCAR-25-R4，该条款未进行过修订，如表1-1所示。

1985年12月31日发布了CCAR25部初版，其中包含第25.509条，该条款参考1964年12月24日发布的14 CFR PART 25中的§25.509的内容制定。

表 1 - 1　第 25.509 条条款历史

第 25.509 条	CCAR25 部版本	相关 14 CFR 修正案	备　　注
首次发布	初版	—	

2　条款解读

2.1　条款要求

第 25.509(a) 款规定了本条(d)款规定的牵引载荷必须分别考虑,这些载荷必须施加于牵引接头上,且平行于地面。同时,规定了作用于重心处的垂直载荷系数必须等于 1.0;减震支柱和轮胎必须处于其静态位置;本条款中的 W_T 为设计机坪重量。根据不同级别的设计机坪重量情况规定了对应的牵引载荷 F_{TOW}。

第 25.509(b) 款规定了牵引点不在起落架上时,确定牵引力的方法。

第 25.509(c) 款规定了牵引点载荷的平衡方法。

第 25.509(d) 款具体规定了牵引载荷值。

2.2　相关条款

与第 25.509 条相关的条款如表 2 - 1 所示。

表 2 - 1　第 25.509 条相关条款

序　号	相 关 条 款	相　　关　　性
1	第 25.471 条	是地面载荷的总则性条款,对限制地面载荷进行了规定,按本分部得到的限制地面载荷是飞机与地面接触过程中施加于结构的外力
2	第 25.489 条	要求起落架和飞机结构必须按第 25.491 条至第 25.509 条中的情况进行检查,并规定了地面操纵情况的飞机状态

3　验证过程

3.1　验证对象

第 25.509 条的验证对象为起落架及支承结构。

3.2　符合性验证思路

需按照条款规定的牵引载荷进行载荷分析/计算来验证,具体如下:

针对第 25.509(a) 款,必须分别考虑第 25.509(d) 款规定的牵引载荷,这些载荷必须施加于牵引接头上,且平行于地面。同时,规定了作用于重心处的垂直载荷系数必须等于 1.0;减震支柱和轮胎必须处于其静态位置;W_T 为设计机坪重量。根据不同设计机坪重量情况确定相应的牵引载荷值 F_{TOW}。

针对第 25.509(b)款,对于牵引点不在起落架上但靠近飞机对称平面的情况,需采用为辅助起落架规定的阻力和侧向牵引载荷分量。对于牵引点位于主起落架外侧的情况,需采用为主起落架规定的阻力和侧向牵引载荷分量,在不能达到规定的旋转角时,必须采用可能达到的最大旋转角。

针对第 25.509(c)款,计算牵引载荷的反作用力,该反作用力需由飞机惯性力相平衡。

针对第 25.509(d)款,需按照给出的牵引载荷大小和方向进行计算。

3.3　符合性验证方法

通常,针对第 25.509 条的符合性验证方法如表 3-1 所示。

表 3-1　建议的符合性方法

条　款　号	专　业	符　合　性　方　法										备　注
		0	1	2	3	4	5	6	7	8	9	
第 25.509 条	强　度			2								
	起落架			2								

3.4　符合性验证说明

针对第 25.509 条,采用的符合性方法为 MOC2,验证过程具体如下:

3.4.1　牵引载荷

牵引载荷需分别施加于牵引接头上,且平行于地面。

3.4.2　牵引载荷的确定

牵引载荷 F_{TOW} 的确定:根据飞机重量(W_T 为设计机坪重量)确定牵引载荷值。

3.4.3　根据牵引点的位置确定牵引载荷

(1) 牵引点在前、主起落架上,则牵引载荷分别按本条(d)款的取值规定。

(2) 牵引点不在起落架上,但靠近飞机对称平面,则牵引载荷取辅助起落架的规定值。

(3) 牵引点在主起落架两侧,则牵引载荷取主起落架的规定值。在牵引中前轮强迫定向时,牵引载荷的方向与前进方向的夹角不允许超过前起落架的极限转角。偏转角一般应满足本条(d)款中要求的偏转角度。如果结构达不到,则可取结构设计允许的最大偏转角。

3.4.4　牵引时飞机的平衡与地面反力

垂直载荷分别作用在前、主起落架上,通过轮轴中心且垂直地面,其值为 $1.0W_{Tg}$。

在辅助起落架上的牵引载荷以及在主起落架上的牵引载荷的阻力方向分量,必须受到下述载荷的反作用:

（1）在承受牵引载荷的机轮轴线上，必须施加一个反作用力，其最大值等于垂直反作用力，为达到平衡，必须施加足够的飞机惯性力。

（2）所有载荷必须由飞机惯性力相平衡。

在主起落架上的牵引载荷的侧向分量由机轮接地点上的静侧向力平衡。

3.4.5　基本规定和假设

（1）飞机处于地面三点姿态。

（2）对于主起牵引情况，考虑设计机坪重量下的重心后限，对于前起牵引情况，考虑设计机坪重量下的重心前限。

（3）飞机质量取设计机坪质量 W_T。

（4）不考虑机翼升力。

（5）作用于重心处的垂直载荷系数为 1.0。

（6）减震支柱和轮胎必须处于静态位置。

3.5　符合性文件清单

通常，针对第 25.509 条的符合性文件清单如表 3 - 2 所示。

表 3 - 2　建议的符合性文件清单

序　号	符　合　性　报　告	符合性方法
1	起落架地面载荷计算报告	MOC2
2	地面操作载荷计算报告	MOC2
3	地面操作惯性载荷计算报告	MOC2

4　符合性判据

采用了条款规定的牵引载荷确定方法计算得牵引载荷。其中：

（1）飞机重心处垂直载荷系数取 1.0。

（2）减震支柱和轮胎处于静态位置。

（3）按所属设计机坪重量级别对应的公式计算出 F_{TOW}。

（4）根据牵引点位置，确定牵引载荷。

（5）按照(c)款的要求计算阻力和侧向反力。

（6）垂直载荷的大小可根据垂直载荷系数为 1.0 及平衡方程得到。

参考文献

[1]　FAA. AC25 - 21 Certification of Transport Airplane Structure [S]. 1999.

运输类飞机适航标准
第 25.511 条符合性验证

1 条款介绍

1.1 条款原文

第 25.511 条 地面载荷：多轮起落架装置上的非对称载荷

（a）总则 假定多轮起落架装置承受本分部本条（b）至（f）规定的限制地面载荷。此外，采用下列规定：

（1）串列支柱式起落架结构是一种多轮装置；

（2）依据本条（b）至（f）确定起落架装置的总载荷时，可以忽略因轮组上载荷非对称分配所引起的载荷合力作用点的横向位移。

（b）限制载荷在轮组上的分布、充气轮胎 对于每一着陆、滑行和地面操作情况，必须计及下列因素的影响来确定起落架轮组上限制载荷的分配：

（1）机轮数目及其实际排列。对于车架式起落架装置，在确定前、后各对机轮的最大设计载荷时，必须考虑着陆撞击过程中车架的任何跷板运动的影响；

（2）由于制造允差、轮胎膨胀和轮胎磨损的组合引起的各轮胎直径的任何差异。可以假定轮胎直径的最大差异等于计及制造允差、轮胎膨胀和轮胎磨损以后得到的各种直径变化最不利组合的 2/3；

（3）任何不等的轮胎充气压力，假定最大变化量为轮胎名义充气压力的 ±5%；

（4）拱度为零的跑道，以及可近似表示为与水平面成 1.5% 斜率的上拱型跑道。对前起落架装置，路拱的影响必须按位于路拱每一侧斜坡上的状态来考虑；

（5）飞机姿态；

（6）任何结构变位。

（c）泄气轮胎 必须根据本条（d）至（f）规定的载荷情况考虑泄气轮胎对结构的影响，并计及机轮的实际排列情况。此外，采用下列规定：

（1）对于多轮起落架装置，必须考虑其中任何一个轮胎泄气，对于有四个或更多机轮的起落架装置，必须考虑其中任何两个临界轮胎的泄气；

（2）地面反作用力必须施加在轮胎充气的那些机轮上。但是，对于有一个以上减震支柱的多轮起落架装置,可以考虑由于轮胎泄气引起的减震支柱伸出长度的差异,把地面反作用力合理地分配给泄气和充气轮胎。

(d)着陆情况 对于有一个和两个轮胎泄气的情况,施加于每个起落架装置上的载荷,假定分别为每一规定着陆情况中作用在每一起落架的限制载荷的 60% 和 50%。但是,对于第 25.485 条侧向载荷情况,必须施加垂直载荷的 100%。

(e)滑行和其它地面操作情况 对于有一个和两个轮胎泄气的情况,采用下列规定:

(1)重心处施加的侧向载荷系数或阻力载荷系数或同时作用的此两者,必须是最临界的数值,其值可分别达到规定的滑行和其它地面操作情况中最严重情况的限制载荷系数(限制侧向载荷系数或限制阻力载荷系数或同时作用的此两者)的 50%(一轮泄气)和 40%(两轮泄气);

(2)对于第 25.493(a)和(b)(2)条的滑行刹车情况,每个充气轮胎上的阻力载荷,不得小于无泄气轮胎载荷对称分配时每个轮胎上的阻力载荷;

(3)重心处的垂直载荷系数必须分别为无泄气轮胎时载荷系数的 60%(一轮泄气)和 50%(两轮泄气),但不得小于 1.0;

(4)不必考虑回转情况。

(f)牵引情况 对于有一个和两个泄气轮胎的情况,牵引载荷 F_{TOW} 必须分别为规定载荷的 60% 和 50%。

〔中国民用航空局 2011 年 11 月 7 日第四次修订〕

1.2 条款背景

通常来说,起落架支柱并非仅对应一个机轮,而是对应两个或更多机轮,因此必须明确地面总载荷在各机轮上的分配关系,确定了分配关系后,方可对轮轴支架及起落架结构进行内力分析。

第 25.511 条的目的是保证起落架和支承结构能够承受运营过程中可能的分布载荷。

1.3 条款历史

第 25.511 条在 CCAR25 部初版首次发布,截至 CCAR - 25 - R4,该条款未进行过修订,如表 1 - 1 所示。

表 1 - 1 第 25.511 条条款历史

第 25.511 条	CCAR25 部版本	相关 14 CFR 修正案	备　注
首次发布	初版	—	

1985 年 12 月 31 日发布了 CCAR25 部初版,其中包含第 25.511 条,该条款参考 1964 年 12 月 24 日发布的 14 CFR PART 25 中的 §25.511 的内容制定。

2 条款解读

2.1 条款要求

2.1.1 第 25.511(a)款

第 25.511(a)款规定了多轮起落架装置要承受本条(b)至(f)款规定的限制地面载荷。通常来说,起落架支柱并非仅对应一个机轮,而是对应两个或更多机轮,因此必须进一步明确地面总载荷在各机轮上的分配关系,确定了分配关系后,方可对轮轴支架及起落架结构进行内力分析。同时规章也明确:串列支柱式起落架结构是一种多轮装置;依据本条(b)至(f)款确定起落架装置的总载荷时,可以忽略因轮组上载荷非对称分配所引起的载荷合力作用点的横向位移。

2.1.2 第 25.511(b)款

第 25.511(b)款规定了对于充气轮胎,每一着陆、滑行和地面操作情况,在确定起落架轮组上限制载荷的分配时必须考虑的因素。对于充气轮胎,多轮式起落架除考虑总载荷在各个机轮上等值分配外,还要考虑总载荷在各个机轮上的非对称分配情况。本款给出了影响起落架轮组上限制载荷分配的因素。

2.1.3 第 25.511(c)款

第 25.511(c)款规定了对于泄气轮胎,必须根据本条(d)、(e)、(f)款规定的载荷情况考虑泄气轮胎对结构的影响,并计及机轮的实际排列情况。同时,规章对起落架的泄气轮胎数量及地面作用力施加方式也进行了规定:

(1)对于多轮起落架装置,必须考虑其中任何一个轮胎泄气,对于有四个或更多机轮的起落架装置,必须考虑其中任意两个临界轮胎泄气的情况。

(2)地面反作用力必须施加在轮胎充气的那些机轮上。但是,对于有一个以上减震支柱的多轮起落架装置,可以考虑由于轮胎泄气引起的减震支柱伸出长度的差异,把地面反作用力合理地分配给泄气和充气轮胎。

2.1.4 第 25.511(d)、(e)、(f)款

第 25.511(d)、(e)、(f)款具体规定了在着陆情况、滑行和其他地面操作情况以及牵引情况下发生轮胎泄气时的载荷要求。

2.2 相关条款

与第 25.511 条相关的条款如表 2-1 所示。

表 2-1 第 25.511 条相关条款

序 号	相关条款	相 关 性
1	第 25.471 条	是地面载荷总则性条款,对限制地面载荷进行了规定,按本分部得到的限制地面载荷是飞机与地面接触过程中施加于结构的外力

3　验证过程

3.1　验证对象

第 25.511 条的验证对象为起落架轮胎、轮轴等结构。

3.2　符合性验证思路

在多轮起落架设计时,通过计算分析确定轮组中轮胎充气及泄气情况下,飞机着陆、滑行、牵引等地面操纵情况下的限制载荷,并使用该载荷进行强度计算。

针对第 25.511(a)款,该款要求是对多轮式起落架非对称载荷的总体要求,主要通过(b)款至(f)款验证中考虑此要求即可。

针对第 25.511(b)款,对于充气轮胎,需要考虑机轮数目及其实际排列、轮胎直径的差异、轮胎充气压力的不均匀、跑道凸度、飞机姿态和结构变形等因素来确定起落架轮组上限制载荷的分配。可采用静力分析的方法计算多轮载荷的分配问题。按照这种方法计算出的结果不仅有载荷,而且有结构变形,因此在强度分析中,不仅计入了结构变形引起的载荷重新分配,而且考虑了由于载荷作用点的偏移而引起的附加力矩。

针对第 25.511(c)款,对于泄气轮胎,需要根据本条(d)款至(f)款规定的载荷情况考虑泄气轮胎对结构的影响,并计及机轮的实际排列情况。同时,需按规定考虑起落架的泄气轮胎数量和地面作用力施加方式。

针对第 25.511(d)款至(f)款,在着陆情况、滑行和其他地面操作情况以及牵引情况下发生有一个和两个轮胎泄气的情况时,施加于每个起落架装置上的载荷需按各款给出起落架载荷要求取值。

3.3　符合性验证方法

通常,针对第 25.511 条的符合性验证方法如表 3 - 1 所示。

表 3 - 1　建议的符合性方法

条　款　号	专　业	符 合 性 方 法										备　注
		0	1	2	3	4	5	6	7	8	9	
第 25.511 条	起落架			2									

3.4　符合性验证说明

针对第 25.511 条,采用的符合性验证方法为 MOC2,验证过程具体如下。

第 25.511(a)款:起落架轮胎载荷分配考虑并满足(b)款至(f)款要求,明确串列支柱小式起落架结构是一种多轮装置;依据(b)款至(f)款确定起落架装置的总载荷时,可以忽略因轮组上载荷非对称分配所引起的载荷合力作用点的横向位移。

第 25.511(b)款:对于每一着陆、滑行和地面操作情况,充气轮胎上的载荷分配,计及机轮数目及其实际排列、轮胎直径的差异、轮胎充气压力的不均匀、跑道拱度、飞机姿态和结构变形等因素后,确定起落架轮组上限制载荷的分配比例。

考虑到结构变形对载荷的重新分配有较大的影响,为了便于分析和计算,将整个起落架分为两部分考虑,以活塞杆与车架的交点为分隔点,分为上下两部分,上部分的变形采用小变形原理,用位移法求解,而下部分的结构(包括车架和轮胎)采用大变形原理。平衡方程的建立以变形后的结构为准,这样就出现了非线性方程,需用反复迭代的方法求解载荷。

第 25.511(c)款:根据(d)款至(f)款要求确定的载荷系数、起落架机轮数量,确定泄气轮胎数量及位置,通过载荷平衡方程计算轮胎载荷。

第 25.511(d)款至(f)款:在有轮胎泄气状态的着陆及地面操作情况下,按照条款要求,将无泄气轮胎的相应设计情况下重心处垂直载荷系数、阻力载荷系数和侧向载荷系数乘以相应的折减系数,并考虑由于轮胎泄气引起起落架轮胎压缩量的变化,由此计算得到有轮胎泄气状态下的着陆及地面操作载荷。

3.5　符合性文件清单

通常,针对第 25.511 条的符合性文件清单如表 3-2 所示。

表 3-2　建议的符合性文件清单

序　号	符 合 性 报 告	符合性方法
1	起落架地面载荷计算报告	MOC2

4　符合性判据

针对第 25.511(a)款,按照条款规定的多轮起落架装置非对称载荷情况的要求计算得到地面载荷。

针对第 25.511(b)款,在对充气轮胎进行载荷分配时考虑了列出的要素。

针对第 25.511(c)款至(f)款,在着陆及地面操纵情况下,按规定考虑了载荷分配系数。

参考文献

[1]　FAA. AC25-21 Certification of Transport Airplane Structure [S]. 1999.

运输类飞机适航标准
第 25.519 条符合性验证

1 条款介绍

1.1 条款原文

第 25.519 条　顶升和系留装置

（a）总则　飞机必须设计成在最临界的重量和重心组合情况下,能够承受本条(b)和(当适用时)本条(c)的地面静载荷情况所引起的限制载荷。必须规定每个千斤顶垫的最大允许限制载荷。

（b）顶升　飞机上必须有顶升用的设施,当飞机支承于千斤顶上时,这些设施必须能承受下列限制载荷:

（1）当由起落架顶升飞机的最大停机坪重量时,飞机结构必须设计成能承受单独作用于每个顶升点的垂直静反作用力 1.33 倍的垂直载荷,以及该垂直载荷与 0.33 倍垂直静反作用力的沿任何方向作用的水平载荷的组合;

（2）当由飞机其它结构顶升飞机的最大批准顶升重量时:

（i）飞机结构必须设计成能承受单独作用于每个顶升点的垂直静反作用力 1.33 倍的垂直载荷,以及该垂直载荷与 0.33 倍垂直静反作用力的沿任何方向作用的水平载荷的组合;

（ii）千斤顶垫与局部结构必须设计成能承受单独作用于每个顶升点的垂直静反作用力 2.0 倍的垂直载荷,以及该垂直载荷与 0.33 倍垂直静反作用力的沿任何方向作用的水平载荷的组合;

（c）系留　提供系留点时,主系留点及局部结构必须能承受任何方向的 120 公里/小时(65 节)水平风引起的限制载荷。

〔中国民用航空局 1995 年 12 月 18 日第二次修订,2011 年 11 月 7 日第四次修订〕

1.2 条款背景

第 25.519 条的目的是为飞机顶升及系留提出最低设计要求。

1.3 条款历史

第 25.519 条在 CCAR25 部第 2 版首次发布,截至 CCAR - 25 - R4,该条款未

进行过修订,如表 1-1 所示。

表 1-1 第 25.519 条条款历史

第 25.519 条	CCAR25 部版本	相关 14 CFR 修正案	备 注
首次发布	第 2 版	25-81	

1995 年 12 月 18 日发布了 CCAR25 部第 2 版,其中包含第 25.519 条,该条款参考 FAA 发布的 14 CFR 修正案 25.81 中 §25.519 的内容制定。

1994 年,FAA 发布 14 CFR 修正案 25-81,新增 §25.519 以明确对飞机顶升和系留的设计要求,确保在顶升操作过程中保护飞机主要结构,并避免阵风造成的系留损伤。

2 条款解读

2.1 条款要求

第 25.519(a)款规定飞机在最临界的重量和重心组合下,飞机结构须满足飞机顶升装置产生的载荷要求,且须规定每个千斤顶垫的最大允许限制载荷。

第 25.519(b)款规定了当由起落架顶升飞机的最大停机坪重量时,飞机结构必须设计成能承受下列限制载荷情况:

(1) 单独作用于每个顶升点的垂直静反作用力 1.33 倍的垂直载荷。

(2) 该垂直载荷与 0.33 倍垂直静反作用力的沿任何方向作用的水平载荷的组合。

当由飞机其他结构顶升飞机的最大批准顶升重量时,飞机结构必须设计成能承受下列限制载荷情况:

(1) 单独作用于每个顶升点的垂直静反作用力 1.33 倍的垂直载荷。

(2) 该垂直载荷与 0.33 倍垂直静反作用力的沿任何方向作用的水平载荷的组合。

此时,千斤顶垫与局部结构必须设计成能承受下列限制载荷情况:

(1) 单独作用于每个顶升点的垂直静反作用力 2.0 倍的垂直载荷。

(2) 该垂直载荷与 0.33 倍垂直静反作用力的沿任何方向作用的水平载荷的组合。

第 25.519(c)款规定了主系留点及周围结构必须能承受来自任何水平方向风速直至 120 公里/小时(65 节)时的系留限制载荷。

2.2 相关条款

与第 25.519 条相关的条款如表 2-1 所示。

表 2-1 第 25.519 条相关条款

序号	相关条款	相关性
1	第 25.471 条	是地面载荷总则性条款,对限制地面载荷进行了规定,按本分部得到的限制地面载荷是飞机与地面接触过程中施加于结构的外力

3 验证过程

3.1 验证对象

第 25.519 条的验证对象为机体结构和起落架。

3.2 符合性验证思路

针对第 25.519(a)款,通过载荷计算得到顶升载荷,并用静强度计算和静力试验来验证飞机顶升结构、千斤顶垫及机体主要结构能够承受本条规定的限制载荷。

针对第 25.519(b)款,通过载荷计算分别算得由起落架顶升飞机的最大停机坪重量时、由飞机其他结构顶升飞机的最大批准顶升重量时的机体顶升载荷和千斤顶垫与局部结构的顶升载荷,采用静强度计算和静力试验来验证机体结构、千斤顶垫与局部结构分别能承受相应的限制载荷。

针对第 25.519(c)款,通过载荷计算得到任何方向 120 公里/小时(65 节)风速水平风引起的系留限制载荷,采用静强度计算和静力试验来验证主系留点及局部结构能承受上述系留限制载荷。

3.3 符合性验证方法

通常,针对第 25.519 条的符合性验证方法如表 3-1 所示。

表 3-1 建议的符合性方法

条款号	专业	符合性方法										备注
		0	1	2	3	4	5	6	7	8	9	
第 25.519 条	起落架			2		4						

3.4 符合性验证说明

针对第 25.519 条,采用的符合性验证方法包括 MOC2 和 MOC4,各项验证具体工作如下:

1) MOC2 验证过程

首先确定顶升和系留点在飞机上的布置。

计算机体结构和起落架顶起载荷:计算前、后重心情况下最大设计顶起重量时和最大批准顶升重量时的飞机结构载荷,包括 1.33 倍垂直静反力及 1.33 倍垂直静反力叠加水平方向 0.33 倍垂直静反力。

计算顶垫及局部结构载荷：计算前、后重心情况下由飞机其他结构顶升飞机的最大批准顶升重量时的顶垫及局部结构载荷，包括 2 倍垂直静反力以及 2 倍垂直静反力叠加水平方向 0.33 倍垂直静反力。

计算系留载荷：计算各方向（可以以 15°为单位间隔水平旋转 360°）水平风引起的系留限制载荷，水平风速为 120 公里/小时。根据气动力的大小及压心位置，分别计算出飞机各系留点上的系留载荷。

2) MOC4 验证过程

通过顶升系留静力试验，验证飞机在最临界的重量和重心组合情况下，能承受第 25.519 条规定的限制载荷。

试验时，通过加载控制设备对加载点处施加限制载荷和极限载荷，通过数据采集设备对应变和位移进行测量，采用撬杠等形式使飞机处于悬空状态，并在每个约束点上安装载荷传感器。加载设备安装完成后，分别对各加载点施加不超过 10% 极限载荷的调试载荷，对各加载点进行单点调试。调试合格后进行预试后开始限制载荷和极限载荷试验。试验结果满足试验大纲要求即可。

3.5 符合性文件清单

通常，针对第 25.519 条的符合性文件清单如表 3 - 2 所示。

表 3 - 2 建议的符合性文件清单

序 号	符 合 性 报 告	符合性方法
1	飞机顶起系留载荷计算报告	MOC2
2	飞机顶起系留静力试验大纲	MOC4
3	飞机顶起系留静力试验报告	MOC4

4　符合性判据

采用了条款规定的顶升系留载荷计算要求计算得到顶升系留载荷，且飞机结构在最临界的重量和重心组合情况下能够承受限制载荷 30 秒而无有害变形。具体为：

针对第 25.519(a)款，顶起和系留装置满足限制载荷和极限载荷；

针对第 25.519(b)款，顶起限制载荷是根据条款要求确定的；

针对第 25.519(c)款，系留限制载荷是根据本款要求确定的。

参考文献

[1]　FAA. AC25 - 21 Certification of Transport Airplane Structure [S]. 1999.

[2]　FAA. AC20 - 35C Tieidown Sense [S]. 1983.

运输类飞机适航标准
第25.561条符合性验证

1 条款介绍

1.1 条款原文

第25.561条　总则

(a) 尽管飞机在陆上或水上应急着陆情况中可能损坏,但飞机必须按本条规定进行设计,以在此情况下保护乘员。

(b) 结构的设计必须能在轻度撞损着陆过程中并在下列条件下,给每一乘员以避免严重受伤的一切合理机会:

(1) 正确使用座椅、安全带和所有其它为安全设计的设备;

(2) 机轮收起(如果适用);

(3) 乘员分别经受到下列每一项相对于周围结构的极限惯性载荷系数:

(i) 向上,3.0 g;

(ii) 向前,9.0 g;

(iii) 侧向,对于机身为3.0 g;对于座椅及其连接件为4.0 g;

(iv) 向下,6.0 g;

(v) 向后,1.5 g。

(c) 设备、客舱中的货物和其它大件物品应符合下列要求:

(1) 除了本条(c)(2)中的要求之外,必须妥善安置这些物体,如果松脱也不太可能:

(i) 直接伤及乘员;

(ii) 穿透油箱、管路或损坏相邻系统而引发火灾或伤害性的爆炸;

(iii) 使应急着陆后使用的任何撤离设施失效。

(2) 如果这种安置方式(例如,机身安装的发动机或辅助动力装置)不可行的话,则这种设计应能在本条(b)(3)所确立的载荷条件下固定住每一物件。若这些物件因为经常拆卸而承受严重磨损和撕拉(例如:快速更换内部物件)那么这些局部连接设计应可承受1.33倍的规定载荷。

(d) 在直到本条(b)(3)所规定的各种载荷作用下,座椅和物件(及其支撑结构)不得变形以至妨碍乘员相继迅速撤离。

〔中国民用航空局 1990 年 7 月 18 日第一次修订,2001 年 5 月 14 日第三次修订,2011 年 11 月 7 日第四次修订〕

1.2 条款背景

第 25.561 条对应急着陆情况下的飞机结构、座椅及约束系统和内饰等提出了总体要求。其目的是确保乘客在飞机应急着陆/着水之后,拥有避免受到严重伤害的合理机会。

1.3 条款历史

第 25.561 条在 CCAR25 部初版首次发布,截至 CCAR-25-R4,该条款共修订过 2 次,如表 1-1 所示。

表 1-1 第 25.561 条条款历史

第 25.561 条	CCAR25 部版本	相关 14 CFR 修正案	备 注
首次发布	初版	25-23	
第 1 次修订	R1	25-64	
第 2 次修订	R3	25-91	

1.3.1 首次发布

1985 年 12 月 31 日发布了 CCAR25 部初版,其中包含第 25.561 条,该条款参考 1964 年 12 月 24 日发布的 14 CFR PART 25 中的 §25.561 并结合 14 CFR 修正案 25-23 的内容制定。14 CFR 修正案 25-23 限定 §25.561(b)(3)所规定的极限惯性载荷系数是"分别经受"的,明确乘员在分别承受四个方向的极限惯性载荷系数时,飞机的结构设计(包括座椅)应该能够保证乘员的安全性。

1.3.2 第 1 次修订

1990 年发布的 CCAR-25-R1 对第 25.561 条进行了第 1 次修订,本次修订参考了 14 CFR 修正案 25-64 的内容:通过修订 §25.561(b)(3)中乘员所承受的极限惯性载荷系数,提高了 §25.561(b)(3)中的静态强度要求。提高后的静强度要求将确保客舱地板结构、座椅导轨、连接、固定质量项目和座椅具有更统一的安全水平,提高后的侧向静强度要求和新增的向后静强度要求限制了应急撤离通道的堵塞,可以改善应急着陆后的快速撤离状况。

另外删除了之前 §25.561(b)(3)(iv)中"如果飞机的能量吸收特性使得飞机在设计着陆重量、不少于 5 英尺/秒极限下沉速度的应急着陆状态下具有较低的载荷系数,可以使用该较低的载荷系数"的规定。该修订不再允许申请人采用低于 §25.561(b)(3)(iv)所规定的载荷系数。增加 §25.561(d),该要求是为了确保在可幸免的应急着陆之后,乘员的应急撤离通道依然保留,可使乘员在短时间内迅速撤离以免受严重伤害。

最后增加了座椅动态试验要求并明确了两种动态试验状态：

（1）垂直和纵向载荷结合的试验状态模拟高速垂直下沉之后的地面撞击，确保座椅可以减缓乘员因垂向载荷导致脊椎受伤。

（2）纵向载荷占支配地位，模拟飞机与地面障碍物发生水平撞击，从而评价乘员约束系统和座椅结构性能。

这两种动态试验标准适用于所有的运输类飞机，与飞机尺寸无关。这两条座椅动态试验标准构成了第 25.562 条的一部分。

1.3.3　第 2 次修订

2001 年 5 月 14 日发布的 CCAR - 25 - R3 对第 25.561 条进行了第 2 次修订，本次修订参考了 14 CFR 修正案 25 - 91 的内容，修订了 §25.561(c)。对设备和客舱中的货物和其他大件物品等可能松脱的部件给出了更为详细的要求，要求即使出现松脱也不太可能造成严重后果；若这些物件因为经常拆卸而承受严重磨损和撕拉，那么局部连接设计应可承受 1.33 倍的规定载荷，降低了在坠撞事故中乘员受到来自这些结构或物品的伤害的概率。

2　条款解读

2.1　条款要求

第 25.561(a) 款提出了飞机在应急着陆情况下的一般设计要求，即此时允许飞机有所损坏，但与乘员安全有关的结构和设备必须满足第 25.561(b)、(c)、(d) 款的要求，避免乘员遭受严重伤害。

第 25.561(b) 款要求飞机在采用合理措施的条件下，能够在第 25.561(b)(3) 项所规定的每一载荷状况下，为乘员提供安全保护，避免乘员在轻度撞损应急着陆过程中受到严重伤害。

1）修订前应急着陆条件

在 14 CFR 修正案 25 - 64 之前，§25.561(b)(3)(iv) 规定的应急着陆条件为：

（1）飞机以最大设计重量、不少于 5 英尺/秒垂直速度降落。对于起落架可收起的飞机需要考虑以下两种起落架状态：① 所有起落架收起；② 一个或多个起落架收起。

（2）地面滑行：① 所有起落架收起，飞机在最大 20° 的偏航角范围滑行；② 飞机在一个或多个起落架收起的状态下滑行。

（3）起落架因为任何合理的垂直载荷和拖拽载荷联合作用而失效。

2）采用的合理措施

可采用的合理措施如下：

（1）正确使用座椅、安全带和所有其他为安全设计的设备。

（2）机轮收起（如果适用）。该措施是对于起落架可收放的飞机而言。为了考虑最不利的情况，第25.561(b)(2)项要求对于起落架可收起的飞机，要表明在起落架收起状态下满足本条要求，另外还需考虑一个和多个起落架因故障或其他原因不能收起的情况，避免乘员受到严重伤害。

第25.561(b)(3)项所规定的载荷均为极限载荷，在进行验证时只需对第25.561(b)(3)项所规定的每种载荷状况进行单独考虑，不必将多种载荷状况合在一起考虑。

第25.561(c)款要求考虑的对象为设备与客舱中的货物和其他大件物品等质量项目，这些质量项目不能造成第25.561(c)(1)项中(i)目至(iii)目所述的后果。

第25.561(d)款要求座椅和质量项目及其支承结构的变形不能影响在轻度撞损着陆后乘员迅速撤离飞机。

2.2　相关条款

与第25.561条相关的条款如表2-1所示。

表 2-1　第 25.561 条相关条款

序　号	相关条款	相　关　性
1	第 25.785 条	第 25.785 条规定座椅、卧铺、安全带和肩带需要考虑第 25.561 条的要求
2	第 25.787 条	第 25.787 条规定存储舱需要考虑第 25.561(b) 款的要求
3	第 25.789 条	第 25.789 条规定客舱和机组舱以及厨房中物件的固定需要考虑第 25.561(b) 款的要求
4	第 25.809 条	第 25.809 条要求应急出口在轻度撞损着陆中因机身变形而被卡住的概率减至最小
5	第 25.810 条	第 25.810 条规定应急撤离辅助设施需要在经受第 25.561(b) 款规定的惯性力后，必须能用该系统的基本手段展开和充气
6	第 25.812 条	第 25.812 条规定应急照明系统的部件在经受第 25.561(b) 款所规定的惯性力作用后必须能正常工作
7	第 25.813 条	第 25.813 条规定驾驶舱门的锁闩装置必须能承受当门相对周围结构受到第 25.561(b) 款所述的极限惯性力时所造成的载荷
8	第 25.963 条	第 25.963 条规定机身内的燃油箱在受到第 25.561 条所述应急着陆情况的惯性力作用时，必须不易破裂并能保存燃油
9	第 25.1362 条	第 25.1362 条规定应急着陆或迫降后，必须为应急程序所需的各项服务提供适当的电源。这些服务电路的设计、保护和安装必须使在这些应急状态下实施服务的失效风险最小
10	第 25.1421 条	第 25.1421 条规定扩音器必须有固定措施，在扩音器受到第 25.561(b)(3) 项规定的极限惯性力时能够将其固定住

3 验证过程

3.1 验证对象

第 25.561 条的验证对象除机体结构外,还包括其安装和固定需要考虑以下要求的系统部件或设备:

(1) 避免设备脱落而伤及乘员,阻碍乘员的应急撤离。

(2) 避免设备脱落而穿透油箱、燃油管路、液压管路以及氧气管路和设备,引起火灾。

(3) 避免在应急着陆情况下必需使用的设备由于脱落而造成设备的功能丧失。

3.2 符合性验证思路

通常可以使用以下的一种或几种方法的组合来表明适用对象对第 25.561 条的符合性。

1) 分析/计算

按第 25.561(b)、(c)款中规定的载荷系数计算座椅、设备、其他物件和客舱地板等支承或连接结构所承受的惯性载荷。当采用分析来表明座椅、设备和其他物件及其支承结构等满足第 25.561 条的要求时,必须有充足的试验证据和/或经验表明所采用的分析方法是可靠的或保守的,并且分析计算结果具有正的安全裕度。

2) 实验室试验

对于某些支承和连接结构,当难以采用分析方法表明对本条的符合性时,可以通过实验室试验获得符合性证据。所获得的试验数据也可用于支持相似结构的分析。

3) 设备合格鉴定

对于采购的整体设备和组件等,在对设备和组件进行鉴定的过程中,通过分析和试验表明这些外购设备及其相应的支承结构能够承受第 25.561 条规定的惯性载荷而不脱落,另外一些救生设备不会因为经受第 25.561 条规定的惯性载荷的作用而无法正常使用。例如,座椅需要满足相应的标准技术规定,座椅与客舱地板的连接也要符合本条的要求。

3.3 符合性验证方法

通常,针对第 25.561 条的符合性验证方法如表 3-1 所示。

表 3-1   建议的符合性方法

条 款 号	专 业	符 合 性 方 法										备 注
		0	1	2	3	4	5	6	7	8	9	
第 25.561 条	机身结构			2		4						
第 25.561(a)款	电源			2							9	
第 25.561(a)款	厨房			2		4						

（续表）

条　款　号	专　业	符 合 性 方 法										备　注
		0	1	2	3	4	5	6	7	8	9	
第25.561(a)款	盥洗室			2		4							
第25.561(a)款	飞控			2								9	
第25.561(a)款	照明			2								9	
第25.561(b)款	空调			2									
第25.561(b)款	电源			2								9	
第25.561(b)款	驾驶舱			2		4						9	
第25.561(b)款	客舱			2		4						9	
第25.561(b)款	厨房			2		4							
第25.561(b)款	盥洗室			2		4							
第25.561(b)款	应急设备											9	
第25.561(b)款	飞控			2								9	
第25.561(b)款	照明			2								9	
第25.561(b)款	驾驶舱门					4							
第25.561(c)款	空调			2									
第25.561(c)款	电源			2								9	
第25.561(c)款	应急设备											9	
第25.561(c)款	飞控			2								9	
第25.561(c)款	照明			2								9	
第25.561(c)款	水/废水			2								9	
第25.561(c)款	驾驶舱门					4							
第25.561(d)款	驾驶舱			2		4							
第25.561(d)款	客舱			2		4							
第25.561(d)款	厨房			2		4							
第25.561(d)款	盥洗室			2		4							
第25.561(d)款	飞控			2								9	
第25.561(d)款	驾驶舱门					4							

3.4　符合性验证说明

3.4.1　机体结构

在应急着陆的情况下，虽然允许飞机有一定的损伤，但与乘员安全有关的结构和设备必须符合第25.561条的要求，与设备相连的机身结构也必须考虑惯性载荷传递的强度要求，进一步起到保护乘员的作用。由于座椅、电源中心、驾驶舱门、厨房、盥洗室和行李舱等设备通过连接件与机身壁板及框和/或地板连接，因此需要对地板和框等结构进行强度校核，表明与上述设备相连的机身结构的局部连接强度符合要求。

3.4.2　飞控系统

飞控系统相关的驾驶杆、升降舵模块及脱开机构支架、副翼模块及脱开机构、中央操纵台及其安装支架、方向舵脚蹬及其安装支架、襟缝翼控制杆和减速板手柄等系统结构在应急着陆情况下如果严重变形或脱落可能会伤及机组成员或妨碍应急撤离，这些结构的强度设计也应考虑第 25.561 条规定的各方向的载荷要求，通过强度校核结论表明这些系统结构符合第 25.561 条的要求。

上述飞控系统设备应按照 RTCA DO‐160D 的要求进行设备鉴定试验项目，然后通过静力试验证明系统设备安装支架及其与机体结构连接部件具有承受应急着陆极限载荷的能力。

3.4.3　电气组件

飞机客舱内可能安装了很多电气设备，需要对这些电气设备的安装进行强度校核，主要校核部位包括设备支架、与机体结构连接部位或与其他设备的连接部位。

对电气设备本体、电气设备支架与飞机结构的连接部位进行静力试验，用以验证在应急着陆情况下电源中心本身可以被固定并保证其不会松脱导致对乘员产生伤害。

3.4.4　驾驶舱门

驾驶舱防劫机门是客舱和驾驶舱的分界结构，用以限制未经授权的人员从客舱进入驾驶舱，同样不能在应急着陆载荷作用下与飞机结构脱离或部分驾驶舱门结构脱离，从而伤害驾驶员，影响飞机的安全着陆。针对驾驶舱门及门上的泄压面板，申请人应考虑应急着陆载荷工况，分别进行静力分析或试验证明其符合第 25.561 条中的要求。驾驶舱门与其他结构的连接需要进行强度校核或静力试验以证明其设计符合第 25.561 条中的要求。

3.4.5　驾驶舱/客舱内饰

需要对驾驶舱客舱内饰板可能受到的所有载荷工况（包含应急着陆载荷工况）进行筛选，选择最严酷的载荷工况进行应力分析，随后进行静力试验验证，以此证明驾驶舱客舱内饰能够承受选定的各项载荷，进而表明对第 25.561 条的符合性。

3.4.6　客舱生活设备

厨房、盥洗室、行李舱、衣帽间、狗窝及分舱板等生活设备的设计和与机身结构的连接均需要考虑应急着陆载荷。对厨房、盥洗室和行李舱等结构应进行界面载荷分析，分析时要考虑 1.15 的接头系数。然后再通过静力试验证明其在应急着陆载荷的作用下的变形不会影响乘员的应急撤离，符合第 25.561 条的要求。

3.4.7　应急撤离系统设备

飞机所使用的应急撤离滑梯均符合 TSO‐C69c 的要求。通过应急滑梯的惯性载荷试验表明飞机所使用的滑梯对第 25.561 条的符合性。在完成惯性载荷试验后随即进行连续五次的抛放试验证明滑梯在经受第 25.561(b)(3)项规定的惯性载荷后仍然能正常工作。对飞机应急撤离系统连接件静强度进行校核,证明滑梯系统与机体结构的连接符合第 25.561 条的要求。

对驾驶舱内应急使用组件(应急斧、应急手电筒、手提式灭火瓶和 PBE)应急组件进行连接强度校核证明驾驶舱内应急使用组件的安装满足静强度设计要求。

3.4.8　照明设备

所有照明设备安装均按照机械接口要求进行设计,同时对安装设计进行计算分析。再通过设备鉴定试验证明其符合 DO-160 中的冲击与坠撞安全要求,可以被固定而不会脱落伤及乘客。

3.4.9　机组及旅客座椅

机组座椅包含驾驶员座椅、观察员座椅和乘务员座椅,以上座椅均需取得相应的 TSOA。

驾驶员座椅 TSO 取证过程中座椅连带滑轨通过静力试验证明其本身符合第 25.561 条中规定的惯性载荷的要求。再通过计算驾驶员座椅滑轨与结构连接的螺栓强度和安装座椅滑轨的驾驶舱结构螺栓孔的挤压强度,上述强度校核过程中要考虑 1.33 的接头系数。

观察员座椅 TSO 取证过程中已通过静力试验证明其符合第 25.561 条中规定的惯性载荷的要求。前后客舱乘务员座椅通过相似性分析证明其符合第 25.561 条中规定的惯性载荷的要求。再对观察员座椅和乘务员座椅的连接强度进行校核,强度校核过程中考虑 1.33 的接头系数。结果表明观察员座椅和前后乘务员座椅的安装连接符合第 25.561 条中规定的强度要求。

座椅的安全带都要满足 TSO-C22g 的要求,安全带与座椅连接的连接接头需要考虑 1.33 的接头系数,需要通过静力试验证明两类旅客座椅符合第 25.561 条中规定的静强度要求。静力试验后对两类座椅的变形量进行测量并记录,经分析判断座椅在经受第 25.561(b)(3)项规定的惯性载荷后其变形不会影响乘客的应急撤离。对于滑轨的强度,申请人应根据座椅在静力和动态试验的界面载荷对座椅导轨的强度进行专门的强度验证试验,证明公务级座椅和经济级座椅的导轨能够承受第 25.561(b)(3)项所规定的惯性载荷。对于座椅的安装强度,申请人通过静力试验载荷筛选后对座椅安装强度进行静力试验,试验考虑 1.33 的接头系数来考核导轨与地板的连接,证明座椅滑轨和地板连接符合第 25.561 条中规定的静强度要求。

3.4.10　水上迫降情况

根据飞机水上迫降载荷验证模型试验所得的所获得的飞机加速度响应和机体着水底部的压力分布试验数据,通过分析计算表明水上应急着陆情况下的机身惯性载荷载荷系数小于第 25.561 条所规定的载荷系数或动静载荷包线,进而证明水上应急着陆情况时飞机的结构设计也可以保护乘员安全。

3.5　符合性文件清单

通常,针对第 25.561 条的符合性文件清单如表 3-2 所示。

表 3-2　建议的符合性文件清单

序　号	符 合 性 报 告	符合性方法
1	某系统设备支架及接头强度分析报告	MOC2
2	某设备静力试验大纲	MOC4
3	某设备静力试验报告	MOC4
4	某结构静力试验大纲	MOC4
5	某结构静力试验报告	MOC4
6	某设备鉴定试验大纲	MOC9
7	某设备鉴定试验报告	MOC9

4　符合性判据

（1）通过静力试验表明对涉及本条要求的结构和设备支架及其连接强度,其主承力结构必须能够承受本条规定的极限载荷至少 3 秒而不破坏。

（2）在客舱内乘员应急撤离路径附近的结构或设备在本条规定的载荷作用下,其变形不能侵占应急撤离通道和辅助撤离空间。

（3）设备不会解体或脱落而伤及乘员,造成乘员受伤从而妨碍其应急撤离。

（4）设备不会解体或脱落而穿透油箱、燃油管路、液压管路以及氧气管路和设备,引起火灾。

（5）应急着陆情况下必需的安全救生设备不能因为受到应急着陆载荷作用而造成设备的功能丧失。

参考文献

［1］　14 CFR 修正案 25-23 Transport Category Airplane Type Certification Standards［S］.

［2］　14 CFR 修正案 25-64 Improved Seat Safety Standards［S］.

［3］　14 CFR 修正案 25-91 Revised Structural Loads Requirements for Transport Category Airplanes［S］.

［4］　FAA. AC25-21 Certification of Transport Airplane Structure［S］. 1999.

［5］　FAA. AC25-17A Transport Airplane Cabin Interiors Crashworthiness Handbook［S］. 2009.

［6］　FAA. AC21-22 Injury Criteria for Human Exposure to Impact［S］. 1985.

［7］　EASA AMC 25.561 General［S］.

［8］　EASA AMC 25.561(b)(3) Commercial Accommodation Equipment［S］.

［9］　EASA AMC 25.561(d) General［S］.

运输类飞机适航标准
第 25.562 条符合性验证

1 条款介绍

1.1 条款原文

第 25.562 条 应急着陆动力要求

(a) 座椅和约束系统必须设计成在应急着陆时并在下列条件下能保护乘员：

(1) 正确使用在设计中规定得有的座椅、安全带和肩带；

(2) 乘员受到本条规定条件所产生的载荷。

(b) 凡批准在起飞和着陆时用于机组成员和乘客的每种座椅型号设计，必须按照下述每一应急着陆条件，成功地完成动力试验，或根据类似型号座椅的动力试验结果经合理分析给予证明。进行动力试验，必须用适航当局认可的拟人试验模型(ATD)模拟乘员，其名义重量为 77 公斤(170 磅)，坐在正常的向上位置。

(1) 向下垂直速率变化(ΔV)不得小于 10.7 米/秒(35 英尺/秒)；飞机纵轴相对于水平面向下倾斜 30 度且机翼呈水平状态，在地板处产生的最大负加速度必须在撞击后 0.08 秒内出现，并且至少达到 14.0 g。

(2) 向前纵向速率变化(ΔV)不得小于 13.4 米/秒(44 英尺/秒)，飞机纵轴水平且向右或向左偏摆 10 度。取最有可能使上部躯干约束系统(在安装的情况下)脱离乘员肩部的方向，同时机翼呈水平状态。在地板处产生的最大负加速度必须在撞击后 0.09 秒内出现，并且必须至少达到 16.0 g。若使用地板导轨或地板接头将座椅连接到试验装置上，则导轨或接头相对于相邻的导轨或接头必须在垂直方向至少偏移 10 度(即不平行)并且滚转 10 度。

(c) 在按本条(b)进行动力试验时，下述性能测量值不得超出：

(1) 在机组成员使用上部躯干系带的情况下，单系带上的拉伸载荷不得超过 7,784 牛(793 公斤，1,750 磅)。如果使用双系带约束上部躯干，则系带总拉伸载荷不得超过 8,896 牛(906 公斤，2,000 磅)。

(2) 在拟人模型骨盆和腰部脊柱之间测得的最大压缩载荷不得超过 6,672 牛(680 公斤，1,500 磅)。

（3）上部躯干约束系带（在安装的情况下）在撞击时必须保持在乘员肩上。

（4）在撞击时安全带必须保持在乘员骨盆处。

（5）在本条（b）规定的条件下，必须保护每一乘员使头部免受严重伤害。在头部可能触及座椅或其它构件的情况下，①必须提供保护措施以使头部伤害判据（HIC）不超过 1,000。头部伤害判据（HIC）由下式确定：

$$HIC = \left\{ (t_2 - t_1) \left[\frac{1}{t_2 - t_1} \int_{t_1}^{t_2} a(t) dt \right]^{2.5} \right\}_{max}$$

式中：

t_1——积分初始时间（秒）；

t_2——积分终止时间（秒）；

$a(t)$——头部撞击总加速度对时间的关系曲线（a 用 g 的倍数表示）。

（6）在可能与座椅或其它构件碰撞导致腿部受伤的情况下，必须提供防护措施使每一股骨上的轴向压缩载荷不超过 10,008 牛（1,019 公斤，2,250 磅）。

（7）尽管结构可能屈服，但座椅必须始终连接在所有连接点上。

（8）在本条（b）（1）和（b）（2）规定的试验中，座椅不得屈服变形到阻碍飞机乘员迅速撤离的程度。

〔中国民用航空局 1990 年 7 月 18 日第一次修订，2011 年 11 月 7 日第四次修订〕

1.2 条款背景

第 25.562 条的目的是通过制定航空座椅及其约束系统适航要求和撞击伤害标准，来提高运输类飞机应急着陆情况下的对乘员的保护水平。

1.3 条款历史

第 25.562 条在 CCAR-25-R1 版中首次出现，至今未进行过修订，如表 1-1 所示。

表 1-1　第 25.562 条条款历史

第 25.562 条	CCAR25 部版本	相关 14 CFR 修正案	备　注
首次发布	R1	25-64	

1990 年颁布的 CCAR-25-R1 版新增加了第 25.562 条，本次修订参考了 14 CFR 修正案 25-64 的相关内容制定。由于飞机机身结构及座椅设计技术的发展，仅从静力学角度对座椅的安全性提出要求，已经不能保证应急着陆条件下乘员的安全，因此需要从动力学的角度对座椅提出新的要求。基于这一情况，新增了第

---

① 应为"，"，原条款如此。——编注

25.562 条,对飞机座椅及约束系统提出了动力试验要求,在应急着陆情况下保护乘员安全。

2 条款解读

2.1 条款要求

本条款的适用范围:在起飞和着陆时用于机组成员和乘客的每种座椅,包括乘客座椅、飞行员座椅和乘务员座椅等。这些座椅至少应表明在第 25.562(b)(1)项和第 25.562(b)(2)项所规定的载荷条件下,能满足第 25.562(c)款中的所有准则。考虑到静态试验只能表征座椅和约束系统自身的强度性能,不能充分反映座椅和约束系统对乘员的保护能力,因此必须通过动态试验进一步验证座椅对乘员的保护能力。动态试验"必须用适航当局认可的拟人试验模型(ATD)模拟乘员,其名义重量为 77 公斤(170 磅),坐在正常的向上位置"。此基准可以为最大范围的乘客提供安全防护。

第 25.562(b)(1)项规定"飞机纵轴相对于水平面向下倾斜 30 度且水平翼呈水平状态",实际上规定该试验以沿乘员脊柱方向的垂直作用力为主,同时考虑向前的冲击力分量。该试验的重点是考核乘员的脊柱伤害准则。试验脉冲必须满足以下 3 个条件:向下垂直速率变化(ΔV)不得小于 10.7 米/秒(35 英尺/秒);地板处产生的最大负加速度必须在撞击后 0.08 秒内出现;地板处产生的最大负加速度至少达到 14.0g。

第 25.562(b)(2)项规定"飞机纵轴水平且向右或向左偏摆 10 度",实际上规定该试验以沿飞机纵向向前的水平载荷为主,并考虑侧向载荷分量。模拟了飞机在水平方向上撞击地面障碍物。载荷方向要"取最有可能使上部躯干约束系统(在安装的情况下)脱离乘员肩部的方向",该要求对应第 25.562(c)(3)项的评定准则。试验脉冲必须满足以下三个条件:向前纵向速率变化(ΔV)不得小于 13.4 米/秒(44 英尺/秒);地板处产生的最大负加速度必须在撞击后 0.09 秒内出现;地板处产生的最大负加速度至少达到 16.0g。

"若使用地板导轨或地板接头将座椅连接到试验装置上,则导轨或接头相对于相邻的导轨或接头必须在垂直方向至少偏移 10 度(即不平行)并且滚转 10 度",该要求是为了考虑地板及座椅安装导轨在应急着陆过程中发生翘曲和扭曲的情况。但其目的并非要求地板具有在垂直偏移 10°及滚转 10°情况下不发生破坏的变形能力,而是要求座椅和地板连接附件具有一定得变形适应能力,可以在垂直偏移 10°及滚转 10°的情况下保证座椅和约束系统依然能够连接在机身上,从而使座椅和约束系统可以承受应急着陆动态载荷并保护乘员。

第 25.562(c)款给出了动力试验的通过/拒绝准则。

第 25.562(c)(1)项规定了试验过程中机组成员使用的上部躯干系带所经受载

荷的允许上限,第 25.562(c)(2)项规定了试验过程中假人骨盆和腰部脊柱之间允许的最大压缩载荷。这要求在冲击过程中座椅具有良好的吸能特性,从而避免乘员在应急着陆过程中所承受的惯性载荷超过生理承受极限而造成乘员严重受伤。如果试验过程中的最大负加速度超过第 25.562(b)(1)项和第 25.562(b)(2)项所规定的最大负加速度,则上部躯干系带载荷及拟人骨盆和腰部脊柱之间压缩载荷可以通过下列公式进行修正:

$$F_m = \frac{a_r}{a_t} \times F_t \tag{2}$$

式中:F_m 为试验载荷的修正值;F_t 为动力试验中测得的最大载荷;a_r 为规章要求的最大负加速度,对于第 25.562(b)(1)项所规定的动力试验,为 14.0g,对于第 25.562(b)(2)项所规定的动力试验,为 16.0g;a_t 为动力试验中测得的负加速度峰值。

当采用上述公式对试验测量载荷进行修正时,修正值不得小于试验测量值的 90%。

第 25.562(c)(3)项和第 25.562(c)(4)项要求在撞击时,上部躯干系带保持在乘员肩上,安全带保持在乘员骨盆处。所谓"撞击时",是指从撞击开始时直到假人模型(ATD)在冲击之后开始回弹的时间段。在这段时间内,上部躯干系带不得滑到乘员脖子上或头的任何一侧,也不得滑至 ATD 上臂处;安全带应保持在 ATD 髂前上棘或其下的位置。安全带滑到 ATD 髂前上棘之上会造成安全带嵌入腹部,导致安全带上载荷的突然降低,使试验不能充分考核到规章所预期的测试目的。试验过程中,上部躯干系带、安全带及其连接结构应保持载荷路径的完整性,即能够承受第 25.562(c)(1)项和第 25.562(c)(2)项所规定的相应载荷,在此基础上,安全带/系带的刮伤、磨损和纤维的断裂等是可以接受的。安全带/系带被座椅或安全带/系带调节机构切断或撕裂是不可接受的。

第 25.562(c)(5)项规定采用 HIC 判据来表明在可能发生座椅或其他构件触及头部的情况下,在第 25.562(b)款所规定的试验中能够保护每一乘员头部免受严重伤害,HIC 值不得超过 1 000。上述的"其他构件"包括乘客头部可能触及的厨房、厕所、储藏室和隔板等,试验时应在座椅前面安置能代表这些构件冲击响应特性的装置。

第 25.562(c)(6)项规定在可能导致腿部受伤的情况下,必须提供防护措施使每一股骨上的轴向压缩载荷不超过 10 008 牛。该规定是为了避免乘员因腿部受到严重伤害而妨碍其自身及其他乘员在应急着陆后迅速撤离。对于座椅安装间距较大的情况(通常指座椅参考点(SRP)到碰撞物之间距离超过 40 英寸),不需要验证腿部受伤准则。如果申请人可以在之前成功试验的基础上,采用合理的比较分析来表明符合性,则不必在每个试验中记录 ATD 的腿骨载荷。

第 25.562(c)(7)项要求动力试验过程中和试验后,座椅的所有连接点必须始终连接在试验装置上。同时乘员约束系统的所有连接点也必须始终连接在试验装置上,从而保持完整的载荷传递路径,确保乘员可以得到保护。如果座椅/约束系统和试验装置连接点与乘员之间可以保持连续的载荷传递路径即乘员所经受的惯性载荷可以通过座椅和约束系统传递到机身上,则在此前提下,座椅元件的断裂、铆钉的剪切断裂和分离及复合材料层压板的分层等局部破坏是可以接受的。

第 25.562(c)(8)项要求,在本条(b)款规定的试验中,座椅的屈服变形不得达到可阻碍乘员迅速撤离飞机的程度。关于座椅变形的具体评定,可参考 AC 25.562-1B 附录 2。

2.2　相关条款

与第 25.562 条相关的条款如表 2-1 所示。

表 2-1　第 25.562 条相关条款

序　号	相 关 条 款	相　　关　　性
1	第 25.785 条	第 25.562 条被第 25.785 条引用

3　验证过程

3.1　验证对象

本条所适用的对象为在起飞和着陆时机组成员和乘客能够使用的座椅及其约束系统。

3.2　符合性验证思路

应急着陆情况下,座椅及约束系统的强度符合性,可通过分析/计算和实验室试验等方法来验证。

(1) MOC2 验证过程:若有同一家族系列座椅及约束系统的动力试验结果作依据,可以采用相似性分析/计算来验证座椅和约束系统的强度和刚度,以表明座椅可以提供足够的乘员保护能力。

(2) MOC4 验证过程:通过水平冲击试验和垂直冲击试验验证座椅的乘员保护能力,评估座椅的变形不会对应急撤离产生影响。需要进行额外的 HIC 试验评估座椅不会对乘员头部产生严重损伤。

(3) MOC9 验证过程:由于本条仅针对座椅设备,座椅本身需要符合 CTSO/ETSO/TSO 的要求,通过设备鉴定试验获得 CTSOA/ETSOA/TSOA,可以表明座椅对除本条(c)(5)和(c)(8)之外的其他要求。

3.3　符合性验证方法

通常,针对第 25.562 条的符合性验证方法如表 3-1 所示。

表 3-1　建议的符合性方法

条　款　号	专　业	符 合 性 方 法										备　注
		0	1	2	3	4	5	6	7	8	9	
第 25.562 条	机组座椅			2		4					9	
第 25.562 条	旅客座椅			2		4					9	

3.4　符合性验证说明

3.4.1　MOC2 验证过程

MOC2 的计算分析过程主要分为两个方面:① 先前已有取证经验的成熟座椅基础上小改而来的座椅,在已有试验数据的基础上通过相似性分析来表明符合性;② 对于需要试验的座椅,通过应力分析或者变形分析进行试验件和试验工况的筛选,使用最临界试验工况来进行下一步的试验,作为支持试验的依据。

3.4.2　MOC4 验证过程

MOC4 的试验主要是针对第 25.562(c)(5)项、第 25.562(c)(6)项的 HIC 试验、股骨载荷试验和第 25.562(c)(8)项的变形试验进行的,这部分要求在座椅 TSO/ETSO/CTSO 取证标准中有提及,但并不作为 TSO/ETSO/CTSO 取证的判据。根据具体机型的座椅布置,HIC 的测量可能根据座椅类型和座椅布置分为多种情况,其中股骨载荷测量试验一般随着双排 HIC 试验一起进行测量,变形要求也会根据具体的客舱座椅布置来确定。

本条款涉及的冲击试验中需要注意如下细节:

(1) 冲击试验装置。两种试验都可以在同一套试验装置上完成。试验装置至少由试验滑车、加速装置、缓冲装置、相应的滑轨以及测试装置等组成。

(2) 假人(ATD)。试验中所安装的假人的颈部和腰部能够弯曲,胸部可下陷,臂、肘和膝等关节能自由活动,而且其摩擦力可以调节。在头部需安装三向加速度传感器,腰椎及大腿股骨安装压力传感器。假人的质量为 77 公斤,处于正常坐姿并系好相应的腰带、肩带等安全装束。

(3) 座椅安装。试验时至少应安装两排座椅,假人可处于后排位置上,前排可安排适当数量的假人。垂直冲击试验时,座椅后仰 60°固定在滑台上,以模拟飞机纵轴相对水平面向下倾斜 30°的姿态。水平冲击试验时,座椅的安装沿运动方向左(或右)偏 10°,一组座椅的安装导轨与滑台平行,另一组在前端抬起使其与滑台平面成 10°夹角且同时沿纵轴旋转 10°,以模拟应急着陆中机舱地板变形对座椅及连接的影响。

(4) 加速度、时间及速度变化量。在冲击试验中,为了同时满足加速度、时间及速度变化量的要求,应首先进行预备性试验,通过初速度、缓冲器的调节,使加速度 a 与时间 t 的波形呈等腰三角形变化,只要使要求的加速度的最大值在要求的时间内出现,便可保证速度变化量 ΔV 的要求。当缓冲器设计成冲击后既不运动也不产生反弹时,所要求的速度增量 ΔV 实际上就是冲击碰撞前的初速度。

在冲击试验中,应采集各种需要的试验数据,并由录像、高速摄影等为分析试验结果提供必要的资料。所采集的数据均应满足第 25.562(c)款中提出的要求。

3.4.3 MOC9 验证过程

通过 CTSOA/ETSOA/TSOA 取证,证明座椅的动态性能符合本条的部分要求。

3.5 符合性文件清单

通常,针对第 25.562 条的符合性文件清单如表 3-2 所示。

表 3-2　建议的符合性文件清单

序　号	符 合 性 报 告	符合性方法
1	某座椅相似性分析报告	MOC2
2	某座椅动态试验试验工况筛选报告	MOC2
3	某座椅动态试验大纲	MOC4
4	某座椅动态试验报告	MOC4
5	某座椅 HIC 试验大纲	MOC4
6	某座椅 HIC 试验报告	MOC4
7	某座椅 CTSOA/ETSOA/TSOA	MOC9

4　符合性判据

(1) 在机组成员使用上部躯干系带的情况下,单系带上的拉伸载荷不得超过 7 784 牛(793 公斤,1 750 磅)。如果使用双系带约束上部躯干,则系带总拉伸载荷不得超过 8 896 牛(906 公斤,2 000 磅)。

(2) 在拟人模型骨盆和腰部脊柱之间测得的最大压缩载荷不得超过 6 672 牛(680 公斤,1 500 磅)。

(3) 上部躯干约束系带(在安装的情况下)在撞击时必须保持在乘员肩上。

(4) 在撞击时安全带必须保持在乘员骨盆处。

(5) 在本条(b)规定的条件下,必须提供保护措施以使头部伤害判据(HIC)不超过 1 000。

(6) 在可能与座椅或其他构件碰撞导致腿部受伤的情况下,必须提供防护措施使每一股骨上的轴向压缩载荷不超过 10 008 牛(1 019 公斤,2 250 磅)。

(7) 尽管结构可能屈服,但座椅必须始终连接在所有连接点上。

(8) 座椅向前或向后的变形最大不应该超过 3.0 英寸(75 毫米)。此时,未变形排座椅之间的最小间隙应该为 9.0 英寸(228 毫米),或者为 6.0 英寸(150 毫米)加上实际的前后变形。对于变形超过 3.0 英寸的座椅,未变形间隙应相应增加。

(9) 座椅的向下变形不会困住乘员的腿脚。

(10) 座椅底部的旋转变形不得超过水平面起 20°的向下或者 35°的向上。

(11) 地板上方 25 英寸(635 毫米)以下的座椅结构的侧向变形不得侵占必需的纵向过道空间超过 1.5 英寸。地板上方 25 英寸(635 毫米)以上的座椅结构的侧向变形不得侵占必需的纵向过道空间超过 2 英寸。

参考文献

[1] 14 CFR 修正案 25 - 64 Improved Seat Safety Standards [S].

[2] FAA. AC25. 562 - 1B Dynamic Evaluation of Seat Restraint Systems and Occupant Protection on Transport Airplanes [S]. 2006.

[3] FAA. AC25 - 21 Certification of Transport Airplane Structure [S]. 1999.

[4] FAA. AC20 - 146 Methodology for Dynamic Seat Certification by Analysis for Use in Parts 23, 25, 27, and 29 Airplanes and Rotorcraft [S]. 2003.

运输类飞机适航标准
第 25.563 条符合性验证

1 条款介绍

1.1 条款原文

第 25.563 条 水上迫降的结构要求

水上迫降要求的结构强度,必须按第 25.801(e)条的规定来考虑。

1.2 条款背景

本条款的目的是保证申请水上迫降的飞机,在迫降过程中保证舱门和窗户的结构完整性,对水上迫降情况下的飞机结构提出了总体要求。

1.3 条款历史

第 25.563 条在 CCAR25 部初版首次发布,截至 CCAR-25-R4,该条款未进行过修订,如表 1-1 所示。

表 1-1 第 25.563 条条款历史

第 25.563 条	CCAR25 部版本	相关 14 CFR 修正案	备 注
首次发布	初版	—	

1985 年 12 月 31 日发布了 CCAR25 部初版,其中包含第 25.563 条,该条款参考 1964 年 12 月 24 日发布的 14 CFR PART 25 中的 §25.563 的内容制定。

2 条款解读

2.1 条款要求

本条款要求水上迫降要求的结构强度,必须按第 25.801(e)款的规定来考虑。

对于着水的结构部位,如机身、外部舱门和窗户等要设计成能承受可能的最大局部压力,即结构要满足局部强度的要求。如果由于飞机在水上迫降时,外部舱门(包括口盖和天线开口等)和窗户在着水或滑水过程中,这些部位因巨大的局部水压力导致结构损坏时,要计算给出由于结构破损对飞机漂浮特性产生影响,这种影响不能造成人员立即受伤,也不能因结构破损导致飞机漂浮时间大大减少而使人员无法安全撤离,因此要对最严重情况下的最大局部压力值作用在这些部分做结构设计和强度分析。

2.2　相关条款

与第 25.563 条相关的条款如表 2-1 所示。

表 2-1　第 25.563 条相关条款

序　号	相 关 条 款	相　　关　　性
1	第 25.801(e)款	第 25.801 条是水上迫降的条款,其中(e)款对飞机外部舱门和窗户可能承受的最大局部压力提出了要求

3　验证过程

3.1　验证对象

第 25.563 条的验证对象为飞机在水上迫降过程中保证舱门和窗户的结构完整性。

3.2　符合性验证思路

为表明对该条款的符合性,一般采用计算分析和实验室试验的方法:通过水上迫降水载荷模型得到机体结构水载荷压力分布,再对机体结构进行载荷包线范围对比和机身强度校核,以确定机体结构是否满足第 25.801(e)款的要求。

3.3　符合性验证方法

通常,针对第 25.563 条的符合性验证方法如表 3-1 所示。

表 3-1　建议的符合性方法

条　款　号	专　业	符 合 性 方 法										备　注
		0	1	2	3	4	5	6	7	8	9	
第 25.563 条	载　荷			2		4						
第 25.563 条	强　度			2								

3.4　符合性验证说明

3.4.1　MOC2 验证说明

飞机水上迫降结构强度考虑两个方面:一是机身整体强度能够承受水上迫降机身站位载荷;二是机身着水底部能够承受水冲击局部压力载荷,不产生大的不满足漂浮特性要求局部破损。进行飞机水上迫降水载荷模型试验,通过试验结果处理得到机体着水底部压力载荷分布。

依据得到的水载荷分布,计算出了飞机水上迫降机身站位载荷,并将计算结果与地面载荷和飞行载荷包线对比,确定部分超出地面载荷及飞行载荷包线范围的结构。

依据载荷对比情况,对水上迫降情况下飞机载荷超出包线范围的机身结构进行了静强度校核,如校核结果安全裕度均大于零,则表明飞机结构能够承受水上迫降局部静压力载荷。

3.4.2　MOC4 验证说明

飞机水上迫降载荷验证模型试验项目包括有计划水上迫降试验和无计划水上迫降试验,验证不同飞机模型状态(重量、重心、襟缝翼构型和下沉速度)和不同水面状态(静水、波浪、斜波和侧滑角)组合的各种试验状态。在试验过程中,对入水后的飞机俯仰角变化、机身加速度和机体底部着水压力响应进行测量,以得到机体着水底部压力载荷分布。

3.5　符合性文件清单

通常,针对第 25.563 条的符合性文件清单如表 3 - 2 所示。

表 3 - 2　建议的符合性文件清单

序　号	符 合 性 报 告	符合性方法
1	水上迫降水载荷处理报告	MOC2
2	水上迫降机身载荷计算报告	MOC2
3	水上迫降情况下机身结构强度校核报告	MOC2
4	水上迫降载荷验证模型试验大纲	MOC4
5	水上迫降载荷验证模型试验报告	MOC4
6	水上迫降载荷验证模型试验分析报告	MOC4

4　符合性判据

针对第 25.563 条,其符合性判据如下。

对水上迫降情况下飞机载荷超出包线范围的机身结构进行了静强度校核,如校核结果安全裕度均大于零,则满足条款要求。

模型试验的判据通常为:模型着水滑行时不应出现跳跃、俯冲或海豚运动,模型滑行俯仰运动较稳定。

参考文献

[1]　FAA. AC25 - 21 Certification of Transport Airplane Structure [S]. 1999.

运输类飞机适航标准 第25.571条符合性验证

1 条款介绍

1.1 条款原文

第25.571条 结构的损伤容限和疲劳评定

（a）总则 对强度、细节设计和制造的评定必须表明，飞机在整个使用寿命期间将避免由于疲劳、腐蚀、制造缺陷或意外损伤引起的灾难性破坏。对可能引起灾难性破坏的每一结构部分（诸如机翼、尾翼、操纵面及其系统，机身、发动机架、起落架、以及上述各部分有关的主要连接），除本条（c）规定的情况以外，必须按本条（b）和（e）的规定进行这一评定。对于涡轮喷气飞机，可能引起灾难性破坏的结构部分，还必须按本条（d）评定。此外，采用下列规定：

（1）本条要求的每一评定，必须包括下列各点：

（i）服役中预期的典型载荷谱、温度和湿度；

（ii）判明其破坏会导致飞机灾难性破坏的主要结构元件和细节设计点；

（iii）对本条（a）（1）（ii）判明的主要结构元件和细节设计点，进行有试验依据的分析。

（2）在进行本条要求的评定时，可以采用结构设计类似的飞机的服役历史，并适当考虑它们在运行条件和方法上的差别；

（3）根据本条要求的评定，必须制订为预防灾难性破坏所必须的检查工作或其它程序，并必须将其载入第25.1529条要求的"持续适航文件"中的"适航限制章节"中。对于下列结构类型，必须在裂纹扩展分析和/或试验的基础上建立其检查门槛值，并假定结构含有一个制造或使用损伤可能造成的最大尺寸的初始缺陷：

（i）单传力路径结构；和

（ii）多传力路径"破损—安全"结构以及"破损—安全"止裂结构，如果不能证明在剩余结构失效前传力路径失效、部分失效或止裂在正常维修、检查或飞机的使用中能被检查出来并得到修理的话。

（b）损伤容限评定 评定必须包括确定因疲劳、腐蚀或意外损伤引起的预期的损伤部位和型式,评定还必须结合有试验依据和服役经验(如果有服役经验)支持的重复载荷和静力分析来进行。如果设计的结构有可能产生广布疲劳损伤,则必须对此作出特殊考虑。必须用充分的全尺寸疲劳试验依据来证明在飞机的设计使用目标寿命期内不会产生广布疲劳损伤。型号合格证可以在全尺寸疲劳试验完成前颁发,前提是适航当局已批准了为完成所要求的试验而制定的计划,并且在本部第25.1529条要求的持续适航文件适航限制部分中规定,在该试验完成之前,任何飞机的使用循环数不得超过在疲劳试验件上累积的循环数的一半。在使用寿命期内的任何时候,剩余强度评定所用的损伤范围,必须与初始的可觉察性以及随后在重复载荷下的扩展情况相一致。剩余强度评定必须表明,其余结构能够承受相应于下列情况的载荷(作为极限静载荷考虑):

(1) 限制对称机动情况,在直到 V_C 的所有速度下按第25.337条的规定,以及按第25.345条的规定;

(2) 限制突风情况,在直到 V_C 的速度下按第25.341条的规定,以及按第25.345条的规定;

(3) 限制滚转情况,按第25.349条的规定;限制非对称情况按第25.367条的规定,以及在直到 V_C 的速度下,按第25.427(a)到(c)条的规定;

(4) 限制偏航机动情况,按第条25.351(a)①对最大到 V_C 诸规定速度下的规定;

(5) 对增压舱,采用下列情况:

(i) 正常使用压差和预期的外部气动压力相组合,并与本条(b)(1)到(4)规定的飞机载荷情况同时作用(如果后者有重要影响);

(ii) 正常使用压差的最大值(包括1g平飞时预期的外部气动压力)的1.15倍,不考虑其它载荷。

(6) 对于起落架和直接受其影响的机体结构,按第25.473、25.491和25.493条规定的限制地面载荷情况。

如果在结构破坏或部分破坏以后,结构刚度和几何形状,或此两者有重大变化,则必须进一步研究它们对损伤容限的影响。

(c) 疲劳(安全寿命)评定 如果申请人确认,本条(b)对损伤容限的要求不适用于某特定结构,则不需要满足该要求。这些结构必须用有试验依据的分析表明,它们能够承受在其服役寿命期内预期的变幅重复载荷作用而没有可觉察的裂纹。必须采用合适的安全寿命分散系数。

(d) 声疲劳强度 必须用有试验依据的分析,或者用具有类似结构设计和声激励环境的飞机的服役历史表明下列两者之一:

(1) 承受声激励的飞行结构的任何部分不可能产生声疲劳裂纹;

---

① 此处应为第25.351(a)条,原条款如此。——编注

（2）假定本条（b）规定的载荷作用在所有受疲劳裂纹影响的部位，声疲劳裂纹不可能引起灾难性破坏。

（e）损伤容限（离散源）评定 在下列任一原因很可能造成结构损伤的情况下，飞机必须能够成功地完成该次飞行。

（1）受到 1.80 公斤（4 磅）重的鸟的撞击，飞机与鸟沿着飞机飞行航迹的相对速度取海平面 V_C 或 2,450 米（8,000 英尺）$0.85V_C$，两者中的较严重者；

（2）风扇叶片的非包容性撞击；

（3）发动机的非包容性破坏；

（4）高能旋转机械的非包容性破坏。

损伤后的结构必须能够承受飞行中可合理预期出现的静载荷（作为极限载荷考虑）。不需要考虑对这些静载荷的动态影响。必须考虑驾驶员在出现事故后采取的纠正动作，诸如限制机动，避开紊流以及降低速度。如果在结构破坏或部份①破坏以后引起结构刚度或几何形状，或此两者有重大变化，则须进一步研究它们对损伤容限的影响。

〔中国民用航空局 2001 年 5 月 14 日第三次修订，2011 年 11 月 7 日第四次修订〕

1.2 条款背景

第 25.571 条对结构的损伤容限和疲劳性能提出了设计要求，此条款的目的是为保证飞机灾难性破坏发生前，能够检测和维修由于疲劳、腐蚀和意外导致的结构损伤，并通过损伤容限设计原则和指定的检查手段来检查损伤。

1.3 条款历史

第 25.571 条在 CCAR25 部初版首次发布，截至 CCAR-25-R4，该条款共修订过 2 次，如表 1-1 所示。

表 1-1 第 25.571 条条款历史

第 25.571 条	CCAR25 部版本	相关 14 CFR 修正案	备 注
首次发布	初版	—	
第 1 次修订	R2	25-72	
第 2 次修订	R3	25-86,25-96	

1.3.1 首次发布

1985 年 12 月 31 日发布了 CCAR25 部初版，其中包含第 25.571 条，该条款参考 1964 年 12 月 24 日发布的 14 CFR PART 25 中的 §25.571 的内容制定。

---

① 应为部分，原条款如此。——编注

1.3.2 第 1 次修订

1995 年 12 月 18 日发布的 CCAR - 25 - R2 对第 25.571 条进行了第 1 次修订，本次修订部分参考了 14 CFR 修正案 25 - 72 的内容，对 § 25.571 做了 3 个方面的修订：

(1) § 25.571(b)标题从"损伤容限(破损安全)评定"改为"损伤容限评定"。这是因为破损安全与损伤容限不是同义的。

(2) § 25.571(b)(2)从"限制突风情况，按 § 25.341 和 § 25.351(b)对最大到 V_C 诸规定速度下的规定以及按 § 25.345 的规定"改为"限制突风情况，按 § 25.305(d)，§ 25.341 和 § 25.351(b)对最大到 V_C 诸规定速度下的规定以及按 § 25.345 的规定"。

(3) § 25.571(e)(1)从"在高至 2 450 米(8 000 英尺)的各种高度上，在很可能有的各种速度下，受到 1.80 公斤(4 磅)重的鸟的撞击；"改为"在海平面至 2 450 米(8 000 英尺)的各种高度上，在 V_C 速度下，受到 1.80 公斤(4 磅)重的鸟的撞击"。用 V_C 速度代替各种可能的速度。

1.3.3 第 2 次修订

2001 年 5 月 14 日发布的 CCAR - 25 - R3 对第 25.571 条进行了第 2 次修订，本次修订参考了 14 CFR 修正案 25 - 86 和修正案 25 - 96 的内容：

(1) 参考 14 CFR 修正案 25 - 86，为符合突风载荷要求的变化做了文字上的改动。

(2) 参考 14 CFR 修正案 25 - 96，增加了全尺寸疲劳试验的要求和确定检查门槛值的要求。

(3) 参考 14 CFR 修正案 25 - 96，修订了 § 25.571(b)(5)(ii)中的增压舱载荷的倍数，从 1.1 倍修订为 1.15 倍。

(4) 参考 14 CFR 修正案 25 - 96，第 25.571(e)(1)项的航速从"在海平面至 2 450 米(8 000 英尺)的各种高度上，在 V_C 速度下"改为"相对速度取海平面 V_C 或 2 450 米(8 000 英尺)0.85V_C，两者中的较严重者"。在真实空速方面，海平面的 V_C 与 8 000 英尺高度的 0.85V_C 相当，小于 8 000 英尺高度的 V_C 的值，实际上是降低了速度要求。

1.4 与最新 14 CFR PART 25 的区别

现行有效的 R4 版的 CCAR25.571 未按 14 CFR 修正案 25 - 132 进行修订。对于第 25.571 条，14 CFR 修正案 25 - 132 主要增加了三点要求：

(1) 建立 LOV，制定维护措施。

(2) 将 LOV 和针对 WFD 所必需的维修活动信息纳入适航限制章节(ALS)。

其中，建立 LOV 的证据必须是全尺寸疲劳试验，而全尺寸疲劳试验的次数由原来的 2 倍寿命变为 2 倍或者 3 倍 LOV(取决于检查手段是否有效)。

2 条款解读

2.1 条款要求

第 25.571(a)款是总则条款,对结构的损伤容限和疲劳评定提出了总的要求,说明了评定的目的、设计准则、评定依据和评定内容。

对可能引起灾难性破坏的每一结构部分,都必须符合第 25.571 条。其中损伤容限结构必须按照本条(b)款进行损伤容限评定和按(e)款进行损伤容限(离散源)评定。对于不适用本条(b)款损伤容限要求的结构(如起落架及其连接结构),则需按安全寿命设计。安全寿命设计结构必须按照本条(c)款要求进行疲劳评定。对于涡轮喷气飞机,对可能引起灾难性破坏的结构部分,还必须按照本条(d)款进行声疲劳强度评定。

对强度及细节设计和制造的评定必须表明飞机在整个使用寿命期间将避免因疲劳、腐蚀或意外损伤引起的灾难性破坏。

2.1.1 第 25.571(a)款

第 25.571(a)款对评定的内容做了明确的要求:

(1) 确定服役中预期的典型载荷谱、温度和湿度。

(2) 判明其破坏会导致飞机发生灾难性破坏的主要结构元件和细节设计点。

(3) 对主要结构元件和细节设计点进行有试验依据的分析。

规章允许在进行评定时可参考类似结构设计的飞机的服役历史,但是必须考虑它们在使用条件和方法上的差异。

规章要求,必须根据本条款要求的评定结果,制定为预防灾难性破坏所必需的检查工作和其他程序,并必须将其载入"持续适航文件"中的"适航限制"章节。

同时,规章也具体对单传力路径结构和多传力路径"破损—安全"结构以及"破损—安全"止裂结构(如果不能证明在剩余结构失效前传力路径失效和部分失效或止裂在正常维修和检查或飞机的使用中能被检查出来并得到修理的话)的门槛值建立提出了明确的规章要求。

2.1.2 第 25.571(b)款

第 25.571(b)款要求必须用充分的全尺寸疲劳试验依据来证明在飞机的设计使用目标寿命期内不会产生广布疲劳损伤。

在损伤容限评定中必须包括预期的损伤部位和形式。

剩余强度评定必须表明,结构能够承受规章规定的载荷情况(作为极限载荷情况考虑)。

2.1.3 第 25.571(c)款

第 25.571(c)款要求必须采用有试验依据的分析,表明能够承受其服役寿命期内预期的变幅重复载荷作用而没有可察觉的裂纹,必须采用合适的安全寿命分散系数。

2.1.4　第 25.571(d)款

第 25.571(d)款要求必须采用有试验依据的分析方法或类似结构设计和声激励环境的飞机服役历史声明：

(1) 飞机结构的任何部分不可能产生声疲劳裂纹；或

(2) 所有受声疲劳裂纹影响的部位在第 25.571(b)款规定的载荷作用下，声疲劳裂纹不可能引起灾难性的破坏。

2.1.5　第 25.571(e)款

第 25.571(e)款要求通过损伤容限(离散源)评定，保证飞机结构在离散源造成损伤的情况下，能够成功完成飞行任务。

评定内容包括：

(1) 4 磅鸟的撞击。

(2) 风扇叶片的非包容性撞击。

(3) 发动机的非包容性破坏。

(4) 高能旋转机械的非包容性破坏。

损伤后的结构必须能承受飞行中合理预期出现的静载荷(作为极限载荷情况考虑)。

如果结构的损伤引起结构刚度或几何形状的重大变化，则必须研究其对损伤容限的影响。

2.2　相关条款

与第 25.571 条相关的条款如表 2-1 所示。

表 2-1　第 25.571 条相关条款

序　号	相关条款	相　关　性
1	第 25.335 条	第 25.571 条提及的各种速度由第 25.335 条确定
2	第 25.365 条	第 25.571(b)(5)项所列增压舱载荷，根据第 25.365 条款确定
3	第 25.1529 条	按第 25.571 条制定的为预防灾难性破坏所必需的检查项目和其他程序必须纳入第 25.1529 条确定的持续适航文件的适航限制章节中

3　验证过程

3.1　验证对象

第 25.571 条的验证对象为可能引起灾难性破坏的每一结构部分，即主要结构元件。

3.2　符合性验证思路

本条款是个大条款，针对不同的子条款，须采用不同的验证方法。

针对第 25.571(a)款,需要采用符合性说明、分析计算和实验室试验的方法表明符合性。

针对第 25.571(b)款,需要采用分析计算和实验室试验的方法表明符合性。

针对第 25.571(c)款,需要采用分析计算或实验室试验的方法表明符合性。

针对第 25.571(d)款,需要采用分析计算和实验室试验的方法表明符合性。

针对第 25.571(e)款,需要采用分析计算的方法表明符合性。

在验证条款的符合性时,应当注意金属材料与复合材料在材料性能和验证方式上的区别。

3.3 符合性验证方法

通常,针对第 25.571 条的符合性验证方法如表 3 - 1 所示。

表 3 - 1 建议的符合性方法

条 款 号	专 业	符 合 性 方 法										备 注
		0	1	2	3	4	5	6	7	8	9	
第 25.571(a)款	疲 劳		1	2		4						
第 25.571(b)款	疲 劳			2		4						
第 25.571(c)款	疲 劳			2		4						
第 25.571(d)款	疲 劳		1	2		4						
第 25.571(e)款	疲 劳			2								

3.4 符合性验证说明

对本条款的符合性验证,金属材料结构与复合材料结构的验证方法是不相同的,要注意它们的区别。

3.4.1 第 25.571(a)款

1) MOC1 验证过程

按照合理的方法,形成损伤容限分析方法和疲劳评定方法,作为疲劳和损伤容限专业的顶层文件。

确定飞机的 PSE,作为第 25.571 条的验证对象。在确定 PSE 时,需要注意第 25.571 条的待选验证对象应该是"可能引起灾难性破坏"的所有部分,而不应受"结构"或是"系统"概念的限制。

2) MOC2 验证过程

确定飞机服役时预期的典型使用情况,根据典型飞行使用任务剖面,得到预期的典型载荷谱。疲劳分析时可以使用当量载荷谱,结构裂纹扩展分析及机体的全尺寸疲劳和损伤容限试验须使用飞机续飞疲劳载荷谱。对于每一个全尺寸试验,还应分别形成试验谱,以确保试验加载的合理性。

一般认为飞机的工作温度和湿度区间对金属材料性能无影响。对于突风、起飞着陆滑跑、着陆撞击和侧偏着陆等情况的动载荷,须使用合适的动态放大系数转化为静载荷以用于疲劳和损伤容限分析和试验。

如有类似结构设计的飞机服役历史数据,可以用于第 25.571 条验证,但须考虑在运行条件和方法上的差别。如无类似数据则无须考虑。

依据对 PSE 项目的损伤容限/安全寿命分析结果,制定相应结构的检查门槛值、检查间隔、检测方法及更换要求等信息,编制《结构适航限制项目》,并纳入第 25.1529 条要求的持续适航文件的适航限制章节。

3) MOC4 验证过程

对于复合材料结构,通常用积木式试验来验证第 25.571 条,因此除了以上的 MOC2 验证工作,还需用 MOC4 进行验证。为了验证第 25.571(a)(1)(i)目,在疲劳试验中需考虑环境温度湿度的影响。

3.4.2　第 25.571(b)款

1) MOC2 验证过程

按飞机结构设计特点,对金属 PSE 结构中的损伤容限结构件(含复材结构的金属部分),确定损伤容限分析分析部位,预期的损伤部位和形式。进行损伤容限分析,确定检查门槛值、重复检查间隔和检查方式,并纳入《结构适航限制项目》。确定非离散源损伤情况下的剩余载荷。确定 WFD 敏感结构区域。对发生损伤并失效破坏后的结构刚度和几何形状变化对损伤容限的影响分析。

对于复合材料结构,编制损伤威胁评估报告,以确定在制造和使用或维护期间可能出现的损伤部位、类型和尺寸,评估中考虑疲劳、环境影响、固有缺陷和外来物冲击或其他意外损伤(包括离散源损伤)。还应确定检查门槛值、重复检查间隔和检查方式,编制《结构适航限制项目》,并纳入第 25.1529 条要求的持续适航文件中。

复合材料损伤威胁评估中需要合理确定以下 5 类损伤水平:

(1) 周期检测或有指导的外场检测可能漏检的允许损伤或允许的制造缺陷。在该损伤情况下,结构需要在服役寿命期内持续保持极限载荷能力。

(2) 在规定的检测间隔期间进行定期或有指导的外场检测能可靠检测出的损伤。在该类损伤情况下,结构需要在对应的检测方法和间隔期间内保持限制载荷能力,以确保在损伤被可靠检出之前飞机的飞行安全。

(3) 可由并无复合材料检测专业技能的机组或外场维护人员在其出现后几次飞行期间能可靠检出的损伤。这类损伤要求能被快速检查(包括地面巡回检测或正常的工作项 PSE 检测)期间所发现。在被检出之前,结构需要保持限制载荷或接近限制载荷的能力。

(4) 由已知偶发事件引起的限制飞机机动性的离散源损伤。在该类损伤下,飞机结构需支持第 25.571(e)款规定的剩余强度载荷。

(5) 由异常的地面或飞行事件引起的非正常损伤。对于这一类损伤,要求发生损伤后立即修理。

这 5 类损伤中,前 4 类是设计和验证中需要考虑的损伤。各类损伤与对应的设计载荷水平的关系如图 3-1 所示。

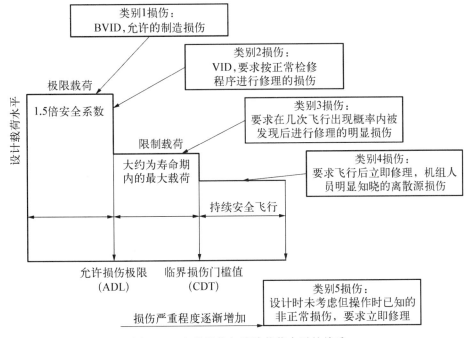

图 3-1　各类损伤与设计载荷水平的关系

2) MOC4 验证过程

对金属 PSE 结构中的损伤容限结构件,为了验证第 25.571(b)款,需要进行全尺寸疲劳试验和损伤容限试验。从验证条款符合性的角度,这些全尺寸试验的主要目的有两个:① 验证疲劳/损伤容限分析方法;② 验证飞机在服役寿命内不会发生WFD。而在实际试验中,全尺寸试验往往还能发现并纠正某些隐藏的设计问题。

为了验证飞机结构不会出现 WFD 而进行的全尺寸试验,需覆盖所有的 WFD敏感结构,最好是进行全机全尺寸试验。

完成既定的试验循环数后,剩余结构必须进行剩余强度评定,剩余强度载荷按本款要求。剩余强度评定的方法有剩余强度试验和拆卸检查。剩余强度试验是验证剩余结构能否承受剩余强度载荷的最直接有效的方式。而通过拆卸检查能得到零部件的剩余寿命,但是拆卸检查的工作量是巨大的。

对于第 25.571 条来说,进行 2 倍寿命的损伤容限试验就已足够。而对于14 CFR 修正案 25-132 的要求来说,需进行 2～3 倍 LOV 的试验,而试验后的拆卸检查也更能发挥它的价值。拆卸检查得到的零部件的剩余寿命可以用于延长飞机的 LOV。

"在全机疲劳试验完成之前,使用循环数不得超过在疲劳试验机上累积的循环数的一半"。这一要求需体现在第 25.1529 条要求的持续适航文件的适航限制部分。

为了验证第 25.571(b)款,复合材料结构需要完成"积木式"的试验。AC20-107B要求,除非有类似经验,复合材料结构必须进行部件级的验证试验。其他如材料级和元件级的或组件级试验可以是研发试验。"积木式"试验规划应与审查方沟通并确定验证试验项目。

复合材料结构积木式试验方法如图 3-2 所示。

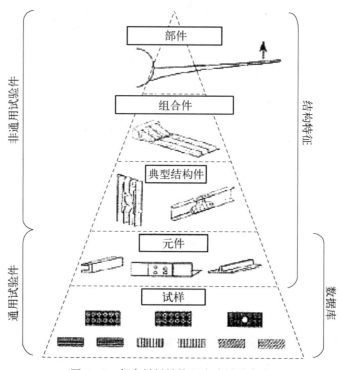

图 3-2 复合材料结构积木式试验方法

复合材料结构有 3 种适用的设计准则,即损伤缓慢扩展、损伤无扩展和止裂扩展准则。按这 3 种准则损伤尺寸与剩余强度的关系如图 3-3 所示。

不论是按损伤无扩展、损伤缓慢扩展还是损伤止裂扩展进行设计,结构损伤特性都需要基于重复载荷试验的验证。

复合材料设计和验证中需要考虑损伤威胁评估中的前 4 类损伤,并给出 2~5 类损伤的修理方案。结构检测出 2~5 类损伤后必须进行修理,结构修理后必须给出修理后的结构的损伤容限评估。

重复载荷试验应包括代表制造、装配和使用时可能出现并与所用检测技术一致的损伤水平(包括冲击损伤)。应按照生产规程和工艺来制造和装配损伤容限试验件,以使试验件代表生产型结构。

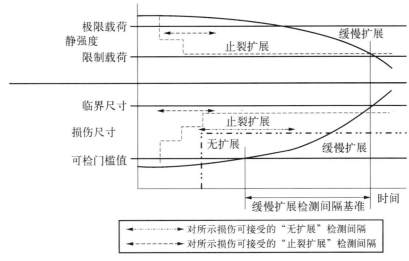

图 3-3　三种不同设计准则的剩余强度与损伤尺寸的关系

　　为疲劳试验和分析目的编制的重复载荷谱,应代表预期的使用用途。可以忽略(截除)能证明对损伤扩展没有贡献的低载荷水平;降低最大载荷水平(高载截除)通常是不被接受的。

　　3.4.3　第 25.571(c)款

　　对于不适用损伤容限设计的结构,必须按安全寿命设计并符合本款。典型的安全寿命设计的结构有起落架及其附属机构。按本款要求进行的分析和试验要选取合适的分散系数。对本款的符合性必须用有试验依据的分析表明,能够承受其服役寿命期内预期的变幅重复载荷作用而没有可察觉的裂纹。

　　1) MOC2 验证过程

　　对安全寿命设计的结构进行疲劳分析。

　　2) MOC4 验证过程

　　对安全寿命设计的结构进行疲劳试验。试验载荷谱应代表预期的使用情况。试验件应能代表真实的制造和装配工艺水平。并应选取合适的分散系数。

　　在取得型号合格证之前,应当给出全尺寸疲劳试验的阶段性试验报告,以确定飞机的初始飞行限制(已完成试验次数/分散系数)。

　　安全寿命结构件的典型例子是起落架结构。

　　3.4.4　第 25.571(d)款

　　1) MOC1 验证过程

　　如有类似结构设计的飞机服役历史,可用相关服役数据表明对本款的符合性。如没有,则须按 MOC2 或 MOC4 的方式表明符合性。

　　2) MOC2 验证过程

　　确定发动机声激励载荷影响严重的部位。

对发动机声激励载荷影响部位进行声疲劳分析。如果单用分析表明对本款的符合性,则分析方法必须是有试验依据的。

3) MOC4 验证过程

对发动机声激励载荷影响部位进行声疲劳试验。

3.4.5　第 25.571(e)款

对本款所列 4 种离散源损伤后的飞机结构进行剩余强度评定。按本款规定,离散源损伤情况的剩余强度载荷应考虑驾驶员在事故出现后的纠正动作,低于本条(b)款规定的剩余强度载荷。本款考虑的剩余强度载荷应考虑事故发生时的载荷状态和事故发生后驾驶员采取限制机动/躲避紊流和降低速度的措施的载荷状态。

编制飞机结构破坏后刚度和几何形状变化对损伤容限的影响分析报告,表明飞机受到以上离散源损伤导致结构刚度改变对损伤容限的影响。

3.5　符合性文件清单

通常,针对第 25.571 条的符合性文件清单如表 3-2 所示。

表 3-2　建议的符合性文件清单

序　号	子条款	符 合 性 报 告	符合性方法
1	第 25.571(a)款	疲劳分析方法	MOC1
2	第 25.571(a)款	损伤容限分析方法	MOC1
3	第 25.571(a)款	PSE 项目清单	MOC1
4	第 25.571(a)款	典型飞行使用任务剖面的确定	MOC2
5	第 25.571(a)款	用于结构疲劳强度分析的动态放大系数	MOC2
6	第 25.571(a)款	飞机当量载荷谱	MOC2
7	第 25.571(a)款	飞机飞—续—飞疲劳载荷谱	MOC2
8	第 25.571(a)款	结构适航限制项目	MOC2
9	第 25.571(a)款	全机疲劳试验载荷谱	MOC2
10	第 25.571(a)款	零部件疲劳试验载荷谱	MOC2
11	第 25.571(a)款	复合材料零部件积木式试验载荷谱	MOC2
12	第 25.571(a)款	复合材料零部件积木式试验大纲	MOC4
13	第 25.571(a)款	复合材料零部件积木式试验报告	MOC4
14	第 25.571(b)款	损伤容限 PSE 结构损伤容限分析报告	MOC2
15	第 25.571(b)款	剩余强度载荷报告(含离散源剩余强度载荷与非离散源剩余强度载荷)	MOC2
16	第 25.571(b)款	WFD 敏感结构区域的确定	MOC2

（续表）

序　号	子 条 款	符 合 性 报 告	符合性方法
17	第 25.571(b)款	飞机结构破坏后刚度和几何形状变化对损伤容限的影响分析报告	MOC2
18	第 25.571(b)款	WFD 敏感结构全尺寸疲劳试验大纲	MOC4
19	第 25.571(b)款	WFD 敏感结构全尺寸疲劳试验报告	MOC4
20	第 25.571(b)款	零部件疲劳试验大纲(复合材料结构)	MOC4
21	第 25.571(b)款	零部件疲劳试验报告(复合材料结构)	MOC4
22	第 25.571(c)款	安全寿命结构件疲劳分析报告	MOC2
23	第 25.571(c)款	安全寿命结构件疲劳试验大纲	MOC4
24	第 25.571(c)款	安全寿命结构件疲劳试验报告	MOC4
25	第 25.571(d)款	声疲劳影响区域分析报告	MOC2
26	第 25.571(d)款	声疲劳分析(受影响区域)	MOC2
27	第 25.571(d)款	声疲劳试验(受影响区域)大纲	MOC4
28	第 25.571(d)款	声疲劳试验(受影响区域)报告	MOC4
29	第 25.571(e)款	鸟撞结构部位确定分析报告	MOC2
30	第 25.571(e)款	鸟撞试验选点分析报告	MOC2
31	第 25.571(e)款	飞机结构鸟撞损伤分析报告	MOC2
32	第 25.571(e)款	鸟撞后结构剩余强度分析	MOC2
33	第 25.571(e)款	发动机转子非包容性破坏后结构剩余强度分析	MOC2
34	第 25.571(e)款	APU 转子非包容性破坏后机体结构剩余强度分析	MOC2
35	第 25.571(e)款	离散源破坏后结构刚度和几何形状变化对损伤容限的影响分析报告	MOC2
36	第 25.571(e)款	失效故障不利状态全机颤振特性分析报告	MOC2

4　符合性判据

进行本条款的符合性验证时需满足以下要求：

（1）只有结构非常复杂或无法进行损伤容限设计的情况，才可以按安全寿命设计，安全寿命设计的实例是起落架及其连接件。

（2）预期中期望的典型载荷谱应当基于对载荷历史研究中对该型号的测量载荷谱数据，如缺少实测数据时，可以根据飞机的预期使用情况进行保守估算。确定载荷谱时应当考虑的主要载荷是飞行载荷、地面载荷和增压载荷。

（3）疲劳分析和损伤容限分析方法应是可靠的。

（4）疲劳分析和疲劳试验的分散系数的选取要有合理依据。

（5）全尺寸疲劳试验载荷谱的处理应证明是合理的。

（6）损伤容限分析结果和安全寿命分析结果包括检查、修理和使用限制应包含在适航限制项目中。

参考文献

[1] 14 CFR 修正案 25 - 72 Special Review：Transport Category Airplane Airworthiness Standards [S].

[2] 14 CFR 修正案 25 - 86 Revised Discrete Gust Load Design Requirements [S].

[3] 14 CFR 修正案 25 - 96 Fatigue Evaluation of Structure [S].

[4] 14 CFR 修正案 25 - 132 Aging Airplane Program：Widespread Fatigue Damage [S].

[5] FAA. AC25. 783 - 1A Fuselage Doors and Hatches [S]. 2005.

[6] FAA. AC25. 1529 - 1A Instructions for Continued Airworthiness of Structural Repairs on Transport Airplanes [S]. 2007.

[7] FAA. AC25. 629 - 1A Aeroelastic Stability，Substantiation，Transport Category Airplanes [S]. 1998.

[8] FAA. AC20 - 128A Design Considerations for Minimizing Hazards Caused by Uncontained Turbine Engine and Auxiliary Power Unit Fotor Failure [S]. 1997.

[9] FAA. AC25 - 24 Sustained Engine Imbalance [S]. 2000.

[10] FAA. AC25 - 21 Certification of Transport Airplane Structure [S]. 1999.

[11] FAA. AC25. 905 - 1 Minimizing the Hazards from Propeller Blade and Hub Failures [S]. 2000.

[12] FAA. AC25. 775 - 1 Windows and Windshields [S]. 2003.

[13] FAA. AC25. 672 - 1 Active Flight Controls [S]. 1983.

[14] FAA. AC25 - 21 Certification of Transport Airplane Structure [S]. 1999.

[15] FAA. AC25. 571 - 1D Damage Tolerance and Fatigue Evaluation of Structure [S]. 2011.

[16] FAA. AC120 - 104 Establishing and Implementing Limit of Validity to Prevent Widespread Fatigue Damage [S].

[17] FAA. AC20 - 107B Composite Aircraft Structure [S]. 2009.

运输类飞机适航标准
第 25.581 条符合性验证

1 条款介绍

1.1 条款原文

第 25.581 条 闪电防护

(a) 飞机必须具有防止闪电引起的灾难性后果的保护措施。

(b) 对于金属组件,下列措施之一可表明符合本条(a)的要求:

(1) 该组件合适地搭接到飞机机体上;

(2) 该组件设计成不致因闪击而危及飞机。

(c) 对于非金属组件,下列措施之一可表明符合本条(a)的要求:

(1) 该组件的设计使闪击的后果减至最小;

(2) 具有可接受的分流措施,将产生的电流分流而不致危及飞机。

1.2 条款背景

闪电是自然界特有的现象,尽管其持续时间非常短暂,但蕴含巨大能量,人类观测到的最大的自然雷电电流超过 500 千安,平均每次雷电释放的功率达 200 亿千瓦。飞行器在飞行中遭遇闪电往往会给飞机造成严重损伤,如图 1-1 和图 1-2 所示。

图 1-1 Delta 航空公司飞机遭遇雷击

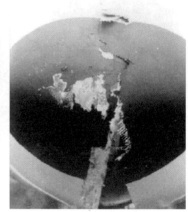

图 1-2　P-3C 遭遇雷击

　　闪电效应分为闪电直接效应和间接效应,直接效应主要是因热效应、机械效应、冲击波等导致的飞机结构及系统损伤,间接效应主要是因为电磁感应等给飞机系统造成的损伤。第 25.581 条的要求主要是针对闪电直接效应提出的防护要求。

1.3　条款历史

　　第 25.581 条在 CCAR25 部初版首次发布,截至 CCAR-25-R4,该条款未进行过修订,如表 1-1 所示。

表 1-1　第 25.581 条条款历史

第 25.581 条	CCAR25 部版本	相关 14 CFR 修正案	备　　注
首次发布	初版	25-23	

　　1985 年 12 月 31 日发布了 CCAR25 部初版,其中包含第 25.581 条,该条款参考 1970 年发布的 14 CFR 修正案 25-23 号中的 §25.581 的内容制定。

2　条款解读

2.1　条款要求

　　第 25.581(a)款为对飞机闪电直接效应防护的总则,这里提到的保护性措施不仅包括第 25.581(b)款中提到的电搭接及第 25.581(c)款中提到的分流措施,其他的保护措施如果能够满足条款要求也是可以的;灾难性后果是指其失效会妨碍持续安全飞行和着陆,或导致绝大部分或全部乘员死亡以及飞机损毁。第 25.581(b)款是对飞机金属组件的要求,电搭接是飞机上常用的传导电流的方式;第 25.581(c)款是对飞机非金属组件的要求,比如在非金属结构上加装分流条,将雷电流分散传导,从而降低雷击的影响。对于第 25.581(c)款中提到的使闪击的后果减至最小,尽管没有量化的概念,但至少应保证不会产生灾难性的后果。

2.2 相关条款

与第 25.581 条相关的条款如表 2 - 1 所示。

表 2 - 1 第 25.581 条相关条款

序 号	相关条款	相 关 性
1	第 25.981 条	第 25.981(a)(3)项中要求考虑因雷电而造成油箱放电进而导致燃油箱点燃的问题
2	第 25.954 条	第 25.954 条的要求是针对燃油系统闪电防护的要求
3	第 25.571 条	第 25.581 条造成的闪电损伤需要按照第 25.571 条的要求进行剩余强度评估

3 验证过程

3.1 验证对象

第 25.581 条的验证对象为飞机结构及外部设备。

3.2 符合性验证思路

针对飞机闪电防护,通过闪电分区分析或试验确定飞机的闪电分区,然后针对各系统或结构所处的闪电分区进行设计和验证,对于全机性质的验证可以将所有的验证工作合并进行,而不再分专业分别进行,比如全机电搭接检查等。

3.3 符合性验证方法

通常,针对第 25.581 条的符合性验证方法如表 3 - 1 所示。

表 3 - 1 建议的符合性方法

条 款 号	专 业	符 合 性 方 法										备 注
		0	1	2	3	4	5	6	7	8	9	
第 25.581 条	通 信		1									
第 25.581 条	电 源		1								9	
第 25.581 条	飞 控		1									
第 25.581 条	导 航		1									
第 25.581 条	结 构		1							7		
第 25.581 条	雷达罩		1			4						
第 25.581 条	短 舱					4						
第 25.581 条	尾 翼					4						
第 25.581 条	窗		1									
第 25.581 条	机 翼					4						
第 25.581 条	起落架											
第 25.581 条	动 力		1									

3.4   符合性验证说明

针对飞机闪电防护,SAE 发布了 3 份推荐标准,分别是 ARP5412、ARP5414 和 ARP5416,分别对应飞机闪电环境及波形、飞机闪电分区、飞机闪电试验方法。此外,针对闪电直接效应验证问题,SAE 还发布了 1 份推荐规范,即 ARP5577 Aircraft Lighting Direct Effects Certification。在该 ARP 中,建立了闪电直接效应的验证过程,如图 3 - 1 所示。这些符合性活动是一个互相迭代的过程。

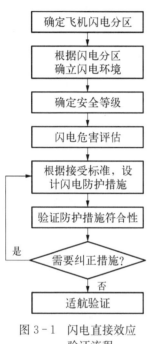

图 3 - 1   闪电直接效应
验证流程

在条款符合性验证试验中,针对结构可能出现的损伤,分析损伤的危害程度。这种分析不仅要考虑损伤对气动的影响,还要考虑损伤容限和系统功能等的影响。如损伤后的结构无法完成预期功能,则需对结构进行优化。

3.4.1   MOC1 验证过程

为表明符合性,可以通过 MOC1 的方式将所采用的防雷击措施进行描述,比如通过描述该系统与金属结构的电搭接情况,说明搭接线的数量、种类、电阻值等,以此说明对条款要求的符合性。

飞机机体结构主要使用金属材料,金属材料本身就是导电的,只要保证导电通路通畅即可表明对条款要求的符合性,对于导电通路不通畅的,则需进行电搭接,比如在某些活动面处,由于存在运动间隙,因此必须进行有效的电搭接;对于非金属材料,比如雷达罩,常采用分流条的方式将雷电流传导出去;对于各机载系统,也主要通过电搭接的方式解决雷电流传导问题。

因此,可以通过 MOC1 系统描述文档、图纸等方式说明飞机结构所使用的材料、分流措施、电搭接线数量、种类及电阻值等信息,以此表明符合性。

3.4.2   MOC4 验证过程

对于非金属材料所使用的防雷击措施有效性,可以通过 MOC4 试验来表明对第 25.581 条的符合性。试验时所使用的试验件需能代表取证构型,特别是防雷击措施及雷电流的传导路径。如果试验后部件出现损伤,则需通过分析或试验表明损伤后的结构仍具有足够的剩余强度完成本次飞行。此外,如果其闪电分区、结构形式、安装形式和铺层形式等与已验证过的型号类似,则可通过相似性分析的方式表明符合性,但这需要与审查方达成一致。

3.4.3   MOC7 验证过程

对于飞机结构及系统所采用的电连接措施,需进行 MOC7 电连接机上检查,检查各指定搭接部位的搭接线规格、数量、安装是否与设计构型文件一致,测量各指定搭接部位的电阻值是否符合电搭接规定要求。

3.4.4 MOC9 验证过程

对于某些系统设备,需通过 MOC9 的设备鉴定来表明设备本身满足 DO-160 或其他文件中规定的闪电直接效应要求,此外对于具有 TSOA 的设备,还需进行装机试验或采用分析方式表明对第 25.581 条要求的符合性。

3.5 符合性文件清单

通常,针对第 25.581 条的符合性文件清单如表 3-2 所示。

表 3-2 建议的符合性文件清单

序　号	符 合 性 报 告	符合性方法
1	结构及设备闪电防护图纸及文件	MOC1
2	复合材料结构闪电防护试验大纲	MOC4
3	复合材料结构闪电防护试验报告	MOC4
4	电搭接机上检查大纲	MOC7
5	电搭接机上检查报告	MOC7
6	系统设备鉴定大纲	MOC9
7	系统设备鉴定报告	MOC9

4 符合性判据

4.1 针对第 25.581(a)款

能表明所采用的措施能够防止因闪电引起的灾难性后果。

4.2 针对第 25.581(b)款

能表明金属结构之间均进行了有效的电搭接,或其设计不会因闪击而危及飞机。

4.3 针对第 25.581(c)款

能表明非金属组件具有可接受的分流措施,或其设计能够将闪击的后果减至最小。

参考文献

［1］ 14 CFR 修正案 25-23 Transport Category Airplane Type Certification Standards ［S］.
［2］ FAA. AC25-21 Certification of Transport Airplane Structure ［S］. 1999.
［3］ FAA. AC25.672-1 Active Flight Controls ［S］. 1983.
［4］ SAE ARP5577,Aircraft Lightning Direct Effects Certification ［S］.

CCAR25 部
D 分部　设计与构造

运输类飞机适航标准
第 25.601 条符合性验证

1 条款介绍

1.1 条款原文

第 25.601 条　总则

飞机不得有经验表明是危险的或不可靠的设计特征或细节。每个有疑问的设计细节和零件的适用性必须通过试验确定。

1.2 条款背景

第 25.601 条是对飞机设计与构造的总则要求,需要飞机机体结构和各系统在满足 CCAR25 部 D 分部其余所有条款及针对新颖独特的设计而制定的专用条件(如有)的情况下,才能表明对本条款的符合性。

1.3 条款历史

第 25.601 条在 CCAR25 部初版首次发布,截至 CCAR - 25 - R4,该条款未进行过修订,如表 1 - 1 所示。

表 1 - 1　第 25.601 条条款历史

第 25.601 条	CCAR25 部版本	相关 14 CFR 修正案	备　注
首次发布	初版	—	

1985 年 12 月 31 日发布了 CCAR25 部初版,其中包含第 25.601 条,该条款参考 1964 年 12 月 24 日发布的 14 CFR PART 25 中的 §25.601 的内容制定。

2 条款解读

2.1 条款要求

本条款是对飞机设计与构造的总要求,适用于所有机体结构和系统设备的结构与构造。"飞机不得有经验表明是危险的或不可靠的设计特征或细节",其中的"经验"包括相似机型的服役经验,也包括研发试验的结果。"危险的"是指该设计特征或细节对飞机的安全性有不利影响,"不可靠的"是指该设计特征或细节在某些情形下起不到其预定的作用或功能。

飞机设计的一个原则是要有继承性。非继承性的或有疑问的设计细节和零件(包括新颖独特的设计),其适用性均必须通过试验确定。设计细节和零件的适用性是指满足结构强度、刚度、预期功能和预期环境条件等要求。

2.2　相关条款

第25.601条无相关条款。

3　验证过程

3.1　验证对象

第25.601条的验证对象为飞机结构和各系统中的结构。

3.2　符合性验证思路

为满足本条要求,需对设计常用的结构形式、选材和所处的工作环境等有充分认识,了解哪些属于危险或不可靠的设计特征和细节,尽可能通过设计更改消除这些设计特征。如果存在不确定的设计特征和细节,则需通过试验进行验证。

3.3　符合性验证方法

通常,针对第25.601条的符合性验证方法如表3-1所示。

表 3-1　建议的符合性方法

条　款　号	专　业	符 合 性 方 法										备　注
		0	1	2	3	4	5	6	7	8	9	
第25.601条	强　度			2				6				
第25.601条	系　统		1	2								
第25.601条	结　构		1			4						
第25.601条	材　料		1									

3.4　符合性验证说明

3.4.1　MOC1验证过程

通过MOC1符合性说明,描述机体结构及系统结构所使用的设计特征和细节均为传统的、业界常用的结构形式,没有危险的或不可靠的设计特征和细节;对于所使用的材料及标准件,要从材料及标准件的选用原则、种类、标准规范、装配工艺、应用控制、强度数据来源等方面表明所使用的材料及标准件无危险的设计特征或细节。

3.4.2　MOC2验证过程

对于经其他型号验证过的系统结构,比如驾驶舱门系统,可以通过MOC2分析来说明符合性,具体为:描述该系统与其他机型上使用的类似系统在设计要求、结构形式、系统组成、使用部位及工作环境等方面的差异,通过相似性分析说明该系统的适用性及对条款的符合性。

3.4.3 MOC4 验证过程

对于某些结构形式的适用性如果有疑问,则通过实验室试验进行验证,特别针对某些连接形式,如果该连接形式属于非常规的或缺乏使用经验的,那么通常要进行试验验证。

3.4.4 MOC6 验证过程

对于某些设备,其性能需要通过 MOC6 来表明无不可靠的设计特征和细节,比如起落架摆振问题。

3.5 符合性文件清单

通常,针对第 25.601 条的符合性文件清单如表 3-2 所示。

表 3-2 建议的符合性文件清单

序 号	符 合 性 报 告	符合性方法
1	系统设备图纸及系统描述文档	MOC1
2	飞机结构设计要求	MOC1
3	设计相似性分析报告	MOC2
4	非常规结构试验大纲	MOC4
5	非常规结构试验报告	MOC4
6	起落架摆振试飞大纲	MOC6
7	起落架摆振试飞报告	MOC6

4 符合性判据

所采用的设计特征和细节均是传统的或业界常用的,未采用危险的或不可靠的设计特征和细节;对于危险的设计特征和细节通过试验验证了其适用性。

参考文献

[1] FAA. AC25-21 Certification of Transport Airplane Structure [S]. 1999.

[2] Policy Memo. No. ANM-04-115-28 Policy statement on an unreliable design of seat belt attachment fittings on passengers' seats and compliance with 25.601 [S]. 2005.

[3] Memorandum PS-ANM100-2003-10019 Policy statement on evaluating a seat armrest cavity for a potential fire hazard [S]. 2004.

[4] NPRM 68-28 [S].

运输类飞机适航标准
第 25.603 条符合性验证

1 条款介绍

1.1 条款原文

第 25.603 条 材料

其损坏可能对安全性有不利影响的零件所用材料的适用性和耐久性必须满足下列要求：

(a) 建立在经验或试验的基础上；

(b) 符合经批准的标准(如工业或军用标准，或技术标准规定)，保证这些材料具有设计资料中采用的强度和其它性能；

(c) 考虑服役中预期的环境条件，如温度和湿度的影响。

1.2 条款背景

第 25.603 条的目的是确保飞机零组件设计时所选用的材料满足预期功能。

1.3 条款历史

第 25.603 条在 CCAR25 部初版首次发布，截至 CCAR - 25 - R4，该条款未进行过修订，如表 1 - 1 所示。

表 1 - 1 第 25.603 条条款历史

第 25.603 条	CCAR25 部版本	相关 14 CFR 修正案	备 注
首次发布	初版	—	

1985 年 12 月 31 日发布了 CCAR25 部初版，其中包含第 25.603 条，该条款参考 1964 年 12 月 24 日发布的 14 CFR PART 25 中的 §25.603 的内容制定。

2 条款解读

2.1 条款要求

飞机零件所用材料包括金属材料和非金属材料，此处飞机零件特指"其损坏对安全性有不利影响"的零件。这些零件包括结构零件和失效后可能危及飞机安全的非结构零件,如油箱密封件、防火墙及绝热隔音层等。那些即便失效也对安全没有不利影响的零件不属于本条款限定的零件范围。

材料的适用性包括:材料力学性能对零件的适用性(对于结构零件用材料);材料功能(如导电、隔热和透波等)对零件的适用性;材料对零件制造过程的适用性,例如钢的淬透性和树脂流动性等。

材料的耐久性是指材料抵抗预期服役环境条件长期破坏作用的能力。其中,服役环境条件包括应力、温度、湿度、光照、磨损、腐蚀和氧化等使材料性能随时间延长而衰退的环境因素。

本条款所提出的具体要求为:

(1)飞机零件所用材料适用性和耐久性的确定必须基于试验或经验。其中,经验是指相同材料用于已取证并成功运行的相似类型飞机的相同或相似部位上,经验需要得到申请人和局方的共同认可;试验是指充分且必要的静力试验、疲劳试验、腐蚀试验和功能试验等。

(2)材料的适用性和耐久性必须满足经局方批准的材料标准(规范)。局方批准的标准(规范)可以分为三大类:行业规范、企业规范和技术标准规定。行业规范是指工业规范和军用规范等,局方批准的行业材料规范的形成由局方充分信任的行业协会把关,在行业材料规范的形成过程中局方进行了足够的监控。如 FAA 批准的 MMPDS 等文件中所列出的材料规范。用户材料规范即申请人通过试验或经验建立的自己的材料规范,试验过程得到局方充分监控,且材料规范本身得到局方审查并被局方批准。技术标准规定是由局方制定并发布的标准(规范)。中国民用航空局可以根据 CCAR37 部——民用航空材料、零部件和机载设备技术标准规定,为民用航空材料制定并颁布技术标准规定(即局方材料规范)。

(3)飞机零件所用材料适用性和耐久性的确定必须考虑预期服役环境。预期的服役环境条件如应力、温度、湿度、光照、磨损、腐蚀、氧化等;这些预期服役环境条件不仅包括短时间内对材料性能造成影响的因素,还包括在长时间内对材料性能造成影响的因素。

对于复合材料结构,如果该材料体系和结构细节在可能的环境中明显受到环境影响,则需制订环境设计准则。要确定紧靠热源的飞机系统周围所安装的复合材料结构在最恶劣的正常操作和系统破坏情况的峰值温度。再根据试验数据确定材料设计值或许用值时是以高置信度,并在预计的环境条件下获得的。

随着飞机上复合材料使用范围越来越广泛,为了保证所采购材料的一致性,需要建立这些材料的材料规范,并用批次验收试验或统计过程控制来保证材料性能在任何时候都不会出现偏差。对于材料的要求,应基于用工艺规范所生产样件的鉴定试验结果,鉴定试验的数据必须覆盖对控制生产复合材料结构所用材料和工艺至关重要的所有性能。

此外,对于如何处理国外供应商提供的 TSO 设备、非 TSO 设备及零部件所使用的材料,详见 CAAC 发布了《接受国外符合性资料的政策指南》。

2.2　相关条款

与第 25.603 条相关的条款如表 2-1 所示。

表 2-1　第 25.603 条相关条款

序　号	相关条款	相　　关　　性
1	第 25.613 条	第 25.603 条是对损伤可能对安全性有不利影响的零件所用材料的适用性和耐久性提出的要求,而第 25.613 条是对材料强度性能的要求

3　验证过程

3.1　验证对象

第 25.603 条的验证对象为失效可能影响飞行安全的零件所使用的材料。

3.2　符合性验证思路

为表明符合性,其损坏可能对安全性有不利影响的零件所用材料应选用具有充分使用经验的材料或在充分试验基础上进行选材,这就需要在研制初期建立完整合理的材料选用目录,包括金属材料选用目录、非金属材料选用目录及标准件选用目录等。

对于缺乏使用经验或使用尚不成熟的材料,其材料的适用性和耐久性必须通过材料试验建立材料规范。在材料规范中不仅要明确材料性能标准还要包括材料的复验要求,以此保证这些材料具有设计资料中的性能。这个过程不仅是建立规范的过程,同时也是验证规范的过程。在此过程中,要充分考虑材料预期的使用环境。

在对材料完成规范验证后,将上述材料使用到型号中并随型号完成后续验证。

3.3　符合性验证方法

通常,针对第 25.603 条的符合性验证方法如表 3-1 所示。

表 3-1　建议的符合性方法表

条　款　号	专　业	符 合 性 方 法										备　注
		0	1	2	3	4	5	6	7	8	9	
第 25.603 条	结　构		1									
第 25.603 条	系统设备		1									
第 25.603 条	材　料		1			4						

3.4　符合性验证说明

为表明对第 25.603 条的符合性,可以采用符合性说明(MOC1)和实验室试验(MOC4)进行验证。

根据材料使用经验,首先编制材料选用原则,对材料选用范围进行规范。在材料选用原则的基础上,编制金属材料通用规范目录、非金属材料通用规范、材料规范有效版次目录及标准件选用清单等文件,规范材料及标准件的选用。

对于某些使用经验不足的材料或缺乏材料控制规范的材料,编制材料规范,这个过程既是建立材料规范的过程,同时也是验证材料规范的过程。在建立材料规范的过程中,不仅要确立材料性能数据还要明确材料复验要求等内容。这样,通过材料规范的控制,就能保证这些材料具有设计资料中采用的强度和其他性能。确立材料规范后,符合规范的材料可以装机并随机进行后续验证。

3.4.1　金属/非金属材料符合性验证

金属/非金属材料及其相应规范一般选用同类型飞机成熟的、可靠的并具有充分的航线使用经验的材料及规范。

对于功能材料,如座椅垫、隔音隔热棉等,为表明符合性,可以编制 MOC1 报告。在报告中详细列出了所涉及材料的选用原则、规范数量、规范的跟踪与控制措施及数据来源等,保证这些材料具有设计资料中采用的强度和其他性能。

对于使用经验不足的新材料,补充进行试验验证。

3.4.2　标准件符合性验证

选用同类型飞机使用成熟的、可靠的并具有充分的航线使用经验的标准件。

为表明标准件对第 25.603 条的符合性,可以采用 MOC1 的方式。该报告可以从标准件的选用原则、种类、标准规范、装配工艺和强度数据来源等方面表明了对于第 25.603 条的符合性;除符合性说明外,对于使用经验不足的标准件,通过试验验证。

3.4.3　系统设备材料符合性验证

对于系统供应商所使用的材料,可以编制 MOC1 报告,在报告中将系统供应商所使用的材料牌号及规范等进行了统计分析,从而表明这些系统所使用的材料满足第 25.603 条的要求。

3.5　符合性文件清单

通常,针对第 25.603 条的符合性文件清单如表 3-2 所示。

表 3-2　建议的符合性文件清单

序　号	符　合　性　报　告	符合性方法
1	材料规范清单	MOC1
2	材料性能试验大纲	MOC4

（续表）

序　号	符 合 性 报 告	符合性方法
3	材料性能试验报告	MOC4
4	系统描述文档	MOC1

4　符合性判据

4.1　第 25.603(a)款符合性判据

飞机上所使用的损伤可能对安全性有不利影响的零件所用材料已明确，均在航线运行的飞机上具有充分的使用经验或通过试验验证了其适用性和耐久性。

4.2　第 25.603(b)款符合性判据

所使用的材料属于局方认可的规范及标准中规定的材料。

4.3　第 25.603(c)款符合性判据

在选材时充分考虑了预期的使用环境，并在后续验证中验证了预期环境影响。

参考文献

［1］　FAA. AC25-21 Certification of Transport Airplane Structure［S］. 1999.

［2］　FAA. AC20-107B Composite Aircraft Structure［S］. 2009.

［3］　FAA. AC20-151B Airworthiness Approval of Traffic Alert and Collision Avoidance Systems（TCAS Ⅱ），Versions 7.0 & 7.1 and Associated Mode S Transponders［S］. 2014.

［4］　FAA. AC20-131A Airworthiness Approval of Traffic Alert and Collision Avoidance Systems（TCAS Ⅱ）and Mode S Transponders［S］. 1993.

［5］　FAA. AC25-16 Electrical Fault and Fire Prevention and Protection［S］. 1991.

［6］　FAA. AC21-44A Issuance of Export Airworthiness Approvals Under 14 CFR Part 21 Subpart L［S］. 2015.

［7］　FAA. AC25-21 Certification of Transport Airplane Structure［S］. 1999.

［8］　FAA. AC20-127 Use of Society of Automotive Engineers（SAE）Class HI1 Bolts［S］. 1987.

［9］　运输类飞机适航标准研究报告［R］. 2015.

运输类飞机适航标准
第 25.605 条符合性验证

1 条款介绍

1.1 条款原文

第 25.605 条 制造方法

（a）采用的制造方法必须能生产出一个始终完好的结构。如果某种制造工艺（如胶接、点焊或热处理）需要严格控制才能达到此目的，则该工艺必须按照批准的工艺规范执行。

（b）飞机的每种新制造方法必须通过试验大纲予以证实。

1.2 条款背景

第 25.605 条的目的是保证所采用的制造方法制造的结构能始终满足设计所要求的强度及其他性能。

1.3 条款历史

第 25.605 条在 CCAR25 部初版首次发布，截至 CCAR‐25‐R4，该条款未进行过修订，如表 1‐1 所示。

表 1‐1 第 25.605 条条款历史

第 25.605 条	CCAR25 部版本	相关 14 CFR 修正案	备 注
首次发布	初版	25‐46	

1985 年 12 月 31 日发布了 CCAR25 部初版，其中包含第 25.605 条，该条款参考 1964 年 12 月 24 日发布的 14 CFR PART 25 中的 §25.605，并结合 14 CFR 修正案 25‐46 的内容制定。

1978 年，FAA 发布 14 CFR 修正案 25‐46，新增（b）款，明确每种新制造方法必须通过试验来证实其成熟度。

2　条款解读

2.1　条款要求

针对第 25.605(a)款,本款中的"采用的制造方法必须能够生产出一个始终完好的结构"主要对制造方法的稳定性和适用性提出了要求,即制造方法生产的结构质量是稳定的(对应条款中的"始终"),并且结构符合所有的设计要求(对应条款中的"完好")。本款中的"如果某种制造工艺(如点焊或热处理)需要严格控制才能达到此目的,该工艺必须按照批准的工艺规范执行"要求必须为需要严格控制的制造工艺建立工艺规范,并且该工艺规范必须经局方批准。

针对第 25.605(b)款,本款中的"飞机的每种新制造方法必须通过试验大纲予以证实"规定了工艺鉴定的范围和方法。① 工艺鉴定的范围:新的制造方法,即申请人首次采用的制造方法。② 工艺鉴定的方法:编制试验大纲提交局方批准,进行试验验证。

对于飞机上复合材料结构的制造来说,需要制定工艺规范和制造文件。对于新的生产方法,应使用实际尺寸的结构,通过与材料和工艺鉴定试验以及编制相关标准时所用一致的方式,验证工艺是可重复的,确保制造出可重现和可靠的结构。

2.2　相关条款

第 25.605 条无相关条款。

3　验证过程

3.1　验证对象

第 25.605 条的验证对象为飞机制造方法。

3.2　符合性验证思路

为生产出一个始终完好的结构,须保证每种制造方法都有相应的工艺规范。

(1) 如果工艺规范经其他型号使用证明了适用性,则可以直接用于产品生产。

(2) 如果工艺规范经其他型号使用但是针对新型号进行了一定实质性更改,则需针对实质性更改内容补充验证工作。

(3) 如果工艺规范在其他型号使用过程中出现了较大的不满意项,则应作为新编工艺进行验证。

(4) 如果针对某制造方法有相应的工艺规范,虽未经型号验证,但也应作为新编工艺规范进行验证。

(5) 对于全新工艺规范原则上需开展工艺验证试验。

经上述验证后的工艺规范即可表明工艺过程的可行性和可重复性。

3.3 符合性验证方法

通常,针对第 25.605 条的符合性验证方法如表 3-1 所示。

表 3-1 建议的符合性方法

条 款 号	专 业	符 合 性 方 法										备 注
		0	1	2	3	4	5	6	7	8	9	
第 25.605 条	系统设备		1									
第 25.605 条	结　构		1									
第 25.605 条	材　料		1									
第 25.605 条	工　艺		1			4						

3.4 符合性验证说明

为表明对第 25.605 款的符合性,可以采用符合性说明(MOC1)和实验室试验(MOC4)进行验证。开展验证前,首先要对型号使用的工艺规范进行分类,明确哪些属于成熟的,哪些属于需要补充验证的,并根据分类分别采取相应的符合性方法。

3.4.1 MOC1 验证过程

梳理经其他型号验证并使用过且无实质新增内容的工艺规范,编制工艺规范目录清单,并在其中说明与原规范的差异及对差异的评估。此外,结构图纸及系统描述文件中引用的工艺规范也是表明第 25.605 条要求的符合性证据。

3.4.2 MOC4 验证过程

对于新编工艺规范或当作新编工艺规范处理的规范及内容进行试验验证。

进行工艺验证时,对相关工艺参数和/或要求经多个工艺循环验证,以此表明新增工艺部分或该工艺规范是稳定、可靠的。

除了进行试片/元件级的工艺验证外,飞机随后进行的功能试验、强度试验等也是对制造工艺进行的验证,也作为表明第 25.605 条要求的符合性证据。

3.5 符合性文件清单

通常,针对第 25.605 条的符合性文件清单如表 3-2 所示。

表 3-2 建议的符合性文件清单

序　号	符 合 性 报 告	符合性方法
1	工艺规范试验大纲	MOC4
2	工艺规范试验报告	MOC4
3	全机工艺规范清单	MOC1

4　符合性判据

4.1　第 25.605(a)款符合性判据

根据使用经验对工艺规范进行分类,针对成熟的工艺规范编制了工艺规范清单。

4.2　第 25.605(b)款符合性判据

针对新编工艺规范或当作新编工艺规范的内容进行了试验验证,验证结果符合设计要求。

参考文献

[1]　14 CFR 修正案 25 - 46 Airworthiness Review Program Amendment No. 7 [S].

[2]　FAA. AC25 - 21 Certification of Transport Airplane Structure [S]. 1999.

[3]　运输类飞机适航标准研究报告[R]. 2015.

[4]　FAA. AC20 - 107B Composite Aircraft Structure [S]. 2009.

运输类飞机适航标准
第 25.607 条符合性验证

1 条款介绍

1.1 条款原文

第 25.607 条 紧固件

(a) 下列任一情况下,每个可卸的螺栓、螺钉、螺母、销钉或其它可卸紧固件,必须具有两套独立的锁定装置:

(1) 它的丢失可能妨碍在飞机的设计限制内用正常的驾驶技巧和体力继续飞行和着陆;

(2) 它的丢失可能使俯仰、航向或滚转操纵能力或响应下降至低于本部 B 分部的要求。

(b) 本条(a)规定的紧固件及其锁定装置,不得受到与具体安装相关的环境条件的不利影响。

(c) 使用过程中经受转动的任何螺栓都不得采用自锁螺母,除非在自锁装置外还采用非摩擦锁定装置。

1.2 条款背景

第 25.607 条要求对其丢失可能影响飞机安全飞行和着陆的可卸紧固件,必须使用两套独立的锁定装置,并在确定该可卸紧固件合适的锁定装置时,要考虑与具体安装相关的环境条件。

1.3 条款历史

第 25.607 条在 CCAR25 部初版首次发布,截至 CCAR - 25 - R4,该条款未进行过修订,如表 1 - 1 所示。

表 1 - 1 第 25.607 条条款历史

第 25.607 条	CCAR25 部版本	相关 14 CFR 修正案	备 注
首次发布	初版	25 - 23	

1985 年 12 月 31 日发布了 CCAR25 部初版,其中包含第 25.607 条,该条款参考 14 CFR 修正案 25-23 中的 §25.607 的内容制定。

2　条款解读

2.1　条款要求

第 25.607 条要求如果可卸紧固件的丢失可能影响飞机的安全飞行和着陆,则必须使用两套独立的锁定装置。在确定该可卸紧固件合适的锁定装置时,要考虑与具体安装相关的环境条件。对于使用中经受转动的可卸紧固件,如果只采用一套锁定装置,则其不得是自锁螺母;如果采用两套锁定装置,则其中一套可以是自锁螺母,另一套必须是非摩擦锁定装置。"可卸紧固件"是指螺栓、螺母、螺钉和销钉等常规连接装置,它们能被正常地卸下并再安装,或能被相同紧固件更换。"锁定装置"是指在紧固件上安装的将该紧固件保持在合适的安装位置并防止该紧固件丢失的装置,锁定装置分为摩擦型或非摩擦型。常见的摩擦性锁定装置有弹簧垫圈、弹性垫圈(包括内齿弹性垫圈、外齿弹性垫圈和锥形弹性垫圈)以及实心的非金属摩擦垫片和自锁螺母等;常见的非摩擦型锁定装置有开口销、锁线(即保险丝)、卡紧螺母、止动垫圈(包括单耳、双耳与外舌止动垫圈)和卡环等。

本条(a)款中两套独立的锁定装置是指每套锁定装置都能单独实现锁定作用。当其中一套由于任何原因不起作用或损坏时,不应引起另一套锁定装置失效。

本条(a)(1)项中的"正常的驾驶技巧或体力"在第 25.143 条中的相应解析为"必须能从一种飞行状态平稳地过渡到任何其他飞行状态,而不需要特殊的驾驶技巧、机敏或体力"。

本条(b)款中具体安装相关的环境条件包括紧固件及其锁定装置的安装操作空间、周围结构和设备、振动、温度、湿气和腐蚀液体或异电位材料等。

本条(c)款中的"使用过程中经受转动的任何螺栓"是指如果一个螺栓成为与连接在它上面的零件(一个或多个零件)之间产生相对运动的旋转轴,则认为它是经受转动的螺栓。

2.2　相关条款

与第 25.607 条相关的条款如表 2-1 所示。

表 2-1　第 25.607 条相关条款

序　号	相　关　条　款	相　　关　　性
1	第 25.783 条	第 25.783(a)(5)项强调舱门上的每个可卸螺栓、螺钉、螺母、销钉或其他可卸紧固件必须满足第 25.607 条的锁定要求,经验表明增加此引用可保证在舱门的设计过程中这些锁定要求不会被忽视

3　验证过程

3.1　验证对象

第 25.607 条的验证对象主要包括飞控系统、机体结构、起落架结构及液压系统等使用的紧固件,这些结构和系统所使用的紧固件丢失可能妨碍飞机继续飞行和着陆,也可能造成飞机操纵困难等情况。

3.2　符合性验证思路

AC20 - 71 提供了表明如何符合安装在运输类飞机上的可移动紧固件的双锁定装置要求的符合性方法建议。

对第 25.607 条的符合性验证通常通过符合性声明、机上检查等方法中的一种方法或几种方法的组合进行。用顶层文件和图纸来表明关键部位的可卸紧固件使用了双套独立的锁定装置,并适用于具体的安装环境。对于使用中经受转动的螺栓采用了满足要求的锁定装置。对关键部位的可卸紧固件和经受转动的螺栓进行机上检查。

3.3　符合性验证方法

通常,针对第 25.607 条的符合性验证方法如表 3 - 1 所示。

表 3 - 1　建议的符合性方法

条　款　号	专　业	符 合 性 方 法										备　注
		0	1	2	3	4	5	6	7	8	9	
第 25.607 条	飞　控		1						7			
第 25.607 条	液　压		1						7			
第 25.607 条	起落架		1						7			
第 25.607 条	结　构		1						7			

3.4　符合性验证说明

3.4.1　MOC1 验证过程

飞控系统在考虑具体安装条件的基础上,对于丢失可能妨碍飞机操纵品质或安全飞行的可拆卸紧固件,均采用两套独立的安全保险措施,飞控系统所采用的紧固件两套独立安全保险措施通常包括以下几种方式:采用自锁螺母和保险丝配合使用;钢丝螺套和保险丝配合使用;自锁螺母和开口销配合使用;自锁螺母和挡圈配合使用;自锁螺母和锁紧垫圈配合使用。在活动连接部位的螺栓除采用自锁螺母外,都相应采用了开口销或锁紧垫圈或挡圈等非摩擦锁定装置,从而表明对第25.607 条的符合性。

飞机机体活动面所选紧固件包含连接襟翼、缝翼、扰流板、副翼及水平安定面与升降舵和方向舵等连接使用的紧固件。上述部件结构设计中使用的可卸紧固件均采用两套独立的锁定装置,相应紧固件均有相应的防腐蚀措施,使用环境中无不利摩擦和振动的影响,因此不会受到与具体安装相关的环境条件的不利影响;铰链螺栓在使用过程中均可能存在转动,因此在自锁装置外还采用非摩擦锁定装置,即开口销固定,保证上述紧固件符合第 25.607 条的要求。

飞机前、主起落架结构和液压系统关键部位的紧固件,任何一个可拆卸的螺栓、螺母、销钉或者其他紧固件的丢失,都将会妨碍飞机的着陆安全,所以在固定方式上均采用了独立的双保险锁定结构,锁定装置本身能防止紧固件的丢失,确保将紧固件保持在合适的安装位置。紧固件的安装考虑了与具体的环境条件,紧固件的安装和锁定符合图纸规定的技术条件,能够在预定的运行条件下完成预定功能。对于非标准的紧固件,通过功能试验、性能试验和耐久性试验对其功能可靠性进行了验证。凡是使用中经受转动的可卸紧固件,如果只采用一套锁定装置,都采用了开口销或者保险丝等非摩擦锁定装置;如果采用两套锁定装置,则其中一套是自锁螺母,另一套也是开口销或者保险丝等非摩擦锁定装置。从而保证起落架结构和液压系统中的主要连接部位的紧固件选用符合第 25.607 条的要求。

3.4.2 MOC7 的验证过程

以飞机图纸为依据,对飞机飞控系统、机体活动面、舱门和起落架系统进行机上检查,从而表明以上结构及系统所采用的紧固件符合第 25.607 条的要求。

3.5 符合性文件清单

通常,针对第 25.607 条的符合性文件清单如表 3 - 2 所示。

表 3 - 2   建议的符合性文件清单

序　号	符 合 性 报 告	符合性方法
1	结构及操纵系统紧固件设计符合性说明	MOC1
2	结构及操纵系统机上检查大纲	MOC7
3	结构及操纵系统机上检查报告	MOC7

4 符合性判据

(1) 本条款涉及的可卸紧固件必须设计有两套锁定装置。一套锁定装置本身能防止紧固件的丢失,并将紧固件保持在合适的安装位置上;当一套锁定装置失效或有故障时,另一套锁定装置能有效地锁定紧固件并防止紧固件的丢失。

(2) 紧固件已经验证有足够的结构强度;紧固件及其锁定装置对所有环境条件(如振动、温度和腐蚀等)的适用性已经验证;紧固件能在所有的运行条件下完成预定功能。

(3) 在所有的运行条件下,紧固件的安装不会导致对邻近结构、元件和设备造成有害干涉；如果紧固件（螺栓）承受转动，则至少有一套锁定装置是非摩擦型；如果紧固件的不正确安装会引起有害的影响，则提供合适的措施来避免不正确的安装；紧固件的设计特征和物理特性以及锁定特征（如目的、功能和正确的位置）应容易识别。

参考文献

［1］　14 CFR 修正案 25 - 23 Transport Category Airplane Type Certification Standards ［S］.

［2］　FAA. AC25. 783 - 1A Fuselage Doors and Hatches ［S］. 2005.

［3］　FAA. AC25 - 21 Certification of Transport Airplane Structure ［S］. 1999.

［4］　FAA. AC20 - 71 Dual Locking Devices on Fasteners ［S］. 1970.

［5］　FAA. AC25 - 21 Certification of Transport Airplane Structure ［S］. 1999.

［6］　EASA. AMC 25. 607 Fasteners ［S］.

运输类飞机适航标准
第 25.609 条符合性验证

1 条款介绍

1.1 条款原文

第 25.609 条　结构保护

每个结构零件必须满足下列要求：

（a）有适当的保护，以防止使用中由于任何原因而引起性能降低或强度丧失，这些原因中包括：

（1）气候；

（2）腐蚀；

（3）磨损。

（b）在必须保护的部位有通风和排水措施。

1.2 条款背景

第 25.609 条最初来源于 FAA 发布的 CAR4b.304 条，其目的是确保结构得到足够的保护，以提供结构抵抗服役中性能衰退的能力。

1.3 条款历史

第 25.609 条在 CCAR25 部初版首次发布，截至 CCAR‐25‐R4，该条款未进行过修订，如表 1‐1 所示。

表 1‐1　第 25.609 条条款历史

第 25.609 条	CCAR25 部版本	相关 14 CFR 修正案	备　注
首次发布	初版	—	

1985 年 12 月 31 日发布了 CCAR25 部初版，其中包含第 25.609 条，该条款参考 1964 年 12 月 24 日发布的 14 CFR PART 25 中的 §25.609 的内容制定，两者内容无差异。

2 条款解读

2.1 条款要求

第 25.609(a)款要求,对使用中可能由于任何原因引起强度性能降低或丧失的零件采取适当保护,它并非要求杜绝强度性能衰退现象的发生,而是要求在有保护措施的情况下,即便是发生了强度性能衰退后,结构仍然能够满足使用要求。可能引起强度性能衰退或丧失的原因包括风化、腐蚀和磨损。风化是指由于空气、光照、水(包括其他介质)和温度甚至生物造成的结构不完整现象。腐蚀包括外界介质(水、油、盐雾和化学制剂等)引起的结构腐蚀和接触结构间不同电化学反应引起的腐蚀。磨损包括机上部件相对运动引起的磨损以及人员和地面服务设施对结构的磨损。针对这些影响因素,适当的防护措施可能有:飞机表面和飞机结构表面采用合适的和耐久的表面防护体系;对厨房和盥洗室等区域附近的结构采取密封措施;登机门和货舱门门框的下部设置防磨板;相对运动的零件之间控制间隙或采取防磨措施;铝合金和碳纤维复合材料之间采取绝缘措施,防止电化学腐蚀等。

第 25.609(b)款特别指出了排水和通风的结构保护要求,"必须保护的部位"一般是指风化和腐蚀概率大及磨损物质容易积聚的部位,如方向舵根部、液体管路周边区域和运动部件缝隙等。

2.2 相关条款

第 25.609 条无相关条款。

3 验证过程

3.1 验证对象

第 25.609 条的验证对象为飞机所有的结构和系统零组件。

3.2 符合性验证思路

为了表明对第 25.609 条的符合性,可采用说明性文件和航空器检查等一种或几种相结合的方法。

采用飞机预期使用环境、设计准则和设计图纸等设计资料说明飞机结构不同区域所面临的威胁,设计采取的防风化、防腐蚀、防磨损、防雨、排水和通风措施等。也可采用相似飞机型号的经验说明所采取防风化、防腐蚀和防磨损保护措施的有效性,以及防雨、排水和通风措施的有效性。必要时采用机上检查的方式,证明所采取的防护措施(如排水孔和防磨板的设置)有效。

3.3 符合性验证方法

通常,针对第 25.609 条的符合性验证方法如表 3-1 所示。

表 3 - 1　建议的符合性方法

条 款 号	专 业	符 合 性 方 法										备 注
		0	1	2	3	4	5	6	7	8	9	
第 25.609 条	空调		1									
第 25.609 条	飞控		1									
第 25.609 条	防冰		1									
第 25.609 条	起落架		1						7			
第 25.609 条	气源		1									
第 25.609 条	水/废水		1									
第 25.609 条	APU		1									
第 25.609 条	机体		1						7			
第 25.609 条	尾翼		1									
第 25.609 条	机翼		1						7			
第 25.609 条	动力装置		1									

3.4　符合性验证说明

3.4.1　MOC1 验证过程

通过顶层设计规范说明用于进行结构保护材料按照零组件的受力特点和所处的环境状况选用耐腐蚀好的材料，并使用相匹配的热处理状态。按以下分类详细说明如下。

1) 机体结构

机体结构主要磨损部位可采用耐磨材料和防磨措施，如登机门、服务门下门槛区、前货舱门区、后货舱门区和货舱地板处可采用不锈钢防磨板。对结构件产生的磨损，应及时进行补漆和抑蚀剂处理，以防止产生新腐蚀。尾翼结构的活动面和安定面之间采用密封橡胶件，在达到密封件磨损限制时及时更换。

机体结构排水通风设计则要求在雨水或外部清洗液冲洗时，可能造成液体存积的所有结构部位均有排放措施进行保护。

雷达罩的所有零部件的表面都应进行表面处理，可以耐气候和腐蚀等的影响，雷达罩的头部设有防蚀罩，可以抵抗风沙等腐蚀。由于复合材料在吸潮后有性能下降的趋势，因此在复合材料壳体内表面铺贴防护膜，并以抗静电漆喷涂表面层，底漆和面漆等用以防止吸潮后雷达罩性能的降低。

雷达罩表面有固定分流条、铰链和加强环组件的螺钉孔，螺钉在安装时要进行密封处理，确保雨水不会通过螺钉孔进入雷达罩内部。为防止水在雷达罩内部的积累，雷达罩的底部开有漏水孔来排放积水。

2) 机翼结构

机翼结构件的表面防护应说明中央翼、外翼盒段、襟翼及襟翼机构、副翼、扰流板及缝翼等部位和易产生腐蚀区域的表面保护要求。在扰流板下表面涂覆耐磨涂料,以防止扰流板下表面与襟翼和子翼表面的摩擦造成零件表面保护层的损坏。活动面与固定前后缘之间采用密封橡胶件,密封件表面硫化一层耐摩擦织物,起到密封作用的同时,减小活动面与固定结构之间的摩擦。

结构排水通风设计要保证在雨水外部清洗液冲洗时可能造成液体存积的所有结构部位均有排放措施:机翼翼盒部分全部采用气密铆接,所有对缝及搭接处采用密封胶进行密封保证外部雨水不进入机翼结构内部。机翼的全部部件(除扰流板、翼稍小翼和子翼外)均有排水孔,避免雨水的聚集,而且排水孔位置均在飞机停放时水平位置最低的区域内。

3)起落架结构

起落架结构设计中应尽量使所有结构便于维修和检测,对不易于维护、检查的起落架结构零部件所采用的防腐蚀措施,应保证其在整个使用寿命期间有效,对于不允许更换的零、部件,起落架结构件在其结构设计形式、选材、表面防护及应力水平控制等方面进行综合考虑。确保起落架结构设计过程符合防腐蚀、表面防护、排水和通风及密封性等设计原则。

4)动力装置

飞机发动机安装节应由短舱罩体进行包裹,尽量避免日晒雨淋和气候变化的直接影响;另外安装节所使用材料应能在高温和高湿情况下具有稳定的性能,可以防止因腐蚀而引起的性能降低或强度丧失;针对可能发生的磨损情况,发动机前/后安装节可通过使用套筒、套管及内衬球面轴承的方式进行结构保护。飞机发动机安装节相关结构件也必须具有良好的通风和排水设计。

5)APU 系统

APU 安装系统一般布置在飞机尾段后设备舱内,进气道和排气管道也包含其中,可以免受雨淋日晒的影响,尽量避免性能降低。以超静定的安装形式固定APU,零件间无相对运动,使用中不会由于磨损原因而引起强度性能降低。安装系统所有承力件应具有耐腐蚀性,零件表面应钝化处理,可起到抗氧化抗腐蚀的作用;APU 舱内应有通风冷却系统进行舱内通风。在机体和后设备舱门上有格栅形式的通风口来保证通风。另外,在 APU 舱门的最低点处设有一个排漏装置,排液孔位于飞机尾锥下方,把 APU 舱门的积水排出。在尾锥最低处还应设有排液管道将后设备舱内液体排出机外。

6)空调系统

空调系统的零组件在设计中应采用适当的热处理和表面处理,防止由于气候和湿度等原因造成的腐蚀;在安装过程中对易受磨损部位采用加垫片和橡胶垫等保护措施,以防止使用中由于任何原因而导致系统性能降低或强度丧失。空调系统在驾驶舱、客舱和后设备舱等处的结构零组件安装都在比机体结构排水孔高的位置,并且具有良好的通风,可防止结构零件由于气候或水的原因造成的腐蚀。

7）飞控系统

飞控系统的设备本身应根据设备鉴定试验程序做结冰、盐雾和防水相关测试，满足 RTCA DO‑160 的要求。飞控系统结构零组件设计和制造时，都应进行表面化学处理，如镀铬、镀镉和铬酸阳极化等，并喷涂底漆以避免环境腐蚀以及不同材料间的接触腐蚀。为了避免零件之间摩擦而产生磨损，在设计时应考虑相对运动部件之间留有足够的间隙，从而起到对飞控系统结构零件的保护作用。

8）防冰系统

防冰系统的结构零组件在设计中应采用适当的热处理和表面处理，防止由于气候和湿度等原因造成的腐蚀；在安装过程中可对易受磨损部位采用加垫片和橡胶垫等保护措施，以防止使用中由于任何原因而导致性能降低或强度丧失。防冰系统所有结构零组件应设计在比机体结构排水孔高的位置，并且采用安装格栅等手段便于通风，可防止由于气候或水的原因造成的腐蚀。

9）水/废水系统

水/废水系统的管路设计可使安装后的管路具有一定坡度，避免形成凹槽而不利于水的排放。在易结冰部位，可采用加热防冰措施，防止在结冰状态下管路结冰堵塞。废水排放管路在 E‑E 舱的用电设备上方可加装防雨帘，防止造成水泄漏。

10）气源系统

气源系统的部件和管路在设计中可采用适当的热处理和表面处理，防止由于气候和湿度等原因造成的腐蚀；在安装过程中应对易受磨损的部位均采用加垫片和橡胶垫等保护措施，以防止使用中由于任何原因而导致系统性能降低或强度丧失。

3.4.2 MOC7 验证过程

通过机上检查的方法确认上述各结构和系统的防腐和防磨损的设计措施等是否可以起到相应的作用，确保相关结构及系统设计具有良好的排水和通风特性，与顶层设计规范和图纸要求保持一致。

3.5 符合性文件清单

通常，针对第 25.609 条的符合性文件清单如表 3‑2 所示。

表 3‑2 建议的符合性文件清单

序　号	符 合 性 报 告	符合性方法
1	各结构零组件图纸	MOC1
2	结构机上检查大纲	MOC7
3	结构机上检查报告	MOC7
4	各系统安装图纸	MOC1
5	系统机上检查大纲	MOC7
6	系统机上检查报告	MOC7

4 符合性判据

（1）明确了全机结构和系统设备中需要进行结构保护的零组件和设备。

（2）明确了这些零组件要采用的耐磨材料和防磨及防腐蚀措施。

（3）对结构件产生的磨损，规定了可采用的补漆和抑蚀剂处理，规定了有相对运动的结构零组件的防磨损措施。

（4）从顶层规划了全机的排水和通风措施。

（5）机体表面应明确有密封措施防止液体进入飞机内部。

（6）识别了可能造成液体存积的所有结构部位，并设计有相应的积液排放措施。

（7）机上检查结果满足结构保护要求。

参考文献

［1］ FAA. AC25 - 21 Certification of Transport Airplane Structure［S］. 1999.

［2］ FAA. AC20 - 107B Composite Aircraft Structure［S］. 2009.

［3］ FAA. AC20 - 151B Airworthiness Approval of Traffic Alert and Collision Avoidance Systems（TCAS Ⅱ），Versions 7. 0 & 7. 1 and Associated Mode S Transponders［S］. 2014.

［4］ FAA. AC20 - 131A Airworthiness Approval of Traffic Alert and Collision Avoidance Systems（TCAS Ⅱ）and Mode S Transponders［S］. 1993.

［5］ FAA. AC25 - 21 Certification of Transport Airplane Structure［S］. 1999.

［6］ EASA. AMC 25. 609 Protection of Structure［S］.

运输类飞机适航标准
第 25.611 条符合性验证

1 条款介绍

1.1 条款原文

第 25.611 条 可达性措施

(a) 必须具有措施,使能进行为持续适航所必需的检查(包括检查主要结构元件和操纵系统)、更换正常需要更换的零件、调整和润滑。每一项目的检查方法对于该项目的检查间隔时间必须是切实可行的。如果表明无损检查是有效的并在第25.1529 条要求的维护手册中规定有检查程序,则在无法进行直按目视检查的部位可以借助无损检查手段来检查结构元件。

(b) EWIS 必须满足 25.1719 条的可达性要求。

〔中国民用航空局 2011 年 11 月 7 日第四次修订〕

1.2 条款背景

本条款对检查、更换的零件、调整和润滑时的可达性提出了要求,以保证飞机的持续安全运行依赖于评估关键系统和结构以及其在必要时进行更换或修理的能力。

1.3 条款历史

第 25.611 条在 CCAR25 部初版首次发布,截至 CCAR - 25 - R4,该条款共修订过 1 次,如表 1 - 1 所示。

表 1 - 1 第 25.611 条条款历史

第 25.611 条	CCAR25 部版本	相关 14 CFR 修正案	备 注
首次发布	初版	25 - 23	
第 1 次修订	R4	25 - 123	

1.3.1 首次发布

1985 年 12 月 31 日发布了 CCAR25 部初版,其中包含第 25.611 条,该条款参考

14 CFR PART 25 中的§25.611 的内容制定,相当于 14 CFR 修正案 25 - 23 的水平。

1.3.2　第 1 次修订

2011 年发布的 CCAR - 25 - R4 对第 25.611 条进行了第 1 次修订,本次修订参考了 14 CFR 修正案 25 - 123 的内容,在第 25.611 条中增加了(b)款,将对 EWIS 的可达性指引到第 25.1719 条。

2　条款解读

2.1　条款要求

可达性主要是要求为检查、调整、润滑、修理和更换飞机系统、设备和重要结构部位所采用的工具及其操作提供充分的空间和通路。对于检查频繁的项目,如果提供的可达性措施是与周围永久性连接的口盖或需要拆卸大量周围零组件或设备才能提供通路的方式,则一般认为这样的可达性措施是不可行的。如果为该项目提供的可达性措施是快卸口盖或该项目的开敞性很好从而从内部或外部能容易接近被检查项目,则认为这样的可达性措施是切实可行的。对于无法直接目视检查的结构元件,例如双剪连接接头里被加强带板遮住的结构,虽然无法直接目视检查被遮住部位是否存在腐蚀或疲劳损伤,但如果能采用诸如 X 射线、涡流和超声等无损检查手段检查出损伤,则认为无损检查是有效的,同时当为无损检查手段制定了足够的检查程序并写入第 25.1529 条要求的维护手册中,则认为该结构元件满足可达性要求。

2.2　相关条款

与第 25.611 条相关的条款如表 2 - 1 所示。

表 2 - 1　第 25.611 条相关条款

序　号	相关条款	相　关　性
1	第 25.1529 条	第 25.611 条要求所使用的无损检测手段必须在第 25.1529 条涉及的持续适航文件中进行规定
2	第 25.1719 条	第 25.1719 条要求所有的 EWIS 部件必须可以接近,以对其进行持续适航所需的检查和更换

3　验证过程

3.1　验证对象

第 25.611 条的验证对象包括全机所有的有维护需求的设备及零组件。

3.2　符合性验证思路

对条款的符合性验证主要采用设计说明和机上检查的方法,对于新的尚未在现役机型上使用过的无损检查手段,需通过试验进行验证。

(1) 设计说明:用机体结构和各系统的图纸(包括全机口盖图)及机体结构和各系统的维修性分析报告和维护手册等文件表明符合性。

(2) 机上检查:对机体结构和各系统在原型机上按区域检查其可达性措施。

3.3 符合性验证方法

通常,针对第25.611条的符合性验证方法如表3-1所示。

表3-1 建议的符合性方法

条 款 号	专 业	符 合 性 方 法										备 注
		0	1	2	3	4	5	6	7	8	9	
第25.611条	总体		1						7			
第25.611条	自动飞行		1						7			
第25.611条	通信		1						7			
第25.611条	电源		1						7			
第25.611条	设备和装饰		1						7			
第25.611条	防火		1						7			
第25.611条	飞控		1						7			
第25.611条	液压		1						7			
第25.611条	防冰和除雨		1						7			
第25.611条	自动飞行		1						7			
第25.611条	指示/记录		1						7			
第25.611条	起落架		1						7			
第25.611条	照明		1						7			
第25.611条	导航		1						7			
第25.611条	氧气		1						7			
第25.611条	气源		1						7			
第25.611条	水/废水		1						7			
第25.611条	中央维护		1						7			
第25.611条	辅助动力		1						7			
第25.611条	结构		1						7			
第25.611条	布线		1						7			
第25.611条	燃油系统		1						7			
第25.611条	动力装置		1						7			

3.4 符合性验证说明

3.4.1 MOC1 验证过程

通过飞机结构图纸或系统安装图纸或者系统设备描述文件对有维护需求的各

个对象的可达性措施进行说明,表明维护操作的可接近性和易操作性。

3.4.2   MOC7 验证过程

按照各对象相应的机上检查大纲对其进行机上检查,检查需要维护或更换的零件或设备容易接近,可以使用简单的通用工具即可拆卸和更换。另外,在规定的检查周期,使用持续适航文件中规定检查措施对需要检修维护的部位进行检查是切实可行的,以此表明相关结构或系统设备的可达性措施符合条款要求。

3.5   符合性文件清单

通常,针对第 25.611 条的符合性文件清单如表 3-2 所示。

表 3-2   建议的符合性文件清单

序 号	符 合 性 报 告	符合性方法
1	全机可达性措施设计符合性说明	MOC1
2	各部段或系统机上检查大纲	MOC7
3	各部段或系统机上检查报告	MOC7

4   符合性判据

（1）有顶层文件规定飞机需要满足可达性要求的结构和设备。

（2）针对需要维护的结构和设备制定通用的可达性设计规范。

（3）有持续适航文件规定结构和设备的维护周期及相应的检查方法。

（4）维修人员和维修设备容易接近有维护需求的结构和设备的所处区域。

参考文献

［1］ 14 CFR 修正案 25 - 23 Transport Category Airplane Type Certification Standards ［S］.

［2］ 14 CFR 修正案 25 - 123 Enhanced Airworthiness Program for Airplane Systems/Fuel Tank Safety ［S］.

［3］ FAA. AC25 - 21 Certification of Transport Airplane Structure ［S］. 1999.

运输类飞机适航标准
第 25.613 条符合性验证

1 条款介绍

1.1 条款原文

第 25.613 条 材料的强度性能和材料的设计值

(a) 材料的强度性能必须以足够的材料试验为依据(材料应符合经批准的标准),在试验统计的基础上制定设计值。

(b) 材料的设计值必须使因材料偏差而引起结构破坏的概率降至最小。除本条(e)和(f)的规定外,必须通过选择确保材料强度具有下述概率的设计值来表明其符合性:

(1) 如果所加的载荷最终通过组件内的单个元件传递,因而该元件的破坏会导致部件失去结构完整性,则概率为 99%,置信度 95%。

(2) 对于单个元件破坏将使施加的载荷安全地分配到其它承载元件的静不定结构,概率为 90%,置信度 95%。

(c) 在飞机运行包线内受环境影响显著的至关重要的部件或结构,必须考虑环境条件,如温度和湿度,对所用材料的设计值的影响。

(d) 〔备用〕

(e) 如果在使用前对每一单项取样进行试验,确认该特定项目的实际强度性能等于或大于设计使用值,则通过这样"精选"的材料可以采用较高的设计值。

(f) 如果经中国民用航空局适航部门批准,可以使用其它的材料设计值。

〔中国民用航空局 1995 年 12 月 18 日第二次修订,2011 年 11 月 7 日第四次修订〕

1.2 条款背景

第 25.613 条的目的是保证设计值是基于对满足规范的材料所进行的足够的试验得到的,从而将因材料性能差异导致结构损坏的概率降至最低。

本条款是对材料强度性能及设计值的要求,详细规定了强度性能数据的来源,并要求考虑材料使用时的预期环境。

1.3 条款历史

第 25.613 条在 CCAR25 部初版首次发布，截至 CCAR - 25 - R4，该条款共修订过 2 次，如表 1 - 1 所示。

表 1 - 1 **第 25.613 条条款历史**

第 25.613 条	CCAR25 部版本	相关 14 CFR 修正案	备　注
首次发布	初版	—	
第 1 次修订	R3	25 - 72	
第 2 次修订	R4	25 - 112	

1.3.1 首次发布

1985 年 12 月 31 日发布了 CCAR25 部初版，其中包含第 25.613 条，该条款参考 1964 年 12 月 24 日发布的 14 CFR PART 25 中的 §25.613 的内容制定。

1.3.2 第 1 次修订

2001 年 5 月 14 日发布的 CCAR - 25 - R3 对第 25.613 条进行了第 1 次修订，本次修订参考了 14 CFR 修正案 25 - 72 的内容：将 §25.615 并入 §25.613，在(b)款中直接给出针对两种设计特征(单载荷路径元件和多载荷路径元件)的材料设计值的概率要求。

1.3.3 第 2 次修订

2011 年 11 月 7 日发布的 CCAR - 25 - R4 对第 25.613 条进行了第 2 次修订，本次修订参考了 14 CFR 修正案 25 - 112 的内容：

(1) 将标题、(b)款和(e)款中的"设计值"改为"材料设计值"。

(2) 考虑到除温度以外的环境因素可能对材料设计值也有显著影响，将(c)款中的"温度"修订为"环境条件"。

(3) 考虑到飞机运行包线内的环境条件比飞机正常运行条件的范围更广，并可能影响材料的设计值，将"正常运行条件"改为"飞机运行包线"。

(4) 因为第 25.571 条已经完全覆盖了(d)款的要求，所以删除了(d)款的内容。

2 条款解读

2.1 条款要求

第 25.613(a)款规定材料设计值要在足够的材料强度性能试验数据基础上通过统计分析获得。"足够"是指试验数据量足以进行统计分析，并能保证统计结果具有高的置信度。

第 25.613(b)款规定材料的设计值须覆盖材料偏差，从而将因材料偏差引起结构破坏的概率降至最小。这里的"材料偏差"是指材料强度性能的偏差，这些偏差源于和材料工艺规范所允许的公差范围。为达到"使因材料偏差而引起结构破坏的概率降至最小"的要求,(b)款对不同结构设计特征(单载荷路径元件和多载荷路径元件)的材料设计值分别提出了概率要求。

第25.613(c)款规定当部件或结构同时满足以下两个条件时,所用材料的设计值须考虑环境条件的影响:零件对飞机安全有重要影响;受环境影响显著。"环境条件"为飞机运行包线内的环境条件,主要包括温度和湿度,还包括介质和辐射等。申请人在考虑环境对材料设计值的影响时,应考虑最不利的环境条件组合。

针对第25.613(e)款,当希望采用比(b)款所规定设计值更高的材料强度性能作为设计值时,可以采用(e)款规定的"精选"作为表明对第25.613条的符合性的方法,"精选"的对象是材料。

针对第25.613(f)款,如果采用其他来源的材料设计值,只要经过局方审批,也可以使用。

2.2 相关条款

与第25.613条相关的条款如表2-1所示。

表 2-1 第 25.613 条相关条款

序 号	相 关 条 款	相 关 性
1	第25.603条	第25.603条是对损伤可能对安全性有不利影响的零件所用材料的适用性和耐久性提出的要求,而第25.613条是对材料强度性能的要求
2	第25.605条	第25.605条是对制造工艺的要求,对于复合材料结构而言,其许用值与制造工艺紧密相连

3 验证过程

3.1 验证对象

第25.613条的验证对象为飞机使用的材料。

3.2 符合性验证思路

为表明符合性,尽量选择成熟的、广泛采用的材料及其规格,对于其他材料则通过试验,并通过对试验结果的统计分析来确定许用值。

对于复合材料结构来说,其强度性能和设计值与材料和工艺密切相关,在满足第25.603条和第25.605条的基础上表明对第25.613条的符合性才有意义。复合材料强度性能和许用值的建立参见 AC20-107B 的相关要求。

3.3 符合性验证方法

通常,针对第25.613条的符合性验证方法如表3-1所示。

表 3 - 1 建议的符合性方法

条 款 号	专 业	符 合 性 方 法										备 注
		0	1	2	3	4	5	6	7	8	9	
第 25.613 条	强 度		1	2		4						
第 25.613 条	材 料		1									

3.4 符合性验证说明

对于飞机上使用的金属材料,其设计值通常来自已有的材料性能手册,对于新材料,基于材料工艺成熟性考虑,通过试验确定许用值;对于飞机上使用的复合材料结构,通过试验来确定分析所用的设计许用值。

在型号设计初期,制订顶层设计文件,规范强度分析计算所使用的材料数据来源。

3.4.1 第 25.613(a)(b)款的符合性说明

为表明符合性,在强度计算准则中规定金属材料的强度性能来源,这些数据通常取自国际通用的材料性能手册,并在强度分析中使用这些材料数据。为此,材料专业针对型号特点确定材料选用原则并编制选材目录等。

如果材料的设计值未经过局方批准,或材料的设计值虽然来源于经批准的手册或先前取证飞机但可能不适用于新的结构(例如结构特征的显著改变,复合材料结构的制造工艺明显改变),则按经批准的试验大纲进行实验室试验,以获得材料的强度性能数据,建立材料设计值。

实施实验室试验时,使用符合经批准的材料规范的材料,按照经批准工艺规范制造试样,按照经过批准的试验标准进行材料的性能试验。试验后须按照规定的统计方法对试验结果进行统计处理,并得到许用值。这不仅适用于确定复合材料的设计许用值,同样也适用于确定金属材料的设计许用值。

3.4.2 第 25.613(c)款的符合性说明

对于条款要求的"至关重要的部位或结构",比如吊挂和预冷器支架等结构部位,可以选用耐高温的 Ti - 6Al - 4V 材料和不锈钢板材等方式考虑温度对设计许用应力的影响;在强度分析计算中,可以通过采用材料性能折减系数的方法考虑温度场对于设计许用应力的影响;对于发动机短舱内的预冷器支架,可以采用材料性能随温度变化的曲线来选取材料许用值,从而考虑温度场对设计许用应力的影响;对于风扇机匣上的耳片部位由于所处的温度较高,可通过在耳片原有载荷基础上叠加热应力的方法来考虑温度对许用应力的影响。

3.4.3 第 25.613(e)款的符合性说明

本款要求仅适用于"精选"材料,在使用"精选"材料时,可以采用较高的设计值。该款要求主要针对强度性能尚不够稳定的新材料或对于某些性能有特殊要求的结构所使用的材料。

采用"精选"材料的前提条件是证明所用零件的随炉试件与真实飞机所使用零件的性能完全一致,通过随炉试件获得结构零件的真实设计许用值。但需要注意的是,采用精选材料代价很大。

3.4.4　第 25.613(f)款的符合性说明

如果有其他来源的材料设计值或性能数据,只要经过了局方批准,就可以在型号上使用。

3.5　符合性文件清单

通常,针对第 25.613 条的符合性文件清单如表 3-2 所示。

表 3-2　建议的符合性文件清单

序　号	符 合 性 报 告	符合性方法
1	许用值试验大纲	MOC4
2	许用值试验报告	MOC4
3	静强度校核报告	MOC2
4	损伤容限设计准则	MOC1

4　符合性判据

4.1　第 25.613(a)(b)款符合性判据

所使用的材料数据来源均得到了局方批准,或是在经过足够试验基础上经过数理统计得出的设计值,且该过程得到了局方的充分监控。

4.2　第 25.613(c)款符合性判据

如果能列出受环境影响显著的关键部件和结构,并说明其设计值考虑了环境影响,或在分析时考虑了环境影响,比如考虑了高温影响等。

4.3　第 25.613(e)款符合性判据

未使用精选材料:如使用了精选材料,提供了足够的测试数据。

4.4　第 25.613(f)款符合性判据

列出所使用的材料设计值及局方批准单。

参考文献

[1]　14 CFR 修正案 25-72 Special Review: Transport Category Airplane Airworthiness Standards [S].

〔2〕 14 CFR 修正案 25 - 112 Revised Requirement for Material Strength Properties and Design Values for Transport Airplanes〔S〕.

〔3〕 FAA. AC25 - 21 Certification of Transport Airplane Structure〔S〕. 1999.

〔4〕 运输类飞机适航标准研究报告〔R〕. 2015.

运输类飞机适航标准
第25.619条符合性验证

1 条款介绍

1.1 条款原文

第25.619条 特殊系数

对于每一结构零件,如果属于下列任一情况,则第25.303条规定的安全系数必须乘以第25.621条至第25.625条规定的最高的相应特殊安全系数:

(a) 其强度不易确定;

(b) 在正常更换前,其强度在服役中很可能降低;

(c) 由于制造工艺或检验方法中的不定因素,其强度容易有显著变化。

1.2 条款背景

1937年11月1日生效的最初的美国《航空器适航要求》(CAR 04 Airplane Airworthiness)就包含放大安全系数(multiplying factors of safety)的要求(CAR 04.27)。这些系数用于对载荷有疑问的零部件,如接头结构、铸件和作为铰链的扭力管等。结构零件的完整安全系数由放大安全系数(multiplying factors of safety)乘以最小安全系数得到。至CAR 04b.307,将"multiplying factors of safety"改称为"special factors",并具体分为"铸件系数"(casting factors)、"支承系数"(bearing factors)和"接头系数"(fitting factors)。

14 CFR PART 25部的§25.619由CAR 04b.307条转化而来,内容相当于CAR 04b.307的总则部分。1970年14 CFR修正案25-23从文字上对该条款进行了修订,明确是在§25.303的安全系数上乘以§25.621至§25.625规定的最高的特殊系数,这些特殊系数不叠加。制定本条款的目的是解决结构强度的不确定性、服役中可能的性能衰退和可预见的制造不稳定性,以保证降低由于这些原因造成的强度不足而发生零件失效的概率。

1.3 条款历史

第25.619条在CCAR25部初版首次发布,截至CCAR-25-R4,该条款未进行过修订,如表1-1所示。

表 1 - 1　第 25.619 条条款历史

第 25.619 条	CCAR25 部版本	相关 14 CFR 修正案	备　　注
首次发布	初版	—	

1985 年 12 月 31 日发布了 CCAR25 部初版,其中包含第 25.619 条,该条款参考 1964 年 12 月 24 日发布的 14 CFR PART 25 中的 §25.619 制定。

2　条款解读

2.1　条款要求

本条款要求根据零件具体情况,特殊系数选用按照第 25.621 条铸件系数、第 25.623 条支承系数和第 25.625 条接头系数的要求。当某零件同时满足第 25.621 条、第 25.623 条和第 25.625 条中两条或者三条的适用范围时,仅需要使用其中最大的特殊系数,不需要叠加使用。

需要考虑特殊系数的结构零件包括:① 强度不易准确确定的结构零件。如边界模拟困难或受载复杂,难以准确计算内力的零件,难以准确测量强度的零件;载荷分布和传递复杂,难以准确计算强度的结构接头等。② 在正常更换前的使用过程中,不可避免地会遭受损伤或其他致使强度下降的因素影响的结构零件。如采用间隙配合,可能因震动而导致冲击的零件。③ 由于制造中出现的尺寸误差、工艺控制参数误差或检验上的方法存在的误差等不定因素,使强度容易出现显著变化的零件,如铸件。

对于需要使用特殊系数的零件,其最终的安全系数等于 1.5 乘以特殊系数。

2.2　相关条款

与第 25.619 条相关的条款如表 2 - 1 所示。

表 2 - 1　第 25.619 条相关条款

序　号	相关条款	相　　关　　性
1	第 25.621 条	第 25.619 条是第 25.621 条、第 25.623 条和第 25.625 条的总述条款
2	第 25.623 条	第 25.619 条是第 25.621 条、第 25.623 条和第 25.625 条的总述条款
3	第 25.625 条	第 25.619 条是第 25.621 条、第 25.623 条和第 25.625 条的总述条款

3 验证过程

3.1 验证对象

第25.619条的验证对象为需要考虑特殊系数的结构零件。

3.2 符合性验证思路

第25.619条需基于第25.621条,第25.623条,第25.625条的要求,编制飞机强度计算准则,制定在强度计算时需要考虑特殊系数的结构零件的准则,说明哪些结构零件需要考虑特殊系数,以此表明按此条款考虑了特殊系数,且在强度校核中使用了依此确定的特殊系数。在完成第25.621条,第25.623条,第25.625条的验证后,第25.619条也同时得到验证。

针对第25.619条,需要编制飞机强度计算准则,制定在强度计算时需要考虑特殊系数的结构零件的准则,说明哪些结构零件需要考虑特殊系数,并且说明所考虑的特殊系数是合适的。

3.3 符合性验证方法

通常,针对第25.619条的符合性验证方法如表3-1所示。

表3-1　建议的符合性方法

条 款 号	专 业	符 合 性 方 法										备 注
		0	1	2	3	4	5	6	7	8	9	
第25.619条	强 度		1	2								

3.4 符合性验证说明

针对第25.619条,采用的符合性验证方法包括MOC1和MOC2,各项验证具体工作说明如下:

3.4.1 MOC1验证过程

编制飞机强度计算准则,对于在强度计算时需要考虑特殊系数的结构零件,明确规定该类结构零件如何根据具体情况,选用第25.621条的铸件系数、第25.623条支承系数、第25.625条接头系数的要求。

3.4.2 MOC2验证过程

在强度校核计算中,相关零件采用按此条款要求选定的特殊系数,计算的裕度大于零。

3.5 符合性文件清单

通常,针对第25.619条的符合性文件清单如表3-2所示。

表 3 - 2　建议的符合性文件清单

序　号	符 合 性 报 告	符合性方法
1	飞机强度计算准则	MOC1
2	飞机强度校核报告	MOC2

4　符合性判据

针对第 25.619 条,符合性判据为所有需要考虑特殊系数的结构零件其安全系数均考虑了特殊系数,选用了第 25.621 条铸件系数和第 25.623 条支承系数和第 25.625 条接头系数中最高的系数。这些结构零件主要包括难以准确计算强度的结构接头,有间隙配合且承受敲击和振动的零件及铸件。

参考文献

[1]　FAA. AC25 - 21 Certification of Transport Airplane Structure [S]. 1999.

[2]　Airplane Airworthiness, Civil Air Regulation 04 [S]. 1937.

[3]　Airplane Airworthiness Transport Categories, Civil Air Regulation 04b [S]. 1953.

运输类飞机适航标准
第 25.621 条符合性验证

1 条款介绍

1.1 条款原文

第 25.621 条 铸件系数

(a) 总则 在铸件质量控制所需的规定以外,还必须采用本条(b)至(d)规定的系数、试验和检验。检验必须符合经批准的规范,除作为液压或其它流体系统零件而要进行充压试验的铸件和不承受结构载荷的铸件外,本条(c)和(d)适用于任何结构铸件。

(b) 支承应力和支承面 本条(c)和(d)规定的铸件的支承应力和支承面,其铸件系数按下列规定:

(1) 不论铸件采用何种检验方法,对于支承应力取用的铸件系数不必超过1.25;

(2) 当零件的支承系数大于铸件系数时,对该零件的支承面不必采用铸件系数。

(c) 关键铸件 对于其损坏将妨碍飞机继续安全飞行和着陆或严重伤害乘员的每一铸件,采用下列规定:

(1) 每一关键铸件必须满足下列要求:

(i) 具有不小于 1.25 的铸件系数;

(ii) 100%接受目视、射线和磁粉(或渗透)检验,或经批准的等效的无损检验方法的检验。

(2) 对于铸件系数小于 1.50 的每项关键铸件,必须用三个铸件样品进行静力试验并表明下列两点:

(i) 在对应于铸件系数为 1.25 的极限载荷作用下满足第 25.305 条的强度要求;

(ii) 在 1.15 倍限制载荷的作用下满足第 25.305 条的变形要求。

(3) 典型的关键铸件有:结构连接接头,飞行操纵系统零件,操纵面铰链和配重连接件、座椅、卧铺、安全带、燃油箱、滑油箱的支座和连接件以及座舱压力阀。

（d）非关键铸件　除本条（c）规定的铸件外，对于其它铸件采用下列规定：

（1）除本条（d）（2）和（3）规定的情况外，铸件系数和相应的检验必须符合下表：

铸件系数	检验
等于或大于 2.0	100％目视。
小于 2.0 大于 1.5	100％目视、磁粉（或渗透）、或等效的无损检验方法。
1.25 至 1.50	100％目视、磁粉（或渗透）和射线，或经批准的等效的无损检验方法。

（2）如果已制定质量控制程序并经批准，本条（d）（1）规定的非目视检验的铸件百分比可以减少；

（3）对于按照技术条件采购的铸件（该技术条件确保铸件材料的机械性能，并规定按抽样原则从铸件上切取试件进行试验来证实这些性能），规定如下：

（i）可以采用 1.0 的铸件系数；

（ii）必须按本条（d）（1）中铸件系数为"1.25 至 1.50"的规定进行检验，并按本条（c）（2）进行试验。

1.2　条款背景

制定第 25.621 条对铸件进行分类，细化各种铸件分类的铸件系数取用要求，明确不同铸件系数取值所对应的检验和试验要求。本条款的目的是应对由于制造工艺和检测方法的不确定性造成的强度变异。

1.3　条款历史

第 25.621 条在 CCAR25 部初版首次发布，截至 CCAR－25－R4，该条款未进行过修订，如表 1－1 所示。

表 1－1　第 25.621 条条款历史

第 25.621 条	CCAR25 部版本	相关 14 CFR 修正案	备　注
首次发布	初版	—	

1985 年 12 月 31 日发布了 CCAR25 部初版，其中包含第 25.621 条，该条款参考 1964 年 12 月 24 日发布的 14 CFR PART 25 中的 §25.621 的内容制定。

2　条款解读

2.1　条款要求

本条规定了铸件的分类原则及铸件系数、检验和试验要求。由于铸件工艺上的原因,铸件的各种机械性能变化范围较大,因此铸件的使用受到限制。必须按铸件的承载能力和对飞机安全性的影响程度进行分类,根据其重要性和关键性规定不同的特殊安全系数和相应的检验和试验要求,以确保铸件的可靠性。

(a)款明确第 25.621 条的适用范围为飞机上的所有结构铸件,不包括作为液压或其他流体系统零件的铸件和不承受结构载荷的铸件。因为作为液压或其他流体系统零件的铸件由充压试验来保证安全性(第 25.1435 条和第 25.1438 条),另外不承受结构载荷的铸件为非结构铸件。

(b)款规定如果关键铸件和非关键铸件存在支承面,则铸件支承面的铸件系数须按照本款的要求确定。① 对于承受支承应力的铸件系数不必大于 1.25,即当支承系数小于铸件系数时,铸件系数不必大于 1.25。② 如果选用的支承系数大于铸件系数,则只采用支承系数。③ 对于铸件支承面以外的其他部位,铸件系数按照本条(c)款或本条(d)款要求确定。

本条(c)款和本条(d)款分别对关键铸件和非关键铸件的铸件系数取值、试验和检验要求给出了明确的规定。关键铸件是指失效后妨碍飞机正常飞行和着陆或者严重伤害乘员的结构铸件。在本条(c)(3)项中列举了典型关键铸件。非关键铸件则为除了关键铸件以外的结构铸件。

对关键铸件,需选取不小于 1.25 的铸件系数,100%接受目视、射线和磁粉(或渗透)检验,或经批准的等效的无损检验方法的检验。对于铸件系数小于 1.50 的每项关键铸件,必须用三个铸件样品进行静力试验并表明下列两点:在对应于铸件系数为 1.25 的极限载荷作用下满足第 25.305 条的强度要求;在 1.15 倍限制载荷的作用下满足第 25.305 条的变形要求。

对非关键铸件,除第 25.621(d)(2)项和第 25.621(d)(3)项规定的情况外,铸件系数和相应的检验必须符合表 2-1。

表 2-1 非关键铸件的铸件系数及相应检验要求

铸 件 系 数	检 验
等于或大于 2.0	100%目视
小于 2.0 大于 1.5	100%目视、磁粉(或渗透)或等效的无损检验方法
1.25 至 1.50	100%目视、磁粉(或渗透)和射线,或经批准的等效的无损检验方法

本条(d)(2)项则规定如果已制定质量控制程序并经批准,本条(d)(1)项规定的非目视检验的铸件百分比可以减少。

本条(d)(3)项则规定对于按照技术条件采购的铸件(该技术条件确保铸件材料的机械性能,并规定按抽样原则从铸件上切取试件进行试验来证实这些性能),规定如下:(i) 可以采用 1.0 的铸件系数;(ii) 必须按本条(d)(1)项中铸件系数为"1.25 至 1.50"的规定进行检验,并按本条(c)(2)项进行试验。

2.2 相关条款

与第25.621条相关的条款如表2-2所示。

表2-2 第25.621条相关条款

序 号	相关条款	相 关 性
1	第25.619条	第25.619条是第25.621条、第25.623条和第25.625条的总述条款

3 验证过程

3.1 验证对象

针对第25.621条的验证对象包括飞机上的所有结构铸件,不包括作为液压或其他流体系统零件的铸件和不承受结构载荷的铸件。

3.2 符合性验证思路

第25.621条的符合性通过MOC1和MOC2来验证。

针对第25.621条,首先编制飞机强度设计准则,明确铸件系数的选取原则,说明哪些结构零件需要考虑铸件系数,并且说明所考虑的特殊系数是合适的。同时编制质量保证程序及质量检验规范,明确各类型铸件的检验要求,并且说明该检验要求是合适的。

在强度计算分析校核中必须采用铸件系数。

3.3 符合性验证方法

通常,针对第25.621条的符合性验证方法如表3-1所示。

表3-1 建议的符合性方法

条 款 号	专 业	符 合 性 方 法										备 注
		0	1	2	3	4	5	6	7	8	9	
第25.621条	强 度			2								
	材 料		1									

3.4 符合性验证说明

针对第25.621条,采用的符合性验证方法包括MOC1和MOC2,各项验证具体工作如下。

3.4.1 MOC1验证过程

依据飞机的设计特征,编制飞机强度设计准则,制定结构零件是否需要考虑铸件系数的准则;制定判断结构铸件是否存在支承面的准则,以及判断结构铸件是关键铸件或是非关键铸件的准则；明确各类型结构铸件需要选用的铸件系数的最低值，以确保满足条款要求。同时需要编制质量保证程序及质量检验规范，明确各类型铸件的检验要求。

3.4.2 MOC2 验证过程

飞机上的结构铸件在强度校核中必须采用铸件系数或者比铸件系数更大的系数。

3.5 符合性验证说明

通常，针对第 25.621 条的符合性文件清单如表 3-2 所示。

表 3-2 建议的符合性文件清单

序　号	符 合 性 报 告	符合性方法
1	飞机强度计算准则	MOC1
2	强度校核报告	MOC2

4 符合性判据

针对第 25.621 条，符合性判据为所有需要考虑铸件系数的铸件结构其安全系数均考虑了铸件系数。

当支承系数小于铸件系数时，需要选用不大于 1.25 的铸件系数。如果选用的支承系数大于铸件系数，则必须采用支承系数。对于铸件支承面以外的其他部位，铸件系数必须按照(c)款或(d)款要求确定，即按照关键铸件和非关键铸件对铸件系数进行取值，并采取相关的检验。

参考文献

[1] FAA. AC25-21 Certification of Transport Airplane Structure [S]. 1999.

运输类飞机适航标准
第 25.623 条符合性验证

1 条款介绍

1.1 条款原文

第 25.623 条　支承系数

（a）除本条（b）规定的情况外，每个有间隙（自由配合）并承受敲击或振动的零件，必须有足够大的支承系数以计及正常的相对运动的影响。

（b）对于规定有更大的特殊系数的零件，不必采用支承系数。

1.2 条款背景

§25.623 由 CAR 04b.307 条转化而来，相当于 CAR 04b.307 条的（b）款。自 FAR 制定以来，该条款未进行过修订。

1937 年 11 月 1 日生效的最初的美国《航空器适航要求》（CAR 04 Airplane Airworthiness）就包含对接头（fitting）放大安全系数（multiplying factors of safety）的要求（CAR 04.271）。CAR 04.271 规定所有主结构接头应当采用放大安全系数。这些接头被定义为用于连接一个主结构元件与另一个主结构元件的零件，包括这些零件的支承，不包括金属板连续接头和主结构件的焊接接头。规定接头的放大安全系数为 1.2。1950 年生效的 CAR 04a（CAR 04a.208）对接头放大安全系数的要求与 CAR 04 相同。

至 CAR 04b.307，将放大安全系数（multiplying factors of safety）改称为特殊系数（special factors），并由支承系数（bearing factors）代替接头（fitting）。

本条款的目的是应对那些存在间隙并承受敲击或振动的零件之间正常的相对运动。

1.3 条款历史

第 25.623 条在 CCAR25 部初版首次发布，截至 CCAR - 25 - R4，该条款未进行过修订，如表 1 - 1 所示。

1985 年 12 月 31 日发布了 CCAR25 部初版，其中包含第 25.623 条，该条款参考 1964 年 12 月 24 日发布的 14 CFR PART 25 的 §25.623 的内容制定。

表 1-1　第 25.623 条条款历史

第 25.623 条	CCAR25 部版本	相关 14 CFR 修正案	备　　注
首次发布	初版	—	

2　条款解读

2.1　条款要求

本条款的适用范围为有间隙(自由配合)并承受敲击或振动的零件。因为零件之间发生敲击或振动载荷,会在支承面上产生高的应力,并可能使零件发生磨损,需要采用支承系数以降低支承面上的应力,提高安全性。这些零件通常包括起落架、起吊、牵引、操纵面和配重的连接、发动机连接和系留连接处等的接头零件。

本条(a)款规定支承系数必须足够大,但是未给出具体的数值要求。这是因为支承系数与诸多因素有关,比如被连接结构的弹性特征、长度和硬度等,难以给出唯一准确的数值。

本条(b)款规定当有其他更大的特殊系数保证结构的安全性,不必采用支承系数。

2.2　相关条款

与第 25.623 条相关的条款如表 2-1 所示。

表 2-1　第 25.623 条相关条款

序　号	相关条款	相　关　性
1	第 25.619 条	第 25.619 条是第 25.621 条、第 25.623 条和第 25.625 条的总述条款

3　验证过程

3.1　验证对象

本条款的适用范围为有间隙(自由配合)并承受敲击或振动的零件。

3.2　符合性验证思路

第 25.623 条的符合性通过 MOC1 和 MOC2 来验证。

针对第 25.623 条,首先编制飞机强度设计准则,说明哪些结构零件需要考虑支承系数,明确支承系数的选取原则,并且说明所考虑的支承系数是合适的。

在强度计算分析校核中必须采用支承系数。

3.3 符合性验证方法

通常,针对第 25.623 条的符合性验证方法如表 3 - 1 所示。

表 3 - 1 建议的符合性方法

条 款 号	专 业	符 合 性 方 法										备 注
		0	1	2	3	4	5	6	7	8	9	
第 25.623 条	强 度		1									
第 25.623 条	强 度			2								

3.4 符合性验证说明

针对第 25.623 条,采用的符合性验证方法包括 MOC1 和 MOC2,各项验证具体工作如下:

3.4.1 MOC1 验证过程

根据飞机的设计特征,编制飞机强度设计准则,明确有间隙(自由配合)并承受敲击或振动的零件范围;同时各零件需要选取的支承系数最低值给出原则予以明确的规定或者约定。

3.4.2 MOC2 验证过程

对于支承零件的强度计算中必须采用支承系数。

3.5 符合性文件清单

通常,针对第 25.623 条的符合性文件清单如表 3 - 2 所示。

表 3 - 2 建议的符合性文件清单

序 号	符 合 性 报 告	符 合 性 方 法
1	飞机强度设计准则	MOC1
2	强度校核报告	MOC2

4 符合性判据

针对第 25.623 条,其符合性判据为所有存在间隙(自由配合)并承受敲击或振动的零件考虑了支承系数,同时支承系数的选取是合适的。

参考文献

[1] FAA. AC25 - 21 Certification of Transport Airplane Structure [S]. 1999.

运输类飞机适航标准
第 25.625 条符合性验证

1 条款介绍

1.1 条款原文

第 25.625 条 接头系数

对于接头(用于连接两个构件的零件或端头),采用以下规定:

(a) 未经限制载荷和极限载荷试验(试验时在接头和周围结构内模拟实际应力状态)证实其强度的接头,接头系数至少取 1.15。这一系数必须用于下列各部分:

(1) 接头本体;

(2) 连接件或连接手段;

(3) 被连接构件上的支承部位。

(b) 下列情况不必采用接头系数:

(1) 按照批准的工艺方法制成并有全面试验数据为依据的接合(如金属钣金连续接合、焊接和木质件中的嵌接);

(2) 任何采用更大特殊系数的支承面。

(c) 对于整体接头,一直到截面性质成为其构件典型截面为止的部分必须作为接头处理;

(d) 对于每个座椅、卧铺、安全带和肩带,采用第 25.785(f)(3)条规定的接头系数。

〔中国民用航空局 1995 年 12 月 18 日第二次修订〕

1.2 条款背景

FAA §25.625 由 CAR 04b. 307 条转化而来,相当于 CAR 04b. 307 条的(c)款。

1937 年 11 月 1 日生效的最初的美国《航空器适航要求》(CAR 04 Airplane Airworthiness)就包含对接头(fitting)放大安全系数(multiplying factors of safety)的要求(CAR 04.271)。规定所有主结构接头应当采用表 04 - 7 中的放大安全系数。这些接头被定义为用于连接一个主结构元件与另一个主结构元件的零件,包括这些零件的支承,不包括金属板连续接缝和主结构件的焊接缝。表 04 - 7 中规定接头的放大安全系数为 1.2。1950 年生效的 CAR 04a(CAR 04a.208)对接头放大安全系数的要求与 CAR 04 相同。

CAR 04b.307 条区分了需要采用接头系数和不必采用接头系数的情况,其中接头系数确定为不小于 1.15。

由于接头的应力分布存在很多不确定性,组合应力、应力集中、螺栓与孔配合的间隙、制造上的容差、连接件的偏心和振动载荷等因素的影响,使大部分接头的应力分析非常复杂,尺寸上的变化也可能影响应力分布,本条款的目的就是附加接头系数来提高接头的可靠性。

1.3 条款历史

第 25.625 条在 CCAR25 部初版首次发布,截至 CCAR - 25 - R4,该条款共修订过 1 次,如表 1 - 1 所示。

表 1 - 1 第 25.625 条条款历史

第 25.625 条	CCAR25 部版本	相关 14 CFR 修正案	备 注
首次发布	初版	—	
第 1 次修订	R3	25 - 72	

1.3.1 首次发布

1985 年 12 月 31 日发布了 CCAR25 部初版,其中包含第 25.625 条。该条款参照 14 CFR PART 25 的 §25.625 制定。

1.3.2 第 1 次修订

2001 年 5 月 14 日发布的 CCAR - 25 - R3 对第 25.625 条进行了第 1 次修订,本次修订参考了 14 CFR 修正案 25 - 72,为了适应该修正案对 §25.785 和 §25.1413 的修订,即 §25.1413(b)、(c)、(d)转移到 §25.785,对 §25.625(d)进行文字上的修改。

2 条款解读

2.1 条款要求

本条规定了接头系数的应用范围以及接头系数的最小值。

由于接头的应力分布存在很多不确定性,受组合应力、应力集中、螺栓与孔配合的间隙、制造上的容差、连接件的偏心和振动载荷等因素的影响,使大部分接头的应力分析非常复杂,尺寸上的变化可能影响应力分布,因此需要附加一个特殊安全系数来提高接头的可靠性。

本条款的适用范围为飞机结构的所有接头,条款对于接头的定义为用于连接两个构件的零件或端头。本条(a)款到本条(d)款规定了是否需要采用接头系数以及接头系数取值要求。

对于本条(a)款,不经限制载荷和极限载荷试验满足强度的接头,接头系数至少取 1.15。在这类接头中,需要应用接头系数的范围包括接头本身、连接件和被连接件的支承部位。对于本条(b)款,则规定按照批准的工艺方法制成并有全面试验数据为依据,证明其强度满足设计要求的接头,如金属板上的成排铆钉连接,连续性的焊接和木质件中的嵌接,则没有必要采用接头系数。对于本条(c)款,则为整体接头规定了作为接头考虑的范围,即从连接点开始直至截面性质成为典型截面的部分。对于本条(d)款,则对于每个座椅、卧铺、安全带和肩带规定了系数,有别于本条(a)款的 1.15 取值,采用第 25.785(f)(3)项规定的 1.33 的接头系数。

2.2　相关条款

与第 25.625 条相关的条款如表 2-1 所示。

表 2-1　第 25.625 条相关条款

序　号	相　关　条　款	相　　关　　性
1	第 25.619 条	第 25.619 条是第 25.621 条、第 25.623 条和第 25.625 条的总述条款

3　验证过程

3.1　验证对象

针对第 25.625 条的验证对象为飞机结构的所有接头。

3.2　符合性验证思路

第 25.625 条的符合性通过 MOC1 和 MOC2 来验证。

针对第 25.625 条,首先编制飞机强度设计准则,说明哪些接头需要考虑接头系数,明确接头系数的选取原则,并且说明所考虑的接头系数是合适的。

对于不经限制载荷和极限载荷试验满足强度的接头,在接头的强度计算分析校核中必须采用至少 1.15 接头系数。对于按照批准的工艺方法制成并有全面试验数据为依据,证明其强度满足设计要求的接头,不需要采用接头系数。对于座椅、安全带和肩带连接接头则至少取 1.33 的接头系数。

3.3　符合性验证方法

通常,针对第 25.625 条的符合性验证方法如表 3-1 所示。

表 3-1　建议的符合性方法

条　款　号	专　业	符 合 性 方 法										备　注
		0	1	2	3	4	5	6	7	8	9	
第 25.625 条	强　度		1									
第 25.625 条	强　度			2								

3.4　符合性验证说明

针对第 25.625 条,采用的符合性验证方法为 MOC1 和 MOC2,各项验证具体工作如下:

3.4.1　MOC1 验证过程

根据飞机的设计特征,编制飞机强度设计准则,明确适用于接头系数的零件范围;同时各零件需要选取的接头系数最低值给出原则予以明确的规定或者约定。

3.4.2　MOC2 验证过程

对于不经限制载荷和极限载荷试验满足强度的接头,在接头的强度计算分析校核中必须采用至少 1.15 接头系数。对于按照批准的工艺方法制成并有全面试验数据为依据,证明其强度满足设计要求的接头,不需要采用接头系数。对于座椅、安全带和肩带连接接头则至少取 1.33 的接头系数。

3.5　符合性文件清单

通常,针对第 25.625 条的符合性文件清单如表 3-2 所示。

表 3-2　建议的符合性文件清单

序　号	符 合 性 报 告	符合性方法
1	飞机强度设计准则	MOC1
2	强度校核报告	MOC2

4　符合性判据

针对第 25.625 条,其符合性判据为不经限制载荷和极限载荷试验满足强度的接头是否均考虑了至少 1.15 的接头系数;对于按照批准的工艺方法制成并有全面试验数据为依据,证明其强度满足设计要求的接头,不需要采用接头系数;另外对于座椅、安全带和肩带连接接头则是否均考虑了至少 1.33 的接头系数。

参考文献

[1]　14 CFR 修正案 25-72 Special Review: Transport Category Airplane Airworthiness Standards [S].

[2]　FAA. AC25-21 Certification of Transport Airplane Structure [S]. 1999.

运输类飞机适航标准
第 25.629 条符合性验证

1 条款介绍

1.1 条款原文

第 25.629 条 气动弹性稳定性要求

（a）总则 本条所要求的气动弹性稳定性评定包括颤振、发散、操纵反效以及任何因结构变形引起的稳定性、操纵性的过度丧失。气动弹性的评定必须包括与产生显著动态力的任何螺旋桨或旋转装置有关的旋转模态。必须通过分析、风洞试验、地面振动试验、飞行试验或中国民用航空局适航部门认为必要的其它方法来表明对本条的符合性。

（b）气动弹性稳定性包线 飞机必须设计成在下述气动弹性稳定性包线内的所有形态和设计情况下，都不发生气动弹性的不稳定性：

（1）对于无失效、故障或不利条件的正常情况，在将 V_D/M_D 对高度的包线上所有点的当量空速按等马赫数和等高度两种方式各放大 15% 后所包围的所有高度和速度的组合。此外，在直至 V_D/M_D[①]，的所有速度下，都必须有适当的稳定性余量，而且在接近 V_D/M_D 时，飞机的稳定性不得有大幅度的迅速减小。当所有设计高度上的 M_D 都小于 1.0 时，放大后的包线可以限制在马赫数 1.0；

（2）对下面第 25.629(d)条所述的情况，在所有经批准的高度，任何空速直至下述两项中确定的大者：

（i）由第 25.335(b)条确定的 V_D/M_D 包线；

（ii）由以下条件确定的高度—空速包线：在从海平面至 $1.15V_C$ 线与等巡航马赫数 M_C 线延长线交点的高度范围内，按等高度，将当量空速在 V_C 以上放大 15%，然后，在最低的 V_C/M_C 交点的高度，当量空速线性变化到 $M_C+0.05$，之后，在更高的高度直至最大飞行高度，按等高度，由 M_C 的 0.05 马赫数增量所限定的边界。

（c）配重 如果采用集中配重，则这些配重及其支持结构的有效性和强度必须得到证实。

[①] 此处逗号应删除，原条款如此。——编注

(d) 失效、故障与不利条件　在表明对本条的符合性时必须考虑的失效、故障与不利条件为：

（1）未被表明为极不可能的任何临界燃油装载情况，这类情况可能是由于燃油配置不当而引起的。

（2）任何颤振阻尼器系统的任何单一失效。

（3）对于没有批准在结冰条件下运行的飞机，由于偶然遭遇结冰条件所预期的最大可能的冰积聚。

（4）任何发动机、独立安装的螺旋桨轴、大型辅助动力装置或大型外挂气动力物体（如外挂油箱）的支持结构的任何单个元件的失效。

（5）对于其发动机带有螺旋桨或具有能产生显著动态力的大型旋转装置的飞机，将引起降低旋转轴刚度的发动机结构的任何单一失效。

（6）由顺桨螺旋桨或能产生显著动态力的其它旋转装置最不利组合引起的气动力或陀螺力的丧失。此外，单个顺桨螺旋桨或旋转装置的影响必须同本条（d）（4）和（d）（5）的失效情况相耦合。

（7）任何单个螺旋桨或能产生显著动态力的旋转装置，以可能的最大超速旋转；

（8）第 25.571 条要求或选择进行审查的任何损伤或失效情况。在表明符合本条要求时，如存在下列条件，不必考虑本条（d）（4）和（d）（5）所规定的单一结构失效：

（i）结构元件不会因第 25.571(e) 条所述情况造成的离散源损伤而失效；

（ii）根据第 25.571(b) 条进行的损伤容限审查表明，用于剩余强度评定所假设的最大损伤程度不涉及结构元件的完全失效。

（9）按第 25.631、25.671、25.672 和 25.1309 条考虑的任何损伤、失效或故障。

（10）任何未表明为极不可能的其它失效、故障或不利条件的组合。

（e）颤振飞行试验　对于新的型号设计和某型号设计的改型（除非已表明这种改型对气动弹性稳定性无重大影响）都必须进行直至 V_{DF}/M_{DF} 的各种速度下的全尺寸颤振飞行试验。这些试验必须证实飞机在直至 V_{DF}/M_{DF} 的所有速度下，都有合适的阻尼余量，以及在接近 V_{DF}/M_{DF} 时，阻尼无大幅度的迅速减小。在表明符合本条（d）的飞行试验中，如果模拟了某种失效、故障或不利条件，而且通过飞行试验数据与其它试验数据或分析之间的关系对比表明，飞机在本条（b）（2）规定的高度—空速包线内的所有速度下均不会有任何气动弹性不稳定性，则所验证的最大速度不必超过 V_{FC}/M_{FC}。

〔中国民用航空局 1995 年 12 月 18 日第二次修订〕

1.2　条款背景

第 25.629 条对飞机气动弹性稳定性提出了要求，其中，气动弹性稳定性评定包括颤振、发散和操纵反效以及任何因结构变形引起的稳定性和操纵性的过度丧失。必须通过分析、风洞试验、地面振动试验和飞行试验来表明符合性。

1.3 条款历史

第25.629条在CCAR25部初版首次发布,截至CCAR-25-R4,该条款共修订过1次,如表1-1所示。

表1-1 第25.629条条款历史

第25.629条	CCAR25部版本	相关14 CFR修正案	备 注
首次发布	初版	—	
第1次修订	R2	25-72,25-77	

1.3.1 首次发布

1985年12月31日发布了CCAR25部初版,其中包含第25.629条,该条款参考1964年12月24日发布的14 CFR PART 25中的§25.629的内容制定。

1.3.2 第1次修订

1995年12月18日发布的CCAR-25-R2对第25.629条进行了第1次修订,本次修订参考了14 CFR修正案25-72和25-77的内容:其中14 CFR修正案25-72修订了§25.629(b)和(d);14 CFR修正案25-77对§25.629进行了全面的修订,给出了运输类飞机适航标准中的颤振、发散、振动和抖振等有关要求。

2 条款解读

2.1 条款要求

第25.629(a)款规定了气动弹性稳定性的评定内容以及评定手段。评定基本包括颤振、发散和操纵反效等评定。颤振评定是对机体颤振、气动伺服弹性和嗡鸣及由操纵间隙引起的极限环振荡等内容的符合性评定。发散评定是对机翼、平尾和垂尾等升力面的静气动弹性符合性评定。操纵反效是飞机结构的弹性变形对操纵面操纵效率损失的影响,对副翼、升降舵和方向舵反效的符合性评定。另外还要考虑发动机旋转模态的影响,以及任何因结构变形引起的稳定性和操纵性过度丧失情况。

第25.629(b)款规定了飞机的气动弹性稳定性包线,要求在包线内的所有形态和设计情况都不允许发生气动弹性不稳定情况。

第25.629(b)(1)项规定了正常情况的气动弹性稳定性包线。要求在直至V_D/M_D的所有速度下,飞机都必须有适当的稳定性余量,而且在接近V_D/M_D时,飞机的稳定性不得有大幅度的迅速减小。正常情况下的飞机构型状态应包括高度、马赫数和油载及商载的任意可能的所有组合。

第 25.629(b)(2)项规定了失效、故障与不利条件下的气动弹性稳定性包线的确定方法。

第 25.629(c)款适用于采用集中配重的设计特征，要求这些配重及其支持结构的有效性和强度必须得到证实。

第 25.629(d)款定义了在气动弹性稳定性时需考虑的各种失效、故障及不利条件下的飞机构型。

第 25.629(e)款规定了颤振飞行试验的内容和要求。V_{DF}/M_{DF} 为飞行最大俯冲速度，其不大于飞机设计俯冲速度 V_D/M_D，但两者相差很小。进行直至 V_{DF}/M_{DF} 的各种速度下的全尺寸颤振飞行试验，通过飞行试验的方法证实飞机在直至 V_{DF}/M_{DF} 的所有速度下，都有合适的阻尼余量；同时，在接近 V_{DF}/M_{DF} 时，阻尼无大幅度的迅速减小。

2.2　相关条款

与第 25.629 条相关的条款如表 2-1 所示。

表 2-1　第 25.629 条相关条款

序　号	相 关 条 款	相　　关　　性
1	第 25.571 条	表明第 25.629 条符合性时需要考虑第 25.571 条的任何损伤、失效和故障
2	第 25.631 条	表明第 25.629 条符合性时需要考虑第 25.631 条的任何损伤、失效和故障
3	第 25.671 条	表明第 25.629 条符合性时需要考虑第 25.671 条的任何损伤、失效和故障
4	第 25.672 条	表明第 25.629 条符合性时需要考虑第 25.672 条的任何损伤、失效和故障
5	第 25.1309 条	表明第 25.629 条符合性时需要考虑第 25.1309 条的任何损伤、失效和故障

3　验证过程

3.1　验证对象

第 25.629 条的验证对象为机体及载荷。

3.2　符合性验证思路

针对第 25.629 条，采用设计说明、分析和计算、实验室试验、地面试验及飞行试验等方法表明对其的符合性。

采用分析确定正常情况以及可能失效情况下的气动弹性稳定性余量。用风洞颤振模态试验来验证和补充颤振分析。用地面振动试验（GVT）来确定全机或部件的刚度或模态等方面的数据。用颤振飞行试验来表明飞机设计速度包线内不会发生气动弹性不稳定的符合性。

3.3 符合性验证方法

通常，针对第 25.629 条的符合性验证方法如表 3-1 所示。

表 3-1 建议的符合性方法

条　款　号	专　业	符　合　性　方　法										备　注
		0	1	2	3	4	5	6	7	8	9	
第 25.629(a)款	载　荷		1	2		4	5	6				
第 25.629(b)(1)项	载　荷			2		4	5	6				
第 25.629(b)(2)项	载　荷			2		4						
第 25.629(c)款	结　构			2								
第 25.629(d)款	载　荷			2		4						
第 25.629(e)款	载　荷			2		4		6				

3.4 符合性验证说明

针对第 25.629 条，采用的符合性验证方法主要为 MOC1、MOC2、MOC4、MOC5 和 MOC6，验证具体工作如下。

3.4.1 MOC1 验证过程

制定飞机气动弹性顶层文件，在文件中明确气动弹性设计原则，定义气动弹性包线。

由弹性设计原则来规定飞机气动弹性设计的依据、飞机气动弹性具体的设计要求（无失效、故障与不利条件下的设计要求和失效、故障与不利条件下的设计要求）、防颤振详细设计要求、防发散和反效设计要求、理论分析和试验验证方法和飞行颤振试验的要求等。

气动弹性包线定义文件明确飞机设计速度包线的定义和气动弹性稳定性包线的定义。

3.4.2 MOC2 验证过程

分别对正常情况和故障情况两种状态进行气动弹性稳定性分析，包含颤振特性分析、气动伺服弹性稳定性分析和机翼发散分析等。

对于颤振特性，选取不同高度上不同燃油和商载组合状态，通过结构有限元模型、气动模型和颤振计算模型，分析正常情况及故障情况的全机固有特性和颤振特性，计算得到颤振裕度。

对于气动伺服弹性稳定性，分析控制率差异，包括飞控控制率差异和航电控制率的差异；分析俯仰回路气动伺服弹性、偏航回路气动伺服弹性和滚转回路气动伺服弹性等情况。

对于机翼发散分析,分别计算不同马赫数下对称状态和不对称状态的气弹发散速度。

对于采用集中配重的方式,开展配重及其支持结构的强度计算。

3.4.3 MOC4 验证过程

完成相关的试验项目有:尾段低速颤振模型风洞试验、机翼低速颤振模型风洞试验、全机低速颤振模型风洞试验、尾段高速颤振模型风洞试验和机翼高速颤振模型风洞试验,从低速颤振模型风洞试验获得亚声速颤振特性,高速颤振模型风洞试验获得跨声速颤振特性和跨声速颤振压缩性修正系数。同时完成副翼、升降舵和方向舵作动器阻抗试验。

3.4.4 MOC5 验证过程

对正常情况和故障情况分别采用多点正弦激励下的相位共振法,对飞机颤振特性进行地面机上试验,对飞机结构施加外激振力,并且激振频率等于飞机结构的某一固有频率,使飞机结构出现共振现象,通过反复调力与移频相结合的技术,使结构上测量点的加速度响应的相位变化呈现单一模态的相位特征,得到某一固有频率下的振型。

3.4.5 MOC6 验证过程

对于无失效、无故障或无不利条件的正常情况,飞机分别完成颤振飞行试验和气动伺服弹性飞行试验。

颤振试飞时,采用惯性激励、操纵面扫频激励、紊流激励和脉冲激励多种激励方式,逐步提高速度直至将速度包线向外扩展至设计俯冲包线(V_D/M_D)。选取的试验点能充分评估飞机在直至 V_D/M_D 包线的正常状态下的颤振特性。颤振试飞采用从高高度到低高度、从小表速到大表速逐渐接近 V_D/M_D 包线边界的方法完成。

气动伺服弹性飞行试验在所有的试验点都采用操纵面扫频激励方式,在每次激励之后留有足够的时间使得飞机的响应完全衰减后再进行下次激励。

3.5 符合性文件清单

通常,针对第 25.629 条的符合性文件清单如表 3 - 2 所示。

表 3 - 2 　建议的符合性文件清单

序　号	符 合 性 报 告	符合性方法
1	气动弹性设计原则	MOC1
2	气动弹性包线定义	MOC1
3	气动弹性稳定性分析报告	MOC2
4	飞机全机颤振特性分析报告	MOC2
5	高、低速颤振模型地面共振试验大纲	MOC4
6	高、低速颤振模型地面共振试验报告	MOC4
7	高、低速颤振模型风洞试验大纲	MOC4

序 号	符合性报告	符合性方法
8	高、低速颤振模型风洞试验报告	MOC4
9	全机地面共振试验大纲	MOC5
10	全机地面共振试验报告	MOC5
11	载荷/颤振试飞大纲	MOC6
12	载荷/颤振试飞报告	MOC6

4 符合性判据

达到下述状态可判定为符合条款要求。

4.1 第 25.629(a)款

气动弹性稳定性的评定包括了以下内容。

（1）颤振、发散、操纵反效以及任何因结构变形引起的稳定性、操纵性的过度丧失。

（2）与产生显著动态力的任何螺旋桨或旋转装置有关的旋转模态。

（3）采用了分析、风洞试验、地面振动试验、飞行试验或中国民用航空局适航部门认为必要的其他方法。

4.2 第 25.629(b)款

对于无失效、故障或不利条件的正常情况，在将 V_D/M_D 对高度的包线上所有点的当量空速按等马赫数和等高度两种方式各放大 15% 后所包围的所有高度和速度的组合，这种情况下不发生气动弹性的不稳定性。

在直至 V_D/M_D 的所有速度下，有适当的稳定性余量，而且在接近 V_D/M_D 时，飞机的稳定性没有大幅度的迅速减小。当所有设计高度上的 M_D 都小于 1.0 时，放大后的包线可以限制在马赫数 1.0。

在所有经批准的高度，任何空速直至确定的 V_D/M_D 包线和确定的高度—空速包线两项中确定的大者的情况下，不发生气动弹性的不稳定性。

4.3 第 25.629(c)款

若采用集中配重，则这些配重及其支持结构验证了在设计飞行包线内预期的极大载荷因子下的有效性和强度。

4.4 第 25.629(d)款

气动弹性稳定性分析中考虑了各种失效、故障与不利条件，包括未被表明为极不可能的任何临界燃油装载情况；任何颤振阻尼器系统的任何单一失效；由于偶然遭遇结冰条件所预期的最大可能积冰聚；任何发动机、独立安装的螺旋桨轴、大型辅助动力装置或大型外挂气动力物体(如外挂油箱)的支持结构的任何单个元件的失效;对于其发动机带有螺旋桨或具有能产生显著动态力的大型旋转装置的飞机,将引起降低旋转轴刚度的发动机结构的任何单一失效;由顺桨螺旋桨或能产生显著动态力的其他旋转装置最不利组合引起的气动力或陀螺力的丧失;任何未表明为极不可能的其他失效、故障或不利条件的组合等。

4.5 第 25.629(e)款

对于新的型号设计和某型号设计的改型(除非已表明这种改型对气动弹性稳定性无重大影响)通过直至 V_{DF}/M_{DF} 的各种速度下的全尺寸颤振飞行试验证实飞机在直至 V_{DF}/M_{DF} 的所有速度下,都有合适的阻尼余量,以及在接近 V_{DF}/M_{DF} 时,阻尼无大幅度的迅速减小。

参考文献

[1] FAA. AC20 – 151B Airworthiness Approval of Traffic Alert and Collision Avoidance Systems (TCAS Ⅱ), Versions 7. 0 & 7. 1 and Associated Mode S Transponders [S]. 2014.

[2] FAA. AC20 – 131A Airworthiness Approval of Traffic Alert and Collision Avoidance Systems (TCAS Ⅱ) and Mode S Transponders [S]. 1993.

[3] FAA. AC25. 1419 – 1A Certification of Transport Category Airplanes for Flight in Icing Conditions [S]. 2004.

[4] FAA. AC25 – 24 Sustained Engine Imbalance [S]. 2000.

[5] FAA. AC25 – 21 Certification of Transport Airplane Structure [S]. 1999.

[6] FAA. AC25. 672 – 1 Active Flight Controls [S]. 1983.

[7] FAA. AC25 – 629 – 1A Aeroelastic Stability, Substantiation, Transport Category Airplanes [S]. 1998.

[8] FAA. AC25 – 21 Certification of Transport Airplane Structure [S]. 1999.

[9] 冯振宇. 运输类飞机适航要求解读,第 2 卷结构[M]. 北京:航空工业出版社,2013.

运输类飞机适航标准
第 25.631 条符合性验证

1 条款介绍

1.1 条款原文

第 25.631 条　鸟撞损伤

尾翼结构的设计必须保证飞机在与 3.6 公斤(8 磅)重的鸟相撞之后,仍能继续安全飞行和着陆,相撞时飞机的速度(沿飞机飞行航迹相对于鸟)等于按第 25.335 (a)条选定的海平面 V_C。通过采用静不定结构和把操纵系统元件置于受保护的部位,或采用保护装置(如隔板或吸能材料)来满足本条要求是可以接受的。在用分析、试验或两者的结合来表明符合本条要求的情况下,使用结构设计类似的飞机的资料是可以接受的。

1.2 条款背景

运输类飞机在起飞、降落和飞行过程中经常会与鸟类发生相撞。1962 年 11 月 23 日,美联航 UA297 次航班一架"子爵号"飞机在马里兰州上空大约 6 000 英尺 (1 800 米)高度巡航飞行时,同一群约重 12～17 磅的天鹅相遇,并同其中至少两只天鹅发生相撞,其中一只造成右侧水平安定面前缘表面损伤,另一只则击穿飞机左侧水平安定面并造成升降舵损伤,随后飞机失去控制后坠毁,机上 13 名人员全部遇难。此次空难后,美国联邦航空局(FAA)对鸟撞危害进行了重新评估和审视。FAA 认为可能与飞机相撞的鸟体重量上限为 8 磅,超过 8 磅的鸟同飞机相撞的情况是十分罕见的。随后,FAA 在第 25.775 条及第 25.571(e)(1)项基础上,通过 14 CFR 修正案 25-23 增加了第 25.631 条鸟撞损伤条款。根据此前的飞机服役经验表明,机翼和风挡等结构具有足够的抗鸟撞能力,因此 8 磅鸟的要求仅适用于尾翼结构。

1.3 条款历史

第 25.631 条在 CCAR25 部初版首次发布,截至 CCAR-25-R4,该条款未进行过修订,如表 1-1 所示。

第 25.631 条最早于 1970 年通过 14 CFR 修正案 25-23 提出,至今未做修订。

第 25.631 条内容与 14 CFR 中的 §25.631 一致。

表 1 - 1 第 25.631 条条款历史

第 25.631 条	CCAR25 部版本	相关 14 CFR 修正案	备　注
首次发布	初版	25 - 23	

2 条款解读

2.1 条款要求

飞机在滑行、起飞、爬升、巡航、下降、进场和着陆整个飞行过程中,可能与飞鸟发生相撞事故,造成结构和系统损伤,有可能危及飞机的飞行安全。本条款要求飞机尾翼结构在与 3.6 公斤(8 磅)重的鸟相撞之后,仍能继续安全飞行和着陆。

尾翼结构:尾翼结构是指水平安定面和升降舵、垂直安定面和方向舵,最可能受到撞击的部位是水平安定面前缘以及垂直安定面前缘,尾翼结构的材料可以是金属也可能为复合材料,或者金属与复合材料混合结构。

继续安全飞行和着陆:继续安全飞行和着陆的前提条件是,在飞机尾翼结构遭受鸟撞后,必须能够

(1)保证结构的完整性,即指尾翼结构在遭受鸟撞后,其结构的剩余强度、刚度、损伤容限及耐久性等飞机所要求的结构特性能够保证其功能,不影响飞机飞行安全。

(2)保证系统安全性,即飞机尾翼遭受鸟撞后,如果造成其内相关设备、管路和系统失效,也不会导致Ⅰ类或Ⅱ类安全性危害。

尾翼损伤:尾翼结构可能的鸟撞损伤有:前缘蒙皮压坑、凹陷和撕裂,连接破坏,蒙皮及大梁腹板被击穿,复合材料分层、脱胶、骨架断裂和安定面破坏等。这些损伤与飞鸟的大小、撞击速度、撞击角度(入射角)以及结构本身结构形式、材料和设计参数(如蒙皮厚度和前缘半径)等相关。

采用保护措施:本条款规定可以通过采用静不定结构把操纵系统元件置于受保护的部位,以免遭受鸟体的直接冲击。此外,也可采用保护装置如吸能材料和隔板等,来吸收能量从而减轻被保护结构/系统受到的损伤。是否采用上述两种保护措施,需要在设计时综合考虑权衡(如重量和布置等)。

类似结构设计:类似结构设计是指结构形式、尺寸参数和材料等影响结构抗鸟撞特性的主要设计特征一致或者类似。在用分析或试验或两者的结合来表明符合本条要求的情况下,可以使用结构设计类似的飞机的资料表明对该条款的符合性。

2.2 相关条款

与第 25.631 条相关的条款如表 2-1 所示。

表 2-1 第 25.631 条相关条款

序 号	相关条款	相 关 性
1	第 25.335(a)款	第 25.631 条规定鸟撞时飞机的速度是根据第 25.335(a)款选定的海平面 V_C
2	第 25.1309 条	鸟撞属于特殊风险,需按第 25.1309 条开展特殊风险分析,特殊风险分析的结果是制定鸟撞合格判据的输入之一

3 验证过程

3.1 验证对象

第 25.631 条的验证对象为尾翼结构及相关系统。

3.2 符合性验证思路

第 25.631 条尾翼鸟撞符合性验证思路如下:

符合性说明。采用与已取证飞机相同或者相似的尾翼结构的相关材料表明符合性;使用尾翼图纸,表明已把操纵系统元件置于受保护的部位或者已采用保护装置减小鸟撞对结构的影响。

分析计算与实验室试验。开展鸟撞结构动力学分析,并通过实验室试验对分析方法的准确性和可靠性进行验证,试验后根据试验结果对分析方法、模型进行必要的评估和修正,从分析计算和试验两个方面表明符合性。如果验证对象结构设计具有相似性,那么可以使用结构设计类似的飞机的资料表明对该条款的符合性。

安全性分析。开展安全性分析,确保尾翼相关系统在遭受鸟撞冲击后,不会给飞机带来影响其继续安全飞行和着陆的严重危害。安全性分析的结果也是制定鸟撞试验判据的输入之一。

3.3 符合性验证方法

通常,针对第 25.631 条的符合性验证方法如表 3-1 所示。

表 3-1 建议的符合性方法

条 款 号	专 业	符 合 性 方 法										备 注
		0	1	2	3	4	5	6	7	8	9	
第 25.631 条	强 度			2		4						
第 25.631 条	尾翼结构		1									
第 25.631 条	安全性				3							

3.4 符合性验证说明

飞机平尾通常由前缘、主盒段、后缘和升降舵四个部分组成。与鸟撞相关的结构部位有前缘、前梁及升降舵,平尾前缘通常有灯和液压管路,后梁后有液压管路以及飞控作动器;垂尾包括垂直安定面和方向舵,由主承力翼盒、前缘、前缘舱(辅助扭力翼盒)、翼尖罩和后缘舱等部件组成,与鸟撞相关的结构部位为垂尾前缘、前梁及方向舵。垂尾前缘内通常含有高频天线耦合器和液压管路,后梁后有液压管路和飞控作动器。

第 25.631 条符合性验证过程如下:

(1) 明确尾翼鸟撞验证部位(结构及可能受影响的系统)。

(2) 确定尾翼鸟撞符合性验证方法。

(3) 建立结构鸟撞动力学分析方法,建立模型开展结构鸟撞动力学分析。

(4) 开展结构剩余强度分析、系统安全性分析以及鸟撞选点分析,确定鸟击点及鸟撞合格判据。

(5) 开展尾翼鸟撞实验室试验。

(6) 开展试验后分析并对分析方法进行必要的修正。

(7) 对鸟撞计算分析做必要的更新修正。

(8) 最终确认对条款的适航符合性。

其中,尾翼鸟撞对系统的影响验证思路如下:

(1) 确定鸟撞影响区域。

(2) 筛选出可能给飞机带来灾难性和危险失效条件的系统清单。

(3) 确保清单中的系统设备不会因鸟撞失效。

(4) 筛选出会受到鸟撞间接影响的系统清单。

(5) 针对上述清单中的系统设备,制定鸟撞冲击环境。

(6) 开展鸟撞冲击环境试验验证。

(7) 确认系统鸟撞适航符合性。

此外,由于在各个飞行阶段飞机的姿态(速度、俯仰角度,操纵面偏转角度等)不同,因此尾翼结构鸟撞需综合考虑不同的鸟撞条件,选取最严酷的鸟撞临界条件进行设计和验证。

特别的,如尾翼结构含有燃油箱,必须确保燃油箱破损后溢出的燃油不会发生起火燃烧。操纵器件也不能因受到鸟撞带来的间接损伤(碎片撞击或者结构过大变形)而失去可操作性。

3.5 符合性文件清单

通常,针对第 25.631 条的符合性文件清单如表 3 - 2 所示。

表 3 - 2　建议的符合性文件清单

序　号	符 合 性 报 告	符合性方法
1	尾翼图纸	MOC1
2	尾翼鸟撞选点分析报告	MOC2
3	尾翼鸟撞后前梁剩余强度分析报告	MOC2
4	尾翼鸟撞试验大纲	MOC4
5	尾翼鸟撞试验报告	MOC4
6	尾翼鸟撞影响系统安全性分析报告	MOC3

4　符合性判据

针对第 25.631 条的符合性判据如下：

（1）计算分析与试验验证表明，在条款规定条件下遭受鸟撞损伤后的尾翼结构，满足强度、刚度和损伤容限等结构完整性要求，如金属结构合格判据平尾前缘蒙皮与肋允许出现永久变形和破裂，前缘蒙皮与肋的连接件允许剪坏或拉脱；前梁立柱及外伸段盒段肋与前梁腹板连接的角材允许变形，但没有出现裂纹；它们与腹板的连接钉不允许剪坏或拉脱；前梁腹板允许变形和出现裂纹，但不允许破坏；前梁缘条不允许变形，与腹板的连接件不允许被剪坏和拉脱。

（2）鸟撞对相关系统（如操纵系统）直接或者间接的破坏，不会导致影响飞机继续安全飞行和着陆的 I 类或 II 类危害。

参考文献

[1]　14 CFR 修正案 25 - 23 Transport Category Airplane Type Certification Standards [S].

[2]　FAA. AC25.629 - 1A Aeroelastic Stability, Substantiation, Transport Category Airplanes [S]. 1998.

[3]　FAA. AC25 - 21 Certification of Transport Airplane Structure [S]. 1999.

[4]　Civil Aeronautics Board Aircraft Accident Report, United Air Lines, Inc, Vickers - Armstrongs Viscount, N 7430, Near Ellicott City, Maryland, November 23 [S]. 1962.

运输类飞机适航标准
第25.651条符合性验证

1 条款介绍

1.1 条款原文

第25.651条 强度符合性的证明

（a）对各操纵面要求进行限制载荷试验。这些试验必须包括与操纵系统连接的支臂或接头。

（b）对操纵面铰链必须进行分析或单独的载荷试验，来表明满足第25.619至25.625条及第25.657条中规定的特殊系数要求。

1.2 条款背景

第25.651条的目的是保证操纵面及附件能够承受设计载荷。

条款要求对操纵面进行限制载荷试验，试验时包括相应的支臂和接头，此外还需对操纵面铰链进行分析或试验。

1.3 条款历史

第25.651条在CCAR25部初版首次发布，截至CCAR-25-R4，该条款未进行过修订，如表1-1所示。

表1-1 第25.651条条款历史

第25.651条	CCAR25部版本	相关14 CFR修正案	备　注
首次发布	初版	—	

1985年12月31日发布了CCAR25部初版，其中包含第25.651条，该条款参考1964年12月24日发布的14 CFR PART 25中的§25.651的内容制定。

2 条款解读

2.1 条款要求

本条（a）款要求对各操纵面进行限制载荷试验，试验必须包括与操纵系统连接的支臂或接头。操纵面的限制载荷试验是为了验证操纵面承受限制载荷的能力。在限制载荷作用下,操纵面的强度、刚度和运动的灵活性应符合要求。应通过试验表明结构能承受限制载荷而无有害的永久变形,其弹性变形不会妨碍飞机的安全操作。

操纵面上的载荷是通过悬挂接头和操纵摇臂传向主翼面并与操纵系统的操纵力相平衡的,所以操纵面的限制载荷试验必须包括接头与操纵摇臂。操纵面的铰链和接头都是重要构件,其损坏可能导致飞机丧失操纵性,本条(b)款规定对操纵面铰链必须进行分析或单独的载荷试验,来表明满足第25.619条至第25.625条及第25.657条中规定的特殊系数要求。

2.2　相关条款

与第25.651条相关的条款如表2-1所示。

表 2-1　第25.651条相关条款

序　号	相 关 条 款	相　　关　　性
1	第25.619条至第25.625条	通过对铰链考虑特殊系数后所进行的分析或试验,能够表明铰链结构对特殊系数条款的符合性
2	第25.657条	该条款中的系数需要在第25.651条的验证中考虑

3　验证过程

3.1　验证对象

第25.651条的验证对象为操纵面、操纵面与操纵系统相连的支臂和接头及操纵面铰链。

3.2　符合性验证思路

为表明符合性,需对操纵面进行限制载荷试验,试验时须包括与操纵系统相连的支臂和接头;通过在载荷中考虑第25.619条至第25.625条和第25.657条规定的安全系数,通过分析或试验来表明操纵面铰链具有足够的安全裕度。

3.3　符合性验证方法

通常,针对第25.651条的符合性验证方法如表3-1所示。

表 3-1　建议的符合性方法

条　款　号	专　业	符合性方法										备　注
		0	1	2	3	4	5	6	7	8	9	
第25.651条	强　度			2			5					

3.4 符合性验证说明

3.4.1 第 25.651(a)款的符合性验证

为了表明对第 25.651(a)款的符合性,首先对升降舵、方向舵、水平尾翼、襟翼、缝翼、副翼和扰流板等进行载荷筛选,而后确定限制载荷及极限载荷,在确定的载荷条件下进行计算分析,保证上述翼面及相应接头及支臂的裕度大于 0。此外,根据确定的载荷及设计构型进行舵面及舵面与操纵系统相连的作动接头的限制载荷和极限载荷试验。试验后,需要对试验结果进行分析,确定试验结果与理论分析结果的吻合情况。

3.4.2 第 25.651(b)款的符合性验证

为表明对第 25.651(b)款的符合性,需编制 MOC2 强度校核报告。报告对各舵面的铰链耳片和螺栓、轴承、铰链衬套等进行分析,确定其强度裕度大于 0。在计算过程中,其载荷中需要考虑第 25.619 条至第 25.625 条的系数,对于铰链接头需要考虑接头系数(1.15)和支承系数;如果使用了新研制轴承,则其最软材料的安全系数不得小于 6.67。

3.5 符合性文件清单

通常,针对第 25.651 条的符合性文件清单如表 3-2 所示。

表 3-2 建议的符合性文件清单

序　号	符 合 性 报 告	符合性方法
1	操纵面静力试验大纲	MOC4
2	操纵面静力试验报告	MOC4
3	尾翼静力试验大纲	MOC4
4	尾翼静力试验报告	MOC4
5	扰流板静力试验大纲	MOC4
6	扰流板静力试验报告	MOC4
7	高升力舵面静力试验大纲	MOC4
8	高升力舵面静力试验报告	MOC4
9	接头衬套强度校核报告	MOC2
10	后缘舱强度校核报告	MOC2
11	中央盒段强度校核报告	MOC2
12	方向舵金属接头强度校核报告	MOC2

4 符合性判据

4.1 针对第 25.651(a)款

操纵面、接头及支臂等能够通过限制载荷和极限载荷试验,即可表明对该款要求的符合性。

4.2　针对第 25.651(b)款

计算分析或试验所使用的载荷中考虑了第 25.619 条至第 25.625 条和第 25.657 条的规定,且试验或分析结果满足强度和刚度要求。

参考文献

［1］　FAA. AC25 - 21 Certification of Transport Airplane Structure ［S］. 1999.

［2］　运输类飞机适航标准研究报告［R］.2015.

运输类飞机适航标准 第 25.655 条符合性验证

1 条款介绍

1.1 条款原文

第 25.655 条 安装

（a）可动尾面的安装必须使得当某一尾面处在极限位置而其余各尾面作全角度范围的运动时,任何尾面之间没有干扰。

（b）如果采用可调水平安定面,则必须有止动器将其行程限制到表明飞机能满足第 25.161 条配平要求的最大值。

1.2 条款背景

第 25.655 条的目的是保证控制面不会与其他处于任何可能位置的控制面发生干涉。本条款还对控制安定面行程的止动器做了规定,其目的是保证在最不利的配平位置上飞机仍然满足最低控制要求。这样做是为了降低配平系统失效的影响。

1.3 条款历史

第 25.655 条在 CCAR25 部初版首次发布,截至 CCAR‐25‐R4,该条款未进行过修订,如表 1‐1 所示。

表 1‐1 第 25.655 条条款历史

第 25.655 条	CCAR25 部版本	相关 14 CFR 修正案	备 注
首次发布	初版	—	

1985 年 12 月 31 日发布了 CCAR25 部初版,其中包含第 25.655 条,该条款参考 1964 年 12 月 24 日发布的 14 CFR PART 25 中的 §25.655 的内容制定。

2 条款解读

2.1 条款要求

由于总体布局和运动协调计算上的不准确等原因,在尾面运动过程中可能出现互相摩擦和碰撞等结构干涉现象,妨害安全操纵并损伤结构,为此要求尾面满足第25.655(a)款的要求;设立第25.655(b)款的目的是防止当配平操纵系统产生故障时引起安定面的过度偏转,从而保证飞机的俯仰操纵特性始终处于驾驶员能够控制的安全范围之内。

2.2 相关条款

与第25.655条相关的条款如表2-1所示。

表2-1 第25.655条相关条款

序 号	相关条款	相 关 性
1	第25.161条	本条规定了飞机纵向、航向和横向的配平要求。第25.655(b)款规定了操纵面止动器位置不能超过第25.161条的最大值

3 验证过程

3.1 验证对象

第25.655条的验证对象为水平安定面、升降舵、方向舵。

3.2 符合性验证思路

为表明对第25.655(a)款的符合性,需通过分析说明当某一个尾面处于极限位置,其他尾面做全范围运动情况下彼此的最小间隙,以此说明不会发生干涉;在此前提下,还需进行机上地面试验,通过尾面运动检查,观察是否存在干涉现象。

为表明对第25.655(b)款的符合性,需分析止动器所能限制的可调水平安定面的行程范围,分析该范围是否满足配平要求的最大值。

3.3 符合性验证方法

通常,针对第25.655条的符合性验证方法如表3-1所示。

表3-1 建议的符合性方法

条 款 号	专 业	符合性方法										备 注
		0	1	2	3	4	5	6	7	8	9	
第25.655条	飞 控		1				5					
第25.655条	尾 翼			2			5					

3.4 符合性验证说明

3.4.1 第25.655(a)款符合性验证说明

在飞机总体设计描述文件中定义各尾面的运动间隙,结构专业通过计算分析各尾面的运动工况与运动轨迹,说明各尾面之间不会发生干涉现象;进行飞控系统机上地面试验,检查确认平尾、方向舵和升降舵等运动状态,试验过程中通过各尾面的全角度偏转验证"可动尾面的安装必须使得当某一尾面处在极限位置而其余各尾面作全角度范围的运动时,任何尾面之间没有干扰"。

3.4.2 第 25.655(b)款符合性验证说明

对于采用可调水平安定面来提供纵向配平的飞机,通过计算分析表明机械止动块及行程范围不小于第 25.161 条配平要求的最大值。

3.5 符合性文件清单

通常,针对第 25.655 条的符合性文件清单如表 3-2 所示。

表 3-2 建议的符合性文件清单

序 号	符 合 性 报 告	符合性方法
1	平尾方向舵升降舵运动分析报告	MOC2
2	飞控系统机上地面试验大纲	MOC5
3	飞控系统机上地面试验报告	MOC5
4	飞控系统描述文档	MOC1

4 符合性判据

4.1 第 25.655(a)款符合性判据

分析说明和开展机上地面试验检查确认可动尾面在全角度范围内运动时,尾面之间不会发生干涉。

4.2 第 25.655(b)款符合性判据

计算分析表明止动器具备将可调水平安定面的行程范围限制在第 25.161 条要求的最大范围内。

参考文献

[1] FAA. AC25-21 Certification of Transport Airplane Structure [S]. 1999.

运输类飞机适航标准
第 25.657 条符合性验证

1 条款介绍

1.1 条款原文

第 25.657 条 铰链

（a）对于操纵面铰链，包括滚珠、滚柱和自润滑轴承铰链，不得超过批准的轴承的载荷额定值。对于非标准的轴承铰链构型，轴承的载荷额定值必须根据经验或试验制定，在缺乏合理研究的情况下，用作轴承的最软材料的极限支承强度必须使用不小于 6.67 的安全系数。

（b）对平行于铰链轴线的载荷，铰链必须有足够的强度和刚度。

〔中国民用航空局 2011 年 11 月 7 日第四次修订〕

1.2 条款背景

第 25.657 条的目的是保证操纵面铰链不会在飞行载荷和地面载荷下失效。

1.3 条款历史

第 25.657 条在 CCAR25 部初版首次发布，截至 CCAR－25－R4，该条款未进行过修订，如表 1－1 所示。

表 1－1 第 25.657 条条款历史

第 25.657 条	CCAR25 部版本	相关 14 CFR 修正案	备 注
首次发布	初版	—	

1985 年 12 月 31 日发布了 CCAR25 部初版，其中包含第 25.657 条，该条款参考 1964 年 12 月 24 日发布的 14 CFR PART 25 中的第 25.657 条的内容制定。

2 条款解读

2.1 条款要求

条款要求操纵面铰链对于平行于铰链轴线的载荷具有足够的强度和刚度；铰

链上的载荷不能超过轴承载荷额定值,对于非标轴承的适用性及载荷额定值要通过经验和试验获得,非标轴承最软材料的极限支承系数不小于 6.67。

2.2　相关条款

与第 25.657 条相关的条款如表 2 - 1 所示。

表 2 - 1　第 25.657 条相关条款

序　号	相关条款	相　关　性
1	第 25.651 条	第 25.651 条是操纵面强度要求的总则性条款。如果使用缺乏研究的轴承,则在该条款的验证中会用到第 25.657 条中规定的安全系数

3　验证过程

3.1　验证对象

第 25.657 条的验证对象为水平安定面、升降舵、方向舵、副翼、襟翼、缝翼和扰流板的铰链。

3.2　符合性验证思路

通过图纸、强度分析或试验来表明操纵面铰链轴承的载荷未超过其额定值,对于平行于铰链线的载荷,铰链强度和刚度也具有足够的裕度。

3.3　符合性验证方法

通常,针对第 25.657 条的符合性验证方法如表 3 - 1 所示。

表 3 - 1　建议的符合性方法

条　款　号	专　业	符 合 性 方 法										备　注
		0	1	2	3	4	5	6	7	8	9	
第 25.657 条	强　度			2		4						
第 25.657 条	尾　翼		1									
第 25.657 条	机　翼		1									

3.4　符合性验证说明

3.4.1　第 25.657(a)款符合性说明

在尾翼、机翼的设计说明中,明确可调水平安定面、升降舵、方向舵、襟翼、副翼和扰流板等活动面使用的轴承型号及载荷额定值,确认使用非标准轴承的情况,使用的经验及完成验证的情况;如果存在使用了使用经验不足的非标准轴承,还需通过验证试验确定轴承的载荷额定值,那么在飞机的设计中,一般不选用此类轴承。

3.4.2 第 25.657(b)款符合性说明

在验证中,通过计算分析说明铰链轴承的径向和轴向载荷小于额定值,同时计算确定对应的接头等结构具有足够的强度和刚度裕度。此外,还需按照第 25.651 条要求对铰链进行分析或单独的限制载荷试验,作为对本款要求的补充验证。

3.5 符合性文件清单

通常,针对第 25.657 条的符合性文件清单如表 3 - 2 所示。

表 3 - 2　建议的符合性文件清单

序　号	符 合 性 报 告	符合性方法
1	操纵面静力试验大纲	MOC4
2	操纵面静力试验报告	MOC4
3	操纵面接头衬套强度校核报告	MOC2
4	操纵面金属接头强度校核报告	MOC2
5	活动面图纸及描述文档	MOC1

4　符合性判据

4.1 第 25.657(a)款符合性判据

铰链轴承载荷未超出其额定值,即可表明对本款要求的符合性。

4.2 第 25.657(b)款符合性判据

铰链在规定载荷下的强度和刚度裕度大于 0,即可表明对本款要求的符合性。

参考文献

[1]　FAA. AC25 - 21 Certification of Transport Airplane Structure [S]. 1999.

[2]　MIL - STD - 1599 Bearings, Control System Components, and Associated Hardware Used in the Design and Construction of Aerospace [S].

运输类飞机适航标准
第25.671条符合性验证

1 条款介绍

1.1 条款原文

第25.671条 总则

(a) 每个操纵器件和操纵系统对应其功能必须操作简便、平稳和确切。

(b) 飞行操纵系统的每一元件必须在设计上采取措施，或在元件上制出明显可辨的永久性标记，使由于装配不当而导致系统功能不正常的概率减至最小。

(c) 必须用分析、试验或两者兼用来表明，在正常飞行包线内发生飞行操纵系统和操纵面(包括配平、升力、阻力和感觉系统)的下列任何一种故障或卡阻后，不要特殊的驾驶技巧或体力，飞机仍能继续安全飞行和着陆。可能出现的功能不正常必须对操纵系统的工作只产生微小的影响，而且必须是驾驶员能易于采取对策的：

(1) 除卡阻以外的任何单个故障(例如机械元件的脱开或损坏、或作动筒、操纵阀套和阀门一类液压组件的结构损坏)；

(2) 除卡阻以外未表明是极不可能的故障的任意组合(例如双重电气系统或液压系统的故障，或任何单个损坏与任一可能的液压或电气故障的组合)；

(3) 在起飞、爬升、巡航、正常转弯、下降和着陆过程中正常使用的操纵位置上的任何卡阻，除非这种卡阻被表明是极不可能的或是能够缓解的。若飞行操纵器件滑移到不利位置和随后发生卡阻不是极不可能的，则须考虑这种滑移和卡阻。

(d) 飞机必须设计成在所有发动机都失效的情况下仍可操纵。如果表明分析方法是可靠的，则可以通过分析来表明满足本要求。

〔中国民用航空局2011年11月7日第四次修订〕

1.2 条款背景

第25.671条内容涉及操纵器件设计要求、舵面故障和双发失效状态下对飞机操纵特性要求等内容，条款条文要求是确保飞行控制系统基本完整性和有效性，并进一步确保航线任务中飞行控制系统发生的任何单个故障(含卡阻),除卡阻以外未表明是概率极小的故障的任意组合都是飞行机组能够处理的并且不会阻碍飞机的继续安全飞行和着陆,以及在所有发动机都失效的情况下仍可操纵,该条款是对操纵系统的总则和安全性要求,是飞行控制系统的核心条款。

1.3 条款历史

第25.671条在CCAR25部初版首次发布,截至CCAR-25-R4,该条款共修订过1次,如表1-1所示。

表1-1 第25.671条条款历史

第25.671条	CCAR25部版本	相关14 CFR修正案	备 注
首次发布	初版	25-23	
第1次修订	R4	—	

1.3.1 首次发布

1985年12月31日发布了CCAR25部初版,其中包含第25.671条,该条款参考1964年12月24日发布的14 CFR PART 25中的§25.671的内容,并结合14 CFR修正案25-23制定,其中14 CFR修正案25-23对§25.671(c)、(d)的内容进行了修订,其中§25.671(c)由"Each tab control system must be designed so that disconnection or failure of any element at speeds up to V_c cannot jeopardize safety(参考翻译:每个调整片控制系统必须设计成在速度达到 V_c 时任何元器件的脱开或失效不会危害飞行安全)"修订为现行有效的§25.671(c),§25.671(d)由"Each adjustable stabilizer must have means to allow any adjustment necessary for continued safety of the flight after the occurrence of any reasonably probable single failure of the actuating system(参考翻译:每个可调安定面必须有措施允许在作动系统发生任何合理可能的单个故障后为继续安全飞行和着陆所必需的任何调整)"修订为现行有效的§25.671(d)。

1.3.2 第1次修订

2011年11月7日发布的CCAR-25-R4对第25.671条进行了第1次修订,本次修订对第25.671(c)(1)项取消了"未表明是概率极小",修订后的条款要求为:"除卡阻以外的任何单个故障(例如机械元件的脱开或损坏或作动筒、操纵阀套和阀门一类液压组件的结构损坏)"。

2 条款解读

2.1 条款要求

第25.671(a)款对飞行操纵系统的总的定性要求,即要求操纵系统操作简便、平稳、确切。简便一般是指驾驶员手、脚的操作动作与人的运动本能反应相一致；平稳一般是指系统无突变、无紧涩感觉、无卡阻、无自振，杆力梯度合适，驾驶员感觉舒适；确切一般是指飞机能正确执行驾驶员指令并且能从一种飞行状态按指令平稳地过渡到任何其他飞行状态。

第 25.671(b)款对防止误安装提出了要求：操纵系统的每一元件或组件必须在设计上采取措施，特别是对称元件、相似元件、有相同臂值或臂值相近的那些摇臂，必要时采用明显可辨的永久性标记，以防止在生产或维修中发生误装配；对于飞控系统中如果因误安装能给飞机带来危害的地方，应当设计成在所有可拆解点都不可能因为系统零部件的机械安装导致：

（1）反相位的响应。

（2）导致操纵系统传感器反相的安装。

（3）接通两个本不应相连的系统。

只有特殊情况下即在设计手段无法实现的情况下，才可以在操纵系统中采用明显可辨的永久性标记的方法来满足该款要求。

第 25.671(c)款要求用分析、试验或两者兼用来表明，在正常飞行包线内发生飞行操纵系统和操纵面（包括配平、升力、阻力和感觉系统）的下列任何一种故障或卡阻后，不要特殊的驾驶技巧或体力，飞机仍能继续安全飞行和着陆。

（1）单个故障（不包括卡阻），例如机械元件的脱开或损坏，或作动筒、操纵阀套和阀门一类液压组件的结构破坏；任何单个故障（不包括卡阻）不能引起灾难性后果，不管其概率如何。

（2）故障的组合（不包括卡阻），例如双重液压系统的失效，任何单个故障同电气或液压系统可能出现的故障的组合。还应考虑到单个故障引起的相继失效及对其他系统的影响。

（3）卡阻：在起飞、爬升、巡航、正常转弯、下降和着陆过程中正常使用的操纵位置上的任何卡阻。如果飞行操纵器件滑移到不利位置和随后发生卡阻不是极不可能的，则考虑这种滑移和止阻；来自货物、旅客、松散的物体和水汽结冰等因素造成的卡阻也应考虑。

针对卡阻，第 25.671(c)(3)项强调的是由于一些物理原因导致舵面或驾驶员操纵器件固定在故障发生时的指令位置的故障模式。卡阻的位置应该是在起飞、爬升、巡航、正常转弯、下降和着陆过程中通常遇到的操纵位置。在某些系统架构下，系统元部件卡阻会导致除固定舵面位置或固定操纵器件之外的故障模式，这些类型的卡阻故障不在第 25.671(c)(3)项中考虑。

针对可能的卡阻位置，服役机群经验数据表明操纵面卡阻的总故障率大约为每飞行小时 $10^{-7} \sim 10^{-6}$，即一般不能或很难证明某个舵面卡阻或操纵器件卡阻是极不可能的，因此需要考虑在飞行过程中正常使用位置的任何卡阻。FAA 颁布的政策 PS - ANM100 - 1995 - 00020，对操纵面"正常使用位置"的卡阻给出了指导建议。考虑到该统计数据,对于条款中规定的每一飞行阶段,不考虑其他故障,正常使用位置的合理定义是发生在1 000次随机操作飞行中的操纵面偏转范围内(从中立位到最大的偏转位置)。

由于大部分的卡阻故障的缓解需要另一飞行员的操作,或者需要通过操作脱开机构启动冗余系统,这都需要恢复时间,因此在即将着陆的极短暴露时间内发生的卡阻,考虑到恢复时间,可能在飞行员未克服卡阻之前已经导致了事故的发生或已经着陆,如果能够表明在该极短的暴露时间段内发生卡阻是极不可能的,则一般可以被接受。此外,如果在 V_1 之前发生卡阻,则起飞将被中断。

第25.671(d)款要求飞机必须设计成在所有发动机都失效的情况下,对于爬升、巡航、下滑、进场和待机状态,飞机仍可操纵,并且有能力从合理的进场速度拉平到接地时的着陆状。如果能够证明分析方法是可靠的,则也可以通过分析来表明满足该款的要求。

2.2　相关条款

与第25.671条相关的条款如表2-1所示。

表 2-1　第 25.671 条相关条款

序　号	相关条款	相　关　性
1	第25.672条	第25.672条在第25.671条的基础上,对增稳系统或其他自动或带动力的操纵系统中如驾驶员未察觉会导致不安全结果的任何故障进一步提出了设计告警信息的要求,并对第25.671(c)款规定的各种故障状态下驾驶员可以采取的初步对策以及在单个故障状态下的操纵性、机动性以及继续安全飞行和着陆的能力提出了要求
2	第25.1309条	第25.671条为针对飞控系统安全性要求的专用条款,对飞控系统故障状态下的响应提出了要求;第25.1309条为安全性要求的通用条款,对飞控系统的故障概率提出了要求

3　验证过程

3.1　验证对象

第25.671条的验证对象为飞行控制系统。

3.2　符合性验证思路

针对第25.671(a)款,通过飞控系统描述表明飞控系统的操纵器件操作简便;并通过铁鸟试验、机上地面试验和飞行试验验证飞控系统操纵器件操纵简便、平稳和确切。

针对第25.671(b)款,通过飞控系统描述表明飞控系统的零部件在设计上采取了措施防止误装配,并通过机上检查验证飞控系统零部件防止了误装配。

针对第 25.671(c)款,通过安全性评估对本款提出的故障进行评估,以验证不存在能导致灾难性失效状态的单个故障,不存在能导致灾难性失效状态且未表明是极不可能的组合故障,并且组合故障都满足千分之一判据要求。此外,确定飞控系统故障清单,通过针对这些故障状态下的地面模拟试验、飞行试验和故障模拟器试验评估特定故障情况产生的影响。

针对第 25.671(d)款,通过飞控系统描述来说明当双发失效后飞控系统仍具有的操纵能力,表明当双发失效后,飞控系统至少应处于最小构型状态;并通过模拟双发失效时飞控系统操纵试飞(MOC6)和模拟双发失效试验(MOC8)验证在所有发动机失效的情况下,仍可以操纵。如果能表明分析方法是可靠的,则也可以仅通过分析来表明满足第 25.671(d)款的要求。

3.3 符合性验证方法

通常,针对第 25.671 条的符合性验证方法如表 3-1 所示。

表 3-1　建议的符合性方法表

条　款　号	专　业	符 合 性 方 法										备　注
		0	1	2	3	4	5	6	7	8	9	
第 25.671(a)款	飞　控		1			4	5	6				
第 25.671(b)款	飞　控		1						7			
第 25.671(c)款	操　稳							6		8		
	飞　控				3	4		6		8		
第 25.671(d)款	飞　控		1	2				6		8		

3.4 符合性验证说明

3.4.1 第 25.671(a)款符合性验证说明

针对第 25.671(a)款,采用的符合性验证方法包括 MOC1、MOC4、MOC5 和 MOC6,各项验证具体工作如下:

1) MOC1 验证过程

通过系统设计描述说明飞控系统的驾驶舱操纵器件,并说明以上各操纵器件的操纵方向与驾驶员的感觉一致,驾驶员在执行职责时不会过分专注或疲劳,操纵器件旁也都有标记表明了对应的功能,易于驾驶员操纵。

2) MOC4 验证过程

飞控系统通过 MOC4 试验中的增益试验、驾驶舱操纵器件试验、襟缝翼收放逻辑试验验证对第 25.671(a)款的符合性。

在增益试验中,验证在空载情况下操作驾驶舱操纵机构时,在不同空速和不同襟缝翼位置下,主飞控系统副翼、升降舵、方向舵等控制舵面响应正确、运动平稳,舵面运动行程符合主飞控系统设计要求。

通过驾驶舱操纵器件试验,验证水平安定面配平开关、副翼配平开关、方向舵配平开关的配平行程正确,配平速率平稳,地面破升解除开关的功能逻辑正常,满足主飞控系统设计要求。

通过襟缝翼收放逻辑试验和襟缝翼操控开关功能试验,验证在操作襟缝翼控制手柄或襟缝翼操控开关后,襟缝翼系统响应正确、收放顺序正确、运动平稳、运动时间和行程正确。

3) MOC5 验证过程

在飞控系统 MOC5 试验中,通过副翼系统试验、升降舵系统试验、方向舵系统试验、扰流板系统试验、水平安定面系统试验验证主飞控系统操纵器件操作简便,对应舵面响应正确,舵面运动极性与行程正确,舵面运动无卡滞;通过襟缝翼偏转角度试验、操纵时间验证试验和襟缝翼操控开关操纵验证试验验证襟缝翼控制系统操作器件操作简便,操作襟缝翼控制手柄或襟缝翼操控开关后,襟缝翼系统响应正确、正常到达指令位置、收放顺序正确、运动时间和行程正确,满足襟缝翼控制系统设计的功能要求。

4) MOC6 验证过程

飞控系统通过 MOC6 中的高升力系统正常功能、主飞控系统直接模式功能、主飞控系统正常模式功能验证对第 25.671(a)款的符合性。

通过高升力系统正常功能试飞试验襟缝翼手柄及襟缝翼舵面运动平稳、确切,满足第 25.671(a)款要求。

通过主飞控系统正常模式功能试飞和主飞控系统直接模式功能试飞验证驾驶杆、驾驶盘、方向舵脚蹬和三向配平开关操纵简便,上述操纵器件对应的控制舵面运动平稳、确切,满足第 25.671(a)款要求。

3.4.2 第 25.671(b)款符合性验证说明

针对第 25.671(b)款采用的符合性验证方法包括 MOC1 和 MOC7,各项验证工作具体如下:

1) MOC1 验证过程

通过飞控系统描述说明飞控系统在设计过程中已经考虑了采取防止误装配的措施。对于所有不正确的安装会危害飞机的设备,在设计时对于相似元件采取不同的长度、非对称设计或者特殊部位的设计,可防止元件安装时的误装配。

2) MOC7 验证过程

通过机上检查确认飞控系统电气连接插头有标识或采用不同的规格,可防止误装配。

3.4.3 第 25.671(c)款符合性验证说明

针对第 25.671(c)款,采用的符合性验证方法包括 MOC3、MOC4、MOC6 和MOC8,各项验证工作具体如下:

1) MOC3 验证过程

通过主飞控系统安全性分析和襟缝翼控制系统安全性分析表明主飞控系统和襟缝翼控制系统没有单个故障能导致灾难性事件发生。安全性分析给出飞控系统非卡阻单个故障清单，并通过地面模拟试验、验证试飞和模拟器试验验证在发生卡阻的故障状态下飞控系统对第 25.671(c)款的符合性。

安全性分析给出未表明发生概率是极不可能的组合故障清单，通过地面模拟试验、验证试飞和模拟器试验来验证在这些组合故障状态下飞控系统对第 25.671(c)款的符合性；此外，安全性分析结果表明导致灾难性事件的组合故障满足千分之一判据要求，即在飞控系统发生任一单个故障(不管其概率大小)后，与该单个故障组合时能够阻止继续安全飞行和着陆的任一附加故障的发生概率必须小于千分之一(1×10^{-3})。

安全性分析给出飞控系统的卡阻故障清单，并通过地面模拟试验、验证试飞和模拟器试验验证在发生卡阻的故障状态下飞控系统对第 25.671(c)款的符合性。

2) MOC4 验证过程

飞控系统通过地面模拟试验验证单个故障(包括卡阻)或除卡阻外的故障组合发生时飞控系统的响应。

当发生以上故障时的告警信息和简图页可以使机组人员了解飞机相应舵面的故障状态，驾驶员可按照机组操作手册相应的程序对飞机进行操纵。

当发生单个卡阻故障时，可由其余控制舵面或其余操纵机构来安全操纵操纵飞机，EICAS 信息和简图页的显示可以使机组人员了解飞机相应舵面的故障状态，驾驶员可按照机组操作手册相应的程序对飞机进行操纵。

3) MOC6 验证过程

飞控系统通过试飞验证单个故障(包括卡阻)(Ⅲ类或Ⅲ类以下)或除卡阻外未表明是极不可能故障组合(Ⅲ类或Ⅲ类以下)发生时飞控系统的响应。试飞结果表明，当发生单个故障(包括卡阻)(Ⅲ类或Ⅲ类以下)或除卡阻外未表明是极不可能故障组合状态下飞机仍能继续安全飞行和着陆，不要特殊的驾驶技巧或体力，满足第 25.671(c)款要求。

操稳专业通过验证试飞，可采用通过操纵品质评定系统(HQRS)的方法表明试飞员对飞控系统故障科目的 HQRM 评定等级均为足够的(A)或满意的(S)，从而表明对第 25.671(c)款的符合性。

4) MOC8 验证过程

飞控系统通过完成影响等级为Ⅱ、Ⅲ、Ⅳ的故障模拟试验项目，验证当出现第 25.671(c)款的故障时，证明飞行员未使用特殊的驾驶技巧或体力，飞机可以继续安全飞行和着陆，表明对第 25.671(c)款的符合性。

操稳专业通过飞控系统故障下模拟器试验，可采用通过操纵品质评定系

(HQRS)的方法,验证在所有的飞控系统故障下,飞机操纵品质评定等级均能满足 HQRM 评定准则的要求,从而表明在发生第 25.671(c)款规定的故障后,不要特殊的驾驶技巧或体力,飞机仍能继续安全飞行和着陆,满足第 25.671(c)款要求。

3.4.4 第 25.671(d)款符合性验证说明

第 25.671(d)款采用的符合性验证方法包括 MOC1、MOC2、MOC6 和 MOC8,各项验证工作具体如下:

1) MOC1 验证过程

通过主飞控系统描述表明在所有发动机均失效,RAT 未供电或 RAT 启动后供电的情况下,主飞控系统处于最小构型状态。若在所有发动机失效且 RAT 未供电的情况下有控制轴还未达到最小构型状态的要求,就这种情况下能否满足机动要求给出合理的说明。

通过襟缝翼控制系统描述表明在所有发电机失效且 RAT 发电机供电的情况下,襟缝翼控制系统的 FSECU 有一个襟翼通道和一个缝翼通道可正常操纵,即襟缝翼系统半速操纵,因此襟缝翼控制系统能支持在双发失效后操纵飞机。

2) MOC2 验证过程

通过所有发动机都失效状态下主飞控系统供电能力分析计算,以及在所有发动机都失效后 RAT 释放并工作之前这段时间内驱动飞控作动器的能源系统分析计算,表明在所有发动机都失效后仅依靠应急电源系统能保障维持飞机姿态,以及在所有发动机都失效后 RAT 释放并工作之前这段时间内驱动飞控作动器的能源系统能提供维持飞机姿态所需的能源。

3) MOC6 验证过程

通过模拟所有发动机都失效时飞控系统操纵试飞(巡航、进近和着陆阶段)科目验证在所有发动机失效的情况下,包括在所有发动机都失效至启动备份系统这段时间内,不需要特殊的驾驶技巧和提炼,飞机仍可操纵,并且在重启发动机的过程中飞机仍可操纵,仍可操纵可以从以下四个指标进行评判:

(1)进行 30 坡度左转弯或右转弯。

(2)飞机稳定在一侧的 30 坡度飞行,能在 11 秒内向另一侧建立 30 坡度。

(3)纵向推杆/拉杆阶跃操纵,过载要求为 0.8g/1.3g。

(4)在 90°最高达 10 节侧风情况下能建立漂降姿态。

4) MOC8 验证过程

通过模拟双发失效模拟器试验(起飞、爬升、巡航、进近和着陆阶段)验证当两个发动机都失效时,在靠 RAT 供电的情况下,飞机仍可操纵。

3.5 符合性文件清单

通常,针对第 25.671 条的符合性文件清单如表 3-2 所示。

表 3 - 2 建议的符合性文件清单

序 号	符 合 性 报 告	符合性方法
1	飞控系统设计描述	MOC1
2	双发失效情况下电源系统计算分析报告	MOC2
3	双发失效情况下液压系统蓄压器供压能力计算分析报告	MOC2
4	飞控系统安全性评估报告	MOC3
5	飞控系统地面模拟试验大纲	MOC4
6	飞控系统地面模拟试验报告	MOC4
7	飞控系统机上地面试验大纲	MOC5
8	飞控系统机上地面试验报告	MOC5
9	飞控系统试飞大纲	MOC6
10	飞控系统试飞报告	MOC6
11	操稳专业试飞大纲	MOC6
12	操稳专业试飞报告	MOC6
13	飞控系统机上检查大纲	MOC7
14	飞控系统机上检查报告	MOC7
15	飞控系统故障模拟试验大纲	MOC8
16	飞控系统故障模拟试验报告	MOC8
17	操稳专业模拟器试验大纲	MOC8
18	操稳专业模拟器试验报告	MOC8

4 符合性判据

针对第 25.671(a)款,完成地面模拟器试验、机上地面试验和试飞试验确认飞控系统各操纵器件的操纵方向与驾驶员的感觉一致;驾驶员评估确认在执行职责时未产生过分专注或疲劳的现象;操纵器件旁标记了对应的功能,易于驾驶员操纵,则符合条款要求。

针对第 25.671(b)款,系统设计描述表明飞控系统的零部件在设计上采取了防止误装配的措施,并通过机上检查进行确认。

针对第 25.671(c)款,安全性评估结果表明飞控系统不存在能引起灾难性失效状态的单点故障,各类组合故障都满足千分之一判据要求(即在飞控系统发生任一单个故障后——不管其概率大小,与该单个故障组合时能够阻止继续安全飞行和着陆的任一附加故障的发生概率必须小于千分之一(1×10^{-3});完成地面试验、飞行试验和故障模拟器试验以评估特定故障情况产生的影响,试验结果表明当发生单个故障(包括卡阻)或除卡阻外未表明是极不可能故障组合状态下,驾驶员评估未采用特殊的驾驶技巧或体力,此时飞机仍能继续安全飞行和着陆。

针对第 25.671(d)款,系统设计描述表明当双发失效后主飞控系统处于最小构型状态,此时飞机仍可操纵;模拟双发失效时飞控系统操纵试飞和双发失效模拟器试验验证的结果,表明在所有发动机失效的情况下,飞机仍可以操纵。如果采用分析的方法来表明条款的符合性,有证据证明分析方法的可靠性。

参考文献

[1]　14 CFR 修正案 25 - 23 Transport Category Airplane Type Certification Standards [S].

[2]　FAA. AC25 - 21 Certification of Transport Airplane Structure [S]. 1999.

[3]　FAA. AC25. 1435 - 1 Hydraulic System Certification Tests and Analysis [S]. 2001.

[4]　FAA. AC25 - 16 Electrical Fault and Fire Prevention and Protection [S]. 1991.

[5]　FAA. AC25. 1329 - 1B Change 1 Approval of Flight Guidance Systems [S]. 2012.

[6]　FAA. AC25. 629 - 1A Aeroelastic Stability, Substantiation, Transport Category Airplanes [S]. 1998.

[7]　FAA. AC25. 672 - 1 Active Flight Controls [S]. 1983.

运输类飞机适航标准第25.672条符合性验证

1 条款介绍

1.1 条款原文

第25.672条 增稳系统及自动和带动力的操纵系统

如果增稳系统或其它自动或带动力的操纵系统的功能对于表明满足本部的飞行特性要求是必要的,则这些系统必须符合第25.671条和下列规定:

(a)在增稳系统或任何其它自动或带动力的操纵系统中,对于如驾驶员未察觉会导致不安全结果的任何故障,必须设置警告系统,该系统应在预期的飞行条件下无需驾驶员注意即可向驾驶员发出清晰可辨的警告。警告系统不得直接驱动操纵系统;

(b)增稳系统或任何其它自动或带动力的操纵系统的设计,必须使驾驶员对第25.671(c)条中规定的各种故障可以采取初步对策而无需特殊的驾驶技巧或体力,采取的对策可以是切断该系统或出故障的一部分系统,也可以是以正常方式移动飞行操纵器件来超越故障;

(c)必须表明,在增稳系统或任何其它自动或带动力的操纵系统发生任何单个故障后,符合下列规定:

(1)当故障或功能不正常发生在批准的使用限制内且对于该故障类型是临界的任何速度或高度上时,飞机仍能安全操纵;

(2)在飞机飞行手册中规定的实际使用的飞行包线(例如速度、高度、法向加速度和飞机形态)内,仍能满足本部所规定的操纵性和机动性要求;

(3)飞机的配平、稳定性以及失速特性不会降低到继续安全飞行和着陆所必需的水平以下。

1.2 条款背景

第25.672条的目的是在第25.671条的基础上,对增稳系统或任何其他自动或带动力的操纵系统故障状态下的警告系统提出了要求,并进一步提出了在增稳系统或任何其他自动或带动力的操纵系统发生任何单个故障状态下的操纵性和机动性要求。

1.3　条款历史

第 25.672 条在 CCAR25 部初版首次发布,截至 CCAR‑25‑R4,该条款未进行过修订,如表 1‑1 所示。

表 1‑1　第 25.672 条条款历史

第 25.672 条	CCAR25 部版本	相关 14 CFR 修正案	备　注
首次发布	初版	25‑23	

1985 年 12 月 31 日发布了 CCAR25 部初版,其中包含第 25.672 条,该条款参考 14 CFR 修正案 25‑23 在对 §25.671(c)(d) 进行修订的基础上新增的 §25.672 条款内容制订。

2　条款解读

2.1　条款要求

第 25.672(a) 款要求在增稳系统及自动或带动力的操纵系统中,对于如驾驶员未察觉会导致不安全结果的任何故障,必须设置警告系统。警告系统应在预期的飞行条件下无须驾驶员注意,即可向驾驶员提供及时的、使人觉醒的、清晰的警告信号。告警信息应具有完整性,警告系统应具有可靠性,并且警告系统不得直接驱动操纵系统。

第 25.672(b) 款要求增稳系统及自动和带动力的操纵系统对第 25.671(c) 款规定的各种故障,驾驶员可以采取初步对策而无须特殊的驾驶技巧或体力。对第 25.671(c) 款规定的各种故障采取的对策可以是切断该系统或出故障的一部分系统,也可以是以正常方式移动飞行操纵器件来超越故障。断开或操控系统时,不得造成明显不稳定的机动动作,也不得对随后的性能产生明显的影响。通常认为"无需特殊的驾驶技巧或体力"的含义是:按照相关标准选拔、培训并取得民航管理当局认可的飞行执照的飞行员,能够按照经批准的飞机正常操作程序或应急程序对飞机进行操作,不需要额外针对相关驾驶技术和处理方法进行培训,也不需要驾驶员付出额外、甚至难以接受的体力以完成操作。

第 25.672(c) 款要求增稳系统及自动和带动力的操纵系统发生单个故障后,仍然满足 CCAR25 部所规定的操纵性或机动性的要求。其中第 25.672(c)(1) 项中的"批准的使用限制"是机组操作手册(FCOM)中的"限制",该部分内容包括了飞机的使用高度、机动限制载荷系数、空速和环境使用包线等内容;"对于该故障类型是临界的任何速度或高度"是指飞机如果在某一速度或高度发生某一类型的故障,会存在危害;如果在这一速度或高度之下,就不存在危害或是危害很小。那么这个速度或是高度对故障而言就是"临界的"。第 25.672(c)(2)项中的"实际使用的飞行包线"仅指非正常程序规定的包线。第 25.672(c)(3)项中的"必需的水平"就是保证飞机继续安全飞行和着陆需要的最低标准。针对第 25.672(c)款可以通过系统冗余设计来从设计上满足该要求,也可以通过对飞行手册中规定的实际适用包线进行限制来满足该要求。

2.2 相关条款

与第 25.672 条相关的条款如表 2-1 所示。

表 2-1 第 25.672 条相关条款

序 号	相关条款	相 关 性
1	第 25.671 条	第 25.672 条在第 25.671 条的基础上,对增稳系统或其他自动或带动力的操纵系统中如驾驶员未察觉会导致不安全结果的任何故障进一步提出了设计告警信息的要求,并对第 25.671(c)款规定的各种故障状态下驾驶员可以采取的初步对策,以及在单个故障状态下的操纵性、机动性以及继续安全飞行和着陆的能力提出了要求

3 验证过程

3.1 验证对象

第 25.672 条的验证对象包括飞行控制系统、自动飞行控制系统和飞机的操稳特性。

3.2 符合性验证思路

针对第 25.672(a)款,首先识别出条款中提到的增稳系统、自动或带动力操纵的操纵系统都具体指哪些功能和实现这些功能的系统,然后通过系统设计描述说明这些系统对驾驶员未觉察会导致不安全结果的故障都设置了告警信息;并通过安全性评估考察与安全性相关的主飞控系统、襟缝翼控制系统和自动飞行控制系统告警信息的完备性;通过实验室试验或验证试飞验证在故障状态下主飞控、襟缝翼和自动飞行控制系统能正确的发出告警信息。

针对第 25.672(b)款,通过系统描述表明当发生第 25.671(c)款中规定的各种故障后,可以切断系统或出故障的一部分系统或以正常方式移动飞行操纵器件来应对发生的故障;通过安全性评估给出第 25.671(c)款规定的故障清单;通过实验室试验、验证试飞和故障模拟器试验验证在以上故障状态下驾驶员可以采取初步对策而无须特殊的驾驶技巧或体力。

针对第 25.672(c)款,通过主飞控系统、襟缝翼控制系统和自动飞行控制系统故障模式及影响分析归纳单个故障清单,证明不存在能导致灾难性失效状态的单个故障,并通过当发生以上单个故障时的实验室试验、验证试飞和模拟器试验来验证对第 25.672(c)款的符合性。

3.3　符合性验证方法

通常,针对第 25.672 条的符合性验证方法如表 3-1 所示。

表 3-1　建议的符合性方法表

条 款 号	专 业	符 合 性 方 法										备 注
		0	1	2	3	4	5	6	7	8	9	
第 25.672(a)款	自动飞行		1		3			6				
第 25.672(a)款	飞　控		1		3	4		6				
第 25.672(b)款	自动飞行		1					6				
第 25.672(b)款	飞　控		1		3	4		6		8		
第 25.672(c)款	操　稳							6		8		
第 25.672(c)款	自动飞行		1		3			6				
第 25.672(c)款	飞　控		1		3	4						

3.4　符合性验证说明

3.4.1　第 25.672(a)款符合性验证说明

针对第 25.672(a)款,采用的符合性验证方法包括 MOC1、MOC3、MOC4 和 MOC6,各项验证具体工作如下:

1) MOC1 验证过程

通过系统设计描述说明主飞控系统、襟缝翼控制系统和自动飞行控制系统对驾驶员未觉察会导致不安全结果的故障(包括维护功能可能出现的故障)设置的告警信息清单,这些告警信息通过航电专业综合显示系统向驾驶员提供告警信息,并表明主飞控系统、襟缝翼控制系统和自动飞行控制系统的告警信息不会驱动操纵系统。

2) MOC3 验证过程

通过主飞控系统、襟缝翼控制系统和自动飞行控制系统安全性评估确认主飞控系统、襟缝翼控制系统和自动飞行控制系统告警信息的完备性。

3) MOC4 验证过程

通过振荡故障检测试验、瞬态故障检测试验、空速信号故障试验、襟缝翼系统非对称试验等故障模拟试验验证当发生主飞控系统和襟缝翼控制系统故障时都能触发对应的告警信息,可以使机组人员根据告警信息和简图页了解飞机相应舵面的故障状态,并按照机组操作手册相应的程序对飞机进行操纵。

4) MOC6 验证过程

通过主飞控作动器通道故障试飞、襟缝翼故障试飞以及爬升时故障试飞等试飞科目验证当主飞控系统、襟缝翼控制系统和自动飞行控制系统发生故障时都能在 EICAS 上显示预期的告警信息，且告警系统没有直接驱动操纵系统。

3.4.2 第 25.672(b)款符合性验证说明

针对第 25.672(b)款采用的符合性验证方法包括 MOC1、MOC3、MOC4、MOC6 和 MOC8,各项验证工作具体如下:

1) MOC1 验证过程

通过系统设计描述表明操纵器件、配平开关、作动器控制装置、作动器配置上的冗余设计特征，以及自动飞行控制系统接通和断开开关、襟缝翼控制系统操控开关的设置,说明当发生第 25.671(c)款中规定的各种故障,驾驶员可以采取切断该系统或出故障的一部分系统,也可以是以正常方式移动飞行操纵器件来超越故障等初步对策,而没有采用特殊的驾驶技巧或体力。

2) MOC3 验证过程

通过主飞控系统安全性分析和襟缝翼控制系统安全性分析,给出第 25.671(c)款规定的主飞控和襟缝翼控制系统的故障清单,作为故障模拟试验、故障模拟飞行试验等的输入。

3) MOC4 验证过程

通过卡阻试验等实验室试验,验证飞控系统的冗余特性,以表明当发生第 25.671(c)款中的故障后,驾驶员能够采取初步对策,不需要采用特殊的驾驶技巧和体力。

4) MOC6 验证过程

通过主飞控系统、襟缝翼控制系统部分Ⅱ类及Ⅱ类以下的故障状态下的验证试飞,表明在这些故障状态下,驾驶员未采用特殊驾驶技巧或体力进行操作,飞机仍能继续安全飞行和着陆。

通过自动飞行控制系统故障状态下的验证试飞,验证当自动飞行控制系统发生故障后,驾驶员未采用特殊的驾驶技巧和体力,可超控并断开自动驾驶仪,转入人工操纵模式。

5) MOC8 验证过程

对于影响等级为Ⅱ、Ⅲ、Ⅳ的故障模拟试验项目,通过这些故障模拟器试验验证当出现第 25.671(c)款的故障时驾驶员未采用特殊的驾驶技巧或体力,可操纵飞机继续安全飞行和着陆。

3.4.3 第 25.672(c)款符合性验证说明

针对第 25.672(c)款,采用的符合性验证方法包括 MOC1、MOC3、MOC4、MOC6 和 MOC8,各项验证工作具体如下:

1) MOC1、MOC3 验证过程

根据故障模式及影响分析,以系统功能受影响情况为主线,主飞控系统、襟缝翼控制系统和自动飞行控制系统归纳总结出单个故障清单,证明不存在能导致灾难性失效状态的单个故障,单个故障清单用于支持第 25.672(c)款中故障选取及后续符合性验证。

2) MOC4 验证过程

通过主飞控系统和襟缝翼控制系统振荡故障检测试验、瞬态故障检测试验、襟缝翼控制系统电源故障模拟试验等单个故障模拟试验,验证各项故障状态都会触发对应的 EICAS 告警信息,依据 EICAS 和简图页信息,机组人员了解飞机相应舵面的故障状态,驾驶员可按照机组操作手册相应的程序对飞机进行操纵。

3) MOC6 验证过程

操稳专业可以根据主飞控系统、襟缝翼控制系统和自动飞行控制系统提供的单故障清单(非卡阻)和卡阻故障清单,实施故障状态下操纵品质评定试飞,以验证在所有的单故障状态下都能满足第 25.672(c)款要求,也可采用飞机操纵品质评定等级是否满足经局方认可的判定标准来说明。

4) MOC8 验证过程

操稳专业根据主飞控系统、襟缝翼控制系统和自动飞行控制系统提供的单故障清单(非卡阻)和卡阻故障清单,完成飞控系统故障下操纵品质评定相关科目试验,以验证在发生主飞控系统、襟缝翼控制系统和自动飞行控制系统提供的单故障(非卡阻)和卡阻故障状态下都能满足该款要求,是否满足该款要求也可以通过飞机操纵品质评定等级是否满足 HQRM 评定准则来进行判定。

3.5 符合性文件清单

通常,针对第 25.672 条的符合性文件清单如表 3-2 所示。

表 3-2 建议的符合性文件清单

序 号	符 合 性 报 告	符合性方法
1	飞控系统设计描述	MOC1
2	自动飞行控制系统设计描述	MOC1
3	飞控系统安全性评估报告	MOC3
4	自动飞行控制系统安全性评估报告	MOC3
5	飞控系统实验室试验大纲	MOC4
6	飞控系统实验室试验报告	MOC4
7	飞控系统试飞大纲	MOC6
8	飞控系统试飞报告	MOC6
9	自动飞行控制系统试飞大纲	MOC6
10	自动飞行控制系统试飞报告	MOC6
11	操稳专业试飞大纲	MOC6
12	操稳专业试飞报告	MOC6
13	飞控系统故障模拟器试验大纲	MOC8

（续表）

序　号	符 合 性 报 告	符合性方法
14	飞控系统故障模拟器试验报告	MOC8
15	操稳专业模拟器试验大纲	MOC8
16	操稳专业模拟器试验报告	MOC8

4　符合性判据

针对第 25.672(a)款，判断以下条件满足，则符合条款要求：

（1）主飞控、襟缝翼和自动飞行控制系统对驾驶员未觉察会导致不安全结果的故障都设置了告警信息。

（2）主飞控、襟缝翼和自动飞行控制系统通过安全性评估表明主飞控系统、襟缝翼控制系统和自动飞行控制系统告警信息的完备性。

（3）实验室试验（主飞控和襟缝翼控制系统）和试飞试验的结果，表明在故障状态下主飞控、襟缝翼和自动飞行控制系统能正确的发出告警信息。

针对第 25.672(b)款，判断以下条件满足，则符合条款要求：

（1）系统具备冗余设计的特征，当发生第 25.671(c)款中规定的各种故障后，设置有应对发生故障的措施：切断系统或出故障的一部分系统、以正常方式移动飞行操纵器件。

（2）系统安全性评估给出了第 25.671(c)款规定的故障清单。

（3）实验室试验、试飞试验和故障模拟器试验的结果，表明在以上故障状态下，驾驶员可以采取初步对策，未采用特殊的驾驶技巧或体力。

针对第 25.672(c)款，判断以下条件满足，则符合条款要求：

（1）根据系统故障模拟及影响分析归纳总结出单故障清单。

（2）完成以上单故障时的验证试飞和模拟器试验，结果表明单故障状态下飞机操纵品质评定等级满足经局方认可的评定准则。

参考文献

［1］　14 CFR 修正案 25 - 23 Transport Category Airplane Type Certification Standards ［S］.

［2］　FAA. AC25 - 16 Electrical Fault and Fire Prevention and Protection ［S］. 1991.

［3］　FAA. AC25.629 - 1A Aeroelastic Stability, Substantiation, Transport Category Airplanes ［S］. 1998.

［4］　FAA. AC25 - 21 Certification of Transport Airplane Structure ［S］. 1999.

［5］　FAA. AC25 - 22 Certification of Transport Airplane Mechanical Systems ［S］. 2000.

［6］　FAA. AC25.672 - 1 Active Flight Controls ［S］. 1983.

［7］　FAA. AC25.1329 - 1B Change 1 Approval of Flight Guidance Systems ［S］. 2012.

运输类飞机适航标准 第 25.675 条符合性验证

1 条款介绍

1.1 条款原文

第 25.675 条　止动器

（a）操纵系统必须设置能确实限制由该系统操纵的每一可动气动面运动范围的止动器。

（b）每个止动器的位置,必须使磨损、松动或松紧调节不会导致对飞机操纵特性产生不利影响的操纵面行程范围的变化。

（c）每个止动器必须能承受与操纵系统设计情况相应的任何载荷。

1.2 条款背景

第 25.675 条的目的是要求设置能限制操纵面运动范围的方法,并能防止止动器的磨损、松动或松紧调节不会导致对飞机操纵特性产生不利影响的操纵面行程范围变化,同时要求止动器的设计足以承受与操纵系统设计相应的任何载荷。

1.3 条款历史

第 25.675 条在 CCAR25 部初版首次发布,截至 CCAR-25-R4,该条款未进行过修订,如表 1-1 所示。

表 1-1　第 25.675 条条款历史

第 25.675 条	CCAR25 部版本	相关 14 CFR 修正案	备　　注
首次发布	初版	25-38	

1985 年 12 月 31 日发布了 CCAR25 部初版,其中包含§25.675,该条款参考 1964 年 12 月 24 日发布的 14 CFR PART 25 中的§25.675,并结合 14 CFR 修正案 25-38 的内容制定。

14 CFR 修正案 25-38 对§25.675(a)进行了修订,由"操纵系统必须设置能确实限制操纵面运动范围的止动器"修订为"操纵系统必须设置能确实限制由该系统操纵的每一可动气动面运动范围的止动器",将止动器的适用对象由操纵面扩展为所有可动气动面。

2　条款解读

2.1　条款要求

第 25.675(a)款要求操纵系统必须设计有能确实限制每一可动气动面运动范围的止动器,目前止动器有多种实现形式,可以采用机械式止动块;也可以利用电液伺服作动器中作动筒的端面作为主飞行操纵面的止动器。其中机械式止动器可以安装在舵面上,也可以安装在与舵面相连的机构上。

第 25.675(b)(c)款要求止动器的安装位置能使磨损、松动或松紧调节不会导致对飞机操纵特性产生不利影响的操纵面行程范围的变化,并且止动器的设计能够承受与操纵系统设计情况相应的任何载荷。

2.2　相关条款

与第 25.675 条相关的条款如表 2-1 所示。

表 2-1　第 25.675 条相关条款

序　号	相 关 条 款	相　　关　　性
1	第 25.397(a)款至(c)款	规定了第 25.675(c)款要求的每个止动器必须能承受的与操纵系统设计情况相应的任何载荷
2	第 25.399(a)款和(b)款	规定了第 25.675(c)款要求的每个止动器必须能承受的与操纵系统设计情况相应的任何载荷
3	第 25.405 条	规定了第 25.675(c)款要求的每个止动器必须能承受的与操纵系统设计情况相应的任何载荷

3　验证过程

3.1　验证对象

第 25.675 条的验证对象为限制可动气动面运动范围的止动器(含主飞控系统和襟缝翼控制系统每一可动气动面的止动器)。

3.2　符合性验证思路

针对第 25.675(a)款,通过系统描述表明主飞控、襟缝翼控制系统的每一个可动气动面都设置了能限制该可动气动面运动范围的止动器,以及每个可动气动面对应止动器的实现形式,即每个可动气动面对应止动器是机械式止动块,还是对于采用液压伺服作动器驱动的舵面,采用液压伺服作动器作动筒的端面作为等效的止动器。最后还要通过机上检查对每个可动气动面止动器的实现进行确认。

针对第 25.675(b)款,通过系统描述表明止动器的安装位置能使磨损、松动或松紧条件不会导致对飞机操纵特性产生不利影响的操纵面行程范围的变化,以及满足上述要求的实现方式,比如对止动器进行表明处理以防止磨损、舵面实际运动范围和止动器止动范围之间的余量设置等实现方式。

针对第 25.675(c)款,通过分析和设备鉴定试验,表明每个止动器能够承受与操纵系统设计情况相应的任何载荷。

3.3 符合性验证方法

通常,针对第 25.675 条的符合性验证方法如表 3-1 所示。

表 3-1 建议的符合性方法

条 款 号	专 业	符 合 性 方 法										备 注
		0	1	2	3	4	5	6	7	8	9	
第 25.675(a)款	飞 控		1						7			
第 25.675(b)款	飞 控		1									
第 25.675(c)款	强 度			2								
第 25.675(c)款	飞 控										9	

3.4 符合性验证说明

3.4.1 第 25.675(a)款符合性验证说明

针对第 25.675(a)款,采用的符合性验证方法包括 MOC1 和 MOC7,各项验证具体工作如下:

1) MOC1 验证过程

通过系统设计描述说明通过系统描述表明主飞控和襟缝翼控制系统的每一个可动气动面都设置了确实能限制该可动气动面运动范围的止动器。并说明止动器是采用电液伺服作动器中作动筒的端面作为止动器,还是采用机械式止动块作为止动器。

2) MOC7 验证过程

通过机上检查确认副翼、方向舵、升降舵、多功能扰流板、地面扰流板、水平安定面滚珠丝杠作动器和襟翼滚珠丝杠作动器上有止动器,可以限制操纵面运动范围。

3.4.2 第 25.675(b)款符合性验证说明

针对第 25.675(b)款采用的符合性验证方法为 MOC1,具体验证工作具体如下:

在系统设计描述中通过对系统设计特征,止动器表面处理,以及各个舵面允许的公差等方面表明每个止动器不会因磨损、松动或松紧调节而导致对飞机操纵特性产生不利影响的操纵面行程范围的变化。系统设计特征为升降舵、方向舵、副翼、水平安定面、襟翼和缝翼电子行程的限制确保不会出现两个止动面接触的情况;对于扰流板这类需要全行程展开的舵面,由于作动器在设计时对活塞做了镀铬处理,起到防止磨损的作用,间接引用作动器耐久性试验试验结果,可以说明虽然作全行程运动时活塞头会与密封盖接触,但不存在松动的问题,也不存在松紧调节的问题。

3.4.3　第 25.675(c)款符合性验证说明

针对第 25.671(c)款,采用的符合性验证方法包括 MOC2 和 MOC9,各项验证工作具体如下:

1) MOC2 验证过程

通过计算分析表明,每个止动器可能承受的任何载荷小于极限载荷,并且在极限载荷作用下,止动器的安全裕度>0,以此来表明每个止动器能够承受与操纵系统设计情况相应的任何载荷。

2) MOC9 验证过程

在设备鉴定试验中,通常会将静力试验结合设备鉴定试验合并进行。在升降舵作动器、方向舵作动器、副翼作动器、水平安定面作动器、多功能扰流板作动器、地面扰流板作动器和襟翼作动器的设备鉴定试验中,这些作动器都通过了限制载荷试验和极限载荷试验,并且水平安定面作动器和襟翼作动器成功进行了止动块撞击试验。试验结果能够表明对应舵面的止动器能够承受与操纵系统设计情况相应的任何载荷。

3.5　符合性文件清单

通常,针对第 25.675 条的符合性文件清单如表 3-2 所示。

表 3-2　建议的符合性文件清单

序　号	符 合 性 报 告	符合性方法
1	飞控系统设计描述	MOC1
2	飞控系统强度校核报告	MOC2
3	飞控系统机上检查大纲	MOC7
4	飞控系统机上检查报告	MOC7
5	飞控系统设备鉴定试验大纲	MOC9
6	飞控系统设备鉴定试验报告	MOC9

4　符合性判据

针对第 25.675(a)款,判断以下条件满足,则符合条款要求:

(1)针对每一个可动气动面都设置了止动器。

(2)每个止动器确实能限制可动气动面的运动范围。

针对第 25.675(b)款，系统设计描述中准确定义了系统设计特征，止动器表面处理，以及各个舵面允许的公差等要求，明确每个止动器不会因磨损、松动或松紧调节而导致对飞机操纵特性产生不利影响的操纵面行程范围的变化。

针对第 25.675(c)款，判断以下条件满足，则符合条款要求：

（1）对于机械止动器，通过计算分析表明每个止动器可能承受的任何载荷小于极限载荷，并且在极限载荷作用下，止动器的安全裕度＞0。

（2）对于采用电液伺服作动器中作动筒的端面作为止动器的情况，作动器的设备鉴定试验结果表明作动器能够承受相应的限制载荷和极限载荷。

参考文献

［1］ 14 CFR 修正案 25 - 38 Airworthiness Review Program，Amendment No. 3：Miscellaneous Amendments ［S］.

［2］ FAA. AC25 - 21 Certification of Transport Airplane Structure ［S］. 1999.

［3］ FAA. AC25 - 22 Certification of Transport Airplane Mechanical Systems ［S］. 2000.

运输类飞机适航标准
第 25.677 条符合性验证

1 条款介绍

1.1 条款原文

第 25.677 条 配平系统

（a）配平操纵器件的设计必须能防止无意的或粗暴的操作，其操作方向必须在飞机的运动平面内并和飞机的运动的直感一致。

（b）在配平操纵器件的近旁，必须设置指示装置以指示与飞机运动有关的配平操纵器件的运动方向。此外，必须有清晰易见的设施以指示配平装置在其可调范围内所处的位置。该指示装置必须清晰标记一个范围，必须经过验证在该范围内对于经批准的所有起飞重心位置起飞都是安全的。

（c）配平操纵系统的设计必须能防止在飞行中滑移。配平调整片操纵必须是不可逆的，除非调整片已作适当的平衡并表明不会发生颤振。

（d）如果采用不可逆的调整片操纵系统，则从调整片到不可逆装置与飞机结构连接处之间的部分必须采用刚性连接。

〔中国民用航空局 2011 年 11 月 7 日第四次修订〕

1.2 条款背景

第 25.677 条的提出，目的是确保配平系统能够被设计成能够防止无意的非配平情况和颤振问题。

1.3 条款历史

第 25.677 条在 CCAR25 部初版首次发布，截至 CCAR‐25‐R4，该条款共修订过 1 次，如表 1‐1 所示。

表 1‐1 第 25.677 条条款历史

第 25.677 条	CCAR25 部版本	相关 14 CFR 修正案	备　注
首次发布	初版	25‐23	
第 1 次修订	R4	25‐115	

1.3.1 首次发布

1985 年 12 月 31 日发布了 CCAR25 部初版,其中包含第 25.677 条,该条款参考 1964 年 12 月 24 日发布的 14 CFR PART 25 中的 §25.677 以及 1970 年 5 月 8 日颁布的 14 CFR 修正案 25-23 的内容制定。其中 14 CFR 修正案 25-23 删除了原 14 CFR PART 25 中的 §25.677(c)第一句话,即"Trim devices must be able to continue normal operation if any one connecting or transmitting element of the primary flight control system fails"。提出此修订的原因为,根据当时条款描述,其要求配平操纵系统设计成独立于主操纵系统的形式,而当时还存在其他的设计方法,这些设计方法既能确保达到基本的安全性目标,又等价于甚至优于独立的配平操纵设计,因此在 14 CFR 修正案 25-23 中提议扩大法规要求,以允许使用这些设计方法。

1.3.2 第 1 次修订

2011 年 11 月 7 日发布的 CCAR-25-R4 对第 25.677 条进行了第 1 次修订,本次修订参考了 14 CFR 修正案 25-115 的内容:相较于原条款(b)款,增加了该款的最后一句话,"该指示装置必须在一定范围内清晰标记,在该范围内对于经批准的所有起飞重心位置起飞都是安全的",保持与 FAA 的要求一致。

2 条款解读

2.1 条款要求

第 25.677(a)款说明配平操纵器件的设计要求。配平操纵器件的设计必须能防止无意的或粗暴的操作。从已取证机型的设计实例来看,为了满足条文中关于"防止无意的或粗暴的操作"这一要求,配平操纵器件一般采用双极开关或旋钮,并带有隔挡装置和自动回中功能。针对条款要求的操作方向必须在飞机的运动平面内并和飞机的运动直感一致,以双极开关为例,配平操纵器件的操作方向应与对应的调整片运动后引起的飞行响应方向一致。

第 25.677(b)款是对配平操纵器件的指示装置提出要求。在配平操纵器件的近旁提供合适的指示装置并指示;与飞机运动有关的操纵器件的运动方向;配平装置在可调范围内所处的位置。

第 25.677(c)款是对配平操纵系统的设计要求。配平操纵系统的设计必须能防止在飞行中滑移和在气动与振动作用下出现蠕动现象。

第 25.677(d)款是对配平操纵系统与结构的连接要求,对于采用不可逆调整片的操纵系统,需要明确从调整片到不可逆装置与飞机结构连接处之间刚性连接的方式和位置。

2.2 相关条款

与第 25.677 条相关的条款如表 2-1 所示。

表 2-1 第 25.677 条相关条款

序 号	相关条款	相 关 性
1	第 25.671 条	第 25.671 条为操纵系统总则条款,配平系统作为操纵系统一部分,除满足第 25.677 条外,需同时考虑第 25.671 条的要求
2	第 25.161 条	第 25.161 条提供配平要求,第 25.671(b)款中对于经批准的所有起飞重心位置起飞都是安全的要求需要引用第 25.161 条的要求

3 验证过程

3.1 验证对象

第 25.677 条的验证对象为飞机的配平操纵系统。

3.2 符合性验证思路

该条款需对配平系统内配平操纵器件、配平操纵器件的指示装置、配平操纵系统设计形式提出要求。为表明该条款符合性,一般采用说明性文件、飞行试验、航空器检查、设备合格性鉴定的方法。

通过飞控系统描述表明配平操纵器件采用了哪些设计特征防止驾驶员无意的或粗暴的操作;通过飞控系统飞行试验表明配平操纵器件的设计及实际操作方向在飞机的运动平面内并和飞机运动的直感一致。

通过飞控系统描述表明对配平装置运动方向、运动位置的设计考虑和对指示范围设定的考虑;通过机上检查表明配平装置运动方向和运动位置的指示已在机上得到贯彻;通过飞行试验表明在标记的范围内,经批准的所有起飞重心位置都是安全的。

通过飞控系统描述说明用以防止配平操纵系统在飞行中滑移的设计措施,对于采用可逆的配平调整片操纵设计,需明确对调整片做质量平衡的方法或手段;需通过设备鉴定表明配平系统能够在预期的环境中实现预期功能。

通过飞控系统描述说明如果采用不可逆的调整片操纵系统,从调整片到不可逆装置与飞机结构连接处之间刚性连接的方式和位置。

3.3 符合性验证方法

通常,针对第 25.677 条的符合性验证方法如表 3-1 所示。

表 3-1 建议的符合性方法

条 款 号	专 业	符 合 性 方 法										备 注
		0	1	2	3	4	5	6	7	8	9	
第 25.677(a)款	飞 控		1					6				
第 25.677(b)款	飞 控		1					6	7			

条 款 号	专 业	符 合 性 方 法										备 注
		0	1	2	3	4	5	6	7	8	9	
第 25.677(c)款	飞 控		1								9	
第 25.677(d)款	飞 控		1									

3.4 符合性验证说明

3.4.1 第 25.677(a)款符合性验证说明

针对第 25.677(a)款,采用的符合性验证方法包括 MOC1 和 MOC6,各项验证具体工作如下:

1) MOC1 验证过程

通过 MOC1 主飞控系统描述说明配平系统有哪些配平操纵器件,如方向舵配平开关、副翼配平开关和平尾配平开关等;同时说明针对各配平操纵器件,采用何种设计特征防止驾驶员无意或粗暴动作,如旋转式自动回中双联开关,双排三位自动回中开关和双排三位自动回中开关等。

2) MOC6 验证过程

通过 MOC6 飞行试验在纵向、横向和航向进行试验,表明配平开关的设计及实际操作方向在飞机的运动平面内并和飞机运动的直感一致。如在实际试飞过程中,操纵副翼配平开关朝左,飞机左滚,操纵副翼配平开关朝右,飞机右滚;操纵方向舵配平开关朝左,飞机机头向左偏,操纵方向舵配平开关朝右,飞机机头右偏;操纵水平安定面配平开关向下,飞机抬头,操纵水平安定面配平开关向上,飞机低头。从而可以表明配平开关设计及实际操作方向在飞机的运动平面内并和飞机运动的直感一致。

3.4.2 第 25.677(b)款符合性验证说明

针对第 25.677(b)款采用的符合性验证方法包括 MOC1、MOC6 和 MOC7,各项验证工作具体如下:

1) MOC1 验证过程

通过飞控系统描述表明适用的配平开关,如驾驶杆盘、俯仰配平控制面板和滚转/偏航配平控制面板等,描述显示配平位置的标识和详细设计,如文字、数字和颜色等。

通过系统描述或其他说明性材料表明,在飞机设计过程已考虑了各重心位置对应的指示范围,并且该对应关系能够通过某种自动或人工的方式在起飞前予以确定。

2) MOC6 验证过程

通过 MOC6 飞行试验,表明在不同的经批准的起飞重心位置,能够显示指定的指示范围,并可确保飞机安全起飞。在进行试验过程中,应特别注意聘请试飞员或其他相关专家就指示装置的安装位置、指示信息含义的清晰程度,以及指示信息的可见性等做重点评估。

3) MOC7 验证过程

通过 MOC7 机上检查对俯仰备用配平开关、副翼配平开关、方向舵配平开关、正驾驶员俯仰配平开关和副驾驶员俯仰配平开关进行目视检查,确认在配平操纵器件的近旁,设置了指示装置来指示与飞机运动有关的配平操纵器件的运动方向。有清晰易见的设施可以指示配平装置在其可调范围内所处的位置。

3.4.3 第 25.677(c)款符合性验证说明

针对第 25.677(c)款,采用的符合性验证方法为 MOC1 和 MOC9。

1) MOC1 验证过程

通过飞控系统描述说明飞机有哪些配平(如副翼配平、方向舵配平和水平安定面配平)及对应的具体实现方式,从而表明配平系统设计能否防止其在飞行中产生滑移。对于采用可逆的配平调整片操纵设计,明确对调整片做质量平衡的方法或手段。

2) MOC9 验证过程

通过飞控系统设备鉴定试验表明操纵系统相关的设备或器件(如水平安定面作动器、方向舵作动器、副翼作动器、副翼配平扭力管、副翼模块和副翼配平作动器等)能在预期环境中实现预期功能,从而确保方向舵配平、副翼配平和水平安定面配平不会在飞行中产生滑移。

3.4.4 第 25.677(d)款符合性验证说明

针对第 25.677(d)款,采用的符合性验证方法为 MOC1。

通过飞控系统描述说明如果采用不可逆的调整片操纵系统,从调整片到不可逆装置与飞机结构连接处之间刚性连接的方式和位置。

3.5 符合性文件清单

通常,针对第 25.677 条的符合性文件清单如表 3-2 所示。

表 3-2 建议的符合性文件清单

序 号	符 合 性 报 告	符 合 性 方 法
1	飞控系统设计说明	MOC1
2	飞控系统试飞大纲	MOC6
3	飞控系统试飞报告	MOC6
4	飞控系统机上检查报告	MOC7
5	飞控系统设备鉴定大纲	MOC9
6	飞控系统设备鉴定报告	MOC9

4 符合性判据

针对第 25.677(a)款,如果能够通过设计文档说明配平操纵器件具备相应的设计特征,可以防止飞行无意或粗暴的操纵,并在飞行试验中确认纵向、横向和航向配平操纵器件运动方向与飞机运动方向一致,则认为符合该款。

针对第 25.677(b)款,如果系统描述中指示装置的设计满足要求,并且落实在飞机上后,能够通过系统设计与飞机的重心建立直接关联,通过飞行试验表明飞机在任何重心下能够在指定的范围内安全起飞,通过航空器检查确保有清晰易见的设施指示配平装置在可调范围内所处的位置,则认为符合该款。

针对第 25.677(c)款,如果通过系统描述表明配平操纵系统的设计能够充分防止在飞行过程中产生的滑移。对于采用可逆的配平调整片操纵设计,已经明确对调整片做了质量平衡的方法或手段,在设备鉴定试验中确认各操纵部件能在预期环境中完成预期功能,从而确保方向舵配平、副翼配平和水平安定面配平不会在飞行中产生滑移,则可认为符合该款。

针对第 25.677(d)款,如果能表明从调整片到不可逆装置与飞机结构连接处之间刚性连接的方式和位置,则可认为符合该款。

参考文献

[1] 14 CFR 修正案 25-23 Transport Category Airplane Type Certification Standards [S].
[2] 14 CFR 修正案 25-115 Miscellaneous Flight Requirements; Powerplant Installation Requirements; Public Address System; Trim Systems and Protective Breathing Equipment; and Powerplant Controls [S].
[3] FAA. AC25.1329-1B Change 1 Approval of Flight Guidance Systems [S]. 2012.
[4] FAA. AC25-21 Certification of Transport Airplane Structure [S]. 1999.
[5] FAA. AC25-22 Certification of Transport Airplane Mechanical Systems [S]. 2000.
[6] HB 6486-2008 飞机飞行控制系统名词术语[S]. 中华人民共和国航空行业标准,2008.

运输类飞机适航标准
第 25.679 条符合性验证

1 条款介绍

1.1 条款原文

第 25.679 条 操纵系统突风锁

（a）必须设置防止飞机在地面或水面时因受突风冲击而损坏操纵面（包括调整片）和操纵系统的装置。如果该装置啮合时会妨碍驾驶员对操纵面的正常操纵，则该装置必须满足下列要求之一：

（1）当驾驶员以正常方式操纵主飞行操纵器件时能自动脱开；

（2）能限制飞机的运行，使驾驶员在开始起飞时就获得不致误解的警告。

（b）突风锁装置必须具有防止它在飞行中可能偶然啮合的措施。

1.2 条款背景

第 25.679 条的目的是保护飞行操纵系统不受地面突风情况的影响，并防止突风锁系统干扰飞机正常运行。

1.3 条款历史

第 25.679 条在 CCAR25 部初版首次发布，截至 CCAR－25－R4，该条款未进行过修订，如表 1－1 所示。

表 1－1 第 25.679 条条款历史

第 25.679 条	CCAR25 部版本	相关 14 CFR 修正案	备 注
首次发布	初版	—	

1985 年 12 月 31 日发布了 CCAR25 部初版，其中包含第 25.679 条，该条款参考 1964 年 12 月 24 日发布的 CFR PART 25 中的 §25.679 的内容制定。

2　条款解读

2.1　条款要求

第25.679条要求必须设计操纵系统突风锁,以防止停机时因受突风冲击而损坏操纵面和操纵系统。舵面的锁紧系统应装在飞机内部,不宜采用外部锁紧装置。如果通过啮合来锁紧舵面,则锁紧系统应设计成当驾驶员以正常方式操纵主飞行操纵器件时能自动脱开;或者设计成能限制飞机的启动,使得在开始起飞前或起飞时,用有效的方法使驾驶舱中接到不致误解的警告。

根据第25.415(b)款要求,在飞控系统中只需要考虑副翼、方向舵和升降舵承受突风载荷的情况。

2.2　相关条款

与第25.679条相关的条款如表2-1所示。

表 2-1　第 25.679 条相关条款

序　号	相 关 条 款	相　　关　　性
1	第 25.415 条	第 25.415 条该条款规定操纵系统必须能承受的地面突风和顺风滑行产生的操纵面载荷

3　验证过程

3.1　验证对象

第25.679条的验证对象为操纵系统的突风锁装置。

3.2　符合性验证思路

通过系统描述对副翼、方向舵和升降舵实现突风保护的原理进行描述。对于采用通过啮合方式防止舵面运动的专门突风锁,应当通过系统描述表明所采用的突风锁在驾驶员以正常的方式操纵主飞控器件时能自动脱开;或者能限制飞机的运行,使驾驶员在开始起飞时就获得不致误解的警告。同时表明对于这类突风锁有防止在飞行中可能偶然啮合的措施。

对于采用电液伺服作动器的飞机,通过设备耐久性试验表明作动器承受舵面恒定阵风载荷时,作动器和结构没有任何损坏。

3.3　符合性验证方法

通常,针对第25.679条的符合性验证方法如表3-1所示。

表 3 - 1   建议的符合性方法表

条 款 号	专 业	符 合 性 方 法										备 注
		0	1	2	3	4	5	6	7	8	9	
第 25.679(a)款	飞 控		1								9	
第 25.679(b)款	飞 控		1									

3.4   符合性验证说明

针对第 25.679(a)款,采用的符合性验证方法包括 MOC1 和 MOC9;针对第 25.679(b)款,采用的符合性验证方法为 MOC1,各项验证工作具体如下:

3.4.1   MOC1 验证过程

通过系统设计描述对副翼、方向舵和升降舵实现突风保护的原理进行说明。对于采用电液伺服作动器的飞机,说明其通过电液伺服作动器的阻尼特性来实现突风锁功能时,还需说明在设计作动器阻尼特性时考虑了已知的地面阵风载荷和作动器/结构的限制载荷的要求,说明作动器阻尼孔设计时考虑了限制舵面在地面突风载荷作用下的最大偏转速率,从而来限制舵面旋转所带来的动能在作动器/结构所能承受的范围内(满足限制载荷的要求)。

对于采用啮合方式防止舵面运动的专门突风锁,在系统设计描述中说明所采用的突风锁在驾驶员以正常的方式操纵主飞控器件时能自动脱开;或者当突风锁处于啮合状态时能限制飞机的运行,并能在驾驶员开始起飞时能给驾驶员发出清晰明确的警告。同时说明对于这类突风锁设置有防止在飞行中可能偶然啮合的措施。

3.4.2   MOC9 验证过程

对于采用电液伺服作动器的阻尼特性来实现突风锁功能的飞机,通过作动器的耐久性试验,表明作动器承受舵面恒定阵风载荷时作动器不会有任何损坏。

3.5   符合性文件清单

通常,针对第 25.679 条的符合性文件清单如表 3 - 2 所示。

表 3 - 2   建议的符合性文件清单

序 号	符 合 性 报 告	符合性方法
1	飞控系统设计描述	MOC1
2	飞控系统设备鉴定试验大纲	MOC9
3	飞控系统设备鉴定试验报告	MOC9

4   符合性判据

针对第 25.679(a)款,判断以下条件满足,则符合条款要求:

（1）系统设置了操纵系统突风锁装置。

（2）对于采用电液伺服作动器的阻尼特性来实现突风锁功能时，作动器设计时考虑了限制舵面在地面突风载荷作用下的最大偏转速率，可限制舵面旋转所带来的动能在作动器/结构所能承受的范围内（满足限制载荷的要求）；完成了作动器耐久性试验，结果表明作动器承受舵面恒定阵风载荷时作动器无任何损坏。

（3）对于采用通过啮合方式防止舵面运动的专门突风锁，通过系统设计描述表明所采用的突风锁在驾驶员以正常的方式操纵主飞控器件时能自动脱开；或者当突风锁处于啮合状态时能限制飞机的运行，并能在驾驶员开始起飞时能给驾驶员发出清晰明确的警告。

针对第 25.679(b)款，对突风锁装置设置了防止其在飞行中产生偶然啮合的措施。

参考文献

[1]　FAA. AC25-21 Certification of Transport Airplane Structure [S]. 1999.

运输类飞机适航标准
第25.681条符合性验证

1 条款介绍

1.1 条款原文

第25.681条 限制载荷静力试验

（a）必须按下列规定进行试验，来表明满足本部限制载荷的要求：

（1）试验载荷的方向应在操纵系统中产生最严重的受载状态；

（2）试验中应包括每个接头、滑轮和用以将系统连接到主要结构上的支座。

（b）作角运动的操纵系统的关节接头，必须用分析或单独的载荷试验表明满足特殊系数的要求。

1.2 条款背景

第25.681条对飞行操纵系统限制载荷静力试验提出了具体要求，包括了试验对象、试验过程中的加载方向，并提出了作角运动的操纵系统的关节接头应满足特殊系数要求。

1.3 条款历史

第25.681条在CCAR25部初版首次发布，截至CCAR-25-R4，该条款未进行过修订，如表1-1所示。

表1-1 第25.681条条款历史

第25.681条	CCAR25部版本	相关14 CFR修正案	备 注
首次发布	初版	—	

1985年12月31日发布了CCAR25部初版，其中包含第25.681条，该条款参考1964年12月24日发布的14 CFR PART 25中的§25.681的内容制定。

2 条款解读

2.1 条款要求

由于第 25.305 条已对结构件的限制载荷试验提出了要求,因此第 25.681 条只适用于操纵系统中除结构件之外的设备,包括主飞控作动系统,襟缝翼控制系统和驾驶舱操纵组件,以及第 25.681(a)(2)项明确的试验应包括用于连接设备的支座和关节接头。

第 25.681(a)款明确了操纵系统限制载荷静力试验的试验载荷的方向和试验范围,要求试验载荷的方向应在操纵系统中产生最严重的受载情况。关于限制载荷试验的范围,要求限制载荷静力试验应包括每个接头、滑轮和用以将系统连接到主要结构上的支座,以考核操纵系统的强度及与之连接的结构件强度。

第 25.681(b)款要求操纵系统中作角运动的关节接头,即作动系统和驾驶舱操纵器件中的作角运动的所有连接接头,必须满足特殊系数要求,其中关节接头的系数要求详见第 25.693 条。

2.2 相关条款

与第 25.681 条相关的条款如表 2-1 所示。

表 2-1 第 25.681 条相关条款

序 号	相关条款	相 关 性
1	第 25.305 条	第 25.305 条对飞机结构件的限制载荷试验提出了要求,第 25.681 条对操纵系统中除结构件之外的设备的限制载荷试验提出了要求
2	第 25.693 条	第 25.681(b)款要求作角运动的操纵系统的关节接头必须满足第 25.693 条规定的关节接头特殊系数要求

3 验证过程

3.1 验证对象

第 25.681 条的验证对象为主飞控系统和襟缝翼控制系统。

3.2 符合性验证思路

针对第 25.681(a)款,对于襟缝翼控制系统,完成襟缝翼控制系统驾驶舱操纵器件,以及襟缝翼驱动线路上各项设备的限制载荷试验。对于主飞控系统,完成主飞控系统驾驶舱操纵器件,以及主飞控系统驱动线路上各项设备的限制载荷试验;同时,也要结合静力机的限制载荷试验来证明将系统连接到主要结构上的支座都满足限制载荷试验要求。

针对第 25.681(b)款,清理出符合该条款要求的关节接头,并通过设计说明、计算分析或试验表明这些关节接头满足特殊系数要求。

3.3　符合性验证方法

通常,针对第 25.681 条的符合性验证方法如表 3-1 所示。

表 3-1　建议的符合性方法表

条　款　号	专　业	符 合 性 方 法										备　注
		0	1	2	3	4	5	6	7	8	9	
第 25.681(a)款	强　度					4						
第 25.681(a)款	飞　控		1									9
第 25.681(b)款	强　度			2								
第 25.681(b)款	飞　控		1									9

3.4　符合性验证说明

针对第 25.681(a)款,采用的符合性验证方法包括 MOC1、MOC4 和 MOC9,各项具体验证工作如下:

1) MOC1 验证过程

通过系统描述表明对飞控系统各部件限制载荷试验的规划,以及因某些设计特征导致部分设备不会承受限制载荷情况的设计特征描述。

2) MOC4 验证过程

通过静力机上各操纵舵面的限制载荷试验,表明将操纵系统连接到主要结构上的支座都满足限制载荷试验要求。

3) MOC9 验证过程

通过襟缝翼控制系统各项设备限制载荷试验、主飞控系统各项设备限制载荷试验,表明操纵系统满足限制载荷试验要求。

针对第 25.681(b)款,采用的符合性验证方法包括 MOC1、MOC2 和 MOC9,各项具体验证工作如下:

1) MOC1 验证过程

通过系统描述表明飞控系统中适用于第 25.681(b)款要求的关节接头,以及这些关节接头在选取的时候对第 25.693 条的符合性。如对滚珠和滚柱轴承,不得超过经批准的载荷额定值;对于除了具有滚珠和滚柱轴承的关节接头外的其他关节接头,用作支承的最软材料的极限支承强度必须具有不低于 3.33 的特殊安全系数。

2) MOC2 验证过程

操纵系统中作角运动的关节接头通常为滚珠轴承或者滚柱轴承,对于这类关节接头,通过操纵系统的载荷分析,表明这些轴承实际承受的载荷小于轴承额定载荷,从而满足第 25.693 条规定的特殊系数要求;对于除了具有滚珠和滚柱轴承的关节接头外的其他关节接头,通过计算分析说明用作支承的最软材料的极限支承强度具有不低于 3.33 的特殊安全系数。

3) MOC9 验证过程

通过关节接头随所属设备的限制载荷试验,验证关节接头满足特殊系数的要求。

3.5 符合性文件清单

通常,针对第 25.681 条的符合性文件清单如表 3-2 所示。

表 3-2 建议的符合性文件清单

序　号	符 合 性 报 告	符合性方法
1	飞控系统设计描述	MOC1
2	飞控系统设备应力分析报告	MOC2
3	全机静力试验大纲	MOC4
4	全机静力试验报告	MOC4
5	飞控系统设备鉴定试验大纲	MOC9
6	飞控系统设备鉴定试验报告	MOC9

4 符合性判据

针对第 25.681(a)款,判断以下条件满足,则符合条款要求:

(1) 主飞控系统和襟缝翼控制系统各项设备,以及将系统连接到主要结构上的支座都通过了限制载荷试验。

(2) 试验中的载荷的方向为在操纵系统中产生最严重的受载状态。

(3) 在系统设计描述中明确因设计特征导致哪些设备不会承受达到限制载荷的情况。

针对第 25.681(b)款,判断以下条件满足,则符合条款要求:

(1) 系统设计描述中明确定义了飞控系统中本条款要求的关节接头,设计这些关节接头时考虑了第 25.693 条的要求。

(2) 载荷分析表明,对于关节接头为滚珠轴承或者滚柱轴承,实际承受的载荷小于轴承额定载荷;其他形式的关节接头中,用作支承的最软材料的极限支承强度具有不低于 3.33 的特殊安全系数。

(3) 关节接头随所属设备通过了限制载荷试验。

参考文献

FAA. AC25-21 Certification of Transport Airplane Structure [S]. 1999.

运输类飞机适航标准
第 25.683 条符合性验证

1 条款介绍

1.1 条款原文

第 25.683 条 操作试验

必须用操作试验表明,对操纵系统中受驾驶员作用力的部分施加规定的该系统限制载荷的 80%,以及对操纵系统中受动力载荷的部分施加正常运行中预期的最大载荷时,系统不出现下列情况:

(a) 卡阻;

(b) 过度摩擦;

(c) 过度变形。

1.2 条款背景

第 25.683 条的目的在于确保操纵系统在可能的运行载荷条件下不会受到卡阻、过度摩擦及过度变形的影响。

1.3 条款历史

第 25.683 条在 CCAR25 部初版首次发布,截至 CCAR‐25‐R4,该条款未进行过修订,如表 1‐1 所示。

表 1‐1 第 25.683 条条款历史

第 25.683 条	CCAR25 部版本	相关 14 CFR 修正案	备 注
首次发布	初版	25‐23,25‐139	

1.3.1 首次发布

1985 年 12 月 31 日发布了 CCAR25 部初版,其中包含第 25.683 条,该条款参考 1964 年 12 月 24 日发布的 14 CFR PART 25 中的 §25.683,并结合 14 CFR 修正案 25‐23 的内容制定。2014 年 FAA 发布了 14 CFR 修正案 25‐139 对 §25.683 进行了修订,目前 CAAC 尚未依据此修正案修订此条款。

14 CFR 修正案 25 - 23 将"必须通过操作试验表明,当操纵系统在施加规定的该系统限制载荷 80%情况下在驾驶舱进行操纵时,系统不出现下列情况:"修订为"必须用操作试验表明,对操纵系统中受驾驶员作用力的部分施加规定的该系统限制载荷的 80%,以及对操纵系统中受动力载荷的部分施加正常运行中预期的最大载荷时,系统不出现下列情况:"

14 CFR 修正案 25 - 139 在保留了原有条款的同时,新增了如下两款内容:

"(b)必须通过分析,必要时通过试验表明,在俯仰、滚转、偏航限制载荷部分分别独立作用引起飞机结构变形的情况下,操纵系统为得到这些限制载荷而受载并在其工作偏转范围内操作时,对于所有的操作系统都能够实行操纵,且不出现下列情况:

(1) 卡阻。

(2) 过度摩擦。

(3) 脱开。

(4) 任何形式的永久损伤。

(c) 必须表明,在正常飞行和地面操作的振动载荷下,不致因与相邻部件的干扰或接触造成危险。"

在进行以上修订后,14 CFR PART25 中 §25.683 与 EASA 25 部中 CS25.683 条款内容保持了一致。目前,CCAR 未纳入 FAA 的 14 CFR 修正案 25 - 139。

2 条款解读

2.1 条款要求

第 25.683 条要求必须对操纵系统作操作试验,并明确了操作试验的载荷要求。对受驾驶员作用力的部分施加规定的该系统限制载荷的 80%;对受动力载荷的部分施加正常运行中预期的最大载荷,在施加以上载荷情况下进行操作试验,不应该出现卡阻、过度摩擦、过度变形。其中卡阻是指操作系统卡在某个位置无法继续运动;过度摩擦指在操作过程中因出现卡滞情况导致出现运动不连续的情况;过度变形,洛克希德专家的解释是:只要驾驶舱的操纵机构在限制载荷作用下,作全行程运动使相应舵面得到的最大偏角能满足飞机飞行特性的要求,便可认为该系统无过度变形。

对于电传操作系统,尽管驾驶舱操纵器件的感觉系统可能不会产生 80%的驾驶员作用力,但是某些认为其发生概率并非极不可能的故障或失效,可以引起较高驾驶员作用力载荷。试验中 80%的驾驶员作用力可以确保操纵器件有足够的刚度来防止舵面到达最大权限偏转位置之前,操纵系统的操纵器件就已经达到操作范围的极限位置。用很小的驾驶员作用力控制极柔软钢索进行正常操纵,这样的情况是可能的,但也仍要通过限制载荷静力试验。

2.2 相关条款

与第 25.683 条相关的条款如表 2-1 所示。

表 2-1 第 25.683 条相关条款

序 号	相关条款	相 关 性
1	第 25.397 条	第 25.397(c) 款规定了驾驶员限制作用力和扭矩, 是在进行受驾驶员作用力的部分操纵试验的输入

3 验证过程

3.1 验证对象

第 25.683 条的验证对象为主飞控系统和襟缝翼控制系统。

3.2 符合性验证思路

通过在实验室进行的地面模拟试验, 验证在施加规定的载荷情况下, 操纵系统不出现卡阻、无过度摩擦且无过度变形。通过计算分析说明地面模拟试验结果能真实反映飞机实际受载情况。

3.3 符合性验证方法

通常, 针对第 25.683 条的符合性验证方法如表 3-1 所示。

表 3-1 建议的符合性方法表

条 款 号	专 业	符 合 性 方 法										备 注
		0	1	2	3	4	5	6	7	8	9	
第 25.683 条	飞 控			2		4						

3.4 符合性验证说明

针对第 25.683 条, 采用的符合性验证方法包括 MOC2 和 MOC4, 各项验证具体工作如下:

3.4.1 MOC2 验证过程

通过计算分析确定在驾驶舱操纵组件处应施加的载荷, 以及在舵面上应施加的载荷; 计算分析在气动外载、重量作用下的机体变形对飞控系统及舵面运动的影响, 并确认地面模拟试验能否反映出飞机上飞控系统的运动性能。

3.4.2 MOC4 验证过程

通过在地面模拟试验台架上的操作试验, 验证在对受驾驶员操纵载荷的驾驶舱操纵组件和受气动力载荷的操纵舵面施加条款要求的载荷时, 即在操纵器件握点或脚蹬上施加第 25.397(c) 款规定的驾驶员最大作用力的 80%, 在舵面上用加载系统提供支反力,全行程操作操纵器件,验证系统中无卡阻、无过度摩擦和无过度变形。对于过度变形,可以通过对比前后两次空载时舵面的运动曲线来判断。对于采用电传操纵的飞机,由于作用在舵面上的气动载荷不会传递到驾驶员一侧,因此驾驶舱操作组件一侧的操作试验和舵面一侧的操作试验可以分开实施。

3.5 符合性文件清单

通常,针对第 25.683 条的符合性文件清单如表 3 - 2 所示。

表 3 - 2 建议的符合性文件清单

序　号	符 合 性 报 告	符合性方法
1	飞控系统第 25.683 条计算分析报告	MOC2
2	飞控系统第 25.683 条试验大纲	MOC4
3	飞控系统第 25.683 条试验报告	MOC4

4 符合性判据

针对第 25.683(a)款,地面模拟试验中,对受驾驶员操纵载荷的驾驶舱操纵组件和受气动力载荷的操纵舵面施加条款要求的载荷,试验结果操纵系统未出现卡阻。

针对第 25.683(b)款,地面模拟试验中,对受驾驶员操纵载荷的驾驶舱操纵组件和受气动力载荷的操纵舵面施加条款要求的载荷,试验中各操作机构的角度—时间曲线平滑连续、运动顺畅,没有出现过度摩擦。

针对第 25.683(c)款,地面模拟试验中,对受驾驶员操纵载荷的驾驶舱操纵组件和受气动力载荷的操纵舵面施加条款要求的载荷,对比加载前、加载中、卸载后的全行程角度—时间运动曲线,并比较驾驶舱操纵组件一侧和舵面一侧在加载前后的运动行程,表明没有出现过度变形。

参考文献

[1] 14 CFR 修正案 25 - 23 Transport Category Airplane Type Certification Standards [S].

[2] 14 CFR 修正案 25 - 139 Harmonization of Airworthiness Standards-Miscellaneous Structures Requirements [S].

[3] FAA. AC25 - 21 Certification of Transport Airplane Structure [S]. 1999.

运输类飞机适航标准
第 25.685 条符合性验证

1 条款介绍

1.1 条款原文

第 25.685 条　操纵系统的细节设计

（a）操纵系统的每个细节必须设计和安装成能防止因货物、旅客、松散物或水气凝冻引起的卡阻、摩擦和干扰。

（b）驾驶舱内必须有措施在外来物可能卡住操纵系统的部位防止其进入。

（c）必须有措施防止钢索或管子拍击其它零件。

（d）第 25.689 条和第 25.693 条适用于钢索系统和关节接头。

1.2 条款背景

第 25.685 条规定了操纵系统的设计细节要求。FAA 发布的初版条款中未考虑水气凝冻对操纵系统卡阻的影响，后于 1976 年颁布的 14 CFR 修正案 25 - 38 中增加了对"水气凝冻"的要求。

1.3 条款历史

第 25.685 条在 CCAR25 部初版首次发布，截至 CCAR - 25 - R4，该条款未进行过修订，如表 1 - 1 所示。

表 1 - 1　第 25.685 条条款历史

第 25.685 条	CCAR25 部版本	相关 14 CFR 修正案	备　注
首次发布	初版	25 - 38	

1985 年 12 月 31 日发布了 CCAR25 部初版，其中包含第 25.685 条，该条款参考 1977 年 2 月 1 日生效的 14 CFR 修正案 25 - 38 中的 §25.685 的内容制定。

2 条款解读

2.1 条款要求

2.1.1 第 25.685(a)款

对第 25.685(a)款在评定是否符合本款时,除货物、旅客和松散物引起的卡阻外,应特别考虑零件内部或外部积水冰冻而造成操纵线路的卡阻,对下列部位应特别注意:

(1) 操纵系统从增压舱引出来的部位。

(2) 在正常或故障的情况下有可能被飞机水系统污染的组件;如有必要,应当遮蔽这些组件。

(3) 雨水和(或)冷凝水能够滴入或聚积的组件。

(4) 在其内部水蒸气能够凝冷及水能够积聚的组件。

2.1.2 第 25.685(b)款

第 25.685(b)款要求驾驶舱内必须有措施防止外来物的进入而卡住操纵系统。已有很多由于工具、螺钉、螺栓、螺帽和其他物体限制飞行操纵机构而使操纵卡死的例子。因此,操纵系统的各种机构和安装都应设计成能防止外来物卡死。评定这一款的符合性时,应注意系统中的如下部件:

(1) 平行杆系和直角摇臂平行的紧凑部件,虽有整齐的外观,但提供了很多卡死的机会。

(2) 距地板和其他水平面太近的操纵机械,易于积聚遗失物,类似的情况还有在凹陷或整流罩内运动的摇臂端头。

(3) 地板、操纵控制台等的孔和缝,由于结构和支架的布置,使来自这些孔和缝的外来物正对准操纵系统的组件。

(4) 多个摇臂安装在同一轴上,且具有减轻孔。

(5) 工作在具有水平枢轴上的链条(经验表明,这样的链条容易积聚铆钉和小螺钉等,使链条齿卡住)。

(6) 在齿轮与箱体之间或以不同速度运动的齿轮之间,没有足够的间隙。

(7) 对滑轮和轮索鼓轮,小螺钉等易掉入滑轮和钢索鼓轮与防护板之间,造成滑轮或鼓轮卡阻。

2.1.3 第 25.685(c)款

第 25.685(c)款要求钢索与管子设计时应该考虑与其他操纵系统部件的相对运动,例如副翼操作系统中使用的钢索及襟缝翼作动系统中使用的扭力管,应考虑运动部件之间间隙,钢索采用防脱销装置,双重锁定装置,扭力管花键连接等。

2.1.4 第 25.685(d)款

本条要求操纵系统中的钢索系统和关节接头必须满足第 25.689 条与第

25.693 条的要求。

2.2　相关条款

与第 25.685 条相关的条款如表 2-1 所示。

表 2-1　第 25.685 条相关条款

序　号	相关条款	相　关　性
1	第 25.689 条	本条(d)款中要求第 25.689 条和第 25.693 条适用于钢索系统和关节接头。需通过第 25.689 条和第 25.693 条的符合性表明(d)款的符合性
2	第 25.693 条	同上

3　验证过程

3.1　验证对象

第 25.685 条的验证对象为飞机的操纵系统。

3.2　符合性验证思路

针对第 25.685(a)款,通过系统设计描述说明飞控系统的相关设计特征考虑了并能够满足本条款的要求,能够防止因货物、旅客、松散物或水汽凝冻引起的卡阻、摩擦和干扰;并通过机上检查表明飞控系统实现了相关设计特征。

针对第 25.685(b)款,通过系统设计描述说明飞控系统在设计过程中充分考虑卡阻操纵系统的情况,相关设计特征能够充分防止以上情况的方法;并通过机上检查表明飞控系统实现了相关设计特征,能够防止外来物进入操纵系统。

针对第 25.685(c)款,通过系统设计描述说明操纵系统设计考虑钢索和关节接头与其他部件的相对运动,能够有效防止对其他零件的拍击。通过机上检查,表明上述设计特征得到了实现,能够确保钢索或管子不拍击其他零件。

针对第 25.685(d)款,通过系统设计描述说明操纵系统所用钢索和关节结构设计时考虑了第 25.689 条和第 25.693 条的要求。

3.3　符合性验证方法

通常,针对第 25.685 条的符合性验证方法如表 3-1 所示。

表 3-1　建议的符合性方法

条　款　号	专　业	符合性方法										备　注
		0	1	2	3	4	5	6	7	8	9	
第 25.685(a)款	飞　控		1						7			
第 25.685(b)款	飞　控		1						7			

（续表）

条　款　号	专　业	符 合 性 方 法										备　注
		0	1	2	3	4	5	6	7	8	9	
第 25.685(c)款	飞　控		1						7			
第 25.685(d)款	飞　控		1									

3.4　符合性验证说明

3.4.1　第 25.685(a)款符合性验证说明

针对第 25.685(a)款,采用的符合性验证方法包括 MOC1 和 MOC7,各项验证具体工作如下:

1) MOC1 验证过程

通过系统设计描述说明飞机飞控系统设计过程中充分考虑了各个部件的使用和工作环境,同时在安装时采取相应措施来保证飞控系统的正常工作。确认飞控系统主要分布区域,分区域说明飞控系统设计和安装能够防止因货物、旅客、松散物或水汽凝冻引起的卡阻、摩擦和干扰。

2) MOC7 验证过程

通过 MOC7 机上检查,检查系统的设计特征是否在机上得到了充分贯彻,同时对以上设计能否防止因货物、旅客、松散物或水汽凝冻引起的卡阻、摩擦和干扰进行确认。

3.4.2　第 25.685(b)款符合性验证说明

针对第 25.685(b)款采用的符合性验证方法包括 MOC1 和 MOC7,各项验证工作具体如下:

1) MOC1 验证过程

通过飞控系统设计描述表明飞控系统驾驶舱操纵部件设计中充分考虑了使用和工作环境,并在安装时采取相应措施防止外来物卡住操纵系统。如在驾驶杆运动处设计了防尘罩和防尘罩底座,在脚蹬运动部件上设计了脚蹬罩,在减速板手柄运动的导管板槽内设计了小刷子,在 GLD 开关上设有保护盖,在襟缝翼手柄(FSCL)运动的槽内装有橡胶圈,在钢索运动的副翼导轮上设计了导轮罩等来防止外来物卡住操纵系统。

2) MOC7 验证过程

通过 MOC7 机上检查,检查系统的设计特征是否在机上得到了充分贯彻,同时对相关设计能防止外来物进入卡住操纵系统进行确认。

3.4.3　第 25.685(c)款符合性验证说明

针对第 25.685(c)款,采用的符合性验证方法包括 MOC1 和 MOC7,各项验证工作具体如下:

1）MOC1 验证过程

通过主飞控系统设计描述说明飞控系统的设计原则，结合操纵系统的设计细节，说明该设计原则细化为哪些设计特征，说明这些设计特征能够有效防止钢索和管子拍击零件。

2）MOC7 验证过程

通过 MOC7 机上检查，检查系统的设计特征是否在机上得到了充分贯彻，同时对相关设计能防止钢索和管子拍击零件进行确认。

3.4.4　第 25.685(d)款符合性验证说明

第 25.685(d)款采用的符合性验证方法为 MOC1，验证过程如下：

通过主飞控系统设计描述说明飞控系统用钢索和关节结构的设计符合第 25.689 条和第 25.693 条的要求。

3.5　符合性文件清单

通常，针对第 25.685 条的符合性文件清单如表 3-2 所示。

表 3-2　建议的符合性文件清单

序　号	符 合 性 报 告	符合性方法
1	飞控系统设计描述文档	MOC1
2	飞控系统机上检查试验大纲	MOC7
3	飞控系统机上检查试验报告	MOC7

4　符合性判据

（1）飞控系统设计和安装能够防止因货物、旅客、松散物或水汽凝冻引起的卡阻、摩擦和干扰。

（2）飞控系统设计有足够的措施能够防止外来物进入卡住操纵系统。

（3）飞控系统设计特征能够有效防止钢索和管子拍击零件。

（4）完成了飞控系统机上检查，所有设计特征均完整、准确、可实现。

（5）飞控系统用钢索和关节结构的设计符合第 25.689 条和第 25.693 条的要求。

参考文献

［1］　14 CFR 修正案 25-38 Airworthiness Review Program，Amendment No.3：Miscellaneous Amendments［S］.

［2］　FAA. AC25-21 Certification of Transport Airplane Structure［S］. 1999.

运输类飞机适航标准
第 25.689 条符合性验证

1 条款介绍

1.1 条款原文

第 25.689 条 钢索系统

(a) 钢索、钢索接头、松紧螺套、编结接头和滑轮必须经批准。此外还应满足下列要求：

(1) 副翼、升降舵或方向舵系统不得采用直径小于 3.2 毫米(1/8 英寸)的钢索；

(2) 钢索系统的设计,必须在各种运行情况和温度变化下在整个行程范围内使钢索张力没有危险的变化。

(b) 每种滑轮的型式和尺寸必须与所配用的钢索相适应。滑轮和链轮必须装有紧靠的保护装置,以防止钢索或链条滑脱或缠结。每个滑轮必须位于钢索通过的平面内,使钢索不致摩擦滑轮的凸缘。

(c) 安装导引件而引起的钢索方向变化不得超过 3°。

(d) 在操纵系统中需受载或活动的 U 形夹销钉,不得仅使用开口销保险。

(e) 连接到有角运动的零件上的松紧螺套必须能确实防止在整个行程范围内发生卡滞。

(f) 必须能对导引件、滑轮、钢索接头和松紧螺套进行目视检查。

1.2 条款背景

第 25.689 条对飞机上安装的钢索系统提出了总体要求。本条款制定的主要目的在于防止操纵系统钢索因磨损、疲劳、火和闪电造成损坏。

1.3 条款历史

第 25.689 条在 CCAR25 部初版首次发布,截至 CCAR-25-R4,该条款没有修订过,如表 1-1 所示。

1985 年 12 月 31 日发布了 CCAR25 部初版,其中包含第 25.689 条,该条款参考 1964 年 12 月 24 日发布的 14 CFR PART 25 中的 §25.689 的内容制定。

表 1 - 1 第 25.689 条条款历史

第 25.689 条	CCAR25 部版本	相关 14 CFR 修正案	备　注
首次发布	初版	—	

2　条款解读

2.1　条款要求

第 25.689(a)款对安装在飞机上的钢索、钢索接头、松紧螺套、编结接头和滑轮的选用与安装提出了要求：钢索系统设计必须经过批准，本款中"经批准"的含义是符合经适航当局批准的选用标准或适航当局制定的技术标准规定；除此之外适航规章还对钢索的直径和张力变化提出要求。

第 25.689(b)款是对滑轮提出技术要求：滑轮和链轮必须装有紧靠的保护装置，以防止钢索或链条滑脱或缠结。每个滑轮必须位于钢索通过的平面内，使钢索不致摩擦滑轮的凸缘。保护装置应安装在所有滑轮装置上，其安装应在接近钢索与滑轮装置相切的地方。在钢索包角超过 90°的地方应安装中间保护装置。为了防止由于飞机结构的相对变形而使滑轮受到约束，所有保护装置应由其所保护的零件的支架所支承。附加保护装置应装在位于钢索由其连接处进入滑槽的入口处的扇形轮上。保护装置摩擦边的设计和材料的选择应使钢索磨损最小，并能防止钢索松弛时受卡。每个滑轮装置的安装应满足安装公差的要求，以避免因安装误差而引起钢索摩擦轮的凸缘。

第 25.689(c)款对安装导引件后的钢索方向提出了具体要求：要求由于安装导引件而引起的钢索方向的变化不超过 3°。凡要求钢索彼此间及钢索与相邻的其他零部件间不能发生摩擦和碰撞的地方都要采用导引件。导引件所引起钢索方向的任何角度变化都不能超过 3°。

第 25.689(d)款对操作系统中使用到的 U 形夹销钉的保险方式提出了具体要求：如果飞机使用了 U 形夹销钉，那么要求受载或活动的 U 形夹销钉不能仅使用开口销进行保险。

第 25.689(e)款对钢索系统中的松紧螺套提出了具体要求：要求连接到有角运动的零件上的松紧螺套能保证整个行程范围运动光滑，防止发生卡滞。本款讲的连接到有角运动零件上的松紧螺套是指，一头连接在钢索上，一头连接在有角运动的零件上，如果设计不当，当零件发生转动时，钢索可能发生弯曲卡住运动零件，那么设计时需要考虑避免发生卡滞。

第 25.689(f)款对整个滑轮钢索系统的维修性提出了具体要求：所有零件必须目视可达。要求对导引件、滑轮、钢索接头和松紧螺套能进行目视检查，不能直接目视的部位，设置检查口盖。

2.2　相关条款

与第25.689条相关的条款如表2-1所示。

表2-1　第25.689条相关条款

序　号	相关条款	相　关　性
1	第25.601条	第25.601条对细节设计特征提出要求
2	第25.611条	第25.611条对维修性和可达性提出具体要求

3　验证过程

3.1　验证对象

第25.689条的验证对象为飞机的钢索系统。

3.2　符合性验证思路

针对第25.689(a)款需要通过飞行控制系统描述表明飞控系统中使用的钢索、钢索接头、松紧螺套、编结接头和滑轮是经过批准的,且满足直径和张力的要求。

针对第25.689(b)款至(e)款通过飞行控制系统设计说明表明飞控系统中使用的滑轮、链轮、安装导引件、U形夹销钉及松紧螺套的选用和设计能够满足要求。

针对第25.689(f)款通过飞控控制设计说明表明能对导引件、滑轮、钢索接头和松紧螺套进行目视检查,并通过机上检查验证其可以目视。

3.3　符合性验证方法

通常,针对第25.689条的符合性验证方法如表3-1所示。

表3-1　建议的符合性方法

条　款　号	专　业	符　合　性　方　法										备　注
		0	1	2	3	4	5	6	7	8	9	
第25.689(a)款	飞　控		1									
第25.689(b)款	飞　控		1									
第25.689(c)款	飞　控		1									
第25.689(d)款	飞　控		1									
第25.689(e)款	飞　控		1									
第25.689(f)款	飞　控		1						7			

3.4 符合性验证说明

第 25.689 条的符合性一般可采用设计说明和航空器检查方法进行验证。

3.4.1 第 25.689(a)款符合性验证说明

针对第 25.689(a)款,采用的符合性验证方法为 MOC1,通过设计说明,包括钢索系统的设计图纸和技术规范等技术文件说明飞控系统所选用的钢索、钢索接头、松紧螺套、编结接头和滑轮是符合经适航当局批准的选用标准或适航当局制定的技术标准,且副翼、升降舵和方向舵所采用的钢索直径均大于等于 3.2 毫米,并且钢索系统的设计考虑了各种运行环境和温度变化下整个行程范围内钢索张力的变化,并在安装时根据环境温度校准钢索张力。

3.4.2 第 25.689(b)款符合性验证说明

针对第 25.689(b)款,采用的符合性验证方法为 MOC1,通过设计说明,包括钢索系统的设计图纸和技术规范等技术文件说明飞控系统所使用的每种滑轮的形式和尺寸与所配用的钢索相匹配,且滑轮和链轮装有紧靠的保护装置以防止钢索或链条滑脱或缠结,并且说明滑轮位于钢索通过的平面内。

3.4.3 第 25.689(c)款符合性验证说明

针对第 25.689(c)款,采用的符合性验证方法为 MOC1,对于安装了导引件的系统,通过设计说明,包括钢索系统的设计图纸和技术规范等技术文件说明由于安装导引件而引起的钢索在任何方向的角度变化不超过 3°。

3.4.4 第 25.689(d)款符合性验证说明

针对第 25.689(d)款,采用的符合性验证方法为 MOC1,通过设计说明,包括钢索系统的设计图纸和技术规范等技术文件说明在操纵系统中受载或活动的 U 形夹销钉(若有),不能仅使用开口销进行保险,还应该有其他的保险方式以保证其不会脱开。

3.4.5 第 25.689(e)款符合性验证说明

针对第 25.689(e)款,采用的符合性验证方法为 MOC1,通过设计说明,包括钢索系统的设计图纸和技术规范等技术文件说明连接到有角运动的零件上的松紧螺套(若有),能防止整个行程范围内发生卡滞。

3.4.6 第 25.689(f)款符合性验证说明

针对第 25.689(f)款,采用的符合性验证方法为 MOC1 和 MOC7,各项验证工作具体如下:

1) MOC1 验证过程

通过设计说明,包括钢索系统的设计图纸和技术规范等技术文件说明可以实现对导引件、滑轮、钢索接头和松紧螺套进行目视检查。

2) MOC7 验证过程

通过机上检查确认可以对导引件、滑轮、钢索接头和松紧螺套进行目视检查,或设置了检查口盖,可以进行目视检查。

3.5　符合性文件清单

通常,针对第 25.689 条的符合性文件清单如表 3-2 所示。

表 3-2　建议的符合性文件清单

序　号	符 合 性 报 告	符合性方法
1	飞控系统描述	MOC1
2	飞控系统机上检查大纲	MOC7
3	飞控系统机上检查报告	MOC7

4　符合性判据

4.1　针对第 25.689(a)款

(1) 确定装在飞机上的钢索、钢索接头、松紧螺套和滑轮符合经适航当局批准的选用标准或适航当局制定的技术标准。

(2) 副翼、升降舵或方向舵系统均没有采用直径小于 3.2 毫米(1/8 英寸)的钢索。

(3) 钢索系统的设计考虑了各种运行环境和温度变化下整个行程范围内钢索张力的变化,并在安装时根据环境温度校准钢索张力。

4.2　针对第 25.689(b)款

(1) 确定滑轮的型式①和尺寸与所配用的钢索相适应。

(2) 导轮装有紧靠的保护装置。

(3) 每个滑轮均位于钢索通过的平面内。

(4) 钢索没有摩擦滑轮的凸缘。

4.3　针对第 25.689(c)款

确认滑导引件安装后所引起的钢索方向变化未超过 3°。

4.4　针对第 25.689(d)款

(1) 确认操纵系统中使用需受载或活动的 U 形夹销钉。

(2) 确定除了开口销外,其他的保险方式可以保证其固定功能。

4.5　针对第 25.689(e)款

确定设计有连接到有角运动的零件上的松紧螺套,检查其防止运行部件在整个行程范围内发生卡滞的功能。

---

① 根据《现代汉语词典》应为"形式",为保持与原条款一致,不改。——编注

4.6 针对第 25.689(f)款

确认导引件、滑轮、钢索接头和松紧螺套的设计状态便于进行目视检查,并完成相应的机上检查。

参考文献

[1] FAA. AC25 - 21 Certification of Transport Airplane Structure [S]. 1999.

运输类飞机适航标准
第25.693条符合性验证

1 条款介绍

1.1 条款原文

第25.693条 关节接头

有角运动的操纵系统的关节接头(在推拉系统中),除了具有滚珠和滚柱轴承的关节接头外,用作支承的最软材料的极限支承强度必须具有不低于3.33的特殊安全系数。对于钢索操纵系统的关节接头,该系数允许降至2.0。对滚珠和滚柱轴承,不得超过经批准的载荷额定值。

1.2 条款背景

第25.693条对飞机关节接头提出了要求。考虑飞机关节接头容易磨损、遭受机械损伤及冲击载荷,为保证飞机结构安全,制定了本条款。

1.3 条款历史

第25.693条在CCAR25部初版首次发布,截至CCAR-25-R4,该条款共修订过1次,如表1-1所示。

表1-1 第25.693条条款历史

第25.693条	CCAR25部版本	相关14 CFR修正案	备 注
首次发布	初版	—	
第1次修订	R2	25-72	

1.3.1 首次发布

1985年12月31日发布了CCAR25部初版,其中包含第25.693条,该条款参考1964年12月24日发布的14 CFR PART 25中的§25.693的内容制定。

1.3.2 第1次修订

1995年12月18日发布了CCAR-25-R2对第25.693条进行了第1次修订,本次修订参考了14 CFR修正案25-72的内容:删除了引用MIL-HDBK-5的要求。

2　条款解读

2.1　条款要求

本条对操纵系统中作角运动的关节接头强度提出了要求,要求设计考虑轴承的磨损、机械损伤及冲击载荷。

2.2　相关条款

与第 25.693 条相关的条款如表 2-1 所示。

表 2-1　第 25.693 条相关条款

序　号	相关条款	相　关　性
1	第 25.303 条	在一般情况下,安全系数需要满足第 25.303 条的要求,特殊情况时要采用特殊的安全系数,如第 25.693 条
2	第 25.623 条	第 25.623 条对支承系数提出总体要求,第 25.693 条在其基础上对操纵系统关节接头的支承系数提出要求
3	第 25.685 条	第 25.685 条对操纵系统的细节设计提出要求,其中涉及钢索系统和关节接头的设计需要满足第 25.693 条

3　验证过程

3.1　验证对象

第 25.693 条的验证对象为操纵系统中作角运动的关节接头。

3.2　符合性验证思路

针对第 25.693 条,首先应明确在飞机推拉系统中做角运动的关节接头种类。作角运动的关节接头是指在推拉系统中所有的拉杆、摇臂、支座和钢索接头。其次针对不同类型的关节接头,其应表明设计时采用了规定的安全系数及载荷:表明除了具有滚珠和滚柱轴承的关节接头外,用作支承的最软材料的极限支承强度必须不得低于 3.33 的特殊安全系数;对于钢索操纵系统的关节接头,该安全系统允许至 2.0;对于滚珠和滚柱轴承,表明其载荷未超过经批准的载荷额定值。

3.3　符合性验证方法

通常,第 25.693 条的符合性验证方法如表 3-1 所示。

表 3-1　建议的符合性方法

条　款　号	专　业	符 合 性 方 法										备　注
		0	1	2	3	4	5	6	7	8	9	
第 25.693 条	飞　控		1									
第 25.693 条	强　度			2								

3.4 符合性验证说明

本条采用 MOC1 和 MOC2 符合性方法进行验证。

3.4.1 MOC1 验证过程

本条款涉及操纵系统及其支承结构,通过飞控系统描述说明飞控系统中有哪些作角运动的关节接头,并对这些关节接头进行分类。对于非滚珠和滚柱轴承的关节接头,说明用作支承的最软材料的极限支承强度采用的安全系数不低于 3.33,对于钢索操纵系统关节接头,该系数可以降至 2.0;对于滚珠和滚柱轴承,说明其载荷不超过经批准的额定载荷。

3.4.2 MOC2 验证过程

通过强度计算分析,在采用本条款要求的安全系数进行强度校核时,强度仍然满足要求。对于带滚珠和滚柱轴承的关节接头,进行载荷分析计算,得出其轴承实际承受载荷和额定载荷,通过比较表明实际载荷不超过额定载荷。

3.5 符合性文件清单

通常,针对第 25.693 条的符合性文件清单如表 3-2 所示。

表 3-2 建议的符合性文件清单

序　号	符 合 性 报 告	符合性方法
1	飞机飞控系统说明报告	MOC1
2	飞机飞控操纵系统静强度分析报告	MOC2

4 符合性判据

(1)在说明文件中明确了操作系统中使用的作角运动的关节接头轴承类型。

(2)完成强度及载荷分析计算,符合要求。

(3)对于非滚珠和滚柱轴承的关节接头,在对其用作支承的最软材料进行极限支承强度计算时采用了不低于 3.33 的特殊安全系数。

(4)对于带滚珠和滚柱轴承的关节接头,其实际载荷没有超过经批准的载荷额定值。

参考文献

[1] 14 CFR 修正案 25-72 Special Review: Transport Category Airplane Airworthiness Standards [S].

[2] FAA. AC25-22 Certification of Transport Airplane Mechanical Systems [S]. 2000.

[3] FAA. AC25-21 Certification of Transport Airplane Structure [S]. 1999.

运输类飞机适航标准 第 25.697 条符合性验证

1 条款介绍

1.1 条款原文

第 25.697 条 升力和阻力装置及其操纵器件

(a) 每个升力装置操纵器件的设计,必须使驾驶员能将该升力装置置于第 25.101(d) 条中规定的起飞、航路、进场或着陆的任一位置。除由自动定位装置或载荷限制装置所产生的运动外,升力和阻力装置必须保持在这些选定的位置上而无需驾驶员进一步注意。

(b) 每个升力和阻力装置操纵器件的设计和布置必须使无意的操作不大可能发生。仅供地面使用的升力和阻力装置,如果在飞行中工作可能会造成危险,则必须有措施防止飞行中对其操纵器件进行误操作。

(c) 在空速、发动机功率(推力)和飞机姿态的定常或变化的条件下,各操纵面响应操纵器件动作的运动速率,以及自动定位装置或载荷限制装置的特性,必须使飞机具有满意的飞行特性和性能。

(d) 升力装置操纵机构必须设计成,在低于 $V_F + 9.0$ 节的任一速度下以发动机最大连续功率(推力)作定常飞行时,能将操纵面从全展位置收起。

1.2 条款背景

制定本条款的目的是对升力和阻力装置及其操纵器件的设计及布置进行规定,要求升力和/或阻力操纵器件的设计及布置无须飞行员进一步注意、能避免误操作及能使飞机具有满意的飞行特性和性能,且要求在低于 $V_F + 9.0$ 节速度下发动机最大推力工作时,操纵面可从全展位置收起。

1.3 条款历史

第 25.697 条在 CCAR25 部初版首次发布,截至 CCAR - 25 - R4,该条款未进行过修订,如表 1 - 1 所示。

表 1 - 1　第 25.697 条条款历史

第 25.697 条	CCAR25 部版本	相关 14 CFR 修正案	备　注
首次发布	初版	25 - 23，25 - 46，25 - 57	

1985 年 12 月 31 日发布了 CCAR25 部初版，其中包含第 25.697 条，该条款参考 1964 年 12 月 24 日发布的 14 CFR PART 25 中的 §25.697、14 CFR 修正案 25 - 23、修正案 25 - 46 和修正案 25 - 57 的内容制定。1964 年 12 月 24 日发布的 §25.697 仅对机翼襟翼控制器件提出了要求；14 CFR 修正案 25 - 23 将原条款仅要求机翼襟翼及其操纵器件的设计和布置扩展到要求所有的升力和阻力装置及其操纵器件的设计及布置，并将升力装置的收起速度由 $V_F + 8.5$ 节调整到 $V_F + 9.0$ 节；14 CFR 修正案 25 - 46 增加了仅供地面使用的升力和阻力装置操纵器件的要求；14 CFR 修正案 25 - 57 将 §25.697(a) 中引用的 §25.47 更改为 §25.101(d)。

2　条款解读

2.1　条款要求

第 25.697 条中的"升力和阻力装置"，对于现役主流民用飞机，一般包括前缘缝翼、后缘襟翼和扰流板。"操纵器件"一般为襟缝翼手柄和减速板手柄。第 25.697(c) 款中的"满意的飞行特性和性能"中"满意的"可以理解为：① 在第 25.697(c) 款规定的飞行状态下，飞机的飞行特性和性能满足适航标准中其他条款对于飞行特性和性能的明确要求；② 在驾驶员定性的测评时，达到事先确定的评判标准要求；③ 符合局方制定的其他评定要求。

第 25.697 条要求主要包括以下方面：

（1）升力装置操纵器件的设计必须使驾驶员能将其置于规定的起飞、航路、进场和着陆的任一位置，无须进一步注意。

（2）升力和阻力操纵器件的设计和布置可以防止无意操作。

（3）对飞行安全有危险性影响的，仅供地面使用的升力和阻力装置操纵器件，需有措施防止误操作。

（4）各操纵面的运动必须使飞机具有满意的飞行特性和性能。

（5）低于 $V_F + 9.0$ 节速度下发动机最大推力工作时，操纵面可从全展位置收起。

2.2　相关条款

与第 25.697 条相关的条款如表 2 - 1 所示。

表 2－1　第 25.697 条相关条款

序　号	相关条款	相　关　性
1	第 25.101(d)款	第 25.101(d)款要求申请人必须选择飞机的起飞、航路、进场和着陆形态,对第 25.697(b)款中的起飞、航路、进场和着陆形态提出了要求

3　验证过程

3.1　验证对象

第 25.697 条的验证对象为升力和阻力装置及其操纵器件。

3.2　符合性验证思路

针对第 25.697(a)款,说明升力装置操纵器件的设计和布置,无须驾驶员进一步注意,并通过飞行试验进行相应的验证。

针对第 25.697(b)款,说明有措施防止升力和阻力装置操纵器件的无意操作和误操作,并通过机上目视检查进行确认。

针对第 25.697(c)款,说明各操纵面能正常响应操纵器件的动作,能使飞机具有满意的飞行特性和性能,通过实验室试验和试飞试验进行相应的验证。

针对第 25.697(d)款,说明在飞行过程中 $V_F + 9.0$ 节时能将操纵面从全展位置收起。

3.3　符合性验证方法

通常,针对第 25.697 条的符合性验证方法如表 3－1 所示。

表 3－1　建议的符合性方法

条　款　号	专业	符合性方法										备　注
		0	1	2	3	4	5	6	7	8	9	
第 25.697(a)款	高升力		1					6				
第 25.697(b)款	高升力		1		3				7			
第 25.697(b)款	主飞控		1		3				7			
第 25.697(c)款	高升力					4		6				
第 25.697(c)款	主飞控					4		6				
第 25.697(d)款	高升力							6				

3.4　符合性验证说明

3.4.1　第 25.697(a)款符合性验证说明

针对第 25.697(a)款采用的符合性验证方法包括 MOC1 和 MOC6,各项验证具体工作如下：

1) MOC1 验证过程

通过高升力系统描述说明升力装置操纵器件的类型，并逐个说明各升力装置操纵器件的设计可使驾驶员将该升力装置操纵器件置于航路的起飞、航路、进场、着陆的任一位置，能保持在选定的位置上无须驾驶员进一步注意。

2) MOC6 验证过程

通过高升力系统正常功能试飞，验证在飞行过程中飞行员能够操纵升力装置操纵器件将升力装置置于并保持在起飞、巡航、进场着陆的任一位置，无须飞行员特别注意，并通过驾驶员评估进行确认。

3.4.2　第 25.697(b)款符合性验证说明

针对第 25.697(b)款采用的符合性验证方法包括 MOC1、MOC3 和 MOC7，各项验证具体工作如下：

1) MOC1 验证过程

通过高升力/主飞控系统描述说明升力和阻力装置操纵器件的类型，并对其设计特征和布置进行描述（例如某些飞机上会采取带保护盖的操纵开关，手柄操控时需克服一定的提起力等），表明无意操作的可能性不大，且可防止误操作。

若存在仅供地面使用的升力和阻力装置（例如地面扰流板），且安全性分析结果说明其在飞行过程中会造成危险，则在系统描述说明其设计特征及有措施防止对其操纵器件进行误操作，例如现在很多主流飞机的地面扰流板运动是由计算机根据飞机实时状态进行自动控制的，驾驶舱没有设置专门的操纵器件，可防止误操作。

2) MOC3 验证过程

通过安全性分析说明其在飞行过程中是否会造成危险，例如是否会影响飞机起飞、降落性能。

3) MOC7 验证过程

通过机上检查确认升力和阻力装置操纵器件的设计和布置可防止驾驶员无意操作和误操作。

3.4.3　第 25.697(c)款符合性验证说明

针对第 25.697(c)款采用的符合性验证方法包括 MOC4 和 MOC6，各项验证具体工作如下：

1) MOC4 验证过程

在铁鸟试验台上进行高升力/主飞控系统正常功能地面模拟试验，验证通过控制各操纵器件可使系统功能正常，操纵面收放时间准确、收放顺序正确且运动平稳。

2) MOC6 验证过程

进行高升力/主飞控系统正常功能飞行试验验证每个操纵面均能正确响应操

纵器件的控制,使飞机具有满意的飞行特性和性能。

3.4.4 第 25.697(d)款符合性验证说明

针对第 25.697(d)款采用的符合性验证方法包括 MOC6,验证工作具体如下:进行 $V_F+9.0$ 节襟缝翼收起试飞试验,验证襟缝翼系统在 $V_F+9.0$ 节对应的载荷情况下,能将操纵面从全展位置正确地收起。

3.5 符合性文件清单

通常,针对第 25.697 条的符合性文件清单如表 3-2 所示。

表 3-2 建议的符合性文件清单

序 号	符 合 性 报 告	符合性方法
1	高升力系统设计描述	MOC1
2	主飞控系统设计描述	MOC1
3	高升力系统功能危险性评估	MOC3
4	主飞控系统功能危险性评估	MOC3
5	高升力系统实验室试验大纲	MOC4
6	高升力系统实验室试验报告	MOC4
7	主飞控系统实验室试验大纲	MOC4
8	主飞控系统实验室试验报告	MOC4
9	高升力系统飞行试验大纲	MOC6
10	高升力系统飞行试验报告	MOC6
11	主飞控系统飞行试验大纲	MOC6
12	主飞控系统飞行试验报告	MOC6
13	高升力系统机上检查大纲	MOC7
14	高升力系统机上检查报告	MOC7
15	主飞控系统机上检查大纲	MOC7
16	主飞控系统机上检查报告	MOC7

4 符合性判据

针对第 25.697 条,从定性方面给出符合性判据如下:

(1) 驾驶员能通过操纵升力装置操纵器件将升力装置置于起飞、航路、进场或着陆的任一位置。

(2) 升力和阻力装置操纵器件的设计和布置能防止无意操作。

(3) 若安全性分析结果表明仅供地面使用的升力和阻力装置在飞行中可能会造成危险,则其操纵器件的设计能在飞行过程中防止误操作。

(4) 升力和阻力装置的运动能使飞机满足规定的飞行特性或性能。

(5) 在低于 $V_F+9.0$ 节的任一速度下作定常飞行时,操纵面能从全展位置收起,且响应速度满足规定的要求。

(6) 完成了 MOC4 试验,试验结果表明各操纵面收放时间准确、收放顺序正确且运动平稳。

(7) 完成了 MOC6 试验,试验结果表明飞行过程中驾驶员能够操纵升力装置操纵器件将升力装置置于并保持在起飞、巡航、进场着陆的任一位置,并通过驾驶员评估确认升力装置能保持在这些位置无须进一步注意;每个操纵面均能正确响应操纵器件的控制,使飞机具有满意的飞行特性和性能;在 $V_F+9.0$ 节对应的载荷情况下,襟缝翼操纵面能从全展位置正确地收起。

(8) 完成了 MOC7 机上检查,检查结果表明升力和阻力装置操纵器件的设计和布置满足系统设计描述,可防止驾驶员无意操作和误操作。

参考文献

[1]　14 CFR 修正案 25 - 23 Transport Category Airplane Type Certification Standards [S].
[2]　14 CFR 修正案 25 - 46 Airworthiness Review Program Amendment No. 7 [S].
[3]　14 CFR 修正案 25 - 57 Aircraft Engine Regulatory Review Program; Aircraft Engine and Related Powerplant Installation Amendments [S].
[4]　FAA. AC25 - 21 Certification of Transport Airplane Structure [S]. 1999.
[5]　杨建忠. 运输类飞机适航要求解读[M]. 北京:航空工业出版社,2013.

运输类飞机适航标准
第 25.699 条符合性验证

1 条款介绍

1.1 条款原文

第 25.699 条 升力和阻力装置指示器

(a) 对于每一升力和阻力装置,如果驾驶舱内设有独立的操纵器件用于调整其位置,则必须设置向驾驶员指示其位置的装置。此外,对于升力或阻力装置系统中出现的不对称工作或其它功能不正常,考虑其对飞行特性和性能的影响,如果必须有指示,才能使驾驶员防止或对付不安全的飞行或地面情况,则必须设置该指示装置。

(b) 必须设置向驾驶员指示升力装置在起飞、航路、进场和着陆位置的装置。

(c) 如果升力和阻力装置具有可能超出着陆位置的任一放下位置,则在操纵器件上必须清楚地制出标记,以便识别超出的范围。

1.2 条款背景

为了向驾驶员指示襟翼在起飞、航路、进场和着陆时的位置,并对襟翼超出着陆位置的放下位置进行规定,提出了第 25.699 条。第 25.699 条依据 14 CFR PART 25 中的 §25.699 及 14 CFR 修正案 25-23 制定,1968 年 FAA 制定 NPRM 68-18,增加了 §25.699(a),并将原条款对襟翼的要求扩展到所有的升力和阻力装置(如缝翼和扰流板),因为这些装置在飞行过程中广泛使用,会影响飞行安全,故要求提供升力和阻力装置非对称及故障时的位置指示。1970 年 5 月 28 日在正式发布的 14 CFR 修正案 25-23 中对该条款进行了修订。

1.3 条款历史

第 25.699 条在 CCAR25 部初版首次发布,截至 CCAR-25-R4,该条款未进行过修订,如表 1-1 所示。

1985 年 12 月 31 日发布了 CCAR25 部初版,其中包含第 25.699 条,该条款参考 1964 年 12 月 24 日发布的 14 CFR PART 25 中的 §25.699 及 14 CFR 修正案 25-23 的内容制定。14 CFR 修正案增加了 §25.699(a),并将原条款仅要求后缘襟翼位置的指示扩展到要求所有的升力和阻力位置的指示。

表 1-1　第 25.699 条条款历史

第 25.699 条	CCAR25 部版本	相关 14 CFR 修正案	备　注
首次发布	初版	25-23	

2　条款解读

2.1　条款要求

条款中的"升力和阻力装置",对于现役主流民用飞机,一般包括前缘缝翼、后缘襟翼和扰流板。"操纵器件"一般为襟缝翼手柄和减速板手柄。现在,电传飞控系统已成为主流,没有了传统的表盘指示器来指示单个的舵面位置信息,而是将舵面位置指示信息集成到 EICAS 简图页,通过 EICAS 简图页实现升力和阻力装置位置指示的功能,所以条款中的"指示器"一般为"飞控/高升力系统 EICAS 简图页"。第 25.699(a)款中的"其它功能不正常"一般指丧失襟缝翼伸出和收回功能,襟缝翼非指令运动,襟缝翼非对称运动,丧失襟缝翼位置信号,襟缝翼位置信号错误等,也会根据不同机型的功能不同而有所差异。

第 25.699 条要求主要包括以下方面:

(1)驾驶舱内有独立操纵器件控制升力和阻力装置的运动时,需要设置指示器向驾驶员指示升力和阻力装置的位置。

(2)驾驶舱内有独立控制器件操纵升力和阻力装置的运动时,若出现升力和阻力装置不对称或其他功能不正常,需分析此种故障对于飞行安全的影响,若有影响,需向驾驶员提供指示。

(3)对于升力装置的运动(无论驾驶舱是否有独立操纵器件),需向驾驶员提供升力装置在起飞、航路、进场和着陆的位置。

(4)如果升力和阻力装置会超出着陆位置放下,需在其操纵器件上进行清楚标记,以便识别超出着陆位置的范围。

2.2　相关条款

与第 25.699 条相关的条款如表 2-1 所示。

表 2-1　第 25.699 条相关条款

序　号	相关条款	相　关　性
1	第 25.703 条	第 25.703 条为起飞告警系统的条款,对第 25.699 条要求的升力和阻力装置指示器的告警形式提出了要求

3 验证过程

3.1 验证对象

第 25.699 条的验证对象为升力和阻力装置位置指示器。

3.2 符合性验证思路

针对第 25.699(a)款,说明当驾驶舱内有独立操纵器件控制升力和阻力装置的运动时,设置了指示器向驾驶员指示升力和阻力装置的正常和故障时的位置,并通过实验室试验进行相应的验证。

针对第 25.699(b)款,说明设置了指示器,能向驾驶员指示升力装置在起飞、航路、进场和着陆的位置,并通过飞行试验进行相应的验证。

针对第 25.699(c)款,说明当升力和阻力装置会超出着陆位置放下时,在其操纵器件上进行了清楚标记,以便能识别超出着陆位置的范围,并通过机上检查进行了相应的验证。

3.3 符合性验证方法

通常,针对第 25.699 条的符合性验证方法如表 3-1 所示。

表 3-1　建议的符合性方法

条　款　号	专　业	符 合 性 方 法										备　注
		0	1	2	3	4	5	6	7	8	9	
第 25.699(a)款	高升力		1		3	4						
第 25.699(a)款	主飞控		1		3	4						
第 25.699(b)款	高升力		1					6				
第 25.699(c)款	高升力		1						7			
第 25.699(c)款	主飞控		1						7			

3.4 符合性验证说明

3.4.1 第 25.699(a)款符合性验证说明

针对第 25.699(a)款,采用的符合性验证方法包括 MOC1、MOC3 和 MOC4,各项验证具体工作如下:

1) MOC1 验证过程

通过高升力/主飞控系统描述说明升力和阻力装置布置情况,说明其操纵器件是否是位于驾驶舱内的独立控制器件,若是,需设置升力和阻力装置位置指示器用来指示升力和阻力装置的位置,对于现役主流民用飞机,一般采用简图页的方式向驾驶员提供指示,需在系统描述中说明简图页的设置及其采用何种方式向驾驶员进行指示。

若升力和阻力装置在非对称和其他故障情况下对飞行安全有影响,必须向驾驶员提供指示,则需通过系统描述说明设置了升力和阻力装置指示器,且其能够以某种方式(例如颜色指示、字符指示等)向驾驶员提供故障时襟缝翼位置信息及对故障进行告警。

2) MOC3 验证过程

通过高升力/主飞控系统安全性分析,说明升力和阻力装置在非对称和其他故障情况下对飞行安全的影响。

3) MOC4 验证过程

在铁鸟试验台上进行高升力/主飞控系统正常功能试验及故障试验,对升力和阻力装置器件的显示逻辑和功能进行验证,验证其能以设计描述中的方式向驾驶员指示升力和阻力装置的正常和故障状态信息。

3.4.2　第 25.699(b)款符合性验证说明

针对第 25.699(b)款,采用的符合性验证方法包括 MOC1 和 MOC6,各项验证具体工作如下:

1) MOC1 验证过程

通过高升力系统描述说明设置了升力装置指示器,能向驾驶员指示飞机在起飞、航路、进场和着陆时升力装置的位置。

2) MOC6 验证过程

进行高升力系统正常功能飞行试验,验证在起飞、航路、进场和着陆时,升力装置指示器会以系统描述中的方式向驾驶员指示升力装置所处的位置。

3.4.3　第 25.699(c)款符合性验证说明

针对第 25.699(c)款,采用的符合性验证方法包括 MOC1 和 MOC7,各项验证具体工作如下:

1) MOC1 验证过程

通过高升力/主飞控系统描述说明升力和阻力装置超出着陆位置的放下位置时(若有),升力和阻力装置操纵器件上设置了标记用于标识其运动超出的范围。

2) MOC7 验证过程

若存在升力和阻力装置超出着陆位置的放下位置时,进行机上目视检查确认升力和阻力装置操纵器件上有清晰的标示能识别升力和阻力装置超出的范围。

3.5　符合性文件清单

通常,针对第 25.699 条的符合性文件清单如表 3-2 所示。

表 3-2　建议的符合性文件清单

序　号	符 合 性 报 告	符合性方法
1	高升力系统描述	MOC1
2	主飞控系统描述	MOC1

（续表）

序　号	符合性报告	符合性方法
3	高升力系统功能危险性评估	MOC3
4	主飞控系统功能危险性评估	MOC3
5	高升力系统实验室试验大纲	MOC4
6	高升力系统实验室试验报告	MOC4
7	主飞控系统实验室试验大纲	MOC4
8	主飞控系统实验室试验报告	MOC4
9	高升力系统飞行试验大纲	MOC6
10	高升力系统飞行试验报告	MOC6
11	高升力系统机上检查大纲	MOC7
12	高升力系统机上检查报告	MOC7
13	主飞控系统机上检查大纲	MOC7
14	主飞控系统机上检查报告	MOC7

4　符合性判据

针对第 25.699 条,从定性方面给出符合性判据如下:

（1）如果驾驶舱内设置有独立的操纵器件用于调整升力和阻力装置的位置,则需设置升力和阻力装置位置指示器。

（2）升力和阻力装置位置指示器具备为飞行机组提供位置信息的功能。

（3）升力和阻力装置位置指示器具备为飞行机组提供告警信息的功能,以提醒飞行机组飞机发生了升力和阻力装置非对称或其他故障,如果采用简图页的方式指示,需通过设置不同的颜色、标示等方式向驾驶员指示升力和阻力装置正常和故障时的位置。

（4）升力装置位置指示器具备为飞行机组指示升力装置在起飞、航路、进场和着陆时的位置的功能。

（5）在升力和阻力装置操纵器件上设置有标记,标识当升力和阻力装置超出着陆位置的放下位置时的超出范围。

（6）完成了 MOC4 试验,试验结果表明升力和阻力装置指示器能向驾驶员指示升力和阻力装置的正常和故障状态信息。

（7）完成了 MOC6 试飞,试飞结果表明升力装置指示器能向驾驶员指示升力装置所处的位置。

（8）完成了 MOC7 机上检查,检查结果表明升力和阻力装置操纵器件上有清晰的标示识别升力和阻力装置超出着陆位置的范围(若存在此情况)。

参考文献

[1]   14 CFR 修正案 25 – 23 Transport Category Airplane Type Certification Standards [S].

[2]   FAA. AC25 – 21 Certification of Transport Airplane Structure [S]. 1999.

[3]   FAA. AC25 – 22 Certification of Transport Airplane Mechanical Systems [S]. 2000.

[4]   Notice No. 68 – 18，Transport Category Airplanes；Type Certification Standards，Docket No. 9097，Federal Register [S].

运输类飞机适航标准
第 25.701 条符合性验证

1 条款介绍

1.1 条款原文

第 25.701 条 襟翼与缝翼的交连

（a）飞机对称面两边的襟翼或缝翼的运动，必须通过机械交连或经批准的等效手段保持同步，除非当一边襟翼或缝翼收上而另一边襟翼或缝翼放下时，飞机具有安全的飞行特性。

（b）如果采用襟翼或缝翼交连或等效手段，则其设计必须计及适用的不对称载荷，包括对称面一边的发动机不工作而其余发动机为起飞功率（推力）时飞行所产生的不对称载荷。

（c）对于襟翼或缝翼不受滑流作用的飞机，有关结构必须按一边襟翼或缝翼承受规定对称情况下出现的最严重载荷，而另一边襟翼或缝翼承受不大于该载荷的80%进行设计。

（d）交连机构必须按对称面一边受交连的襟翼或缝翼卡住不动而另一边襟翼或缝翼可自由运动，并施加活动面作动系统全部动力所产生的载荷进行设计。

〔中国民用航空局 1995 年 12 月 18 日第二次修订〕

1.2 条款背景

为了对飞机安装的襟缝翼交联系统进行规定，建立襟缝翼交连系统及有关结构的设计载荷条件，提出了第 25.701 条。第 25.701 条初版依据 14 CFR PART 25 中的§25.701 及 14 CFR 修正案 25-23 和修正案 25-46 制定，1984 年 FAA 制定 NPRM 84-21，建议修订§25.701，将原条款对襟翼的要求扩展到襟翼和缝翼，因为关注到缝翼不对称伸出及襟翼不对称伸出和缝翼不对称伸出对飞机有相同的影响。1990 年 8 月 20 日在正式发布的 14 CFR 修正案 25-72 中对该条款进行了修订。

1.3 条款历史

第 25.701 条在 CCAR25 部初版首次发布，截至 CCAR-25-R4，该条款共修订过1次,如表1-1所示。

表1-1　第25.701条条款历史

第25.701条	CCAR25部版本	相关14 CFR修正案	备　注
首次发布	初版	25-23,25-46	
第1次修订	R2	25-72	

1.3.1　首次发布

1985年12月31日发布了CCAR25部初版,其中包含第25.701条,该条款参考1964年12月24日发布的14 CFR PART 25中的§25.701及14 CFR修正案25-23和修正案25-46的内容制定。14 CFR修正案25-23删除了§25.701(b),新增§25.701(d)。14 CFR修正案25-46修订了§25.701(a),放宽了对襟翼交连方式的要求,提出可以用经批准的等效手段来代替机械交连的方式保持飞机对称面两边襟翼同步运动。

1.3.2　第1次修订

1995年12月18日发布的CCAR-25-R2对第25.701条进行了第1次修订,本次修订参考了14 CFR修正案25-72的内容:将原§25.701对襟翼的要求扩展,对襟翼和缝翼同时提出要求,并关注了不对称缝翼的问题。

2　条款解读

2.1　条款要求

第25.701(a)款中"经批准的"指经适航局方批准的。第25.701(c)款中的"有关结构"应包括对作动器动力源到卡阻点的驱动输出进行反作用的所有组部件,这类组部件可能包括结构、交连连杆和驱动系统的组部件。

第25.701条要求的主要包括以下方面:

(1)飞机需安装襟缝翼交连系统,以保持两侧襟缝翼的同步运动,除非当不同步时,飞机可安全飞行。

(2)如果采用襟缝翼交连方式,其设计必须考虑所有适用的不对称载荷。

(3)对于襟翼或缝翼不受滑流作用的飞机,有关结构必须按照一边承受最严重载荷,另一边不大于该载荷的80%进行设计。

(4)操纵面交连必须按对称面一侧的操纵面卡住不动而另一侧操纵面可自由运动,并受到操纵面作动系统的全部动力所产生的载荷进行设计。

2.2　相关条款

与第25.701条相关的条款如表2-1所示。

表 2 - 1　第 25.701 条相关条款

序　号	相关条款	相　　关　　性
1	第 25.345 条	第 25.345 条确定的作用于操纵面的飞行载荷必须与该条款要求的作动系统的载荷组合考虑

3　验证过程

3.1　验证对象

第 25.701 条的验证对象为飞机的襟翼及缝翼系统及其有关结构。

3.2　符合性验证思路

针对第 25.701(a)款,需要说明采用机械交连或经批准的等效手段保证飞机对称面两侧的襟缝翼运动保持同步,并通过实验室试验进行验证。若不采用襟缝翼交连或等效手段,需采用安全性分析的方法表明当飞机一边襟翼或缝翼收上而另一边放下时,飞机具有安全的飞行特征。

针对第 25.701(b)(c)(d)款,通过计算分析的方法计算出所有适用的不对称载荷、一侧最严重载荷及一侧卡阻而另一侧自动活动时的载荷情况,并通过分析说明襟缝翼交联机构及其相关结构能承受相应载荷。

3.3　符合性验证方法

通常,针对第 25.701 条的符合性验证方法如表 3 - 1 所示。

表 3 - 1　建议的符合性方法

条　款　号	专　业	符 合 性 方 法										备　注
		0	1	2	3	4	5	6	7	8	9	
第 25.701(a)款	高升力		1		3	4						
第 25.701(b)款至(d)款	飞行载荷			2								
第 25.701(b)款至(d)款	强度			2								

3.4　符合性验证说明

3.4.1　第 25.701(a)款符合性验证说明

针对第 25.701(a)款,采用的符合性验证方法包括 MOC1、MOC3 和 MOC4,各项验证具体工作如下:

1) MOC1 验证过程

通过高升力系统描述说明飞机采用了机械交连或其他经批准的方式保证对称

面两侧的襟缝翼同步运动。若未采用则需要开展系统安全性分析。

2) MOC3 验证过程

若未采用机械交连或其他经批准的方式保证对称面两侧的襟缝翼同步运动，则通过系统安全性分析说明当飞机一边襟翼或缝翼收上而另一边放下时，飞机具有安全的飞行特征。

3) MOC4 验证过程

通过在铁鸟试验台上进行襟缝翼正常功能试验，验证高升力系统所采用的机械交联方式或其他等效方式能保证对称面两边的襟翼和缝翼同步运动。

3.4.2　第 25.701(b)、(c)、(d)款符合性验证说明

针对第 25.701(b)、(c)、(d)款，采用的符合性验证方法包括 MOC2，验证具体工作如下：

首先，对飞机飞行过程中可能出现的非对称情况下襟缝翼气动载荷进行分析计算，包括发动机一边不工作而其余发动机为起飞功率时载荷、一边襟翼或缝翼结构承受最严重载荷，一边承受不大于 80% 载荷、一边卡阻，一边可自由活动时载荷，将此载荷作为设计载荷进行考虑。

然后，对襟缝翼操纵系统及其支承结构（包括作动器支架、襟翼舱、机翼固定前缘和 PDU 安装支架等结构）的强度进行计算，表明襟缝翼交连机构及其支承结构能够承受上述载荷。

3.5　符合性文件清单

通常，针对第 25.701 条的符合性文件清单如表 3 - 2 所示。

表 3 - 2　建议的符合性文件清单

序　号	符 合 性 报 告	符合性方法
1	高升力系统描述	MOC1
2	非对称情况下襟缝翼气动载荷计算分析报告	MOC2
3	高升力系统及相关支承结构强度分析报告	MOC2
4	高升力系统功能危害性评估（FHA）	MOC3
5	高升力系统实验室试验大纲	MOC4
6	高升力系统实验室试验报告	MOC4

4　符合性判据

针对第 25.701 条，从定量和定性两方面给出符合性判据如下：

（1）飞机对称面两边的襟翼或缝翼的运动，必须通过机械交连或经批准的等效手段保持同步。

（2）若未采用机械交连或等效手段，安全性分析结果表明当一边襟翼或缝翼收

上而另一边襟翼或缝翼放下时,飞机具有安全的飞行特性。

（3）计算分析证明襟缝翼操纵系统及其支承结构能够承受所有适用的不对称载荷,进行计算分析时满足：① 载荷计算计及了所有适用的非对称载荷,包括一边发动机不工作而其余发动机为起飞功率（推力）时产生的载荷,一边承受规定情况最严重载荷,另一边承受不大于该载荷的 80%,一边卡住不动,另一边施加全部动力所产生的载荷;② 考虑襟缝翼操纵系统及其支承结构所有的组部件。

（4）完成了 MOC4 试验,试验结果表明飞机对称面两边的襟翼和缝翼能同步运动（若采用机械交连或等效手段）。

参考文献

［1］ 14 CFR 修正案 25 - 23 Transport Category Airplane Type Certification Standards［S］.

［2］ 14 CFR 修正案 25 - 72 Special Review：Transport Category Airplane Airworthiness Standards［S］.

［3］ FAA. AC25 - 21 Certification of Transport Airplane Structure［S］. 1999.

［4］ FAA. AC25 - 22 Certification of Transport Airplane Mechanical Systems［S］. 2000.

运输类飞机适航标准
第 25.703 条符合性验证

1 条款介绍

1.1 条款原文

第 25.703 条 起飞警告系统

飞机必须安装起飞警告系统并满足下列要求：

（a）在起飞滑跑的开始阶段，如果飞机处于任何一种不允许安全起飞的形态，则警告系统必须自动向驾驶员发出音响警告，这些形态包括：

（1）襟翼或前缘升力装置不在经批准的起飞位置范围以内；

（2）机翼扰流板（符合第 25.671 条要求的横向操纵扰流板除外），减速板或纵向配平装置处于不允许安全起飞的位置。

（b）本条（a）中要求的警告必须持续到下列任一时刻为止：

（1）飞机的形态改变为允许安全起飞；

（2）驾驶员采取行动停止起飞滑跑；

（3）飞机抬头起飞；

（4）驾驶员人为地切断警告。

（c）在申请合格审定的整个起飞重量、高度和温度范围内，用于接通警告系统的装置必须能正常工作。

1.2 条款背景

第 25.703 条主要对起飞警告系统的安全起飞形态、中止条件以及工作条件等要求进行了规定。由于部分飞行事故是在起飞滑跑阶段，飞机未处于允许安全起飞的形态，而同时机组人员没能接到来自起飞警告系统的提示。通过对这类事故的分析，有必要在飞机上加装起飞警告系统，并对起飞警告系统的设计和使用提供相关指导性材料。

1.3 条款历史

第 25.703 条在 CCAR25 部初版首次发布，截至 CCAR-25-R4，该条款未进行过修订，如表 1-1 所示。

表 1-1 第 25.703 条条款历史

第 25.703 条	CCAR25 部版本	相关 14 CFR 修正案	备 注
首次发布	初版	25-42	

1985 年 12 月 31 日发布了 CCAR25 部初版,其中包含第 25.703 条,该条款参考 14 CFR 修正案 25-42 中的§25.703 的内容制定。14 CFR 修正案 25-42 中提案 6-50 提出新增§25.703,截至 25-144 修正案,该条款未做修订。

2 条款解读

2.1 条款要求

第 25.703(a)款要求飞机在起飞滑跑的开始阶段,对任何一种不允许安全起飞的构型,警告系统必须向驾驶员发出音响警告。

第 25.703(a)(1)项襟翼或前缘升力装置不在经批准的起飞位置以内,主要是指当襟翼或者前缘设备不在允许的起飞设置范围(当飞行员未设置襟翼到允许起飞的位置,或者无意间收回了襟翼,或者襟翼在控制命令下未能顺利展开时)。

第 25.703(a)(2)项机翼扰流板、减速板或纵向配平装置处于不允许安全起飞的位置,主要是指由于以上这些气动控制面系统有可能因故障而与飞行员控制不匹配,起飞滑跑阶段需要采用可靠的警告系统设计以保证主控制面的传感器可靠性。

第 25.703(b)款说明第 25.703(a)款中的警告应持续的时间。

第 25.703(c)款要求接通警告系统的装置的完整性和可靠性。用于接通警告系统的装置,主要是指为起飞警告系统提供数据、驱动以及电源的数据集中装置(DCU)、主警告/主警戒信号器和灯驱动器等。

2.2 相关条款

与第 25.703 条相关的条款如表 2-1 所示。

表 2-1 第 25.703 条相关条款

序 号	相关条款	相 关 性
1	第 25.671 条	本条(a)(2)项中明确,在考虑机翼扰流板形态时,符合第 25.671 的横向操纵扰流板除外
2	第 25.1322 条	告警灯及告警信号的设计和实施需要满足第 25.1322 条的要求

3 验证过程

3.1 验证对象

第 25.703 条的验证对象为飞机的 EICAS 系统、主飞控和高升力系统。

3.2 符合性验证思路

针对第 25.703(a)款,需通过主飞控系统设计描述和高升力系统设计描述表明不安全起飞构型的定义,通过 EICAS 系统设计描述表明警告系统设计能够从主飞控系统和高升力系统接收信号,按照预先的定义好的逻辑报警;通过 EICAS 系统的安全性评估,对丧失起飞构型警告和错误地提供起飞构型警告的情况进行了评估;通过机上地面试验验证飞机具备系统设计描述中定义的设计特征,被对是否满足条款要求进行确认。

针对第 25.703(b)款,主飞控系统设计描述、高升力系统设计描述和 EICAS 系统设计描述,说明系统条款要求飞机状态对应系统运行的技术参数,并表明系统设计逻辑确保了警告能够持续到条款要求的各状态;通过机上地面试验,告警系统响应符合系统设计描述的预期,从而确认起飞告警满足条款要求。

针对第 25.703(c)款,通过主飞控系统设计说明、高升力系统设计说明和 EICAS 系统设计说明和设备鉴定,表明相关设备在申请合格审定的整个起飞重量、高度和温度范围内能够正常工作。

3.3 符合性验证方法

通常,针对第 25.703 条的符合性验证方法如表 3-1 所示。

表 3-1 建议的符合性方法

条 款 号	专 业	符 合 性 方 法										备 注
		0	1	2	3	4	5	6	7	8	9	
第 25.703(a)款	综合航电				3							
	飞 控		1									
	指示告警		1		3		5					
第 25.703(b)款	飞 控		1									
	指示告警		1				5					
第 25.703(c)款	飞 控		1								9	
	指示告警		1								9	

3.4 符合性验证说明

3.4.1 第 25.703(a)款符合性验证说明

针对第 25.703(a)款,采用的符合性验证方法包括 MOC1、MOC3 和 MOC5,各项验证具体工作如下:

1) MOC1 验证过程

通过主飞控系统设计描述说明提供给 EICAS 供起飞警告的数据,如水平安定面位置,多功能扰流板位置,多功能扰流板的接入状态,减速板控制手柄位置,地面扰流板位置等。

通过高升力系统设计描述说明提供襟翼/缝翼位置数据给 EICAS,共起飞警告使用。

通过 EICAS 系统设计描述说明 EICAS 系统接收主飞控系统和高升力系统提供的相关数据,并描述触发起飞警告的判断逻辑。

2) MOC3 验证过程

通过 MOC3 安全性分析,评估丧失起飞构型警告和错误地提供起飞构型警告的情况,如"未通告地丧失起飞构型警告""起飞时(低于 V_1)起飞构型警告虚警"和"起飞时(高于 V_1)起飞构型警告虚警"等。

3) MOC5 验证过程

通过 MOC5 机上地面试验,EICAS 系统装机后能够在预定的状态下,对如未放襟翼、水平安定面不在绿色带、副翼配平过大、方向舵配平过大和扰流板未处于起飞构型位置等情况予以告警。

3.4.2 第 25.703(b)款符合性验证说明

针对第 25.703(b)款采用的符合性验证方法包括 MOC1 和 MOC5,各项验证工作具体如下:

1) MOC1 验证过程

主飞控系统设计描述、高升力系统设计描述和 EICAS 系统设计描述表明,警告过程中若飞机形态改变为安全起飞,驾驶员采取行动停止起飞滑跑,或者飞机抬头起飞,警告就会自动停止。飞行机组在起飞滑跑中,驾驶员可手动按下遮光罩上的主警告灯,取消音响警告。

2) MOC5 验证过程

通过 MOC5 机上地面试验验证,EICAS 系统装机后针对不安全的起飞状态,如未放襟翼、水平安定面不在绿色带、副翼配平过大、方向舵配平过大和扰流板未处于起飞构型位置等情况进行了地面试验,试验结果表明系统可执行按要求中止相关警告信息。

3.4.3 第 25.703(c)款符合性验证说明

1) MOC1 验证过程

通过 EICAS 设计说明、主飞控系统设计说明,高升力系统设计说明,表明相关设备在申请合格审定的整个起飞重量、高度和温度范围内能够正常工作,符合条款要求。

2) MOC9 验证过程

通过 MOC9 设备鉴定试验,表明本款中涉及的 DCU(数据集中装置)、RIU(无线电接口装置)、ACP(音频控制板)、驾驶舱扬声器、驾驶员耳机、主警告/主警戒信号器、灯驱动器等满足 DO‒160 的要求，获得 TSOA。

3.5　符合性文件清单

通常，针对第 25.703 条的符合性文件清单如表 3‒2 所示。

表 3‒2　建议的符合性文件清单

序　号	符　合　性　报　告	符合性方法
1	飞控系统设计描述	MOC1
2	航电系统设计描述	MOC1
3	航电系统功能危险性评估	MOC3
4	航电系统初步系统安全性评估	MOC3
5	航电系统安全性评估	MOC3
6	告警系统机上地面试验大纲	MOC5
7	告警系统机上地面试验报告	MOC5
8	系统设备鉴定大纲	MOC9
9	系统设备鉴定报告	MOC9

4　符合性判据

（1）EICAS 系统、主飞控系统和高升力系统的设计充分确定了不安全起飞的状态，定义并制定了及时告警的逻辑与方式。

（2）EICAS 系统、主飞控系统和高升力系统的设计充分确定了中止告警的状态，设计了中止告警的方式与逻辑。

（3）EICAS 系统、主飞控系统和高升力系统的设计中定义了实现完整警告功能的设备及连接装置，定义了各类设备的功能与性能。

（4）完成了系统设备鉴定，鉴定结果表明设备在申请合格审定的整个起飞重量、高度和温度范围内能够正常工作。

（5）完成了相应的机上地面试验，试验结果表明系统设计中定义的不安全起飞状态合理、逻辑清晰、告警指示清楚、告警中止操作可行。飞机具备系统设计描述中定义的功能和性能。

参考文献

[1] Notice No. 84‒21, Special Review: Transport Category Airplanes Airworthiness Standards, Docket No. 24344, Federal Register [S].

[2] Amdt. 25‒42 适航性评审大纲—修正案 No. 6 关于飞行条例的修正[S].

[3] FAA. AC25.703‒1 Takeoff Configuration Warning Systems [S]. 1993.

[4] FAA. AC25.783‒1A Fuselage Doors and Hatches [S]. 2005.

运输类飞机适航标准 第25.721条符合性验证

1 条款介绍

1.1 条款原文

第25.721条 总则

(a) 主起落架系统必须设计成,如果在起飞和着陆过程中起落架因超载而损坏(假定超载向上向后作用),其损坏状态很不可能导致下列后果:

(1) 客座量(不包括驾驶员座椅)等于或小于9座的飞机,机身内任何燃油系统溢出足够量的燃油构成起火危险;

(2) 客座量(不包括驾驶员座椅)等于或大于10座的飞机,燃油系统任何部分溢出足够量的燃油构成起火危险。

(b) 客座量(不包括驾驶员座椅)等于或大于10座的飞机必须设计成,当有任何一个或几个起落架未放下时,飞机在受操纵情况下在有铺面的跑道上着陆,其结构部件的损坏很不可能导致溢出足够量的燃油构成起火危险。

(c) 可用分析或试验,或兼用两者来表明符合本条规定。

1.2 条款背景

第25.721条的制定目的是要确保在起飞和着陆过程中主起落架虽然因超载而损坏,但不会导致任何燃油系统溢出足够量的燃油而构成起火危险,也并确保飞机在受操纵情况下,在有铺面的跑道上着陆时不会因为起落架的任何一个或几个未放下导致结构部件损坏而溢出足够量的燃油构成起火危险。

1.3 条款历史

第25.721条在CCAR25部初版首次发布,截至CCAR-25-R4,该条款未进行过修订,如表1-1所示。

1985年12月31日首次发布了CCAR25部初版,其中包含第25.721条,该条款参考14 CFR修正案25-32中的§25.721的内容制定。

为防止起落架失效并损坏机身内的燃油管路和电线而发生火情,14 CFR修正案25-15新增§25.721(d),要求主起落架系统必须设计成因起落架超载而损坏时不可能穿透机身内的燃油系统部件。

表 1-1　第 25.721 条条款历史

第 25.117 条	CCAR25 部版本	相关 14 CFR 修正案	备　　注
首次发布	初版	25-23,25-32	

为避免重复和清晰起见,14 CFR 修正案 25-23 保留新增的 §25.721(d),删除其他条款。

在 NPRM 69-33 中说明尤其关注一个或几个起落架支柱未放下,坠撞着陆直至飞机滑行至停止的情况,也关注即使起落架支柱放下,在大的下降速率下的坠撞情况。为此 FAA 建议新增 §25.562。另外,FAA 也建议将因起落架失效避免导致溢出足够量燃油的保护范围扩大到飞机的整个燃油系统,但由于不是所有的燃油系统穿透都会导致起火危险,因此保护的是那些将导致溢出足够量燃油构成起火危险的燃油系统。对于以上意见,一些评论者认为过于严厉和具体,并且当时没有切实的方法绝对保证飞机能满足轮胎未放下着陆(wheels-up landing)的要求。因此 FAA 同意这些评论,并且取消增加 §25.562 的建议,但是在考虑以上评论后,建议的 §25.562(a)的内容仍然保留下来新增为 §25.721(b),并将原 §25.721(d)转为 §25.721(a),并澄清该要求是假定超载向上向后作用。同时也对该条款进行了其他修订,以考虑不同客座量的情况。

2　条款解读

2.1　条款要求

第 25.721(a)款是对主起落架系统的设计方面的要求,针对不同座级的飞机需要考虑其不同的设计特征。对于客座量(不包括驾驶员座椅)等于或小于 9 座的飞机,考虑的是机身内的任何燃油系统;对于客座量(不包括驾驶员座椅)等于或大于 10 座的飞机,其要求更为严格,不只是机身内的任何燃油系统,而是燃油系统的任何部分都不可能导致溢出足够量的燃油构成起火危险。目前民用飞机通常在起落架上设置应急断离装置,在因着陆起落架发生结构破坏时从应急断离处断开,保证结构破坏后不会导致燃油系统的损坏产生起火危险。

其中关于"很不可能(not likely)"的描述,并不对应到第 25.1309 条的相关定义中。

"足够量的"燃油并未说明具体的数量,而且 FAA 在 14 CFR 修正案 25-57 中说明:仅有极少量燃油溢出或泄漏不太可能构成着火危险,而且要完全避免燃油喷溅或批准某一确定数量的泄漏量都是很困难的。如果导致燃油泄漏,此时燃油就是导致飞机起火的最大可能因素,因此燃油系统的安装位置和布局,应当考虑起落架因超载而损坏导致燃油溢出的可能,如果无法避免燃油系统的损坏,应设计成使流入可能存在点火源区域的燃油尽可能少,并考虑燃油迁移的可能以及潜在点火源的存在。

对于安装辅助燃油箱(通常安装在机身的下层货舱内)及其系统的情况,也应保证本要求的符合性,具体可参考 AC25-8 提供的指导信息。

第 25.721(b)款是针对一个或几个起落架未放下时应急着陆的要求。此时需要考虑的是飞机在受驾驶员操纵情况下在有铺面的跑道上着陆,由于在迫降或坠撞时结构部件的损坏从而引起足够量的燃油溢出构成着火危险。结构部件的损坏包括机身结构的变形和之后与跑道的刮擦导致机身结构中燃油系统的损坏、机翼整体油箱的损坏、翼吊发动机的短舱及吊挂结构的损坏以及与整体油箱相连的襟翼结构的损坏等。为满足第 25.721(b)款要求通常在襟翼与机翼连接的支臂上设置应急断离装置,通过应急断离抛离襟翼来保证机翼燃油箱的安全。

第 25.721(c)款是对于该条符合性方法的要求,可以采用试验或分析,或者两者均采用。

2.2　相关条款

与第 25.721 条相关的条款如表 2-1 所示。

表 2-1　第 25.721 条相关条款

序　号	相 关 条 款	相　　　关　　　性
1	第 25.994 条	第 25.994 条是关于应急着陆(包括起落架断离)情况下燃油箱强度和保护其免受破裂方面的适航要求
2	第 25.963 条	第 25.963 条是燃油箱总则条款,其中包含了燃油箱能够承受应急着陆情况下的载荷,不易破裂并能保存燃油,并且有安装保护,不致擦地的要求

3　验证过程

3.1　验证对象

第 25.721 条的验证对象为起落架系统。

3.2　符合性验证思路

第 25.721(a)款的验证思路首先要验证布置在燃油箱区域附近的起落架上设置应急断离装置符合要求,然后对应急断离抛离起落架后机翼燃油箱的结构破坏程度进行分析,说明不可能导致溢出足够量的燃油构成起火危险。

对于小于 10 座的飞机,主要考虑机身内的任何燃油系统;对于等于或大于 10 座的飞机,燃油系统的任何部分都需要考虑在内。通过分析和试验确认起落架应急断离装置可以满足预期要求,对于燃油箱和燃油系统的破坏程度很不可能导致溢出足够量的燃油构成起火危险。

第 25.721(b)款通过分析一个或几个起落架未放下时在有铺面的跑道上着陆时,燃油系统和起落架及机身结构部件的损坏情况,包括燃油系统,燃油箱结构,机身机翼结构,发动机短舱吊挂部位。说明燃油不会发生泄漏或燃油的泄漏不太可能构成着火危险。

第 25.721(c)款,说明对于该条款的验证方法满足条款要求。

3.3　符合性验证方法

通常,针对第 25.721 条的符合性验证方法如表 3-1 所示。

表 3-1　建议的符合性方法

条　款　号	专　业	符 合 性 方 法										备　注
		0	1	2	3	4	5	6	7	8	9	
第 25.721(a)款	起落架			2								
第 25.721(a)款	结　构			2		4						
第 25.721(b)款	起落架			2								
第 25.721(b)款	结　构			2		4						
第 25.721(c)款	起落架		1									

3.4　符合性验证说明

3.4.1　第 25.721(a)款符合性验证说明

针对第 25.721(a)款,采用的符合性验证方法包括 MOC2 和 MOC4,各项验证具体工作如下:

1) MOC2 验证过程

从飞机布置角度分析起落架断离后的轨迹是否会破坏燃油箱结构或者相连的管路,分析计算断离后可能导致的燃油泄漏量,判断是否构成起火危险。对起落架连接区进行应急断离工况载荷计算、应急断离工况强度计算,表明起落架连接结构满足要求,断离机构既能保证正常工况下的强度要求,又能在应急着陆时有效断离保护燃油箱结构。对燃油系统进行应急断离工况载荷计算、强度分析,表明燃油系统不会在此种工况下溢出足够量的燃油构成起火危险。

2) MOC4 验证过程

通过起落架应急断离装置的限制载荷静力试验、极限载荷静力试验和断离试验,验证起落架应急断离装置的静强度及应急断离功能。

3.4.2　第 25.721(b)款符合性验证说明

针对第 25.721(b)款,采用的符合性验证方法包括 MOC2 和 MOC4,各项验证工作具体如下:

1) MOC2 验证过程

对一个或多个起落架收起的着陆进行动力学仿真,分析机身结构、中央翼油箱及燃油导管的变形情况,表明机轮收起着陆时油箱结构不会严重破坏,燃油管路及部件附近结构变形满足要求,燃油导管不会出现塑性应变,不会产生导致严重情况的燃油泄漏。对襟翼保险销和襟翼连接结构进行应急断离工况载荷计算、应急断离工况强度计算,表明襟翼保险销和襟翼连接结构满足要求。由于一个或几个起落架未放下导致内襟翼或内襟翼支臂触地时,应急断离可使得大载荷不会传到翼盒后梁上,从而保证油箱的安全。

2) MOC4 验证过程

通过襟翼保险销限制载荷静力试验、极限载荷静力试验和断离试验,验证襟翼保险的静强度及应急断离功能。

3.4.3　第 25.721(c)款符合性验证说明

针对第 25.721(c)款,采用的符合性验证方法包括 MOC1,说明第 25.721(a)款和第 25.721(b)款采用了规章规定的符合性验证方法。

3.5　符合性文件清单

通常,针对第 25.721 条的符合性文件清单如表 3-2 所示。

表 3-2　建议的符合性文件清单

序　号	符 合 性 报 告	符合性方法
1	起落架、燃油箱、机体结构、燃油系统设计文件	MOC1
2	起落架应急断离轨迹分析报告	MOC2
3	机轮收起着陆仿真计算分析报告	MOC2
4	燃油箱结构强度校核报告	MOC2
5	主起落架静强度分析报告	MOC2
6	起落架应急断离载荷计算报告	MOC2
7	起落架保险销静强度试验大纲	MOC4
8	起落架保险销静强度试验报告	MOC4
9	襟翼应急断离工况载荷计算报告	MOC2
10	襟翼应急断离工况强度校核报告	MOC2
11	应急着陆(一个或多个起落架未放下)载荷分析报告	MOC2
12	应急着陆(一个或多个起落架未放下)强度校核报告	MOC2
13	襟翼保险销静强度试验大纲	MOC4
14	襟翼保险销静强度试验报告	MOC4

4　符合性判据

第 25.721(a)款判据为起落架机构的损坏不会导致小于 10 座的飞机机身内燃

油系统溢出足够量的燃油构成起火危险,不会导致等于或大于 10 座飞机燃油系统的任何部分溢出足够量的燃油构成起火危险。

　　第 25.721(b)款判据为能表明一个或多个起落架未放下的情况下,着陆产生的结构损坏不会导致溢出足够量的燃油构成起火危险。

　　第 25.721(c)款判据为第 25.721(a)款和第 25.721(b)款的验证方法分析或者试验,或者两者结合的方法。

参考文献

[1]　14 CFR 修正案 25 – 15 Crashworthiness and Passenger Evacuation Standards;Transport Category Airplanes [S].

[2]　14 CFR 修正案 25 – 23 Transport Category Airplane Type Certification Standards [S].

[3]　14 CFR 修正案 25 – 32 Crashworthiness and Passenger Evacuation Standards;Transport Category Airplanes [S].

[4]　FAA. AC25 – 21 Certification of Transport Airplane Structure [S]. 1999.

[5]　FAA. AC25. 994 – 1 Design Considerations to Protect Fuel Systems During a Wheels-up Landing [S]. 1986.

[6]　FAA. AC25 – 8 Auxiliary Fuel System Installations [S]. 1986.

运输类飞机适航标准第 25.723 条符合性验证

1 条款介绍

1.1 条款原文

第 25.723 条 减震试验

（a）用于确定着陆载荷的起落架动态特性分析模型必须由能量吸收试验验证。必须采用一系列的试验以确保对于第 25.473 条规定的设计条件，该分析模型是有效的。

（1）在限制设计条件下的能量吸收试验的条件设置必须至少包含设计着陆重量或者设计起飞重量中产生较大着陆冲击能量的任何一个。

（2）起落架系统的试验姿态和试验中合适的阻力载荷必须模拟与合理的或者保守的限制载荷一致的飞机着陆条件。

（b）起落架在演示其储备能量吸收能力的试验中不得损坏，此试验模拟在设计着陆重量时下沉速度为 3.66 米/秒（12 英尺/秒）并假定在着陆撞击时飞机的升力不大于飞机重量。

（c）对于之前批准的设计重量的改变和设计小改，可以基于以前在具有相似吸能特性的相同的基本起落架系统上进行的试验通过分析进行验证，以替代本条中规定的试验。

〔中国民用航空局 1995 年 12 月 18 日第二次修订，2011 年 11 月 7 日第四次修订〕

1.2 条款背景

此条款的目的是为保证起落架系统具有足够的强度和能量吸收能力承受在服役中可能遇到的任何着陆条件，以保证不超过飞机限制载荷系数。

1.3 条款历史

第 25.723 条在 CCAR25 部初版首次发布，截至 CCAR-25-R4，该条款共修订过 2 次，如表 1-1 所示。

表 1 - 1　第 25.723 条条款历史

第 25.723 条	CCAR25 部版本	相关 14 CFR 修正案	备　注
首次发布	初版	—	
第 1 次修订	R2	25 - 72	
第 2 次修订	R4	25 - 103	

1.3.1　首次发布

1985 年 12 月 31 日发布了 CCAR25 部初版,其中包含第 25.723 条,该条款参考 1964 年 12 月 24 日发布的 14 CFR PART 25 中的 §25.723 的内容制定。

1.3.2　第 1 次修订

1995 年 12 月 18 日发布的 CCAR - 25 - R2 对第 25.723 条进行了第 1 次修订,本次修订参考了 14 CFR 修正案 25 - 72 的内容:修改了 §25.723(a)中相应的文本错误,将其中的"identical"改为"similar",使之与其他相关条款的技术含义相同。

1.3.3　第 2 次修订

2011 年 11 月 7 日发布的 CCAR - 25 - R4 对第 25.723 条进行了第 2 次修订,本次修订参考了 14 CFR 修正案 25 - 103 的内容:修订了 §25.723(a),对用于确定着陆载荷的起落架动态特性分析进行了进一步明确的说明,并将原来的 §25.725 的试验姿态和阻力载荷要求移动到本条,同时增加了 §25.723(c),来扩大分析方法的使用范围。

2　条款解读

2.1　条款要求

第 25.723(a)款规定,必须用能量吸收试验(减震试验)来验证确定着陆载荷的起落架动态特性的分析,并且确保对于第 25.473 条规定的设计条件和分析方法是有效的。能量吸收试验必须至少包括设计着陆或设计起飞重量中产生较大着陆冲击能量的任何一个。起落架系统的试验姿态和阻力载荷必须模拟与合理的或者保守的限制载荷一致的飞机着陆条件。

第 25.723(b)款规定了起落架在演示其储备能量吸收能力的试验中不得损坏。

第 25.723(c)款规定了只有以能量吸收特性相似的同一基本起落架系统所做的试验为基础,对以前批准的设计重量的改变和较小的设计改变才可以采用分析的方法进行验证起落架动态特性。

2.2　相关条款

与第 25.723 条相关的条款如表 2 - 1 所示。

表 2 - 1　第 25.723 条相关条款

序　号	相关条款	相　关　性
1	第 25.473 条	第 25.473 条给出了第 25.723 条起落架动态分析模型中的着陆载荷情况和假定

3　验证过程

3.1　验证对象

第 25.723 条的验证对象为起落架。

3.2　符合性验证思路

针对第 25.723 条,采用分析计算及实验室试验的方法表明对其的符合性。依据飞机的设计重量、着陆姿态和下沉速度等进行起落架特性分析,通过起落架减震试验,确定受着陆载荷作用的起落架动态特性。

3.3　符合性验证方法

通常,针对第 25.723 条的符合性验证方法如表 3 - 1 所示。

表 3 - 1　建议的符合性方法

条　款　号	专　业	符 合 性 方 法										备　注
		0	1	2	3	4	5	6	7	8	9	
第 25.723 条	起落架			2		4						

3.4　符合性验证说明

针对第 25.723 条,采用的符合性验证方法包括 MOC2 和 MOC4,验证具体工作如下。

采用 MOC2 对前、主起落架进行落震仿真分析,给出在各工况下的起落架过载系数时间历程图。结果要求前起落架须不得超过限制载荷系数(轮轴处沿着陆时飞机俯仰方向的载荷大小与对应工况的静态载荷的比值)以及主起落架不得超过限制载荷系数。

同时采用 MOC4 对前、主起落架进行限制落震试验,要求前起落架限制落震试验的结果不得超过其设计限制载荷系数、主起落架限制落震试验结果不得超过其设计限制载荷系数。

飞机进行起落架减震仿真分析和储备能量吸收试验,采用最大着陆重量、下沉速度和升重比进行仿真分析和试验。从减震仿真分析结果来表明起落架的缓冲器和轮胎未触底,从储备能量吸收试验结果来表明轮胎未触底,缓冲器未发生泄漏,起落架无损伤。

3.5 符合性文件清单

通常,针对第 25.723 条的符合性文件清单如表 3-2 所示。

表 3-2 建议的符合性文件清单

序 号	符 合 性 报 告	符合性方法
1	前起落架落震试验仿真分析报告	MOC2
2	主起落架落震试验仿真分析报告	MOC2
3	前起落架落震试验大纲	MOC4
4	前起落架落震试验报告	MOC4
5	主起落架落震试验大纲	MOC4
6	主起落架落震试验报告	MOC4

4 符合性判据

达到下述状态可判定为符合条款要求。

4.1 第 25.723(a)款

确定着陆载荷的起落架动态特性分析模型满足第 25.473 条的要求,在限制设计条件下的能量吸收试验的条件设置包含设计着陆重量或者设计起飞重量中产生较大着陆冲击能量的任何一个,起落架系统的试验姿态和试验中合适的阻力载荷模拟结果与合理的或者保守的限制载荷的飞机着陆条件一致。

4.2 第 25.723(b)款

在设计着陆重量时下沉速度为 3.66 米/秒并假定在着陆撞击时飞机的升力不大于飞机重量,起落架在演示其储备能量吸收能力的试验中未发生损坏。

4.3 第 25.723(c)款

若是对于之前批准的设计重量的改变和设计小改,不采取本条中规定的试验,则基于以前在具有相似吸能特性的相同的基本起落架系统上已进行了试验。

参考文献

[1] 14 CFR 修正案 25-72 Special Review: Transport Category Airplane Airworthiness Standards [S].

[2] 14 CFR 修正案 25-103 Revised Landing Gear Shock Absorption Test Requirements [S].

[3] FAA. AC25-21 Certification of Transport Airplane Structure [S]. 1999.

[4] 冯振宇.运输类飞机适航要求解读.第 2 卷结构[M].北京:航空工业出版社,2013.

运输类飞机适航标准
第 25.729 条符合性验证

1 条款介绍

1.1 条款原文

第 25.729 条　收放机构

(a) 总则　对于装有可收放起落架的飞机,采用下列规定:

(1) 起落架收放机构、轮舱门和支承结构必须按下列载荷设计:

(i) 起落架在收上位置时的飞行情况下出现的载荷;

(ii) 在直到 $1.6V_{S1}$(襟翼在设计着陆重量下的进场位置)的任何空速下,起落架收放过程中出现的摩擦载荷、惯性载荷、刹车扭矩载荷、空气载荷和陀螺载荷的组合;陀螺载荷为机轮旋转所致,机轮边缘的线速度为 $1.3V_S$(襟翼在设计起飞重量下的起飞位置);

(iii) 襟翼放下情况的任何载荷系数,直到第条 25.345(a) 中的相应规定。

(2) 起落架、收放机构和飞机结构(包括轮舱门)必须设计成能承受直到 $0.67V_C$ 的任何速度下起落架在放下位置时出现的飞行载荷,除非在此速度下另有措施使飞机在空中减速。

(3) 除了考虑本条(a)(1)和(2)规定的空速和载荷系数的情况外,起落架舱门、其操纵机构和支承结构还必须根据对飞机规定的偏航机动来设计。

(b) 起落架锁　必须有可靠的措施能在空中和地面将起落架保持在放下位置。

(c) 应急操作　必须有应急措施可在下列情况下放下起落架:

(1) 正常收放系统中任何合理可能的失效;或

(2) 任何单个液压源、电源或等效能源的失效。

(d) 操作试验　必须通过操作试验来表明收放机构功能正常。

(e) 位置指示器和警告装置　如果采用可收放起落架,必须有起落架位置指示器(以及驱动指示器工作所需的开关)或其它手段来通知驾驶员,起落架已锁定在放下(或收上)位置,该指示和警告手段的设计必须满足下列要求:

(1) 如果使用开关,则开关的安置及其与起落架机械系统的结合方式必须能防止在起落架未完全放下时误示"放下和锁住",或在起落架未完全收上时误示"收上和锁住"。开关可安置在受实际的起落架锁闩或其等效装置驱动的部位；

（2）当准备着陆时如果起落架未在下位锁锁住，必须向飞行机组发出持续的或定期重复的音响警告。

（3）发出警告的时间必须足以来得及将起落架在下位锁锁住或进行复飞。

（4）本条(e)(2)所要求的警告不得有容易被飞行机组操作的手动关断装置，以免其可能因本能、无意或习惯性反应动作而关断。

（5）用于发生音响警告的系统设计必须避免虚假警告或不当警告。

（6）用于抑制起落架音响警告的系统，其阻止警告系统工作的失效概率必须是不可能的。

（f）轮舱内设备的保护 位于轮舱内且对于飞机安全运行必不可少的设备必须加以保护，使之不会因下列情况而损伤：

（1）轮胎爆破（除非表明轮胎不会因过热而爆破）；

（2）轮胎胎面松弛（除非表明由此不会引起损伤）。

〔中国民用航空局 1995 年 12 月 18 日第二次修订，2011 年 11 月 7 日第四次修订〕

1.2 条款背景

制定第 25.729 条的目的是明确前起落架和主起落架、收放机构、舱门、起落架支承结构，在飞行期间载荷作用下的结构完整性、运动机构的可靠锁定、下放起落架的应急、起落架收放状态的位置指示和告警等的要求及轮胎破裂和胎面脱落情况下起落架舱主要设备的保护要求。

1.3 条款历史

第 25.729 条在 CCAR25 部初版首次发布，截至 CCAR - 25 - R4，该条款共修订过 1 次，如表 1-1 所示。

表 1-1 第 25.729 条条款历史

第 25.729 条	CCAR25 部版本	相关 14 CFR 修正案	备 注
首次发布	初版	25 - 23,25 - 42	
第 1 次修订	R3	25 - 72,25 - 75	

1.3.1 首次发布

1985 年 12 月 31 日发布了 CCAR25 部初版，其中包含第 25.729 条，该条款参考 14 CFR 修正案 25 - 23 和 14 CFR 修正案 25 - 42 中的 §25.729 的内容制定。

14 CFR 修正案 25 - 23 在 §25.729(a)(1)(ii)中在起飞速度 1.3V$_s$ 的基础上增加机轮转速用于载荷计算；并在 §25.729(a)(1)(iii)中改变参考 §25.345 为参考 §25.345(a)。

14 CFR 修正案 25 - 42 阐述 §25.729(e)(3)规则并做最小文字改动。

1.3.2　第 1 次修订

2001 年 5 月 14 日发布的 CCAR - 25 - R3 对第 25.729 条进行了第 1 次修订，本次修订参考了 14 CFR 修正案 25 - 72 和 14 CFR 修正案 25 - 75 的内容；由于 §25.67 失效，因此将 §25.729(e)(4) 中的参考 §25.67(e) 的内容删除；修订 §25.729(e)(2) 至 §25.729(e)(6) 的内容，表明目的而不强调符合性方法。

2　条款解读

2.1　条款要求

本条款制定的目的是提出关于可收放的起落架的适航要求。第 25.729(a) 款中有关载荷的要求适用于起落架收放机构、起落架舱门和支承结构，第 25.729(a)(1)(i) 目针对收上位置时飞行中的载荷，通常指轮舱门的气动载荷和起落架及其系统因质量引起的惯性载荷，第 25.729(a)(1)(ii) 目针对起落架收放过程中的载荷，与襟翼位置、空速和载荷系数都有关，第 25.729(a)(1)(iii) 目要求考虑襟翼放下时的任何载荷系数；第 25.729(a)(2) 项针对起落架处在放下位置时的飞行载荷，同样需考虑空速的影响；第 25.729(a)(3) 项还要求考虑偏航机动的情况。

第 25.729(b) 款要求有可靠的能够锁定起落架位置的机构，一般民用运输类飞机通过上位锁和下位锁实现。

第 25.729(c) 款要求提供起落架应急放系统作为起落架正常放系统的备份。

第 25.729(d) 款是针对符合性方法的要求，需要通过操作试验验证收放系统工作正常。

第 25.729(e) 款针对起落架系统位置指示和告警提出了详细要求，包括告警方式、告警时间与复飞操作、告警抑制、虚警和误指示。

第 25.729(f) 款提出轮胎破裂和胎面脱落情况起落架舱主要设备的保护要求。

2.2　相关条款

与第 25.729 条相关的条款如表 2 - 1 所示。

表 2 - 1　第 25.729 条相关条款

序　号	相 关 条 款	相　　关　　性
1	第 25.345(a) 款	本条款中提出载荷系数应满足第 25.345(a) 款中的相关规定

3　验证过程

3.1　验证对象

第 25.729 条的验证对象为起落架收放机构。

3.2　符合性验证思路

第25.729(a)款通过设计文件说明设计飞机起落架收放机构、舱门及其支承结构考虑的各种工况的载荷,并筛选出对应严酷工况,对主起落架、前起落架、主起落架舱门和前起落架舱门等起落架部件进行计算分析和实验室试验,判断起落架部件满足强度要求,同时需保证起落架收放过程中不会因空中载荷的影响而导致收放功能失效。

第25.729(b)款通过设计文件说明在空中和地面将起落架保持在放下位置的相应设计考虑,并且进行正常状态下各种工况和故障状态下的试验及试飞验证锁定起落架位置的机构是可靠的。

第25.729(c)款通过设计文件说明起落架设置了应急放下系统,说明在非正常能源下的工作原理;并通过试验、试飞模拟故障下应急放操作,验证其功能在条款要求的失效情况下均正常。

第25.729(d)款通过试验来验证收放机构的功能正常。

第25.729(e)款通过设计文件说明起落架系统各种位置指示和告警方式是否合适,对起落架着陆告警系统着陆模式音响警告时间和起落架放下或复飞所需时间进行计算分析,验证起落架着陆模式音响警告时间符合要求,同时还要有飞行员评估告警设计使其产生干扰等负面作用的可能降至最低。

针对第25.729(f)款,根据轮胎爆破影响范围确定轮胎爆破涉及的系统,由各系统专业进行安全性评估,最终进行飞机级综合安全性评估,证明单个轮胎爆破不会导致Ⅰ类和Ⅱ类等级的功能影响。

3.3　符合性验证方法

通常,针对第25.729条的符合性验证方法如表3-1所示。

表3-1　第25.729条符合性方法

条款号	专业	符合性方法										备注
		0	1	2	3	4	5	6	7	8	9	
第25.729(a)款	起落架		1	2		4						
第25.729(b)款	起落架		1			4		6			9	
第25.729(c)款	起落架		1			4		6			9	
第25.729(d)款	起落架					4		6				
第25.729(e)款	起落架		1					6				
第25.729(e)(1)项	起落架		1									
第25.729(e)(2)项	起落架		1					6				
第25.729(e)(3)项	起落架			2				6				
第25.729(e)(4)项	起落架		1					6				
第25.729(e)(5)项	起落架		1									

（续表）

条 款 号	专 业	符 合 性 方 法										备 注
		0	1	2	3	4	5	6	7	8	9	
第 25.729(e)(6)项	指示/记录				3							
第 25.729(f)款	总 体		1			4						
第 25.729(f)款	强 度			2								
第 25.729(f)款	EWIS				3							
第 25.729(f)款	安全性				3							

3.4　符合性验证说明

3.4.1　第 25.729(a)款符合性验证说明

针对第 25.729(a)款,采用的符合性验证方法包括 MOC1、MOC2 和 MOC4,各项验证具体工作如下:

1) MOC1 验证过程

通过系统描述说明起落架系统相关的起落架、收放机构和飞机结构设计时考虑的载荷,以及载荷来源及验证要求,说明载荷覆盖了条款要求,结构完整性可得到保证。同时说明起落架收放运动机构设计考虑了这些载荷的影响,不会因载荷影响而导致收放功能失效。

（2）MOC2 验证过程

针对起落架收放过程,通过分析计算,说明气动载荷不会影响起落架收放功能。

同时,通过分析计算验证起落架、收放机构和飞机结构载荷满足载荷条款要求,包括静载荷、动载荷和疲劳载荷,分析时考虑陀螺载荷和刹车扭矩载荷对起落架系统的影响。完成载荷分析后,进行静强度分析、疲劳分析以及进行零部件的应力分析,表明设计是否满足强度的设计要求。

（3）MOC4 验证过程

根据确定的载荷,通过起落架收放机构、起落架舱门和支撑结构的强度试验证明设计已考虑条款中要求的载荷要求。试验时考虑静载荷、动载荷和疲劳载荷,此外,还需考虑摩擦载荷、惯性载荷、刹车扭矩载荷等起落架各工况载荷。试验的严酷状态包括起落架收放过程中,处于最大收放速度和最大侧滑角的不利影响情况;起落架收放机构在打开过程中的不同姿态,以及起落架舱门的不同角度;对于起落架舱门,考虑起落架处于收起状态,飞机进行高速巡航时起落架舱门所承受的气动载荷;对于第 25.729(a)款中的支承结构,重点考虑连接方式的影响。

此外,进行收放功能试验验证空载情况下前、主起落架收放和起落架应急放功能;同时通过在起落架运动机构上模拟施加载荷验证起落架收放功能,说明满足相应的设计要求。

3.4.2　第 25.729(b)款符合性验证说明

针对第 25.729(b)款,采用的符合性验证方法包括 MOC1、MOC4、MOC6 和 MOC9,各项验证工作具体如下:

1) MOC1 验证过程

通过系统描述说明起落架具备何种位置保持功能,通过哪些零部件实现,如何保证该功能的稳定性,说明相应的设计考虑。说明起落架锁的安装位置,控制形式和控制逻辑。通常起落架锁的开启和锁止通过机械和电控装置实现,对于机械方式需说明机构设计的可靠,对于电控装置说明其工作逻辑。

2) MOC4 验证过程

通过起落架系统台架试验、铁鸟试验来验证起落架系统的位置保持功能,验证时考虑飞行载荷、地面载荷对于起落架位置保持功能的影响,机构耐久性的影响。

试验验证在起落架收放时,起落架锁上锁功能,对于电控装置控制的起落架锁,验证故障状态下的起落架上锁功能。同时,通过机构耐久性试验表明收放系统在进行设计时已充分考虑了可靠性的要求。

3) MOC6 验证过程

通过飞行试验,验证起落架系统的位置保持功能,验证时设置系统各种失效模式,以及运行环境的影响,如飞行速度、结冰、高寒等不利条件。对于收上上锁要考虑起落架收放机构运动过程中气动载荷、飞行姿态对于起落架锁的影响;对于放下上锁,考虑能源失效的影响。

4) MOC9 验证过程

通过设备鉴定来验证起落架锁满足设备规范要求,依据设备安装位置对应的工作环境,按 DO‐160 的要求完成相应的设备鉴定。

3.4.3　第 25.729(c)款符合性验证说明

针对第 25.729(c)款,采用的符合性验证方法包括 MOC1、MOC4、MOC6 和 MOC9,各项验证工作具体如下:

1) MOC1 验证过程

说明起落架系统设置了何种正常收放系统以外的应急放下系统,正常收放系统和能源系统的失效对于应急放下系统的影响。说明应急放系统完全独立于正常收放系统,当发生能源失效时,应急放的工作原理和方式。

2) MOC4 验证过程

通过台架试验和铁鸟试验验证应急放下功能,模拟各类失效和气动载荷对于应急放下系统的影响,验证应急放下系统的耐久性以及难以在试飞过程中模拟的告警信息,表明应急放下以及相关指示和告警正常。

3) MOC6 验证过程

通过试飞验证应急放下功能,考虑速度和偏航等对应急放下功能的不利影响,表明发生能源失效时,在最不利起落架放下的姿态下能够实现应急放功能,飞行员操作可接受。

4) MOC9 验证过程

通过设备鉴定来验证应急放相关设备是否满足设备规范要求,依据设备安装位置对应的工作环境,按 DO‑160 的要求完成相应的设备鉴定。

3.4.4　第 25.729(d)款符合性验证说明

针对第 25.729(d)款,采用的符合性验证方法包括 MOC4 和 MOC6,各项验证工作具体如下:

1) MOC4 验证过程

通过铁鸟试验模拟起落架系统收放操作,评估操纵器件布置的合理性、操作程序的正确性,试验结果表明均符合要求。试验中必须模拟出各种故障状态下,验证这些状态下的收放功能,按正常操作和应急操作完成实验室试验。

2) MOC6 验证过程

在试飞过程中实施收放起落架的操作,通过飞行员评估在正常飞行状态和故障状态下起落架收放功能,评估操作程序的合理性和可执行性,评估飞行员负担的可接受程度,评估结果满足要求。

3.4.5　第 25.729(e)款符合性验证说明

针对第 25.729(e)款,采用的符合性验证方法包括 MOC1、MOC2、MOC3 和 MOC6,各项验证工作具体如下:

1) MOC1 验证过程

说明起落架系统位置指示和告警的设计考虑,语音告警和指示告警的逻辑与原理。语音告警的作用是防止机组可能因本能、无意或习惯性反应动作而关断,确保当准备着陆时如果起落架未在下位锁锁住,向飞行机组发出持续的或定期重复的音响警告。

2) MOC2 验证过程

通过计算分析起落架着陆告警系统音响警告时间和起落架放下或复飞所需时间,表明告警时间符合要求,可支持机组采取下一步动作。

3) MOC3 验证过程

通过安全性分析的方法,证明用于抑制起落架音响警告的系统阻止警告系统工作的失效概率每飞行小时小于 10^{-5}。

4) MOC6 验证过程

通过飞行试验的方法,证明起落架音响警告的逻辑正确,系统发出告警的时间足以来得及重新将起落架在下位锁锁住或进行复飞,并且通过飞行员评估不会因本能、无意或习惯性反应动作而关断该告警。

3.4.6　第 25.729(f)款符合性验证说明

针对第 25.729(f)款,采用的符合性验证方法包括 MOC1、MOC2、MOC3 和

MOC4,各项验证工作具体如下：

1）MOC1 验证过程

说明轮胎爆破影响范围,如何确定轮胎爆破涉及的系统,涉及系统的设计措施,如改善布置、增加备份、结构防护等。为防范轮胎爆破的影响,在设计时将重要设备布置在轮胎爆破影响区域外部,远离爆破区域。轮胎爆破区域内布置的设备采用余度设计,或者有护罩等防护措施。

2）MOC2 验证过程

通过计算分析确定轮胎爆破影响范围和爆破能量。对于轮胎爆破区域内产生的破坏程度进行分析,从系统安全性和结构完整性角度分析其危害可接受。经过强度分析表明采取的结构防护措施有效,可防护因轮胎爆破引起的损伤。

3）MOC3 验证过程

通过系统级安全性评估和飞机级安全性分析表明,单个轮胎爆破不会导致Ⅰ类和Ⅱ类的失效模式发生,轮胎爆破的安全性风险可接受。

4）MOC4 验证过程

可过轮胎爆破试验来确定轮胎爆破的模式、爆破能量和影响位置,供计算分析和安全性评估使用。

3.5 符合性文件清单

通常,针对第 25.729 条的符合性文件清单如表 3-2 所示。

表 3-2 建议的符合性文件清单

序　号	符 合 性 报 告	符合性方法
1	起落架系统设计文件	MOC1
2	起落架收放载荷计算分析报告	MOC2
3	前起落架和主起落架、收放机构、舱门及起落架支承结构强度分析报告	MOC2
4	轮胎爆破能量计算分析报告	MOC2
5	起落架舱轮胎爆破强度分析报告	MOC2
6	起落架位置指示告警计算分析报告	MOC2
7	起落架系统安全性分析报告	MOC3
8	轮胎爆破特殊风险分析报告	MOC3
9	前起落架和主起落架、收放机构、舱门及起落架支承结构静力试验大纲	MOC4
10	前起落架和主起落架、收放机构、舱门及起落架支承结构静力试验报告	MOC4
11	起落架收放机构台架试验大纲	MOC4

（续表）

序　号	符 合 性 报 告	符合性方法
12	起落架收放机构台架试验报告	MOC4
13	轮胎爆破试验大纲	MOC4
14	轮胎爆破试验报告	MOC4
15	起落架载荷试飞大纲	MOC6
16	起落架载荷试飞报告	MOC6
17	起落架正常收放和应急收放试飞大纲	MOC6
18	起落架正常收放和应急收放试飞报告	MOC6
19	起落架位置指示与告警试飞大纲	MOC6
20	起落架位置指示与告警试飞报告	MOC6
21	起落架系统设备鉴定大纲	MOC9
22	起落架系统设备鉴定报告	MOC9

4　符合性判据

（1）在起落架、收放机构和飞机结构的设计中考虑了条款要求的载荷情况，强度满足要求。

（2）收放功能可在条款要求考虑的载荷下实现。

（3）为起落架设置了位置保持功能，该功能经试验证明可靠。

（4）起落架应急放下功能不受起落架系统其他失效的影响，不受单个能源系统的影响。

（5）完成起落架收放功能操作试验，试验结果表明操作程序合理、可操作。

（6）起落架系统告警逻辑设置合理，音响告警抑制方法合理可接受，音响告警时间与起落架放下和复飞所需时间逻辑匹配，失效概率满足要求。

（7）单个轮胎爆破不会导致Ⅰ、Ⅱ类的失效模式发生。采取的防护措施有效，可减轻需防护的风险。

参考文献

［1］　14 CFR 修正案 25 - 23 Transport Category Airplane Type Certification Standards［S］.

［2］　14 CFR 修正案 25 - 42 Airworthiness Review Program；Amendment No. 6：Flight Amendments［S］.

［3］　14 CFR 修正案 25 - 72 Special Review：Transport Category Airplane Airworthiness Standards［S］.

［4］　14 CFR 修正案 25 - 75 Landing Gear Aural Warning［S］.

［5］ FAA. AC25. 1435 - 1 Hydraulic System Certification Tests and Analysis ［S］. 2001.

［6］ FAA. AC25. 735 - 1 Brakes and Braking Systems Certification Tests and Analysis［S］. 2002.

［7］ FAA. AC25 - 21 Certification of Transport Airplane Structure ［S］. 1999.

［8］ FAA. AC25 - 22 Certification of Transport Airplane Mechanical Systems ［S］. 2000.

运输类飞机适航标准
第 25.731 条符合性验证

1 条款介绍

1.1 条款原文

第 25.731 条 机轮

(a) 主轮和前轮必须经批准。

(b) 每一机轮的最大静载荷额定值,不得小于如下情况对应的地面静反作用力。

(1) 设计最大重量;

(2) 临界重心位置。

(c) 每一机轮的最大限制载荷额定值,必须不小于按本部中适用的地面载荷要求确定的最大径向限制载荷。

(d) 过压爆裂保护。每一机轮必须提供防止机轮和轮胎组件因过度压力引起机轮失效和轮胎爆裂的措施。

(e) 刹车机轮。每一刹车机轮必须满足第 25.735 条的适用要求。

〔中国民用航空局 1995 年 12 月 18 日第二次修订,2011 年 11 月 7 日第四次修订〕

1.2 条款背景

第 25.731 条对飞机机轮提出了有关最大静载荷额定值、最大限制载荷额定值和机轮失效与轮胎爆裂等具体要求。

1.3 条款历史

第 25.731 条在 CCAR25 部初版首次发布,截至 CCAR - 25 - R4,该条款共修订过 2 次,如表 1 - 1 所示。

1.3.1 首次发布

1985 年 12 月 31 日发布了 CCAR25 部初版,其中包含第 25.731 条,该条款的制定参考了 1964 年 12 月 24 日发布的 14 CFR PART 25 中的 §25.731 的内容。

表 1 - 1　第 25.731 条条款历史

第 25.731 条	CCAR25 部版本	相关 14 CFR 修正案	备　注
首次发布	初版	—	
第 1 次修订	R3	25 - 72	
第 2 次修订	R4	25 - 107	

1.3.2　第 1 次修订

1995 年 12 月 18 日发布的 CCAR - 25 - R2 对第 25.731 条进行了第 1 次修订，本次修订参考了 14 CFR 修正案 25 - 72 的内容，将"设计起飞重量"修改为"设计最大重量"。

1.3.3　第 2 次修订

2011 年 11 月 7 日发布的 CCAR - 25 - R4 对第 25.731 条进行了第 2 次修订，本次修订参考了 14 CFR 修正案 25 - 107 的内容：

(1) 增加(d)款，要求机轮须提供过压爆裂保护。

(2) 增加(e)款，要求刹车机轮满足第 25.735 条中适用条款的要求。

2　条款解读

2.1　条款要求

第 25.731(a)款要求前轮和主轮必须经批准。此处批准的一般含义是指机轮需获得局方颁发的技术标准规定项目批准书，即 CTSOA。由于机轮是 CTSO 件，因此本款隐含的要求是机轮必须符合 CAAC 颁布的技术标准 CTSO - C135a 的要求，并获得 CAAC 颁发的 CTSOA。当飞机使用的机轮来自他国供应商，则该机轮须获得供应商所在国适航当局颁发的 TSOA 证书，然后获得 CAAC 的 VDA 认可或者重新申请 CAAC 的 CTSOA。例如使用美国供应商提供的机轮，鉴于中美两国的双边适航协议，则该机轮在获得 FAA 的 TSOA 后只需获得中国局方的 VDA 即可；如果使用欧洲供应商提供的机轮，基于当前中欧尚未签署双边适航协议，则该供应商的机轮应先获得 EASA 的 ETSOA，然后申请 CAAC 的 CTSOA。

第 25.731(b)款要求的最大静载荷额定值是机轮的选用指标之一，本条给出了机轮最大静载荷额定值的选用原则，要求所选定的机轮能够承受的最大静载荷值。其选用原则是不得小于其平衡飞机重量时承受的最大地面静反作用力。该反作用力一般是停机状态下，考虑飞机最大停机重量和临界重心位置各种组合而得到的最大平衡力。

第 25.731(c)款要求的最大限制载荷额定值也是机轮的选用指标之一，本款给出了机轮最大限制载荷额定值的选用原则，要求所选定的机轮能够承受的最大限制载荷值。其选择原则是不小于按第 25.471 条至第 25.511 条规定的地面载荷的要求,据此确定的机轮着陆和滑行阶段可能的最大径向限制载荷。

第 25.731(d)款对机轮的过压保护提出要求。每一机轮必须提供防止因过度压力作用引起机轮失效和轮胎爆裂的措施。一般可采用过压保护装置(如安全释压阀)来防止因过度压力作用引起机轮失效和轮胎爆裂。

第 25.731(e)款要求刹车机轮必须满足第 25.735 条刹车条款中的适用要求,目的在于对刹车机轮的过热保护和兼容性等提出要求。本条对应的验证工作指引到第 25.735 条中规划和验证,本条只需引用符合性结论即可。

2.2　相关条款

与第 25.731 条相关的条款如表 2-1 所示。

表 2-1　第 25.731 条相关条款

序　号	相 关 条 款	相　　关　　性
1	第 25.471 条	按第 25.471 条所适用的地面载荷要求确定的最大径向限制载荷小于每一机轮的最大限制载荷额定值
2	第 25.473 条	按第 25.473 条所适用的地面载荷要求确定的最大径向限制载荷小于每一机轮的最大限制载荷额定值
3	第 25.479 条	按第 25.479 条所适用的地面载荷要求确定的最大径向限制载荷小于每一机轮的最大限制载荷额定值
4	第 25.481 条	按第 25.481 条所适用的地面载荷要求确定的最大径向限制载荷小于每一机轮的最大限制载荷额定值
5	第 25.483 条	按第 25.483 条所适用的地面载荷要求确定的最大径向限制载荷小于每一机轮的最大限制载荷额定值
6	第 25.485 条	按第 25.485 条所适用的地面载荷要求确定的最大径向限制载荷小于每一机轮的最大限制载荷额定值
7	第 25.487 条	按第 25.487 条所适用的地面载荷要求确定的最大径向限制载荷小于每一机轮的最大限制载荷额定值
8	第 25.489 条	按第 25.489 条所适用的地面载荷要求确定的最大径向限制载荷小于每一机轮的最大限制载荷额定值
9	第 25.491 条	按第 25.491 条所适用的地面载荷要求确定的最大径向限制载荷小于每一机轮的最大限制载荷额定值
10	第 25.493 条	按第 25.493 条所适用的地面载荷要求确定的最大径向限制载荷小于每一机轮的最大限制载荷额定值
11	第 25.495 条	按第 25.495 条所适用的地面载荷要求确定的最大径向限制载荷小于每一机轮的最大限制载荷额定值
12	第 25.499 条	按第 25.499 条所适用的地面载荷要求确定的最大径向限制载荷小于每一机轮的最大限制载荷额定值
13	第 25.503 条	按第 25.503 条所适用的地面载荷要求确定的最大径向限制载荷小于每一机轮的最大限制载荷额定值

序　号	相关条款	相　关　性
14	第 25.507 条	按第 25.507 条所适用的地面载荷要求确定的最大径向限制载荷小于每一机轮的最大限制载荷额定值
15	第 25.509 条	按第 25.509 条所适用的地面载荷要求确定的最大径向限制载荷小于每一机轮的最大限制载荷额定值
16	第 25.511 条	按第 25.511 条所适用的地面载荷要求确定的最大径向限制载荷小于每一机轮的最大限制载荷额定值
17	第 25.735 条	第 25.731(e) 款要求装有刹车的机轮需要满足第 25.735 条中适用的过热爆裂保护和兼容性等要求

3　验证过程

3.1　验证对象

第 25.731 条的验证对象为机轮。

3.2　符合性验证思路

针对第 25.731(a)款，要求主轮和前轮获得批准。由于机轮是技术标准规范产品，因此选定的机轮需要满足技术标准规范的要求，获取技术标准规范产品批准。选国内的机轮，技术标准规范为 CTSO - C135a，需获得 CAAC 的批准，即 CTSOA。选用国外供应商的产品，须先获得供应商所在国适航当局的产品批准证，再获得 CAAC 的 VDA 或申请 CTSO 批准。

针对第 25.731(b)款，首先根据飞机的设计最大重量和临界重心位置计算出最大静载荷，然后通过 TSO 试验确定机轮的最大静载荷额定值，最后比较两者应得出最大静载荷额定值要大于计算最大静载荷才能满足条款要求。

针对第 25.731(c)款，首先需要按第 25.471 条至第 25.511 条所要求的各种载荷情况进行计算得出的每一机轮最大径向限制载荷，然后通过 TSO 试验确定机轮的最大限制载荷额定值，该额定值应不小于上述计算得到的最大限制载荷才能满足条款要求。

针对第 25.731(d)款，需要证明每一机轮必须有防止因过度压力作用引起机轮失效和轮胎爆裂的措施，并对措施进行试验验证。通常机轮采用安全释压阀之类的过压保护设备进行过压释放，因此需要对该类设备进行设备鉴定试验。

针对第 25.731(e)款，需要识别出第 25.735 条中适用的条款，如过热爆裂保护的兼容性等，然后引用这些条款中的符合性结论来表明刹车机轮满足第 25.731(e)款要求。

3.3 符合性验证方法

通常,针对第 25.731 条的符合性验证方法如表 3 - 1 所示。

表 3 - 1 建议的符合性方法

条 款 号	专 业	符 合 性 方 法										备 注
		0	1	2	3	4	5	6	7	8	9	
第 25.731(a)款	起落架										9	
第 25.731(b)款	起落架			2							9	
第 25.731(c)款	起落架			2							9	
第 25.731(d)款	起落架		1								9	
第 25.731(e)款	起落架		1									

3.4 符合性验证说明

3.4.1 第 25.731(a)款符合性验证说明

针对第 25.731(a)款,采用的符合性验证方法为 MOC9,验证具体工作如下:

因机轮为技术标准规范产品,如果选用国内供应商的机轮,故必须取得满足 CTSO - C135a 技术标准要求的 CTSOA 证。如果选用国外供应商的机轮,则须先获取供应商所在国的技术标准规范产品证,再根据两国适航双边协议情况,视情申请获得 CAAC 的 VDA 或 CTSOA。

3.4.2 第 25.731(b)款和(c)款符合性验证说明

针对第 25.731(b)款和(c)款采用的符合性验证方法为 MOC2 和 MOC9,各项验证具体工作如下:

1) MOC2 验证过程

首先应按设计最大重量和临界重心位置计算对应的地面静反作用力,确定机轮的最大静载荷额定值。按照第 25.471 条至第 25.511 条所要求的各种载荷情况,计算出机轮最大径向限制载荷。

2) MOC9 验证过程

通过 TSO 试验,验证机轮的最大静载荷额定值和最大限制载荷额定值。

最后须说明最大静载荷额定值应大于地面静反作用力,最大限制载荷额定值应大于计算出的最大径向限制载荷。

3.4.3 第 25.731(d)款符合性验证说明

针对第 25.731(d)款采用的符合性验证方法包括 MOC1 和 MOC9,各项验证工作具体如下。

1) MOC1 验证过程

通过刹车系统描述说明机轮装有释压阀设备用于过压保护。并详细说明过压保护设备的工作原理,安装数量第安装位置和接口方式。

2) MOC9 验证过程

通过对过压保护设备完成 MOC9 设备鉴定试验,证明该设备能在各类工况下正常工作。

3.4.4　第 25.731(e)款符合性验证说明

针对第 25.731(e)款,采用的符合性验证方法为 MOC1,验证具体工作如下。

首先识别出第 25.735 条中适用于刹车机轮的要求,然后通过引用第 25.735 条中各适用条款的符合性结论来表明刹车机轮对第 25.731(e)款的符合性。第 25.735 条中适用于刹车机轮的要求应至少包括第 25.735(a)、(f)、(j)、(k)款的内容。

3.5　符合性文件清单

通常,针对第 25.731 条的符合性文件清单如表 3-2 所示。

表 3-2　建议的符合性文件清单

序　号	符 合 性 报 告	符合性方法
1	刹车系统描述说明	MOC1
2	前第主机轮静力分析(含地面载荷分析)	MOC2
3	机轮设备 CTSOA/TSOA 的 VDA	MOC9
4	过压保护装置鉴定试验大纲	MOC9
5	过压保护装置鉴定试验报告	MOC9

4　符合性判据

针对第 25.731(a)款,符合下述条件判定为合格:如果采用国内的机轮,完成相应 CTSO 的验证,并获得 CTSOA。如果采用国外供应商的机轮,获得 CAAC 的 VDA 证书或者 CAAC 的 CTSOA 证书。

针对第 25.731(b)款,符合下述条件判定为满足要求:完成机轮最大地面静反作用力计算,确定了最大静载荷。完成机轮 TSO 试验,得出最大静载荷额定值,确认该额定值大于计算用的地面静反作用力。

针对第 25.731(c)款,符合下述条件判定为满足要求:完成最大径向限制载荷的计算,确认该计算考虑了第 25.471 条至第 25.511 条所要求的各种载荷情况。完成机轮 TSO 试验,确定了机轮的最大限制载荷额定值,确认该额定值大于上述计算的最大径向限制载荷。

针对第 25.731(d)款,符合下述条件判定为满足要求:编制机轮过压保护装置的技术说明书,明确了机轮过压保护装置的工作原理的安装方式和数量。完成了相关功能的鉴定试验,确定过压保护装置在指定的状态下可正常工作。

　　针对第 25.731(e)款,符合下述条件判定为满足要求: 第 25.735 条中适用于刹车机轮的要求已被识别出,各要求已完成相应的符合性验证,完成这些符合性验证的说明。

参考文献

[1]　14 CFR 修正案 25 - 72 Special Review: Transport Category Airplane Airworthiness Standards [S].

[2]　14 CFR 修正案 25 - 107 Revision of Braking Systems Airworthiness Standards to Harmonize With European Airworthiness Standards for Transport Category Airplanes [S].

[3]　FAA. AC25 - 21 Certification of Transport Airplane Structure [S]. 1999.

[4]　FAA. AC25 - 22 Certification of Transport Airplane Mechanical Systems [S]. 2000.

[5]　FAA. AC43. 13 - 1A Acceptable Methods, Techniques and Practices-Aircraft Inspection and Repair, Chap. 8, L. G. Equipment [S].

[6]　FAA. TSO - C135 Transport Airplane Wheels and Wheel and Brake Assemblies [S].

[7]　SAE. AIR - 811B Disposition of Wheels which have been Overheated [S].

[8]　SAE. ARP - 1322 Overpressurization Release Devices [S].

[9]　SAE. ARP - 1786 Wheel Roll on Rim Criteria for Aircraft Application [S].

[10]　SAE. AS - 707B Thermal Sensitive Inflation Pressure Release Devices for Tubeless Aircraft Wheel [S].

运输类飞机适航标准 第 25.733 条符合性验证

1 条款介绍

1.1 条款原文

第 25.733 条　轮胎

(a) 当起落架轮轴上装有单个机轮和轮胎的组件时,机轮必须配以合适的轮胎,其速度额定值应经适航当局批准,且在临界条件下不会被超过,其载荷额定值应经适航当局批准,且不会被下列载荷超过:

(1) 主轮轮胎上的载荷,对应于飞机重量(直到最大重量)和重心位置的最临界组合;

(2) 前轮轮胎上的载荷,对应于本条(b)的地面反作用力,但本条(b)(2)和(b)(3)规定的除外。

(b) 适用于前轮轮胎的地面反作用力如下:

(1) 轮胎上的地面静反作用力,对应于飞机重量(直到最大机坪重量)和重心位置的最临界组合,重心处有 1.0 g 的向下作用力,此载荷不得超过轮胎的载荷额定值;

(2) 轮胎上的地面反作用力,对应于飞机重量(直到最大着陆重量)和重心位置的最临界组合,重心处有 1.0 g 的向下作用力和 0.31 g 的向前作用力。这种情况下的反作用力必须按静力学原则分配到前轮和主轮上,此时阻力方向反作用力等于每个刹车机轮的垂直载荷的 31%(如其刹车能够产生该地面反作用力)。此前轮轮胎载荷不得超过该轮胎载荷额定值的 1.5 倍;

(3) 轮胎上的地面反作用力,对应于飞机重量(直到最大机坪重量)和重心位置的最临界组合,重心处有 1.0 g 的向下作用力和 0.20 g 的向前作用力。这种情况下的反作用力必须按静力学原则分配到前轮和主轮上,此时阻力方向反作用力等于每个带刹车机轮的垂直载荷的 20%(如其刹车能够产生该地面反作用力)。此前轮轮胎载荷不得超过该轮胎载荷额定值的 1.5 倍。

(c) 当起落架轮轴上装有一个以上的机轮和轮胎的组件时(如双轮或串列双

轮),机轮必须配以合适的轮胎,其速度额定值应经适航当局批准,且在临界条件下不会被超过,其载荷额定值应经适航当局批准,且不会被下列载荷超过:

(1) 对应于飞机重量(直到最大重量)和重心位置最临界组合的每一主轮轮胎上的载荷乘以系数 1.07;

(2) 本条(a)(2)、(b)(1)、(b)(2)和(b)(3)规定的每一前轮轮胎上的载荷。

(d) 可收放起落架系统上所装的每个轮胎,当处于服役中的该型轮胎预期的最大尺寸状态时,与周围结构和系统之间必须具有足够的间距,以防止轮胎与结构或系统的任何部分发生不应有的接触。

(e) 对于最大审定起飞重量超过 34,050 公斤(75,000 磅)的飞机,装在有刹车的机轮上的轮胎必须用干燥氮气或表明为惰性的其它气体充气,使轮胎内混合气体的氧体积含量不超过 5%,除非能表明轮胎衬垫材料在受热后不会产生挥发性气体或采取了防止轮胎温度达到不安全程度的措施。

〔中国民用航空局 1995 年 12 月 18 日第二次修订〕

1.2　条款背景

第 25.733 条对飞机轮胎提出了有关速度额定值、载荷额定值、前起轮胎静、动载荷计算原则、轮胎间隙检查以及轮胎的充气类型等具体要求。

1.3　条款历史

第 25.731 条在 CCAR25 部初版首次发布,截至 CCAR - 25 - R4,该条款共修订过 1 次,如表 1 - 1 所示。

表 1 - 1　第 25.733 条条款历史

第 25.733 条	CCAR25 部版本	相关 14 CFR 修正案	备　　注
首次发布	初版	25 - 49	
第 1 次修订	R2	25 - 72,25 - 78	

1.3.1　首次发布

1985 年 12 月 31 日发布了 CCAR25 部初版,其中包含第 25.733 条,该条款的制定参考了 1979 年 12 月 31 日发布的 14 CFR 修正案 25 - 49 修正案的内容。

1979 年 12 月 31 日发布的 14 CFR 修正案 25 - 49 对§25.733 进行了修订,FAA 通过修订 TSO - C62b 到 TSO - C62c 来提高飞机轮胎的最低性能标准(当前最新的轮胎技术标准规范为 2014 年 5 月 19 日发布的轮胎 CTSO - C62e 版),同时修订了运输类飞机轮胎载荷和速度额定值的设计标准。

1.3.2　第 1 次修订

1995 年 12 月 18 日发布的 CCAR - 25 - R2 对第 25.733 条进行了第 1 次修订,本次修订参考了 14 CFR 修正案 25 - 72 的内容:删除了§25.733(a)(1)中对发动机推力影响的考虑,对§25.733(c)(1)的表述方式进行了修改,使该款更加清晰,但实质内容未发生改变。另外还参考了 14 CFR 修正案 25-78 的内容:增加了§25.733(e),要求使用氮气或其他惰性气体对飞机轮胎充气,以降低轮胎爆破的概率。

2 条款解读

2.1 条款要求

第 25.733(a)款要求轮胎的速度和载荷额定值必须经批准。此处批准的一般含义是指轮胎需获得局方颁发的技术标准规定项目书,即 CTSOA。由于轮胎是 CTSO 件,因此本款隐含的要求是轮胎必须符合 CAAC 颁布的技术标准 CTSO-C62e 的要求,并获得 CAAC 颁发的 CTSOA。当飞机使用的轮胎来自他国供应商,则该轮胎须获得供应商所在国适航当局颁发的 TSOA 证书,然后获得 CAAC 的 VDA 认可或者重新申请 CAAC 的 CTSOA。例如使用美国供应商提供的轮胎,鉴于中美两国的双边适航协议,则该轮胎在获得 FAA 的 TSOA 后只需获得中国局方的 VDA 即可;如果使用欧洲供应商提供的轮胎,基于当前中欧尚未签署双边适航协议,则该供应商的轮胎应先获得 EASA 的 ETSOA,然后申请 CAAC 的 CTSOA。

轮胎速度额定值是轮胎为符合 CTSO 标准经试验验证的最大地面速度,本款要求该值在临界条件下不会被超过。按照 AC25-22,这里的临界条件就是指飞机起飞或着陆速度的极限条件,这个极限条件是通过评估飞机起飞/着陆时在各种装载状态和各种使用环境的最不利组合条件。这种情况下的临界条件是确定轮胎额定速度的基础,例如最不利组合条件为超速超重着陆,则超速着陆的速度也不能超过批准的额定速度。

轮胎载荷额定值是轮胎在指定充气压力下容许的最大静载荷。主起轮胎载荷要考虑飞机重量和重心的临界组合,其载荷额定值应大于或等于按本条(a)(1)项确定的载荷。前轮轮胎的额定载荷则按(b)款确定,但(b)(2)项和(b)(3)项规定的动载除外。

第 25.733(b)(1)项用于确定前轮轮胎的静载荷。静载荷是飞机处于地面停机状态,对应飞机重量(直到最大机坪重量)和重心位置的临界组合情况的最大静反力,同时需要检查该静载荷不大于轮胎的载荷额定值。

第 25.733(b)(2)项和(3)项用于确定前轮轮胎的动载荷。动载荷对应两种状态:一是对应飞机设计着陆(直到最大着陆)重量和重心位置的临界组合,重心处 0.31 航向载荷系数实际对应飞机 3.05 米/秒^2 的着陆滑跑速度。另一种情况对应飞机最大设计起飞(直到最大停机坪)重量和重心位置的临界组合,重心处 0.2 航向载荷系数实际对应飞机 1.98 米/秒^2 的着陆滑跑减速度(该情况相当于 RTO,即中断起飞情况)。按本款(2)项和(3)项规定的状态分别计算出轮胎的动载荷,取其大者为轮胎的最大动载荷,检查它是否小于 1.5 倍前轮轮胎的载荷额定值。

第 25.733(c)款适用于轮轴上装有两个或两个以上的机轮和轮胎组件时起落架的轮胎选择。在选择轮胎时，可认为一个起落架上的载荷是平均分配到该起落架上得到每一个轮胎上。关于轮胎速度和载荷额定值的批准要求，详见上述第 25.733(a)款和(b)款的要求解析。

第 25.733(d)款是对轮胎与周围结构或系统间距的要求。预期使用的最大尺寸状态是指充气轮胎在使用后、在高速旋转下或在环境温度的影响下，其直径和宽度尺寸会增大。一般来说其直径和宽度的最大膨胀量可按磨损到临界尺寸冲压后的膨胀量，加上高速旋转离心力作用下的膨胀量来考虑。

第 25.733(e)款是对重量一定的飞机其轮胎充气的要求。第 25.733(e)款规定了对于最大审定重量超过 34 050 公斤（75 000 磅）的飞机，为满足有刹车的机轮上的轮胎防止轮胎爆破的有关要求，必须用干燥氮气或表明为惰性的其他气体充气，使轮胎内混合气体的氧体积含量不超过 5%。

2.2　相关条款

第 25.733 条无相关条款。

3　验证过程

3.1　验证对象

第 25.733 条的验证对象为前起落架和主起落架轮胎。

3.2　符合性验证思路

针对第 25.733(a)款，要求主起轮胎和前起轮胎的获得局方批准。由于轮胎是技术标准规范产品，因此选定的轮胎需要满足技术标准规范的要求，获取技术标准规定项目书。选国内供应商生产的轮胎，技术标准规范为 CTSO - C62e，需获得 CAAC 的批准，即 CTSOA。选用国外供应商的产品，须先获得供应商所在国适航当局的产品批准证，再获得 CAAC 的 VDA 或申请 CTSO 批准。同时计算前起和主起轮胎的静载荷，并且检查静载荷值不大于载荷的额定值。

针对第 25.733(b)款，按照条款中 3 个不同状态下的前轮胎地面反作用力，即轮胎的静载荷和动载荷，并且分别满足(b)款中 3 条判断准则。

针对第 25.733(c)款，由于本款要求的对象是轮轴上有两个及两个以上的机轮轮胎组件，符合性要求与(a)款相当，因此可参见(a)款的符合性验证思路。

针对第 25.733(d)款，首先按照 HB 7711 - 2002《航空轮胎与相邻飞机结构的间隙设计要求》来计算出使用后的轮胎与周围结构件/系统的间隙理论值，并在相关的设计要求文件或者数模中进一步落实间隙控制要求。再通过数模检查和机上检查轮胎与起落架舱各部件的间隙是否满足设计要求。

针对第 25.733(e)款，首先明确飞机的审定重量是否超过 34 050 公斤。如果超过，则应明确采用氮气或者其他类型的惰性气体给轮胎充气。同时对充填气体的规格应予以明确,确保气体中的氧体积含量不超过5%才能满足条款要求。

3.3　符合性验证方法

通常,针对第25.733条的符合性验证方法如表3-1所示。

表3-1　建议的符合性方法

条款号	专业	符合性方法										备注
		0	1	2	3	4	5	6	7	8	9	
第25.733(a)款	起落架			2								9	
第25.733(b)款	起落架			2								9	
第25.733(c)款	起落架			2								9	
第25.733(d)款	起落架		1							7			
第25.733(e)款	起落架		1										

3.4　符合性验证说明

3.4.1　第25.733(a)款符合性验证说明

针对第25.733(a)款,采用的符合性验证方法为MOC2和MOC9,具体验证工作如下。

1) MOC2验证过程

当起落架轮轴上装有单个机轮和轮胎的组件时,通过计算飞机重量(通常取最大停机坪重量)和重心位置的最临界组合情况下的主起轮胎上的载荷,得到主起轮胎的静载荷;通过计算飞机重量(通常取最大停机坪重量)和重心位置的最临界组合,重心处有1.0g的向下作用力情况下的前轮轮胎上的载荷,得到前起轮胎的静载荷。

对于轮胎额定速度,具体分析轮胎在临界条件工况下的速度,并表明该速度不会超过额定速度。

2) MOC9验证过程

因轮胎为技术标准规范产品,如果选用国内供应商的轮胎,故必须取得满足CTSO-C62e技术标准要求的CTSOA证。如果选用国外供应商的轮胎,则须先获取供应商所在国的技术标准规定项目书,再根据两国适航双边协议情况,视情申请获得CAAC的VDA或CTSOA。

通过TSO试验,验证轮胎的载荷和速度额定值,并说明轮胎的载荷额定值大于计算得到的轮胎静载荷,速度额定值大于临界条件下的速度。

3.4.2　第25.733(b)款符合性验证说明

针对第25.733(b)款,采用的符合性验证方法包括MOC2和MOC9,具体验证工作如下。

1) MOC2验证过程

本款的验证过程与(a)款相当。按照本款三条不同要求计算出前起轮胎的静载荷和动载荷,然后计算的载荷不大于轮胎的载荷额定值才能满足本款要求。具体要求为通过计算飞机重量(通常取最大停机坪重量)和重心位置的最临界组合,重心处有 1.0g 的向下作用力情况下的前轮轮胎上的地面静反作用力,验证小于等于载荷额定值。通过计算飞机重量(飞机最大着陆重量)和重心位置的最临界组合,重心处有 1.0g 的向下作用力和 0.31g 的向前作用力情况下的前轮轮胎上的地面反作用力,验证小于等于载荷额定值的 1.5 倍。通过计算飞机重量(通常取最大停机坪重量)和重心位置的最临界组合,重心处有 1.0g 的向下作用力和 0.20g 的向前作用力情况下的前轮轮胎上的地面反作用力,验证小于等于载荷额定值的 1.5 倍。

2) MOC9 验证过程

本款的验证过程详见 3.4.1 节中(a)款中的 MOC9 验证过程。

3.4.3 第 25.733(c)款符合性验证说明

针对第 25.733(c)款,采用的符合性验证方法为 MOC2 和 MOC9,具体验证工作如下。

1) MOC2 验证过程

当起落架轮轴上装有一个以上的机轮和轮胎的组件时(如双轮或串列双轮),通过计算飞机重量(通常取最大停机坪重量)和重心位置最临界组合情况下的每一主起轮胎上的载荷,乘以系数 1.07 后,验证小于等于载荷额定值。通过计算第 25.733(b)(1)项至(3)项条件下每一前轮轮胎上的载荷,验证小于等于前起轮胎载荷额定值。

对于轮胎额定速度,应具体分析轮胎在临界条件工况下的速度,并表明该速度不会超过额定速度。

2) MOC9 验证过程

本款的验证过程详见 3.4.1 节中(a)款中的 MOC9 验证过程。

3.4.4 第 25.733(d)款符合性验证说明

第 25.733(d)款采用的符合性验证方法包括 MOC1 和 MOC7,各项验证工作具体如下。

1) MOC1 验证过程

应通过轮胎间隙设计说明起落架上所装的轮胎在服役中预期最大尺寸值,并且通过说明轮胎与周围结构件和系统设备的间隙要求和布置方式,来表明轮胎是如何避免与其他设备或结构件的干涉问题。

2) MOC7 验证过程

通过机上检查的方式检查轮胎间隙,一般通过起落架收放运动,观察在收放过程中和收起放下状态是否与周围零部件发生干涉。为便于检查,还可在轮胎上涂以颜色醒目的颜料,待起落架收放完成后通过观察是否有设备或结构件沾上颜料来判断是否满足间隙要求。

3.4.5 第 25.733(e)款符合性验证说明

第 25.733(e)款采用的符合性验证方法为 MOC1,具体验证工作如下。

对于最大审定重量超过 34 050 公斤(75 000 磅)的飞机,建议通过轮胎充填气体设计说明已用干燥氮气或表明为惰性的其他气体充气。轮胎充填的气体应有明确的规格说明,表明轮胎内混合气体的氧体积含量不超过 5%,能满足条款的要求。

3.5 符合性文件清单

通常,针对第 25.733 条的符合性文件清单如表 3-2 所示。

表 3-2 建议的符合性文件清单

序　号	符合性报告	符合性方法
1	轮胎间隙设计说明	MOC1
2	轮胎充填气体设计说明	MOC1
3	轮胎载荷与速度计算分析报告	MOC2
4	轮胎间隙机上检查大纲	MOC7
5	轮胎间隙机上检查报告	MOC7
6	轮胎 VDA 或 CTSOA	MOC9

4 符合性判据

1) 针对第 25.733(a)款

符合下述条件判定为满足要求:

当起落架轮轴上装有单个机轮和轮胎的组件时,定量表明在本条款(a)(1)项和(a)(2)项条件下的载荷小于等于载荷额定值。

如果采用国内的轮胎,完成相应 CTSO 的验证,并获得 CTSOA。如果采用国外供应商的轮胎,获得 CAAC 的 VDA 证书或者 CAAC 的 CTSOA 证书。

2) 针对第 25.733(b)款

符合下述条件判定为满足要求:

能定量表明在本条款(b)(1)项条件下的载荷小于等于载荷额定值,在本条款(b)(2)项和(b)(3)项条件下的载荷小于等于载荷额定值的 1.5 倍。并满足 CTSO-C62e 技术标准要求,取得 CTSOA 证书或者 CAAC 的 VDA 认可。

3) 针对第 25.733(c)款

符合下述条件判定为满足要求:

能定量表明在本条款(c)(1)项条件下主轮的载荷乘以系数 1.07 后小于等于载荷额定值,第 25.733(b)(1)项至(3)项条件下每一前轮轮胎上的载荷小于等于载荷额定值。

如果采用国内的轮胎,完成相应 CTSO 的验证,并获得 CTSOA。如果采用国外供应商的轮胎,获得 CAAC 的 VDA 证书或者 CAAC 的 CTSOA 证书。

4) 针对第 25.733(d)款

符合下述条件判定为满足要求:

能定量表明可收放起落架系统上所装的每个轮胎,当处于服役中的该型轮胎预期的最大尺寸状态时,与周围结构和系统之间必须具有足够的间距,不会产生干涉问题。

5) 针对第 25.733(e)款

符合下述条件判定为满足要求:

对于最大审定起飞重量超过 34 050 公斤(75 000 磅)的飞机,能定性表明已用干燥氮气或表明为惰性的其他气体充气,使轮胎内混合气体的氧体积含量不超过 5%。

参考文献

[1] 14 CFR 修正案 25 - 49 Aircraft Tires; Airworthiness and Performance Standards [S].

[2] 14 CFR 修正案 25 - 72 Special Review: Transport Category Airplane Airworthiness Standards [S].

[3] 14 CFR 修正案 25 - 78 Use of Nitrogen or Other Inert Gas for Tire inflation in Lieu of Air [S].

[4] FAA. AC25 - 22 Certification of Transport Airplane Mechanical Systems [S]. 2000.

[5] FAA. AC25. 735 - 1 Brakes and Braking Systems Certification Tests and Analysis [S]. 2002.

[6] FAA. AC25 - 21 Certification of Transport Airplane Structure [S]. 1999.

运输类飞机适航标准
第 25.735 条符合性验证

1 条款介绍

1.1 条款原文

第 25.735 条　刹车

（a）批准　每一包含机轮和刹车的组件都必须经批准。

（b）刹车系统能力　刹车系统及其相关系统必须设计和构造成：

（1）如果任何电气、气动、液压或机械连接元件或传动元件损坏，或者任何单个液压源或其它刹车能源失效，能使飞机停下且滑行距离不超过第 25.125 条规定的滑行距离的两倍。

（2）无论在飞行中或在地面上，刹车或其附近元件失效后从刹车液压系统泄漏的液体都不足以引起或助长有危害的火情。

（c）刹车控制　刹车控制必须设计和构造成：

（1）操作时，不需要额外的控制力。

（2）如果安装了自动刹车系统，必须有措施：

（i）预位和解除预位该系统，

（ii）允许驾驶员使用手动刹车超控该系统。

（d）停留刹车　飞机必须具有停留刹车装置，当一台发动机为最大推力，同时其它任何或全部发动机为直到最大慢车推力的最不利组合时，打开停留刹车装置后，无须进一步关注就可以防止飞机在干燥的带铺面的水平跑道上滚动。该装置必须放在适当的位置或充分保证避免误操作。当停留刹车没有完全释放时，驾驶舱中必须有提示。

（e）防滑系统　如果安装了防滑系统：

（1）无须外部调整就可以在预期的任何跑道情况下进行满意地操作。

（2）在所有情况下必须优先于自动刹车系统（如果安装）。

（f）动能容量

（1）设计着陆停止　设计着陆停止是在最大着陆重量下可操作的着陆停止。必须确定每一个机轮、刹车和轮胎组件的设计着陆停止刹车动能吸收要求。必须通过测功器测试验证,在整个定义的刹车磨损范围之内机轮、刹车和轮胎组件能够吸收不少于该水平的动能。必须达到飞机制造商刹车要求的能量吸收率。平均减速率必须不小于 10 fps^2。

(2) 最大动能加速停止　最大动能加速停止是在最临界的飞机起飞重量和速度组合状态下的中止起飞状态。必须确定每一个机轮、刹车和轮胎组件的加速停止刹车动能吸收要求。必须通过测功器测试验证,在整个定义的刹车磨损范围之内机轮、刹车和轮胎组件能够吸收不少于该水平的动能。必须达到飞机制造商刹车要求的能量吸收率。平均减速率必须不小于 6 fps^2。

(3) 最严酷的着陆停止　最严酷的着陆停止是在最临界的飞机着陆重量和速度组合状态下的停止。必须确定每一个机轮、刹车和轮胎组件最严酷的停止刹车动能吸收要求。必须通过测功器测试验证,在刹车热库达到完全磨损极限情况下,机轮、刹车和轮胎组件能够吸收不少于该水平的动能。对于极不可能的失效情况或当最大动能加速停止能量更严酷时,不必考虑最严酷的着陆停止。

(g) 高动能测功器停止后的刹车状态　按照本条(f)要求的高动能刹车试验停留刹车迅速和完全地作用了至少 3 分钟后,必须证明,从停留刹车作用起至少 5 分钟不能发生状况(或者在停止期间不能发生),包括轮胎或机轮和刹车组件的火情,可能妨碍安全和完全撤离飞机。

(h) 储备能量系统　如果使用储备能量系统满足本条(b)(1)的要求,必须向飞行机组提供可用储备能量指示。对于以下情况,可用的储备能量必须充足:

(1) 当防滑系统没有工作时至少可完成六个完整的刹车;和

(2) 在飞机经审定的所有跑道表面条件下,当防滑系统运行时飞机完全停止。

(i) 刹车磨损指示器　对于每一个刹车组件,必须有措施保证在热库磨损达到许可的极限时有指示。该措施必须可靠并容易看到。

(j) 过热爆裂保护　对于每个带刹车的机轮,必须提供措施防止由于刹车温度升高导致的机轮失效和轮胎爆裂。并且,所有机轮必须满足第 25.731 条(d)的要求。

(k) 兼容性　机轮和刹车组件与飞机及其系统兼容性必须经过验证。

〔中国民用航空局 1995 年 12 月 18 日第二次修订,2001 年 5 月 14 日第三次修订,2011 年 11 月 7 日第四次修订〕

1.2　条款背景

第 25.735 条内容对飞机刹车提出了具体要求,分别对刹车系统能力、刹车的控制、停留刹车、防滑系统、动能能量、高动能测功器停止后的刹车状态、储备能量系统、刹车磨损指示器、过热爆裂保护和刹车兼容性提出了具体要求,是刹车系统的核心条款。

1.3　条款历史

第 25.735 条在 CCAR25 部出版首次发布,截至 CCAR - 25 - R4,第 25.735 条

共修订过 3 次,如表 1-1 所示。

表 1-1 第 25.735 条条款历史

第 25.735 条	CCAR25 部版本	相关 14 CFR 修正案	备　注
首次发布	初版	25-23,25-48	
第 1 次修订	R2	25-72	
第 2 次修订	R3	25-92	
第 3 次修订	R4	25-107	

1.3.1　首次发布

1985 年 12 月 31 日发布了 CCAR25 部初版,其中包含第 25.735 条,该条款的制定参考了 1979 年发布的 14 CFR 修正案 25-48 的内容。

1979 年发布的 14 CFR 修正案 25-48 对 §25.735(b)、(f)和(g)进行了修订,对机轮刹车组件动能容量的计算及试验要求进行修订。

1.3.2　第 1 次修订

1995 年 12 月 18 日发布的 CCAR-25-R2 对第 25.735 条进行了第 1 次修订,本次修订参考了 14 CFR 修正案 25-72 的内容,对 §25.735(b)进行了修订,澄清了"连接元件"概念。

1.3.3　第 2 次修订

2001 年 5 月 14 日发布的 CCAR-25-R3 对第 25.735 条进行了第 2 次修订,本次修订参考了 14 CFR 修正案 25-92 的内容,对 §25.735(f)和(h)进行了修订,对刹车的动能容量提出新的要求,用以改进中断起飞和着陆性能的标准。

1.3.4　第 3 次修订

2011 年 11 月 7 日发布的 CCAR-25-R4 对第 25.735 条进行了第 3 次修订,本次修订参考了 14 CFR 修正案 25-107 的内容,对 §25.735(b)至(f)进行了修订,将原 §25.735(g)和(h)的内容并入 §25.735(f),新增 §25.735(g)至(k);对运输类飞机刹车系统设计和试验提出要求,增加了关于自动刹车系统、刹车磨损指示器和系统兼容性方面的规定。

2　条款解读

2.1　条款要求

第 25.735(a)款要求机轮和刹车的组件都必须经批准。此处批准的一般含义是指机轮需获得局方颁发的技术标准规定批准书,即 CTSOA。由于机轮刹车组件是 CTSO 件,因此本款隐含的要求是机轮刹车组件必须符合 CAAC 颁布的技术标准 CTSO-C135a 的要求,并获得 CAAC 颁发的 CTSOA。当飞机使用的机轮刹车组件来自他国生产商,则该机轮须获得生产商所在国适航当局颁发的 TSOA 证书,然后获得 CAAC 的 VDA 认可或者重新申请 CAAC 的 CTSOA。例如使用美国供应商提供的机轮刹车组件,鉴于中美两国的双边适航协议,则该组件在获得 FAA 的 TSOA 后只需获得中国局方的 VDA 即可;如果使用欧洲供应商提供的机轮刹车组件,基于当前中欧尚未签署双边适航协议,则该供应商的产品应先获得 EASA 的 ETSOA,然后申请 CAAC 的 CTSOA。

第 25.735(b)款是对刹车系统能力的要求。第 25.735(b)(1)项要求刹车系统在以下给定刹车系统失效模式情况下,刹车效率允许降低但不低于本款的要求,即飞机滑跑距离满足第 25.125 条规定的 2 倍。所考虑的失效包括任一连接元件或传递元件损坏,如断裂、泄漏或者堵塞;任一单个液压源或其他刹车能源失效。由单一原因造成的多处失效也认为是单一失效,如多处液压管路的损坏,为单一失效。刹车组件内的子部件和如刹车盘、作动器(或其等效装置),因其中的密封元件损坏引起液压油的渗漏会使刹车效率降低,但不得低于本款的要求。

第 25.735(b)(2)项要求因刹车失效而泄漏的液体不会接触到刹车组件内任一可能使液体着火的部件,或泄漏液体不会被点燃,或泄漏液体的最大量也不足以支持一起火情;即使着火,在考虑到诸如起落架几何尺寸、着火敏感设备与安装位置、系统状态和飞行模式等因素下该火情也不会造成危害。

第 25.735(c)款对刹车控制提出要求。第 25.735(c)(1)项要求操作刹车时不需要额外的控制力,是对刹车控制律的要求,是指刹车力(输出)应当随(驾驶员或自动)操纵刹车的力和运动的增减而逐步增减,且响应很快,易于操纵。当预期刹车仅用于停机时刹车操纵器件无须逐级工作。

第 25.735(c)(2)项对自动刹车系统的操作提出要求。安装有自动刹车系统时,刹车力矩的等级(如低、中、高和中止起飞)可以预先选择使得在接地后能够自动刹车。同时为驾驶员提供一种独立于其他刹车操纵器件的装置,能够在接地之前对自动刹车系统进行待命和解除待命的操纵。同时要求刹车系统具有手动刹车功能,并且手动刹车能超控自动刹车。

第 25.735(d)款是对停留刹车功能的要求。为了缩短起飞滑跑距离,通常在起飞线上用停留刹车刹住机轮停住飞机,当发动机达到起飞功率时,解除停留刹车,飞机高速滑跑起飞。这要求停留刹车装置有足够的静刹车力矩,在所有允许的运行条件下,且在发动机推力最临界不对称的情况下能阻止机轮的滚动,即停留刹车一旦使用,就能保持在选定的位置而无须飞行机组进一步关注。对停留刹车未完全释放则要求有指示,且停留刹车的操作装置应当处在不可能误操作的位置,或有适当措施保护不会被误操作。

第 25.735(e)款是对刹车防滑系统的要求。第 25.735(e)(1)项中"无须外部调整就可以在预期跑道条件下满意地操作"是指在轮胎整个预期使用范围内,包括经验证的各跑道摩擦系统和跑道条件,防滑系统应该能给出满意的刹车性能,而无须在起飞前或着陆前做出调整或选择。摩擦系统范围应当包括那些用于干、湿及表面污染的以及有纹和无纹跑道的组合。条款中的"无须外部调整"还包括这样的情况：从一个干的和高 μ（摩擦系数）跑道起飞之后，在一个受污染的和低 μ 跑道上着陆，应该不必为获得满意的刹车性能而在着陆前进行专门的调整。同时防滑系统应该适用于所有准许的轮胎尺寸和类型的组合及所有许可的刹车和轮胎的磨损程度。第 25.735(e)(2) 项表明当防滑系统不工作时，不得使用自动刹车系统。

第 25.735(f) 款规定了对刹车动能容量的具体要求。首先通过计算分析，确定刹车在各典型工况应吸收的动能，典型工况包括设计着陆停止、最大动能加速停止和最严重的着陆停止。刹车动能计算按照 AC25.735-1 有两种方式，一是对适用刹车过程中预期会出现的事件序列进行保守的合理分析；二是基于开始使用刹车时的飞机动能直接进行计算。如果用合理的分析方法确定轮胎、机轮和刹车装置的动能吸收要求，则分析应该计及首次使用刹车时保守的飞机速度值、预计的轮胎与跑道之间的摩擦系数、气动阻力、螺旋桨阻力、动力装置的向前推力和（如果更为临界）最不利的单台发动机或螺旋桨故障。如果用直接计算方法确定轮胎、机轮和刹车装置的能量吸收要求，则应该采用下列公式（如设计的刹车分配不相等，公式必须修正）：

$$KE = 0.044\ 3WV^2/N（英尺·磅）$$

式中：KE 为每个机轮的动能（英尺·磅）；N 为装有刹车的主轮个数；W 为飞机重量（磅）；V 为飞机速度（节）。

或用国际标准（SI）单位：

$$KE = 1/2mV^2/N（焦耳）$$

式中：KE 为每个机轮的动能（焦耳）；N 为装有刹车的主轮个数；m 为飞机质量（千克）；V 为飞机速度（米/秒）。

第 25.735(f)(1) 项对设计着陆停止情况，要求确定每一机轮刹车组件应吸收的动能，并在测功器上用在整个定义的磨损范围（直至完全磨损）的刹车进行验证：刹车组件能够吸收该动能，且能达到设计要求的能量吸收率，平均减速度率不小于 $3.1\ m/s^2$。磨损范围是指用于考虑刹车磨损的不连续、不规则及非均匀分布的状态。

第 25.735(f)(2) 项对最大动能加速停止情况，要求确定每一机轮刹车组件应吸收的动能，在测功器上用在整个定义的磨损范围（直至完全磨损）的刹车进行验证：刹车组件能够吸收该动能，且能达到设计要求的能量吸收率，平均减速度率不小于 $1.8\ m/s^2$。

第 25.735(f)(3) 项对最严酷着陆停止情况，要求确定每一机轮刹车组件应吸收的动能，在测功器上用完全磨损的刹车进行验证：刹车组件能够吸收该动能。最严酷着陆停止情况是基于典型的单个或多个可预见的失效条件的，这些失效将导致异常着陆，即超速和超重着陆。因此，对能表明是极不可能（发生的概率小于

10^{-9})的失效情况可不必考虑最严酷着陆停止。同样,当能证明最大动能加速停止能量更严酷时,也可不必考虑最严酷着陆停止。

第 25.735(g)款要求高动能停止后,停留刹车应当能限制飞机的进一步运动,并能保持停机能力直到做出撤离飞机的决定并完全撤离。本款要求停留刹车迅速完全作用至少 3 分钟,并在作用开始 5 分钟内不得发生可能妨碍安全和安全撤离的火情。其中,"迅速和安全地作用"一般指在飞机完全停止后的 20 秒内或飞机减速至 20 节(或以下)后的 20 秒内,施加停留刹车,且能正常作用。可能妨碍安全和安全撤离的火情,一般指连续不断的或持续的及能延伸至轮胎的最高点的火。

第 25.735(h)款是对储能系统的要求。本款中的"储备能量系统"一般指用于应急刹车的蓄能器。一个"完整的刹车"一般是指一个施加刹车作用的周期,从刹车完全释放到完全施加,再回到刹车完全释放状态。

第 25.735(i)款是对刹车磨损指示的要求。本款中"可靠并容易看到"指示方式,一般要求不借助特别工具或照明(暗处除外)。

第 25.735(j)款是对机轮和轮胎过热爆裂保护的要求。对于带刹车的机轮及轮胎,需要考虑过热保护措施。本款中的"所有机轮",包括非刹车机轮,还需要考虑第 25.731(d)款中的过压保护要求。

第 25.735(k)款是兼容性方面的要求。刹车组件和飞机及其系统的兼容性,一般指在系统集成时考虑防滑调整、起落架动力学、轮胎型号和尺寸、刹车组合、刹车特性以及刹车与起落架振动等的影响。

2.2 相关条款

与第 25.735 条相关的条款如表 2-1 所示。

表 2-1 第 25.735 条相关条款

序　号	相关条款	相　关　性
1	第 25.125 条	第 25.735(b)(1)项要求如果任何电气、气动、液压或机械连接元件或传动元件损坏,或者任何单个液压源或其他刹车能源失效,能使飞机停下且滑行距离不超过第 25.125 条规定的滑行距离的 2 倍。需要按照第 25.125 条计算规定的滑行距离
2	第 25.731 条	第 25.735(j)款过热爆裂保护对于每个带刹车的机轮,必须提供措施防止由于刹车温度升高导致的机轮失效和轮胎爆裂。并且,所有机轮必须满足第 25.731(d)款的要求

3 验证过程

3.1 验证对象

第 25.735 条的验证对象为刹车系统。

3.2 符合性验证思路

针对第 25.735(a) 款,要求机轮和刹车的组件取得生产商所在国的 CTSO 批准,即获得 CTSOA,能够表明机轮和刹车装置需要满足 CTSO - C135a 中适用要求的最低标准和性能。

针对第 25.735(b)(1) 项,首先通过刹车系统描述来说明刹车系统架构设计保证刹车功能有足够的冗余。其次是进行单套刹车系统失效刹车性能计算分析,保证在发生单点故障时,单套刹车能使飞机停下且滑行距离不超过第 25.125 条规定距离的 2 倍。最后还需要进行试飞验证。试飞包括正常刹车功能试飞和单套刹车功能试飞,来验证单套刹车距离不超过正常刹车距离的 2 倍。

针对第 25.735(b)(2) 项,通过符合性说明文件表明刹车或其附近元件失效后从刹车液压系统泄漏的液体导致着火的可能性很小,即使在着火的情况下,则也可综合考虑刹车元器件的布置和探火设备等因素,说明火不会造成危害或进一步助长火情。

针对第 25.735(c) 款,需要通过正常刹车试飞和应急刹车试飞来验证刹车力和应急刹车力可以接受,无须额外控制力操作;如果安装了自动刹车系统,需要通过刹车系统描述表明可以预位和解除预位该系统,则允许驾驶员使用手动刹车超控该系统,并且通过飞行试验验证。

针对第 25.735(d) 款,首先通过机轮刹车系统描述表明已设置停留刹车,并且考虑在正常刹车压力作用下,刹车装置能够输出足够刹车力矩,防止机轮旋转。停留刹车的布置已考虑适当放置或充分保证避免误操作。当停机刹车没有完全释放时,驾驶舱内必须有指示。然后通过停机刹车试飞试验验证满足第 25.735(d) 款的要求。

针对第 25.735(e) 款,首先通过刹车系统描述说明防滑设备及系统的操作原理,使得飞机在预期使用范围的跑道上无须外部调整就能获得满意的操作。然后通过飞行试验验证飞机在预期使用的各种类型跑道上都能获得满意的防滑功能,同时还可通过防滑系统失效试飞验证刹车防滑系统失效情况下,飞机航向可控,刹车减速能力可控,任一刹车装置的防滑系统失效不会影响其他刹车装置的防滑功能,满足第 25.735(e)(1) 项的要求;如果飞机安装了自动刹车系统,则可在机上地面试验中验证在所有情况下优先于自动刹车系统,满足第 25.735(e)(2) 项的要求。

针对第 25.735(f) 款,首先通过刹车能量计算分别确定设计着陆停止、最大动能加速停止和最严重的着陆停止工况下的每一机轮组件应吸收的动能。然后完成机轮和刹车装置的设备鉴定试验。由于机轮和刹车装置都为 CTSO 件,取得 CTSOA 表示满足 CTSO - C135a 中适用要求的最低标准和性能。最后进行实验室试验,在高动能测功器上验证机轮刹车装置的组件吸收特定工况动能的能力,实验室试验方法通常参照 FAA AC25.735 - 1 中的程序进行即可。

针对第 25.735(g)款,结合本条(f)款的实验室试验来验证。在按照本条(f)款要求的高动能测功器停止试验之后,停留刹车迅速而完全作用至少 3 分钟,从停留刹车作用开始起至少 5 分钟不能发生(或在停止期间不能发生)可能妨碍安全和完全撤离飞机的情况,包括轮胎或机轮和刹车组件的火情。

针对第 25.735(h)款,首先通过机轮刹车系统描述说明储备能量系统设计的原理和指示方式,以及储备能量的容量能足以完成条款要求的刹车次数。然后通过计算分析报告说明储备能量系统能够具有完成 6 次完整的刹停(防滑系统不工作)和 1 次刹停(防滑系统工作)。必要时还可通过试飞试验来验证储备能量系统的能力。

针对第 25.735(i)款,首先通过机轮刹车系统描述说明每一个刹车组件都有措施保证在热库磨损达到许可的极限时有指示。且该措施是可靠的和容易观察刹车磨损情况。然后通过机上检查确认刹车磨损指示器的使用是可靠和方便的。

针对第 25.735(j)款,首先通过机轮刹车系统描述说明采用了何种过热破裂保护(如热熔塞)和过压破裂保护(如安全释压阀)措施。过热破裂保护措施能防止由于刹车温度升高导致的机轮失效和轮胎爆裂。过压破裂保护措施能够防止由于轮胎压力升高导致的机轮和轮胎破裂的情况。然后完成过压和过热保护设备的鉴定试验,如热熔塞设备鉴定试验和安全释压阀的设备鉴定试验。

针对第 25.735(k)款,首先通过符合性说明文件表明机轮、刹车装置和轮胎都获得了 CTSOA,表明设备能在各种预期工况下工作。然后通过试飞试验验证机轮和刹车的组件在飞机上能正常工作,且不会影响飞机上其他系统和设备的正常工作,能够表明机轮刹车组与其他系统及结构是兼容的。试飞试验应尽可能保护不同的飞机重量、速度、防护工作和不工作及刹车和轮胎不同的磨损情况。

3.3 符合性验证方法

通常,针对第 25.735 条的符合性验证方法如表 3-1 所示。

表 3-1 建议的符合性方法

条 款 号	专 业	符 合 性 方 法										备 注
		0	1	2	3	4	5	6	7	8	9	
第 25.735(a)款	起落架										9	
第 25.735(b)(1)项	起落架		1	2				6				
第 25.735(b)(2)项	起落架		1									
第 25.735(c)款	起落架		1					6				
第 25.735(d)款	起落架		1					6				
第 25.735(e)款	起落架		1				5	6				
第 25.735(f)款	起落架			2		4					9	
第 25.735(g)款	起落架					4						

(续表)

条 款 号	专业	符 合 性 方 法										备 注
		0	1	2	3	4	5	6	7	8	9	
第25.735(h)款	起落架		1	2				6				
第25.735(i)款	起落架		1						7			
第25.735(j)款	起落架		1								9	
第25.735(k)款	起落架		1					6				

3.4 符合性验证说明

3.4.1 第25.735(a)款符合性验证说明

针对第25.735(a)款,采用的符合性验证方法为MOC9,验证工作为通过满足CTSO-C135a技术标准要求,取得CTSOA证书。

3.4.2 第25.735(b)(1)项符合性验证说明

针对第25.735(b)(1)项,采用的符合性验证方法包括MOC1、MOC2和MOC6,各项验证具体工作如下:

1) MOC1 验证过程

通过机轮刹车系统描述文件来说明刹车系统架构设计能够使得单点故障下刹车系统还至少有50%的刹车能力。

2) MOC2 验证过程

通过计算正常刹车模式单套刹车系统失效后刹车性能,验证单套刹车失效时,着陆滑跑过程中的平均刹车减速度等于原刹车系统所能达到减速度的50%,滑行的距离不超过第25.125条规定的滑行距离的2倍。

3) MOC6 验证过程

通过正常刹车试飞、单套刹车试飞以及备份刹车试飞来分别验证刹车系统的能力。应保证三个科目试飞时飞机重量、重心一致。单套刹车试飞是在操纵飞机正常起飞后断开内侧或外侧机轮刹车控制单元断路器,此时飞机刹车系统只有一套刹车能力(此处针对飞机左右各有一对机轮刹车进行举例说明)。操纵飞机正常着陆后,按照试验要求的减速措施使飞机减速直到完全停止。备份刹车试飞是在操纵飞机正常起飞后按照正常状态着陆,使用备份刹车直到飞机完成停止。验证单套刹车滑行距离不超过正常刹车的2倍,备份刹车滑行距离不超过正常刹车的2倍,且在着陆时能够快速安全地切换到备份刹车。

3.4.3 第25.735(b)(2)项符合性验证说明

针对第25.735(b)(2)项,采用的符合性验证方法为MOC1。通过机轮刹车系统描述文件说明从刹车液压系统泄漏的液体不足以引起或助长有危害的火情,或者已采用相关防护措施防止火情的产生。

3.4.4　第 25.735(c)款符合性验证说明

针对第 25.735(c)款,采用的符合性验证方法为 MOC1 和 MOC6。各项验证具体工作如下:

1) MOC1 验证过程

通过刹车系统描述文件说明刹车控制的原理进行描述,说明不要求额外的控制力即可操作刹车。同时对自动刹车系统的工作原理进行描述,说明自动刹车系统可以预位和解除预位,允许驾驶员使用手动刹车超控自动刹车系统。

2) MOC6 验证过程

刹车试飞包含正常刹车科目和备份刹车科目。通过正常刹车试飞验证刹车系统工作正常,刹车响应平稳,刹车力矩输出平缓无冲击,未产生前轮起跳现象。通过应急刹车试飞验证应急手柄操纵力可以接受,停机/应急刹车手柄的位置可以接受,刹车响应平稳,飞机无弹跳,应急刹车力可以接受。针对自动刹车系统,通过飞行试验验证可以预位和解除预位,允许驾驶员使用手动刹车超控该系统。

3.4.5　第 25.735(d)款符合性验证说明

针对第 25.735(d)款,采用的符合性验证方法包括 MOC1 和 MOC6,各项验证工作具体如下:

1) MOC1 验证过程

通过机轮刹车系统描述文件说明停留刹车装置的工作原理。在正常刹车压力作用下,刹车装置能够输出足够刹车力矩,防止机轮旋转。停留刹车装置的布置能避免误操作。当停机刹车没有完全释放时,驾驶舱内必须有指示。

2) MOC6 验证过程

通过停机刹车试飞试验验证临界起飞一台发动机在最大推力其余在最大慢车推力的组合下,停留刹车打开后能保持飞机所有机轮不会出现滑动与滚动的现象。

3.4.6　第 25.735(e)款符合性验证说明

针对第 25.735(e)款,采用的符合性验证方法为 MOC1、MOC5 和 MOC6,各项验证工作具体如下:

1) MOC1 验证过程

通过机轮刹车系统描述文件说明防滑设备及系统的操作原理,使得飞机在预期使用范围的跑道上无须外部调整就能获得满意的操作。

2) MOC5 验证过程

如果安装了防滑系统,也安装了自动刹车系统,则在进行机上地面试验时,通过模拟防滑功能故障(如直接关闭防滑开关),当出现丧失防滑功能的告警时,确认自动刹车功能不可用,即也会出现自动刹车功能丧失的告警。通过验证确保在所有情况下,防滑系统优先于自动刹车系统,满足第 25.735(e)(2)项的要求。

3) MOC6 验证过程

通过飞行试验验证飞机在预期使用的各种类型跑道上都能获得满意的防滑功

能,同时还可通过防滑系统失效试飞验证刹车防滑系统失效情况下,飞机航向可控,刹车减速能力可控,任一刹车装置的防滑系统失效不会影响其他刹车装置的防滑功能,满足第 25.735(e)(1)项的要求。

3.4.7　第 25.735(f)款符合性验证说明

针对第 25.735(f)款,采用的符合性验证方法为 MOC2、MOC4 和 MOC9,各项验证工作具体如下:

1) MOC2 验证过程

首先通过计算确定在设计着陆停止、最大动能加速停止、最严重的着陆停止三个着陆状态下的每一机轮、刹车和轮胎组件应吸收的刹车动能。需要注意每一着陆状态需要考虑不同海拔高度的机场所引起的飞机重量和速度限制,计算在不同工况下的刹车能量,以便得出每一着陆状态下最大的刹车能量。然后对比试验室不同着陆状态下实际使用的能量,确保都大于理论计算的能量,表面机轮刹车的设计满足飞机的能量要求。

2) MOC4 验证过程

通过在实验室高动能测功器上分别进行设计着陆停止、最大动能加速停止、最严酷的着陆停止试验验证机轮刹车组件吸收动能的能力。

在进行设计着陆停止试验时,机轮、刹车及轮胎组件必须完成 100 次的设计着陆停止试验而无失效或产生其他不利影响,100 次演示试验中最小的刹车能量为额定设计着陆停止能量。

对于最大动能加速停止试验,必须分别在一套刹车为全新状态和一套刹车完全磨损两种状态下进行试验。在完全停止后或按规定的刹车压力释放后的 20 秒内,刹车压力需调节到最大额定停机刹车压力且保持至少 3 分钟。使用停机刹车压力后 5 分钟之内,不允许有持续的火焰扩散到轮胎最高点之上,在此期间内,既不可采取灭火措施,也不可用冷却剂。

最严重着陆停止试验是指机轮和刹车装置在飞机所预期的最严酷着陆停止条件下的试验,试验时采用的刹车装置其热库应达到完全磨损的状态,并进行至少一次设计着陆停止试验。试验时试验件的温度必须尽量接近典型使用条件的实际温度,可以采用滑行停止的方法来预加热。在完全停止后或按规定的刹车压力释放后的 20 秒内,停机刹车压力介入后至少保持 3 分钟。在使用停机刹车压力后 5 分钟之内,同样不允许有持续的火焰扩散到轮胎最高点之上,在此期间内,既不可采取灭火措施,也不可用冷却剂。

3) MOC9 验证过程

完成机轮和刹车装置的设备鉴定试验。由于机轮和刹车装置都为 CTSO 件,因此取得的 CTSOA 表示满足 CTSO-C135a 中适用要求的最低标准和性能。

3.4.8　第 25.735(g)款符合性验证说明

针对第 25.735(g)款,采用的符合性验证方法为 MOC4,验证工作可以结合本条(f)款的实验室试验来验证。在按照本条(f)款要求的高动能测功器停止试验之后,停留刹车迅速而完全作用至少 3 分钟,从停留刹车作用开始起至少 5 分钟不能发生(或在停止期间不能发生)可能妨碍安全和完全撤离飞机的情况,包括轮胎或机轮和刹车组件的火情。

3.4.9　第 25.735(h)款符合性验证说明

针对第 25.735(h)款,采用的符合性验证方法为 MOC1、MOC2 和 MOC6,各项验证工作具体如下:

1) MOC1 验证过程

通过机轮刹车系统描述文件说明储备能量系统的设计能够支持规定的刹车次数,同时能向机组提供可用储备能量指示。

2) MOC2 验证过程

通过计算分析表明该储备能量系统具有完成六个完整刹车的能量。计算分析时,需要考虑储备能量消耗的途径和方式,例如蓄压器,蓄压器内高压油液的消耗主要有刹车作动筒作动使用的油液体积、刹车系统软管膨胀增加的油液体积、液压元件的油液内泄漏以及当防滑工作时系统释压带来的油液消耗。然后计算完成一次刹车(不带防滑功能)后蓄压器内所存留油液体积和系统蓄压器内气体压力。经过一定次数的刹车后,油液体积减少到最低限度,系统压力等于系统回油压力时,蓄压器失去了工作能力。确保这个次数要大于条款要求的六次。

3) MOC6 验证过程

在试飞时,通过液压系统故障模拟装置断开液压系统的 1 号和 2 号液压能源,并通过液压简图页确认两个液压系统压力低于一定值(表示两个液压系统都不能供压),此时 EICAS 上出现的 1 号、2 号液压系统压力低的告警信息属于正常现象。然后在防滑系统不工作时(即在应急刹车状态下)操纵飞机按一定的速度滑行后刹停飞机,重复这一过程六次后刹停飞机,此时储备能量系统剩余压力仍能有一定的余量,使飞机保持停留刹车状态。此外,当防滑系统工作时,飞机应能够在经审定的所有跑道表面条件下完成一次带防滑功能的刹车,直至飞机完全停止。此处跑道表面条件,需要考虑将来飞机预期运行环境,如污染跑道。

3.4.10　第 25.735(i)款符合性验证说明

针对第 25.735(i)款,采用的符合性验证方法为 MOC1 和 MOC7,各项验证工作具体如下:

1) MOC1 验证过程

通过机轮刹车系统描述文件说明刹车组件磨损指示器的设计和使用原理。该磨损指示器的措施应该是可靠的,刹车磨损情况应该是容易观察到的。

2) MOC7 验证过程

通过机上检查的方式确认刹车磨损指示器的工作方式和观察结果。

3.4.11　第 25.735(j)款符合性验证说明

针对第 25.735(j)款,采用的符合性验证方法为 MOC1 和 MOC9,各项验证工作具体如下:

1) MOC1 验证过程

通过机轮刹车系统描述文件说明刹车系统采用了何种的过压和过热保护措施,每种措施采用何种设备达成过压和过热保护的要求。

2) MOC9 验证过程

机轮的过压保护装置(如安全释压阀)和过热保护装置(如易熔塞)完成设备鉴定试验,通过鉴定试验表明当轮机、轮胎组件压力达到不安全水平时,能够将轮胎的压力降低到安全的水平,有效防止机轮失效和轮胎爆裂。

3.4.12　第 25.735(k)款符合性验证说明

针对第 25.735(k)款,采用的符合性验证方法为 MOC1 和 MOC6,验证工作具体如下:

1) MOC1 验证过程

通过机轮刹车系统描述文件说明系统的设备都已经完成了设备鉴定试验,从系统设计角度说明不会影响飞机其他系统的正常工作,也不会对飞机结构产生不利影响。

2) MOC6 验证过程

通过飞行试验演示机轮和刹车组件与飞机及其他系统的兼容性。既要表明机轮刹车系统设备安装后功能正常,也要表明刹车系统不会对飞机产生不安全的状况。

3.5　符合性文件清单

通常,针对第 25.735 条的符合性文件清单,如表 3-2 所示。

表 3-2　建议的符合性文件清单

序　号	符 合 性 报 告	符合性方法
1	机轮刹车系统描述文件	MOC1
2	单套刹车系统失效刹车性能计算报告	MOC2
3	刹车能量计算报告	MOC2
4	储备能量系统计算报告	MOC2
5	刹车能量实验室试验大纲	MOC4
6	刹车能量实验室试验报告	MOC4
7	刹车系统机上地面试验大纲	MOC5
8	刹车系统机上地面试验报告	MOC5
9	刹车系统飞行试验大纲	MOC6
10	刹车系统飞行试验报告	MOC6

序　号	符 合 性 报 告	符合性方法
11	刹车系统机上检查大纲	MOC7
12	刹车系统机上检查报告	MOC7
13	机轮、刹车装置设备鉴定试验大纲	MOC9
14	机轮、刹车装置设备鉴定试验报告、CTSOA 证书	MOC9
15	刹车过压保护装置设备鉴定试验大纲	MOC9
16	刹车过压保护装置设备鉴定试验报告	MOC9
17	刹车过热保护装置设备鉴定试验大纲	MOC9
18	刹车过热保护装置设备鉴定试验报告	MOC9

4　符合性判据

4.1　针对第 25.735(a)款

符合下述条件判定为满足要求：如果采用国内的机轮和刹车装置，完成相应 CTSO 的验证，并获得 CTSOA。如果采用国外生产商的轮机和刹车装置，获得 CAAC 的 VDA 证书或者 CAAC 的 CTSOA 证书。

4.2　针对第 25.735(b)(1)项

符合下述条件判定为满足要求：通过定性描述刹车系统架构，确保单套刹车系统失效后的刹车性能不低于正常刹车的 50%。进行单套刹车系统失效刹车性能计算，满足单套刹车失效时，着陆滑跑过程中的平均刹车减速度不少于正常刹车系统所能达到减速度的 50%。进行正常刹车试飞和单套刹车试飞，验证单套刹车距离不超过正常刹车的 2 倍。

4.3　针对第 25.735(b)(2)项

符合下述条件判定为满足要求：通过机轮刹车系统描述文件表明已考虑刹车或其附近元件失效后，从刹车液压系统泄漏的液体都不足以引起或助长有危害的火情。

4.4　针对第 25.735(c)款

符合下述条件判定为满足要求：通过刹车系统描述文件说明不要求额外的控制力即可操作刹车。同时对自动刹车系统进行描述，说明自动刹车系统可以预位和解除预位，允许驾驶员使用手动刹车超控自动刹车系统。

然后通过正常刹车试飞和备份刹车试飞验证刹车力矩响应正常，无须额外力的控制；并对自动刹车的预位和解除预位及手动刹车超控进行试飞验证。

4.5　针对第 25.735(d)款

符合下述条件判定为满足要求：通过刹车系统描述文件说明停留刹车装置的工作原理。在正常刹车压力作用下能够输出足够刹车力矩，防止机轮旋转。停留刹车装置的布置能避免误操作。当停机刹车没有完全释放时，驾驶舱内有相应的指示。

通过停机刹车试飞验证临界起飞一台发动机在最大推力其余在最大慢车推力的组合下，停留刹车打开后能保持飞机所有机轮不会出现滑动与滚动的现象。

4.6　针对第 25.735(e)款

符合下述条件判定为满足要求：通过刹车系统描述防护系统的工作原理，使得飞机无须外部调整就可以在经审定的跑道上正常工作。安装自动刹车系统，防滑系统都能优先于自动刹车进行工作并通过机上地面试验验证。此外，还需通过飞行试验，验证飞机在预期使用的各种类型跑道上都能获得满意的防滑功能。

4.7　针对第 25.735(f)款

符合下述条件判定为满足要求：通过计算明确机轮和刹车组件在设计着陆停止、最大动能加速停止和最严重的着陆停止状态下的应吸收的刹车动能。

通过实验室试验分别完成设计着陆停止、最大动能加速停止和最严酷的着陆停止试验，验证机轮刹车组件吸收动能的能力。

完成机轮和刹车装置的设备鉴定试验。机轮和刹车装置都为 TSO 件，取得 TSOA 表示满足 TSO - C135a 中适用要求的最低标准和性能。

4.8　针对第 25.735(g)款

符合下述条件判定为满足要求：结合本条(f)款的实验室试验，能够表明停留刹车迅速而完全作用至少 3 分钟，从停留刹车作用开始起至少 5 分钟不能发生不利于安全的火情。

4.9　针对第 25.735(h)款

符合下述条件判定为满足要求：通过系统描述文件说明储备能量系统的设计能够支持规定的刹车次数，机组能够方便地观察可用的储备能量。

通过计算分析表明该储备能量系统具有完成六个完整的刹车的能力。

通过飞行试验验证可用的储备能量，当防滑系统不工作时至少可完成六个完整的刹车；在飞机经审定的所有跑道表面条件下，当防滑系统运行时飞机能完全停止。

4.10　针对第 25.735(i)款

符合下述条件判定为满足要求：通过系统描述文件明确刹车磨损指示器的设计能够易于观察磨损情况，且该设计是可靠的。

通过机上检查的方式确认刹车磨损指示器的工作方式和观察结果。

4.11 针对第 25.735(j)款

符合下述条件判定为满足要求：通过系统描述文件明确刹车系统采用的过压和过热保护措施，每种措施采用何种设备达成过压和过热保护的要求。

机轮的过压保护装置（如安全释压阀）和过热保护装置（如易熔塞）完成设备鉴定试验。

4.12 针对第 25.735(k)款

符合下述条件判定为满足要求：完成了设备鉴定试验，并从系统设计角度说明不会影响飞机其他系统的正常工作，也不会对飞机结构产生不利影响。

在飞行试验中演示机轮和刹车组件与飞机及其他系统的兼容性，能表明机轮刹车系统设备安装后功能正常，而且刹车系统不会对飞机产生不安全的状况。

参考文献

[1] 14 CFR 修正案 25 - 23 Transport Category Airplane Type Certification Standards [S].

[2] 14 CFR 修正案 25 - 48 Aircraft Wheels and Wheel - Brake Assemblies: Airworthiness and Performance Standards [S].

[3] 14 CFR 修正案 25 - 72 Special Review: Transport Category Airplane Airworthiness Standards [S].

[4] 14 CFR 修正案 25 - 92 Improved Standards for Determining Rejected Takeoff and Landing Performance [S].

[5] 14 CFR 修正案 25 - 107 Revision of Braking Systems Airworthiness Standards to Harmonize With European Airworthiness Standards for Transport Category Airplanes [S].

[6] FAA. AC25. 735 - 1 Brakes and Braking Systems Certification Tests and Analysis [S]. 2002.

[7] FAA. AC25 - 22 Certification of Transport Airplane Mechanical Systems [S]. 2000.

[8] FAA. AC25. 1309 - 1A System Design and Analysis [S]. 1988.

[9] FAA. AC25 - 7C Flight Test Guide for Certification of Transport Category Airplanes [S]. 2012.

[10] FAA. AC25 - 21 Certification of Transport Airplane Structure [S]. 1999.

[11] FAA. AC20 - 99 Antiskid and Associated Systems [S]. 1977.

[12] FAA. TSO - C135 Transport Airplane Wheel and Wheel and Brake Assemblies [S].

运输类飞机适航标准 第 25.771 条符合性验证

1 条款介绍

1.1 条款原文

第 25.771 条 驾驶舱

(a) 驾驶舱及其设备必须能使(按第 25.1523 条规定的)最小飞行机组在执行职责时不致过份[①]专注或疲劳。

(b) 第 25.779(a)条所列的主操纵器件(不包括钢索和操纵拉杆)的设置必须根据螺旋桨的位置,使(按第 25.1523 条规定的)最小飞行机组成员和操纵器件的任何部分都不在任一内侧螺旋桨通过其桨毂中心与螺旋桨旋转平面前和后成 5°夹角的锥面之间的区域内。

(c) 如果备有供第二驾驶员使用的设施,则必须能从任一驾驶座上以同等的安全性操纵飞机。

(d) 驾驶舱的构造必须做到在雨或雪中飞行时,不会出现可能使机组人员分心或损害结构的渗漏。

(e) 驾驶舱设备的振动和噪声特性不得影响飞机的安全运行。

1.2 条款背景

第 25.771 条对驾驶舱及设备、设施、构造以及振动和噪声等提出要求,以确保这些因素不会影响驾驶员安全驾驶飞机。

1.3 条款历史

第 25.771 条在 CCAR25 部初版首次发布,截至 CCAR - 25 - R4,该条款未进行过修订,如表 1 - 1 所示。

1985 年 12 月 31 日发布了 CCAR25 部初版,其中包含第 25.771 条,该条款参考 14 CFR 修正案 25 - 4 中的 §25.771 的内容制定。

[①] 应为"过分",原条款如此。——编注

表 1 - 1 第 25.771 条条款历史

第 25.771 条	CCAR25 部版本	相关 14 CFR 修正案	备　　注
首次发布	初版	25 - 4	

2　条款解读

2.1　条款要求

第 25.771(a)款的要求是驾驶舱设计应使驾驶员操作时感到方便,同时不应有过分的注意力集中和体力消耗,应做到操纵装置和各种仪表布局合理,与紧急状态有关的各种标识能够快速辨认,同时还应考虑驾驶舱的通风、加温和噪声等要求。

第 25.771(b)款是针对螺旋桨飞机,要求驾驶舱必须根据螺旋桨的位置进行布置,防止螺旋桨高速旋转时甩出的冰块或者螺旋桨断裂时给驾驶员或副翼、升降舵和方向舵等主操纵器件造成伤害或破坏。

第 25.771(c)款对双驾驶员操纵的飞机与安全操纵飞机相关的驾驶舱设施提出了双套的要求,以确保当任一驾驶员不能按要求操作飞机时,另一驾驶员能够从任一驾驶座上安全地操纵飞机。

第 25.771(d)款对雨水或雪渗漏进入驾驶舱提出了要求。飞机在雨中或者雪中飞行,如果雨水或雪渗漏进入了驾驶舱,达到使机组人员分心或损害结构的程度,则对飞机的安全飞行不利。

第 25.771(e)款对驾驶舱设备的振动和噪声特性提出了要求。振动包括发动机造成的振动,飞机机体本身的振动,空调风扇和电子电器仪表风扇及仪表本身的振动。在噪声环境下工作,会使人注意力降低,驾驶舱的噪声会造成飞行员的疲劳加剧,影响信息的获取和判断,从而影响飞机的安全飞行。

2.2　相关条款

与第 25.771 条相关的条款如表 2 - 1 所示。

表 2 - 1 第 25.771 条相关条款

序　号	相关条款	相　关　性
1	第 25.779 条	第 25.779(a)款规定了主操纵器件
2	第 25.1523 条	第 25.1523 条对最小飞行机组规定了机组工作量要求

3　验证过程

3.1　验证对象

第 25.771 条验证对象为驾驶舱,包括驾驶舱的构造和驾驶舱内设备设施的布置。

3.2　符合性验证思路

针对第 25.771(a)款，通过设计描述、模拟器试验和试飞表明驾驶舱能够使驾驶员操作时感到方便，同时不应有过分的注意力集中和体力消耗。

针对第 25.771(b)款，一般通过设计图纸和描述文件，以说明第 25.1523 条规定的最小飞行机组成员和主操纵器件的任何部分（除钢索和操纵拉杆外）都不在任一内侧螺旋桨通过其桨毂中心与螺旋桨旋转平面前和后成 5°夹角的锥面之间的区域内。

针对第 25.771(c)款，通过设计描述和机上检查表明当任一驾驶员不能按要求操作飞机时，另一驾驶员能够从任一驾驶座上安全地操纵飞机。

针对第 25.771(d)款，通过设计描述和实验室试验（如淋雨试验），表明飞机在雨中或者雪中飞行，雨水或雪是否会渗漏进入驾驶舱，或者评估渗漏进入的程度是否会使机组人员分心或损害结构。

针对第 25.771(e)款，通过试飞表明驾驶舱设备的振动和噪声特性不会使得飞行员的疲劳加剧，注意力降低，从而影响飞机的安全飞行。

3.3　符合性验证方法

通常，针对第 25.771 条的符合性验证方法如表 3-1 所示。

表 3-1　建议的符合性方法表

条　款　号	专　业	符 合 性 方 法										备　注
		0	1	2	3	4	5	6	7	8	9	
第 25.771(a)款	总　体		1					6		8		
第 25.771(b)款	总　体		1									
第 25.771(c)款	总　体		1					6	7			
第 25.771(d)款	结　构		1			4						
第 25.771(e)款	总　体							6				

3.4　符合性验证说明

3.4.1　第 25.771(a)款符合性验证说明

1) MOC1 符合性验证

通过设计描述文件，表明驾驶舱设计对降低驾驶员工作负荷的考虑，包括驾驶舱布局、操纵器件可达性、方便和容易操纵及无须过度关注等方面。仪表板上设备的布置应考虑可视性、可达性、一致性、按功能分组、控制—显示器组合、防止干扰、防差错设计、标准化及内部视界等方面的要求。同时，充分考虑驾驶舱通风和温度控制等要求，为驾驶员提供舒适的工作环境。通过以上途径，确保驾驶员不会过度专注和疲劳。

2) MOC6 与 MOC8 符合性验证

通过模拟器试验和/或试飞，验证飞机驾驶舱及其设备能够保证最小飞行机组在执行职责时不会过分专注和疲劳,表明飞机满足第 25.771(a)款要求。对于模拟器试验,需要保证模拟器与飞机取证构型的逼真度,并获得局方认可。对于模拟器试验与试飞,可选取一组典型的任务场景,由具有代表性的飞行机组执行这些飞行任务,并对任务执行情况、任务机组工作负荷生理数据如眼动、心率等进行记录。通过对任务执行情况、工作负荷情况的客观数据进行分析,以及任务机组对工作负荷的评估,分别给出机组工作量评估的结论,综合得到机组工作量评估结果。在进行模拟器试验与试飞过程中,可选取合适的参考机型(已经获得局方审定的在役机型)进行比较,以便于做出评估结论。

3.4.2　第 25.771(b)款符合性验证说明

MOC1 符合性验证:通过提供螺旋桨及驾驶舱位置的相关图纸和设计描述文件,说明第 25.1523 条规定的最小飞行机组成员和主操纵器件的任何部分(除钢索和操纵拉杆外)都不在任一内侧螺旋桨通过其桨毂中心与螺旋桨旋转平面前和后成 5° 夹角的锥面之间的区域内。

3.4.3　第 25.771(c)款符合性验证说明

1) MOC1 符合性验证

通过提供驾驶舱布置图和驾驶舱设计描述文件,说明相关双套操纵器件和仪表的设置,引用飞控、液压、起落架、动力装置和通信等相关系统的设计描述文件,以说明相关系统驾驶舱操纵器件的布置和使用,表明供第二驾驶员使用的设施可以使驾驶员从任一驾驶座上同等安全地操纵飞机。

2) MOC6 符合性验证

通过机组工作量评估的飞行试验,评估供第二驾驶员使用的设施的可用性和工作量特征,表明对该款要求的符合性。

3) MOC7 符合性验证

通过机上检查,对供第二驾驶员使用的设施进行检查。

3.4.4　第 25.771(d)款符合性验证说明

1) MOC1 符合性验证

通过设计描述文件,说明驾驶舱的结构、主风挡、通风窗和后观察窗结构的防渗漏和泄漏密封设计措施。

2) MOC4 符合性验证

通过增压泄漏和淋雨 MOC4 试验,以验证在增压与不增压情况下驾驶舱防雨水渗漏和泄漏措施是否满足条款要求。在试验过程中,对原型机或有充分代表性的样机整个驾驶舱区域结构进行不增压状态下及 2PSI 压力下的充分淋雨,检查是否有渗漏,或者渗出的水量是否在设计要求限制范围之内,能否顺畅流入排水槽。

3.4.5　第 25.771(e)款符合性验证说明

通过结合相关试飞科目(MOC6),在各个飞行阶段(滑行、起飞、爬升、巡航、进近、复飞和着陆等),由飞行员对驾驶舱设备振动和噪声特性进行评估,判断飞机驾驶舱设备的振动和噪声特性对飞机安全运行的影响。

3.5 符合性文件清单

通常,针对第 25.771 条的符合性文件清单如表 3-2 所示。

表 3-2 建议的符合性文件清单

序 号	符 合 性 报 告	符合性方法
1	驾驶舱布置设计定义文件	MOC1
2	驾驶舱设计描述	MOC1
3	螺旋桨布局定义文件	MOC1
4	增压泄漏和淋雨试验大纲	MOC4
5	增压泄漏和淋雨试验报告	MOC4
6	机组工作量试飞大纲	MOC6
7	机组工作量试飞报告	MOC6
8	驾驶舱振动和噪声试飞大纲	MOC6
9	驾驶舱振动和噪声试飞报告	MOC6
10	驾驶舱机上检查大纲	MOC7
11	驾驶舱机上检查报告	MOC7
12	机组工作量模拟器试验大纲	MOC8
13	机组工作量模拟器试验报告	MOC8

4 符合性判据

针对第 25.771(a)款,设计文档中明确了对驾驶舱及其设备的要求,飞行机组评估最小飞行机组在执行飞行任务时操作顺当,无需过分专注,没有引起过分疲劳。

针对第 25.771(b)款,设计图纸及设计规范明确了驾驶员和主操纵器件不在螺旋桨通过其桨毂中心与螺旋桨旋转平面前和后成 5°夹角的锥面之间的区域内。机上检查确认满足条款要求。

针对第 25.771(c)款,设计图纸及设计规范表明了供第二驾驶员使用的设施的可用性,机上检查和试飞确认供第二驾驶员使用的设施能以同等安全性操纵飞机。

针对第 25.771(d)款,设计图纸及设计规范明确了防渗漏和泄漏密封的设计措施,机身(含驾驶舱)增压淋雨试验表明驾驶舱渗漏和泄漏未超过设计要求。

针对第 25.771(e)款,飞机高速试飞和噪声试飞表明驾驶舱设备的振动和噪声特性经飞行员评估可接受,不影响飞机的安全运行。

参考文献

［1］　14 CFR 修正案 25 - 4 Flight Crew Compartment Doors ［S］.

［2］　FAA. AC25. 795 - 1A Flightdeck Intrusion Resistance ［S］. 2008.

［3］　FAA. AC25. 795 - 2A Flightdeck Penetration Resistance ［S］. 2008.

［4］　FAA. AC25 - 21 Certification of Transport Airplane Structure ［S］. 1999.

运输类飞机适航标准
第25.772条符合性验证

1 条款介绍

1.1 条款原文

第25.772条 驾驶舱舱门

在驾驶舱与客舱之间装有可锁舱门的飞机:

(a) 对于最大客座量超过20座,应急出口的布局必须设计成使机组成员或旅客都不必通过上述舱门就能到达为他们设置的应急出口;

(b) 必须有措施使飞行机组成员在该舱门卡住的情况下能直接从驾驶舱进入客舱。

(c) 必须有紧急措施使飞行乘务员能够在飞行机组失去能力的情况下进入驾驶舱。

〔中国民用航空局1995年12月18日第二次修订,2011年11月7日第四次修订〕

1.2 条款背景

第25.772条是关于驾驶舱门的功能性要求,该条要求在驾驶舱门卡住的情况下,飞行机组成员能够直接从驾驶舱进入客舱,在飞行员失能情况下,有紧急措施使乘务员能够进入驾驶舱内完成必要工作。

1.3 条款历史

第25.772条在CCAR25部初版首次发布,截至CCAR-25-R4,该条款共修订过2次,如表1-1所示。

表1-1 第25.772条条款历史

第25.772条	CCAR25部版本	相关14 CFR修正案	备 注
首次发布	初版	—	
第1次修订	R3	25-72	
第2次修订	R4	25-106	

1.3.1　首次发布

1985 年 12 月 31 日发布了 CCAR25 部初版,其中包含第 25.772 条,该条款参考 1964 年 12 月 24 日发布的 14 CFR PART 25 中的 §25.772 的内容制定,并考虑了 1979 年 12 月 24 日发布的 14 CFR 修正案 25-47 的内容。

1.3.2　第 1 次修订

2001 年 5 月 14 日发布的 CCAR-25-R3 对第 25.772 条进行了第 1 次修订,本次修订参考了 14 CFR 修正案 25-72 的内容:将 §25.772 的适用范围定义为最大客座量超过 20 座的飞机。

1.3.3　第 2 次修订

2011 年 11 月 7 日发布的 CCAR-25-R4 对 §25.772 进行了第 2 次修订,本次修订参考了 14 CFR 修正案 25-106 的内容:新增了"必须有紧急措施使飞行乘务员能够在飞行机组失去能力的情况下进入驾驶舱"。

2　条款解读

2.1　条款要求

按照第 25.772 条要求,飞行机组在到达专门为他们设置的应急出口(通风窗或驾驶舱内与外界直接连通的其他出口)时无须通过驾驶门,如当驾驶舱门卡住的情况下,机组成员要有措施(如驾驶舱门上的泄压板等)能进入客舱应急逃生或协助乘客完成应急撤离;如果飞行员失去能力,乘务员要有进入驾驶舱的紧急措施(如驾驶舱门密码板等)。

为满足第 25.772(b)款的要求,AC25-17A 及 14 CFR 修正案 25-47 要求可以采用分析或试验的方式来表明符合性,如果采用试验,须有男女共两名参与者充当飞行员,女性身高约 152 cm,体重 46 kg,男性身高 188 cm,体重 95 kg。试验时女性参与者优先撤离,且男性参与者不应帮助女性参与者应急撤离;试验时可以使用飞机的应急照明及有限度的外部照明,其目的是帮助飞行员尽快远离飞机。

为解释第 25.772(c)款的要求,FAA 发布了一份 Memorandum(备忘录) Certification of Strengthened Flightdeck Doors on Transport Category Airplanes。在该备忘录中,FAA 对第 25.772(c)款要求的设置目的和驾驶舱门锁延迟功能设置等内容进行了描述,在一定程度上为驾驶舱门系统的设计和验证提供了指导。

2.2　相关条款

与第 25.772 条相关的条款如表 2-1 所示。

表 2 - 1 第 25.772 条相关条款

序 号	相关条款	相 关 性
1	第 25.795 条	本条(a)款是对驾驶舱门安保方面的要求,该要求涉及防弹和防暴力入侵方面

3 验证过程

3.1 验证对象

第 25.772 条的验证对象为飞机驾驶舱门。

3.2 符合性验证思路

针对第 25.772(a)款,通过飞机总体布局文件来保证飞行机组人员和乘客均不需经过飞机驾驶舱门就能到达为他们设置的应急出口。

针对第 25.772(b)款,通过机上地面试验来验证在驾驶舱门卡住情况下,飞行员从驾驶舱进入客舱措施的有效性。

针对第 25.772(c)款,通过机上地面试验来验证乘务员紧急进入驾驶舱措施的有效性。

3.3 符合性验证方法

通常,针对第 25.772 条的符合性验证方法如表 3 - 1 所示。

表 3 - 1 建议的符合性方法

条 款 号	专 业	符 合 性 方 法										备 注
		0	1	2	3	4	5	6	7	8	9	
第 25.772 条	总体布局		1									
第 25.772 条	驾驶舱门						5					

3.4 符合性验证说明

适航验证构型应代表最终的取证构型。如果两种构型之间存在差异,则需评估这种差异对于最终取证的影响。对于第 25.772 条的符合性,采用设计说明(MOC1)和机上地面试验(MOC5)进行验证。

3.4.1 第 25.772(a)款的符合性验证

可以通过 MOC1 来表明对该款要求的符合性,应首先明确在研飞机是否属于必须安装驾驶舱门的飞机,而后通过客舱布置图等说明应急出口布局,明确机组成员和旅客的应急撤离均无须经过驾驶舱门。

3.4.2 第 25.772(b)、(c)款的符合性验证

针对第 25.772(b)、(c)款,则需通过机上地面试验(MOC5)来表明符合性。

对于第 25.772(b)款的要求，在进行 MOC5 试验时，试验过程要严格按照 14 CFR 修正案 25-47 的要求进行，即：在规定照明条件下，男女各一人参与试验。试验时，女性试验参与者开展进入客舱的准备工作，比如拆除泄压板轴销及泄压板等。拆除泄压板后，女性试验参与者独立由驾驶舱进入客舱，而后男性试验参与者再由驾驶舱进入客舱，以此验证第 25.772(b)款"飞行机组成员在该舱门被卡住的情况下能直接从驾驶舱进入客舱"的措施有效性。

对于第 25.772(c)款的要求，在进行 MOC5 试验时，除验证客舱乘务员进入驾驶舱的紧急救援功能外，还需对机组人员正常进出驾驶舱、飞行机组拒绝客舱人员进入驾驶舱等功能进行验证。

试验完成后，如果发生可能影响试验结果的构型更改，比如更改了用于飞行员在驾驶舱门卡住情况下由驾驶舱进入客舱的舱门泄压板的大小，则需进行补充分析。通过分析表明，构型修改后的驾驶舱门对于已完成的驾驶舱门机上地面试验无影响，仍能表明对第 25.772 条的符合性。

3.5　符合性文件清单

通常，针对第 25.772 条的符合性文件清单如表 3-2 所示。

表 3-2　建议的符合性文件清单

序　号	符 合 性 报 告	符合性方法
1	驾驶舱门机上地面试验大纲	MOC5
2	驾驶舱门机上地面试验报告	MOC5
3	客舱布局图纸及说明文件	MOC1

4　符合性判据

4.1　第 25.772(a)款符合性判据

客舱布置图中明确飞机设置了驾驶员、旅客可用的应急出口，飞行机组和旅客无须经过驾驶舱门即可达到为他们设置的应急出口。

4.2　第 25.772(b)款符合性判据

设置使飞行机组成员在驾驶舱门卡住情况下进入驾驶舱的相应的措施，完成了试验验证，试验结果符合要求。

4.3　第 25.772(c)款符合性判据

按照 FAA Memorandum：Certification of Strengthened Flightdeck Doors on Transport Category Airplanes 的要求，设置了乘务员紧急进入驾驶舱的措施，完成了试验验证，试验结果符合要求。

参考文献

［1］ 14 CFR 修正案 25 - 72 Special Review: Transport Category Airplane Airworthiness Standards ［S］.

［2］ 14 CFR 修正案 25 - 106 Security Considerations in the Design of the Flightdeck on Transport Category Airplanes ［S］.

［3］ FAA. AC25 - 17A Transport Airplane Cabin Interiors Crashworthiness Handbook ［S］. 2009.

［4］ FAA. AC25. 795 - 1A Flightdeck Intrusion Resistance ［S］. 2008.

［5］ FAA. AC25. 795 - 2A Flightdeck Penetration Resistance ［S］. 2008.

［6］ FAA. AC25 - 21 Certification of Transport Airplane Structure ［S］. 1999.

［7］ Memorandum: Certification of Strengthened Flightdeck Doors on Transport Category Airplanes, Revised Dec 3 ［S］. 2002.

运输类飞机适航标准 第25.773条符合性验证

1 条款介绍

1.1 条款原文

第25.773条 驾驶舱视界

(a) 无降水情况 对于无降水情况,采用下列规定:

(1) 驾驶舱的布局必须给驾驶员以足够宽阔、清晰和不失真的视界,使其能在飞机使用限制内安全地完成任何机动动作,包括滑行、起飞、进场和着陆。

(2) 驾驶舱不得有影响(按第25.1523条规定的)最小飞行机组完成正常职责的眩光和反射,必须在无降水情况下通过昼和夜间飞行试验表明满足上述要求。

(b) 降水情况 对于降水情况,采用下列规定:

(1) 飞机必须具有措施使风挡在降水过程中保持有一个清晰的部分,足以使两名驾驶员在飞机各种正常姿态下沿飞行航迹均有充分宽阔的视界。此措施必须设计成在下列情况中均有效,而无需机组成员不断关注:

(i) 大雨,速度直至 $1.5V_{SR1}$,升力和阻力装置都收上;

(ii) 第25.1419条规定的结冰条件下,如果要求按结冰条件下的飞行进行审定。

(2) 正驾驶员必须有:

(i) 当座舱不增压时,在本条(b)(1)规定条件下能打开的窗户,提供该项所规定的视界,又能给予驾驶员足够的保护,防止风雨影响其观察能力;

(ii) 在本条(b)(1)规定条件下考虑遭到严重冰雹可能造成的损伤,保持清晰视界的其它手段。

(c) 风挡和窗户内侧的起雾 飞机必须具有在其预定运行的所有内外环境条件(包括降水)下,防止风挡和窗户玻璃内侧在提供本条(a)规定视界的范围上起雾的措施。

(d) 在每一驾驶员位置处必须装有固定标记或其它导标,使驾驶员能把座椅定位于可获得外部视界和仪表扫视最佳组合的位置。如使用有照明的标记或导标,它们必须满足第25.1381条规定的要求。

〔中国民用航空局1995年12月18日第二次修订,2011年11月7日第四次修订〕

1.2　条款背景

制定第 25.773 条的目的是确保驾驶舱有足够宽阔、清晰和不失真的视界,以使驾驶员能安全完成使用限制内的任何机动动作,如滑行、起飞、进场和着陆等。

1.3　条款历史

第 25.773 条在 CCAR25 部初版首次发布,截至 CCAR - 25 - R4,该条款共修订过 2 次,如表 1 - 1 所示。

表 1 - 1　第 25.773 条条款历史

第 25.773 条	CCAR25 部版本	相关 14 CFR 修正案	备　注
首次发布	初版	25 - 46	
第 1 次修订	R2	25 - 72	
第 2 次修订	R4	25 - 108,25 - 121	

1.3.1　首次发布

1985 年 12 月 31 日发布了 CCAR25 部初版,其中包含第 25.773 条,该条款参考 1978 年 12 月 1 日发布的 14 CFR 修正案 25 - 46 的内容制定。

14 CFR 修正案 25 - 46 增加了(d)款,要求标记或其他指示,使驾驶员能把自己定位于可获得外部视界和仪表扫视最佳组合的位置。

1.3.2　第 1 次修订

1995 年 12 月 18 日发布的 CCAR - 25 - R2 对第 25.773 条进行了第 1 次修订,本次修订参考了 14 CFR 修正案 25 - 72 的内容,对 §25.773(b)(1)(i) 和 §25.773(b)(2) 进行了修改。其中修订 §25.773(b)(1)(i),以规定使风挡有清晰部分的措施必须设计成能在所有的升力和阻力装置(如缝翼、扰流器以及襟翼)收起时能起作用;修订 §25.773(b)(2),以允许用其他保持清晰可见视界的替代措施取代可开启的窗户。

1.3.3　第 2 次修订

2011 年 11 月 7 日发布的 CCAR - 25 - R4 对第 25.773 条进行了第 2 次修订,本次修订参考了 14 CFR 修正案 25 - 108 和修正案 25 - 121 的内容:

(1) 将 §25.773(b)(1)(i) 中的"$1.6V_S$"改为"$1.5V_{SR1}$";

(2) 修改了 §25.773(b)(1)(ii),将"如果申请带有防冰设施的合格审定"改为"如果要求按结冰条件下的飞行进行审定"。

14 CFR 修正案 25 - 108 对失速速度重新定义,用基准失速速度 V_{SR} 代替了失速速度 V_S。由于基准失速速度 V_{SR} 一般比失速速度 V_S 大 6%~8%,为确保与修订前条款具有相同的安全水平,对基于失速速度定义的其他速度的安全系数也进行了相应的调整,因此该条款中将"$1.6V_S$"替换为"$1.5V_{SR1}$"。

14 CFR 修正案 25 - 121 对飞机结冰条件下飞行也提出了更新要求,扩展了条款的适用范围。§25.773(b)(1)(ii)相应地进行了修订,从"如要求进行带防冰设施的合格审定"改为"如要求进行结冰条件下飞行的合格审定"。

2　条款解读

2.1　条款要求

无降水情况下的驾驶舱视界要求是最基础的要求,降水情况下需考虑如何保持最低限度的清晰视界,并需考虑起雾对视界的影响,同时应该有导标或标记使驾驶员能确认处于最佳的眼位位置。

2.1.1　第 25.773(a)款无降水情况

第 25.773(a)款是无降水情况下驾驶舱视界的要求。根据 AC25.773-1,包括以下方面:足够宽阔的透明区范围、着陆视界要求、视界障碍要求、清晰及不失真,即对透明件光学特性的要求。

1)透明区范围要求

根据 AC25.773-1,透明区范围要求如下(见图 2-1)。

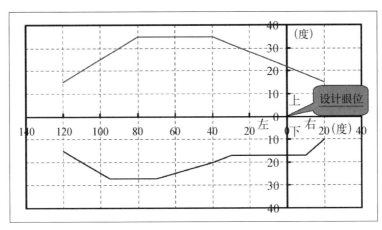

图 2-1　驾 驶 舱 视 界

(1)垂直基准面向左 40°处,向前上方与水平基准面夹角 35°,在向右 20°处按线性关系减小到 15°。

(2)从垂直基准面向左 30°到向右 10°,向前下方与水平基准面夹角 17°,在向右 20°处按线性关系减小到 10°。

(3)从垂直基准面向左 40°到向左 80°之间,向前上方与水平基准面夹角 35°,在向左 120°处按线性关系减小到 15°。

(4)从垂直基准面向左 30°处,向前下方与水平基准面夹角 17°,在向左 70°处按线性关系增加到 27°。

(5)从垂直基准面向左 70°到向左 95°之间,向前下方与水平基准面夹角 27°,在向左 120°处按线性关系减小到 15°。

图 2-1 是以设计眼位为基准点,给出的左座驾驶员的视界范围。对于右驾驶员,图中的左右尺寸相反。

2) 着陆视界要求

除了满足以上视界范围要求外,还应有足够的向前下方的视界(着陆视界),使飞机处于下列情况时,驾驶员能够看到进场的场长和(或)接地区域的跑道灯(这个长度相当于飞机以着陆进场速度在 3 秒内运行的距离):

(1) 以 2.5°的下滑角进场。

(2) 在决策高度上(飞机的最低部分位于接地区域正上方 30.5 米)。

(3) 向左偏航以补偿 10 节的侧风。

(4) 飞机处于最不利的重量和重心位置。

(5) 以 366 米(1 200 英尺)的跑道视程进场。

3) 视界障碍物及眩光要求

根据 AC25.773-1,在图 2-1 中右 20°和左 20°之间的视界内不允许有视界障碍物,在此范围以外区域的视界障碍也应保持最少,理想情况是不多于 3 个(如中间立柱、前方立柱和侧面立柱)。当一名驾驶员在设计眼位左右 80°范围内任一给定方位的视野被遮挡时,另一驾驶员使用双目视界对该方位应仍有清楚的视野。此外,期望通过 63.6 毫米平均眼距的双目视界来消除视界障碍的影响,这将要求障碍物的投影宽度不大于眼间尺寸。驾驶员应有可能在头向左或向右移动 13 毫米(1/2 英寸)的情况下用双目视界消除视界障碍。允许采用减少透光率的遮阳板,但不能使用完全不透明的遮阳板。

驾驶舱风挡玻璃、驾驶舱内的显示屏和各类照明设施等在阳光及夜间运行的各类内外部灯光条件下产生的眩光和反射,不能对驾驶员完成任务产生不可接受的影响。

4) 透明件光学特性要求

针对透明件光学特性的要求,AC25.773-1 给出了推荐的 MIL-P-25374B(对有机玻璃窗户)和 MIL-P-25871B(对无机玻璃或无机—有机窗户)的规范,从叠层结构、光学均匀性、透光率、物理特性及环境要求等方面提出了要求。

2.1.2　第 25.773(b)款降水情况

第 25.773(b)款是对降水情况下驾驶舱视界的要求,包括以下方面:在降雨情况下具备一定的清晰视界范围、考虑风挡结冰对视界的影响及在驾驶舱不增压条件下为正驾驶提供可开的窗户。

在降雨情况,风挡的能见度下降,特别是玻璃上的流水会影响驾驶员视界的清晰度。在某种飞行速度下,流水可能停留在风挡玻璃上,使驾驶员的能见度变得更坏。因此,每一个驾驶员前面的风挡玻璃必须有一个能在降水情况下保证清晰视界的范围。根据 AC25.773-1,保证清晰视界的最小范围应该是从设计眼位向左及向右为 15°,向上至飞机以最陡的进场路径进场时通过设计眼位的水平面,向下为图 2-1 中给出的限制。除雨装置应在所有推力并且直到 $1.6V_S$ 或 230 节速度时有效(两者取其小者)。可以使用雨刷作为除雨装置,雨刷速度应该在每秒两个来回左右,以获得满意的除水效果。

结冰同样会降低风挡的能见度。对于结冰的视界范围要求同降雨条件下的要求,通常通过风挡加温,保持所要求的最小清晰视界范围不结冰。

第 25.773(b)(2)项要求在驾驶舱不增压条件下,为正驾驶提供可开的窗户,以防止对飞行员视野的阻碍,使飞行员可在风挡完全模糊的情况下驾驶飞机并着陆。在发生昆虫、鸟、灰尘、泥浆、沙子或冰雹损伤或防冰、防雾或除雨系统完全失效使视野完全模糊的事件时,可开的窗户提供了保持视野的最后手段。

第 25.773(b)(2)(ii)目允许使用可在结冰或降水(包括雨、雪和冰雹等)条件保持清晰视界的可开窗户的替代手段。规章要求替代手段不易受到严重冰雹遭遇可能造成的影响。

2.1.3　第 25.773(c)款风挡和窗户内侧的起雾

由于玻璃起雾比干玻璃的能见度降低很多,特别是雨天影响更大,因此应有措施防止风挡和窗户玻璃起雾。可以采取对风挡和窗户玻璃加温的方法除雾,将防护表面加热到超过可能的露点温度,达到防止起雾的目的。

2.1.4　第 25.773(d)款确定最佳眼位位置的标记或导标

第 25.773(d)款要求必须有调节措施,以便使不同身高(在 158 厘米/5 英尺 2 英寸~190 厘米/6 英尺 6 英寸范围内)的驾驶员都能获得外部视界与仪表扫视最佳组合的位置,并必须有固定标记或其他导标,使得飞行员在调整座椅位置时可以判断是否调整到了最佳位,并加以固定。当采用灯光照明标记时,要符合第 25.1381 条的要求。

2.2　相关条款

与第 25.773 条相关的条款如表 2-1 所示。

表 2-1　第 25.773 条相关条款

序　号	相关条款	相　关　性
1	第 25.775 条	第 25.775(e)款对驾驶员正面风挡玻璃布置提出了要求,以确保如果丧失了其中任何一块玻璃的视界,那么余下的一块或几块玻璃可供一个驾驶员在其驾驶位置上继续安全飞行和着陆
2	第 25.1381 条	第 25.1381 条规定了驾驶舱内灯的安装要求,包括光线、反光以及亮度等
3	第 25.1419 条	第 25.1419 条规定了结冰条件

3　验证过程

3.1　验证对象

第 25.773 条的验证对象包括驾驶舱窗户、风挡、风挡防冰除雨系统及加温防雾系统,最佳眼位的标记或导标。

3.2　符合性验证思路

通过系统描述文件表明风挡和窗户的设计满足视界范围要求,通过设备鉴定确认风挡防冰和防雾系统的功能与性能,通过计算分析表明风挡加温防雾、防冰系统的功能和性能满足条款要求。通过机上地面试验检查风挡雨刷系统的功能和视界范围;通过飞行试验在实际飞行中进一步检查验证。

3.3　符合性验证方法

通常,针对第25.773条的符合性验证方法如表3-1所示。

表 3-1　建议的符合性方法

条　款　号	专　业	符 合 性 方 法										备　注
		0	1	2	3	4	5	6	7	8	9	
第25.773(a)款	驾驶舱		1	2				6			9	
第25.773(b)(1)项	防冰除雨		1				5	6				
第25.773(b)(2)项	防冰除雨		1			4	5	6				MOC4 按需选用
第25.773(c)款	防冰除雨		1	2				6			9	
第25.773(d)款	驾驶舱		1						7			

3.4　符合性验证说明

3.4.1　确定无降水情况下视界范围

1) MOC1 符合性验证

通过 MOC1 对机头、驾驶舱窗和风挡设计方案进行说明,表明设计眼位与风挡透明区的组合满足 AC25.773-1 推荐的驾驶舱视界范围。驾驶舱视界范围的设计过程通常包括计算分析,包括对计算方法的描述。

2) MOC2 符合性验证

通过 MOC2 计算分析,对驾驶舱设备布置、舱内装饰和照明等方面进行眩光仿真分析,确定驾驶舱眩光与反射可能发生的位置(或无显著的眩光和反射),表明驾驶舱无影响飞行员完成正常职责的眩光和反射。

3) MOC9 符合性验证

引用对风挡的设备鉴定结果(MOC9),通过技术与性能测试和环境试验等,表明透明件的光学特性满足规范要求。

4) MOC6 符合性验证

通过 MOC6 试飞,在无降水情况下,各种飞行条件(含夜航)和飞行姿态下由试飞员对透明区范围、着陆视界、视界障碍和眩光等进行检查评估,试飞方法如下:

由最小机组成员,针对滑行、起飞、进场和着陆不同阶段,主观评估驾驶舱能否为飞行员提供足够宽阔、清晰和不失真的视界。

由最小机组成员在无降水情况下，通过昼间和夜间飞行试验，主观评估是否有影响飞行员完成正常职责的眩光和反射。

3.4.2　确定降水条件下视界范围

1）MOC1 符合性验证

针对第 25.773(b)(1)项，对于降雨情况，通过 MOC1 风挡雨刷设计方案进行说明，表明风挡雨刷能够保持的最小清晰透明区满足 AC25.773 - 1 推荐的降水条件下驾驶舱视界范围。

2）MOC2 符合性验证

对于结冰情况，通过计算分析，针对给定的风挡加温区域，在 CCAR25 部附录 C 的连续最大结冰条件包线和间断最大结冰条件包线，结合不同的飞行阶段、飞行高度和飞行姿态，选取连续最大结冰条件状态点和间断最大结冰条件状态点进行计算分析，确认在所有状态点，风挡外表面加热区域内的温度大于 0℃，加热区域内不会结冰。

3）MOC5 与 MOC6 符合性验证

通过 MOC5 机上地面试验，在大雨的条件下（降雨量≥15 毫米/小时，见 MIL - R - 81589），对雨刷的功能性能（每秒 2 次及设计的扫描范围）进行检验，确认能够提供预期的清晰视界范围。根据 MOC5 试验的结果，按需通过 MOC6 试飞对雨刷的功能和性能进行检验。试飞方法：在起飞、平飞和着陆等不同阶段，在符合规定的降雨量条件下，分别将风挡雨刷置于不同的挡位，由飞行员评估雨刷除雨效果。其中平飞阶段需考虑各种可能的飞行速度。

通过 MOC6 风挡系统自然结冰试飞可对风挡加温系统在自然结冰条件下的工作情况进行检查确认。风挡防冰试飞方法：在连续最大结冰与间断最大结冰情况下，在风挡加温系统的各种工作模式下，进入结冰气象，测量风挡外表面温度值，确认在各种条件下风挡外表面温度大于零度，表明风挡加温系统可以保证风挡外表面部结冰。

针对第 25.773(b)(2)项，若为正驾驶员提供了可开启的窗户，可通过 MOC5 机上地面试验表明在预定条件下的开启能力，按需通过 MOC6 试飞对开启能力和开启后驾驶员的观察视界进行检查。如果没有可开启的窗户，则需通过飞行试验表明主风挡和侧窗提供的视野在带有遭遇严重冰雹造成的损伤时，使用正常的飞机仪表，无须特殊的飞行技巧即可使飞机安全着陆。应当在用于飞行试验演示的风挡上模拟冰雹损伤。应当通过合适的试验数据来证明主风挡或侧窗遭遇到这种冰雹时损伤的假设。典型的试验构型是阻挡主前窗户的视界，并在侧窗上使用模拟的损伤（如果有）。

3.4.3　风挡和窗户内侧的起雾

1）MOC2 符合性验证

对风挡和窗户内侧的起雾进行计算分析，通过计算结果表明，在风挡加温系统工作时，风挡和窗户玻璃内表面最低温度大于驾驶舱露点温度，能够防止风挡和窗户内侧起雾。

2）MOC9 符合性验证

通过风挡防雾系统设备鉴定，通过技术与性能测试和环境试验等，表明系统的功能和性能满足设计要求。

3）MOC6 符合性验证

通过风挡除雾试飞科目，对风挡防雾系统在飞行状态下的除雾功能和告警指示进行检查确认。风挡除雾试飞方法：在连续最大结冰与间断最大结冰情况下，在风挡加温系统的各种工作模式下，进入结冰气象，测量风挡内表面温度值，确认在各种条件下风挡内表面温度大于计算的露点温度，表明风挡加温系统可以保证内表面不起雾。

3.4.4 眼位仪与固定标记或导标

通过 MOC1 设计描述文件对眼位仪与固定标记或导标等在驾驶舱内的安装进行描述，并通过 MOC7 机上检查确认。

3.5 符合性文件清单

通常，针对第 25.773 条的符合性文件清单如表 3-2 所示。

表 3-2 建议的符合性文件清单

序 号	符 合 性 报 告	符合性方法	备 注
1	驾驶舱视界设计描述	MOC1	
2	风挡防冰除雨系统描述	MOC1	
3	眼位仪、固定标记（或导标）设计描述	MOC1	
4	驾驶舱眩光计算分析报告	MOC2	
5	风挡防雾计算分析报告	MOC2	
6	风挡防冰计算分析报告	MOC2	
7	风挡冰雹损伤（或风挡抗冰雹能力）试验大纲	MOC4	按需选用
8	风挡冰雹损伤（或风挡抗冰雹能力）试验报告	MOC4	按需选用
9	风挡雨刷系统机上地面试验大纲	MOC5	
10	风挡雨刷系统机上地面试验报告	MOC5	
11	驾驶舱视界（晴天和降水）试飞大纲	MOC6	
12	驾驶舱视界（晴天和降水）试飞报告	MOC6	
13	风挡除雨系统试飞大纲	MOC6	
14	风挡除雨系统试飞报告	MOC6	
15	风挡加温（防冰和除雾）系统试飞大纲	MOC6	
16	风挡加温（防冰和除雾）系统试飞报告	MOC6	
17	眼位仪和固定标记（或导标）机上检查大纲	MOC7	
18	眼位仪和固定标记（或导标）机上检查报告	MOC7	
19	驾驶舱风挡透明件设备鉴定报告	MOC9	
20	风挡雨刷系统设备鉴定报告	MOC9	
21	风挡加温系统设备鉴定报告	MOC9	

4　符合性判据

4.1　无降水视界

（1）设计图纸及相应设计规范中明确了驾驶舱风挡的透明区范围，该区域满足 AC25.773 - 1 中规定的视界范围要求。

（2）飞行机组评估认为在飞行各阶段能够提供为飞行员足够宽阔、清晰和不失真的视界，能够保证地面运行、起飞降落及飞行各阶段安全飞行。

4.2　降雨视界

（1）设计图纸及相应设计规范中明确了降雨条件下驾驶舱风挡的透明区范围，该区域满足 AC25.773 - 1 中规定的降雨条件下视界范围要求，机上地面试验与飞行试验应确认雨刷除雨效果满足要求。

（2）飞行机组评估认为在降雨条件下飞行各阶段能够提供足够宽阔、清晰和不失真的视界，能够保证地面运行、起飞降落及飞行各阶段安全飞行。

（3）风挡雨刷的功能与性能应满足设备鉴定要求。

4.3　反射与眩光

计算分析应表明在日照及夜航等条件下，在主风挡区域无影响飞行机组完成正常职责的反射与眩光。

4.4　风挡防雾

风挡加温系统的功能与性能应满足设备鉴定要求。计算分析应确定驾驶舱的雾点温度，计算分析、机上地面试验及飞行试验应表明在风挡加温系统工作时风挡内侧温度不低于该雾点温度。

4.5　风挡防冰

风挡加温系统的功能与性能应满足设备鉴定要求。计算分析以及地面和飞行试验应表明在风挡加温系统工作时风挡外侧温度不低于冰点（0℃）。

参考文献

［1］　14 CFR 修正案 25 - 46 Airworthiness Review Program Amendment No. 7 ［S］.

［2］　14 CFR 修正案 25 - 72 Special Review：Transport Category Airplane Airworthiness Standards ［S］.

［3］　14 CFR 修正案 25 - 108 1 - g Stall Speed as the Basis for Compliance With Part 25 of the Federal Aviation Regulations ［S］.

［4］　14 CFR 修正案 25 - 121 Airplane Performance and Handling Qualities in Icing Conditions ［S］.

［5］　FAA. AC25.773 - 1 Pilot Compartment View Design Considerations ［S］. 1993.

[6]   FAA. AC25. 1701 – 1 Certification of Electrical Wiring Interconnection Systems on Transport Category Airplanes [S]. 2007.

[7]   FAA. AC25. 1419 – 1A Certification of Transport Category Airplanes for Flight in Icing Conditions [S]. 2004.

[8]   FAA. AC25 – 21 Certification of Transport Airplane Structure [S]. 1999.

[9]   FAA. AC25. 775 – 1 Windows and Windshields [S]. 2003.

[10]   FAA. Proposal No. 1071; Sec. 25. 773; Part 1 — Agenda Item K – 47; Notice of Airworthiness Review Program No. 7; Notice No. 75 – 26 [S]. 1975.

[11]   SAE ARP 4101/1, Seats and Restraint Systems for the Flight Deck [S].

[12]   SAE ARP 4101/2, Pilot Visibility from The Flight Deck [S].

[13]   SAE ARP 4101/4, Flight Deck Environment [S].

运输类飞机适航标准
第 25.775 条符合性验证

1 条款介绍

1.1 条款原文

第 25.775 条 风挡和窗户

(a) 内层玻璃必须用非碎裂性材料制成。

(b) 位于正常执行职责的驾驶员正前方的风挡玻璃及其支承结构,必须能经受住 1.8 公斤(4 磅)的飞鸟撞击而不被击穿,此时飞机的速度(沿飞机航迹相对于飞鸟)等于按第 25.335(a)条选定的海平面 V_c 值。

(c) 除非能用分析或试验表明发生风挡破碎临界情况的概率很低,否则飞机必须有措施将鸟撞引起的风挡玻璃飞散碎片伤害驾驶员的危险减至最小,必须表明驾驶舱内的下列每块透明玻璃都能满足上述要求:

(1) 位于飞机正面的;

(2) 对飞机纵轴倾斜 15 度或更大的;

(3) 其某一部分的位置会导致碎片伤害驾驶员的。

(d) 增压飞机的风挡和窗户必须根据高空飞行的特殊因素来设计,包括持续和循环增压载荷的影响、所用材料的固有特性、温度和温差的影响。在装置本身或有关系统中发生任何单个破损后,风挡和窗户玻璃必须能经受住座舱最大压差载荷与临界气动压力和温度影响的联合作用。可以假定在出现(按第 25.1523 条规定的)飞行机组易于发现的单个破损后,座舱压差从最大值按相应的使用限制下降,使飞机能以不大于 4,500 米(15,000 英尺)的座舱压力高度继续安全飞行。

(e) 驾驶员正面风挡玻璃必须布置成,如果丧失了其中任何一块玻璃的视界,余下的一块或几块玻璃可供一个驾驶员在其驾驶位置上继续安全飞行和着陆。

1.2 条款背景

第 25.775 条旨在确保飞机在各种运行条件下,风挡能够保持结构完整性,并将因鸟撞引起的透明件碎裂导致驾驶员遭受伤害的风险降至最低。

1.3 条款历史

1.3.1 首次发布

第 25.775 条在 CCAR25 部初版首次发布,截至 CCAR‑25‑R4,该条款未进行过修订,如表 1‑1 所示。

表 1‑1 第 25.775 条条款历史

第 25.775 条	CCAR25 部版本	相关 14 CFR 修正案	备 注
首次发布	初版	25‑23,25‑38	

1985 年 12 月 31 日发布了 CCAR25 部初版,其中包含第 25.775 条,该条款参考 1964 年 12 月 24 日 FAA 发布的 14 CFR PART 25 中的 §25.775、1970 年发布的 14 CFR 修正案 25‑23 以及 1977 年发布的 14 CFR 修正案 25‑38 内容制定。

1970 年,FAA 通过 14 CFR 修正案 25‑23 对 §25.775(a)进行了修订,将原条款中的非碎裂性"安全玻璃"改为非碎裂性"材料"。修订原因是早期的风挡/窗户透明件均采用无机玻璃,随着技术发展出现了有机玻璃透明件,如聚碳酸酯材料等。此外,该修正案对 §25.775(d)进行了修订,条款要求"单个破损"不再限于风挡/窗户本身的承力元件,新增加了对相关系统失效的考虑,修订原因是在一次事件中,风挡加热系统故障所引起的过热直接导致所有承载元件的失效。

1977 年,FAA 又通过 14 CFR 修正案 25‑38 对该条款进行了修订,增加了第 25.775(e)款,要求在某个风挡透明件突然丧失透明性的情况下,飞行员可以通过另一个透明件获得足够的视界,修订原因是在飞机服役过程中发生风挡透明件突然丧失透明性的事件。

2 条款解读

2.1 条款要求

第 25.775 条的目的是确保飞机在各种可能的运行条件下,风挡能够保持结构的完整性,并将驾驶员因鸟撞引起的透明件碎片而受伤的风险降至最低。

第 25.775(a)款要求风挡和窗户的内层透明件必须采用非碎裂性材料制成。所谓非碎裂性材料是指破裂时不容易产生尖锐碎片的材料。风挡/窗户的内层透明件破碎时产生的碎片可能击中飞行员,本款要求的"非碎裂性材料"目的是避免飞行员受到尖锐碎片的严重伤害。在内层透明件完好的条件下,外层透明件碎片不会直接危及飞行员安全,因此本款仅对风挡/窗户的内层透明件材料提出要求。第 25.775 条的制定参考了 §25.775,§25.775(a)的原文表述为"Internal panes must be made of nonsplintering material",并未限定风挡和窗户的内层必须为玻璃。14 CFR 修正案 25‑23 对 §25.775(a)的修订,允许采用任何非碎裂性材料制造风挡和窗户,而不再限定于"非碎裂性安全玻璃"。第 25.775(a)款中"必须用非碎裂性材料制成"的表述,也反映了与 14 CFR 修正案 25 - 23 相同的含义。基于以上考虑,第 25.775(a)款中所述的"内层玻璃"可能是语言习惯造成的文字表述不恰当,并非要求风挡和窗户的内层透明件必须用玻璃制造。因此,第 25.775(a)款的表述改为"内层透明件必须用非碎裂性材料制成"更为恰当。风挡和窗户材料的选择必须满足设计性能要求,必须符合有关的规范和标准并且使用前需经过适航部门批准,风挡玻璃不仅应能对驾驶员提供清晰的视野,而且还应能对驾驶舱和空勤人员提供保护作用。

第 25.775(b)款针对风挡及其支承结构的抗鸟撞能力提出要求。所考虑的范围(验证对象):位于正常执行职责的驾驶员正前方的风挡透明件及其支承结构,不包括驾驶舱侧面的滑动窗、固定窗和客舱窗户的透明件及其支承结构。所考虑的鸟撞条件为:飞机以第 25.335(a)款选定的海平面 V_C 速度(沿飞机航迹相对于鸟)与 1.8 公斤重的鸟发生撞击。

鸟撞后风挡不能发生穿透的要求,旨在避免以下后果:

(1)撞击后,发生影响飞行操作的结构破坏,例如,因风挡破碎、结构元件破裂以及鸟体穿透风挡玻璃进入驾驶舱而伤害驾驶员和其他乘员或引起舱内衬板撕掉而影响驾驶员正常工作等。

(2)鸟体穿透风挡后造成驾驶舱失压。

第 25.775(c)款的目的是在满足本条(b)款"必须能经受 1.8 公斤(4 磅)的飞鸟撞击而不被击穿"的基础上,避免内层透明件破碎临界情况下产生的碎片伤及驾驶员。对于风挡玻璃以及符合本款所述三种安装情况的其他透明件,要求:

(1)采用分析或试验表明该透明件发生破碎临界情况的概率很低;或

(2)将鸟撞引起的透明件碎片伤害驾驶员的危险减至最小。

当采用方法(1)时,分析或试验应考虑透明件由于所处环境温度带来的性能影响。

第 25.775(d)款针对增压飞机的风挡和窗户提出强度的要求。要求增压飞机的风挡和窗户设计必须考虑高空飞行的特殊因素,包括:

(1)持续和循环增压载荷的影响,例如循环载荷会带来疲劳问题,持续的高拉伸载荷容易在聚合物透明件表面诱发银纹以及玻璃在持续载荷下的强度低于冲击载荷下的强度等。

(2)所用材料的固有特性,包括材料本身的性能(如强度、韧性和耐老化性能等)、材料的变异性和材料加工成零件过程中的工艺变异性等。

(3)温度和温差的影响,包括温度引起的材料性能衰退、不同透明件之间以及透明件和支承结构间热膨胀系数不同导致的热应力以及飞机内外温差导致的透明件内部温度梯度等的影响。

本款要求风挡和窗户满足破损安全准则,即风挡/窗户装置或相关系统发生任何单个破损后,风挡/窗户的透明件必须能够承受最大压差载荷与临界气动压力和温度影响的联合作用。所谓的"单个破损"包括任何一个单层透明件、支承结构元件(包括紧固件)和透明件电加热系统等的破坏。为考虑单层透明件失效带来的动态影响,应使单层透明件在最大压差载荷(即释压活门最大设定值)下突然失效,并考虑临界气动压力和温度的影响。若单层透明件的破坏对机组成员是明显的,则可以在规定的时间(即机组发现单层破坏后采取应急措施所需要的反应时间)之后,将座舱压差从最大值按相应的使用限制(符合飞行手册的规定)下降。若单层透明件的破坏不易被机组成员发现,则仍保持座舱最大压差。对于风挡/窗户或有关系统的任何单个破损,申请人应证明在单个破损发生后,风挡/窗户透明件可以在本款所要求的载荷/温度条件下能够继续安全完成本次飞行。

第 25.775(e) 款对驾驶员正面风挡透明件的布置提出了要求,提供驾驶员视界的正面风挡玻璃至少要两块以上,且任何一块丧失视界时,余下的一块或几块可供驾驶员飞行和着陆提供足够的视界。申请人需要表明:在驾驶员正面的某一个风挡透明件丧失视界的条件下,至少有一名驾驶员可以通过至少一个风挡透明件获得视界。

2.2　相关条款

与第 25.775 条相关的条款如表 2-1 所示。

表 2-1　第 25.775 条相关条款

序　号	相 关 条 款	相　　关　　性
1	第 25.335(a) 款	第 25.775(b) 款规定的鸟撞时飞机的速度是根据第 25.335 (a) 款选定的海平面 V_C
2	第 25.1523 条	第 25.1523 条规定了最小飞行机组,第 25.775(d) 款要求假定出现发生最小飞机机组易于发现的单个破损后,飞机能够继续安全飞行

3　验证过程

3.1　验证对象

第 25.775 条的验证对象为飞机风挡及其支承结构以及增压飞机的窗户。

3.2　符合性验证思路

针对第 25.775(a) 款,通过图纸表明采用的内层玻璃是由非碎裂性材料制成。

针对第 25.775(b) 款,通过开展实验室鸟撞试验的方法表明驾驶员正前方的风挡玻璃(主风挡玻璃)及其支承结构不会被鸟击穿,试验过程中考虑环境的影响,对选定的试验点应全部满足要求,以确保满足条款中关于风挡玻璃及其支承结构不会被鸟击穿的要求。

针对第 25.775(c)款,通过开展实验室鸟撞试验的方法表明侧风挡内层玻璃不会产生碎片,从而不会伤害飞行员,对选定的试验点应全部满足要求,以确保满足条款中关于风挡破碎临界情况的概率很低的要求。

针对第 25.775(d)款,通过试验验证透明件满足本条规定的各项要求。试验将考虑玻璃承受正、负压力的极限强度、疲劳和破碎安全等情况,在进行疲劳验证时还将考虑温度的影响。

针对第 25.775(e)款,通过设计说明和飞行试验,表明驾驶舱风挡的布置能保证飞机在丧失了其中任何一块玻璃的视界时,余下的一块或几块玻璃可供一个驾驶员在其驾驶位置上继续安全飞行和着陆。对于本款所要求的"继续安全飞行和着陆",AC20 - 128A 给出了如下定义:飞机能够继续受控飞行和着陆,可能会采用应急程序但不需要额外的飞行技巧或体力,通常伴随飞行机组工作量的增大和飞机飞行品质的衰退。

3.3　符合性验证方法

通常,针对第 25.775 条的符合性验证方法如表 3 - 1 所示。

表 3 - 1　建议的符合性方法

条　款　号	专　业	符 合 性 方 法										备　注
		0	1	2	3	4	5	6	7	8	9	
第 25.775(a)款	结　构		1									
第 25.775(b)款	结　构					4						
第 25.775(b)款	强　度					4						
第 25.775(c)款	结　构					4						
第 25.775(d)款	结　构					4						
第 25.775(e)款	驾驶舱		1					6				

3.4　符合性验证说明

第 25.775(a)款规定,内层玻璃必须用非碎裂性材料制成。本条适用于驾驶舱风挡和客舱玻璃。通过图纸表明采用的内层玻璃是由非碎裂性材料制成,当内层玻璃发生破裂时,能有效地阻止玻璃碎片的飞散。需要注意的是,透明件的选材要满足设计性能要求,必须符合有关的规范和标准。玻璃规范应包括技术要求、测试方法、质量认证以及验收准则。

针对第 25.775(b)款,通过开展实验室鸟撞试验的方法表明驾驶员正前方的风挡玻璃(主风挡玻璃)及其支承结构不会被鸟击穿,试验过程中考虑环境的影响,对选定的试验点试验结果全部满足要求,以确保满足条款中关于风挡破碎临界情况的概率很低的要求;此外,如使用分析计算,那么计算方法和程序必须是经过验证或飞机的实践验证过的。

针对第 25.775(c)款,通过开展实验室鸟撞试验的方法表明侧风挡内层玻璃产生碎片伤害飞行员是极不可能的,否则必须有措施保护驾驶员不会受到碎片的伤害。对选定的试验点试验结果全部满足要求,以确保满足条款中关于风挡破碎临界情况的概率很低的要求。

第 25.775(d)款规定,增压飞机的风挡和窗户必须根据高空飞行的特殊因素来设计,包括持续和循环增压载荷的影响及所用材料的固有特性、温度和温差的影响。在装置本身或有关系统中发生任何单个破损后,风挡和窗户玻璃必须能经受住座舱最大压差载荷与临界气动压力和温度影响的联合作用。可以假定在出现(按第 25.1523 条规定的)飞行机组易于发现的单个破损后,座舱压差从最大值按相应的使用限制下降,使飞机能以不大于 4 500 米的座舱压力高度继续安全飞行。根据 AC25.775-1,当通过试验进行验证时,所采用的仪器应该能够逼真地模拟航空器支承结构承受直到极限载荷条件的结构特性(如承压下的变形)。如果验证中前期的试验能够予以确认,也可以进行相关的分析。在设计和试验中需要评估和材料以下特性的影响:切口敏感性、疲劳、起裂纹、老化、侵蚀(由各种液体造成)、温度、紫外辐射、材料稳定性、蠕变及夹层材料的功能和工作寿命。

第 25.775(e)款并未强制要求在每个驾驶员正面提供一个以上的风挡透明件。通常在驾驶舱左/右分别布置 3 块可供提供视界的风挡玻璃(主风挡、通风窗和观察窗)。当一侧驾驶员主风挡玻璃丧失视界时(主风挡布置在驾驶舱正前方,提供的外视界面积最大,主风挡视界丧失是最严酷的情况),另一侧的驾驶员可以通过余下 5 块风挡玻璃观察外视界并保持正常飞行和着陆。驾驶舱一块风挡视界丧失试飞,通常深色不透光幕布等对其中一块风挡进行遮挡,模拟视界丧失情况,通过试飞员的评估,表明飞机一块风挡视界丧失后,不影响飞机的安全飞行和着陆。

3.5 符合性文件清单

通常,针对第 25.775 条的符合性文件清单如表 3-2 所示。

表 3-2 建议的符合性文件清单

序　号	符 合 性 报 告	符合性方法
1	风挡图纸	MOC1
2	驾驶舱风挡布置图	MOC1
3	风挡/通风窗/后观察窗鸟撞试验大纲	MOC4
4	风挡/通风窗/后观察窗鸟撞试验报告	MOC4
5	机头鸟撞试验大纲	MOC4
6	机头鸟撞试验报告	MOC4
7	风挡通风窗玻璃压力/温度/疲劳/连接试验试验大纲	MOC4

（续表）

序　号	符 合 性 报 告	符合性方法
8	风挡通风窗玻璃压力/温度/疲劳/连接试验试验报告	MOC4
9	观察窗压力试验、燃烧试验大纲	MOC4
10	观察窗压力试验、燃烧试验报告	MOC4
11	风挡视界试飞大纲	MOC6
12	风挡视界试飞报告	MOC6

4　符合性判据

第 25.775(a)款判据：风挡内层玻璃为非碎裂性材料。

第 25.775(b)款判据：

（1）鸟撞试验条件（鸟弹重量、速度等）满足规章要求。

（2）鸟撞的位置、飞机姿态为最严酷的状态。

（3）风挡玻璃（主风挡玻璃）及其支承结构未被鸟击穿，破碎的玻璃、结构元件、鸟体未进入驾驶舱。

（4）驾驶舱未失压。

第 25.775(c)款判据：

（1）试验或者分析结果表明发生风挡玻璃破碎临界情况的概率很低。

（2）采取的保护措施将鸟撞引起的风挡透明件飞散碎片伤害驾驶员的危险降到最低，有措施防止风挡内层玻璃碎裂，飞溅到驾驶员身上。

第 25.775(d)款判据：

（1）风挡和窗户在设计时考虑了高空飞行的循环压力作用、温度变化和材料特性改变等特殊因素。通常，这些特殊因素可通过给定许用的强度值，包括从材料相关的各种式样或组件试验中获得的，诸如生产可变性、材料特性、长周期降解和环境因素等对每块结构板层的影响容差。对关键的设计进行确认，以确保其极限设计应力不超过许用值。

（2）试验条件覆盖了各种因素带来的最不利影响。

（3）风挡和窗户满足破损安全准则。即任何一个单层透明件、支承结构元件（包括紧固件）和透明件电加热系统等破坏后，风挡和窗户的透明件必须能够承受最大压差载荷与临界气动压力和温度影响的联合作用。在对风挡或窗户进行额外的实效安全试验时，其所用的载荷大于其失效安全载荷，引入一个载荷系数，以考虑计及材料生产可变性、材料特性、长周期降解及环境因素的影响。该载荷系数在关键板层失效后施加。

第 25.775(e)款判据：

（1）驾驶舱风挡布置图能够表明飞机在丧失了其中任何一块玻璃的视界时，余下的一块或几块玻璃可供一个驾驶员在其驾驶位置上继续安全飞行和着陆。

（2）在飞行试验中，驾驶员在丧失了其中任何一块玻璃的视界时，余下的一块或几块玻璃可供一个驾驶员在其驾驶位置上继续安全飞行和着陆。

参考文献

［1］ 14 CFR 修正案 25 - 23 Transport Category Airplane Type Certification Standards ［S］.

［2］ 14 CFR 修正案 25 - 38 Airworthiness Review Program，Amendment No. 3：Miscellaneous Amendments ［S］.

［3］ FAA. AC25 - 21 Certification of Transport Airplane Structure ［S］. 1999.

［4］ FAA. AC25. 775 - 1 Windows and Windshields ［S］. 2003.

［5］ FAA. AC20 - 128A Design Considerations for Minimizing Hazards Caused by Uncontained Turbine Engine and Auxiliary Power Unit Fotor Failure ［S］. 1997.

运输类飞机适航标准 第 25.777 条符合性验证

1 条款介绍

1.1 条款原文

第 25.777 条 驾驶舱操纵器件

(a) 驾驶舱每个操纵器件的位置必须保证操作方便并防止混淆和误动。

(b) 驾驶舱操纵器件的运动方向必须符合第 25.779 条的规定。凡可行处,其它操纵器件操作动作的直感必须与此种操作对飞机或对被操作部分的效果直感一致。用旋转运动调节大小的操纵器件,必须从断开位置顺时针转起,经过逐渐增大的行程达到全开位置。

(c) 操纵器件相对于驾驶员座椅的位置和布局,必须使任何身高 158 厘米(5 英尺 2 英寸)至 190 厘米(6 英尺 3 英寸)的(按第 25.1523 条规定的)最小飞行机组成员就座并系紧安全带和肩带(如果装有)时,每个操纵器件可无阻挡地作全行程运动,而不受驾驶舱结构或最小飞行机组成员衣着的干扰。

(d) 各台发动机使用同样的动力装置操纵器件时,操纵器件的位置安排必须能防止混淆各自控制的发动机。

(e) 襟翼和其它辅助升力装置的操纵器件必须设在操纵台的上部,油门杆之后,对准或右偏于操纵台中心线并在起落架操纵器件之后至少 254 毫米(10 英寸)。

(f) 起落架操纵器件必须设在油门杆之前,并且必须使每个驾驶员在就座并系紧安全带和肩带(如果装有)后可以操作。

(g) 操纵手柄必须设计成第 25.781 条规定的形状。此外,这些手柄必须是同色的,而且颜色与其它用途的操纵手柄和周围驾驶舱的颜色有鲜明的对比。

(h) 如要求有飞行工程师作为(按第 25.1523 条规定的)最小飞行机组成员,则飞机上必须设有飞行工程师工作位置,其部位和安排能使飞行机组成员有效地各行其职而互不干扰。

1.2 条款背景

第 25.777 条对驾驶舱操纵器件的形状、安装位置、相互间关系与布局等提出了具体要求。

1.3 条款历史

第 25.777 条在 CCAR25 部初版首次发布,截至 CCAR - 25 - R4,没有任何修订,如表 1 - 1 所示。

表 1 - 1 第 25.777 条条款历史

第 25.777 条	CCAR25 部版本	相关 14 CFR 修正案	备 注
首次发布	初版	25 - 46	

1985 年 12 月 31 日发布了 CCAR25 部初版,其中包含第 25.777 条,该条款参考 1964 年 12 月 24 日发布的 14 CFR PART 25 中的 §25.777 及 14 CFR 修正案 25 - 46 的内容制定。

14 CFR 修正案 25 - 46 修订了 §25.777(c)和(f),§25.777(c)由修订前的飞机组身高范围 5 英尺 2 英寸到 6 英尺 0 英寸改为 5 英尺 2 英寸到 6 英尺 2 英寸。即驾驶舱操纵器件相对于驾驶员座椅的位置和布局,需满足扩大的驾驶员身高的要求,以及如果装有肩带的,最小飞行机组成员就座并系紧安全带和肩带时,对操纵器件提出要求。§25.777(f)增加了装有肩带时的要求。即如果装有肩带的,起落架操纵器件需满足当每个驾驶员就座并系紧安全带和肩带时可以操作。

2 条款解读

2.1 条款要求

2.1.1 针对第 25.777(a)款的解释

第 25.777(a)款说明驾驶舱操纵器件布局的总要求,应保证操作方便,防止混淆和误动作。发动机操纵器件、襟翼和其他辅助升力装置的操纵器件及起落架操纵器件,应满足本条(d)款至(f)款的布置要求;操纵手柄的设计应满足本条(g)款的要求;可设计有止动块、卡槽和制动件,防止误操作;设计的操纵器件应无论在白天或夜晚工作时,都容易识别,并能提供清晰的状态显示。如果在起飞、加速、停止、中断着陆和着陆期间是由一个驾驶员来操作操纵器件,而这些操纵动作的顺序的安排又要求驾驶员在上述机动飞行期间改换握持操纵杆的手,则这些顺序不应要求过快的换手,以免使飞机的操纵性受到不利的影响。

2.1.2 针对第 25.777(b)款的解释

第 25.777(b)款说明驾驶舱操纵器件的运动方向。操纵器件的运动方向必须符合第 25.779 条。凡可行之处,其他操纵器件也应具有运动的直感,如配平操纵器件等。用旋转手柄调节运动大小的操纵器件,必须是从断开位置顺时针逐渐加大到全开位置。操纵器件功能和运动之间的惯用关系如表 2 - 1 所示。许多操纵件将力和运动转化成功能，灵敏度和增益是关键的设计参数。特别是它会很大程度影响任务速度和差错间的权衡。高增益值操纵器件使飞行员操纵舒适且能快速输入，但是也可能造成差错(如超过和无意激活)。低增益值的操纵器件更适用于需要精度的任务，但是对于任务响应太慢。操纵器件的灵敏度和增益需要根据预期功能进行权衡。对于变增益的操纵器件需要特殊考虑。真实飞机会出现的响应滞后和操纵增益特征要被精确复制，并且表明这样的增益和灵敏度对于预期功能是可接受的。

表 2－1　操纵器件功能和运动之间的惯用关系示例

功　能	运　动　方　向
增加	上，右，顺时针，前，推入，压
减少	下，左，逆时针，后，拉出，放
开	上，右，压，顺时针，前
关	下，左，放，逆时针，后
上	上，后，拉出
下	下，前，推入
左	左，顺时针
右	右，逆时针

2.1.3　针对第 25.777(c)款的解释

第 25.777(c)款指出发动机操纵器件、襟翼和其他辅助升力装置的操纵器件及起落架操纵器件可以无阻挡地做全行程移动，而不受到驾驶舱结构或最小飞行机组成员衣着的干扰。无阻挡做全程运动是指在滑行起飞到落地各种姿态下，能够正常开关各按键或调整各手柄到各个设定位置。潜在的妨碍不仅来自其他操纵器件和机组成员的衣服，也可能来自携带进入驾驶舱的物品。这些物品包括电子飞行包(EFB)、耳机、飞行员膝板、手电筒和便携式电子设备(PED)。从妨碍操作的角度考虑驾驶舱中物品的合理性，表明在这些物品存在的情况下的操控是可接受的。

2.1.4　针对第 25.777(d)款的解释

第 25.777(d)款要求各台发动机使用同样的动力装置操纵器件时，操纵器件的位置安排必须能防止混淆各自控制的发动机。例如左侧操纵器件对应左发，右侧操纵器件对应右发，并且有明确的文字标示，易于识别。

2.1.5　针对第 25.777(e)款的解释

第 25.777(e)款说明襟翼和其他辅助升力装置的操纵器件的布置要求。除非证明更小的距离是合适的，否则起落架操纵器件之后的距离不应小于 10 英寸(254 毫米)。

2.1.6　针对第 25.777(f)款的解释

第 25.777(f)款对起落架操纵器件的位置和可达性提出要求，要求起落架操纵器件的位置设在油门杆之前，且不同身高的驾驶员在就座并系紧安全带和肩带后可以操作。

2.1.7　针对第25.777(g)款的解释

第25.777(g)款说明操纵手柄的设计要求。驾驶舱操纵手柄应当符合第25.781条规定的形状(但无须按其精确大小和特定比例)。如果设计中采取其他形状,必须经适航当局批准。

2.1.8　针对第25.777(h)款的解释

第25.777(h)款说明如要求有飞行工程师作为最小飞行机组成员,则飞机上必须设有飞行工程师的工作位置。

2.2　相关条款

与第25.777条相关的条款如表2-2所示。

表 2-2　第 25.777 条相关条款

序号	相关条款	相关性
1	第25.779条	第25.777(b)款要求驾驶舱操纵器件的运动方向必须符合第25.779条动作和效果的规定
2	第25.781条	第25.777(g)款规定操纵手柄必须设计成第25.781条规定的形状
3	第25.1523条	第25.1523条所规定的最小机组成员,必须满足第25.777(c)款的要求;如果有飞行工程师作为最小飞行机组成员,则需要满足第25.777(h)款的要求

3　验证过程

3.1　验证对象

第25.777条的验证对象为驾驶舱操纵器件。

3.2　符合性验证思路

对于第25.777条,采用(但不限于)设计说明、地面机上试验的方法来表明符合性。

3.3　符合性验证方法

通常,针对第25.777条的符合性验证方法如表3-1所示。

表 3-1　建议的符合性方法

条款号	专业	符合性方法										备注
		0	1	2	3	4	5	6	7	8	9	
第25.777(a)款	驾驶舱		1				5					
第25.777(b)款	驾驶舱		1				5					

（续表）

条 款 号	专 业	符 合 性 方 法										备 注
		0	1	2	3	4	5	6	7	8	9	
第 25.777(c)款	驾驶舱		1				5					
第 25.777(d)款	驾驶舱		1				5					
第 25.777(e)款	驾驶舱		1				5					
第 25.777(f)款	驾驶舱		1				5					
第 25.777(g)款	驾驶舱		1				5					
第 25.777(h)款	驾驶舱		1				5					

3.4　符合性验证说明

针对第 25.777 条,采用的符合性验证方法为 MOC1 和 MOC5,验证具体工作如下。

3.4.1　第 25.777(a)款符合性验证说明

1) MOC1 验证过程

通过驾驶舱操纵器件的设计图纸、设计定义文件等,表明所有开关和操纵器件的设计能够避免疏忽操作。防止误动的方法包括物理防护、防滑、触觉提示、带锁的操纵器件、运动阻力等。

2) MOC5 验证过程

并通过机上地面试验,验证驾驶舱操纵器件能够保证操纵方便并防止混淆和误动。比如:减速板手柄、襟缝翼手柄设置有卡槽,为了防止误动,操作时必须先提起才能来回换挡操作;油门台在慢车位设置卡挡,防止飞行员将油门杆直接拉至反推位置;发动机和 APU 防火手柄的操作也必须先提起操作才能进行旋转操作,货舱灭火开关采用带保护盖的按压开关,可以防止误动。部分应急设备的操纵手柄采用红色,以达到警示、防误操作的作用,如防火手柄、襟缝翼超控开关、起落架应急放开关等。

3.4.2　第 25.777(b)款符合性验证说明

1) MOC1 验证过程

通过驾驶舱操纵器件的设计图纸、设计定义文件等,表明操纵器件的动作直感与此种操纵对飞机或被操纵部分的效果直感一致。操纵器件功能和运动之间的惯用关系如表 3－2 所示。

表 3－2　操纵器件功能和运动之间的惯用关系

功　能	运 动 方 向
增加	上,右,顺时针,前,推入,压
减少	下,左,逆时针,后,拉出,放

功　　能	运　动　方　向
开	上,右,压,顺时针,前
关	下,左,放,逆时针,后
上	上,后,拉出
下	下,前,推入
左	左,顺时针
右	右,逆时针

2）MOC5 验证过程

通过 MOC5 机上地面试验进行验证。表明驾驶舱主操纵器件,次操纵器件以及动力装置操纵器件符合第 25.779 条款的要求。其他操纵器件操作动作的直感与此种操纵对飞机或被操作部分的效果是显而易见,易于理解,合乎逻辑的;并且与文化习惯和驾驶舱中其他类似操纵器件是协调的。用旋转运动调节大小的操纵器件,必须从断开位置顺时针旋转,经过逐渐增大的行程达到全开位置,其灵敏度和增益值对于预期功能是可接受的。

3.4.3　第 25.777(c)款符合性验证说明

1）MOC1 验证过程

通过驾驶舱操纵器件的设计图纸、设计定义文件等,表明:

（1）操纵器件从逻辑上组织排列合理,如从功能或从使用次序。

（2）经常被机组使用的功能,相关操纵器件应该容易达到。

（3）用于多种任务的操纵器件的位置应该是易达的且易于关联到其他功能。

（4）确保用手操纵的操纵器件一只手就能够操纵。这样另一只手就可以用于操纵主飞控操纵器件了。

2）MOC5 验证过程

在机上地面试验中,驾驶员在驾驶员座椅上,对驾驶舱内的每个操纵器件做全行程的操作演示,验证其对操纵器件的可达性和操作性进行验证。试验中可模拟一些存在妨碍驾驶员操纵的情况,比如设置来自其他操纵器件和机组成员的衣服,携带进入驾驶舱的物品。这些物品包括电子飞行包（EFBs）,耳机,飞行员膝板,手电筒和便携式电子设备（PEDs）。从妨碍操作的角度考虑驾驶舱中物品的合理性,验证在这些物品存在的情况下的操控可接受。

3.4.4　第 25.777(d)款符合性验证说明

1）MOC1 验证过程

通过驾驶舱操纵器件的设计图纸和设计定义文件等,表明发动机的燃油切断装置、发动机起动按钮和起动终止按钮、发动机点火旋钮、发动机超限和派遣数据清零旋钮及 FADEC 维护上电按钮等,均设计为左侧操纵器件对应左发,右侧操纵器件对应右发,并且有明确的文字标示,易于识别的,能防止混淆。

2）MOC5 验证过程

通过机上地面试验,验证发动机起动按钮、起动终止按钮、点火旋钮、发动机超限和派遣数据清零旋钮及 FADEC 维护上电按钮的位置,确认能防止混淆各自控制的发动机。

3.4.5　第 25.777(e)款符合性验证说明

1）MOC1 验证过程

通过驾驶舱操纵器件的设计图纸和设计定义文件等,说明襟/缝翼手柄和襟/缝翼超控开关设在操纵台的上部,油门杆之后。

2）MOC5 验证过程

通过机上地面试验,验证襟/缝翼手柄和襟/缝翼超控开关设在操纵台的上部,油门杆之后,便于驾驶员使用,无操纵负担。

3.4.6　第 25.777(f)款符合性验证说明

1）MOC1 验证过程

通过驾驶舱操纵器件的设计图纸、设计定义文件等,说明起落架操纵器件的位置设在油门杆之前,左右两名驾驶员各自就座并系紧安全带和肩带后可以操作起落架操纵器件。

2）MOC5 验证过程

通过机上地面试验,验证说明起落架操纵器件的位置设在油门杆之前,左右两名驾驶员各自就座并系紧安全带和肩带后可以操作起落架操纵器件。

3.4.7　第 25.777(g)款符合性验证说明

1）MOC1 验证过程

通过驾驶舱操纵器件的设计图纸、设计定义文件等,表明操纵手柄的形状满足第 25.781 条的要求,并且这些手柄的颜色是同色的且与其他用途的操纵手柄和周围驾驶舱的颜色有鲜明的对比。如襟缝翼操纵手柄,起落架操纵手柄,混合比操纵手柄,增压器操纵手柄,功率或推力操纵手柄,转速手柄的颜色都设计成白色的。

2）MOC5 验证过程

通过机上地面试验,验证驾驶员在进行各类操作时,能按飞行手册程序要求准确定位所用手柄。

3.4.8　第 25.777(h)款符合性验证说明

1）MOC1 验证过程

通过驾驶舱操纵器件的设计图纸、设计定义文件等,说明飞机上设有飞行工程师的工作位置,并且其部位和安排能使飞行机组成员有效地各行其职而互不干扰。

2）MOC5 验证过程

通过机上地面试验,验证飞行工程师的工作位置,其部位和安排能使飞行机组成员有效地各行其职而互不干扰。

3.5　符合性文件清单

通常,针对第 25.777 条的符合性文件清单如表 3-3 所示。

表 3-3　建议的符合性文件清单

序　号	符合性报告	符合性方法
1	驾驶舱总体布置设计说明	MOC1
2	驾驶舱操纵器件机上地面试验大纲	MOC5
3	驾驶舱操纵器件机上地面试验报告	MOC5

4　符合性判据

4.1　第 25.777(a)款

针对第 25.777(a)款,判据为:

(1) 操纵器件的设计能够避免疏忽操作。

(2) 飞行员评估意见为,操纵器件的操作方便且未产生混淆和误动(如减速板手柄和襟缝翼手柄设置有卡槽,为了防止误动,操作时必须先提起才能来回换挡操作;油门台在慢车位设置卡挡,防止飞行员将油门杆直接拉至反推位置;发动机和 APU 防火手柄的操作也必须先提起操作才能进行旋转操作,货舱灭火开关采用带保护盖的按压开关,可以防止误动。部分应急设备的操纵手柄采用红色,以达到警示和防误操作的作用,如防火手柄、襟缝翼超控开关和起落架应急放开关等)。

4.2　第 25.777(b)款

针对第 25.777(b)款,判据为:

(1) 驾驶舱主操纵器件、次操纵器件以及动力装置操纵器件的设计符合第 25.779 条动作和效果的要求。

(2) 其他操纵器件操作动作的直感与此种操纵对飞机或被操作部分的效果明显、易于理解和合乎逻辑。

(3) 与文化习惯和驾驶舱中其他类似操纵器件协调。

(4) 用旋转运动调节大小的操纵器件,从断开位置顺时针旋转,经过逐渐增大的行程能够达到全开位置。

(5) 其灵敏度和增益值对于预期功能可接受。

4.3　第 25.777(c)款

针对第 25.777(c)款,判据为:

(1) 完成了对驾驶舱内的每个操纵器件做全行程的操作演示,可达性和操作性的评估满意(满足身高要求的非飞行员主要侧重可达性的评估,身高接近要求的飞行员主要侧重操作性方面的评估)。

（2）操纵器件的可达性和操纵性不会受到其他操纵器件和机组成员的衣服，以及携带进入驾驶舱的物品的干扰（这些物品包括电子飞行包（EFB）、耳机、飞行员膝板、手电筒和便携式电子设备（PED）等）。

4.4　第 25.777(d)款

针对第 25.777(d)款，判据为：

（1）准确定位与布置了控制不同发动机的操纵器件，没有引起混淆。

（2）在地面试验时，可清晰识别与操作每台发动机的起动按钮、起动终止按钮、点火旋钮、发动机超限和派遣数据清零旋钮及 FADEC 维护上电按钮等，可有效防止混淆各自控制的发动机。

4.5　第 25.777(e)款

针对第 25.777(e)款，判据为：襟翼和其他辅助升力装置的操纵器件设置在操纵台的上部，油门杆之后。

4.6　第 25.777(f)款

针对第 25.777(f)款，判据为：起落架操纵器件的位置设在油门杆之前，左右两名驾驶员在就座并系紧安全带和肩带后均可以操作。

4.7　第 25.777(g)款

针对第 25.777(g)款，判据为：

（1）操纵手柄的设计形状满足第 25.781 条的要求。

（2）手柄是同色的，颜色和其他用途的操纵手柄和周围驾驶舱的颜色有鲜明的对比。

4.8　第 25.777(h)款

针对第 25.777(h)款，判据为：设有飞行工程师的工作位置，其部位和安排能使飞行机组成员有效地各行其职而互不干扰。

参考文献

[1]　14 CFR 修正案 25 - 46 Airworthiness Review Program Amendment No. 7 [S].

[2]　FAA. AC25.773 - 1 Pilot Compartment View Design Considerations [S]. 1993.

[3]　FAA. AC25.1329 - 1B Change 1 Approval of Flight Guidance Systems [S]. 2012.

[4]　FAA. AC25 - 21 Certification of Transport Airplane Structure [S]. 1999.

[5]　FAA. AC25.795 - 1A Flightdeck Intrusion Resistance [S]. 2008.

[6]　FAA. AC20 - 175 Controls for Flight Deck Systems [S]. 2011.

[7]　FAA. AC20 - 773 Pilot Compartment View Design Considerations [S]. 1993.

运输类飞机适航标准
第 25.779 条符合性验证

1 条款介绍

1.1 条款原文

第 25.779 条　驾驶舱操纵器件的动作和效果

驾驶舱操纵器件必须设计成使它们按下列运动和作用来进行操纵：

（a）空气动力操纵器件：

（1）主操纵

操 纵 器 件	动 作 和 效 果
副　翼	右偏(顺时针)使右翼下沉
升降舵	向后使机头抬起
方向舵	右脚前蹬使机头右偏

（2）次操纵

操 纵 器 件	动 作 和 效 果
襟翼(或辅助升力装置)	向前使襟翼收起；向后使襟翼放下
配平调整片(或等效装置)	转动使飞机绕平行于操纵器件轴线的轴线作相似转动

（b）动力装置操纵器件和辅助操纵器件：

（1）动力装置操纵器件

操 纵 器 件	动 作 和 效 果
功率或推力杆	油门杆向前使正推力增大,向后使反推力增大
螺旋桨	向前使转速增加
混合比	向前或向上使富油
汽化器空气加热	向前或向上使冷却
增压器	对于低压头增压器,向前或向上使压力增大
	对于涡轮增压器,向前、向上或顺时针转动使压力增大

（2）辅助操纵器件

操 纵 器 件	动 作 和 效 果
起落架	向下使起落架放下

〔中国民用航空局 1995 年 12 月 18 日第二次修订〕

1.2　条款背景

第 25.779 条对驾驶舱操纵器件的动作和效果提出了具体要求。主操纵器件包括副翼、升降舵和方向舵；次操纵器件包括襟翼和配平调整片；此外还有动力装置操纵器件及辅助操纵器件。

1.3　条款历史

第 25.779 条在 CCAR25 部初版首次发布，截至 CCAR－25－R4，该条款共修订过 1 次，如表 1－1 所示。

表 1－1　第 25.779 条条款历史

第 25.779 条	CCAR25 部版本	相关 14 CFR 修正案	备　注
首次发布	初版	—	
第 1 次修订	R2	25－72	

1.3.1　首次发布

1985 年 12 月 31 日发布了 CCAR25 部初版，其中包含第 25.779 条，该条款参考 1964 年 12 月 24 日发布的 14 CFR PART 25 中的 §25.779 的内容制定。

1.3.2　第 1 次修订

1995 年 12 月 18 日发布的 CCAR－25－R2 对第 25.779 条进行了第 1 次修订，本次修订参考了 14 CFR 修正案 25－72 的内容：修订了 §25.779(b)(1)，将之前的操纵器件"throttle"修订为"power or thrust"。

2　条款解读

2.1　条款要求

第 25.779(a)款对空气动力操纵器件的动作和效果提出要求；第 25.779(b)款对动力装置操纵器件和辅助操纵器件的动作和效果提出要求，其中"混合比""汽化器空气加热"和"增压器"操纵器件主要是活塞式发动机使用。

2.2　相关条款

与第 25.779 条相关的条款如表 2－1 所示。

表 2 - 1　第 25.779 条相关条款

序　号	相关条款	相　　关　　性
1	第 25.777 条	第 25.777 条关于操纵器件的总则性要求,第 25.779 条在第 25.777 条满足的前提下,对操纵器件提出更具体的要求

3　验证过程

3.1　验证对象

第 25.779 条的验证对象为操纵器件。

3.2　符合性验证思路

对于第 25.779 条,可采用(但不限于)设计说明和机上检查的方法来表明符合性。

3.3　符合性验证方法

通常,针对第 25.779 条的符合性验证方法如表 3 - 1 所示。

表 3 - 1　建议的符合性方法

条　款　号	专　业	符 合 性 方 法										备　注
		0	1	2	3	4	5	6	7	8	9	
第 25.779 条	驾驶舱		1						7			

3.4　符合性验证说明

针对第 25.779 条,可采用的符合性验证方法为 MOC1 和 MOC7,验证具体工作如下。

通过 MOC1 设计说明,表明驾驶舱主操纵器件(包括副翼,升降舵和方向舵)满足:

副　翼	右偏(顺时针)使右翼下沉
升降舵	向后使机头抬起
方向舵	右脚前蹬使机头右偏

次操纵器件(包括襟翼和配平调整片)满足:

襟翼(或辅助升力装置)	向前使襟翼收起;向后使襟翼放下
配平调整片(或等效装置)	转动使飞机绕平行于操纵器件轴线的轴线作相似转动

动力装置操纵器件及辅助操纵器件满足:

功率或推力杆	油门杆向前使正推力增大,向后使反推力增大
螺旋桨	向前使转速增加
混合比	向前或向上使富油
汽化器空气加热	向前或向上使冷却
增压器	对于低压头增压器,向前或向上使压力增大 对于涡轮增压器,向前、向上或顺时针转动使压力增大
起落架	向下使起落架放下

通过 MOC7 机上检查,验证上述操纵器件对第 25.779 条的符合性。

3.5　符合性文件清单

通常,针对第 25.779 条的符合性文件清单如表 3-2 所示。

表 3-2　建议的符合性文件清单

序　号	符 合 性 报 告	符合性方法
1	驾驶舱总体布置设计说明	MOC1
2	驾驶舱操纵器件机上检查大纲	MOC7
3	驾驶舱操纵器件机上检查报告	MOC7

4　符合性判据

针对第 25.779(a)款,判据如下:

(1) 对于主飞控操纵器件,操纵方向与舵面响应满足如表 4-1 所示的关系。

表 4-1　操纵器件与动作和效果的关系

舵　面	操纵器件	操纵方向	舵面偏转方向	动作和效果
升降舵	驾驶盘/侧杆	向后	后缘向上	飞机抬头
		向前	后缘向下	飞机低头
副翼	驾驶盘/侧杆	顺时针/向右	右副翼后缘向上	右机翼下沉,左机翼上浮
			左副翼后缘向下	
		逆时针/向左	右副翼后缘向下	右机翼上浮,左机翼下沉
			左副翼后缘向上	
方向舵	脚蹬	左脚蹬向前	后缘向左	机头左偏
		右脚蹬向前	后缘向右	机头右偏

(2) 对于次操纵器件,设计上满足向前操作使襟翼收起以及向后操作使襟翼放下。

针对第 25.779(b)款,判据为:机上检查表明功率或推力杆、螺旋桨、混合比、汽化器空气加热和增压器等动力装置操纵器件以及起落架操纵器件的动作和效果与条款要求的一致。

参考文献

[1] 14 CFR 修正案 25 - 72 Special Review:Transport Category Airplane Airworthiness Standards [S].
[2] FAA. AC25. 1329 - 1B Change 1 Approval of Flight Guidance Systems [S]. 2012.
[3] FAA. AC25 - 21 Certification of Transport Airplane Structure [S]. 1999.
[4] FAA. AC20 - 175 Controls for Flight Deck Systems [S]. 2011.

运输类飞机适航标准
第 25.781 条符合性验证

1 条款介绍

1.1 条款原文

第 25.781 条　驾驶舱操纵手柄形状

驾驶舱操纵手柄必须符合下图中的一般形状（但无需按其精确大小和特定比例）：

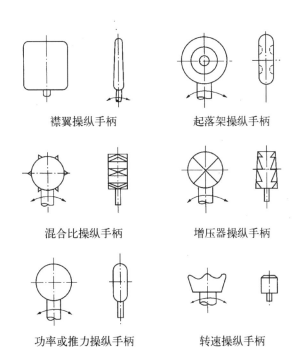

襟翼操纵手柄　　　　　　起落架操纵手柄

混合比操纵手柄　　　　　增压器操纵手柄

功率或推力操纵手柄　　　转速操纵手柄

〔中国民用航空局 1995 年 12 月 18 日第二次修订〕

1.2 条款背景

为了使操纵器件易于分辨,第 25.781 条对驾驶舱操纵手柄形状提出了具体要求,但无须按其精确大小和特定比例。

1.3 条款历史

第25.781条在CCAR25部初版首次发布,截至CCAR - 25 - R4,该条款共修订过1次,如表1 - 1所示。

表 1 - 1 第 25.781 条条款历史

第 25.781 条	CCAR25 部版本	相关 14 CFR 修正案	备 注
首次发布	初版	—	
第 1 次修订	R2	25 - 72	

1.3.1 首次发布

1985年12月31日发布了CCAR25部初版,其中包含第25.781条,该条款参考1964年12月24日发布的14 CFR PART 25中的§25.781的内容制定。

1.3.2 第1次修订

1995年12月18日发布的CCAR - 25 - R2对第25.781条进行了第1次修订,本次修订参考了14 CFR修正案25 - 72的内容:将"油门操纵手柄"改为"功率/推力操纵手柄"。

2 条款解读

2.1 条款要求

第25.781条对驾驶舱襟翼操纵手柄、起落架操纵手柄、混合比操纵手柄、增压器操纵手柄、功率或推力操纵手柄及转速操纵手柄形状提出要求。本条要求上述操纵手柄的形状应设计成符合条款规定的形状,防止混淆,使飞行机组能在应急情况下迅速识别它们,提高安全性。如果有不符合本条规定的手柄形状设计,则必须经适航当局批准。

2.2 相关条款

与第25.781条相关的条款如表2 - 1所示。

表 2 - 1 第 25.781 条相关条款

序 号	相 关 条 款	相 关 性
1	第 25.777 条	第 25.777 条是对驾驶舱操纵器件的总则性要求,满足第 25.781 条的要求操纵器件同时需要满足第 25.777 条的要求

3 验证过程

3.1 验证对象

第 25.781 条的验证对象为驾驶舱操纵手柄。

3.2 符合性验证思路

对于第 25.781 条,可采用(但不限于)设计说明和机上检查的方法来表明符合性。

3.3 符合性验证方法

通常,针对第 25.781 条的符合性验证方法如表 3-1 所示。

表 3-1 建议的符合性方法

条 款 号	专 业	符 合 性 方 法										备 注
		0	1	2	3	4	5	6	7	8	9	
第 25.781 条	驾驶舱		1						7			

3.4 符合性验证说明

针对第 25.781 条,采用的符合性验证方法为 MOC1 和 MOC7,验证具体工作如下。

通过驾驶舱操纵器件设计图纸和设计定义文件说明襟缝翼操纵手柄、起落架操纵手柄、混合比操纵手柄、增压器操纵手柄、功率或推力操纵手柄、转速手柄的设计形状,满足条款要求。再通过 MOC7 机上检查确认上述操纵手柄的最终形状符合设计图纸的要求。

3.5 符合性文件清单

通常,针对第 25.781 条的符合性文件清单如表 3-2 所示。

表 3-2 建议的符合性文件清单

序 号	符 合 性 报 告	符合性方法
1	驾驶舱操纵器件手柄设计图	MOC1
2	驾驶舱操纵器件机上检查大纲	MOC7
3	驾驶舱操纵器件机上检查报告	MOC7

4 符合性判据

襟翼操纵手柄、起落架操纵手柄、混合比操纵手柄、增压器操纵手柄、功率或推力操纵手柄及转速操纵手柄的形状设计满足条款所规定的一般形状。

参考文献

[1] 14 CFR 修正案 25-72 Special Review: Transport Category Airplane Airworthiness

Standards [S].

[2]　FAA. AC20 - 175 Controls for Flight Deck Systems [S]. 2011.

[3]　FAA. AC25. 1329 - 1B Change 1 Approval of Flight Guidance Systems [S]. 2012.

[4]　FAA. AC25 - 21 Certification of Transport Airplane Structure [S]. 1999.

运输类飞机适航标准
第25.783条符合性验证

1 条款介绍

1.1 条款原文

第25.783条　机身舱门

（a）总则　本条适用于位于机身外部不需要使用工具来开关的舱门，包括所有的门、带盖舱口、可打开的窗户、检修口盖、盖板等。本条也适用于穿过压力隔板的每一门或带盖舱口，隔板包括专门设计成在25部规定的失效条件下具有次级隔板功能的任何隔板。在增压和非增压飞行的状态下，这些门都必须符合本条的要求，并且必须按如下要求设计：

（1）每一门必须有措施防止由于机械失效或者任何单个结构元件失效导致的飞行中打开。

（2）如果未锁闩则可能有危险的每个门必须设计成，在增压和非增压飞行中从完全关闭的、锁闩的和锁定的状态解闩是极不可能的。这必须由安全性分析来表明。

（3）每一门的操纵系统的每一元件必须设计成或者（如不可行）采用突出和永久的标记，将可能导致故障的不正确装配和调整的概率降至最小。

（4）所有起动任何门的解锁和解闩的动力源必须在飞行前自动与锁闩和锁定系统断开，并且在飞行中不能给门恢复动力。

（5）每个可卸的螺栓、螺钉、螺母、销钉或者其他可卸紧固件还必须满足第25.607条的锁定要求。

（6）按第25.807条（h）规定的特定门还必须满足用于应急出口的第25.809条到第25.812条的适用要求。

（b）由人打开　必须有措施防止每一门在飞行中被人无意中打开。而且，必须设计预防措施，将人在飞行中有意打开门的概率降至最小。如果这些预防措施包括使用辅助装置，则这些装置及其控制系统必须被设计成：

（1）单个失效不会妨碍多个出口被打开；和

（2）着陆后妨碍出口打开的失效是不可能的。

（c）增压预防措施　必须有措施防止任何承压的门在未完全关闭、锁闩和锁定的情况下将飞机增压到不安全的水平。

（1）必须设计成在发生任何单个失效之后，或者在发生未表明是极不可能的失效组合之后仍然具有功能。

（2）满足本条（h）规定条件的门不需要有专门的增压预防措施，如果从该门的每个可能位置它都将保持一定程度的打开避免增压，或者在增压时都安全地关闭和锁闩。也必须表明在任何单个失效和故障的情况，除非：

（i）锁闩机构中的失效或故障，在关闭后它不需要锁闩；和

（ii）由于机械失效或闭塞碎片引起的卡阻，如果可以表明增压加载在被卡阻的门或机构上不会导致不安全的状况，则该门不需要关闭和锁闩。

（d）锁闩和锁定　锁闩和锁定机构必须按如下设计：

（1）必须有措施锁闩每一门。

（2）锁闩及其操纵机构必须设计成，在所有的飞机飞行和地面载荷状态下，在门锁闩的状态下，没有试图解开锁闩的力或力矩。而且，锁闩系统必须包括一种措施，保证锁闩处于锁闩的位置。该措施必须独立于锁定系统。

（3）每一承压的并且打开时首先作非内向运动的门必须：

（i）对每一锁闩有单独的锁；

（ii）具有尽可能靠近锁闩的锁；和

（iii）设计成，在增压飞行中锁定系统的单一失效不会妨碍所必需的锁闩将舱门锁紧。

（4）每一打开时首先作内向运动并且未锁闩可能导致危险的门必须具有锁定措施，能够防止锁闩脱离。锁定措施必须确保充分锁闩，能够防止即使发生锁闩机构的单一失效门也不会打开。

（5）如果锁闩和锁闩机构没有位于锁闩位置，则锁不得位于锁定位置。

（6）锁位于锁定位置时不得开启锁闩。锁必须设计成能够承受下列情况产生的限制载荷：

（i）手动操作锁闩时的最大操作力；

（ii）有动力的锁闩作动器（如安装）；和

（iii）锁闩和相应结构件的相对运动。

（7）未锁闩不会导致危险的每一门都无需具有满足本条（d）（3）到（d）（6）要求的锁定机构。

（e）警告、戒备和提示指示　必须给门提供下列指示：

（1）必须有明确的措施，在每个舱门操作人员的位置处给出指示，所有要求的关闭、锁闩和锁定门的操作都已经完成。

（2）对于如果未锁闩则可能有危害的任何门，必须有明确的、从每一操作人员位置都清晰可见的措施，指示该门是否没有完全关闭、锁闩或锁定。

（3）在驾驶舱内必须有目视措施,如果门没有完全关闭、锁闩和锁定则给驾驶员发出信号。对于以下情况,该措施必须被设计成,任何失效或者失效组合导致错误的关闭、锁闩和锁定指示是不可能的:

（i）每一承压和打开时首先作非内向运动的门;或

（ii）每一未锁闩可能有危险的门。

（4）在起飞滑跑最初阶段之前或者在起飞滑跑最初阶段中,如果任何门没有完全关闭、锁闩和锁定并且其打开可能妨碍安全起飞或返航着陆,则必须给驾驶员声学警告。

（f）目视检查规定　每一未锁闩可能有危险的门必须有清晰的直接目视检查措施,确定门是否完全关闭、锁闩和锁定。该措施必须是永久的,并且在运行照明条件下或者通过手电筒或同等光源的手段的照明条件下是清晰可辨的。

（g）特定维修门、可拆卸应急出口和检修口盖　用于维修目的或应急撤离的通常不打开的一些门和一些检修口盖无须符合本条如下所述的特定段落:

（1）不承受客舱增压的和在飞行中如果打开不会有危险的检修口盖无须符合本条（a）到（f）,但是必须有措施防止飞行中的无意打开。

（2）用于维修目的或应急撤离的通常不拆卸的向内打开的可拆卸应急出口和驾驶舱可开启窗口无须符合本条（c）和（f）。

（3）满足本条（h）条件并且有标牌限制仅用于维修进入的维修门无须符合本条（c）和（f）。

（h）无危险的门　对于本条,假设能够表明满足下列所有条件的门被认为在飞行中处于未锁闩状态是没有危险的:

（1）当承受超过 1/2 psi 压力时,如果不受锁闩的限制增压舱中的门仍保持完全关闭的位置。在作此决定中不考虑由人无意或有意的打开。

（2）在飞行的增压或非增压阶段中如果打开,该门仍在飞机中或仍保持与飞机相连。该决定必须考虑包括在飞行的增压或非增压阶段中由人无意或有意打开的。

（3）飞行中锁闩的脱离不得使客舱失压到不安全的水平。该安全性评估必须包括对乘客的生理影响。

（4）飞行中打开的门不会产生妨碍安全飞行和着陆的气动干扰。

（5）在门打开的状态下飞机能满足结构设计要求。该评估必须包括第 25.629条的气弹稳定性要求和本部 C 分部的强度要求。

（6）门未闩上或打开,与其他系统或结构相互作用,不得妨碍安全飞行和着陆。

〔中国民用航空局 1995 年 12 月 18 日第二次修订,2001 年 5 月 14 日第三次修订,2011 年 11 月 7 日第四次修订〕

1.2　条款背景

第 25.783 条的目的是保证机身舱门不会在空中开启,无论是由于机械故障导致的人为无意开启或有意开启,还是由于单个的结构失效导致的舱门开启,这种概率都应该是极不可能的。

1.3　条款历史

第 25.783 条在 CCAR25 部初版首次发布,截至 CCAR - 25 - R4,该条款共修订过 2 次,如表 1-1 所示。

表 1-1　第 25.783 条条款历史

第 25.119 条	CCAR25 部版本	相关 14 CFR 修正案	备　　注
首次发布	初版	25 - 15,25 - 23,25 - 54	
第 1 次修订	R3	25 - 72,25 - 88	
第 2 次修订	R4	25 - 114	

1.3.1　首次发布

1985 年 12 月 31 日发布了 CCAR25 部初版,其中包含第 25.783 条,该条款参考 1964 年 12 月 24 日发布的 14 CFR PART 25 中的 §25.783 的内容制定,并考虑了后续 14 CFR 修正案 25 - 15、25 - 23 和 25 - 54 的要求。

1.3.2　第 1 次修订

2001 年 5 月 14 日发布的 CCAR - 25 - R3 对第 25.783 条进行了第 1 次修订,本次修订参考了 14 CFR 修正案 25 - 72 和 14 CFR 修正案 25 - 88 的内容,这两次修订仅对文字方面进行了更改,无实质性更改。

1.3.3　第 2 次修订

2011 年 11 月 7 日发布的 CCAR - 25 - R4 对第 25.783 条进行了第 2 次修订,本次修订参考了 14 CFR 修正案 25 - 114 的内容:

(1) 增加了"将人在飞行中有意打开门的概率降至最小"的要求。

(2) 增加了"特定维修门、可拆卸应急出口和检修口盖"款。

(3) 增加了"无危险的门"款。

2　条款解读

2.1　条款要求

2.1.1　第 25.783(a)款

本款规定的通用要求适用于为需满足第 25.783 条的所有"门",这里的门不仅包括机身外部舱门,还包括位于机身外部不需要使用工具来开关的窗户、检修口盖、盖板及穿过压力隔板的每一门或带盖舱口。强调在舱门设计时,对于操纵系统零件都应进行装配的防差错设计和防空中开启措施的设计,并对舱门在批准包线中开启会带来危险的舱门进行安全性分析,分析出的失效概率应在 10^{-9} 以下。

（1）每个舱门的操纵系统零部件上都要有突出且永久的标识，从而降低误装配和误调整的概率。

有很多经验表明，关注设计细节可以显著降低舱门操纵机构的失效概率。如果舱门功能会因错误装配而受到不利影响的话，那么这些部件应采取设计措施防止出现错误装配。这里说的不利影响不仅包括在应急状态下舱门无法开启或无法及时开启也包括舱门无法达到规定的紧闭等。如果无法采用设计措施，则应使用标记，且这种标记须在整个运行期间中均清晰可见。

为了降低舱门操纵机构在运行期间发生错误调整的概率，对于仅在运行中使用的调整点应明确的进行标示，并在足够的调整范围内将调整范围限制到最小，对于仅在初始装配中使用的调整点，应该在完成初始装配后使其不可调整或者在维修手册中说明调整要求。

（2）每个舱门都要有措施防止因为机构失效或单元件失效而造成舱门空中开启，失效可能由以下原因造成：① 磨损；② 过多的空行程；③ 卡阻；④ 不正确的装配、调整；⑤ 松脱的零件；⑥ 弯曲变形、断裂等的零件。在表明条款符合性时，每个舱门都应至少要表明不会因上述原因而造成舱门空中开启。因此，在进行结构操纵机构设计时要特别注意防差错设计、刚度设计和强度设计等，表明对此要求的符合性重点是描述所采用的设计措施。

（3）每个解闩会造成危险的舱门，要通过安全性分析表明在飞行状态下舱门解闩是极不可能的。

所有舱门的闩系统要通过主动措施来保证舱门不会因以下原因造成开启：① 振动；② 结构载荷及变形；③ 正负压、正负过载；④ 气动载荷。

所采用的防解闩措施应在整个批准的运行包线内有效，包括增压阶段和非增压阶段、各种可能的飞行姿态等。对舱门的结构设计既可以采用定量评估的安全性评估，也可以采用定性的安全性评估。在评估失效模式的过程中，需考虑所有对失效有贡献的事件，包括：① 舱门或舱门支持结构的失效；② 结构件及其连接件的刚度；③ 操纵系统的失效；④ 舱门系统的错误信号；⑤ 可能在舱门操作及维修中发生的错误。

表明符合性的重点是通过安全性分析数据表明在整个飞行包线内解闩会造成危险的舱门空中开启的概率是极不可能的，或者采用与具有充分的运行经验的机型具有结构及环境相似性分析来表明符合性。

（4）飞行前及飞行中，为舱门提供解锁及解闩的动力源不得供能，但是不包括舱门指示系统、辅助保险装置或者与舱门操作无关的系统所使用的动力源。

2.1.2 第 25.783(b) 款

本款所验证的舱门主要是指机身气密线以上的舱门，这种舱门既要防止人为无意开启，也要降低人为有意开启的概率。对于人为的无意开启来说，可以通过结构设计来实现这个目标，如手柄的开启方式和转动方向等，不能仅通过客舱内外压差来防止堵塞式舱门的空中开启，还必须具有其他措施。

采取措施降低人为有意开启的措施包括采用飞行锁等方式，其目的是保护飞机及乘客，但不包括有意开启舱门的人。尽管采用了降低人为开启概率的预防措施，但是所采用的预防措施不得妨碍应急撤离情况下的应急出口开启力及开启时间。条款要求中提到的辅助设施的单个失效不仅包括硬件失效，也包括逻辑（如软件）错误，特别值得注意的是，逻辑错误可能会影响多个舱门。

要考虑的内容包括：

1）对于增压区的舱门

舱门可开启性与舱门手柄设计、操纵机构及舱门操纵力有直接关系，当舱内外压差超过2磅/平方英寸时，可以认为舱门无法开启。通常来说，当舱门的开启力超过300磅时就足以防止人为有意开启了。尽管在飞机进近、起飞和着陆过程时舱内压力较低，可能发生有意开启的事件，但是可以认为这个阶段的持续时间很短且所有乘客均就座并系好了安全带。所以对于增压区的舱门只考虑增压情况下的人为无意开启即可。

2）非增压飞机及增压飞机除增压区外的其他舱门

应该考虑为防止舱门开启而使用辅助设备，是否需要这些辅助设备要根据舱门开启对飞机和乘客的后果来确定。

3）安装在应急出口上的辅助设备

如果该辅助设备的失效会影响着陆后舱门的开启，则其失效概率应小于 10^{-9}。

此外，还要考虑在存在压差的地面紧急情况下的舱门迅速开启措施。如果影响开门的系统（如增压系统）会给在此情况下开启舱门的人员带来危险，则在舱门设计中要考虑这个问题，必要时应提供警告信息。

2.1.3　第 25.783(c)款

增压预防措施必须监控承压舱门的关上、闩上及锁上的状态。本款要求承压舱门不会在未完全关上、闩上及锁上的情况下将飞机增压至不安全水平，即使在发生单个失效或可能的失效组合的情况下，仍然要具有此功能；对于本条(h)款规定的"无危险的舱门"来说，如果在这些舱门的任一个可能的位置上均能起到增压预防的功能或者在增压发生时能够安全地关闭、闩上并上锁，则无须专门的增压预防措施。在验证无危险舱门具有上述功能的时候，要考虑任何单个失效或故障的情况，除非这些舱门无须闩上。

在监控舱门是否锁上及所处的状态时，如果使用了多个锁系统，则每个锁系统都要独立地承担监控职责。对于实现增压预防功能来说，常采用在舱门上设置通气口盖或空调系统中设置增压抑制环路，如果能使舱内外压差低于 0.5 psi，则可以认为没有将飞机增压到不安全水平。一旦舱门完全关闭、锁闩和锁定并且开始增压时，那么该增压预防措施不应再起释压作用。

如果使用通气口盖来预防增压，则口盖的设计应能保证在正常情况下及单元件失效情况下,在舱门闩上并锁上以前其不会关闭,这就需要通气口盖监控舱门锁的位置或者采用联动的方式来达到增压预防的目的。如果客舱增压系统采用自动控制的方式来预防增压的话,那么控制系统也须监控每个增压区舱门的每个锁的位置。由于在一定高度上的增压舱释压会给飞机及乘客带来巨大危险,因此在表明符合性时,增压系统必须具有足够的可靠性。在飞机正常增压后,监控舱门锁的系统应该自动与增压系统断开。

对于那些未闩上不会造成危险的舱门不要求具有锁机构,也不要求具有增压预防措施。但是对这类舱门,要验证在其关门过程中可能处于的每个位置上都不会发生将飞机增压至不安全水平,其中就包括对单个失效或卡阻位置的分析评估。在评估过程中,要考虑舱门每一个可能位置下保持增压预防的程度或者当增压发生时舱门能否可靠地、安全地关闭并闩上。

对于舱门卡阻情况,此时作用在舱门或机构上的压差载荷不能对舱门或机身结构产生有害损伤。此外,还应考虑舱门开启但仍能增压的卡阻,但在完全增压后卡阻消失的情况。

2.1.4　第 25.783(d)款

对于第 25.783(d)(1)项来说,14 CFR 修正案 25-114 修改了闩和锁的定义,特别是针对初始运动向内的舱门机构及结构元件。舱门死点不能当作闩,而只有保持舱门相对死点位置的活动部件可以认为是闩,如舱门门框上的止动块就不得作为闩。

对于第 25.783(d)(2)项来说,初始运动向外的舱门的闩通常会受到震动、变形和压力载荷等的影响,而初始运动向内的舱门的闩则会与死点共同分担部分载荷。在进行闩设计时,在整个运行包线内,作用在闩上的惯性载荷、变形和反作用力等不应使闩有解开的趋势。在考虑解闩的反作用力时,不考虑作用在闩上的摩擦阻力对阻止解闩的影响,与此同时还必须考虑闩及相关操纵部件的变形影响。为了达到这个目的,可以采用闩机构的过中心设计,这种设计在型号设计中是一种应用比较多的方法,通常在过中心设计时过中心角 $\beta < 5°$,如果过大则会影响舱门结构部件的布置,如果过小则起不到防止解闩的作用。此外,设计时也应考虑解闩载荷的影响,必要时可以采取闩的保险措施。

对于第 25.783(d)(3)项来说,锁须将闩直接锁住,为了达到这个目的,可以采用锁闩合一的设计。这种方法能够在即使发生闩操纵机构单个失效时,仍将闩限定在闩上位置。当然两者分离设计也是可以达到上述目标的。

对于第 25.783(d)(5)项来说,可以采用过中心设计来表明符合性;对于第25.783(d)(6)项来说,舱门操纵手柄力需要根据不同设计通过人为因素的评估来获得,但均不得超过 300 磅。在进行强度分析时,手柄及操纵机构的限制载荷可以采用 300 磅。

2.1.5　第 25.783(e)款

对于第 25.783(e)(1)项来说,机组人员应该在一个位置上完成舱门的所有操作(包括关上、闩上和锁上),如果需要多个位置,则要在每个位置处给出适当的提示,以表明舱门在本位置处应进行的操作;条款中要求的"明确的措施"可以是指示灯,也可以是手柄的最终位置,但必须易于观察,且清晰可见。

对于第 25.783(e)(2)项来说,为了直接监控舱门的三种状态(关上、闩上和锁上),应该为舱门操作人员提供明确的指示,如果舱门操作人员能够很容易地看到舱门状态的指示,则无须另外设置舱门状态指示系统,如舱门操纵人员在其位置处能看到监控舱门锁上状态的泄压口盖或指示灯就足以表明本条款的符合性。

对于第 25.783(e)(3)项来说,"目视措施"既可以是驾驶舱中琥珀色的灯光,也可以是连接到告警系统上的红色警告等;指示器要有足够的可靠性,对于"每一承压和打开时首先做非内向运动的门""每一未锁闩可能有危险的门"发生误示的概率不能超过 10^{-5}。

对于第 25.783(e)(4)项来说,某些未闩上可能开启进而影响起飞及着陆的舱门,除了目视措施外,还需要有声学警告,应该采用与第 27.703 条中提到的起飞构型警告系统类似的方式。这类舱门包括:

(1) 如果舱门未完全关上、闩上和锁上,则会危及机身结构完整性的舱门。

(2) 如果舱门开启,那么将使飞机的操控水平降低到一个不可接受的水平或影响滚转的舱门。

通常来说,目视警告和音响警告的数据均来源于 DCU 收集到的信号,并通过音频系统发出音响警告。

2.1.6　第 25.783(f)款

对于第 25.783(f)款来说,当完成舱门的所有操作后,在某些情况下,驾驶舱中或其他的指示器仍然会显示舱门处于不安全状态,但此时飞机已经被签派了,所以要求舱门具有直接目视检查措施以检查舱门状态,以减少因可能的舱门指示系统误示而无法放飞的可能性。在这种情况下,显然目视检查措施比指示系统的指示具有更高的优先级。

目视检查措施应满足下列要求:

(1) 对于闩和锁成对出现的舱门来说,应能够直接看到锁的位置,以清晰地表明每个闩均处于闩上位置,每个锁都处于锁上位置;对于闩与锁不成对的舱门而言,则应该能直接看到闩的位置及可能的约束机构的约束状态。

(2) 不得因对闩和锁目视角度的改变而导致闩和锁状态的错误指示,这就要求通过目视检查得到的信息非常明确的,无须进行任何形式的推测。

(3) 不得使用非飞机本身构型的物品或索具等对舱门进行调整。

尽管舱门状态的目视检查措施是很明确的,但是仍然需要在舱门或操作人员的操作位置上设置标记,对闩上和锁上的状态进行说明;如果需要通过光学仪器或者透过"窗户"来查看闩和锁的状态,则需要证明光学仪器或"窗户"能够提供清晰的视野而且不会起雾,这些光学仪器和"窗户"的制作材料应该防刮擦,也不会受到银纹、运行及飞机清洁中常用到的液体和材料的影响。

2.2　相关条款

与第 25.783 条相关的条款如表 2-1 所示。

表 2-1　第 25.783 条相关条款

序　号	相　关　条　款	相　　关　　性
1	第 25.607 条	对于舱门操纵机构上使用的紧固件需要满足本条要求,以防紧固件脱落,影响安全
2	第 25.809 条	如非危险舱门处于应急出口位置,则仍要满足适用要求
	第 25.810 条	
	第 25.811 条	
	第 25.812 条	
3	第 25.629 条	对于非危险舱门,需要评估空中开启情况下的仍满足结构设计要求,其中就包括打开的舱门成为辅助气动力面后对气动弹性的影响

3　验证过程

3.1　验证对象

第 25.783 条的验证对象为机身舱门。

3.2　符合性验证思路

首先对舱门分类,明确哪些是危险舱门哪些是非危险舱门,而后根据分类分别表明符合性。

在表明本条(a)款符合性时,必须考虑飞机增压和非增压飞行状态。因为即使在非增压阶段,如果某些舱门打开仍然可能会导致灾难性后果,比如某些飞机上的大货舱门,在打开后作为飞机的气动面会对飞机的操纵带来很大的影响。

针对本条(b)款,通过 MOC1 图纸表明为防止舱门的被无意开启及有意开启所采取的措施,并通过 MOC3 安全性分析表明为防止人为有意开启而设计的预防措施不会发生影响应急撤离的失效。

针对本条(c)款,通过 MOC3 安全性分析表明增压预防措施不会因发生的某些故障而导致功能丧失,并通过 MOC5 验证增压预防措施的有效性。

针对本条(d)款,通过 MOC1 说明所采取的锁与闩的设计与功能能够满足条款要求;对于在运行包线内严酷载荷下的锁机构强度需通过 MOC2 表明符合性;对于锁闩机构单一失效情况,通过 MOC3 安全性分析表明符合性。此外,还须通过 MOC7 机上检查确定锁闩功能的有效性。

针对本条(e)款,通过 MOC3 分析表明驾驶舱目视措施对于危险舱门不会发生误视情况;通过 MOC6 飞行试验表明声学警告的有效性;通过 MOC7 表明舱门操作人员能够看到舱门状态指示。

针对本条(f)款,通过 MOC7 机上检查确定目视检查措施的有效性。

针对本条(g)款和本条(h)款,通过 MOC1 符合性说明/图纸描述这类舱门的设计特征并说明符合性。

3.3 符合性验证方法

通常,针对第 25.783 条的符合性验证方法如表 3-1 所示。

表 3-1 建议的符合性方法

条 款 号	专 业	符合性方法										备 注
		0	1	2	3	4	5	6	7	8	9	
第 25.783(a)款	舱 门		1		3				7			
第 25.783(b)款	舱 门		1		3							
第 25.783(c)款	舱 门				3		5					
第 25.783(d)款	舱 门		1	2	3				7			
第 25.783(e)款	舱 门				3			6	7			
第 25.783(f)款	舱 门								7			
第 25.783(g)款	舱 门		1									
第 25.783(h)款	舱 门		1									

3.4 符合性验证说明

3.4.1 第 25.783(a)款符合性验证

针对第 25.783(a)款,采用的符合性验证方法包括 MOC1、MOC3 和 MOC7,各项验证具体工作如下:

1) MOC1 验证过程

通过对舱门结构特征的描述说明所采用的措施能够防止单个结构元件失效而导致舱门空中开启,操纵机构元件为防止可能导致故障的不正确装配和将调整的概率降至最小的设计措施(如不同的外形、校装孔等);说明采用会将舱门解锁及解闩的动力源的情况,及如何在飞机起飞前断开且不会在飞行中给舱门恢复动力的措施。

2) MOC3 验证过程

运用成熟的经过验证的设计方法、经验数据和知识,通过系统安全性分析,表明未锁闩可能会有危险的舱门在飞行状态下极不可能从完全关闭、锁闩和锁定状态下解闩。

3) MOC7 验证过程

检查满足第 25.607 条要求的紧固件如螺栓、螺母和插销等是否采用了防松措施、经受转动的任何螺栓是否采用了自锁螺母等。

3.4.2　第 25.783(b)款符合性验证

针对第 25.783(b)款采用的符合性验证方法包括 MOC1 和 MOC3,各项验证工作具体如下:

1) MOC1 验证过程

通过对用来防止舱门在飞行状态下的人为开启的措施的描述来表明对本款要求的符合性,并明确这些预防人为开启的措施是否采用了辅助装置。

2) MOC3 验证过程

通过系统安全性分析,表明所采用的预防措施不会发生因为单个失效而妨碍多个舱门打开的情况,也不会发生着陆后妨碍舱门开启的失效。

3.4.3　第 25.783(c)款符合性验证

针对第 25.783(c)款,采用的符合性验证方法包括 MOC3 和 MOC5,各项验证工作具体如下:

1) MOC3 验证过程

对所采取的增压预防措施进行描述,通过安全性分析表明,增压预防措施在发生单个失效或未表明是极不可能的失效组合情况下仍然能够有效,能够防止将飞机增压至不安全水平。

2) MOC5 验证过程

通过机上地面试验,验证增压预防措施的有效性。

3.4.4　第 25.783(d)款符合性验证

第 25.783(d)款采用的符合性验证方法包括 MOC1、MOC2、MOC3 和 MOC7,各项验证工作具体如下:

1) MOC1 验证过程

通过系统描述表明每一个门上都能锁闩,并能锁闩该舱门;说明在门处于锁闩状态下,无论何种可能的飞机姿态下,均不存在解闩的力或力矩,并说明其独立于锁定系统外的保证锁闩处于锁闩位置的措施;说明打开时首先做非内向运动的承压舱门上的每一个锁闩上都有单独的且尽可能靠近锁闩的锁定措施等。

2) MOC2 验证过程

通过计算分析表明锁机构能够承受包线内各种情况下的载荷。分析时锁的设计应考虑在操作手柄处施加 300 lb 极限载荷而引起的闩的载荷,此外,锁机构还要考虑因闩和附近零件卡阻而带来的载荷。

3) MOC3 验证过程

通过系统安全性分析,表明对于打开时首先做内向运动的舱门在锁闩机构发生单一失效情况下,舱门不会打开;表明对于打开时首先做非内向运动的舱门在锁定系统单一失效情况下不会妨碍锁闩将舱门锁紧。

4) MOC7 验证过程

通过机上检查,对本款要求的舱门锁闩措施和锁位置等内容进行检查,以确定对条款要求的符合性。

3.4.5 第 25.783(e)款符合性验证

第 25.783(e)款采用的符合性验证方法包括 MOC3、MOC6 和 MOC7,各项验证工作具体如下:

1) MOC3 验证过程

通过系统安全性分析,表明对于承压且打开时首先做非内向运动的舱门和未锁闩可能带来危险的舱门,其驾驶舱目视措施不可能发生误视的情况。

2) MOC6 验证过程

通过飞行试验表明声学警告的有效性。

3) MOC7 验证过程

通过机上检查,表明在每一扇舱门的每个舱门操作人员位置上,均能够看到舱门关闭、上闩和锁定所要求的操作,比如开关舱门操作所需的 OPEN/CLOSE 字样及箭头,以及舱门所处状态的显示信息。

3.4.6 第 25.783(f)款符合性验证

MOC7 验证过程:通过机上检查,表明反映舱门状态的直接目视检查措施的有效性。

3.4.7 第 25.783(g)(h)款符合性验证

MOC1 验证过程:通过对该款适用舱门及其特征进行描述来表明符合性。

3.5 符合性文件清单

针对第 25.783 条的符合性文件清单如表 3-2 所示。

表 3-2 建议的符合性文件清单

序　号	符 合 性 报 告	符合性方法
1	舱门安全性评估报告(SSA)	MOC3
2	舱门故障树分析报告(FTA)	MOC3
3	舱门故障模式及影响分析报告(FMEA)	MOC3
4	舱门功能危险性分析报告(FHA)	MOC3
5	舱门信号系统试飞大纲	MOC6
6	舱门信号系统试飞报告	MOC6
7	舱门机上检查大纲	MOC7
8	舱门机上检查报告	MOC7
9	舱门机上地面试验大纲	MOC5
10	舱门机上地面试验报告	MOC5
11	舱门锁机构强度计算报告	MOC2
12	舱门设计描述文档	MOC1

4 符合性判据

第 25.783(a)款符合性判据：

（1）说明每一扇门上所采用的防止舱门在飞行中因机构失效而采取的措施。

（2）通过安全性分析说明未锁闩会有危险的门在飞行中解闩的概率小于 10^{-9}。

（3）门操纵系统的每一个元件都进行了醒目且永久的标识，保证不会发生错误装配和调整。

（4）对于门闩上采用了动力源的情况，在飞行前能自动与锁系统断开，且不会在飞行中因动力源而解闩。

（5）可卸紧固件满足第 25.607 条的要求。

第 25.783(b)款符合性判据：

（1）不会因人为无意而开启舱门。

（2）通过设计措施将人为有意开启舱门的概率降至最低，如果预防措施使用了辅助装置，则要表明辅助装置的单个失效不会妨碍其他舱门的开启，也不会发生着陆后无法开启舱门。

第 25.783(c)款符合性判据：

（1）具有增压预防措施。

（2）安全性分析表明增压预防功能在发生单个失效或组合失效后仍能起作用。

第 25.783(d)款符合性判据：

（1）每个门都有锁闩措施。

（2）当舱门处于锁闩状态并在受载情况下，无解闩力，并具有独立于锁定系统的措施使得锁闩处于锁闩位置上。

（3）打开时首先做非内向运动的承压门的每个锁闩都需有尽可能靠近闩的独立的锁，且需具有足够的安全性。

（4）打开时首先做内向运动且未闩上会导致危险的门需有锁，以防锁闩脱离。

第 25.783(e)款符合性判据：

（1）舱门操作位置处有舱门状态指示。

（2）驾驶舱具有舱门状态的目视信号和声学警告，且误示概率是极不可能的。

第 25.783(f)款符合性判据：

通过机上检查表明了针对舱门状态的直接目视检查措施是有效的。

第 25.783(g)(h)款符合性判据：

根据第 25.783(g)(h)款的要求确认了哪些舱门属于无危险的门、特定维修门、可拆卸应急出口和检修口盖。

参考文献

[1] FAA. AC25 – 21 Certification of Transport Airplane Structure [S]. 1999.

[2] FAA. AC25. 783 – 1A Fuselage Doors and Hatches [S]. 2005.

[3] FAA. AC25 – 17A Transport Airplane Cabin Interiors Crashworthiness Handbook [S].
2009.

[4] Memorandum ANM – 115 – 99 – 22: Policy Regarding Methods Used To Determine The
Likelihood Of Catastrophic Failure Events [S].

运输类飞机适航标准
第 25.785 条符合性验证

1 条款介绍

1.1 条款原文

第 25.785 条　座椅、卧铺、安全带和肩带

（a）对每一位 2 周岁以上的乘员都必须提供一个座椅（或卧铺，对必须卧床者）。

（b）指定供人在起飞和着陆时占用的每一位置处的座椅、卧铺、安全带、肩带以及附近的飞机部分，必须设计成使正确使用这些设施的人在应急着陆中不会因第 25.561 条和第 25.562 条中规定的惯性力而受到严重伤害。

（c）座椅和卧铺必须经批准。

（d）与通过飞机中心线的垂直平面成夹角大于 18° 的座椅上的乘员必须用安全带和承托臂、肩、头和背脊的缓冲靠垫来保护头部免受伤害，或用安全带和肩带防止头部触及任何致伤物体。任何其它座椅上的乘员必须用安全带以及根据座椅形式、位置和面向的角度采用以下一种或几种措施来保护头部免受伤害：

（1）防止头部触及任何致伤物体的肩带；

（2）去除头部能撞到的半径范围内的任何致伤物体；

（3）承托臂、肩、头和背脊的缓冲靠垫。

（e）卧铺必须设计成前部具有带包垫的端板、帆布隔挡或等效设施，它们可承受按第 25.561 条规定的乘员向前惯性力。卧铺不得有在应急情况下可能使睡卧者严重受伤的棱角和突部。

（f）每个座椅、卧铺及其支承结构，每根安全带或肩带及其锚固接头，必须按体重 77 公斤（170 磅）的使用者设计，按每种有关的飞行和地面载荷情况（包括第 25.561 条规定的应急着陆情况）考虑最大载荷系数、惯性力以及乘员、座椅、安全带和肩带之间的反作用力，此外，还必须符合下列规定：

（1）进行座椅、卧铺及其支承结构的结构分析和试验时，可以假定向前、侧向、向下、向上和向后的临界载荷（按规定的飞行、地面和应急着陆情况确定）分别作

用,或者当各特定方向所要求的强度得到证实时,也可采用选定的载荷组合。卧铺安全带不必承受向前的载荷系数。

(2) 每个驾驶员座椅的设计必须考虑第 25.395 条规定的驾驶员作用力引起的反作用力;

(3) 在确定每个座椅与机体结构,或每根安全带或肩带与座椅或机体结构的连接强度时,第 25.561 条规定的惯性力必须乘以系数 1.33(而不是第 25.625 条规定的接头系数)。

(g) 驾驶舱工作位置的每个座椅必须设有带单点脱扣装置的安全带和肩带组合式约束系统,使驾驶舱内乘员就座并系紧安全带——肩带后能执行该乘员在驾驶舱内所有必要的职责。必须有措施在每个组合约束系统不使用时将其固定,以免妨碍对飞机的操作和在应急情况下的迅速撤离。

(h) 按中国民用航空局有关营运规定要求的客舱内设置的、在起飞和着陆时指定供空中服务员使用的座椅必须满足下列要求:

(1) 必须靠近所要求的与地板齐平的应急出口。但如果设置在其它位置能提高旅客应急撤离效率时,则也是可以接受的。每个 A 型或 B 型应急出口旁边必须有一个空中服务员座椅。而且在所要求的与地板齐平的应急出口之间,必须根据可行情况均匀设置其它空中服务员座椅;

(2) 在不影响接近所要求的与地板齐平应急出口的条件下,空中服务员座椅应尽量设置在能直接观察到其所负责客舱区域的位置;

(3) 布置在当其不使用时不会妨碍通道或出口使用的位置;

(4) 必须布置在能使其乘员被从服务区,储藏间或服务设备掉出的物体撞伤的概率最小的位置;

(5) 面向前或向后,并装有用于承托臂、肩、头和背脊的缓冲靠垫;

(6) 装有单点脱扣装置的安全带和肩带组合式约束系统。必须有措施在每个组合式约束系统不工作时将其固定,以免妨碍应急情况下的迅速撤离。

(i) 每根安全带必须装有金属对金属的锁紧装置。

(j) 如果椅背上没有牢固的扶手处,则沿每条过道必须有把手或扶杆,使乘员在中等颠簸气流情况下使用过道时能够稳住。

(k) 在正常飞行中可能伤害机内坐着或走动的人员的每个凸出物都必须包垫。

(l) 必须表明由中国民用航空局有关营运规定要求的每个向前观察员座椅适用于进行必要的航路检查。

〔中国民用航空局 1990 年 7 月 18 日第一次修订,1995 年 12 月 18 日第二次修订,2001 年 5 月 14 日第三次修订,2011 年 11 月 7 日第四次修订〕

1.2 条款背景

第 25.785 条对飞机上使用的座椅、卧铺、安全带和肩带提出了总体要求。

1.3 条款历史

第 25.785 条在 CCAR25 部初版首次发布,截至 CCAR - 25 - R4,该条款共修订过 3 次,如表 1 - 1 所示。

表 1 - 1 第 25.785 条条款历史

第 25.785 条	CCAR25 部版本	相关 14 CFR 修正案	备 注
首次发布	初版	25 - 15,25 - 20,25 - 32,25 - 51	
第 1 次修订	R1	25 - 64	
第 2 次修订	R2	25 - 72	
第 3 次修订	R3	25 - 88	

1.3.1 首次发布

1985 年 12 月 31 日发布了 CCAR25 部初版,其中包含第 25.785 条,该条款参考 14 CFR PART 25 中的 §25.785 的内容制定,相当于 14 CFR 修正案 25 - 51 的水平。

1.3.2 第 1 次修订

1990 年 7 月 18 日发布的 CCAR - 25 - R1 对第 25.785 条进行了第 1 次修订,本次修订参考了 14 CFR 修正案 25 - 64 的内容:在 §25.785(b) 的应急着陆条件中添加了 §25.562 中惯性力的要求,要求座椅约束系统在静载或动态载荷作用下均能够为乘员提供保护。该修正案中新增了 §25.562 这一条款,对航空座椅提出了动力试验的要求。为保证适航规章中要求的一致性,将 §25.562 中的惯性力引入到 §25.785(b) 中,要求座椅约束系统不仅符合应急着陆的静力要求,而且符合动态载荷作用下对乘员的保护要求。

1.3.3 第 2 次修订

第 2 次修订采用了 14 CFR 修正案 25 - 72 的相关内容,修改了第 25.785 条中多处文本编辑错误,使表述更加明确、更清晰。

1.3.4 第 3 次修订

第 3 次修订采纳了 14 CFR 修正案 25 - 88 的相关内容,修订了第 25.785(h)(1) 项,增加了 B 型出口的适航要求。到本次修订前,运输类飞机规定的 A 型出口和 I 型出口之间的尺寸相差过大,有必要在两者之间再增加应急出口型式,以使制造商具有更多的设计灵活性。

2 条款解读

2.1 条款要求

第 25.785(b) 款规定座椅、卧铺以及乘员约束装置(如安全带、肩带等)应具有足够的强度、刚度和吸能特性,以便在应急着陆时,保证乘员能安全地约束在位置上,不会因座椅及其约束装置的原因受到严重伤害,或影响及时撤离。

第25.785(c)款要求座椅和卧铺必须经适航当局批准,其含义是指设备具有符合适航标准的合格证明文件:座椅和卧铺及其约束装置一般都有局方的 TSO 标准,如动态座椅的 TSO - C127、卧铺的 TSO - C39、安全带的 TSO - C22、肩带的 TSO - C114 等,在装机前这些设备的性能应满足 TSO 规定的最低性能标准,经局方批准,取得 TSOA。

第25.785(d)款中"与通过中心线的垂直平面成夹角大于18°的座椅"通常是指与前后向朝向的座椅相区别的侧向座椅,目前 CCAR25.562 条中关于应急着陆乘员的损伤判据不适用于侧向座椅。

第25.785(f)款主要阐述座椅等及其支承结构必须满足强度要求,包括考核部位载荷的选取,接头系数的考虑。相关资料表明,驾驶员座椅设计要考虑 CCAR 25.395 条款规定的驾驶员作用力引起的反作用力时,通常此反作用力可认为是作用在座椅背和座椅底部交汇处以上 203 毫米,向后 2 002 牛的载荷。

第25.785(h)款规定了空中服务员的座椅位置和要求。机上服务员座椅具有与一般座椅不同的特殊要求,既要保证空中服务员的安全,又要满足能使空中服务员完成自己职责所必须的条件,其位置又不能妨碍乘员的通行。根据 AC 25.785 - 1B,空中服务员的座椅应充分地靠近出口,以便能使机上服务员及时到达所要求的与地板齐平的应急出口处,执行紧急任务。一般可接受的距离是每个座椅离相关出口的向前或向后的纵向距离不大于三排座椅的间距。当机上服务员坐在其椅子上并系好安全带和肩带时,其视力能直接看到需要他或她去为之服务的那些旅客。肩带和安全带不使用时应有将其收放的方法,在应急情况下快速解开安全带后不妨碍其快速离机。

第25.785(l)款所指的"航路检查",可查阅中国民航的运行规章的相关规定,或者参考 FAA Order 8000.75B 中有关航空安全检查员的航路检查程序的规定。

2.2　相关条款

与第25.785 条相关的条款如表 2 - 1 所示。

表 2 - 1　第25.785 条相关条款

序　号	相关条款	相　　关　　性
1	第25.395 条	第25.785(f)(2)项要求驾驶员座椅的设计必须考虑第25.395 条规定的驾驶员作用力引起的反作用力的影响
2	第25.561 条	第25.785(b)款要求座椅为乘员提供保护使得乘员不会在第25.561 条中规定的载荷作用下受到严重伤害
3	第25.562 条	第25.785(b)款要求座椅为乘员提供保护使得乘员不会在第25.562 条中规定的载荷作用下受到严重伤害

3 验证过程

3.1 验证对象

本条款的验证对象是飞机上装备的所有座椅、卧铺、安全带和肩带。

3.2 符合性验证思路

1）第 25.785(a)款

可以采用设计符合性说明的方法表明对本款的符合性。

2）第 25.785(b)款

一般通过客舱和驾驶舱的布局来说明驾驶员和其他乘员受到的保护措施,并用试验或座椅的 CTSOA/ETSOA/TSOA 表明座椅的强度和动态吸能性能满足要求。

3）第 25.785(c)款

座椅和卧铺一般先取得 TSOA,提供合格证明文件,再进行装机批准。

4）第 25.785(d)款

可用设计说明、设备的合格鉴定或试验、通过机上地面检查确认座椅设计与驾驶舱客舱布置情况,证明座椅及其周围结构没有尖锐结构或突出物,也不会对乘员造成严重伤害。

5）第 25.785(e)款

若飞机上安装卧铺,卧铺首先应取得相应的 CTSOA/ETSOA/TSOA,确认其没有尖锐棱角或突出物,然后使用适用的飞机载荷工况进行静力试验以表明卧铺能固定住乘员并对乘员提供保护。

6）第 25.785(f)款

一般通过分析计算和静力试验来证明座椅及其约束和支承结构在规定的受载情况下有足够的强度保证座椅和卧铺不会与飞机脱离。座椅与支承结构、座椅约束系统与座椅的连接部位必须有足够的强度,承受第 25.561 条规定的静载,同时在承受应急着陆冲击时不应损坏或变形到妨碍乘员快速撤离的程度。

7）第 25.785(g)款

一般通过机上地面检查、通过驾驶舱机组的评定来说明机组座椅满足要求。

8）第 25.785(h)款

一般通过客舱布局说明和机上地面检查表明客舱机组座椅布置及其约束系统满足规章要求。

9）第 25.785(j)款

通过机上检查确认客舱已提供把手供乘员在颠簸中使用,以便能够稳住身体。若使用座椅椅背作为扶手,则需要进行分析或试验证明椅背可以承受 110 牛水平方向的载荷而不失效。

10) 第 25.785(k)款

客舱布局时细节上考虑凸出物的加垫保护,并经过机上地面检查确认。

3.3 符合性验证方法

通常,针对第 25.785 条的符合性验证方法如表 3-1 所示。

表 3-1 建议的符合性方法

条 款 号	专 业	符 合 性 方 法										备 注
		0	1	2	3	4	5	6	7	8	9	
第 25.785(a)款	机组座椅		1									
第 25.785(a)款	旅客座椅		1									
第 25.785(a)款	卧 铺		1									
第 25.785(b)款	旅客座椅		1			4						9
第 25.785(b)款	机组座椅		1			4						9
第 25.785(b)款	卧 铺		1			4						9
第 25.785(c)款	机组座椅											9
第 25.785(c)款	旅客座椅											9
第 25.785(c)款	卧 铺											9
第 25.785(d)款	机组座椅		1			4			7			9
第 25.785(d)款	旅客座椅		1			4			7			9
第 25.785(e)款	卧 铺		1									9
第 25.785(f)款	机组座椅			2		4						9
第 25.785(f)(1)项	旅客座椅			2		4						9
第 25.785(f)(1)项	卧 铺			2		4						9
第 25.785(f)(1)项	旅客座椅			2		4						9
第 25.785(g)款	机组座椅		1						7			
第 25.785(h)款	机组座椅		1						7			
第 25.785(i)款	机组座椅		1						7			
第 25.785(i)款	旅客座椅		1						7			
第 25.785(i)款	卧 铺		1						7			
第 25.785(j)款	旅客座椅		1						7			
第 25.785(k)款	机组座椅		1						7			
第 25.785(k)款	旅客座椅		1						7			
第 25.785(l)款	机组座椅							6				

3.4 符合性验证说明

3.4.1 MOC1 验证过程

通过驾驶舱座椅布置图纸、客舱座椅布置图、机组座椅图纸、旅客座椅图纸,以及每类座椅的安装图来说明座椅的设计和布置符合条款要求。通过座椅布置图可以保证在最大客座量下为每一个 2 周岁以上的乘客提供一个位置,符合第 25.785

(a)款的要求。通过驾驶员座椅图纸和观察员座椅图纸说明座椅设有带单点脱扣装置的安全带和肩带组合式约束系统,符合第 25.785(g)款的要求。通过乘务员座椅布置图和乘务员座椅图纸说明其符合第 25.785(h)款的要求。通过每类座椅图纸说明每个座椅安全带都装有金属对金属的锁紧装置,符合第 25.785(i)款的要求。通过座椅图纸或者顶部行李舱图纸说明提供有使乘员能在飞机颠簸过程中抓紧扶稳的装置。通过客舱布置图说明客舱中可能伤害乘员的每个凸出物都已进行包垫,符合第 25.785(l)款的要求。

3.4.2 MOC2 验证过程

MOC2 的计算分析过程主要分为两个方面:一是在先前已有取证经验的成熟座椅基础上小改而来的座椅,在安装形式相同的情况下,通过已有试验数据的基础上通过相似性分析来表明符合性;二是对于需要试验的座椅,通过应力分析或者变形分析进行试验件或者试验工况筛选,得到覆盖范围较广的最临界试验工况进行下一步的试验。

3.4.3 MOC4 验证过程

进行第 25.561 条要求的静力试验、第 25.562 条要求的动态冲击试验和 HIC 试验等试验,试验中使用每种飞行载荷、地面载荷包括应急着陆载荷中最大载荷系数、惯性力以及乘员、座椅、安全带之间的反作用力来证明座椅可以对乘员起到保护作用。在表明符合第 25.785(f)款要求的试验中,在确定每个座椅与机体结构,或每根安全带或肩带与座椅或机体结构的连接强度时,第 25.561 条规定的惯性力必须乘以 1.33 的系数。侧向 4.0 的系数已经考虑了 1.33,无须重复计算。另外,接头系数 1.33 仅适用于应急着陆载荷情况,除此之外的飞行载荷、地面载荷等工况无须考虑 1.33 的接头系数。另外,根据 FAA AC25-17A,仅用动态冲击试验来表明符合第 25.785(b)款的损伤判据有一定的局限,因为试验本身限制在了某些条件,这些条件不能完全反映乘员可能受伤的所有状况,所以简单用第 25.562 条的动态试验不能充分表明对第 25.785(b)款的符合性,尽管潜在的伤害物体在头部碰撞包线之外,但是物体仍需要加包垫并进行圆润化处理。

3.4.4 MOC6 验证过程

通过飞行试验来证明观察员座椅的设计及其布置适合于乘员进行航路检查,主要检查飞行仪表指示状态是否正常,驾驶员操作情况是否符合飞行手册的要求。

3.4.5 MOC7 验证过程

通过机上检查证明座椅具有对乘员的保护措施,符合第 25.785(d)款的要求;表明乘员在正确使用驾驶舱内座椅时可以正常完成所有职责内的工作,在应急撤离时驾驶舱内座椅约束系统不会妨碍乘员的撤离,符合第 25.785(g)款的要求。表明乘务员的座椅位置可以保证乘务员的视界,并能对乘务员起到保护作用,不会影响应急撤离,符合第 25.785(h)款的要求。表明所有座椅都有金属对金属的锁紧装置,符合第 25.785(i)款的要求。表明有措施可以保证乘员在中等颠簸中能够稳住身体,符合第 25.785(j)款的要求。表明在正常飞行中可能伤害机内坐着或走动的人员的每个凸出物都有包垫,符合第 25.785(k)款的要求。

3.4.6　MOC9 验证过程

所有使用的座椅和约束系统都必须完成 TSO/ETSO/CTSO 的取证工作,并获得相应的 TSOA/ETSOA/CTSOA。

3.5　符合性文件清单

通常,针对第 25.785 条的符合性文件清单如表 3 - 2 所示。

表 3 - 2　建议的符合性文件清单

序　号	符 合 性 报 告	符合性方法
1	座椅其约束系统系统描述	MOC1
2	座椅界面载荷分析报告	MOC2
3	座椅、卧铺试验工况筛选分析报告	MOC2
4	座椅静力试验大纲	MOC4
5	座椅静力试验报告	MOC4
6	座椅动态试验大纲	MOC4
7	座椅动态试验报告	MOC4
8	座椅 HIC 试验大纲	MOC4
9	座椅 HIC 试验报告	MOC4
10	座椅支承结构静力试验大纲	MOC4
11	座椅支承结构静力试验报告	MOC4
12	试飞大纲-观察员航路检查	MOC6
13	试飞报告-观察员航路检查	MOC6
14	座椅机上检查大纲	MOC7
15	座椅机上检查报告	MOC7
16	座椅及其约束系统的 CTSOA	MOC9

4　符合性判据

(1) 通过静力试验表明符合性的座椅及其连接结构,必须能够承受本条规定的极限载荷至少 3 秒而不破坏。

(2) 通过动态冲击试验表明符合性的座椅及其连接结构即便产生屈服,但座椅必须始终连接在所有连接点上。

(3) 必须能够在应急着陆状态下保护乘员,乘员身体经受的腰椎载荷、股骨载荷以及测得的 HIC 不能超过第 25.562(c)款中规定的值。

(4) 所有类型座椅的变形不能影响乘员的撤离,变形判据可参考 AC25.562 - 1B 附录 2。

(5) 乘务员视界判据可参考 AC25.785 - 1B。

（6）航路检查内容及标准可查阅 CCAR121 部的相关规定,或者参考 FAA Order 8000.75B。

参考文献

［1］　14 CFR 修正案 25 - 15 Crashworthiness and Passenger Evacuation Standards; Transport Category Airplanes［S］.

［2］　14 CFR 修正案 25 - 20 Crashworthiness and Passenger Evacuation［S］.

［3］　14 CFR 修正案 25 - 32 Crashworthiness and Passenger Evacuation Standards; Transport Category Airplanes［S］.

［4］　14 CFR 修正案 25 - 51Airworthiness Review Program; Amendment No. 8: Cabin Safety and Flight Attendant Amendments［S］.

［5］　14 CFR 修正案 25 - 64 Improved Seat Safety Standards［S］.

［6］　14 CFR 修正案 25 - 72 Special Review: Transport Category Airplane Airworthiness Standards［S］.

［7］　14 CFR 修正案 25 - 88 Type and Number of Passenger Emergency Exits Required in Transport Category Airplanes［S］.

［8］　FAA. AC25.785 - 1B Flight Attendant Seat and Torso Restraint System Installations［S］. 2010.

［9］　FAA. AC25 - 21 Certification of Transport Airplane Structure［S］. 1999.

［10］　FAA. AC25 - 17A Transport Airplane Cabin Interiors Crashworthiness Handbook［S］. 2009.

［11］　FAA. AC25.562 - 1B Dynamic Evaluation of Seat Restraint Systems and Occupant Protection on Transport Airplanes［S］. 2006.

［12］　SAE. AS 8049A Performance Standard for Seats in Civil Rotorcraft, Transport Aircraft, and General Aviation Aircraft［S］.

［13］　FAA. TSO - C127B Rotorcraft, Transport Airplane, and Normal and Utility Airplane Seating Systems［S］.

运输类飞机适航标准
第25.787条符合性验证

1 条款介绍

1.1 条款原文

第25.787条　储存舱

（a）储存货物、行李、随身携带物品和设备（如救生筏）的每个隔间和任何其它储存舱，必须根据其标明的最大载重，以及规定的飞行载荷情况、地面载荷情况和第25.561（b）条的应急着陆情况所对应的最大载荷系数下的临界载荷分布来设计，但位于机内全体乘员之下或之前的隔间不需考虑应急着陆情况所规定的力。如果飞机的客座量（不包括驾驶员座椅）等于或大于10座，则客舱中的每个储存舱必须是完全封闭的，但为了旅客方便，座椅下和头顶上的储存空间除外。

（b）必须有措施防止隔间中的装载物在本条（a）规定的载荷下移动而造成危险。如果用于客舱和机组舱中储存舱的上述措施是带锁闩的门，其设计必须考虑到服役中预期的磨损和性能下降。

（c）如果货舱中装有照明灯，每盏灯的安装必须避免灯泡和货物接触。

〔中国民用航空局2011年11月7日第四次修订〕

1.2 条款背景

制定第25.787条，是通过对货舱和行李舱提出载荷和限制措施等方面的设计要求，以确保当飞机受到临界载荷作用时，飞机的设计可以达到更好地保护机上乘员的目的。

1.3 条款修订历史

第25.787条在CCAR25部初版首次发布，截至CCAR-25-R4该条款未进行过修订，如表1-1所示。

1985年12月31日发布的CCAR25部初版，就包含第25.787条，该条款参考14 CFR修正案25-32、25-38和25-51中的相关内容制定。14 CFR修正案25-32、25-38和25-51对§25.787的修订内容如下：

表 1-1　第 25.787 条条款历史

第 25.787 条	CCAR25 部版本	相关 14 CFR 修正案	备　　注
首次发布	初版	25-32,25-38,25-51	

（1）1972 年发布的 14 CFR 修正案 25-32 对 §25.787 进行了第 1 次修订,将 (a)款中的验证对象从货舱和行李舱扩展到储存货物、行李、随身携带物品和设备 (如救生船)的每个隔间和任何其他储存舱,这些对象的设计增加考虑第 25.561(b) 款应急着陆情况下的载荷系数,并且要求乘客座椅超过 10 个的飞机的每个储存舱 完全封闭;将(c)款要求移到了第 25.789 条。

（2）1977 年发布的 14 CFR 修正案 25-38 对 §25.787 进行了第 2 次修订,增加 了(c)款,要求"如果货舱中装有照明灯,每盏灯的安装必须避免灯泡和货物接触"。

（3）1980 年发布的 14 CFR 修正案 25-51 对 §25.787 进行了第 3 次修订,(b) 款增加"如果用于客舱和机组舱中储存舱的上述措施是带锁闩的门,其设计必须考 虑到服役中预期的磨损和性能下降"的内容。

2　条款解读

2.1　条款要求

2.1.1　第 25.787(a)款要求

（1）储物的隔间和储存舱的设计要考虑其标明的最大载重,以及规定的飞行载 荷情况、地面载荷情况和第 25.561(b)款的应急着陆情况所对应的最大载荷系数下 的临界载荷分布。

（2）位于全体乘员之下或者之前的隔间的设计要考虑标明的最大载重,以及规 定的飞行载荷情况和地面载荷情况所对应的最大载荷系数下的临界载荷分布。

（3）10 座及以上的飞机客舱中,除座椅下和头顶上的储存空间以外的每个储 存舱必须是完全封闭的。根据 FAA 发布的咨询通告 AC25-17A,"完全封闭"的容 差是允许隔间的门或抽屉可以留有不大于 0.125 英寸的间隙。

2.1.2　第 25.787(b)款要求

（1）隔间的设计要考虑装载物的约束措施。

（2）储存舱的锁闩设计要考虑锁闩的耐久性。

根据 FAA 发布的咨询通告 AC25-17A 中对经 25-51 修正案修订的第 25.787 条验证的指导建议,储藏室采用双锁闩设计,且每个锁闩能承受规定的载 荷,可以作为符合第 25.787(b)款要求的一种方法。

2.1.3　第 25.787(c)款要求

货舱中照明灯的安装设计要考虑采取防止灯泡被货物碰坏的措施。

2.2　相关条款

与第 25.787 条相关的条款如表 2-1 所示。

表 2 - 1　第 25.787 条相关条款

序　号	相关条款	相　关　性
1	第 25.561 条	第 25.561 条为应急着陆情况的总则性条款,第 25.787 条则要求储物舱的设计要考虑应急着陆情况下的载荷
2	第 25.1557 条	第 25.1557 条要求每个行李舱和货舱以及每一配重位置必须装有重量限制标牌。第 25.787 条则要求储物的隔间和储存舱的设计要考虑其标明的最大载重

3　验证过程

3.1　验证对象

第 25.787 条的验证对象为储存舱、储存舱的门、储存舱中的装载物固定设施和货舱照明灯。

3.2　符合性验证思路

为表明对第 25.787(a)款的符合性,对储存舱进行强度计算分析,必要时进行静力试验,表明储存舱在各种装载方式下其设计能满足第 25.787(a)款的要求。

通过对储存舱的门或者抽屉进行符合性说明,并结合机上检查的方式,来表明对"每个储存舱必须是完全封闭的"这一要求的符合性。

为表明货舱对第 25.787(b)款的符合性,通过符合性说明表明载货时,货物可系在地板或侧板的系留点上,其系留点和系留物应能保证能承受货物经受第 25.787(a)款规定的载荷系数对应的惯性力。

为表明储存舱对第 25.787(b)款的符合性,可以通过符合性说明结合机上检查来表明储藏室锁闩是双锁闩,并通过实验室载荷试验验证每个锁闩能承受规定的载荷。也可以通过与已获得批准的相似设计进行对比分析,来表明符合性。

为表明对第 25.787(c)款的符合性,对货舱的装载方案及照明灯的位置进行描述,或表明灯罩能对灯进行保护,保证货物不会撞到灯泡。

3.3　符合性验证方法

通常,针对第 25.787 条的符合性验证方法如表 3 - 1 所示。

表 3 - 1　建议的符合性方法

条　款　号	专　业	符 合 性 方 法										备　注
		0	1	2	3	4	5	6	7	8	9	
第 25.787(a)款	客舱安全		1	2		4			7			
第 25.787(b)款	客舱安全		1	2		4			7			
第 25.787(c)款	客舱安全		1									

3.4 符合性验证说明

3.4.1 第 25.787(a)款符合性验证

通过 MOC2 和 MOC4 的方法表明对第 25.787(a)款中关于储存舱载荷要求的符合性。

1）MOC2 验证过程

对储存舱进行强度计算分析，计算分析中采用最大载重，并考虑飞行载荷、地面载荷和应急着陆载荷中的最大值（位于全体乘员之下或者之前的隔间的强度计算分析不用考虑应急着陆载荷）。以表明储存舱在各种装载方式下其设计能满足第 25.787(a)款的要求。

2）MOC4 验证过程

在 MOC2 验证不足以表明符合性的时候，进行实验室静力试验，试验中采用最大载重，并考虑飞行载荷、地面载荷和应急着陆载荷中的最大值（位于全体乘员之下或者之前的隔间不用考虑应急着陆载荷）。以表明储存舱在各种装载方式下其设计能满足第 25.787(a)款的要求。

对于客座量等于或大于 10 座的飞机，应通过 MOC1 和 MOC7 的方法表明对第 25.787(a)款中关于储存舱封闭要求的符合性。

1）MOC1 验证过程

编制储存舱设计描述文件，说明客舱中除了座椅下和头顶上的储存空间以外的每个储存舱的封闭方式，明确储存舱的门或抽屉与本体之间的间隙不大于 0.125 英寸。

2）MOC7 验证过程

通过机上检查对以上储存舱的封闭方式进行检查，并对储存舱的门或抽屉与本体之间的间隙进行测量，确认间隙不大于 0.125 英寸。

3.4.2 第 25.787(b)款符合性验证

为表明对第 25.787(b)款中关于装载物固定限制措施和储存舱锁闩耐久性要求的符合性，使用 MOC1、MOC2、MOC4 和 MOC7 相结合的方式来进行验证：

1）MOC1 验证过程

编制储存舱内的装载物系留点和系统设备安装支架的设计描述文件，说明储存舱内配备有装载物的固定限制措施。

编制行李箱和衣帽间等储藏室锁闩的设计描述文件，说明行李箱和衣帽间等储藏室锁闩的安装形式，需说明储藏室采用了双锁闩设计。

2）MOC2 验证过程

通过对安装在储存舱内的装载物系留点和系统设备安装支架进行强度校核，表明系留点和安装支架及其连接均满足静强度要求，能够防止系统设备在第 25.787(a)款规定的载荷下移动而造成危险。

行李箱、衣帽间等储藏室锁闩设计，需通过计算分析或相似性分析来说明储藏室的双锁闩设计能承受第 25.787(a) 款规定的载荷。

3）MOC4 验证过程

通过实验室静力试验来验证装载物系留和安装在客舱、货舱及储存舱内的系统设备安装支架能防止装载物和系统设备在规定的极限载荷下因移动而造成危险。

对飞机厨房废物箱口盖弹簧、厨房餐车限位旋钮、厨房抽屉、厨房抽拉式桌板、厨房弹簧门、厨房储物柜门锁和盥洗室储物柜门锁等进行实验室耐久性试验，验证其门锁在日常开关操作下不会失效。表明其设计考虑了服役中预期的磨损和性能下降。

通过对行李箱和衣帽间等储藏室采用双锁闩设计的门锁进行实验室静力试验和耐久性试验，表明每个独立的门锁在飞行载荷、地面载荷和应急着陆载荷情况下，以及日常开关操作下不会失效。表明待锁闩的门能防止内部装载物在规定的极限载荷下因移动而造成危险，并且其设计考虑了服役中预期的磨损和性能下降。

4）MOC7 验证过程

通过机上检查，对行李箱和衣帽间等储藏室进行检查，确认其采用了双锁闩设计。表明其设计考虑了服役中预期的磨损和性能下降。

3.4.3　第 25.787(c) 款符合性验证

为表明对第 25.787(c) 款的符合性，使用 MOC1 的方式来进行验证，验证工作具体如下。

编制货舱的装载方案及照明灯的安装位置和保护措施的设计描述文件，说明如货舱照明灯有保护罩，对货舱装载货物规定了高度限制等，以明确已采取了保护措施防止货舱照明灯被货物撞坏。

3.5　符合性文件清单

通常，针对第 25.787 条的符合性文件清单如表 3-2 所示。

表 3-2　建议的符合性文件清单

序 号	符 合 性 报 告	符合性方法
1	储存舱及其锁栓设计描述	MOC1
2	装载物系留设计描述	MOC1
3	旅客座椅行李挡杆设计描述	MOC1
4	货舱照明灯安装设计描述	MOC1
5	储存舱强度计算分析报告	MOC2
6	储藏室锁闩相似性分析报告	MOC2
7	系统设备安装支架强度计算分析报告	MOC2
8	储存舱实验室静力试验大纲	MOC4

（续表）

序　号	符合性报告	符合性方法
9	储存舱实验室静力试验报告	MOC4
10	储存舱航空器检查大纲	MOC7
11	储存舱航空器检查报告	MOC7

4　符合性判据

4.1　第 25.787(a)款符合性判据

通过计算分析和实验室试验表明对第 25.787(a)款中关于储存舱载荷要求的符合性。符合性判据是：

（1）采用了最大载重。

（2）采用了飞行载荷、地面载荷和应急着陆载荷中的最大值（位于全体乘员之下或者之前的隔间的强度计算分析采用了飞行载荷和地面载荷中的最大值）。

（3）储存舱的静强度安全裕度大于 0。

对于客座量等于或大于 10 座的飞机，通过符合性说明和机上检查表明对第 25.787(a)款中关于储存舱封闭要求的符合性。符合性判据是：储存舱的门或抽屉与本体之间的间隙小于或者等于 0.125 英寸。

4.2　第 25.787(b)款符合性判据

通过符合性说明和机上检查表明对第 25.787(b)款中关于装载物固定限制措施和储存舱锁闩耐久性要求的符合性。符合性判据是：

（1）储存舱内有装载物的固定限制措施。

（2）行李箱、衣帽间等储藏室采用了双锁闩设计。

通过计算分析和实验室试验表明对第 25.787(b)款中关于安装在储存舱内的装载物的固定限制措施和储存舱锁闩耐久性要求的符合性。符合性判据是：

（1）采用了飞行载荷、地面载荷和应急着陆载荷中的最大值（位于全体乘员之下或者之前的隔间的强度计算分析采用了飞行载荷和地面载荷中的最大值）。

（2）装载物系留点和安装支架及其连接的静强度安全裕度大于 0。

（3）门锁在相关技术规范规定次数的反复开关操作后功能正常。

4.3　第 25.787(c)款符合性判据

通过符合性说明表明对第 25.787(c)款的符合性。符合性判据是：

（1）货舱的装载方案中货物的上限位低于照明灯的安装位置。

（2）照明灯的保护措施能避免灯泡和货物直接接触。

参考文献

[1]   14 CFR 修正案 25 - 32 Crashworthiness and Passenger Evacuation Standards; Transport Category Airplanes [S].

[2]   14 CFR 修正案 25 - 38 Airworthiness Review Program, Amendment No. 3: Miscellaneous Amendments [S].

[3]   14 CFR 修正案 25 - 51 Airworthiness Review Program; Amendment No. 8: Cabin Safety and Flight Attendant Amendments [S].

[4]   FAA. AC25 - 17A Transport Airplane Cabin Interiors Crashworthiness Handbook [S]. 2009.

[5]   FAA. AC25. 562 - 1B Dynamic Evaluation of Seat Restraint Systems and Occupant Protection on Transport Airplanes [S]. 2006.

运输类飞机适航标准
第 25.789 条符合性验证

1　条款介绍

1.1　条款原文

第 25.789 条　客舱和机组舱以及厨房中物件的固定

（a）必须有措施防止客舱或机组舱或厨房中的每一物体（指飞机型号设计的一个部分），在规定的飞行载荷情况,地面载荷情况和第 25.561(b)条的应急着陆情况所对应的最大载荷系数下,因移动而造成危险。

（b）机内通话器的紧束装置必须设计成:在承受第 25.561(b)(3)条规定的载荷系数时,能将机内通话器保持在收藏位置。

1.2　条款背景

1972 年 5 月 1 日,FAA 为了提高运输类飞机的适坠性和应急撤离设备的要求及操作程序,发布了 14 CFR 修正案 25-32,修订内容包括与适坠性和应急撤离相关的系统、设备和操作要求。其中与适坠性相关的比较重要的修订是增加了第 25.789 条,要求客舱和机组舱内,处于非储存舱空间内的物体的固定措施在遭受运行时可能遇到的各种载荷情况时,仍能固定住该物体。

1.3　条款修订历史

第 25.789 条在 CCAR25 部初版首次发布,截至 CCAR-25-R4 该条款未进行过修订,如表 1-1 所示。

表 1-1　第 25.789 条条款历史

第 25.789 条	CCAR25 部版本	相关 14 CFR 修正案	备　注
首次发布	初版	25-46	

1985 年 12 月 31 日发布的 CCAR25 部初版,就包含第 25.789 条,该条款参考 14 CFR 修正案 25-46 中的 §25.789 内容制定,条款内容保持一致。

2 条款解读

2.1 条款要求

2.1.1 第 25.789(a)款要求

座舱内处于非储存舱空间内的任何物品都应适当固定,且固定装置的设计应考虑运行时可能的各种载荷情况。

按照 FAA 的政策要求,储存舱外非专门存放物品的地方应该有标记标牌提示,标明这些位置不应存放物品,或这些位置在飞机滑行、起飞或着陆阶段不应存放物品。

2.1.2 第 25.789(b)款要求

机内通话器的约束在承受第 25.561(b)(3)项规定的载荷下,仍应能将其保持在原有的位置上。这里的通话器是指易摘取的通话装置。

2.2 相关条款

与第 25.789 条相关的条款如表 2-1 所示。

表 2-1 第 25.789 条相关条款

序 号	相 关 条 款	相 关 性
1	第 25.561 条	第 25.561(b)款要求结构设计必须考虑应急着陆情况,并规定了需要考虑的极限惯性载荷系数。第 25.789 条则要求客舱或机组舱或厨房中物体的固定,以及机内通话器的紧束装置能够承受第 25.561(b)款规定的极限惯性载荷系数

3 验证过程

3.1 验证对象

第 25.789 条的验证对象为客舱和机组舱以及厨房中物件的固定措施。

3.2 符合性验证思路

第 25.789(a)款要求座舱内处于非储存舱空间内的任何物品都应适当固定,且固定装置的设计应考虑运行时可能的各种载荷情况。对于客舱或机组舱或厨房内的各种设备,首先表明这些设备自身能承受规定的飞行载荷情况,地面载荷情况和第 25.561(b)款的应急着陆情况所对应的最大载荷系数而不会损坏;然后根据具体的固定部位进行载荷分析计算,用临界的载荷情况对其安装固定装置进行强度校核,必要时通过静力试验,表明安装固定是满足要求的;还可通过机上地面检查,确认安装符合要求。

第 25.789(b)款要求机内通话器的约束装置在承受第 25.561(b)(3)项规定的

载荷下，仍能将其保持在原有的位置上。通过对机内通话器的约束装置进行强度校核，表明符合性。

3.3　符合性验证方法

通常，针对第 25.789 条的符合性验证方法如表 3-1 所示。

表 3-1　建议的符合性方法

条　款　号	专　业	符 合 性 方 法										备　注
		0	1	2	3	4	5	6	7	8	9	
第 25.789(a)款	客舱安全		1	2		4			7			
第 25.789(b)款	客舱安全			2								

3.4　符合性验证说明

3.4.1　第 25.789(a)款符合性验证

第 25.789(a)款要求座舱内处于非储存舱空间内的任何物品都应适当固定，且固定装置的设计应考虑运行时可能的各种载荷情况。通过 MOC1、MOC2、MOC4 和 MOC7 的方法来表明符合性。

1) MOC1 验证过程

通过设备描述对座舱内处于非储存舱空间内的系统设备、应急撤离设备和内部装饰件（天花板、侧壁板等）选用的材料进行详细描述，来表明其本体能满足强度要求。并通过安装图纸对系统设备、应急撤离设备和内部装饰件（天花板、侧壁板等）的安装形式进行详细描述，来表明这些对象都有适当的固定方式。

2) MOC2 验证过程

通过对飞机上的系统设备、应急撤离设备和内部装饰件（天花板、侧壁板等）及其安装进行静强度校核，校核中所用载荷考虑飞机动载荷情况机身过载包线、机身静载荷过载包线和第 25.561 条应急着陆载荷，并考虑第 25.303 条安全系数以及第 25.619 条和第 25.625 条特殊系数，表明其静强度满足强度要求，进而表明飞机上的系统设备、应急撤离设备和内部装饰件及其安装设计能够防止其在规定的飞行载荷情况，地面载荷情况和第 25.561(b)款的应急着陆情况所对应的最大载荷系数下，因移动而造成危险。

3) MOC4 验证过程

通过对飞机上的系统设备、应急撤离设备和内部装饰件（天花板、侧壁板等）及其安装进行静力试验，对设备本体和连接部位进行考核，试验工况选取考虑飞机动载荷情况机身过载包线、机身静载荷过载包线和第 25.561 条应急着陆载荷，并考虑第 25.303 条安全系数以及第 25.619 条和第 25.625 条特殊系数。在 30 秒限制载荷下，目视无有害的永久变形；在 3 秒极限载荷下无破坏，表明飞机上的系统设备、应急撤离设备和内部装饰件及其安装设计能够防止其在规定的飞行载荷情况、地面载荷情况和第 25.561(b)款的应急着陆情况所对应的最大载荷系数下,因移动而造成危险。

如有绑带式的系统设备安装设计,通过对绑带及其锁扣进行强度试验,表明其设计能够防止系统设备在第 25.561(b)款的极限惯性载荷下,因移动而造成危险。

4) MOC7 验证过程

通过进行厨房机上检查,检查确认厨房的各个门锁为双锁设计,门能锁住,门锁具有状态显示(一般绿色为锁住,红色为未锁住),厨房中的设备和插件可以被锁住或固定。表明其设计能够防止厨房设备和插件在第 25.561(b)款的极限惯性载荷下,因移动而造成危险。

3.4.2 第 25.789(b)款符合性验证

第 25.789(b)款要求机内通话器的约束装置在承受第 25.561(b)(3)项规定的载荷下,仍能将其保持在原有的位置上。通过 MOC2 的方法来表明符合性,验证过程如下。

通过飞机内话紧束装置的强度进行计算,表明在第 25.561(b)(3)项要求的极限惯性载荷下,飞机的内话紧束装置的乘务员手持送受话器底座强度和挂钩的静强度安全裕度均大于 0,满足强度要求,能将机内通话器保持在收藏位置。

3.5 符合性文件清单

通常,针对第 25.789 条的符合性文件清单如表 3-2 所示。

表 3-2 建议的符合性文件清单

序 号	符 合 性 报 告	符合性方法
1	座舱内设备和装饰件材料说明	MOC1
2	座舱内设备和装饰件安装图纸	MOC1
3	座舱内设备和装饰件及其安装静强度计算分析报告	MOC2
4	座舱内设备静力实验室试验大纲	MOC4
5	座舱内设备静力实验室试验报告	MOC4
6	座舱内装饰件静力实验室试验大纲	MOC4
7	座舱内装饰件静力实验室试验报告	MOC4
8	厨房机上检查大纲	MOC7
9	厨房机上检查报告	MOC7
10	机内通话器的约束装置计算分析报告	MOC2

4 符合性判据

4.1 第 25.789(a)款符合性判据

通过材料说明和机上检查表明对第 25.789(a)款中关于座舱内处于非储存舱空间内的任何物品都适当固定要求的符合性。符合性判据是:

（1）座舱内处于非储存舱空间内的系统设备、应急撤离设备和内部装饰件（天花板、侧壁板和储藏室等）选用的材料强度满足强度要求。

（2）系统设备、应急撤离设备和内部装饰件（天花板、侧壁板和储藏室等）都有适当的固定方式。

通过计算分析和实验室试验表明对第 25.789(a)款中关于座舱内处于非储存舱空间内的任何物品固定载荷要求的符合性。符合性判据是：

（1）采用了飞行载荷、地面载荷和应急着陆载荷中的最大值。

（2）物品固定安装支架及其连接的静强度安全裕度大于 0。

通过机上检查表明对第 25.789(a)款中关于厨房设备和插件固定要求的符合性。符合性判据是：厨房的各个门锁采用了双锁闩设计。

4.2 第 25.789(b)款符合性判据

通过计算分析表明对第 25.789(b)款中关于机内通话器的约束装置载荷要求的符合性。符合性判据是：

（1）采用了应急着陆载荷。

（2）机内通话器的约束装置本身及其连接的静强度安全裕度大于 0。

参考文献

［1］ 14 CFR 修正案 25‐32 Crashworthiness and Passenger Evacuation Standards；Transport Category Airplanes［S］.

［2］ 14 CFR 修正案 25‐46 Airworthiness Review Program Amendment No. 7［S］.

［3］ FAA. AC25‐17A Transport Airplane Cabin Interiors Crashworthiness Handbook［S］. 2009.

［4］ FAA. AC25. 562‐1B Dynamic Evaluation of Seat Restraint Systems and Occupant Protection on Transport Airplanes［S］. 2006.

［5］ FAA. AC25‐21 Certification of Transport Airplane Structure［S］. 1999.

运输类飞机适航标准
第 25.791 条符合性验证

1 条款介绍

1.1 条款原文

第 25.791 条　旅客通告标示和标牌

(a) 如果禁止吸烟,则必须至少有一块能被坐着的每个人看清的标牌说明。如果许可吸烟而且机组舱与客舱互相隔开时,则必须至少有一个通知禁止吸烟的标示。该标示必须是飞行机组成员可操纵的,而且当其发亮时在所有可能的舱内照明条件下,必须能被舱内坐着的每个人看清。

(b) 通知系紧安全带的标示以及为符合中国民用航空局有关营运规定而设置的标示都必须是飞行机组成员可操纵的,当其发亮时在所有可能的舱内照明条件下,必须能被舱内坐着的每个人看清。

(c) 在每个放置可燃废物箱的门的上面或旁边必须设置标牌,说明禁止向废物箱内丢扔烟头等。

(d) 厕所门的上面或两侧必须设置"禁止吸烟"或"厕所内禁止吸烟"的醒目标牌。

(e) 可以用明确表达标示或标牌意图的图形来代替文字。

〔中国民用航空局 1995 年 12 月 18 日第二次修订〕

1.2 条款背景

1972 年 5 月 1 日,FAA 为了提高运输类飞机的适坠性和应急撤离设备的要求及操作程序,发布了 14 CFR 修正案 25 - 32,修订内容包括与适坠性和应急撤离相关的系统、设备和操作要求。其中与适坠性相关的比较重要的修订是增加了 §25.791,对客舱内的旅客指示通告提出了要求。其原则是从每个座位上都能看清这些标示,并且通告标示必须包括禁止吸烟的标示和系紧安全带标示,这些通告标示一般可由机组操作。

1.3 条款修订历史

第 25.791 条在 CCAR25 部初版首次发布,截至 CCAR - 25 - R4 该条款共修订过 1 次,如表 1 - 1 所示。

表 1 - 1　第 25.791 条条款历史

表 1 - 1　第 25.791 条条款历史

第 25.791 条	CCAR25 部版本	相关 14 CFR 修正案	备　注
首次发布	初版	25 - 32	
第 1 次修订	R2	25 - 72	

1.3.1　首次发布

1985 年 12 月 31 日发布的 CCAR25 部初版,就包含第 25.791 条,该条款参考 14 CFR 修正案 25 - 32 中的 §25.791 内容制定,条款内容保持一致。

1.3.2　第 1 次修订

CAAR - 25 - R2(1995 年 12 月 18 日)对第 25.791 条进行了第 1 次修订,修订后条款内容与 14 CFR 修正案 25 - 72 中 §25.791 内容保持一致。具体修订内容如下:

(1) 将原第 25.791 条中针对禁止吸烟标示和系紧安全带标示的内容分别放在第 25.791(a)款禁止吸烟标示和第 25.791(b)款系紧安全带标示中,并强调了操纵这些标示的必须是飞行机组人员。

(2) 在第 25.791(c)款中增加"在每个放置可燃废物箱的门的上面或旁边必须设置标牌,说明禁止向废物箱内丢扔烟头等"的要求。

(3) 在第 25.791(d)款中增加"厕所门的上面或两侧必须设置'禁止吸烟'或'厕所内禁止吸烟'的醒目标牌"的要求。

(4) 在第 25.791(e)款中增加"可以用明确表达标示或标牌意图的图形来代替文字"的要求。

2　条款解读

2.1　条款要求

2.1.1　第 25.791(a)款要求

1) 如果飞机上禁止吸烟

(1) 客舱里必须有禁止吸烟标牌。

(2) 禁止吸烟标牌的布置必须保证客舱里坐在任何座位上的乘员(包括乘客和机组成员,但不包括飞行机组成员)至少能看清一个禁止吸烟的标牌。

2) 如果飞机上允许吸烟

如果飞机上允许吸烟,并且机组舱与客舱分开。

(1) 在禁止吸烟时必须至少有一个禁止吸烟指示牌。

(2) 禁止吸烟指示牌必须可以由飞行机组成员操作。

(3) 禁止吸烟指示牌发亮时,在所有可能的舱内照明条件下,必须能被客舱里坐在任何座位上的乘员(包括乘客和机组成员,但不包括飞行机组成员)看清。

2.1.2　第 25.791(b)款要求

（1）客舱里必须有通知系紧安全带的指示牌以及为符合中国民用航空局有关营运规定而设置的指示牌。

（2）通知系紧安全带的指示牌以及为符合中国民用航空局有关营运规定而设置的指示牌必须可以由飞行机组成员操作。

（3）通知系紧安全带的指示牌发亮时，在所有可能的舱内照明条件下，必须能被客舱里坐在任何座位上的乘员（包括乘客和机组成员，但不包括飞行机组成员）看清。

2.1.3　第 25.791(c)款要求

必须在每个放置可燃废物箱的门上或旁边设置"禁止向废物箱内丢扔烟头"等内容的标牌。

2.1.4　第 25.791(d)款要求

必须在厕所门上或两侧设置"禁止吸烟"或"厕所内禁止吸烟"的醒目标牌。

2.1.5　第 25.791(e)款要求

可以用能够明确表达意图的图形标示或标牌来代替文字标示或标牌。

FAA 颁发的 AC25 - 17A 的附录 2 提供了可接受的图形标示和标牌。中国民用航空局颁发的 AC - 21 - AA - 2007 - 14《航空器内、外部标记和标牌》附录一提供了中国民用航空局批准的航空器内、外部标记和标牌。

2.2　相关条款

与第 25.791 条相关的条款如表 2 - 1 所示。

表 2 - 1　第 25.791 条相关条款

序　号	相关条款	相　　关　　性
1	第 25.1541 条	第 25.1541 条对包括第 25.791 条旅客通告标示和标牌在内的标示和标牌的安装位置、环境、设计、材料和工艺提出了要求

3　验证过程

3.1　验证对象

第 25.791 条的验证对象为布置在客舱内的禁止吸烟标示、系紧安全带标示、"禁止向废物箱内丢扔烟头"标牌、"禁止吸烟"或"厕所内禁止吸烟"标牌以及采用示意图形的标示和标牌。

3.2　符合性验证思路

针对第 25.791(a)款，通过对飞机上禁止吸烟标示的布置进行描述，来说明坐在任意一个旅客座椅上的乘员可以看见至少一块禁止吸烟的标示。通过对飞机上禁止吸烟标示显示的控制方式,来说明该标示是飞行机组成员可操纵的。并通过机上检查对以上描述进行确认。通过机上检查确认当禁止吸烟标示发亮时,在所有可能的舱内照明条件下,能被舱内坐着的每个人看清。

针对第 25.791(b)款,通过对飞机上通知系紧安全带标示显示的控制方式进行描述,来说明通知系紧安全带标示是飞行机组成员可操纵的。并通过机上检查进行确认。通过机上检查确认当通知系紧安全带标示发亮时,在所有可能的舱内照明条件下,能被舱内坐着的每个人看清。

针对第 25.791(c)款,通过对"禁止向废物箱内丢扔烟头"标牌的布置进行描述,来说明在每个放置可燃废物箱的门的上面或旁边设置有标牌,说明禁止向废物箱内丢扔烟头等。并通过机上检查进行确认。

针对第 25.791(d)款,通过对厕所门附近是否设置有"禁止吸烟"或"厕所内禁止吸烟"标牌进行描述,来说明厕所门的上面或两侧设置了"禁止吸烟"或"厕所内禁止吸烟"的醒目标牌。并通过机上检查进行确认。

针对第 25.791(e)款,通过对飞机上采用的示意图形的标示和标牌进行描述,来说明这些标示和标牌所用的图形能代替文字,明确表达标示或标牌的意图。并通过机上检查进行确认。

3.3 符合性验证方法

通常,针对第 25.791 条的符合性验证方法如表 3-1 所示。

表 3-1 建议的符合性方法

条 款 号	专 业	符 合 性 方 法										备 注
		0	1	2	3	4	5	6	7	8	9	
第 25.791(a)款	客舱安全		1						7			
第 25.791(b)款	客舱安全		1						7			
第 25.791(c)款	客舱安全		1						7			
第 25.791(d)款	客舱安全		1						7			
第 25.791(e)款	客舱安全		1						7			

3.4 符合性验证说明

3.4.1 第 25.791(a)款符合性验证

针对第 25.791(a)款的要求,通过 MOC1 和 MOC7 的方法表明符合性。

1) MOC1 验证过程

对于禁止吸烟的飞机,通过对飞机上禁止吸烟标示的布置进行描述,表明至少有一块禁止吸烟标牌能被坐着的每个人看清。

对于许可吸烟的飞机,通过对飞机上禁止吸烟标示的布置和禁止吸烟标示显示的控制方式进行描述,表明坐在任意一个旅客座椅上的乘员,可以看见至少一块禁止吸烟的标示,并且该标示是飞行机组成员可操纵的。

2) MOC7 验证过程

对于禁止吸烟的飞机,在客舱内为正常照明状态下,由一名第 5 百分位女性和一名第 95 百分位男性,分别坐在每一个旅客座椅上进行目视检查,确认至少可以看清楚一块禁止吸烟的标示。

对于许可吸烟的飞机,将舱内照明分别设置为所有可能的照明状态(如正常照明状态、最低照明状态和外界为夜间客舱内为应急照明状态等),将驾驶舱旅客信号控制板上的“禁止吸烟”开关置于“开”位,检查确认“禁止吸烟”信号指示牌处于开启状态,并且由一名第 5 百分位女性和一名第 95 百分位男性,分别坐在每一个旅客座椅上进行目视检查,确认至少可以看清楚一块发光的“禁止吸烟”信号指示牌。并通过机上检查确认,飞行机组成员可以通过驾驶舱内控制板上的开关操纵“禁止吸烟”信号指示牌的开启状态。

3.4.2 第 25.791(b)款符合性验证

针对第 25.791(b)款的要求,通过 MOC1 和 MOC7 的方法表明符合性。

1) MOC1 验证过程

通过对飞机上通知系紧安全带标示的布置和通知系紧安全带标示显示的控制方式进行描述,表明通知系紧安全带的标示是飞行机组成员可操纵的。

2) MOC7 验证过程

在客舱内为正常照明状态下,将驾驶舱旅客信号控制板上的“系紧安全带”开关置于“开”位,检查确认“系紧安全带”信号指示牌处于开启状态,并且由第 5 百分位女性和第 95 百分位男性坐在任意一个旅客座椅上目视检查确认至少可以看见一块发光的“系紧安全带”信号指示牌。表明通知系紧安全带标示是飞行机组成员可操纵的;当其发亮时,在所有可能的舱内照明条件下,能被舱内坐着的每个人看清。

3.4.3 第 25.791(c)款符合性验证

针对第 25.791(c)款的要求,通过 MOC1 和 MOC7 的方法表明符合性。

1) MOC1 验证过程

通过对“禁止向废物箱内丢扔烟头”标牌的布置进行描述,表明在每个放置可燃废物箱的门的上面或旁边设置有标牌,说明禁止向废物箱内丢扔烟头等。

2) MOC7 验证过程

通过对厨房、盥洗室等处设置的废物箱口盖进行检查,确认口盖上设置有“禁止向废物箱内丢扔烟头”标牌,表明在每个放置可燃废物箱的门的上面或旁边设置有标牌,说明禁止向废物箱内丢扔烟头等。

3.4.4 第 25.791(d)款符合性验证

针对第 25.791(d)款的要求,通过 MOC1 和 MOC7 的方法表明符合性。

1) MOC1 验证过程

通过对厕所门附近是否设置有"禁止吸烟"或"厕所内禁止吸烟"进行描述,表明厕所门的上面或两侧设置了"禁止吸烟"或"厕所内禁止吸烟"的醒目标牌。

2) MOC7 验证过程

通过机上检查确认厕所门附近是否设置有"禁止吸烟"或"厕所内禁止吸烟",表明厕所门的上面或两侧设置了"禁止吸烟"或"厕所内禁止吸烟"的醒目标牌。

3.4.5 第 25.791(e)款符合性验证

针对第 25.791(e)款的要求,通过 MOC1 和 MOC7 的方法表明符合性。

1) MOC1 验证过程

通过对飞机上采用的示意图形的标示和标牌进行描述,表明这些图形标示和标牌符合 AC-21-AA-2007-14"航空器内、外部标记和标牌"的要求,进而表明这些标示和标牌所用的图形能代替文字,明确表达标示或标牌的意图。

2) MOC7 验证过程

通过对飞机上采用的示意图形的标示和标牌进行检查,确认这些图形标示和标牌明确表达了其意图。

3.5 符合性文件清单

通常,针对第 25.791 条的符合性文件清单如表 3-2 所示。

表 3-2 建议的符合性文件清单

序 号	符 合 性 报 告	符合性方法
1	旅客通告标示和标牌安装图	MOC1
2	旅客通告标示和标牌设计说明文件	MOC1
3	旅客通告标示和标牌机上检查大纲	MOC7
4	旅客通告标示和标牌机上检查报告	MOC7

4 符合性判据

4.1 第 25.791(a)款符合性判据

通过符合性说明和机上检查表明对第 25.791(a)款要求的符合性。符合性判据是:

1) 如果飞机上禁止吸烟

(1) 客舱里有禁止吸烟标牌。

(2) 禁止吸烟标牌的布置保证客舱里坐在任意一个座位上的乘员(包括乘客和机组成员,但不包括飞行机组成员)至少能看清一个禁止吸烟的标牌。

2) 如果飞机上允许吸烟

如果飞机上允许吸烟,并且机组舱与客舱分开。

（1）在禁止吸烟时至少有一个禁止吸烟指示牌。

（2）禁止吸烟指示牌可以由飞行机组成员从驾驶舱操作。

（3）禁止吸烟指示牌发亮时，在所有可能的舱内照明条件下，能被客舱里坐在任意一个座位上的乘员（包括乘客和机组成员，但不包括飞行机组成员）看清。

4.2　第 25.791(b)款符合性判据

通过符合性说明和机上检查表明对第 25.791(b)款要求的符合性。符合性判据是：

（1）客舱里有通知系紧安全带的指示牌以及为符合中国民用航空局有关营运规定而设置的指示牌。

（2）通知系紧安全带的指示牌以及为符合中国民用航空局有关营运规定而设置的指示牌可以由飞行机组成员从驾驶舱操作。

（3）通知系紧安全带的指示牌发亮时，在所有可能的舱内照明条件下，能被客舱里坐在任意一个座位上的乘员（包括乘客和机组成员，但不包括飞行机组成员）看清。

4.3　第 25.791(c)款符合性判据

通过符合性说明和机上检查表明对第 25.791(c)款要求的符合性。符合性判据是：在每个放置可燃废物箱的门的上面或旁边设置有标牌，说明禁止向废物箱内丢扔烟头等。

4.4　第 25.791(d)款符合性判据

通过符合性说明和机上检查表明对第 25.791(d)款要求的符合性。符合性判据是：厕所门的上面或两侧设置了"禁止吸烟"或"厕所内禁止吸烟"的醒目标牌。

4.5　第 25.791(e)款符合性判据

通过符合性说明和机上检查表明对第 25.791(e)款要求的符合性。符合性判据是：飞机上采用的示意图形的标示和标牌所用图形能明确表达标示或标牌的意图。

参考文献

[1]　14 CFR 修正案 25 - 32 Crashworthiness and Passenger Evacuation Standards；Transport Category Airplanes [S].

[2]　14 CFR 修正案 25 - 72 Special Review：Transport Category Airplane Airworthiness Standards [S].

[3]　FAA. AC25 - 17A Transport Airplane Cabin Interiors Crashworthiness Handbook [S]. 2009.

[4]　FAA. AC25. 562 - 1B Dynamic Evaluation of Seat Restraint Systems and Occupant Protection on Transport Airplanes [S]. 2006.

运输类飞机适航标准
第 25.793 条符合性验证

1 条款介绍

1.1 条款原文

第 25.793 条　地板表面

服役中很可能弄湿的所有部位的地板表面必须具有防滑性能。

1.2 条款背景

由于使用中可能弄湿的区域(如厕所和厨房等区域)的地板表面会使机上人员滑倒摔伤,必须防滑,故 FAA 在 14 CFR 修正案 25 - 51 中发布了§25.793,对飞机客舱内部地板表面提出防滑性的要求。

1.3 条款修订历史

第 25.793 条在 CCAR25 部初版首次发布,截至 CCAR - 25 - R4 该条款未修订过,如表 1 - 1 所示。

表 1 - 1　第 25.793 条条款历史

第 25.793 条	CCAR25 部版本	相关 14 CFR 修正案	备　　注
首次发布	初版	25 - 51	

1985 年 12 月 31 日发布的 CCAR25 部初版,就包含第 25.793 条,该条参考 14 CFR 修正案 25 - 51 中的§25.793 内容制定,条款内容保持一致。

2 条款解读

2.1 条款要求

本条款要求客舱内部地板表面在使用中可能弄湿的区域(如厕所和厨房等区域)必须防滑。

FAA 发布的咨询通告 AC25 - 17A 指出,美军标 MIL - W - 5044B 和 MIL - W - 5044C "Walkway Compound, Nonslip and Walkway Matting, Nonslip"提供

了满足要求的可接受的防滑性能标准：测量地板表面的动摩擦系数，当测得的最小动摩擦系数为 0.45 时，则认为其防滑性能达到了可以接受的水平。

2.2 相关条款

与第 25.793 条相关的条款如表 2-1 所示。

表 2-1　第 25.793 条相关条款

序　号	相　关　条　款	相　　关　　性
1	第 25.803 条	第 25.803(c)款对应急撤离的时间提出了限制要求。当局方同意结合分析来表明符合性时，需要使用验证第 25.793 条时用到的应急出口通路表面覆盖材料的摩擦系数

3　验证过程

3.1 验证对象

第 25.793 条的验证对象为飞机上很可能弄湿的所有区域的地板表面覆盖的材料。飞机上很可能弄湿的区域包括：各个服务区域、登机门区域、服务门区域、厨房工作区域、驾驶舱区域、主客舱区域和盥洗室区域等。

3.2 符合性验证思路

该条款要求服役中很可能弄湿的地板表面防滑。首先，对飞机上各个服务区域、登机门区域、服务门区域、厨房工作区域、驾驶舱区域、主客舱区域和盥洗室区域等很可能弄湿的区域的地板表面覆盖的材料分别进行描述。然后，对这些材料在干、湿状态下进行滑动摩擦系数测试试验，用试验得到的材料滑动摩擦系数来表明飞机上很可能弄湿的区域的地板表面覆盖的材料具有防滑性能。

3.3 符合性验证方法

通常，针对第 25.793 条的符合性验证方法如表 3-1 所示。

表 3-1　建议的符合性方法

条　款　号	专　业	符 合 性 方 法										备　注
		0	1	2	3	4	5	6	7	8	9	
第 25.793 条	客舱安全		1			4						

3.4 符合性验证说明

第 25.793 条要求服役中很可能弄湿的地板表面防滑，应通过 MOC1 和 MOC4 的方法进行验证。

3.4.1 MOC1 验证过程

使用飞机客舱地板表面覆盖物安装图样，说明飞机上很可能弄湿的区域，如各个服务区域、登机门区域、服务门区域、厨房工作区域、驾驶舱区域、主客舱区域和盥洗室区域等。并对各区域地板的覆盖材料类型进行描述。并列出各类材料的历年批产材料摩擦系数测试数据。当所有这些数据里的最小值大于或者等于 0.45 时，则认为材料的防滑性能达到了可以接受的水平。需要注意的是，使用此方法，需要提前与局方沟通，并达成一致意见。

3.4.2 MOC4 验证过程

对飞机上很可能弄湿的区域所有类型的地板覆盖材料进行干、湿状态下滑动摩擦系数测试试验。当试验测出的材料表面干、水浸和油浸状态下的滑动摩擦系数均大于或者等于 0.45，则可表明飞机上很可能弄湿的区域的地板表面覆盖的材料具有防滑性能。是否需要在油浸状态下进行滑动摩擦系数测试，可根据飞机的实际运营情况，与局方讨论确定。

按照美国军用规范 MIL－W－5044C 中测防滑系数的要求，对于地板覆盖材料防滑性能的具体试验要求如下：

首先，按照 MIL－W－5044C 中 4.6.1 的要求准备 3 个 1/16 英寸厚、8 英寸宽和 18 英寸长的地板覆盖材料试验件。试验件需要在 20℃±5℃ 和 50%±20% 湿度的环境中放置 24 小时。如果经过目视检查，发现试验件材料显示出明显的颗粒状图案，生产过程与方向相关，或者表现出其他非各向同性的特性，则需要分别准备 3 个纵向试验件和 3 个横向试验件。

然后，按照 MIL－W－5044C 中 4.6.9 的要求准备 6 块 1 英寸厚、5 英寸宽和 10.5 英寸长的枫木块。在其中 3 块木块的底部，沿着宽度方向的两边各粘贴一块符合 KK－L－165 规范要求的 0.25 英寸厚、0.50 英寸宽和 10 英寸长的鞋底皮革。两块皮革之间间隔 4 英寸。在另外 3 块木块的底部，沿着长度方向的两边各垫一块符合 MIL－R－6855 Class Ⅱ，Grade 80 规范要求的 0.25 英寸厚、0.50 英寸宽和 10 英寸长的橡胶。每块组装好的木块重量应为 20 磅。

用一根符合 MIL－W－1511 规范要求的弹性钢索固定在木块组件的一端，另一端连接在试验装置上。以平行于地板覆盖材料试验件表面的力，以 20 英寸/分的速度，拉木块组件。试验必须在 20℃±5℃ 和 50%±20% 湿度的环境中进行。试验装置应从始至终记录使木块组件在地板覆盖材料试验件表面上移动 7 英寸所施加的载荷。以得到的平均载荷计算出材料表面滑动摩擦系数。

先在试验件的干表面上进行以上试验。

之后，将试验件表面用 200～300 毫升蒸馏水完全浸湿，进行相同的试验。

再根据需要将试验件表面用 200～300 毫升且符合美国试验方法标准号 601 方法 6001 的中等 1 号的油完全浸湿，进行相同的试验。

记录使用附鞋底皮革的木块组件分别在表面干、水浸和油浸（按需）状态下，试验件分别为纵向和横向时，试验件的滑动摩擦表面系数及其平均值。再记录使用附橡胶的木块组件分别在表面干、水浸和油浸（按需）状态下，试验件分别为纵向和横向时,试验件的滑动摩擦表面系数及其平均值。当所有这些值里的最小值大于或者等于 0.45 时,则认为材料的防滑性能达到了可以接受的水平。

3.5 符合性文件清单

通常,针对第 25.793 条的符合性文件清单如表 3-2 所示。

表 3-2 建议的符合性文件清单

序 号	符 合 性 报 告	符合性方法
1	客舱地板表面覆盖材料设计说明文件	MOC1
2	客舱地板表面覆盖材料实验室试验大纲	MOC4
3	客舱地板表面覆盖材料实验室试验报告	MOC4

4 符合性判据

通过符合性说明和实验室测试数据来定量地验证飞机上很可能弄湿的区域的地板表面覆盖的材料分别在干、水浸和油浸(按需)状态下的摩擦系数大于或者等于 0.45。

参考文献

[1] 14 CFR 修正案 25-51 Airworthiness Review Program; Amendment No. 8: Cabin Safety and Flight Attendant Amendments [S].
[2] FAA. AC25-17A Transport Airplane Cabin Interiors Crashworthiness Handbook [S]. 2009.
[3] FAA. AC25-21 Certification of Transport Airplane Structure [S]. 1999.
[4] Military Specification, MIL-W-5044C Walkway Compound, Nonslip, and Walkway Matting, Nonslip [S].

运输类飞机适航标准
第 25.795 条符合性验证

1 条款介绍

1.1 条款原文

第 25.795 条　保安事项

(a) 驾驶舱的保护　如果运行规则需要有驾驶舱门,舱门的安装必须设计成:

(1) 抵御未经许可人员的暴力入侵,门上关键部位能够承受 300 焦耳(221.3 英尺磅)的冲击,同时在旋钮和把手处能够承受 1113 牛顿(250 磅)的定常拉伸载荷;和

(2) 抵御轻型武器的火力和爆炸装置的穿透,达到中国民用航空局适航部门的要求。

(b) 【备用】

〔中国民用航空局 2011 年 11 月 7 日第四次修订〕

1.2 条款背景

为应对 20 世纪 60~80 年代发生的一系列恐怖劫机和炸弹袭击事件,1997 年 3 月 12 日,国际民航组织(ICAO)以国际民航公约附件 8"航空器的适航性"第 97 号修正案的形式发布了有关提高飞机安保性的设计标准。该标准规定驾驶舱门及隔断须具有抵御轻型武器和弹片穿透的能力,同时对系统存活性、货舱灭火、驾驶舱和客舱烟雾防护、设置炸弹风险最小位置(LRBL)以及使武器、爆炸装置或类似物品难以隐藏/易于发现的客舱内饰设计等提出了要求。

美国 911 事件后不久,FAA 根据航空和运输安全法在 2002 年 1 月 15 日颁发了 14 CFR 修正案 25-106,为 14 CFR PART 25 部新增 §25.795"安保考虑",要求加强运输类飞机的驾驶舱门,使其不会被来自客舱一侧的强力打开。该修正案仅解决了 ICAO 上述标准中有关驾驶舱门保护的问题。

随后,FAA 在 2007 年 1 月 5 日发布了标题为"运输类飞机设计和运行中的安保考虑"的规章制订建议公告(NPRM),该 NPRM 提议更改 §25.795 以全面贯彻上述 ICAO 第 97 号修正案提出的设计标准要求。经征求公众意见后于 2008 年 10

月 28 日在联邦注册报上颁发了有关此次更改的最终规章,即 14 CFR 修正案 25 - 127,该修正案自 2008 年 11 月 28 日起生效。

1.3　条款历史

第 25.795 条在 CCAR - 25 - R4 版首次发布,如表 1 - 1 所示。

表 1 - 1　第 25.795 条条款历史

第 25.795 条	CCAR25 部版本	相关 14 CFR 修正案	备　注
首次发布	R4	25 - 106	

CAAC - 25 - R4 相当于截至 14 CFR 修正案 25 - 125 前的内容,此条款对应的是 14 CFR 修正案 25 - 106,即上文 1.1 节(a)款的内容。

2002 年 1 月 15 日 FAA 发布了 14 CFR 修正案 25 - 106 号,引入了§25.795 的要求。该修正案基于 ARAC 的研究成果,增加了§25.795(a)增强驾驶舱舱门的要求,要求驾驶舱门能抵御未经许可人员的暴力入侵和抵御轻型武器的火力或爆炸装置的穿透。

2008 年 11 月 28 日生效的 14 CFR 修正案 25 - 127,在 14 CFR 修正案 25 - 106 号修正案的基础上新增了§25.795(b)(c)(d),并对(a)款进行了一定修订。目前,CCAR 未纳入 FAA 的 14 CFR 修正案 25 - 127。

2　条款解读

2.1　条款要求

2.1.1　第 25.795(a)款

本款适用于根据运行规章要求需安装驾驶舱门的飞机,其驾驶舱门必须设计成能够抵御未经许可人员的暴力入侵,能够承受 300 焦耳的冲击和手柄处施加的最大 250 磅的拉伸载荷。如果能通过设计等方式限制在手柄上可施加高的载荷值,使其低于 250 磅,则更低的拉伸载荷值也是可以接受的,比如通过改变手柄的形状或者使手柄具有易碎特征等。优先采用的方法是使手柄提前失效而门没有打开。

本款要求的目的是保证所安装的驾驶舱门能阻止任何试图通过身体撞击侵入驾驶舱,这里谈到了两个数字 250 磅和 300 焦耳。300 焦耳的冲击能量比 (NILECJ)标准 0306.00 中规定的最高等级的能量还要高 50%,而选择 250 磅的拉力是因为 FAA 认为该拉力可以产生相当于 300 焦耳冲击能量,从而达到所要求的抗拉力入侵能力。该项要求仅延缓非授权侵入的时间或企图,而非阻止非授权人员采用非常规方式或花大量时间侵入驾驶舱。

对于根据运行规则需要安装驾驶舱门的飞机,必须采取措施,降低在客舱内使用轻型武器和爆炸装置穿透驾驶舱门的可能性。驾驶舱门的设计须抵御射弹穿透驾驶舱门,能够保护飞行机组免受射弹造成的人身伤害,保护关键飞行仪器和控制设备,确保在发生事件后飞机能继续安全飞行和着陆。

本项要求的目的是将由客舱一侧产生的爆炸弹片或由小型武器射出的子弹(即射击冲击)穿透驾驶舱门的概率减至最小,本项要求的意图不是为了使驾驶舱"不可穿透",而是为了给驾驶舱提供高水平的保护。在这里采用了 NIJ 标准中0101.04 的ⅢA 级的保护措施,该措施足以防止驾驶舱门免受最大威力的手枪子弹和手榴弹弹片的破坏。

按照 FAA 发布了 14 CFR 修正案 25 - 127,除驾驶舱门以外,隔框及其他任何隔开客舱区与驾驶舱的可接近的分界都需满足(a)款的要求。

2.1.2 第 25.795(b)款

此处的"烟雾和有害气体"指由爆炸或燃烧装置在飞机上爆燃引起的微小悬浮颗粒。

第 25.795(b)(1)项驾驶舱烟雾保护是新加的规定,现行规章中没有专门处理烟雾进入驾驶舱的条款。原先的 CCAR25 部中有 3 处涉及驾驶舱防烟雾问题,即第 25.855(h)(2)项、第 25.857(c)(3)项和第 25.831(d)项。前两项只考虑了货舱起火的烟雾,后者则只是提出排烟的要求。有关烟雾进入、烟雾检测和烟雾排放的指导材料为 AC25 - 9A,其上提出的试验程序为不允许任何货舱起火的烟雾进入驾驶舱,而第 25.795(b)(1)项则承认因机上任何部位发生爆燃一开始可有少量烟雾进入驾驶舱,但必须要有手段限制其继续进入。

第 25.795(b)(2)项要求客舱在设计上有措施防止客舱中的烟雾和有害气体使旅客失去能力。

可以采用以下两种设计和验证方法:

(1) 利用外界空气不间断的交换客舱空气,达到从客舱排烟,防止客舱中的旅客失去能力的目的。空气交换率至少达到 5 分钟/次,并且持续交换 30 分钟,才能够满足条款的要求。然而从客舱迅速排烟属于应急程序,在空气管理系统的所有配置状态或所有飞行状态下,不可能一直在迅速交换空气。当机组意识到需要采取措施防止旅客失去能力时,必须能在合理较短的时间内使客舱满足一定的空气交换率,就是迅速用外界空气交换客舱空气,交换客舱空气所用的外界空气必须最初来源于外界,不能循环使用。

(2) 利用保护性呼吸设备避免旅客受到伤害,也可以采用空气交换及使用呼吸设备相结合的方法,但需要制定合适的程序,使之有效发挥作用。

第 25.795(b)(3)项要求货舱灭火剂必须具有抑制火情的能力,当前使用的海伦灭火剂能够满足火情抑制的要求。此外,火情抑制系统须具有承受爆炸或纵火装置爆燃影响的能力,火情抑制系统一般包括存储容器、分配管道和相关的器件,可通过对系统进行保护和系统分离等措施使火情抑制系统能承受高速碎片、冲击波产生的冲击载荷以及与其连接结构相对变形带来的影响。

当前货舱的火情保护系统具有两部分功能，即火情探测和火情抑制。本款并不要求对火情探测系统进行保护，因为如果火情很小的话，对火情探测系统不会有影响，如果火势很严重，已经影响到了火情探测系统的完整性，那么旅客或机组也能注意到火情的发生，从而采取必要措施。但对于火情抑制系统，必须能承受火情造成的影响，如 C 级货舱，固定式灭火器或抑制系统是非常重要的扑灭或抑制火情的手段，如果其在火灾中损坏，那么其后果将可能是灾难性的。

对于未安装主动火情抑制系统的货机，如果当前的火情抑制方法可行的话，就不要求货机安装主动火情抑制系统。因为在多数情况下，货机上火情得到抑制主要是因为缺乏氧气，而非使用灭火剂。通过释压，将减少可用的氧气，从而能抑制火情。所以，发生爆炸或纵火装置爆燃事件后，通过减少氧气来抑制火情的这种方法能够继续有效，因此本款对大部分货机没有影响。

2.1.3　第 25.795(c)款

针对第 25.795(c)(1)项，当前飞机制造商设置"最小风险炸弹位置"(LRBL)主要是从营运角度来考虑的，但实际上"最小风险炸弹位置"应该首先从设计上进行考虑。如果制造商在飞机设计过程中能够综合各种措施来设置"最小风险炸弹位置"，就能增强这个位置的有效性，提高飞机安全水平。本款要求制造商在飞机设计过程中设计"最小风险炸弹位置"，用于放置飞机上发现的炸弹或其他爆炸装置，以在爆燃事件中能够最佳保护飞行关键结构和系统免受损伤。

在设计该位置时，制造商必须考虑爆炸对机体结构完整性的影响，也必须考虑使飞行关键系统远离"最小风险炸弹位置"，否则必须对这些飞行关键系统（包括燃油系统）进行有效保护。此外，在设计 LRBL 位置时应当考虑到二次影响，包括结构丢失、碎片吸入发动机、大质量物体撞击尾翼、烟雾或火灾和对旅客的危害等。

通常旅客应急出口适合作为 LRBL，而且 FAA 已通过实验表明这样能有效减小损伤，因此选用旅客应急出口作为 LRBL 是可以接受的。由于 LRBL 设计的有效性和其使用程序密切相关，在大多数情况下，减小客舱内外压差能有效减小损伤，因此事件发生时，需尽快降低飞行高度，并尽可能将客舱内外压差减小到零。

针对第 25.795(c)(2)项，本款要求对影响继续安全飞行和着陆的飞机冗余系统进行分离设计，当分离不可行时必须采取其他设计措施以使这些系统的存活性最大。系统分离的要求没有改变任何系统的可靠性，也没有要求将当前非冗余的系统更改为冗余的，也没有改变这些系统的功能，只是更改了系统的安装布置。

至少有两种方法用来满足本款要求：采用系统分离的方法；当系统分离方法不可行时，采用系统保护的方法。

系统分离就是设计者将这些系统及冗余系统进行有效分离，系统保护就是防护这些系统免受有害事件的损坏，只有在系统分离不可行时才采用系统保护的措施。

1）系统分离

本款提供了一个合理可行的方法来确定冗余系统之间的最小分离要求。要求进行系统分离的区域如图 2-1 所示。对驾驶舱、电子设备舱和机身尾段等区域可以不执行严格的系统分离要求，但是还是希望尽可能具有最大的分离距离。

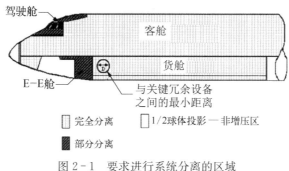

图 2-1　要求进行系统分离的区域

2）系统保护

如果冗余系统在某特定区域内无法分离，则应对极其重要的部件加以保护。对于不是 100% 冗余的系统，要对提供更重要功能的系统加以保护。

可接受的系统防护和/或固有保护应当能承受直径 0.5 英寸的 2024-T3 铝球以速度 430 英尺/秒的冲击而不使系统失效。0.09 英寸厚 2024-T3 铝板能提供等效保护水平。系统和潜在的爆炸装置位置之间的永久性隔板应当能提供碎片保护。隔板上的任何指定点都要能够承受一次这样的冲击。

另外系统设计时，需综合考虑由于系统与所连接结构之间相对位移导致系统失效的风险最小的设计特征。这些特征可以包括系统与其支持结构之间的弱连接。通常来说，结构应当至少具有相对位移达 6 英寸的能力（除非这个位移超出了机身外形）。应当具有保护措施，使系统免受碎片冲击，但不考虑爆炸波。

针对第 25.795(c)(3)项，运输类飞机上有很多旅客可以接近，但是机组人员必须花费一定的时间才能有效检查到这些区域，如座椅下面或行李箱的上部及盥洗室等区域。如果在飞机上实施搜查更容易的话，那么将有更多的时间去搜查那些难以接近、难以检查的区域，这就增加了发现飞机上隐藏危险品的可能性。为此本款要求飞机客舱内部下列区域具有使危险品难以藏匿且便利搜索的设计特征。

1）行李箱上部区域

行李箱上部区域的设计，应使得在过道中进行简单搜查时即可发现隐藏其中的任何物体，如设计时消除行李箱和天花板之间的空间使物品难以藏匿，或如果有物品隐藏在行李箱上部区域，行李箱就无法关闭，但此时需要有明显的指示说明行李箱未关闭。设计能防止藏匿体积 ≥20 立方英寸的物体是满足要求的，可以按照 AC25.795-8 中的规定来评估设计的有效性。

2）盥洗室

盥洗室设计成能防止直径超过 2.0 英寸的固态物体通过是满足要求的。

3）救生设施或其存放位置

对于救生设施或其存放位置的设计，必须使得如对其翻动则是显而易见的，如将存放位置设计得容易看到，且一旦打开后，要求专用工具或专用紧固件才能重新关闭，或设计密封条，在进入救生设施存放位置将切断密封条。

2.1.4 第 25.795(d)款

针对本款要求，说明仅用于货物运输的飞机只需要满足本条(b)(1)项、(b)(3)项和(c)(2)项的要求。

2.2 相关条款

与第 25.795 条相关的条款如表 2−1 所示。

表 2−1 第 25.795 条相关条款

序 号	相 关 条 款	相 关 性
1	第 25.772 条	第 25.772 条提出了驾驶舱门的功能性要求，第 25.795 条提出了驾驶舱门的安保要求
2	第 25.571 条	最小风险炸弹位置的设置，需对爆炸发生后机体结构剩余强度进行分析验证
3	第 25.855 条	第 25.855(h)(2)项中要求货舱中的烟雾不得进入客舱和驾驶舱
4	第 25.857 条	第 25.857(c)(3)项强调有措施防止 C 级货舱中的烟雾进入客舱和驾驶舱
5	第 25.831 条	第 25.831(d)款针对驾驶舱排烟提出了要求

3 验证过程

3.1 验证对象

第 25.795 条的验证对象为飞机乘客区与驾驶舱分界处的驾驶舱门和隔框等，驾驶舱和客舱的烟雾保护措施，货舱火情抑制系统，最小风险炸弹位置。

3.2 符合性验证思路

针对第 25.795(a)款，需通过 MOC4 试验来表明符合性。针对经其他型号验证驾驶舱门，如果两种型号驾驶舱门具有足够的相似性，也可以采用相似性分析的方式来表明符合性。这种相似性不仅指安装环境的相似性，还包括所使用的防弹材料和结构形式等的相似性。

针对第 25.795(b)(1)项，可以采用分析计算和/或飞行试验来表明该款的符合性。当采用有试验证据支持的分析计算或相似性分析表明符合性，应当考虑温度、浮力和高度的影响,应确保分析能精确代表真实飞行状态,因为驾驶舱和客舱之间的正压差可能很小难以用分析可靠准确预测。由于防止烟雾穿透所需要的最小压力差非常小,甚至用仪器也很难测量,因此只采用分析表明符合性是不可接受的,采用试验来表明符合性是必要的。试验时,参考 AC25.795 - 3 和 AC25 - 9A 中提供的试验程序和指导进行飞行试验,验证驾驶舱和客舱之间存在正压差及客舱的排烟能力能满足条款的要求。

针对第 25.795(b)(2)项,其验证基于以下假设:① 事件发生后,飞机的结构和系统性能良好;② 在慢车下降运行、复飞期间关闭空调组件以及爬升阶段短时关闭空调组件等情况下,飞机可能无法抑制提供必要的空气流量;③ 烟和有害气体的流动性与可视烟雾是一样的;④ 如果通过快速空气交换表明排烟的符合性,分析或试验时必须使用外界空气;⑤ 如果通过排烟程序表明符合性,在被排除机外前,烟雾和有害气体可能进入飞机任何部位。在验证时,可以通过符合性说明(MOC1)和飞行试验(MOC6)表明符合性。针对第 25.795(b)(3)项中规定的货舱火情抑制要求,可以采用符合性说明和实验室试验等方法来表明本款的符合性:提供货舱火情抑制系统的设计图纸和安装图纸,说明系统部件的冗余性和保护措施等。参考 AC25.795 - 5 和 AC25.795 - 7 中提供的指导,表明在爆炸等事件发生后系统能承受条款规定的影响。必要时对货舱火情抑制系统的部件进行检查以确定符合性。

针对第 25.795(c)款,对于(c)(1)项来说,可以采用分析和机上检查等方面来表明本款的符合性:参考 AC25.795 - 6 中提供的原则和指导设计 LRBL,并对 LRBL 区域的尺寸、附件的系统和 LRBL 的相对位置等进行检查以确定符合性。对于(c)(2)项来说,可以采用分析和/或实验室试验等方法表明本款的符合性:列出影响飞机继续安全飞行和着陆所必需的系统,说明这些系统的冗余性和安装布置,说明这些系统首先采用系统分离的方法来满足本款要求,只有在系统分离不可行时才对系统进行保护。参考 AC25.795 - 7 中提供的来表明本款的符合性。对于(c)(3)项来说,可以采用符合性说明和机上检查等方法来表明本款符合性:参考 AC25.795 - 8 中提供的指导,通过设计使得客舱内饰具有能够防止危险品藏匿或者便于搜查,该款要求要通过机上检查以确定符合性。

3.3　符合性验证方法

通常,针对 25.795 条的符合性验证方法如表 3 - 1 所示。

3.4　符合性验证说明

对于第 25.795(a)款的符合性,采用符合性说明(MOC1)和实验室试验(MOC4)进行验证。

采用 MOC1 表明符合性时,应通过飞机型号定义文件明确该型飞机是否属于 CCAR121.3 的适用范围,是否属于必须安装飞机驾驶舱门的机型。

表 3-1　建议的符合性方法

条款号	专业	符合性方法										备注
		0	1	2	3	4	5	6	7	8	9	
第 25.795(a)款	驾驶舱门		1			4						
第 25.795(b)款	压调系统		1	2				6				
	防火		1			4						
第 25.795(c)款	机身		1	2								
	内饰		1						7			

为表明对本条款的符合性,按照适航程序进行驾驶舱门防子弹穿透试验、驾驶舱门防侵入试验。试验所用试验件及安装应能代表真实构型,以防子弹穿透试验为例,该试验包括两部分,分别是 Coupon 级的防子弹穿透试验和驾驶舱门防子弹穿透试验,前者用于验证材料的防弹性能,后者是对驾驶舱门及与门框结构进行防弹测试。试验时采用 0.44 mm 和 9 mm 两种类型的子弹,并根据弹道和弹着点分析,确定试验弹着点。通常来说,试验测试点多位于观察孔及周边位置、舱门与周围结构缝隙位置、门把手及周围位置等处。为防止在子弹冲击驾驶舱门时有物体飞出而影响飞行安全,可在舱门后侧一定距离处放置白纸,如白纸有破损则需分析飞出物体的大小及带来的影响。

对于第 25.795(b)(1)项的符合性,采用计算分析(MOC2)和飞行试验(MOC6)来表明符合性。

通过飞行试验(MOC6),表明从机组启动驾驶舱烟雾保护程序开始,飞机通风系统能在合理较短的时间内(AC25.795-3 认为在 20 秒内)具有提供必要流量的能力;为表明在驾驶舱和其相邻舱室之间产生了小的正压差,用一块薄塑料片覆盖住驾驶舱门开口,当存在小的压差时其可以发生明显的变形。当塑料片向客舱方向发生变形时就说明烟雾不能进入驾驶舱。采用计算分析(MOC2)通过有试验证据支持的分析计算或者比较分析说明满足本项要求。

对于第 25.795(b)(2)项的符合性,采用说明(MOC1)和飞行试验(MOC6)来表明符合性。在进行 MOC1 验证时,说明飞机通风系统的状态和客舱情况,以此说明客舱排烟时不可能有烟雾和有害气体穿透进入驾驶舱;进行飞行试验(MOC6)时,按照咨询通告 AC25.795-4 提供的试验程序表明对本项要求的符合性。

对于第 25.795(b)(3)项的符合性,采用说明(MOC1)和实验室试验(MOC4)来表明符合性。

通过实验室试验(MOC4),表明系统部件在爆炸等事件发生后的存活性最大,能继续具有抑制火情的功能;对于符合性说明(MOC1),通过提供货舱火情抑制系统的设计图纸和安装图纸,说明系统部件的冗余性、安装位置和保护措施等,以此表明符合性。

对于第 25.795(c)款的符合性,采用符合性说明(MOC1)、计算分析(MOC2)和机上检查(MOC7)来表明符合性。

通过对以下内容进行机上检查(MOC7),以此表明符合性:① 检查 LRBL 区域的尺寸、附近的系统和 LRBL 的相对位置以及系统分离尺寸等参数;② 对内饰系统的内部设计进行检查。

通过计算分析(MOC2)表明 LRBL 位置在损伤后仍具有足够剩余强度,以此表明符合性。

通过符合性说明(MOC1),说明最小风险炸弹位置和内饰设计特征等。

由于第 25.795(d)款仅适用于货运飞机,因此对于该款要求的符合性,参见上文。

3.5　符合性文件清单

通常,针对第 25.795 条的符合性文件清单如表 3-2 所示。

表 3-2　建议的符合性文件清单

序　号	符 合 性 报 告	符合性方法
1	驾驶舱门防侵入试验大纲	MOC4
2	驾驶舱门防侵入试验报告	MOC4
3	驾驶舱门防弹试验大纲	MOC4
4	驾驶舱门防弹试验报告	MOC4
5	驾驶舱门系统设计描述文档	MOC1
6	最小风险炸弹位置强度分析报告	MOC2
7	压调系统飞行试验大纲	MOC6
8	压调系统飞行试验报告	MOC6
9	货舱火情抑制系统描述文档	MOC1
10	货舱火情抑制系统验证试验	MOC4
11	内饰系统机上检查大纲	MOC7
12	内饰系统机上检查报告	MOC7
13	内饰系统设计描述文档	MOC1
14	最小风险炸弹位置设计描述文档	MOC1
15	最小风险炸弹位置机上检查大纲	MOC7
16	最小风险炸弹位置机上检查报告	MOC7

4　符合性判据

4.1　第 25.795(a)款符合性判据

试验后飞机驾驶舱门的关键部位在承受最大 300 焦耳的冲击,同时旋钮和把手处能承受 250 磅的拉伸载荷时:

(1)试验后驾驶舱门未打开。

（2）试验后驾驶舱门未打开，但人可以从外侧不受过多阻碍即可进入驾驶舱，则试验失败。

（3）驾驶舱门或可接近分界能够承受射弹冲击而未穿透。

（4）试验后使用随身携带的小工具（如指甲刀和钥匙等）也无法开启驾驶舱门。

4.2　第 25.795(b)款符合性判据

（1）所采取的措施能够限制烟雾和有害气体进入驾驶舱。

（2）所采取的措施能够防止旅客失去能力。

（3）火情抑制系统能够承受规定的冲击、载荷及位移。

4.3　第 25.795(c)款符合性判据

（1）设置有最小风险炸弹位置。

（2）设置的最小风险炸弹位置能够很好地保护飞行关键结构和系统。

（3）客舱的内部设计能够探测或有利于发现藏匿的危险物品。

4.4　第 25.795(d)款符合性判据

本款要求仅适用于货机，其符合性判据详见上文第 25.795(b)(1)项、第 25.795(b)(3)项和第 25.795(c)(2)项的内容。

参考文献

［1］　14 CFR 修正案 25 - 106 Security Considerations in the Design of the Flightdeck on Transport Category Airplanes［S］.

［2］　FAA. AC25.795 - 1A Flightdeck Intrusion Resistance［S］. 2008.

［3］　FAA. AC25.795 - 2A Flightdeck Penetration Resistance［S］. 2008.

［4］　运输类飞机适航标准研究报告［R］. 2015.

运输类飞机适航标准
第 25.801 条符合性验证

1 条款介绍

1.1 条款原文

第 25.801 条 水上迫降

(a) 如果申请具有水上迫降能力的合格审定,则飞机必须满足本条和第 25.807 (i)条、第 25.1411 条和第 25.1415(a)条的要求。

(b) 必须采取同飞机总特性相容的各种切实可行的设计措施,来尽量减少在水上应急降落时因飞机的运动和状态使乘员立即受伤或不能撤离的概率。

(c) 必须通过模型试验,或与已知其水上迫降特性的构形相似的飞机进行比较,来检查飞机在水上降落时可能的运动和状态。各种进气口、襟翼、突出部分以及任何其它很可能影响飞机流体力学特性的因素,都必须予以考虑。

(d) 必须表明,在合理可能的水上条件下,飞机的漂浮时间和配平能使所有乘员离开飞机并乘上第 25.1415 条所要求的救生筏。如果用浮力和配平计算来表明符合此规定,则必须适当考虑可能的结构损伤和渗漏。如果飞机具有可应急放油的燃油箱,而且有理由预期该油箱能经受水上迫降而不渗漏,则能应急放出的燃油体积可作为产生浮力的体积。

(e) 除非对飞机在水上降落时可能的运动和状态(如本条(c)和(d)所述)的研究中,考虑了外部舱门和窗户毁坏的影响,否则外部舱门和窗户必须设计成能承受可能的最大局部压力。

〔中国民用航空局 1995 年 12 月 18 日第二次修订,2011 年 11 月 7 日第四次修订〕

1.2 条款背景

第 25.801 条的目的是在水上应急降落时能保护乘员的安全。申请人是否申请水上迫降合格审定是可以选择的,但是对于延程跨水运行的飞机,必须满足水上迫降合格审定的要求。

1.3 条款历史

第 25.801 条在 CCAR25 部初版首次发布,截至 CCAR - 25 - R4,该条款共修订过 1 次,如表 1-1 所示。

表 1-1   第 25.801 条条款历史

第 25.801 条	CCAR25 部版本	相关 14 CFR 修正案	备　注
首次发布	初版	—	
第 1 次修订	R2	25-72	

1.3.1   首次发布

1985 年 12 月 31 日发布了 CCAR25 部初版,其中包含第 25.801 条,该条款参考 1964 年 12 月 24 日发布的 14 CFR PART 25 中的 §25.801 的内容制定。

1.3.2   第 1 次修订

1995 年 12 月 18 日发布的 CCAR-25-R2 对第 25.801 条进行了第 1 次修订,本次修订参考了 14 CFR 修正案 25-72 的内容:对 §25.801 的内容编排进行了修订,将(a)款中所引用的 §25.807(d)改为 §25.807(e),对条款内容无影响。

2   条款解读

2.1   条款要求

2.1.1   第 25.801(a)款

运输类飞机的申请人可以选择是否申请水上迫降合格审定。对于申请延程跨水运行(离海岸线 50 海里)的飞机,运行规章(CCAR121.351)要求飞机必须通过水上迫降的合格审定。

1) 水上迫降分为有计划的水上迫降和无计划的水上迫降

(1) 有计划的水上迫降:有足够准备时间的水上迫降。可以进行如下准备:将可能导致水渗入的通道堵塞以及对飞机的重量和重心进行调节尽量实现最佳入水姿态,考虑诸如受水冲击后,发动机、短舱和后缘襟翼等的丧失情况。

(2) 无计划的水上迫降:没有足够准备时间的水上迫降。最临界的情况是由于起飞失败或中断以及飞机处于最大总重时入水。无计划的水上迫降不考虑飞机结构的损坏。

2) 如果申请水上迫降合格审定

如果申请水上迫降合格审定,则飞机必须满足本条和第 25.807(h)(3)(i)目关于水上迫降应急出口的要求以及第 25.1411 条和第 25.1415(a)款关于水上迫降设备的要求。

3) 如果不申请水上迫降合格审定

如果不申请水上迫降合格审定,飞机的设计仍然必须满足无计划的水上迫降要求,则需要满足第 25.807(h)(3)(i)目的水上迫降应急出口的要求,而且第 25.1415 条提出未申请水上迫降合格审定又无经批准的救生衣时,必须为每个人提供个人漂浮装置。

2.1.2 第 25.801(b)款

本款要求建立水上迫降程序或采取设计措施,来尽量减小乘员在水上迫降过程中立即受伤或不能撤离的概率,亦即应急着陆产生的过载不能超过第 25.561 条规定的值,超过此值将认为乘员会暴露在受伤的载荷值下。另外,座椅、安全带和肩带等应能按第 25.561 条的过载设计,保护乘员在过载的情况下不会严重受伤。

2.1.3 第 25.801(c)款

本款要求研究飞机水上迫降的运动和状态,并要考虑能影响飞机流体力学特性的各种因素。必须用模型试验或分析(如与相似飞机的比较)来检查飞机极可能的运动和状态,必须考虑很可能影响飞机流体力学特性的因素,如进气口、襟翼和突出部分等。飞机迫降过程中可能产生跳跃、俯冲、海豚运动和很大的负加速度以及着水撞击使飞机发生严重破坏和大量进水导致飞机很快沉没,严重威胁着乘员的生命安全。通过模型试验,获取与真实飞机相似的运动状态和水载荷。模型试验需考虑影响飞机流体动力特性的各种因素,例如襟翼位置,放下襟翼可使着水速度明显减小,从而减少水动载荷,一般需要通过实验来确定襟翼放下的最有利位置。

2.1.4 第 25.801(d)款

必须表明在任何合理可能(如平静水面或波浪水面)的水上条件下,飞机的漂浮时间应该大于最保守的完全撤离飞机所用的时间。用浮力和配平计算来表明时,必须适当考虑可能的结构损伤和渗漏。如果申请水上迫降合格审定,则要求乘员能进入第 25.1415 条规定的救生筏/救生船。如果没有申请水上迫降合格审定,则要求乘员能离开飞机进入水中或到机翼上。FAA PS - ANM100 - 1982 - 00124 "Interpretation of FAR 25.801(d) Ditching Approval of Transport Airplanes"中说明用救生筏进行撤离的时间和撤离率通常可通过分析来确定,滑梯/滑筏从具有代表性的门槛高度处展开后,每股撤离人流在 70 秒的时间内撤离速率每分钟 60 人是可以接受的。在确定完全撤离飞机所用时间时,必须考虑舱门在水中是否可以快速打开。飞机水上迫降漂浮特性计算,目的是得到飞机能漂浮多少时间和在水里下沉过程中飞机的姿态,这是乘员安全逃生的必要条件。飞机迫降时水动载荷作用可能使机身地板以下的部分蒙皮结构(包括空气管理系统的释压活门)、舱门和窗户等部位破损,这可以通过模型试验或者基于试验的分析来确定,在确定压力分布时可以参考第 25.533 条底部压力计算公式。在计算漂浮时间时,必须考虑这些结构破损对飞机漂浮特性的影响。飞机水上迫降漂浮时间就是从飞机在水面上停下来的时刻开始到水线达到应急出口为止所经历的时间。

2.1.5 第 25.801(e)款

本款要求对飞机的外部舱门和窗户是否能承受水上迫降时在这些部位产生的

最大局部压力以及受损后的影响做出分析。飞机水上迫降时,在着水或滑水过程中由于不稳定运动,在外部舱门和窗户这些部位常常有相当大的局部水压力,可能导致结构严重损坏,从而对飞机的漂浮特性产生影响,甚至造成人员立即受伤,因此需要对外部舱门和窗户进行强度分析,确定是否可能毁坏,若可能,应在运动姿态和漂浮特性的分析和试验中考虑这些影响。

2.2　相关条款

与第 25.801 条相关的条款如表 2-1 所示。

表 2-1　第 25.801 条相关条款

序　号	相 关 条 款	相　　关　　性
1	第 25.807(h)(3)(i)目	申请水上迫降合格审定,必须满足第 25.807(h)(3)(i)目水上迫降旅客应急出口的要求
2	第 25.1411 条	申请水上迫降合格审定,必须满足第 25.1411 条应急设备总则的要求
3	第 25.1415 条	申请水上迫降合格审定,必须满足第 25.1415 条水上迫降设备的要求

3　验证过程

3.1　验证对象

第 25.801 条的验证对象为飞机的水上迫降能力。

3.2　符合性验证思路

针对第 25.801 条的符合性可采取以下验证思路:

(1)通过运动姿态稳定性模型验证试验,确定最佳的水上迫降着水姿态,确保飞机在水上迫降过程中的稳定性和可操纵性。

(2)通过水上迫降载荷验证模型试验,获取飞机水上迫降的压力分布。经过计算分析得到:机身惯性载荷系数、机身着水底部均布压力载荷、机身站位载荷和机体着水底部局部压力载荷。然后进行结构静强度分析获取机身结构损坏情况。

(3)通过飞机水上迫降漂浮特性模型试验、飞机水线计算、漂浮特性时间计算和乘员撤离时间计算,得出在合理可能的水上条件下,考虑飞机可能的结构损伤和渗漏后,飞机水上迫降漂浮时间能够确保全部乘员撤离飞机,并登上救生船。

3.3　符合性验证方法

通常,针对第 25.801 条的符合性验证方法如表 3-1 所示。

表 3-1　建议的符合性方法

条　款　号	专　业	符 合 性 方 法										备　注
		0	1	2	3	4	5	6	7	8	9	
第 25.801(a)款	总　体		1									
第 25.801(b)款	操　稳					4						
	载　荷			2		4						
	强　度			2								
第 25.801(c)款	操　稳					4						
	载　荷			2		4						
第 25.801(d)款	总　体			2		4						
第 25.801(e)款	载　荷			2		4						
	强　度			2								

3.4　符合性验证说明

3.4.1　水上迫降运动姿态的符合性验证

验证条款为第 25.801(b)款和第 25.801(c)款,符合性方法采用实验室试验(MOC4)。

运动姿态稳定性模型验证试验,包括有计划的水上迫降和无计划的水上迫降。通过运动姿态稳定性模型验证试验,获取飞机在水上降落时极可能的运动和状态,满足第 25.801(c)款的要求,并从中选取了有利的迫降状态,以此来尽量减少在水上应急降落时因飞机的运动和状态使乘员立即受伤或不能撤离的概率,满足第 25.801(b)款的要求。

通过运动姿态稳定性模型验证试验,测量机身加速度响应和姿态角变化,研究不同运动姿态对机身加速度响应和姿态角的影响。确定最佳的水上迫降初始着水构型,以保证飞机在水上迫降过程中的稳定性和可操纵性,为编制飞行操作程序提供依据。根据运动姿态稳定性模型试验结果,确定后续水载荷和漂浮特性模型试验的飞机迫降构型和初始着水姿态。根据运动姿态稳定性模型试验结果,确定后续水载荷和漂浮特性模型试验的飞机迫降构型和初始着水姿态。

3.4.2　水载荷的确定和符合性验证

验证条款为第 25.801(b)款、第 25.801(c)款和第 25.801(e)款,符合性方法采用计算分析(MOC2)和实验室试验(MOC4)。

依据运动姿态稳定性模型试验结果,确定载荷验证模型入水俯仰角。飞机在进行水上迫降时,应尽量选择初始着水俯仰角及小的下沉速度进行水上迫降,以降低水上迫降过程中的机身垂向加速度和着水底部局部压力载荷响应值,有利于降低水上迫降过程中的机组乘员严重受伤风险,减小飞机水上迫降过程中的结构损伤,增加机组乘员在水上迫降后安全撤离飞机的机会,满足第 25.801(b)款、(c)款和(e)款的要求。

根据水上迫降载荷模型试验所获得的飞机加速度响应和机体着水底部的压力分布试验数据,通过分析计算处理获得:① 机身惯性载荷载荷系数,包括垂直向下、向上、侧向和航向,均小于第 25.561 条所规定的相应的惯性载荷系数;② 机体着水底部均布压力载荷;③ 机体着水底部局部压力载荷。

3.4.3　水上迫降结构强度分析

验证条款为第 25.801(b)款和第 25.801(e)款,符合性方法采用计算分析(MOC2)。

飞机水上迫降结构强度考虑两个方面:一是机身整体强度能够承受水上迫降机身站位载荷;二是机身着水底部能够承受水冲击局部压力载荷,不产生大的不满足漂浮特性要求局部破损。依据飞机水上迫降水载荷模型试验结果,经处理可得到机体着水底部压力载荷分布。再依据得到的水载荷分布,计算出了飞机水上迫降机身站位载荷,并将计算结果与三地面载荷和飞行载荷包线对比,确定部分超出地面载荷及飞行载荷包线范围的结构。依据载荷对比情况,对水上迫降情况下飞机载荷超出包线范围的机身结构进行了静强度校核,校核结果需表明飞机机身底部能够承受水上迫降局部静压力载荷,安全裕度均大于零。

3.4.4　水上迫降漂浮特性的符合性验证

验证条款为第 25.801(d)款,符合性方法采用计算分析(MOC2)和实验室试验(MOC4)。

根据运动姿态稳定性试验结果,在满足姿态稳定性要求的前提下,开展模拟结构破损模型试验。试验结果需表明,在达到乘员撤离的条件下,飞机应具有大于水上迫降时应急撤离时间的漂浮时间,并且试验中应考虑可能的渗漏和一定的结构损伤。

对飞机水上迫降漂浮过程的不同情况进行分析,结果需表明:机上各出口门槛应位于水线之上;飞机在最严酷的飞机重量和重心状态(增大航程型最大起飞重量和后重心极限)时,水上迫降最大漂浮时间;飞机水上迫降时,乘员撤离最长总用时间。当飞机水上迫降时乘员撤离时间最长总用时间小于飞机水上迫降漂浮时间时,因此,可以得出在合理可能的水上条件下,考虑到飞机可能的结构损伤和渗漏后,飞机水上迫降后有足够的漂浮时间,能够保证全部机上乘员离开飞机并登上救生船,即能够满足第 25.801(d)款的要求。

3.4.5　水上迫降符合性说明

综述水上迫降符合性验证工作,说明飞机满足了第 25.801 条的要求,引用第 25.807(h)(3)(i)目、第 25.1411 条和第 25.1415(a)款的符合性结论,说明飞机满足了上述条款要求,能够申请具有水上迫降能力的合格审定。

3.5　符合性文件清单

通常,针对第 25.801 条的符合性文件清单如表 3-2 所示。

表 3-2　建议的符合性文件清单

序　号	符　合　性　报　告	符合性方法
1	飞机水上迫降符合性说明	MOC1
2	飞机水线计算分析报告	MOC2
3	飞机水上迫降漂浮时间计算分析报告	MOC2
4	飞机水上迫降乘员撤离时间计算分析	MOC2
5	飞机水上迫降水载荷处理报告	MOC2
6	飞机水上迫降机身载荷计算报告	MOC2
7	飞机水上迫降情况下机身结构强度校核报告	MOC2
8	水上迫降运动姿态稳定性模型验证试验大纲	MOC4
9	水上迫降运动姿态稳定性模型验证试验报告	MOC4
10	水上迫降运动姿态稳定性模型验证试验分析报告	MOC4
11	水上迫降载荷验证模型试验大纲	MOC4
12	水上迫降载荷验证模型试验报告	MOC4
13	水上迫降载荷验证模型试验分析报告	MOC4
14	水上迫降漂浮特性模型试验大纲	MOC4
15	水上迫降漂浮特性模型试验报告	MOC4
16	水上迫降漂浮特性模型试验分析报告	MOC4

4　符合性判据

通过模型试验,选取有利的迫降状态,减小飞机水上迫降过程中的结构损伤,以此来尽量减少在水上应急降落时因飞机的运动和状态使乘员立即受伤或不能撤离的概率。模型试验的判据通常为:迫降柔和,模型在水面滑行时俯仰姿态角不得增加,不出现跳跃、俯冲或海豚运动,模型滑行平稳。

通过水上迫降结构强度分析,对水上迫降情况下飞机载荷超出包线范围的机身结构进行了静强度校核,安全裕度需大于零,以此表明飞机机身底部能够承受水上迫降局部静压力载荷。

通过模式试验和漂浮特性分析,得出飞机水上迫降时乘员撤离时间最长总用时间小于飞机水上迫降漂浮时间,可以表明在合理可能的水上条件下,飞机水上迫降后有足够的漂浮时间,能够保证全部机上乘员离开飞机并登上救生船。

参考文献

[1]　14 CFR 修正案 25 - 72 Special Review: Transport Category Airplane Airworthiness Standards [S].

[2]　FAA. AC25 - 17A Transport Airplane Cabin Interiors Crashworthiness Handbook [S]. 2009.

运输类飞机适航标准
第 25.803 条符合性验证

1 条款介绍

1.1 条款原文

第 25.803 条 应急撤离

（a）每个有机组成员和旅客的区域，必须具有在起落架放下和收上的撞损着陆、并考虑飞机可能着火时能迅速撤离的应急措施。

（b）［备用］

（c）对客座量大于 44 座的飞机，必须表明其最大乘座量的乘员能在 90 秒钟内在模拟的应急情况下从飞机撤离至地面，该乘座量包括申请合格审定的中国民用航空局有关营运规定所要求的机组成员人数在内。对于这一点的符合性，必须通过按本部附录 J 规定的试验准则所进行的实际演示来表明，除非中国民用航空局适航部门认为分析与试验的结合足以提供与实际演示所能获得的数据等同的数据资料。

（d）［备用］

（e）［备用］

〔中国民用航空局 1995 年 12 月 18 日第二次修订〕

1.2 条款背景

第 25.803 条对飞机在应急着陆情况下的应急撤离能力提出了要求。要求为每一位机上乘员，包括旅客和机组提供在应急情况下能迅速撤离飞机的措施。对于客座量超过 44 座的飞机，需要进行应急撤离演示试验表明最大乘座量的乘员能在 90 秒内在模拟应急情况下从飞机撤离至地面，附录 J 规定了试验的程序。

1.3 条款历史

第 25.803 条在 CCAR25 部初版首次发布，截至 CCAR - 25 - R4，该条款共修订过 2 次，如表 1 - 1 所示。

表 1 - 1 第 25.803 条条款历史

第 25.803 条	CCAR25 部版本	相关 14 CFR 修正案	备 注
首次发布	初版	25 - 46	
第 1 次修订	R2	25 - 72,25 - 79	
第 2 次修订	R4	25 - 117	

1.3.1 首次发布

1985 年 12 月 31 日发布了 CCAR25 部初版,其中包含第 25.803 条,该条款根据 14 CFR 修正案 25 - 46 中的 §25.803 内容制定。14 CFR 修正案 25 - 46 对 §25.803 进行修订,规定了许可采用的非实际演示的验证方法以及同时能满足 14 CFR FAR25 部和 14 CFR PART 121 部要求的演示条件。

1.3.2 第 1 次修订

1995 年 12 月 18 日发布的 CCAR - 25 - R2 对第 25.803 条进行了第 1 次修订,本次修订参考了 14 CFR 修正案 25 - 72、25 - 79 的内容,将应急撤离程序从条款正文摘出,并纳入增加的附录 J。

1.3.3 第 2 次修订

2011 年 11 月 7 日发布的 CCAR - 25 - R4 对附录 J 进行了修订,但未修订第 25.803 条正文。本次修订参考了 14 CFR 修正案 25 - 117 的内容,修订附录 J 中应急撤离演示的程序。在不改变结果的同时降低演示参与者的安全风险。该修订主要包括允许一定的外部照明,可以预先展开撤离滑梯,对参加演示者进行必要的安全简介等。

2 条款解读

2.1 条款要求

第 25.803 条对飞机在应急着陆情况下的应急撤离能力提出了要求。要求为每一位机上乘员,包括旅客和机组提供在应急情况下能迅速撤离飞机的措施。对于客座量超过 44 座的飞机,需要进行应急撤离演示试验表明最大乘坐量的乘员能在 90 秒内在模拟应急情况下从飞机撤离至地面,附录 J 规定了试验的程序。

第 25.803(a)款:每个有机组成员和旅客的区域是指滑行、起飞和降落时允许坐人的所有区域,包括但不限于客舱、驾驶舱及滑行、起飞和降落时允许坐人的某些机组休息区、下层服务舱和盥洗室等。

应急撤离设施包括应急出口、应急撤离辅助设施、应急出口标记和应急照明。这些设施必须保证在起落架放下和收上并考虑飞机可能着火的情况下能够提供应急撤离飞机乘员的能力。如应急出口,应该是乘员可到达的,能保证有效撤离;撤离滑梯和撤离绳索,使旅客和机上机组成员能借助这些设施有效撤离;应急撤离通道标记,能协助乘员在浓烟中找到出口。对这些设施的具体要求涵盖在第 25.807 条至第 25.812 条的要求中。

第 25.803(c)款:针对客座量大于 44 座的飞机,"最大乘坐量"是指提交合格审定的飞机构型中最大客座量的乘员人数并加上申请合格审定的营运规则所要求的机组成员人数,该机组成员人数是指飞机飞行手册中列出的最少飞行机组人员和 CCAR121.391 条中根据载客能力所要求的最少飞行乘务员人数。

若分析与试验的结合足以提供与实际演示所能获得的数据等同的数据资料,并经局方批准,则不需要进行全面应急撤离演示试验,通过可用数据支持下的分析表明符合性。采用该种方法并不排除部分撤离试验,如舱门的撤离率试验。

附录 J: 规定了进行应急撤离演示试验时的光照环境要求、飞机构型和相关系统设备状态、参试人员要求、试验程序及要求及试验判据。附录 J 条款解读如表 2-1 所示。

表 2-1　附录 J 条款解读

附录 J 条款	解　　　读
(a)	应防止试验过程中有其他灯光打开
(b)	和第 25.810 条测量出口离地高度时的飞机姿态相同
(c)	如果飞机本身带有协助旅客从机翼下地的设施,演示中应使用这些设施而不使用台架和跳板,否则可以利用台架或跳板从机翼下至地面
(d)	控制手电筒等设备的使用
(e)	如果使用撤离滑梯,应保证该滑梯是可靠的,并能安全地完成演示,并不一定必须要在试验时取得 TSOA 和装机批准,若最后装机的滑梯相对演示中使用的滑梯有更改,则必须评估该更改对应急撤离的影响,必要时重新进行演示试验
(f)	内部舱门或帘布在收起位置
(g)	如果该演示只是为了表明飞机的应急撤离能力,则对机组成员没有特殊的机组训练要求,他们只需要是具有使用应急出口和应急设备知识的人。如果通过该演示同时还要表明满足有关营运规定的符合性,则需要证明他们是正规定期航班的机组成员。如果按照(p)款在滑梯充气及出口打开的情况下进行演示,则不能同时表明机组成员出口操作训练方面的有效性。 试验开始前乘务员必须坐在起飞时规定的乘务员座椅上,以正常姿势就座,双手不应当放在准备打开安全带的位置
(h)	对参加演示者进行身份核实和登记,并进行必要的体检和体能测试,以降低试验过程中可能受伤或伤及他人的风险。但不得进行与演示相关的训练,参见(m)款。 3 个婴孩玩偶的大小和尺寸都需进行模拟。 通常申请人应提前组织两组参加演示者,并额外组织一些备用人员,以防止演示前有人由于某些原因不能继续参加撤离演示。如果需要进行后续试验,则可选用未参加演示的一组进行演示试验

（续表）

附录 J 条款	解　　　读
（i）	应采用经局方认可的方式确定旅客机上座位，并在旅客就做后由局方代表根据情况进行一定的调整
（j）	按要求执行
（k）	轻微障碍的布置应由局方认可，在障碍布置后演示开始前参加演示者不得移动或者重新布置这些障碍
（l）	待旅客登机、关闭舱门之后，由局方代表选定实际使用的出口
（m）	申请方提供申明材料，局方代表检查确认
（n）	在登机后演示开始之前，可以向旅客进行营运规定（CCAR121.569 等条）的起飞前旅客安全简介。 飞行机组可选择通过飞行机组应急出口撤离，或者通过驾驶舱门进入客舱并通过旅客应急出口撤离
（o）	在演示开始前，参加演示者不应听到或收到任何关于演示将要开始的示意，所得到的第一个指示应是演示开始的信号，通常客舱正常照明熄灭，应急照明点亮作为演示开始的信号。为了使参加演示者对灯光亮度的突然变化有了适应的过程，可在客舱准备就绪之后，将客舱正常照明减弱，在一个合理的时间后演示开始。 如果安全设备或任何其他机外设备能指示给参加演示者某些出口可能会使用，那么应该采取措施防止看到这样的指示，通常演示之前将客舱窗户、驾驶舱风挡窗户和应急出口上的外部观察窗等遮蔽。 在参加演示者登机前和登机时也必须采取措施防止看到某些出口可能会使用的指示。 机内的摄像机的放置不应当指示那个出口将使用，通常针对每个出口都安装有摄像机。 如果飞机上装有辅助设施，那么在使用的出口和不使用的出口上都应当安装有辅助设施。 如果采用机械方法使出口不能打开以实现该出口在演示中不使用，则演示开始前应使机组成员或旅客在试图操作该出口之前不能感知到该出口不能使用。而且申请人必须确保该机械方法能承受演示者可能施加的高的载荷（通常能承受 300 磅是可接受的），因为如果演示中出口无意打开将使演示试验无效。 如果通过外部指示（如出口外用红灯指示）表明该出口不能在演示中使用，则在演示开始前应不能看到这些指示。 如果演示者登机后，需要采用机械方法使多个出口不能使用，需要注意防止机组成员通过声音或其他指示意识到该出口不可使用。一个措施是局方观察人员在飞机内，临时让飞行乘务员离开他们所负责的出口
（p）	演示所用的出口应选用第 25.807 条中规定的出口对中的一个组成，必须是飞机所有出口中具有代表性的，由申请人选定，局方批准，并且必须至少使用一个与地板齐平的出口。使用的出口不一定要选定在飞机的同一侧，也不必须要选用出口中最临界的组合。 飞行机组应急出口、机腹型出口、尾锥型出口和机身侧面不成对的出口在演示中不能使用（即使批准它们有附加的载客能力），但经局方确认某两个出口组成一个等效的出口对除外

（续表）

附录 J 条款	解　　读
(q)	飞机外面的安全救护人员在演示进行过程中不应帮助演示者（直到他们离开撤离设施），也不应干扰撤离程序，或在演示开始后放置安全设施。 如果使用滑梯预先展开这种方法，那么使用出口的准备时间必须另计。整个撤离时间应当为实际演示所用的时间加上出口的准备时间。出口的准备时间应当是出口完全打开和滑梯自动竖立所需要的时间，可以参考第25.809条和第25.810条相关要求
(r)	在演示试验过程中飞行机组不可以对舱内人员提供帮助。但如果飞行机组撤离至地面后，可以按照申请人的经过批准的程序协助撤离。 飞行机组在撤离驾驶舱之前应模拟正常驾驶台操作程序所需的时间
(s)	按要求执行

2.2　相关条款

与第 25.803 条相关的条款如表 2-2 所示。

表 2-2　第 25.803 条相关条款

序　号	相关条款	相　关　性
1	第 25.807 条	第 25.807 条规定了对应急出口的要求
2	第 25.809 条	第 25.809 条规定了对应急出口布置的要求
3	第 25.810 条	第 25.810 条规定了对应急撤离辅助设施与撤离路线的要求
4	第 25.811 条	第 25.811 条规定了对应急出口标记的要求
5	第 25.812 条	第 25.812 条规定了对应急照明的要求
6	第 25.813 条	第 25.813 条规定了对应急出口通路的要求
7	第 25.815 条	第 25.815 条规定了客舱过道宽度
8	第 25.817 条	第 25.817 条规定了最大并排座椅数
9	第 25.819 条	第 25.819 条规定了下层服务舱应急撤离路线、通信告警和座椅等要求
10	第 25.820 条	第 25.820 条规定了厕所门防止人员被困的要求

3　验证过程

3.1　验证对象

第 25.803 条的验证对象为飞机应急撤离设施和飞机客舱内部布置及布局，考察飞机在这些因素的综合影响下撤离乘员的能力。

3.2　符合性验证思路

3.2.1　第 25.803(a)款

针对第 25.803(a)款，通过设计描述文件表明飞机所具有的应急撤离设施，表明这些设施可供机上乘员在应急撤离时使用。

通过设备鉴定,表明应急撤离设施满足相关标准所规定的性能指标,在应急撤离过程中,在起落架放下和收上的情况下、考虑飞机可能着火的情况下的有效性,能够保证飞机乘员有效撤离。

3.2.2　第 25.803(c)款

针对第 25.803(c)款,若为 44 座以上的全新飞机型号,采用全机应急撤离演示试验的方法,验证 90 秒内最大乘坐量的乘员能在 90 秒内在模拟应急情况下从飞机撤离至地面。

若为在原有型号基础上进行设计更改的飞机型号,如果设计更改涉及对应急撤离能力的影响,则可采用全尺寸应急撤离演示试验的方法,也可采用分析与试验结合的方法。必须评估设计更改对飞机应急撤离能力的影响程度,在评估基础上由局方判断是必须重新进行全尺寸应急撤离演示试验还是可以采用分析与试验结合的方式进行验证。对于后者,须经局方确认分析与试验的结合足以提供与实际演示所能获得的数据等同的数据资料。

3.3　符合性验证方法

通常,针对第 25.803 条的符合性验证方法如表 3-1 所示。

表 3-1　建议的符合性方法表

条　款　号	专　业	符 合 性 方 法										备　注
		0	1	2	3	4	5	6	7	8	9	
第 25.803(a)款	布局		1										
第 25.803(a)款	内饰与设备		1									9	
第 25.803(a)款	照明		1									9	
第 25.803(a)款	舱门		1										
第 25.803(c)款	布局			2		4	5						2、4 为可选

3.4　符合性验证说明

3.4.1　第 25.803(a)款符合性验证说明

1) MOC1 符合性验证

引用设计描述文件,表明在飞机起飞、滑跑和着陆过程中全机机组成员和乘客的所在区域,全机应急出口、滑梯与应急撤离绳、应急撤离辅助设施的布局与布置、客舱内部与机身应急出口标记布置,客舱内部应急照明布置等,保证可供全机乘员在应急撤离时使用。

2) MOC9 符合性验证

对滑梯与应急撤离绳、应急照明等应急撤离设备设施、进行设备鉴定试验,对滑梯的防火能力,滑梯的撤离率,以及在风向最不利、风速 25 节时展开的能力等进行验证。根据设备鉴定的结果,表明以上应急撤离设施能够保证在起落架放下或收上、飞机可能着火的情况下保证全机乘员迅速撤离。

3.4.2　第25.803(c)款符合性验证说明

针对第25.803(c)款,可采用两种验证方法:

1) MOC5 符合性验证

全机应急撤离演示试验。在进行全机应急撤离试验之前,要确认飞机与应急撤离相关的取证构型以及试验构型,完成应急撤离滑梯、应急照明系统、旅客广播系统、内话系统、舱门系统、驾驶舱门系统、电源系统等相关系统的设备鉴定试验及机上地面试验,完成相关试验报告。

在开展全机应急撤离演示试验之前,开展制造符合性检查,测量试验现场照度值,并对飞机外部和机内的准备情况进行检查。参试机组和旅客登机后,由局方代表挑选试验用的应急出口,不得超过可用应急出口的一半。经局方同意,发出演示开始信号之后,试验开始,机组按经批准可用于试验的程序组织撤离,计时人员开始计时。最后一名机上乘员(机长)撤离至地面之后,计时结束,试验完成。在试验过程中,可通过录像等措施记录试验过程。

2) MOC2 与 MOC4 结合验证

对于在原有型号基础上进行设计更改的飞机型号,在评估设计更改对飞机应急撤离能力的影响程度的基础上,由局方确认分析与试验的结合足以提供与实际演示所能获得的数据等同的数据资料,则可采取分析与试验结合的方法。对应急撤离能力影响评估的考虑因素包括以下几个方面:

(1) 是否涉及出口型式、数量或位置更改。

(2) 是否增加 TCDS 中的客座量。

(3) 是否改变旅客座椅在舱内的分布,使预期使用某一出口的旅客人数超过该出口的撤离率。

(4) 是否会根据第25.807(h)款要求将某出口定义为"额外出口"。

(5) 是否安装未经批准用于本机型的撤离滑梯或者其他辅助装置。

(6) 是否有舱内设施的更改导致对旅客接近应急出口有不利影响,以至于低于实际演示过程中所验证的旅客接近能力。

(7) 是否有乘务员座椅位置的更改。

在试验数据基础上的计算分析。首先需确认采用该方法的适宜性,计算分析方法的正确性、合理性。若采用已有型号的全机应急撤离演示试验数据,则需确认试验数据的有效性、可用性;若需安排新局部试验项目,如部分舱段试验、滑梯撤离试验,则需确认试验的合理性、所获取的试验数据的充分性。是否可采用试验数据基础上的计算分析方法需与局方达成一致意见。

3.5 符合性文件清单

通常,针对第 25.803 条的符合性文件清单如表 3-2 所示。

表 3-2 建议的符合性文件清单

序　号	符　合　性　报　告	符合性方法
1	应急撤离设备设计描述	MOC1
2	应急撤离地面演示大纲	MOC5
3	应急撤离地面演示试验报告	MOC5
4[1]	应急撤离部分试验大纲	MOC4
5[1]	应急撤离部分试验报告	MOC4
6[1]	应急撤离计算分析报告	MOC2
7	应急撤离设备鉴定报告	MOC9

[1] 4、5、6 为可选。

4 符合性判据

(1) 第 25.803(a)款符合性判据:设计描述文档和设备鉴定报告表明应急撤离设施能够保证在起落架放下或收上、飞机可能着火的情况下保证全机乘员迅速撤离。

(2) 第 25.803(c)款符合性判据:

若采用全机应急撤离试验的方法,则符合性判据为:根据条款及附录 J 的要求完成全机应急撤离地面演示试验。试验的符合性判据为:在满足附录 J 要求的光照情况下,最大乘坐量的乘员,按照试验程序,顺利通过根据试验大纲选定的应急出口,使用应急撤离滑梯等设施从飞机撤离至地面,总撤离时间小于 90 秒。

若采用分析与试验的结合的方法,则符合性判据为:试验数据有效可用,分析方法合理可靠。在试验数据基础上的分析结果表明最大乘坐量的乘员能够使用应急撤离设施从飞机撤离至地面,总撤离时间小于 90 秒。

参考文献

[1] 14 CFR 修正案 25-46 Airworthiness Review Program Amendment No. 7 [S].

[2] 14 CFR 修正案 25-72 Special Review:Transport Category Airplane Airworthiness Standards [S].

[3] 14 CFR 修正案 25-79 Miscellaneous Changes to Emergency Evacuation Demonstration Procedures,Exit Handle Illumination Requirements,and Public Address Systems [S].

[4] 14 CFR 修正案 25-117 Revision of Emergency Evacuation Demonstration Procedures To Improve Participant Safety [S].

[5] FAA. AC25.803-1A Emergency Evacuation Demonstrations [S]. 2012.

[6] FAA. AC25 - 17A Transport Airplane Cabin Interiors Crashworthiness Handbook [S]. 2009.

[7] FAA. AC25. 795 - 2A Flightdeck Penetration Resistance [S]. 2008.

[8] FAA. AC20 - 11A Emergency Evacuation Demonstration [S]. 1987.

运输类飞机适航标准 第25.807条符合性验证

1 条款介绍

1.1 条款原文

第25.807条 应急出口

(a) 型式 就本部而言,应急出口的型式规定如下:

(1) Ⅰ型 此型应急出口是与地板齐平的出口,具有宽不少于610毫米(24英寸)、高不少于1,220毫米(48英寸)、圆角半径不大于203毫米(8英寸)的矩形开口。

(2) Ⅱ型 此型应急出口是宽不少于510毫米(20英寸)、高不少于1120毫米(44英寸)、圆角半径不大于178毫米(7英寸)的矩形开口。Ⅱ型出口必须是地板齐平的出口,但位于机翼上方者除外。在此情况下,出口在机内的跨上距离不得大于250毫米(10英寸),在机外的跨下距离不得大于430毫米(17英寸)。

(3) Ⅲ型 此型应急出口是宽不少于510毫米(20英寸)、高不少于910毫米(36英寸)、圆角半径不大于178毫米(7英寸)的矩形开口,其机内跨上距离不大于510毫米(20英寸)。如果出口位于机翼上方,其机外跨下距离不得大于690毫米(27英寸)。

(4) Ⅳ型 此型应急出口是宽不少于480毫米(19英寸)、高不少于660毫米(26英寸)、圆角半径不大于160毫米(6.3英寸)、位于机翼上方的矩形开口,其机内跨上距离不大于740毫米(29英寸),机外跨下距离不大于910毫米(36英寸)。

(5) 机腹型 此型应急出口是由客舱经过承压壳体和机身下部蒙皮的出口。此型出口的尺寸和实际构形必须在飞机处于正常地面姿态,且起落架放下时具有至少与Ⅰ型出口同样的撤离率;

(6) 尾锥型 此型应急出口是由客舱经过承压壳体和承压壳体之后可打开的机身锥体的后部出口,打开尾锥的措施必须简单明了,而且只需一个操作动作。

(7) A型 此型应急出口是宽不少于1,066毫米(42英寸)、高不少于1,829毫米(72英寸)、圆角半径不得大于178毫米(7英寸)的与地板齐平的矩形开口。

(8) B 型　此型应急出口是宽不少于 813 毫米(32 英寸)、高不少于 1,829 毫米(72 英寸)、圆角半径不得大于 152 毫米(6 英寸)的与地板齐平的矩形开口。

(9) C 型　此型应急出口是宽不少于 762 毫米(30 英寸)高不少于 1,220 毫米(48 英寸)、圆角半径不得大于 250 毫米(10 英寸)的与地板齐平的矩形开口。

(b) 跨下距离　本条所述的跨下距离,是指该开口的底部到机身向外延伸的可用踏脚处之间的实际距离,该踏脚处的尺寸应大到足以不需用目光和感觉探索即起作用。

(c) 超尺寸应急出口　大于本条规定尺寸的开口,无论是否是矩形均可采用,只要本条规定的矩形开口能内接在此开口内,而且被内接矩形开口的底部满足规定的跨下和跨上高度要求。

(d) 不对称性　成对应急出口不需完全位置相对和尺寸一致。然而在本条(g)中所许可的乘客座位数应基于两个应急出口中较小的。

(e) 均匀性　出口应考虑乘客座椅的分布,尽可能均匀布置。

(f) 位置

(1) 每一个所要求的乘客应急出口必须易于接近,并且其布置能为乘客提供最有效的撤离措施。

(2) 如果每侧仅提供一个与地板齐平的应急出口,而飞机又没有尾锥型或机腹型应急出口,那么与地板齐平的应急出口必须位于客舱的后部,除非其它位置能提供乘客更有效的撤离措施。

(3) 如果每侧提供的与地板齐平应急出口多于一个,并且飞机不是客货混合构型,那么客舱每侧的每端至少要有一个与地板齐平的应急出口。

(4) 对于要求在机身每侧要有多于一个以上乘客应急出口的飞机,在机身每一舱段每侧的相邻出口的距离不得超出 18 米(60 英尺),测量应在两个最近的出口边缘平行飞机纵向轴线进行。

(g) 要求的类型和数量　许可的最大乘客座椅数取决于机身上每侧的应急出口类型和数量。除非在本条(g)(1)至(g)(9)中作进一步限制,机身每侧的特定类型出口最大许可乘客座椅数规定如下:

A 型	110	Ⅰ 型	45
B 型	75	Ⅱ 型	40
C 型	55	Ⅲ 型	35
		Ⅳ 型	9

(1) 对于客座量为 1 至 9 座的,至少在机身每侧要有一个Ⅳ型或更大的机翼上方应急出口。如果在机翼上方不能提供出口,那么至少要在机身每侧有一个满足最小Ⅲ型门尺寸的出口。

(2) 对于客座量多于 9 座的,每一出口必须是Ⅲ型或大于Ⅲ型。

(3) 对于客座量是 10 至 19 座的,在机身每侧至少要有一个Ⅲ型或更大的出口。

(4) 对于客座量是 20 至 40 座的,在机身每侧至少要有两个出口,其中一个必须是Ⅱ型或更大的出口。

(5) 对于客座量是 41 至 110 座的,在机身每侧至少要有两个出口,其中一个必须是Ⅰ型或更大的出口。

(6) 对于客座量多于 110 座的,在机身每侧的应急出口必须包括至少两个Ⅰ型或更大的出口。

(7) 所有Ⅲ型出口许可的最大组合客座量是 70,由少于三排座椅分开的机身每侧的两个Ⅲ型出口,所能许可的最大组合客座量为 65。

(8) 如果设有 A 型、B 型或 C 型出口,那么在机身每侧至少要有两个 C 型或更大出口。

(9) 如果设有旅客用机腹型出口或尾锥型出口,而且飞机处于因一根或几根起落架折断而造成的最不利出口开启条件下这些出口能提供至少与Ⅲ型出口相同的撤离率时,则可以允许按下列规定增加客座量:

(i) 一个机腹型出口,增加 12 个客座;

(ii) 一个尾锥型出口(在承压壳体上具有宽不少于 510 毫米(20 英寸)、高不少于 1,524 毫米(60 英寸)、圆角半径不大于 178 毫米(7 英寸)的与地板齐平的出口,并具有符合第 25.810(a)条的经批准辅助设施),增加 25 个客座;

(iii) 一个尾锥型出口(在承压壳体的开口尺寸,跨上及跨下距离至少与Ⅲ型应急出口相等,并且开口顶部距客舱地板的高度不少于 1,420 毫米(56 英寸)),增加 15 个客座。

(h) 额外出口 下列出口还必须满足第 25.809 条至 25.812 条适用的应急出口要求,并且必须易于接近:

(1) 客舱中超出应急出口最少数量要求的每一紧急出口。

(2) 从客舱可进入的、大于或等于Ⅱ型出口但是小于 1,170 毫米(46 英寸)宽的任何其他与地板齐平的门或出口。

(3) 任何其他的机腹型或尾锥型乘客出口。

(i) 水上迫降旅客应急出口 无论是否申请水上迫降合格审定,必须根据下列规定设置水上迫降应急出口,除非满足本条(g)要求的应急出口已满足这些要求:

(1) 客座量(不包括驾驶员座椅)等于或小于 9 座的飞机,飞机每侧水线以上要有一个至少符合Ⅳ型尺寸的出口;

(2) 客座量(不包括驾驶员座椅)等于或大于 10 座的飞机,对每 35 名旅客(或不足 35 名的尾数)在飞机侧面水线以上要有一个至少符合Ⅲ型尺寸的出口,但客舱内此类出口不得少于两个,飞机每侧各一个。可以通过采用更大出口或其它措施提高客座量与出口之比,只要能表明在水上迫降期间飞机的撤离能力有相应提高；

（3）如果侧面出口不能设在水线以上，则必须用同等数量、尺寸不小于Ⅲ型尺寸的出口，易于接近的顶部带盖舱口来代替侧面出口，但对于客座量（不包括驾驶员座椅）等于或小于35座的飞机，只需要一个顶部带盖舱口来代替所要求的两个Ⅲ型侧面出口。

（j）飞行机组应急出口　对于旅客应急出口与飞行机组区的靠近程度不能为飞行机组撤离提供方便和易于接近的措施的飞机，以及客座量大于20座的所有飞机，飞行机组应急出口应设置在飞行机组区。此类出口的尺寸和位置应足以使机组能迅速撤离。在飞机两侧必须各有一个出口，或代之以一个顶部带盖舱口。每个出口必须包含一个至少为483×510毫米（19×20英寸）的无障碍矩形出口，除非能通过一名典型的机组成员圆满地演示了出口的实用性。

〔中国民用航空局1995年12月18日第二次修订，2001年5月14日第三次修订，2011年11月7日第四次修订〕

1.2　条款背景

第25.807条的目的是为规定旅客应急出口的类型和数量、水上迫降应急出口和飞行机组应急出口，确保应急情况下旅客和机组人员能够有效撤离。

1.3　条款历史

第25.807条在CCAR25部初版首次发布，截至CCAR-25-R4，该条款共修订过3次，如表1-1所示。

表1-1　第25.807条条款历史

第25.807条	CCAR25部版本	相关14 CFR修正案	备　注
首次发布	初版	25-15,25-32,25-39, 25-46,25-55	
第1次修订	R2	25-67,25-72	
第2次修订	R3	25-88,25-94	
第3次修订	R4	25-114	

1.3.1　首次发布

1985年12月31日发布了CCAR25部初版，其中包含第25.807条，该条款参考14 CFR PART 25初版和14 CFR修正案25-15、25-32、25-39、25-46和25-55中§25.807的内容制定。各修正案修订内容如下：

（1）14 CFR修正案25-0参考CAR4b，其中CAR4b.362调整为§25.807和§25.805，内容保持不变。

（2）14 CFR修正案25-15新增了§25.807(a)(5)、(a)(6)两项，对机腹型和

尾锥型应急出口提出了要求,修订了 §25.807(c)、(d) 两款,修改对每型应急出口对应乘客座椅数量的要求。

(3) 14 CFR 修正案 25 - 32 修订了 §25.807(a)(3)、(c) 和 (d),对Ⅲ型应急出口的位置要求进行更改。

(4) 14 CFR 修正案 25 - 39 修订了 §25.807 中 A 型应急出口对应最大乘客座椅布置的限制,将 A 型应急出口对应的最大乘客座椅数量定为 100 座,并在 §25.803(c) 中要求,对客座量大于 44 座的飞机,必须标明其最大乘坐量的乘员能在 90 秒内再模拟的应急情况下从飞机撤离至地面。

(5) 14 CFR 修正案 25 - 46 修订了 §25.807(a)(7)(vi),每个 A 型出口处至少设置一个乘务员座位。

(6) 14 CFR 修正案 25 - 55 修订了 §25.807(d),认为每个飞机在某些情况下都有可能进行水上迫降,要求无论是否申请水上迫降合格审定,都必须设置水上迫降应急出口。

1.3.2　第 1 次修订

1995 年 12 月 18 日发布的 CCAR - 25 - R2 对第 25.807 条进行了第 1 次修订,本次修订参考了 14 CFR 修正案 25 - 67 和 25 - 72 的内容,修订内容如下:

(1) 14 CFR 修正案 25 - 67 修订了 §25.807(c)(7),对应急出口之间的距离提出限制,目的是提高在应急撤离过程中乘客安全逃离飞机的可能性。

(2) 14 CFR 修正案 25 - 72 为适航标准的清晰和准确起见,将 §25.807 的部分要求分别转移到第 25.813 条等其他条款中,将 §25.805 飞行机组应急出口要求转移到 §25.807 中。

1.3.3　第 2 次修订

2001 年 5 月 14 日发布的 CCAR - 25 - R3 对第 25.807 条进行了第 2 次修订,本次修订参考了 14 CFR 修正案 25 - 88 和 25 - 94 的内容,修订内容如下:

(1) 14 CFR 修正案 25 - 88 新定义了 B 型和 C 型旅客应急出口,就出口类型的组合和最大许可乘客座椅数的关系提供了更一致的标准。对于由少于三排座椅分开的机身每侧的两个Ⅲ型出口,FAA 基于过去撤离演示的结果认为其所许可的最大组合客座量为 65,小于一个Ⅲ型出口许可的最大客座量 35 的 2 倍。

(2) 14 CFR 修正案 25 - 94 对 14 CFR PART 25 中的一些无意疏忽、编辑、排版或打印出错进行修正,对条款内容无实质性更改,也不会给任何人带来任何额外负担。

1.3.4　第 3 次修订

2011 年 11 月 7 日发布的 CCAR - 25 - R4 对第 25.807 条进行了第 3 次修订,本次修订参考了 14 CFR 修正案 25 - 114 的内容,修订了 §25.807(j) 对于额外出口的要求。在 14 CFR 25 - 72 修正案中原本存在对于额外出口的要求,但该要求在 14 CFR 25 - 88 和 14 CFR 25 - 94 修正案中遗漏了,所以在此修订中恢复了相关要求。

2 条款解读

2.1 条款要求

2.1.1 第 25.807(a)款

规定了 9 种应急出口的类型、尺寸大小、机上布置的要求。例如：Ⅲ 型出口可位于机翼上方，也可不在机翼上方，但Ⅳ型出口必须位于机翼上方。

2.1.2 第 25.807(b)款

本条定义了跨下距离，即开口的底部到机身向外延伸的可用踏脚处之间的实际距离，该踏脚处的尺寸应足够大，以确保不需用目光和感觉探索即可察觉。

2.1.3 第 25.807(c)款

本条定义了超尺寸应急出口，对于大于第 25.807(a)款规定尺寸的开口，无论是否是矩形，而且开口底部满足规定的跨下和跨上高度要求，可定义为超尺寸应急出口。

2.1.4 第 25.807(d)款

本条规定机身两侧成对的应急出口不需完全位置相对和尺寸一致。同时规定在按第 25.807(g)款中确定许可的乘客座位数时应选取成对的两个应急出口中较小者。

2.1.5 第 25.807(e)款

为保持应急情况下旅客有效撤离，应同时考虑应急出口与客舱内部座椅布置关系及应急出口在机身上的相对位置，以保证出口的布置尽可能均匀分布。AC25.807-1 中定义了旅客分区、最大乘客座椅数、客舱长度、应急出口系数、机身长度因子和应急出口偏差等参数，给出了一种分析应急出口是否均匀分布的计算方法。

2.1.6 第 25.807(f)款

要求旅客应急出口必须是易于接近的，其布置可以提供有效的旅客撤离措施。易于接近是指该应急出口的通路满足第 25.813 条相关要求，必须考虑该出口是否接近螺旋桨平面、发动机进气口或尾喷口、潜在的火源及潜在的机身坠撞损伤等因素，以保证旅客撤离的安全。

对只有一个与地板齐平的应急出口的飞机，其必须安装于客舱后部，通常客舱后部的座位布置比较密集，统计表明在迫降的情况下飞机尾部乘员的存活率比较高，而且第 25.785 条要求乘务员座椅设置在靠近所要求的与地板齐平的应急出口，以指挥旅客应急撤离，此时飞行机组也可协助乘务员指挥旅客从客舱前部撤离。

2.1.7 第 25.807(g)款

机身每侧的应急出口类型和数量，决定了许可的最大乘客座椅数。对于客座量不同的飞机，提出了机身每侧出口的最低要求。对于设置了旅客用机腹型出口或尾锥型出口的情况,可以按本条规定增加客座量。

2.1.8 第 25.807(h)款

对于额外出口,需要满足第 25.809 条至第 25.812 条应急出口适用要求,同时要易于接近。

2.1.9 第 25.807(i)款

无论是否申请水上迫降合格审定,必须设置水上迫降应急出口。如果旅客应急出口在飞机侧面水线以上,该出口也可同时作为水上迫降应急出口,飞机侧面水线依据第 25.801 条来确定。

2.1.10 第 25.807(j)款

在驾驶舱内设置有阻挡飞行机组接近旅客应急出口的观察员座椅,或者旅客应急出口设置在客舱中部或后部,飞行机组必须通过客舱才能接近旅客应急出口,从而导致旅客应急出口与飞行机组区的靠近程度不能为飞行机组撤离提供方便和易于接近的措施的飞机,必须在飞行机组区设置飞行机组应急出口。对于客座量大于 20 座的飞机,都必须在飞行机组区设置飞行机组应急出口。飞行机组应急出口的设置应考虑飞行机组易于接近,方便撤离的可能性,设置在飞行机组座椅和出口之间的障碍不能妨碍有效撤离或者降低撤离速度,不能伤害飞行机组的位置,还必须保证在从出口撤离至地面的过程中,不能有机身外部天线等突出物伤害飞行机组,在评估时还必须考虑一根或几根起落架支柱折断导致飞机倾斜或俯仰后的各种不利姿态。必要时通过一名典型的机组成员圆满演示出口的实用性。

2.2 相关条款

与第 25.807 条相关的条款如表 2-1 所示。

表 2-1 第 25.807 条相关条款

序 号	相关条款	相 关 性
1	第 25.810(a)款	一个尾锥型出口,在尺寸满足本条要求,辅助设施满足第 25.810(a)款的要求的情况下,可以增加 25 个客座
2	第 25.809 条	额外出口需满足第 25.809 条有关应急出口布置的要求
3	第 25.810 条	额外出口需满足第 25.810 条有关应急撤离辅助设施与撤离路线的要求
4	第 25.811 条	额外出口需满足第 25.811 条有关应急出口标记的要求
5	第 25.812 条	额外出口需满足第 25.812 条有关应急照明的要求

3 验证过程

3.1 验证对象

第 25.807 条的验证对象为应急出口。

3.2　符合性验证思路

第 25.807 条的符合性验证方法可采用设计文档描述、计算分析、地面试验和机上检查等方法,表明应急出口的尺寸、位置、数量等符合本条款的要求。

3.2.1　设计文档描述

说明机身每侧的应急出口类型和数量及由此确定的最大乘客座椅数。提供图纸,说明每个应急出口的位置和尺寸等;引用水上迫降试验和分析结果,确定水线位置及水上迫降应急出口的设置;提供图纸说明飞行机组应急出口的位置和尺寸等。

3.2.2　分析计算

参照 AC25.807-1 分析应急出口布置的均匀性。

3.2.3　地面试验

必要时,进行飞行机组应急出口地面验证试验。

3.2.4　机上检查

对应急出口进行必要的机上检查,检查应急出口的位置和尺寸是否符合图纸的要求。

3.3　符合性验证方法

通常,针对第 25.807 条的符合性验证方法如表 3-1 所示。

表 3-1　建议的符合性方法

条　款　号	专　业	符 合 性 方 法										备　注
		0	1	2	3	4	5	6	7	8	9	
第 25.807(a)款	总　体		1						7			
第 25.807(b)款	总　体		1						7			
第 25.807(c)款	总　体		1						7			
第 25.807(d)款	总　体		1									
第 25.807(e)款	总　体			2								
第 25.807(f)款	总　体		1						7			
第 25.807(g)款	总　体		1						7			
第 25.807(h)款	总　体		1						7			
第 25.807(i)款	总　体		1	2					7			
第 25.807(j)款	总　体		1				5					

3.4　符合性验证说明

3.4.1　第 25.807(a)款符合性验证说明

提供应急出口设计图纸,根据设计尺寸确定应急出口的型式,针对应急出口进行机上检查,确认应急出口尺寸、跨上距离等检查结果是否满足条款要求。

以 I 型应急出口为例,通过设计图纸和机上实测,确定出口形状应当为矩形出口,且与地板平齐,宽度不少于 610 毫米,高度不少于 1 220 毫米,门的圆角半径不大于 203 毫米。

3.4.2 第 25.807(b)款符合性验证说明

提供应急出口布置图,说明飞机上存在哪些设计有跨下距离的出口,针对存在跨下距离的应急出口进行机上检查,确认脚踏处的尺寸大到足以不需要目光和感觉探索即起作用。

3.4.3 第 25.807(c)款符合性验证说明

如果飞机上的应急出口大于第 25.807(a)款规定的尺寸,则定义为超尺寸应急出口。提供出口布置图,说明按第 25.807(a)款尺寸规定的举行能够内接在该超尺寸应急出口内,通过机上检查,确认被内接矩形开口的底部满足本条规定的跨下和跨上距离要求。

3.4.4 第 25.807(d)款符合性验证说明

提供应急出口布置图,说明飞机两侧成对的应急出口的相对位置和尺寸,无须位置完全相对和尺寸一致。

3.4.5 第 25.807(e)款符合性验证说明

参照 AC25.807 - 1,分析应急出口布置的均匀性。满足以下三个条件,则评定应急出口分布是均匀的。

(1) 出口偏移量占客舱长度的百分比百分比不得大于 15%。

(2) 任意相邻的两个出口的距离不小于机身长度系数 5 871.21 毫米。

(3) 任意相邻的两个出口的距离不大于 18 288 毫米。

3.4.6 第 25.807(f)款符合性验证说明

对于第 25.807(f)(1)项,提供应急出口布置图和机上检查,表明每一个应急出口易于为乘客所接近,并且其布置能为乘客提供最有效的撤离措施。

对于第 25.807(f)(2)项,提供应急出口布置图和机上检查,表明如果飞机每侧与地板齐平的应急出口仅有一个,而飞机又没有尾锥型或机腹型应急出口,那么该与地板齐平的应急出口位于客舱的后部。

对于第 25.807(f)(3)项,提供应急出口布置图和机上检查,表明如果飞机每侧与地板齐平的应急出口多于一个,并且飞机不是客货混合构型,那么客舱每侧的前端和后端至少要有一个与地板齐平的应急出口。

对于第 25.807(f)(4)项,提供应急出口布置图和机上检查,表明机身每一舱段每侧的相邻出口的距离不超过 18 米。

3.4.7 第 25.807(g)款符合性验证说明

根据机身每侧的特定类型出口和数量,计算飞机最大许可乘客座椅数,飞机的设计最大客座量不得超过许可的最大乘客座椅数的要求。根据飞机客座量大小以及机身每侧应急出口的类型,对应于第 25.807(g)(1)项至第 25.807(g)(9)项,需满足不同的分布和类型要求。

以客座量为 90 的飞机为例,需满足第 25.807(g)(5)项的要求,提供应急出口布置图和机上检查,确认机身每侧至少有 2 个出口,其中一个是 I 型或更大的出口。

3.4.8　第 25.807(h)款符合性验证说明

通过应急出口布置图和机上检查,表明额外出口满足应急出口的适用要求,同时还易于接近。

3.4.9　第 25.807(i)款符合性验证说明

根据飞机客座量的大小,对应满足第 25.807(i)(1)项或第 25.807(i)(2)项的要求。以客座量为 90 的飞机为例,需满足第 25.807(i)(2)项的要求。通过应急出口布置图,说明在飞机侧面水线以上布置的出口不少于两个,其出口尺寸至少符合Ⅲ型尺寸的要求,且飞机每侧各至少布置一个。通过机上检查,确认出口满足上述要求。

对于本条所提的飞机侧面水线以上的出口,采用计算分析的方法,对飞机进行水线计算。飞机的漂浮姿态和吃水深度可由阿基米德原理来确定,即一个物体漂浮在水上,其排水量等于漂浮物体自身的重量。当漂浮物体在水上处于平衡时,物体的水平重心与排水量的水平重心将位于同一垂直平面内。确定飞机的漂浮姿态角和参考水线(吃水深度)后,判断侧面水上迫降应急出口是否在水线之上。如果侧面水上迫降应急出口不在水线以上,则需满足第 25.807(i)(3)项的要求,用易于接近的顶部带盖舱口来代替侧面出口。

3.4.10　第 25.807(j)款符合性验证说明

对于客座量大于 20 座的所有飞机,需要在驾驶舱设置飞行机组应急出口。通过飞行机组应急出口布置图,说明在飞机两侧各布置一个,或者在顶部布置一个,每个出口尺寸必须大于 483 毫米×510 毫米的矩形。如果尺寸无法满足要求,可以通过试验的方法,试验模拟飞行机组成员在规定的时间从飞行机组应急出口爬出并利用应急设备(如救生绳)撤离至地面,则表明该飞机的飞行机组应急出口撤离能力满足适航条款的要求。

3.5　符合性文件清单

通常,针对第 25.807 条的符合性文件清单如表 3-2 所示。

表 3-2　建议的符合性文件清单

序　号	符 合 性 报 告	符合性方法
1	应急出口设计和布置图	MOC1
2	飞行机组应急出口设计和布置图	MOC1
3	应急出口分布均匀性计算分析报告	MOC2

（续表）

序　号	符 合 性 报 告	符合性方法
4	飞机水线计算分析报告	MOC2
5	飞行机组应急撤离试验大纲	MOC5
6	飞行机组应急撤离试验报告	MOC5
7	应急出口机上检查大纲	MOC7
8	应急出口机上检查报告	MOC7

4　符合性判据

应急出口机上检查的符合性判据：客舱每侧应急出口的数量、尺寸以及与地板齐平性等满足条款要求。

应急出口分布均匀性的符合性判据，需同时满足：

（1）出口偏移量占客舱长度的百分比百分比不得大于 15%。

（2）任意相邻的两个出口的距离不小于机身长度系数 5 871.21 毫米。

（3）任意相邻的两个出口的距离不大于 18 288 毫米。

水上迫降应急出口符合性判据：水上迫降应急出口在飞机侧面水线之上。

飞行机组应急出口符合性判据：试验成员在规定的时间内从飞行机组应急出口爬出并利用救生绳撤离至地面。

参考文献

[1]　14 CFR 修正案 25 - 55 Federal Aviation Regulations；Miscellaneous Amendments [S].

[2]　14 CFR 修正案 25 - 67 Location of Passenger Emergency Exits in Transport Category Airplanes [S].

[3]　14 CFR 修正案 25 - 72 Special Review：Transport Category Airplane Airworthiness Standards [S].

[4]　14 CFR 修正案 25 - 88 Type and Number of Passenger Emergency Exits Required in Transport Category Airplanes [S].

[5]　14 CFR 修正案 25 - 94 Transport Category Airplanes，Technical Amendments and Other Miscellaneous Corrections [S].

[6]　14 CFR 修正案 25 - 114 Design Standards for Fuselage Doors on Transport Category Airplanes [S].

[7]　FAA. AC25.807 - 1 Uniform Distribution of Exits [S]. 1990.

[8]　FAA. AC25 - 17A Transport Airplane Cabin Interiors Crashworthiness Handbook [S]. 2009.

运输类飞机适航标准
第 25.809 条符合性验证

1 条款介绍

1.1 条款原文

第 25.809 条 应急出口布置

(a) 每个应急出口,包括飞行机组应急出口在内,必须是机身外壁上能提供通向外部的无障碍开口的活动舱门或带盖舱口。而且,每个应急出口必须具有在出口关闭时能够观察外部状况的设施。该观察设施可以在出口上或者在出口附近,并且在出口和观察设施之间无障碍。还必须提供设施,能够观察撤离人员接地的可能区域。在起落架放下和起落架折断的所有条件下,在所有照明条件下,撤离人员接地的可能区域必须是可见的。

(b) 每个应急出口必须能从内外两侧开启,但如果从飞行机组区域能方便而迅速地接近其它经批准的出口,则该区域的滑动窗户应急出口不必能从外侧开启。在下列条件下,当机身无变形时必须能打开每个应急出口:

(1) 飞机处于正常地面姿态,和在一根或几根起落架支柱折断时的每一种姿态;

(2) 从开门装置启动到出口完全打开,不超过 10 秒钟。

(3) 即使在飞机内侧有人拥挤在门上。

(c) 开启应急出口的措施必须简单明了,且不得要求特别费力;并且必须被安排和标记成能够易于定位和操作,即使在黑暗中。飞行机组应急出口可以采用按顺序多次操作(如操作双手柄或多个锁闩,或解开几个保险钩)的内部开启措施,前提是:有理由认定这些措施对于受过使用训练的机组成员是简单明了的。

(d) 如果在应急情况下操作一个以上出口的主系统是单个的助力或单个动力操作系统,则每个出口必须能在主系统失效的情况下满足本条(b)的要求。主系统失效后对出口进行人力操作是可以接受的。

(e) 每个应急出口必须用试验,或分析结合试验,来表明满足本条(b)和(c)的要求。

（f）当以合适的操作程序使用时，每一门必须位于使用它们的人不会被螺旋桨打伤的位置。

（g）必须有措施使应急出口在轻度撞损着陆中因机身变形而被卡住的概率减至最小。

（h）对于任何大型涡轮喷气客机，中国民用航空局有关营运规定所要求的每个机腹型出口和尾锥型出口必须符合下列规定：

（1）其设计和构造应使在飞行中不能将其打开；

（2）在靠近出口开启措施的醒目位置，设置从相距 760 毫米（30 英寸）处可辨读的标牌，说明该出口的设计和构造使其在飞行中是不能打开的。

（i）每个应急出口必须具有设施，一旦在紧急情况中打开该出口则能够保持该出口处于打开位置。打开出口时，该装置不得需要独立的动作来锁定，并且必须需要明确的动作来解锁。

〔中国民用航空局 1995 年 12 月 18 日第二次修订，2011 年 11 月 7 日第四次修订〕

1.2　条款背景

第 25.809 条的目的是为规定应急出口的布置，确保在应急情况下，乘客和机组人员能有效撤离。

1.3　条款历史

第 25.809 条在 CCAR25 部初版首次发布，截至 CCAR‑25‑R4，该条款共修订过 2 次，如表 1‑1 所示。

表 1‑1　第 25.809 条条款历史

第 25.809 条	CCAR25 部版本	相关 14 CFR 修正案	备　注
首次发布	初版	25‑1,25‑9,25‑15,25‑32, 25‑34,25‑46,25‑47	
第 1 次修订	R2	25‑72	
第 2 次修订	R4	25‑114,25‑116	

1.3.1　首次发布

1985 年 12 月 31 日发布了 CCAR25 部初版，其中包含第 25.809 条，该条款参考了 1964 年 12 月 24 日发布的 14 CFR PART 25 和 14 CFR 修正案 25‑1、25‑9、25‑15、25‑32、25‑34、25‑46 和 25‑47 中 §25.809 的内容制定。各修正案修订内容如下：

（1）14 CFR PART 25 参考 CAR4b，其中 CAR4b.362 调整为 §25.809，内容保持不变。

（2）14 CFR 修正案 25‑1 修订了 §25.809(f)，提出对所有机翼上方应急出口要有措施帮助乘员下降到地面的要求。

（3）14 CFR 修正案 25‑9 修订了 §25.809(f)，对应急出口所使用绳索的载荷提出要求。

（4）14 CFR 修正案 25‑15 修订了 §25.809(f)，新增了 §25.809(h)，修订应急出口布置的要求。

（5）14 CFR 修正案 25‑32 修订了 §25.809(b)、(f)、(g)和(h)，对应急出口打开方式提出要求。

（6）14 CFR 修正案 25‑34 新增了 §25.809(j)，要求对机腹型出口和尾锥型出口增加附加安全措施防止其在飞行中打开。

（7）14 CFR 修正案 25‑46 新增了 §25.809(f)(1)(iv)和(f)(1)(v)，对应急撤离滑梯的安装提出要求。

（8）14 CFR 修正案 25‑47 修订了 §25.809(f)(1)(iii)，对滑梯的长度提出要求。

1.3.2　第 1 次修订

1995 年 12 月 18 日发布的 CCAR‑25‑R2 对第 25.809 条进行了第 1 次修订，本次修订参考了 14 CFR 修正案 25‑72 的内容：将原 §25.809(f)和(h)的内容移至 §25.803 和 §25.807，将原 §25.809(d)、(e)、(i)、(g)和(j)重新相应地调整为 §25.809(f)、(g)、(d)、(e)和(h)，内容不变。

1.3.3　第 2 次修订

2011 年 11 月 7 日发布的 CCAR‑25‑R4 对第 25.809 条进行了第 2 次修订，本次修订参考了 14 CFR 修正案 25‑114 和 25‑116 的内容，修订内容如下：

（1）14 CFR 修正案 25‑114 修订了 §25.809(b)、(c)和(f)，将 §25.783(b)中"即使人员在机身内侧可能拥挤在舱门上"转移为 §25.809(b)(3)，将 §25.783(b)中"且必须布置和标记得即使在黑暗中也易于辨别位置和操作"转移为 §25.809(c)的一部分，将 §25.783(d)中"当以合适的操作程序使用时，每一门必须位于使用它们的人不会被螺旋桨打伤的位置"转移作为 §25.809(f)。

（2）14 CFR 修正案 25‑116 修订了 §25.809(a)，对应急出口的外部观察设施提出要求；新增 §25.809(i)，对应急出口的持开设施提出规定。

2　条款解读

2.1　条款要求

2.1.1　第 25.809(a)款

应急出口是旅客及机组成员在应急情况下，从机内撤离到地面的必要出口，因此应急出口必须是活动的舱门或带盖舱口，以便在应急情况下可被迅速打开，使机上所有乘员能在规定的时间内撤离飞机。

另外应急情况下,在撤离者打开某出口之前能够观察到机外是否有火情等状况,以决定是否应该开启此出口,能保护撤离者免受意外的伤害,因此在每个应急出口上或其附近有能够观察外部状况的设施是非常重要的,这样的外部观察设施应能被准备打开出口的人员使用,可以是位于出口上或者出口邻近框间距内的窗户。

外部观察设施是为了使人在对外部状况评估的基础上确定是否打开出口并且从该出口撤离是安全的,然而此时对于某些出口(如翼上出口),基于所能观察到的范围还不能对撤离者接地的区域做出评估,为此有必要增加一个目视设施,利用该设施,在所有照明条件下,在起落架放下和起落架折断的所有条件下能够观察撤离人员接地的可能区域。在该目视设施使用时的照明条件方面,没有专门的最低照明水平的要求,可以使用应急照明系统,也可以使用应急情况下可用的任何内部和外部灯光来提供接地区域的可见性。

2.1.2　第 25.809(b)款

本款是对应急出口开启方式和开启时间的要求。

由于某些原因,如机内烟雾或机组人员的伤亡,造成应急出口无法从内部开启,为了应急撤离的需要,出口必须能从外部打开。

在机身无变形时,当飞机处于正常地面姿态,和起落架支柱折断而造成的每一种姿态下,即使在飞机内侧有人拥挤在门上时,也要求每个应急出口必须在 10 秒内完全打开。由于起落架支柱折断会导致飞机俯仰或倾斜,因此需要确定飞机的这些不利姿态,并验证当飞机处在正常地面姿态和各种最不利姿态下,出口能在 10 秒内完全打开。出口完全打开是指出口打开后处于最终位置的状态,如出口打开装置已经将出口保持在打开位置,或者打开舱盖后已经将舱盖放置在合适的存放位置(针对可卸舱盖)等。

为防止飞机内侧有人拥挤在门上影响开门,可使打开出口时舱门向内的运动及有人干涉内侧手柄操作的可能性降至最低。

2.1.3　第 25.809(c)款

开启应急出口的措施必须设计成简单明了,对于旅客应急出口,为解锁和打开出口,所要求的简单的手动手柄操作动作不得多于一个。针对仅被飞行机组使用的出口,可以使用按顺序多次操作来打开出口的方法,但必须制定出合理的顺序操作方法,飞行机组经过简单使用训练即可掌握,且出口的开启措施不受环境光度的影响,即使在黑暗中,也能易于定位和操作。

2.1.4　第 25.809(d)款

如果在应急情况下操作一个以上出口的主系统是单个的助力或单个动力操作系统,则在主系统失效的情况下每个出口必须能满足本条(b)款的要求,从开门装置启动到出口完全打开不超过 10 秒。需要通过演示表明在不使用助力或动力操作系统时,出口操作人员不必具有额外的技能或力气就能打开出口。

2.1.5 第 25.809(e)款

本款要求必须采用试验或分析结合试验的方法,来表明满足本条(b)款和本条(c)款的要求。

2.1.6 第 25.809(f)款

本款是从安全角度出发对应急出口的布置提出要求。对于使用螺旋桨发动机的飞机来说,在螺旋桨旋转平面内不要设置出口,以避免机组成员和旅客在上下飞机时受到螺旋桨的伤害,特别是在应急情况下打开出口撤离时。

2.1.7 第 25.809(g)款

在轻微坠撞情况下,机身可能会扭曲变形,导致出口被卡住而不能打开造成危险,为此可设计使出口和出口周围机身支持结构之间具有足够的间隙以适应机身可能的扭曲变形,而且可设计使出口门框的刚度比其周围结构刚度更高,以将出口门框的扭曲变形降至最低,另外,也需要设计使出口及其操作机构具有足够的强度和刚度防止因出口损坏而导致出口不能被打开。

2.1.8 第 25.809(h)款

对于机腹型和尾锥型出口,本款要求在飞行中不得被开启,同时还必须设置标牌提醒,该标牌设置在靠近出口开启措施的醒目位置,从相距 760 毫米处可辨读。

2.1.9 第 25.809(i)款

在撤离过程中,不利的飞机姿态、风速和旅客撤离时的触碰都可能使未保险的舱门在撤离中关闭,危害后续撤离人员,因此需要具有保持打开的装置,打开该出口后能够保持该出口处于打开位置。该装置能自动将打开的出口保持在打开位置,但关闭出口时必须采用诸如按动按钮或操作解锁手柄才能关闭出口。

2.2 相关条款

第 25.809 条无相关条款。

3 验证过程

3.1 验证对象

第 25.809 条的验证对象为飞机的应急出口布置。

3.2 符合性验证思路

第 25.809 条的符合性验证方法可采用设计文档描述、计算分析和/或实验室试验、机上地面试验等方法。通过提交飞机应急出口(包括飞行机组应急出口)的相关设计技术资料,说明出口的操作机构、观察外部状况的设施、保持出口在打开位置的措施等;通过轻微坠撞情况下的机身变形分析或必要时进行试验,验证机身的变形导致舱门被卡住概率能减至最小;通过实验室试验和/或机上地面试验,验证出口是否可在 10 秒内完全打开,并测量打开出口所需要的最大力;通过机上检查,检查在正常照明条件和应急照明条件下飞机内部能否观察到撤离人员接地的可能区域,检查保持出口在打开位置的措施的有效性,检查开启出口的措施在黑暗中是否易于定位和操作。

3.3　符合性验证方法

通常,针对第 25.809 条的符合性验证方法如表 3-1 所示。

表 3-1　建议的符合性方法

条　款　号	专业	符合性方法										备　注
		0	1	2	3	4	5	6	7	8	9	
第 25.809(a)款	总　体		1						7			
第 25.809(b)款	舱　门		1									
第 25.809(b)(1)项	舱　门			2								
第 25.809(b)(2)项	舱　门						5					
第 25.809(b)(3)项	舱　门		1									
第 25.809(c)款	舱　门		1				5					
第 25.809(d)款	舱　门		1				5					
第 25.809(e)款	舱　门		1				5					
第 25.809(f)款	舱　门		1						7			
第 25.809(g)款	舱　门		1	2								
第 25.809(h)款	舱　门		1						7			
第 25.809(i)款	舱　门		1				5					

3.4　符合性验证说明

3.4.1　第 25.809(a)款符合性验证说明

提交飞机应急出口(包括飞行机组应急出口)设计布置图,表明各个应急出口均提供通向外部的无障碍开口的活动舱门,每个应急出口上或邻近区域设有观察窗。通过机上检查,确认应急出口和观察窗与设计图纸的符合性,并确认通过观察窗,在出口关闭时可以观察外部状况,同时满足应急撤离滑梯到达的可能区域可见。

3.4.2　第 25.809(b)款符合性验证说明

提交应急出口开启技术方案,表明每个应急出口均可以从内外两侧开启。如果通风窗作为飞行机组应急出口,符合从飞行机组区域能方便而迅速地接近的要求,则通风窗可以只从内部开启,不必从外侧打开。

对于第 25.809(b)(1)项,采用计算分析(MOC2)的方法,分析飞机处于正常地面姿态和一根或几根起落架支柱折断时的每一种姿态,再计算每一种姿态下的舱门开启操作力,确认每一种姿态下均能打开应急出口。

对于第 25.809(b)(2)项,开展舱门机上地面试验,验证每个作为应急出口的舱门(包括通风窗),从开始打开到完全打开时间不超过 10 秒。

对于第 25.809(b)(3)项,提供舱门开启技术方案,表明当飞机内侧有人拥挤在门附近时,舱门能够正常打开。

3.4.3 第 25.809(c)款符合性验证说明

提供舱门开启技术方案,表明舱门开启措施简单明了,开启过程灵活,说明开门措施的设置和标记在黑暗中如何定位和操作。

通过舱门开启机上地面试验,开启舱门,验证开启措施简单明了,操作力适中,易于开启,可在黑暗状态下验证门开启的便利性。

3.4.4 第 25.809(d)款符合性验证说明

提供舱门开启技术方案,说明有备用的助力或动力操作系统以及其他开启方案,在主系统失效的情况下,仍然可以开启应急出口。

通过舱门开启地面试验,验证在主系统失效的情况下,可以通过人力操作来开启舱门。

3.4.5 第 25.809(e)款符合性验证说明

针对每个出口采用试验或分析结合试验的方法,来表明满足本条(b)款和(c)款的要求,详见 3.4.2 节第 25.809(b)款符合性验证说明和 3.4.3 节第 25.809(c)款符合性验证说明。

3.4.6 第 25.809(f)款符合性验证说明

提供螺旋桨安装图,说明在螺旋桨旋转平面是否设置了应急出口,对螺旋桨安装和应急出口设置进行机上检查,以确认机组成员和旅客在通过出口上下飞机时不会受到螺旋桨的伤害。

3.4.7 第 25.809(g)款符合性验证说明

采用计算分析(MOC2)的方法对应急出口门框进行强度校核,确认门框设计比其周围结构强,从而表明将门框扭曲变形的可能性降至最低。提供舱门安装技术条件,说明舱门和周围机身支持结构间具有足够的间隙可以适应机身可能的扭曲变形。最终通过较强的门框结构设计和一定的间隙设计使得舱门尽可能避免在轻度坠损中因机身变形而卡住。

3.4.8 第 25.809(h)款符合性验证说明

提供机腹型和尾锥型出口的设计方案和图纸,说明机腹型和尾锥型出口的设计和构造在飞行中不能被打开。

通过机上检查,确认靠近出口开启措施的醒目位置,设置了从相距 760 毫米处可辨读的标牌,标牌上标注有该出口飞行中不能打开的警示。

3.4.9 第 25.809(i)款符合性验证说明

通过应急出口设计方案和图纸,说明每个出口均设置了能保持出口在处于打开位置的装置,通过舱门开启机上地面试验,确认打开出口时该装置不需要独立的动作来锁定,并且必须通过明确的动作来解锁。

3.5　符合性文件清单

通常,针对第 25.809 条的符合性文件清单如表 3-2 所示。

表 3-2　建议的符合性文件清单

序　号	符 合 性 报 告	符合性方法
1	应急出口设计和布置图	MOC1
2	舱门开启技术方案	MOC1
3	舱门安装技术条件	MOC1
4	螺旋桨安装图	MOC1
5	舱门开启操作力分析计算	MOC2
6	门框强度校核报告	MOC2
7	舱门开启机上地面试验大纲	MOC5
8	舱门开启机上地面试验报告	MOC5
9	舱门开启机上检查大纲	MOC7
10	舱门开启机上检查报告	MOC7
11	应急出口布置机上检查大纲	MOC7
12	应急出口布置机上检查报告	MOC7
13	螺旋桨安装机上检查	MOC7
14	螺旋桨安装机上检查	MOC7

4　符合性判据

第 25.809(a)款符合性判据:驾驶舱客舱布置方案以及舱门的技术方案明确了飞机应急出口布置及通道满足要求。完成机上检查,检查结果表明飞机应急出口布置及通道满足要求。

第 25.809(b)款符合性判据:每个应急出口均设计成可以从内外两侧开启。机上地面试验结果表明其可在 10 秒内打开。

第 25.809(c)款符合性判据:应急出口开门措施简单明了,操作力适中,开门措施的设置和标记即使在黑暗中也易于定位和操作。

第 25.809(d)款符合性判据:在紧急情况下登机门和应急门均由应急作动器实施开启,同时可通过人力操作来开启舱门。

第 25.809(e)款符合性判据:本条在第 25.809(b)款和第 25.809(c)款处予以验证。

第 25.809(f)款符合性判据:在螺旋桨旋转平面内未设置出口。

第 25.809(g)款符合性判据:门框结构比周围结构强,强度校核的安全裕度大于 0。

第 25.809(h)款符合性判据：对于机腹型出口和尾锥型出口，飞行中确保不能打开，在靠近出口开启措施的醒目位置，设置从相距 760 毫米(30 英寸)处可辨读的标牌，警示该出口在飞行中不能打开。

第 25.809(i)款符合性判据：每个出口设置了能保持出口在处于打开位置的装置，该装置不需要独立的动作来锁定，可通过明确的动作解锁。

参考文献

[1] 14 CFR 修正案 25-47 Operations Review Program: Amendment No. 10; Airworthiness, Equipment, and Operating Rules [S].

[2] 14 CFR 修正案 25-72 Special Review: Transport Category Airplane Airworthiness Standards [S].

[3] 14 CFR 修正案 25-114 Design Standards for Fuselage Doors on Transport Category Airplanes [S].

[4] 14 CFR 修正案 25-116 Miscellaneous Cabin Safety Changes [S].

[5] FAA. AC25.783-1A Fuselage Doors and Hatches [S]. 2005.

[6] FAA. AC25.795-1A Flightdeck Intrusion Resistance [S]. 2008.

[7] FAA. AC25-17A Transport Airplane Cabin Interiors Crashworthiness Handbook [S]. 2009.

[8] FAA. AC25.783-1 Fuselage Doors and Hatches [S]. 2005.

运输类飞机适航标准 第 25.810 条符合性验证

1 条款介绍

1.1 条款原文

第 25.810 条　应急撤离辅助设施与撤离路线

（a）当陆上飞机起落架放下停在地面时，对于每个非机翼上方的 A 型、B 型和 C 型应急出口和离地高度超过 1.83 米（6 英尺）的任何其他非机翼上方的应急出口，必须有经批准的设施协助乘员下地。

（1）每个旅客应急出口的辅助设施必须是自行支承式滑梯或等效设施，当为 A 型或 B 型出口时，该设施必须能同时承载两股平行的撤离人员。此外，辅助设施的设计必须满足下列要求：

（i）必须能自动展开，而且必须在从飞机内部启动开门装置至出口完全打开期间开始展开。但是如果旅客登机门或服务门兼作旅客应急出口，则必须有手段在非应急情况下，从内侧或外侧正常打开时防止辅助设施展开；

（ii）除 C 型应急出口的辅助设施之外，必须能在展开后 6 秒钟内自动竖立。C 型应急出口的辅助设施必须要在应急出口的开启设施被启动后 10 秒钟内自动竖立。

（iii）在完全展开后，辅助设施的长度必须能使其下端自行支承在地面，并且在一根或几根起落架支柱折断后，能供乘员安全撤离到地面；

（iv）必须能够在风向最不利、风速 25 节时展开，并能在完全展开后仅由一个人扶持，就能供乘员安全撤离到地面；

（v）对于每种辅助设施的系统安装（装在实体模型或飞机上），必须连续进行五次展开和充气试验（每个出口）而无失败。每五次上述连续试验中，至少有三次必须使用装置的同一个典型抽样来举行。各抽样在经受第 25.561(b) 条规定的惯性力后，必须能用该系统的基本手段展开和充气，如在所要求的试验中该系统的任何部分发生损坏或工作不正常，必须确实排除损坏或故障的原因，此后必须再进行完整的连续五次的展开和充气试验而无失败。

(2) 飞行机组应急出口的辅助设施,可以是绳索或任何其它经过演示表明适合于此用途的设施。如果辅助设施是绳索或一种经过批准的等效装置,则必须满足下列要求:

(i) 辅助设施应连接在应急出口顶部(或顶部上方)的机身结构上,对于驾驶员应急出口窗上的设施,如果设施在收藏后或其接头会减小飞行中驾驶员视界,则也可连接在其它经批准的位置上;

(ii) 辅助设施(连同其接头)应能承受 1,765 牛(180 公斤;400 磅)的静载荷。

(b) 每个位于机翼上方并具有跨下距离的 A 型、B 型出口必须有从座舱下到机翼的辅助设施,除非能表明无辅助设施的此型出口的旅客撤离率至少与同型非机翼上方的出口相同。要求有辅助设施时,它必须能在出口打开的同时自动展开和自动竖立。对于 C 型出口,它必须要在出口的开启装置启动之后 10 秒钟内自动支承。对于其它类型出口,必须要在展开之后 6 秒钟内自行支承。

(c) 必须制定从每个机翼上方应急出口撤离的撤离路线,并且(除了可作为滑梯使用的襟翼表面外)均应覆以防滑层。除了提供疏导撤离人流装置的情况外,撤离路线必须满足以下要求:

(1) A 型、B 型的乘客应急出口处的撤离路线,或两个Ⅲ型乘客应急出口处的任何共用撤离路线,必须至少 1,066 毫米(42 英寸)宽。任何其它的乘客应急出口必须至少 610 毫米(24 英寸)宽;

(2) 撤离路线表面的反射率必须至少为 80%,而且必须用表面对标记的对比度至少为 5∶1 的标记进行界定。

(d) 位于机翼上方的 C 型出口和所有那些当飞机放下起落架停在地面上,本条(c)要求的撤离路线在飞机结构上的终点离地面高度大于 1.83 米(6 英尺)时,必须要为撤离者到达地面提供辅助设施,并且:

(1) 如果撤离路线经过襟翼,则必须在襟翼处于起飞或着陆位置(取离地高度较大者)时测量终点的高度;

(2) 辅助设施必须能在一根或几根起落架支柱折断后,风向最不利、风速 25 节的条件下仍然可以使用并自行支承;

(3) 供每条从 A 型、B 型应急出口引出的撤离路线使用的辅助设施,必须能同时承载两股平行的撤离人员。对任何其它类型的出口,其辅助设施能同时承载的撤离人员股数必须与所要求的撤离线路数目相同;

(4) 供每条从 C 型应急出口引出的撤离路线使用的辅助设施,必须能在出口的开启机构被启动后 10 秒钟内自动竖立,对于任何其它类型的出口,其辅助设施必须在竖立系统启动之后的 10 秒钟内自动竖立。

(e) 如果作为旅客应急出口的旅客登机门上装有整体式梯子,则该梯子必须设计成在下列情况下不会降低旅客应急撤离的有效性:

（1）舱门、整体式梯子和操纵机构受到第 25.561 条（b）（3）规定的相对于周围结构分别作用的惯性力。

（2）飞机处于正常的地面姿态和一根或几根起落架支柱折断的每一姿态。

〔中国民用航空局 1995 年 12 月 18 日第二次修订，2001 年 5 月 14 日第三次修订，2011 年 11 月 7 日第四次修订〕

1.2　条款背景

第 25.810 条的目的是为规定乘员应急撤离辅助设施和撤离路线，确保在应急情况下，旅客和机组人员能利用辅助设施安全的撤离。

1.3　条款历史

第 25.810 条在 CCAR - 25 - R2 版首次发布，截至 CCAR - 25 - R4，该条款共修订过 2 次，如表 1 - 1 所示。

表 1 - 1　第 25.810 条条款历史

第 25.810 条	CCAR25 部版本	相关 14 CFR 修正案	备　　注
首次发布	R2	25 - 72	
第 1 次修订	R3	25 - 88	
第 2 次修订	R4	25 - 114	

1.3.1　首次发布

1995 年 12 月 18 日发布了 CCAR - 25 - R2 版，其中包含第 25.810 条，该条款参考 1990 年发布的 14 CFR 修正案 25 - 72 中的 §25.810 的内容制定。该修正案将 §25.803（e）、§25.809（f）和 §25.809（h）独立出来成为新的 §25.810。

1.3.2　第 1 次修订

2001 年 5 月 14 日发布的 CCAR - 25 - R3 对第 25.810 条进行了第 1 次修订，本次修订参考了 14 CFR 修正案 25 - 88 的内容，该修正案修订了 §25.810（a）和 §25.810（a）（1）的文字，以及 §25.810（a）（1）（ii）、§25.810（b）、§25.810（c）（1）和 §25.810（d）等，主要更改就是增加 B 型和 C 型应急出口的内容，并将原来第 25.810（a）（2）项要求滑梯自动竖立的时间由 10 秒改为 6 秒，C 型应急出口安装的应急滑梯自动竖立时间仍可为 10 秒，对应急出口处撤离路线的宽度也明确了要求。

1.3.3　第 2 次修订

2011 年 11 月 7 日发布的 CCAR - 25 - R4 对第 25.810 条进行了第 2 次修订，本次修订参考了 14 CFR 修正案 25 - 114 的内容，该修正案将 §25.783（i）关于整体式梯子的要求转到 §25.810（e），文字上没有更改。

2 条款解读

2.1 条款要求

2.1.1 第 25.810(a)(1)项

本条是对非机翼上出口的辅助设施的要求。当陆上飞机起落架放下停在地面,对于每个非机翼上的 A 型、B 型和 C 型应急出口,不管出口离地高度,都必须配备有经批准的辅助设施;对于离地面超过 1.83 米(6 英尺)的任何其他非机翼上应急出口,必须配备有经批准的辅助设施以协助乘员下地。

第 25.810(a)(1)项要求每个旅客应急出口采用的经批准的辅助设施必须是自行支承式滑梯或等效设施。由于 A、B 型出口能同时通过两股并行撤离人员,第 25.813 条要求的撤离通道也要求能通过两股并行撤离人员,所以 A 型和 B 型出口的辅助设施必须能同时承载两股平行撤离人员。

第 25.810(a)(1)(i)目要求辅助设施必须能自动展开,而且在飞机内部启动开门装置至出口完全打开期间开始展开。辅助设施开始展开是指从其存储位置开始释放,如果辅助设施安放在舱门内部,那么开始展开就是辅助设施从舱门上掉落,离开门。在非应急情况下,登机门或服务门作为应急出口时,必须有措施使登机门或应急门从内侧或外侧正常打开时防止辅助设施展开。

第 25.810(a)(1)(ii)目要求 C 型应急出口的辅助设施必须在出口的开启设施被启动后 10 秒内自动竖立,其他出口的辅助设施必须在展开后 6 秒内自动竖立。辅助设施竖立是指完全展开并自动充气完毕。

第 25.810(a)(1)(iii)目要求当飞机处于正常地面姿态下,在辅助设施完全展开后,其长度必须使其下端能自行支承在地面上,自行支承是指辅助设施的下端能支承在地面上。当飞机的一根或几根起落架支柱折断后,飞机会俯仰或倾斜导致飞机姿态发生变化,使得完全展开后的辅助设施的姿态也发生变化,此时也必须保证辅助设施具有足够的长度,使其下端能自行支承在地面上。

第 25.810(a)(1)(iv)目要求辅助设施必须在风向最不利、风速 25 节时展开,并且完全展开后仅由一个人扶持就能供乘员安全撤离到地面,扶持辅助设施的这个人应当是飞机上的乘员。本款的要求应通过试验来验证。如果辅助设施自动竖立后位于短舱前部,那么在评估辅助设施展开能力时需要同时考虑 25 节风速和发动机进气流的影响。必须考虑 25 节风速的不同方向,确定最不利的一个或几个方向进行验证,保证辅助设施能在风向最不利风速 25 节时展开,并且不会靠近短舱进气道造成危险,如果辅助设施离机翼较近,那么也需要保证辅助设施不会靠近机翼或短舱尾喷口造成危险。

第 25.810(a)(1)(v)目要求对每个出口应当连续进行 5 次辅助设施展开和充气试验,比如有 4 个出口,每个出口上配备有一个辅助设施,则应当共进行 20 次辅助设施展开和充气试验。试验前的每个辅助设施及其存放结构应当经受第 25.561 条规定的惯性力,在经受该惯性力后,该辅助设施能用该系统的基本手段展开和充气,如果试验中该系统发生了损坏或工作不正常,则需要进行故障排除,查找原因,此后必须再进行完整的、连续五次的展开和充气试验而无一失败。

2.1.2　第 25.810(a)(2)项

通常飞行机组应急出口的辅助设施是绳索或其他等效装置,为保证飞行机组能够安全撤离飞机,本款对绳索的强度、接头强度和连接位置作了要求。绳索的有效性应通过 5 百分位身高女性和 95 百分位身高男性进行演示试验来表明。在确定绳索长度,需要考虑飞机在一根或几根起落架支柱折断后最不利的姿态。

2.1.3　第 25.810(b)款

本款是对翼上出口从座舱下地机翼的辅助设施的要求。

2.1.4　第 25.810(c)款

对于从翼上出口撤离的撤离路线,必须覆以防滑层,以防止在撤离中因为表面湿滑造成危险。

2.1.5　第 25.810(d)款

在测量出口距地面高度或撤离路线在飞机结构上的终点离地高度时,应遵循以下原则:

(1)飞机起落架放下,且处于水平地面上。

(2)飞机总重量和重心位置应考虑典型起飞构型下最临界的襟翼位置。

(3)襟翼位置应当处于在飞机飞行手册 AFM 中允许的离地高度的最大者。

(4)起落架油液、轮胎压力和其他可变间隙装置的设置,应取平均值。

(5)起落架支柱和轮胎压力应当基于上面确定的飞机总重量和中心位置。

(6)测量时应从撤离路线的最低点或者出口下沿。

对于每条从 A 型和 B 型应急出口引出的撤离路线使用的辅助设施,必须能同时承载两股平行的撤离人员,若两个翼上Ⅲ型应急出口引出的共用撤离路线使用的辅助设施,也必须能同时承载两股平行的撤离人员。

2.1.6　第 25.810(e)款

是针对门梯合一的整体式舱门而提出的要求。它的舱门、整体式梯子和操作结构必须设计得具有足够的强度和刚度,以免由于变形过大或起落架支柱折断引起飞机姿态而影响它的作用。必须能够承受第 25.561(b)(3)项规定的相对于周围结构分别作用的惯性力,在这些力的作用下不会产生过大的变形,以致影响旅客撤离的有效性。另外在飞机处于正常地面姿态和一根或几根起落架支柱折断的每一姿态下,整体式梯子仍然能使乘员迅速撤离。

2.2　相关条款

与第 25.810 条相关的条款如表 2-1 所示。

表 2-1　第 25.810 条相关条款

序　号	相关条款	相　关　性
1	第 25.561(b)(3)项	舱门、整体式梯子和操纵机构受到第 25.561(b)(3)项规定的相对于周围结构分别作用的惯性力的情况下,不会降低旅客应急撤离的有效性

3　验证过程

3.1　验证对象

第 25.810 条的验证对象为应急撤离辅助设施与撤离路线。

3.2　符合性验证思路

飞机的应急撤离辅助设施通常为应急撤离滑梯和救生绳。应急撤离滑梯是在紧急情况下为机上乘员提供从飞机到达地面的一种撤离辅助设施,通常安装在舱门的结构上。救生绳是在紧急情况下为驾驶舱内乘员提供从飞机到达地面的一种撤离辅助设施,其一端固定在结构上,另一段可自由拉出。对应急撤离滑梯和救生绳等辅助设施的符合性验证可采用设计文档描述、计算分析、实验室试验、机上地面试验及机上检查等方法。

3.3　符合性验证方法

通常,针对第 25.810 条的符合性验证方法如表 3-1 所示。

表 3-1　建议的符合性方法

条　款　号	专　业	符 合 性 方 法 0	1	2	3	4	5	6	7	8	9	备　注
第 25.810(a)款	内　饰		1						7			
第 25.810(a)(1)(i)目	内　饰		1								9	
第 25.810(a)(1)(ii)目	内　饰										9	
第 25.810(a)(1)(iii)目	内　饰										9	
第 25.810(a)(1)(iv)目	内　饰										9	
第 25.810(a)(1)(v)目	内　饰						5				9	
第 25.810(a)(2)(i)目	内　饰		1						7			
第 25.810(a)(2)(ii)目	强　度			2		4						
第 25.810(b)款	内　饰		1								9	
第 25.810(c)款	总　体		1						7			
第 25.810(d)(1)项	总　体		1									
第 25.810(d)(3)项	总　体		1									
第 25.810(d)(2)项	内　饰										9	
第 25.810(d)(4)项	内　饰										9	
第 25.810(e)款	内　饰			2								

3.4 符合性验证说明

3.4.1 第 25.810(a)(1)项符合性验证说明

1）MOC1 和 MOC7 验证说明

对于第 25.810(a)款和第 25.810(a)(1)(i)目，提供应急撤离滑梯设计安装图纸，说明飞机起落架放下停在地面时，每个非机翼上方的 A 型、B 型和 C 型应急出口和离地高度超过 1.83 米的任何其他非机翼上方应急出口，均装有经批准的滑梯，在开门过程中，可以自动充气并展开。在登机门和服务门上安装有警示带，在非应急情况下其状态可以提醒是否可以允许在舱门内、外开门。

通过机上检查，确认飞机上应急出口处均安装有应急撤离滑梯，并确认应急滑梯标牌中包含适航批准标签。

2）MOC9 验证说明

滑梯取 TSO 的鉴定试验包含以下项目，验证了滑梯设计满足本条款的要求：

（1）自动展开试验，验证在开门过程中，滑梯可以自动充气并展开，以满足第 25.810(a)(1)(i)目。

（2）门上滑梯完全展开试验，验证对于除 C 型应急出口以外的滑梯展开后 6 秒内可以自动竖立，C 型应急出口的滑梯在应急出口的开启设施被启动后 10 秒内可以自动竖立，以满足验证第 25.810(a)(1)(ii)目。

（3）不利姿态滑梯展开试验，验证当飞机一根或几根起落架支柱折断后，即飞机处于最大、最小和正常门槛高度下，滑梯均能供乘员安全撤离至地面，以满足第 25.810(a)(1)(iii)目。

（4）门上滑梯抗风试验，验证滑梯可以在风向最不利及风速 25 节时展开，并在完全展开后仅由一个人扶持，就能供乘员安全撤离到地面，以满足验证第 25.810(a)(1)(iv)目。

（5）重复展开及充气试验，用同一个典型抽样连续五次展开和充气试验而无一失败，而且该抽样在经受第 25.561(b)款规定的惯性力后，能用该系统的基本手段展开和充气，表明滑梯满足第 25.810(a)(1)(v)目。

3）MOC5 验证说明

将滑梯系统装在飞机上，开展滑梯连续抛放机上地面试验，重复展开和充气 1~5 次，与 TSO 鉴定试验中的重复展开及充气试验一起，验证第 25.810(a)(1)(v)目的符合性。

3.4.2 第 25.810(a)(2)项符合性验证说明

对于第 25.810(a)(2)项和第 25.810(a)(2)(i)目，提供飞行机组应急救生绳设计安装图（MOC1），说明救生绳连接在驾驶舱应急出口顶部或顶部上方的机身结构上，再进行机上检查（MOC7），检查驾驶舱应急出口附近结构安装了救生绳，且确认救生绳口盖不会影响就座人员的视界。

对于第 25.810(a)(2)(ii)目,对救生绳接头进行强度应力分析(MOC2),验证救生绳接头是否满足该条款的静强度载荷要求,开展应急救生绳静强度试验(MOC4),以验证救生绳连同其接头是否能承受 180 公斤的静载荷。

3.4.3　第 25.810(b)款符合性验证说明

通过应急撤离滑梯设计安装图纸(MOC1),说明对于位于机翼上方并具有胯下距离的 A 型和 B 型出口,设置有座舱下到机翼的滑梯。

通过滑梯的 TSO 鉴定试验(MOC9),确认 C 型出口的滑梯在出口开启装置启动 10 秒内自动支承,其他出口的滑梯在展开 6 秒内自动支承。

3.4.4　第 25.810(c)款符合性验证说明

通过飞机翼上喷涂技术方案(MOC1)和机上检查(MOC7),说明在翼上应急撤离滑梯及展开区域周围,撤离路线宽度满足第 25.810(c)(1)项的要求,撤离路线表面反射率和标记对比度满足第 25.810(c)(2)项的要求。

3.4.5　第 25.810(d)款符合性验证说明

通过滑梯设计安装图(MOC1),说明 A 型和 B 型出口的滑梯宽度能够同时承载两股平行的撤离人员,其他类型出口的滑梯承载的撤离人员股数与所要求的撤离线路数目相同。

通过滑梯的 TSO 鉴定试验,说明滑梯满足第 25.810(d)(2)项和(d)(4)项的要求。

3.4.6　第 25.810(e)款符合性验证说明

通过计算分析(MOC2),分析舱门结构在考虑第 25.561(b)(3)项应急着陆工况下的结构自身强度及连接强度,再分析整体式梯子及操纵机构在第 25.561(b)(3)项应急着陆工况下的结构自身强度及连接强度,强度裕度需大于 0,以表明满足第 25.810(e)(1)项的要求。

此外,还需通过计算分析(MOC2),分析在飞机处于正常地面姿态和一个或几根起落架支柱折断情况下的整体式梯子姿态,通过分析表明在此情况下,整体式梯子不会降低应急撤离有效性,以表明满足第 25.810(e)(2)项的要求。

3.5　符合性文件清单

通常,针对第 25.810 条的符合性文件清单如表 3-2 所示。

表 3-2　建议的符合性文件清单

序　号	符 合 性 报 告	符合性方法
1	应急撤离滑梯设计安装图	MOC1
2	飞行机组应急救生绳设计安装图	MOC1
3	飞机机翼喷漆图	MOC1
4	飞机机组应急救生绳强度分析报告	MOC2

（续表）

序　号	符 合 性 报 告	符合性方法
5	整体式梯子强度分析报告	MOC2
6	整体式梯子姿态分析报告	MOC2
7	飞机机组应急救生绳强度试验大纲	MOC4
8	飞机机组应急救生绳试验报告	MOC4
9	滑梯抛放机上地面试验大纲	MOC5
10	滑梯抛放机上地面试验报告	MOC5
11	应急撤离滑梯和撤离路线机上检查大纲	MOC7
12	应急撤离滑梯和撤离路线机上检查报告	MOC7
13	应急撤离滑梯 TSO 鉴定试验大纲	MOC9
14	应急撤离滑梯 TSO 鉴定试验报告	MOC9

4　符合性判据

机上检查每个应急出口是否安装了滑梯,检查翼上出口撤离路线的反射率和对比度等。

提供图纸说明滑梯的安装和与舱门机构的连接。

确认所采用的滑梯是否已经取得了相应的 TSO 证书或其他批准文件,对于取得相应 TSO 的滑梯,还必须满足相应的装机批准,获得装机批准必须至少满足以下要求:

（1）滑梯连续 5 次展开和充气。

（2）在风向最不利、风速为 25 节是可以展开。

（3）竖立的时间在 6 秒或 10 秒内。

进行救生绳强度试验,验证救生绳绳带及接头缝合处能够承受该条款规定的 180 公斤静载荷。机上检查驾驶舱应急出口附近是否安装了应急绳,且确认救生绳口盖不会影响就座人员的视界。

提供图纸和机上检查滑梯宽度能够承载的撤离人员股数是否与所要求的撤离线路数目相同。

通过计算分析表明整体式梯子及操纵机构在第 25.561(b)(3)项应急着陆工况下的结构自身强度及连接强度裕度是否大于 0,整体式梯子在飞机一个或几根起落架支柱折断情况下应急撤离有效性是否降低。

参考文献

[1]　14 CFR 修正案 25 - 72 Special Review：Transport Category Airplane Airworthiness

Standards [S].

[2] 14 CFR 修正案 25 – 88 Type and Number of Passenger Emergency Exits Required in Transport Category Airplanes [S].

[3] 14 CFR 修正案 25 – 114 Design Standards for Fuselage Doors on Transport Category Airplanes [S].

运输类飞机适航标准
第 25.811 条符合性验证

1 条款介绍

1.1 条款原文

第 25.811 条　应急出口的标记

（a）每个旅客应急出口的接近通路和开启措施，必须有醒目的标记。

（b）必须能从距离等于座舱宽度处认清每个旅客应急出口及其位置。

（c）必须有措施协助乘员在浓烟中找到出口。

（d）必须用沿客舱每条主过道走近的乘员能看见的标示，来指明旅客应急出口的位置。下列部位必须有标示：

（1）在每个旅客应急出口近傍的每条主过道上方必须有旅客应急出口位置的标示。如果净空高度不足，则必须把标示设在高过头部的其它可行位置。如果能从某个标示处方便地见到多个出口，则该标示可用于指示多个出口；

（2）紧靠每个旅客应急出口必须有旅客应急出口标示。如果能从某个标示处方便地见到两个出口，则该标示可用于指示两个出口；

（3）在挡住沿客舱前后视线的每个隔框或隔板上，必须有标示来指示被隔框或隔板挡住的应急出口。如果不能做到，则指示可以设置在其它适当的位置上。

（e）操作手柄的位置和从机内开启出口的说明，必须以下述方式显示：

（1）在每个旅客应急出口上或其附近，必须有一个从相距 760 毫米（30 英寸）处可辨读①的标记。

（2）对每个 A 型、B 型、C 型、Ⅰ型的旅客应急出口操作手柄必须符合下列规定：

（i）自身发亮，其初始亮度至少为 0.51 坎每平方米（160 微朗伯）；

（ii）位于醒目处，并且即使有乘员拥挤在出口近傍也能被应急照明灯照亮。

（3）〔备用〕

（4）对每个 A 型、B 型、C 型、Ⅰ型或Ⅱ型旅客应急出口，如果其锁定机构是靠转动手柄来开启的，则必须作标记如下：

---

① 应为"辨读"，原条款如此。——编注

(i) 绘有红色圆弧箭头,箭身宽度不小于19毫米(3/4英寸),箭头两倍于箭身宽度,圆弧半径约等于3/4手柄长度,圆弧范围至少为70°;

(ii) 当手柄转过全行程并开启锁定机构时,手柄的中心线落在箭头尖点±25毫米(1英寸)的范围内;

(iii) 在靠近箭头处,用红色水平地书写"开"字(汉字字高至少为40毫米;英文字高为25毫米(1英寸))。

(f) 每个要求能从外侧打开的应急出口及其开启措施,必须在飞机外表面作标记,此外,采用下列规定:

(1) 机身侧面旅客应急出口的外部标记,必须包括一条圈出该出口的50毫米(2英寸)宽的色带;

(2) 包括色带在内的外部标记,必须具有与周围机身表面形成鲜明对比的、容易区别的颜色。其对比度必须为:如果深色的反射率等于或小于15%,则浅色的反射率必须至少为45%;如果深色的反射率大于15%,则深色的反射率和浅色的反射率必须至少相差30%。"反射率"是物体反射的光通量与它接收的光通量之比;

(3) 非机身侧面的出口(如机腹或尾锥出口)的外部开启措施(包括操作说明在内,如果适用)必须醒目地用红色作标记,如果背景颜色使红色不醒目,则必须用鲜明的铬黄色作标记。当开启措施仅设置在机身一侧时,必须在另一侧上有同样效果的醒目标记。

(g) 本条(d)要求的每个标示,在文字上可用"出口"字样来代替"应急出口"这一术语。

〔中国民用航空局1995年12月18日第二次修订,2001年5月14日第三次修订〕

1.2 条款背景

第25.811条的目的为通过规定应急出口的标记,使旅客在应急情况下能更容易辨认出应急出口及其开启措施说明。该条是从CAR§4b.362继承过来的,第4b.362条转换为第25.811条,内容保持不变。

1.3 条款历史

第25.811条在CCAR25初版首次发布,截至CCAR-25-R4,该条款共修订过2次,如表1-1所示。

表 1-1 第25.810条条款历史

第25.811条	CCAR25 部版本	相关 14 CFR 修正案	备 注
首次发布	初版	25-1,25-15, 25-32,25-46	
第1次修订	R2	25-79	
第2次修订	R3	25-88	

1.3.1　首次发布

1985 年 12 月 31 日发布了 CCAR25 初版,其中包含第 25.811 条,该条款参考 14 CFR PART 25 初版和 14 CFR 修正案 25 - 1、25 - 15、25 - 32、25 - 46 中的 §25.811 的内容制定。各修正案修订内容如下:

(1) 14 CFR PART 25 初版参考 CAR4b,其中 CAR4b.362 调整为 §25.811, 内容保持不变。

(2) 14 CFR 修正案 25 - 1 对出口位置的标示和出口打开操作等方面进行了修订,另外,为了使应急情况下外部救援人员能快速识别出口进行营救,对应急出口(除驾驶舱滑动窗户)外部的色带进行了规定。

(3) 14 CFR 修正案 25 - 15 对应急出口标识要求进行了修订。FAA 认为必须考虑客舱在浓烟情况下的可视性,因为此时处于应急情况下不能容许因不能辨识出口而耽搁撤离,同时也对出口外部色带的反射率等做了修订。

(4) 14 CFR 修正案 25 - 32 修订了 §25.811(d)、(e)、(g),对应急出口的标示和位置的标示、操作手柄的发亮等方面进行修订。

(5) 14 CFR 修正案 25 - 46 修订了 §25.811(e),改进了应急出口操作手柄的标记要求,要求 A 型和 I 型出口操作手柄,其标记能给出一个清晰的指示,说明手柄转动的行程,并要求操作手柄能自身照亮或即使出口旁拥挤也能被照亮。

1.3.2　第 1 次修订

1995 年 12 月 18 日发布的 CCAR - 25 - R2 对第 25.811 条进行了第 1 次修订,本次修订参考 1993 年发布的 14 CFR 修正案 25 - 79 的内容,本修正案修订 §25.811 (e),标准化各种形式乘客应急出口的操作方式的说明规定。建议将 A 型和 I 型出口操作手柄自身发亮或被照亮的要求适用于所有出口的操作手柄。另外,对安装有罩盖的出口操作手柄,要求移开罩盖的说明也能发光或被照亮。

1.3.3　第 2 次修订

2001 年 5 月 14 日发布的 CCAR - 25 - R3 对第 25.811 条进行了第 2 次修订,本次修订参考了 1996 年发布的 14 CFR 修正案 25 - 88 的内容,本修正案修订了 §25.811(e)(2),对 A 型至 C 型和 I 型应急出口的操作手柄提出要求,并在 §25.811(e)(4)的 A 型应急出口之后加上 B 型和 C 型应急出口。

2　条款解读

2.1　条款要求

2.1.1　第 25.811(a)款

安装标记的目的是在各种应急情况下,使乘员容易找到应急出口,应急出口的操纵手柄也应容易辨读。这类标记包括但不限于所有出口位置标示、出口标示和操作手柄标示等。

接近通路指的是主过道和应急出口之间的通道。

本条中所提到的"醒目标记"和"可辨读标记"是指在典型的白天和仅应急照明条件下,视力为 20/20(相当于中国 1.0 的视力)的人不用费力就可以看到的标记。

2.1.2 第 25.811(b)款

规定标记的目视距离,其实质是保证处于客舱内任何位置的旅客在应急情况下均能确定无疑地奔向应急出口。坐在最侧边的旅客只能看到对面的应急出口,因此其标示的大小和亮度都要能使其辨认,至少要有一个客舱宽度的目视距离,能够站在一个出口处能看到对面的出口所在。

2.1.3 第 25.811(c)款

一旦着火,烟的产生是不可避免的,因此须有措施使旅客在浓烟中仍能找到出口。通常客舱内的烟雾在地板附近较为稀薄,所以当有烟雾时乘员会蹲下撤离,所以一般在靠近地板附近设置一些标示,使撤离人员能找到出口撤离。

2.1.4 第 25.811(d)款

本条要求沿着主过道撤离的旅客能通过所安排的标示确认应急出口的位置。

通常标示设置在应急出口附近的主过道上方,若净空高度不足,可设置在其他能保证方便醒目看到的地方,如果能从此标示处方面看到多个出口,此标示可指示多个出口,如客舱中部左右对称的出口,在过道上方可用一个标示指示两个出口,通常标示上除文字外还可能有箭头。在挡住沿客舱前后视线的每个隔框或隔板上或其他适当的位置应有标示,指示被隔框或隔板挡住的出口。

出口位置的标示的设置及其数量必须能保证每个位置上的乘员来到最近的主过道,能从每个方向通过出口位置标示明白出口所在。

出口标记应该在出口附近,不可在出口上,以保证出口是否开启都能看到这个标记,也通常用一个标示指示两个出口,如机翼上并排两个Ⅲ型出口的标示。

通常出口位置的标示和出口标示是独立的,分别具有不同的功能,但对于某些客舱布局或较小的客舱,也可用一个标示实现不同的功能。如某已取证的飞机,机翼上出口附近的一个标示可同时具备出口标示和出口位置标示的功能。

对于客/货混合布局的飞机,如果标示指示出口在货舱,而货舱不能让旅客进入,则这个标示应该去掉。

2.1.5 第 25.811(e)款

本条要求出口上或附近的标记可从 760 毫米(30 英寸)处辨读,30 英寸是 FAA 通常选用的一个距离。

对每个 A 型、B 型、C 型、I 型的应急出口操作手柄必须自身发亮,初始亮度至少为 0.51 坎每平方米,或者位于醒目处,即时周围乘员拥挤时也能被应急照明灯照亮。

对每个 A 型、B 型、C 型、Ⅰ型或Ⅱ型旅客应急出口,其开启机构的转动手柄应做出标记。

2.1.6　第 25.811(f)款

本条要求能从外侧打开的应急出口,在飞机外表面有圈出该出口的 2 英寸宽的色带,以便使外部的工作人员能对处于应急情况下的飞机,方便地找到其应急出口并打开舱门,帮助乘客迅速撤离飞机。

机腹型和尾锥型出口外表面必须醒目地用红色做标记。

2.1.7　第 25.811(g)款

本条(d)款要求的每个中文标示,可用"出口"字样代替"应急出口"。

2.2　相关条款

第 25.811 条无相关条款。

3　验证过程

3.1　验证对象

第 25.811 条的验证对象为应急出口标记。

3.2　符合性验证思路

第 25.811 条的符合性验证可采用设计文档描述、机上地面试验、机上检查等方法。

提供客舱内外部标记图,说明客舱内出口标示、出口位置标示、操作手柄和开启说明标示、外部色带等各种标示的位置、大小、亮度等;说明在客舱内布置的"地板附近应急撤离通道标记",能在浓烟中协助乘员找到出口。

通过机上地面试验,说明标记满足应急照明的要求。

通过机上检查和测量,确定亮度、反射率等满足条款的要求。

3.3　符合性验证方法

通常,针对第 25.811 条的符合性验证方法如表 3-1 所示。

表 3-1　建议的符合性方法

条　款　号	专　业	符　合　性　方　法										备　注
		0	1	2	3	4	5	6	7	8	9	
第 25.811(a)款	内　饰		1						7			
第 25.811(b)款	照　明		1						7			
第 25.811(c)款	照　明		1									
第 25.811(d)款	内　饰		1						7			
第 25.811(e)款	内　饰		1						7			
第 25.811(e)(2)项	照　明		1				5					
第 25.811(f)款	总　体		1						7			
第 25.811(g)款	照　明		1									

3.4　符合性验证说明

3.4.1　第 25.811(a)款符合性验证说明

提供客舱内部外部标记图(MOC1)和机上检查(MOC7),说明应急出口通路和开启措施的标记清晰可见。

3.4.2　第 25.811(b)款符合性验证说明

提供客舱内部外部标记图、应急照明图(MOC1)和机上检查(MOC7),说明应急出口周围存在标记,标记内部有灯光照亮,确认其照度足以让乘客从距离等于座舱宽度处认清每个旅客应急出口及位置。

3.4.3　第 25.811(c)款符合性验证说明

提供客舱应急照明图(MOC1),说明在客舱下部设置能引导乘客安全撤离的设备,如应急地板荧光条,能帮助乘客认清撤离通道及撤离出口。

3.4.4　第 25.811(d)款符合性验证说明

通过客舱内外部标记图(MOC1),说明每个旅客应急出口近傍的每条主过道上方、紧靠着每个旅客应急出口以及在挡住沿客舱前后视线的每个隔框或隔板上,都设置了旅客应急出口标记,再通过飞机客舱机上检查(MOC7),确认在上述位置均安装有应急出口标识,使得旅客应急撤离时,能找到并看清每个应急出口的位置。

3.4.5　第 25.811(e)款符合性验证说明

通过应急出口操作手柄设计图纸(MOC1),说明操作手柄的位置和开启说明,在应急出口上或附件有可辨读的标记,并且自身发亮,初始亮度至少满足 0.51 坎每平方米的要求,还位于醒目处,能够被应急照明灯所照亮。对于锁定机构靠转动手柄来开启的应急出口,门上还需贴有门打开和箭头标记。字高和箭头宽度及箭身宽度满足第 25.811(e)(4)项的要求。再通过机上检查和测量(MOC7),确认操作手柄位置和开启说明的标记和图纸一致,满足条款要求。

针对第 25.811(e)(2)项,还需做飞机应急照明系统机上地面试验(MOC7),如果操作手柄能被应急照明灯照亮,则符合第 25.811(e)(2)项的要求。

3.4.6　第 25.811(f)款符合性验证说明

通过客舱内外部标记图和外部喷漆图(MOC1),说明应急出口外侧喷涂有开启措施的标记,门框处有一条圈出该应急出口的宽 50 毫米的色带,包括色带在内的外部标记颜色与周围机身表面颜色的对比度需要满足第 25.811(f)(2)项的要求。对于非机身侧面的出口,如机腹或尾锥出口,其外部开启措施必须用红色作标记。再通过外部标记机上检查(MOC7),确认外部标记和图纸一致,满足条款要求。

3.4.7　第 25.811(g)款符合性验证说明

通过客舱内外部标记图(MOC1),确认飞机上采用的出口标志和出口位置标志,均采用"出口"来代替"应急出口"。

3.5 符合性文件清单

通常,针对第 25.811 条的符合性文件清单如表 3-2 所示。

表 3-2 建议的符合性文件清单

序 号	符 合 性 报 告	符合性方法
1	客舱内部外部标记图	MOC1
2	客舱应急照明图	MOC1
3	应急出口操作手柄设计图	MOC1
4	飞机外部喷漆图	MOC1
5	客舱应急照明系统机上地面试验大纲	MOC5
6	客舱应急照明系统机上地面试验报告	MOC5
7	应急出口标记机上检查大纲	MOC7
8	应急出口标记机上检查报告	MOC7
9	飞机外部标记机上检查大纲	MOC7
10	飞机外部标记机上检查报告	MOC7
11	客舱应急照明机上检查大纲	MOC7
12	客舱应急照明机上检查报告	MOC7

4 符合性判据

应急出口标记机上检查判据:

(1) 检查确认应急出口处的标记和标牌易于辨明位置,并能正确指导检查者进行舱门的操作。

(2) 确认应急出口操作手柄的箭头标记和门打开标牌可辨读。

(3) 测量箭身宽度,检查确认其不小于 19 毫米。

(4) 测量箭头宽度检查确认其为两倍箭身宽度。

(5) 测量手柄长度和箭头的圆弧半径,检查确认圆弧半径为 3/4 手柄长度。

(6) 测量箭头的圆弧范围,检查确认其大于 70°。

(7) 将手柄转过全行程并开启锁定机构,检查确认手柄的中心线落在箭头尖点 ±25 毫米的范围内。

(8) 测量"开"字的汉字字高和英文字高,检查确认其汉字字高不低于 40 毫米,英文字高不低于 25 毫米。

客舱应急照明机上检查判据:

(1) 能从距离等于座舱宽度处认清每个旅客应急出口及其位置。

(2) 旅客应急撤离时,能找到并看清每个应急出口的位置。

外部标记机上检查判据:应急出口机身外表面上都有一圈色带,色带宽度为

50 毫米。

应急照明系统机上地面试验判据：应急出口操作手柄能被应急照明灯照亮。

参考文献

［1］ 14 CFR 修正案 25 - 1 Regulations，Procedures，and Equipment for Passenger Emergency Evacuation；Flight Attendants；and Assignment of Emergency Evacuation Functions for Crewmembers［S］.

［2］ 14 CFR 修正案 25 - 15 Crashworthiness and Passenger Evacuation Standards；Transport Category Airplanes［S］.

［3］ 14 CFR 修正案 25 - 32 Crashworthiness and Passenger Evacuation Standards；Transport Category Airplanes［S］.

［4］ 14 CFR 修正案 25 - 46 Airworthiness Review Program Amendment No. 7［S］.

［5］ 14 CFR 修正案 25 - 79 Miscellaneous Changes to Emergency Evacuation Demonstration Procedures，Exit Handle Illumination Requirements，and Public Address Systems［S］.

［6］ 14 CFR 修正案 25 - 88 Type and Number of Passenger Emergency Exits Required in Transport Category Airplanes［S］.

［7］ FAA. AC20 - 38A Measurement of Cabin Interior Emergency Illumination in Transport Airplanes［S］. 1966.

［8］ FAA. AC25 - 17A Transport Airplane Cabin Interiors Crashworthiness Handbook［S］. 2009.

［9］ EASA AMC25. 811(e)(4) Emergency Exit Marking［S］.

运输类飞机适航标准
第25.812条符合性验证

1 条款介绍

1.1 条款原文

第25.812条 应急照明

(a) 必须设置独立于主照明系统的应急照明系统。但是,如果应急照明系统的电源与主照明系统的电源是独立分开的,则应急照明和主照明两个系统中提供座舱一般照明的光源可以公用。应急照明系统必须包括下列项目:

(1) 有照明的应急出口标记和位置标示,座舱一般照明光源和机内应急出口区域的照明和地板附近应急撤离通道标记;

(2) 机外应急照明。

(b) 应急出口标示必须按下列规定设置:

(1) 对于客座量(不包括驾驶员座椅)等于或大于10座的飞机,应满足下列要求:

(i) 第25.811(d)(1)条要求的旅客应急出口位置标示和第25.811(d)(2)条要求的旅客应急出口标示,必须用至少高38毫米(1 1/2英寸)的红字衬在有照明的白底上,白底面积至少为135平方厘米(21平方英寸)(不包括字的面积)。被照亮的底与字的对比度必须不小于10∶1。字高与笔划宽度之比为7∶1至6∶1。这些标示必须采用内部电照明,白底的亮度至少为85.7坎每平方米(25英尺—朗伯),其明暗部的对比度不大于3∶1;

(ii) 第25.811(d)(3)条要求的旅客应急出口标示必须用至少高38毫米(1 1/2英寸)的红字衬在白底上,白底面积至少为135平方厘米(21平方英寸)(不包括字的面积)。这些标示必须采用内部电照明或非电的自身发亮,其初始亮度必须至少为1.27坎每平方米(400微朗伯)。如果设置非电的自身发亮式标示,则可以采用红底白字。

(2) 对于客座量(不包括驾驶员座椅)等于或小于9座的飞机,第25.811(d)(1)、(2)和(3)条要求的标示,必须用至少高25毫米(1英寸)的红字衬在至少高50

毫米(2英寸)的白底上,这些标示可以采用内部电照明或非电的自身发亮,其初始亮度至少为 0.51 坎每平方米(160 微朗伯)。如果设置非电的自身发亮标示,则可以采用红底白字。

(c) 必须提供客舱的一般照明,使得沿客舱主过道中心线和连接主过道的横向过道中心线,在座椅扶手高度上按间隔 1,000 毫米(40 英寸)进行测量时,平均照度不少于 0.538 勒(0.05 英尺—烛光),但每一测量点处的照度不小于 0.108 勒(0.01 英尺—烛光)。沿机身从最前的旅客应急出口或座舱乘员座椅(两者中取最前者)至最后的旅客应急出口或座舱乘员座椅(两者中取最后者)的过道,应视为客舱主过道。

(d) 各主过道和出口之间通向与地板齐平的旅客应急出口的通道,其地板必须有照明,沿旅客撤离路线的中心线、且平行于地板相距 150 毫米(6 英寸)以内测得的照度不得小于 0.215 勒(0.02 英尺—烛光)。

(e) 当高于座舱通道地板 1.2 米(4 英尺)以上的所有照明光源完全被遮蔽时,地板附近应急撤离通道标记必须能引导乘客应急撤离。在黑夜里,地板附近应急撤离通道标记必须保证每一乘客:

(1) 在离开座椅后,能目视辨认出沿座舱通道地板通向最近出口或座椅前后两个出口的应急撤离通道;和

(2) 仅参照不高于座舱地板 1.2 米(4 英尺)的标记和目视特征能很快辨认出应急撤离通道的每一出口。

(f) 除了按本条(h)设置的仅供给一个辅助设施使用、并独立于飞机主应急照明系统的分系统(该分系统在辅助设施竖立时能自动接通)之外,应急照明系统必须按照下列要求设计:

(1) 必须能从飞行机组的工作位置和从客舱中空中服务员正常座位易于接近的地点,对灯光进行手控;

(2) 必须有飞行机组警告灯,当飞机电源接通而应急照明控制装置未处于准备状态时,该灯发亮;

(3) 驾驶舱内的控制装置必须有"接通"、"断开"和"准备"三种位置。当该装置置于"准备"位置,或者驾驶舱或空中服务员处的一个控制装置置于"接通"位置时,一旦飞机正常电源中断(撞损着陆时机身横向垂直分离引起的中断除外),灯发亮或保持发亮。必须有保险措施以防止处于"准备"或"接通"位置的控制装置被误动。

(g) 外部应急照明必须设置如下:

(1) 每个机翼上方应急出口的照度必须满足下列要求:

(i) 在撤离者可能向座舱外跨出第一步的 0.2 平方米(2 平方英尺)区域内,照度不得小于 0.323 勒(0.03 英尺—烛光)(垂直于入射光方向测量);

(ii) 沿第 25.810(c)条要求的防滑撤离路线,在其离出口最远的 30% 的一段,

对于机翼上方的 A 型应急出口,最小宽度为 1067 毫米(42 英寸);对于所有其它机翼上方的应急出口,最小宽度为 610 毫米(2 英尺),照度不得小于 0.538 勒(0.05 英尺—烛光)(垂直于入射光方向测量);

(iii) 在起落架放下状态,在撤离者利用规定的撤离路线通常可能首先接触的地面上,照度不得小于 0.323 勒(0.03 英尺—烛光)(垂直于入射光方向测量)。

(2) 第 25.810(a)条不要求装下地辅助设施的每个非机翼上方应急出口,在起落架放下状态下撤离者可能首先接触的舱外地面上,照度不得小于 0.323 勒(0.03 英尺—烛光)(垂直于入射光方向测量)。

(h) 按第 25.810(a)(1)和(d)条要求的协助乘员下地设施必须有照明,使得从飞机上能看见竖好的辅助设施。

(1) 如果辅助设施用外部应急灯光照明,当飞机处于一根或几根起落架支柱折断所对应的每一种姿态时,在撤离者利用规定的撤离路线通常可能首先着地的地方,辅助设施竖立后接地端的照度不得小于 0.323 勒(0.03 英尺—烛光)(垂直于入射光方向测量);

(2) 如果辅助设施用独立的应急照明分系统照明(该系统不供别的辅助设施使用、独立于主应急照明系统,并能在辅助设施竖立时自动接通),该照明设施必须满足下列要求:

(i) 不得因收藏受到不利影响;

(ii) 当飞机处于一根或几根起落架支柱折断所对应的每一种姿态时,在撤离者通常可能首先着地的地方,辅助设施竖立后接地端的照度不得小于 0.323 勒(0.03 英尺—烛光)(垂直于入射光方向测量)。

(i) 每个应急照明装置的能源在应急着陆后的临界环境条件下,必须能按照度要求提供至少 10 分钟的照明。

(j) 如果用蓄电池作为应急照明系统的能源,它们可以由飞机主电源系统充电,其条件是:充电电路的设计能防止蓄电池无意中向充电电路放电的故障。

(k) 应急照明系统的部件,包括电池、线路继电器、灯和开关,在经受第 25.561(b)条所规定的惯性力作用后,必须能正常工作。

(l) 应急照明系统必须设计成,在撞损着陆情况下,发生任何单个的机身横向垂直分离后,能满足下列要求:

(1) 除由于分离而直接损坏者外,本条要求的全部电照明应急灯中不能工作者不超过 25%。

(2) 除由于分离而直接损坏者外,第 25.811(d)(2)条要求的每个电照明出口标示仍继续工作。

(3) 除由于分离而直接损坏者外,机身每侧至少有一个所要求的外部应急灯仍继续工作。

〔中国民用航空局 1990 年 7 月 18 日第一次修订,2001 年 5 月 14 日第三次修

订,2011 年 11 月 7 日第四次修订]

1.2 条款背景

第 25.812 条的目的是提高运输类飞机的应急撤离设备要求。基于飞行事故数据的统计分析,FAA 认为需要提高飞机的适坠性和应急撤离标准,因此经过讨论增加了 §25.812,对运输类飞行的应急照明提出通用要求,分别从应急出口标记和位置标示、客舱一般照明光源、机内应急出口区域的光源、地板附近应急撤离通道标记、机外应急照明等方面阐明了各自设计和安装的具体要求。

1.3 条款历史

第 25.812 条在 CCAR25 部初版首次发布,截至 CCAR - 25 - R4,该条款共修订过 3 次,如表 1 - 1 所示。

表 1 - 1 第 25.812 条修订说明

第 25.812 条	CCAR25 部版本	相关 14 CFR 修正案	备 注
首次发布	初版	25 - 15、25 - 28、25 - 32、25 - 46	
第 1 次修订	R1	25 - 58	
第 2 次修订	R3	25 - 88	
第 3 次修订	R4	25 - 116,25 - 128	

1.3.1 首次发布

1985 年 12 月 31 日发布了 CCAR25 部初版,其中包括第 25.812 条。该条款参考 14 CFR 修正案 25 - 15、25 - 28、25 - 32、25 - 46 制定。

14 CFR 修正案 25 - 15:首次增加了本条款。

14 CFR 修正案 25 - 28:此修正案主要修订了 §25.812(e) 和增加了新的 §25.812(g)(2) 关于"仅用于不超过一个辅助设施、并且在辅助设施打开时能自动作动的独立于飞机主应急照明系统的分系统"的规定。这样把应急照明系统中的仅用于不超过一个辅助设施、并且在辅助设施打开时能自动作动的独立于飞机主应急照明系统的分系统从原来(e)款的笼统要求中分离出去,使得相关规定更加明确。

14 CFR 修正案 25 - 32:此修正案主要修订了 §25.812(a)、§25.812(b)、§25.812(c)、§25.812(d)、§25.812(e)、§25.812(f)、§25.812(g) 的一些描述,如 §25.812(a)"必须设置包括下列方面并独立于主照明系统的应急照明系统"修订为"必须设置包括下列方面并独立于主照明系统的应急照明系统。但是,如果应急照明系统的电源与主照明系统的电源是独立分开的,则用于应急照明和主照明两个系统的座舱一般照明光源可以共用。应急照明系统必须包括"。对应急照明系统和主照明系统的照明光源做了补充说明。

14 CFR 修正案 25 - 46:此修正案主要修订了 §25.812(e)(2)、§25.812(e)

（3），没有实质性的改动。

1.3.2　第 1 次修订

1990 年 7 月 18 日发布的 CCAR - 25 - R1 对第 25.812 条进行了第 1 次修订，本次修订参考了 14 CFR 修正案 25 - 58 的内容，此修正案主要修订了 §25.812(e)(1)、§25.812(e)(2)，制定了有关地板附近应急撤离通道标记新的性能标准，当高于座舱通道地板 4 英尺以上的所有照明光源完全被烟雾遮蔽时，该标记为乘员应急撤离座舱提供目视指引。

1.3.3　第 2 次修订

2001 年 5 月 14 日发布的 CCAR - 25 - R3 对第 25.812 条进行了第 2 次修订，本次修订参考了 14 CFR 修正案 25 - 88 的内容。该修正案将 §25.812(g)(1)(ii) 修订为"沿 §25.810(c) 要求的撤离路线防滑部分，在其离出口最远的 30% 的一段，在要求的撤离路线最小宽度范围内，照度不小于 0.05 英尺-烛光（垂直于入射光方向测量）"，对撤离路线最小宽度范围内的照度提出了要求。

1.3.4　第 3 次修订

2011 年 11 月 7 日发布的 CCAR - 25 - R4 对第 25.812 条进行了第 3 次修订，本次修订参考了 14 CFR 修正案 25 - 116 和 25 - 128 的内容。

14 CFR 修正案 25 - 116：主要修订了 §25.812(g)(1)(ii)、§25.812(g)(2) 和 §25.812(h)。修订后的 §25.812(g)(1)(ii) 中增加了"对于机翼上方的 A 型应急出口，最小宽度为 42 英寸；对于所有其他机翼上方的应急出口，最小宽度为 2 英尺"的具体限制，同时删除了"在要求的撤离路线最小宽度范围内"的限制；修订后的 §25.812(g)(2) 的第一句将原条款中的"§25.809(f)"改为"§25.810(a)"；修订后的 §25.812(h) 的第一句将原条款中的"§25.809(f)(1) and (h)"改为"§25.810(a) and (d)"。

14CFR 修正案 25 - 128：主要修正了 §25.812(h)，将"§25.810(a) and (d)"改为"§25.810(a)(1) and (d)"。本次修订无本质的改动，只是编辑上的细微修订。

2　条款解读

2.1　条款要求

第 25.812(a) 款规定除主照明系统外，必须另有一套应急照明系统，而且仅在两套系统的电源分开时，座舱一般照明的光源可以共用。（1）项中的应急出口标记和位置标示包括：设置在接近每个出口过道附近主过道上方的位置标示及设置在每个应急出口附近的出口标记。（2）项规定为了满足乘员跨出飞机应急门第一步时能看见附近的东西，应在每个应急出口的外面附近设置机外应急照明灯。

　　第25.812(b)款对客座量大于等于10和小于等于9的应急出口标记分别做出规定,为了醒目显示出口标记和位置标示必须采用内部电照明或者非电的自身发亮,才能容易发现应急出口。第25.812(b)(1)项对客座量大于等于10的应急出口标记的要求为:第25.812(b)(1)(i)目中的背景与字的对比度至少为10:1,这个比值也适用于符号和箭头标示。应急出口标记的字"出口"应是红色的,在白色照明的背景下至少为38毫米高,除字母、箭头标示和符号外,背景的面积至少为135平方厘米。第25.812(b)(1)(ii)目是对设置在隔框或隔板上防止视线被遮挡住的应急出口标记的详细规定。第25.812(b)(2)项对客座量小于等于9座的飞机,标示规定为可采用规定亮度的电照明和非电的自身发亮。

　　第25.812(c)款提出对主过道和横向过道中心线平面在座椅扶手高度上的照明要求和测量方法。

　　第25.812(d)款提出对各主过道和出口之间通向与地板齐平的旅客应急出口的通道上的照明要求和测量方法。

　　第25.812(e)款对地板附近的应急撤离通道的标示作了详细的规定。在过道地板以上超过1.2米(4英尺)高的客舱照明的所有光源完全被烟雾所遮蔽时,这种标志为应急撤离客舱提供目视指示和标志。

　　第25.812(f)款对只供一个辅助应急撤离设施使用以外的照明系统的控制开关、指示灯、开关的工作方式和电气系统要求作了规定,以使应急照明工作可靠。

　　第25.812(g)款对每个机翼上方和非机翼上方应急出口外部邻近区的照度提出了要求。

　　第25.812(h)款对应急出口外的辅助设施的照明提出了要求。第25.812(h)(1)项对乘员下地辅助设施规定需要灯光照明,以保证在黑暗条件下能从机上看到竖立的这些设施。第25.812(h)(2)项规定如果离地辅助设施的照明使用独立于飞机主应急照明系统外的应急照明分系统,则该辅助设施工作时,它能自动接通,并不应由于收起而受到不利影响。

　　第25.812(i)款对每个应急照明装置的能源在应急着陆后的临界环境条件下的工作做了规定。不论是内部应急照明还是外部应急照明,在紧急着陆后的临界环境条件下,必须在最低亮度级或大于最低亮度下至少保持10分钟。

　　第25.812(j)款规定了用蓄电池作为应急照明系统的能源时,所要求的条件。如果蓄电池用飞机的主电源系统进行充电,则要求充电电路设计成能够防止电池对充电电路偶然放电的故障。

　　第25.812(k)款规定了应急照明系统的部件,在承受应急着陆的惯性力后仍能正常工作。

　　第25.812(l)款规定飞机在坠撞着陆情况下,部分应急照明应该正常工作,通常可以采用两套以上电源组件和合适的接线方法来满足本款的要求。

2.2 相关条款

与第 25.812 条相关的条款如表 2-1 所示。

表 2-1 第 25.812 条相关条款

序 号	相关条款	相 关 性
1	第 25.809 条	第 25.809 条额外出口必须满足第 25.812 条适用的应急出口要求
2	第 25.811 条	第 25.812 条应急出口标记需满足第 25.811 条应急出口的标记规定

3 验证过程

3.1 验证对象

第 25.812 条的验证对象为照明系统的应急照明。

3.2 符合性验证思路

通过设计符合性说明、分析计算、机上地面试验、机上检查和合格鉴定等验证方法表明符合性。

针对第 25.812(a)款,通过系统设计描述说明飞机应急照明系统的组成,通过机上检查确定其应急出口标记、位置标示及应急照明灯。

针对第 25.812(b)款,通过系统设计描述说明飞机应急照明系统选用的出口标记和出口位置标记,通过设备鉴定试验和机上检查进行确认。

针对第 25.812(c)款,通过系统设计描述说明客舱一般照明的方式,通过计算分析、地面试验、机上检查对要求区域的照度进行测量和确认,通过应急出口标记环境试验。

针对第 25.812(d)款,通过系统设计描述说明应急出口的通道处提供照明的方式,通过计算分析、地面试验和机上检查对要求区域的照度进行测量和确认,通过设备鉴定试验。

针对第 25.812(e)款,通过系统设计描述说明地板附近的应急撤离通道的标示和安装方式,通过地面试验和机上检查进行验证和确认。

针对第 25.812(f)款,通过系统设计描述说明应急照明控制开关的数量、安装和控制方式,通过地面试验和机上检查进行验证和确认。

针对第 25.812(h)款,通过系统设计描述说明应急出口外辅助设施的照明方式,计算分析出提供的照度,通过设备鉴定试验对其照度进行验证。

针对第 25.812(i)款,通过系统设计描述说明每个应急照明装置的供能方式,通过计算分析和设备鉴定试验说明设备在应急着陆后临界环境条件下能提供的照明。

针对第 25.812(j)款,通过系统设计描述说明应急电池盒充电电路的设计。

针对第 25.812(k)款,通过系统设计描述说明应急照明系统的部件组成。通过设备鉴定试验和实验室试验对功能进行验证。

针对第 25.812(l)款,计算分析发生不同的机身横向垂直分离时,应急照明设备损坏数量占设备总数的百分比。通过机上检查确认应急照明设备的安装布置。

3.3　符合性验证方法

通常,针对第 25.812 条的符合性验证方法如表 3-1 所示。

表 3-1　建议的符合性方法

CCAR25 条　款	专　业	符合性方法										备　注
		0	1	2	3	4	5	6	7	8	9	
第 25.812(a)款	照　明		1						7			
第 25.812(b)款	照　明		1						7		9	
第 25.812(c)款	照　明		1	2			5		7		9	
第 25.812(d)款	照　明		1	2			5		7		9	
第 25.812(e)款	照　明		1				5		7			
第 25.812(f)款	照　明		1				5		7			
第 25.812(h)款	照　明		1	2							9	
第 25.812(h)(2)项	应急设备		1								9	
第 25.812(i)款	照　明			2			5				9	
第 25.812(i)款	应急设备		1								9	
第 25.812(j)款	照　明		1									
第 25.812(k)款	照　明		1								9	
第 25.812(k)款	应急设备		1								9	
第 25.812(l)款	照　明			2					7			

3.4　符合性验证说明

针对第 25.812 条,采用的符合性验证方法为 MOC1、MOC2、MOC5、MOC7 和 MOC9。

采用机上地面试验时注意以下几个问题:① 试验一般在黑夜进行,若在白天要有措施防止每个窗户、舱门、应急出口和其他开口处光线射入。但每个内部的舱门和活动小门应处于起飞状态,试验时只允许在地板附近的应急撤离通道的标志系统点亮。② 当高于客舱通道地板 1.2 米(4 英尺)以上的所有照明光源完全被浓密的烟雾遮蔽时,试验与地板齐平标志的效能。在实际着火情况下,从地板上来的照明被限制在烟雾覆盖的正下方的范围内,通常不能照亮或反射到整个客舱。在试验时,若客舱没有烟雾覆盖,地板上的照明光可以反射到客舱上部,这对客舱和逃生通道产生不真实的照明。所以在试验时考虑到不真实的发射光和照明,考虑的办法或者是通过合理分析确定上述不真实的反射光和照明不会改变试验结果的有效性,或者必要时,可通过使用遮光板和屏蔽板以尽可能减小或消除它们的影响。③ 在实际着火时,烟雾的遮蔽层可能沿客舱的长度在 1.2 米(4 英尺)上下变化,这个数字对本条款来说是名义设计高度。认为在 1.2 米(4 英尺)以下的空气是常规的不影响透光度。④ 试验时应考虑客舱内每个旅客能在不需要机组人员关照、旅客排成长队、没有声音或其他信号帮助下找到应急出口的通路。⑤ 试验时应考虑在客舱通道或应急出口的附近放置一定鲜亮的东西和贮藏在座椅底下的手提行李,因为这些东西均能够阻碍地板附近的光源通过。

3.4.1　第 25.812(a)款符合性验证说明

针对第 25.812(a)款,采用的符合性验证方法为 MOC1 和 MOC7。

1) MOC1 验证过程

在照明系统设计描述中说明应急照明系统的部件组成。一般情况下,飞机应急照明系统可分为机内应急照明和机外应急照明。机内应急照明包括驾驶舱应急顶灯、出口标记、出口位置标示、邻近地板出口标记、应急过道灯和地板荧光条;机外应急照明包括外部应急撤离滑道灯。应急照明系统一般通过独立的应急电池盒供电。

2) MOC7 验证过程

采用机上检查,依据照明系统的安装图和线路图,检查应急照明系统的电源与线路,检查应急照明系统中应急出口标记、出口位置标示及机外应急照明的配备情况。

3.4.2　第 25.812(b)款符合性验证说明

针对第 25.812(b)款,采用的符合性验证方法为 MOC1、MOC7 和 MOC9。

1) MOC1 验证过程

在照明系统设计描述中说明应急照明系统选用的出口标记和出口位置标示。

2) MOC7 验证过程

采用机上检查,依据照明系统的安装图和线路图,检查应急出口标记和应急出口位置标示的字体大小、底色及照明方式。

3) MOC9 验证过程

按照 DO-160"机载设备环境条件及测试程序",针对应急出口标记展开低温、高温、高度/压力、温度变化、湿度、冲击碰撞安全、振动、防水、流体敏感度、霉菌、防火/烟/有毒气体等鉴定环境试验。

3.4.3　第 25.812(c)款符合性验证说明

针对第 25.812(c)款,采用的符合性验证方法为 MOC1、MOC2、MOC5、MOC7 和 MOC9。

1) MOC1 验证过程

在照明系统设计描述中说明客舱一般照明的方式。通常情况下飞机由客舱天花板上的应急过道灯提供一般照明,说明应急过道灯的数量和分布。

2) MOC2 验证过程

计算客舱主过道应急灯的平均照度和每一测量点的照度。

3) MOC5 验证过程

采用机上地面试验,在客舱主过道中心线座椅扶手高度上按间隔 1 000 毫米测量测试点的照度。

4) MOC7 验证过程

采用机上检查,依据照明系统的安装图和线路图,检查客舱的一般照明。

5) MOC9 验证过程

按照 DO - 160“机载设备环境条件及测试程序”,针对临近地板出口标记展开低温、高温、高度/压力、温度变化、湿度、冲击碰撞安全、振动、防水、流体敏感度、霉菌、防火/烟/有毒气体等鉴定环境试验。

3.4.4　第 25.812(d)款符合性验证说明

针对第 25.812(d)款,采用的符合性验证方法为 MOC1、MOC2、MOC5、MOC7 和 MOC9。

1) MOC1 验证过程

在照明系统设计描述中说明应急出口通道处照明的方式,确认应急照明系统是否布置了过道灯、出口标记和邻近地板出口标记等照明。

2) MOC2 验证过程

计算各主过道和出口之间通向与地板平齐的旅客应急出口的通道上的平均照度。

3) MOC5 验证过程

采用机上地面试验,在客舱主过道中心线离座舱地板 150 毫米处测量测试点的照度。

4) MOC7 验证过程

采用机上检查,依据照明系统的安装图和线路图,检查客舱各主过道和出口之间通向与地板齐平的旅客应急出口的通道地板的照明情况。

5) MOC9 验证过程

按照 DO - 160“机载设备环境条件及测试程序”,针对应急过道灯展开低温、高温、高度/压力、温度变化、湿度、冲击碰撞安全、振动、流体敏感度、防火等鉴定环境试验。

3.4.5　第 25.812(e)款符合性验证说明

针对第 25.812(e)款,采用的符合性验证方法为 MOC1、MOC5 和 MOC7。

1) MOC1 验证过程

在照明系统设计描述中说明地板附近的应急撤离通道的标示和安装方式。确认应急照明系统是否布置了应急地板荧光条和临近地板出口标记。

2）MOC5 验证过程

采用应急照明撤离试验，对飞机应急撤离通道的标示在试验对象撤离时的指引情况进行评定。

3）MOC7 验证过程

采用机上检查，检查当通道地板 1.2 米以上光源被遮蔽时，应急撤离通道标示及临近地板出口标记指引每一乘客目视辨认出应急撤离通道及出口的情况。

3.4.6　第 25.812(f)款符合性验证说明

针对第 25.812(f)款，采用的符合性验证方法为 MOC1、MOC5 和 MOC7。

1）MOC1 验证过程

在照明系统设计描述中说明应急照明控制开关的数量、安装和控制方式。

2）MOC5 验证过程

采用机上地面试验，对应急照明控制开关进行操作，并验证对应的应急灯和告警信息。

3）MOC7 验证过程

采用机上检查，检查应急照明控制开关的安装和控制方式，确认应急照明控制开关的逻辑和灯光指示。

3.4.7　第 25.812(h)款符合性验证说明

针对第 25.812(h)款，采用的符合性验证方法为 MOC1、MOC2 和 MOC9。

1）MOC1 验证过程

在照明系统设计描述和应急撤离滑梯设计描述中说明应急出口外辅助设施的照明方式。

2）MOC2 验证过程

计算应急出口外辅助设施的照度。

3）MOC9 验证过程

按照 DO-160"机载设备环境条件及测试程序"，针对应急撤离滑梯上自带的照明灯具展开低温、高温、高度/压力、温度变化、湿度、冲击碰撞安全、振动、流体敏感度、防火等鉴定环境试验。

3.4.8　第 25.812(i)款符合性验证说明

针对第 25.812(i)款，采用的符合性验证方法为 MOC1、MOC2、MOC5 和 MOC9。

1）MOC1 验证过程

在应急撤离滑梯设计描述中说明每个应急照明装置的供能方式。

2）MOC2 验证过程

根据为应急照明装置提供能源的设备性能参数，计算应急着陆时其能提供多长时间的电源。

3）MOC5 验证过程

采用机上地面试验,在应急灯打开十分钟后,在客舱过道中心线上测量最暗测试点的照度。

4）MOC9 验证过程

按照 DO‐160“机载设备环境条件及测试程序”,针对为应急照明装置提供能源的设备展开低温、高温、高度/压力、温度变化、湿度、冲击碰撞安全、振动、防水、流体敏感度、霉菌、防火/烟/有毒气体等鉴定环境试验。

3.4.9　第 25.812(j)款符合性验证说明

针对第 25.812(j)款,采用的符合性验证方法为 MOC1。

MOC1 验证过程:在照明系统设计描述中说明应急电池盒充电电路的设计。

3.4.10　第 25.812(k)款符合性验证说明

针对第 25.812(k)款,采用的符合性验证方法为 MOC1 和 MOC9。

1）MOC1 验证过程

在照明系统设计描述和应急撤离滑梯设计描述中说明应急照明系统的部件组成。

2）MOC9 验证过程

按照 DO‐160“机载设备环境条件及测试程序”,针对应急照明系统的部件展开低温、高温、高度/压力、温度变化、湿度、冲击碰撞安全、振动、防水、流体敏感度、霉菌、防火/烟/有毒气体等鉴定环境试验。

3.4.11　第 25.812(l)款符合性验证说明

针对第 25.812(l)款,采用的符合性验证方法为 MOC2 和 MOC7。

1）MOC2 验证过程

计算在发生任何单个的机身横向垂直分离后,应急照明设备的损坏数量占设备总数的百分比。

2）MOC7 验证过程

采用机上检查,依据照明系统的安装图和线路图,检查应急照明设备的安装布置。

3.5　符合性文件清单

通常,针对第 25.812 条的符合性文件清单如表 3‐2 所示。

表 3‐2　建议的符合性文件清单

序　号	符 合 性 报 告	符合性方法
1	照明系统设计描述文件	MOC1
2	照明系统分析计算报告	MOC2
3	照明系统地面试验大纲	MOC5

（续表）

序　号	符 合 性 报 告	符合性方法
4	照明系统地面试验报告	MOC5
5	照明系统机上检查大纲	MOC7
6	照明系统机上检查报告	MOC7
7	照明系统设备鉴定大纲	MOC9
8	照明系统设备鉴定报告	MOC9
9	应急撤离滑梯设计描述文件	MOC1

4　符合性判据

针对第 25.812 条进行系统设计描述、计算分析、机上地面检查及设备鉴定试验时需满足以下要求：

（1）在系统设计描述中详细说明了机内应急照明和机外应急照明的组成，且必须包括应急出口标记、位置标示及应急照明灯；说明了提供客舱一般照明的方式；说明了为应急出口的通道处提供照明的方式；说明了地板附近的应急撤离通道的标示和安装方式；说明了应急照明控制开关的数量、安装和控制方式；说明了应急出口外辅助设施的照明方式；说明了每个应急照明装置的供能方式。

（2）完成计算分析，计算得出客舱主过道应急灯测试点的平均照度大于 0.538勒克斯（0.05 英尺-烛光），且每一测量点处的照度都大于 0.108 勒克斯（0.01 英尺-烛光）；计算得出各主过道和出口之间通向与地板平齐的旅客应急出口的通道上测试点的平均照度大于 0.215 勒克斯。计算得出应急出口外辅助设施的照度不小于0.323 勒克斯；计算得出每个应急照明装置在应急着陆后的临界环境条件下，能按照度提供至少 10 分钟的照明；计算得出在发生不同的机身横向垂直分离时，应急照明设备损坏数量占设备总数的百分比不超过 25%。

（3）完成机上地面试验，对客舱主过道应急灯的照度进行测量，每一测量点的照度高于 0.108 勒克斯，平均照度高于 0.538 勒克斯；对各主过道和出口之间通向与地板平齐的旅客应急出口的通道上测试点的照度进行测量，平均照度大于 0.215勒克斯；对服务门、登机门、左应急门和右应急门的操作手柄区域的照度进行测试，表明操作手柄能被应急照明灯照亮；对应急照明控制开关进行操作，验证了应急灯的通断和告警信息的显示；在应急灯打开十分钟后，在客舱过道中心线上测量最暗测试点的照度，测量数值高于 0.215 勒克斯。

（4）完成机上检查，检查结果能表明应急照明系统独立于主照明，并具有独立的电源和线路；表明应急出口标记和应急出口位置标示采用了内部电照明，且用至少高 38 毫米的红字衬在白地上；确认了应急过道灯在天花板上的安装；确认了出口标记和邻近地板出口标记的安装；确认了应急地板荧光条和临近地板出口标记的安装。确认应急照明控制开关的逻辑和灯光指示；确认了应急照明设备的安装布置。

（5）通过应急出口标记、临近地板出口标记、应急过道灯、应急撤离滑梯上自带的照明灯具、应急照明装置提供能源设备的低温、高温、高度/压力、温度变化、湿度、冲击碰撞安全、振动、防水、流体敏感度、霉菌、防火/烟/有毒气体等鉴定环境试验并获得局方批准。

参考文献

［1］　14 CFR 修正案 25 - 15 Crashworthiness and Passenger Evacuation Standards；Transport Category Airplanes［S］.

［2］　14 CFR 修正案 25 - 28 Airworthiness Standards：Emergency Slide Lighting［S］.

［3］　14 CFR 修正案 25 - 32 Crashworthiness and Passenger Evacuation Standards；Transport Category Airplanes［S］.

［4］　14 CFR 修正案 25 - 46 Airworthiness Review Program Amendment No. 7［S］.

［5］　14 CFR 修正案 25 - 58 Floor Proximity Emergency Escape Path Marking［S］.

［6］　14 CFR 修正案 25 - 88 Type and Number of Passenger Emergency Exits Required in Transport Category Airplanes［S］.

［7］　14 CFR 修正案 25 - 116 Miscellaneous Cabin Safety Changes［S］.

［8］　RTCA. DO - 160F Environmental Conditions and Test Procedures for Airborne Equipment［S］.

［9］　FAA. AC25. 812 - 1A Floor Proximity Emergency Escape Path Marking［S］. 1989.

［10］　FAA. AC25. 812 - 2 Floor Proximity Emergency Escape Path Marking Systems Incorporating Photoluminescent Elements［S］. 1997.

运输类飞机适航标准
第25.813条符合性验证

1 条款介绍

1.1 条款原文

第25.813条　应急出口通路

每个所要求的应急出口必须是旅客可到达的,而且其位置能保证有效撤离。应急出口必须考虑到旅客的分布情况,尽可能的均匀,但座舱两侧出口的大小和位置不必对称。当规定每侧只需一个与地板齐平的出口而飞机又没有尾锥型或机腹型应急出口时,该与地板齐平的出口必须设置在客舱后段,除非其它位置使其成为更有效的旅客撤离口。当规定每侧需要一个以上与地板齐平的出口时,每侧必须至少有一个与地板齐平的出口设置在靠近座舱的每一端头,但这一规定不适用于客货混装布局。此外,应急出口通路还必须满足下列要求:

(a) 必须有通道从最近的主过道通往每个 A 型、B 型、C 型、Ⅰ 型或Ⅱ型应急出口和连通各个旅客区域。通往 A 型和 B 型出口的每条通道不得有障碍物,宽度至少为 914 毫米(36 英寸)。旅客区之间的通道以及通往 Ⅰ 型、Ⅱ型或 C 型应急出口的通道不得有障碍物,宽度至少为 510 毫米(20 英寸)。

除客舱内有两条或多条主过道的情况外,每个 A 型或 B 型应急出口的位置必须能使旅客从前后两个方向沿主过道通向该出口。当有两条或多条主过道时,两条主过道之间必须设置若干宽度至少 510 毫米(20 英寸)的无障碍横向过道,其设置要满足以下要求:

(1) 必须有一条横向过道通向最近的主过道与 A 型、B 型应急出口之间的每一条通道;

(2) 必须有一条横向过道通向最近主过道与 Ⅰ 型、Ⅱ型或Ⅲ型应急出口之间的每一条通道的邻接区;但当连续三排座椅之内有两个Ⅲ型应急出口设置于两排座椅之间时,可以只用一条横向过道,但此横向过道必须通向从最近主过道到每个应急出口的两条通道之间的邻接区。

(b) 必须按下列规定提供足够的空间,便于机组人员协助旅客撤离:

(1) 每个地板上的辅助空间必须是矩形,必须有足够空间使机组成员在直立时能够有效地协助撤离者。该辅助空间不得使通道的无障碍宽度减小到低于出口所要求的无障碍宽度;

(2) 对于每个 A 型、B 型出口,无论是否有第 25.810(a)条要求的辅助设施,都必须在出口的每一侧设置辅助空间;

(3) 对于安装在客座数超过 80 人的飞机中的每个 C 型、Ⅰ 型或 Ⅱ 型出口,无论是否有第 25.810 条(a)要求的辅助设施,都必须在通道的一侧提供辅助空间。

(4) 对于每个 C 型、Ⅰ 型或 Ⅱ 型出口,如果有第 25.810 条(a)要求的辅助设施,必须在通道的一侧提供辅助空间。

(5) 对于根据第 25.807 条(g)(9)(ii)可以增加 25 个客座的尾锥型出口,如果有第 25.810 条(a)要求的辅助设施,必须提供一个辅助空间。

(6) 在每个辅助空间处必须有一个或多个手柄,其位置应能使得机组成员能够稳定自己:

(i) 当手动启用辅助设施(如适用)时,和

(ii) 撤离过程中帮助旅客时。

(c) 对于每个 Ⅲ 型或 Ⅳ 型应急出口,必须提供符合下列要求的通路:

(1) 从最近过道到每个出口的通路。此外,对于客座量等于或大于 60 座的飞机,其每个 Ⅲ 型出口还必须符合以下规定:

(i) 除(c)(1)(ii)的要求外,对于与过道应急出口一侧相邻的每排座椅不超过 2 个座椅的舱内布局,必须提供宽度至少为 254 毫米(10 英寸)的无障碍通道作为通路;而对该区域相邻的每排座椅为 3 个座椅的布局,则上述宽度至少为 510 毫米(20 英寸)。通道宽度必须在相邻座椅调节到最不利位置时测定。所要求的通道宽度中心线相对应应急出口中心线的水平偏离不得大于 127 毫米(5 英寸);

(ii) 可用两条通道(仅用于椅排之间)代替一条 254 毫米(10 英寸)或 510 毫米(20 英寸)的通道,但其每条的宽度必须至少为 152 毫米(6 英寸),并要直接通向每一应急出口前的无障碍空间(相邻出口不得共用一条通道)。通道宽度必须在相邻座椅调节到最不利位置时测定。出口前的的①无障碍空间范围,垂直方向必须从地板直至天花板(或至侧壁行李箱底部),前后必须从前通道前缘至后通道后缘,从出口向内的距离则不得小于机上最窄旅客座椅的宽度。应急出口的开口必须完全处在无障碍空间的前后边界范围之内。

(2) 除了通路之外,还有以下补充要求:

(i) 对于客座量等于或大于 20 座的飞机,在距出口不小于机上最窄旅客座椅宽度的一段距离内,座椅、卧铺或其它突出物(包括处于最不利位置的椅背)均不得阻挡该出口的投影开口或妨碍出口的开启;

---

① 应为"出口前的",原条款如此。——编注

(ii) 对于客座量等于或小于 19 座的飞机,如果有补偿措施能保持出口的有效性,则在上述区域可以有小的障碍。

(3) 对于每个Ⅲ型应急出口,无论其飞机的客座量大小,都必须有符合下列要求的标牌:

(i) 能让所有坐在出口通道附近并面朝通道的人辨读;

(ii) 准确地说明或图示出口开启方法,包括手柄操作;

(iii) 如果出口为可卸舱盖时,说明舱盖重量,并指出舱盖卸下后的妥当安放位置。

(d) 如果从客舱中任一座椅到达任何规定的应急出口要经过客舱之间的通道,则该通道必须是无障碍的。但可以使用不影响自由通行的帘布。

(e) 在起飞和着陆时允许坐人的任一旅客座椅与任一旅客紧急出口之间不可设置舱门,致使舱门横穿任何撤离路径(包括过道、横向过道和通道)。

(f) 如果需要经过将起飞和着陆时坐人的任一机组成员座椅(驾驶舱座椅除外)与任一紧急出口分开的门,则此门必须具有将其闩住在打开位置的措施。锁闩装置必须能承受当门相对周围结构受到第 25.561 条(b)所述的极限惯性力时所造成的载荷。

〔中国民用航空局 1995 年 12 月 18 日第二次修订,2001 年 5 月 14 日第三次修订,2011 年 11 月 7 日第四次修订〕

1.2　条款背景

第 25.813 条的目的为旅客提供应急出口通路,使旅客在应急情况下能快速到达应急出口,保证有效的应急撤离,保护乘客安全。

1.3　条款历史

第 25.813 条在 CCAR25 初版首次发布,截至 CCAR - 25 - R4,该条款共修订过 3 次,如表 1 - 1 所示。

表 1 - 1　第 25.813 条条款历史

第 25.811 条	CCAR25 部版本	相关 14 CFR 修正案	备　　注
首次发布	初版	25 - 1,25 - 15,25 - 17,25 - 32,25 - 46	
第 1 次修订	R2	25 - 72,25 - 76	
第 2 次修订	R3	25 - 88	
第 3 次修订	R4	25 - 116	

1.3.1　首次发布

1985 年 12 月 31 日发布了 CCAR25 初版,其中包含第 25.813 条,该条款参考

14 CFR PART 25 初版和 14 CFR 修正案 25 - 1、25 - 15、25 - 17、25 - 32、25 - 46 中的 §25.813 的内容制定。

（1）14 CFR PART 25 初版参考 CAR4b，其中 CAR4b.362 调整为 §25.813，内容保持不变。

（2）14 CFR 修正案 25 - 1 修订了 §25.813(d)，要求客舱内的任何隔板上不可设置舱门，但可以使用不影响自由通行的帘布。

（3）14 CFR 修正案 25 - 15 修订了 §25.813(a)、(b)、(c)，对出口撤离通道和通道附近的空间提出新要求，要求对于客座量大于或等于 20 座的飞机，Ⅲ 出口开口的投影不能被外侧座椅的椅背所阻挡。

（4）14 CFR 修正案 25 - 17 修订了 §25.813(c)，对Ⅲ型出口投影开口不能被外侧座椅椅背所阻挡要求的特殊情况进行了规定。

（5）14 CFR 修正案 25 - 32 修订了 §25.813(c)，原条款禁止Ⅲ型出口投影开口被椅背所阻挡，但如果扶手不会降低出口的有效性，则允许投影开口被扶手等阻挡。FAA 为安全起见，禁止包括椅背、扶手在内的任何突出物阻挡投影开口，为此对Ⅲ型出口通道进行了相应的修订。

（6）14 CFR 修正案 25 - 46 修订了 §25.813(c)(1)，对Ⅲ型出口，要求椅背等突出物不得干涉出口的开启。

1.3.2　第 1 次修订

1995 年 12 月 18 日发布的 CCAR - 25 - R2 对第 25.813 条进行了第 1 次修订，本次修订参考 1990 年发布的 14 CFR 修正案 25 - 72 和 1992 年发布的 14 CFR 修正案 25 - 76 的内容。

（1）14 CFR 修正案 25 - 72：将 §25.807 部分要求转到本条中，要求 A 型出口撤离通道宽度为 36 英寸，对客舱内有两条或多条主过道的飞机的横向过道做了规定，对 A 型出口的辅助空间的要求进行了修订。

（2）14 CFR 修正案 25 - 76：修订 §25.813(a) 和 (c)，对客座量等于或大于 20 座的运输类飞机的Ⅲ型应急出口（通常是机翼上方的小出口）通道要求进行修订，改善紧急情况下乘员撤离飞机的能力。

1.3.3　第 2 次修订

2001 年 5 月 14 日发布的 CCAR - 25 - R3 对第 25.813 条进行了第 2 次修订，本次修订参考了 1996 年发布的 14 CFR 修正案 25 - 88 的内容，本修正案修订了 §25.813(a) 和 (b)，根据 §25.807 的修订，增加 B 型和 C 型应急出口通道的要求。

1.3.4　第 3 次修订

2011 年 11 月 7 日发布的 CCAR - 25 - R4 对第 25.813 条进行了第 3 次修订，本次修订参考了 2004 年发布的 14 CFR 修正案 25 - 116 的内容，本修正案修订了 §25.813(b)、(e) 和 (f)，对出口通道附件的辅助空间、辅助手柄和内部舱门等要求进行修订，目的是改进客舱安全水平。

2 条款解读

2.1 条款要求

2.1.1 第 25.813 条前言

本条款为旅客提供应急出口通路,使旅客在应急情况下能快速到达应急出口,保证有效的应急撤离,保护乘客安全。每个应急出口必须是旅客可到达,尽可能均匀分布。对于没有尾锥型或机腹型应急出口的飞机,如果每侧只有一个与地板齐平的出口,那么该出口必须设置在客舱后段,如果每侧需要一个以上与地板齐平的出口,那么该类出口至少有一个设置在靠近座舱的每一端头。

2.1.2 第 25.813(a)款

本款是对Ⅱ型或更大出口的通道及横向过道的要求。当客舱内有两条或多条主过道时,要求设置横向过道如下:

必须设置若干宽度至少为 20 英寸的无障碍横向过道,这是为了保证旅客能从任何一条主过道迅速到达另一条主过道及其附近的出口。横向过道可认为是连接两条主过道内侧的通道。横向过道可以是弯曲的,也不必垂直于主过道,但必须是无障碍的。设置的横向过道的数量应依据应急出口的数量确定。

每个 A 型和 B 型出口附近的横向过道必须连接两条主过道,并通往 A 型和 B 型出口的出口通道。为保证同时有两条撤离人流:如果 A 型和 B 型出口位于客舱的端部,只能有两条撤离路径通往出口(一条是沿主过道的前或后方向,一条是沿横向过道),此时 36 英寸的通道应当从出口延伸到从主过道和横向过道来的撤离人流汇合的地方;如果 A 型和 B 型出口在客舱的中部,将有三条撤离路径通往出口(两条是沿主过道的前和后方向,一条是沿横向过道),此时 20 英寸宽的横向过道应该位于 36 英寸宽的过道内(如果横向过道垂直于主过道),20 英寸宽的横向过道也应该位于出口投影开口宽度之内。

每个Ⅰ型、Ⅱ型和Ⅲ型出口附近的横向过道必须连接两条主过道,并通往这些出口的出口通道的邻接区。"邻接"是指在横向过道和这些出口通道之间至少有 5 英寸的重叠;对于单个Ⅲ型出口,"邻接"是指横向过道和单个Ⅲ型出口通道之间至少有机上最窄座椅间距的重叠;当连续三排座椅之间设置两个Ⅲ型出口时,可以只用一条横向过道,此横向过道应位于两条出口通道之间。

2.1.3 第 25.813(b)款

本款是对辅助空间和辅助手柄的要求。为便于机组成员协助旅客撤离,在出口附近要留有足够的辅助空间供机组成员站立。该辅助空间在地板上必须是矩形的,在 14 CFR 修正案 25-116 中说明矩形的尺寸至少为 12 英寸×20 英寸,尺寸 12 英寸与出口开口平行,辅助空间的高度至少能容纳 95 百分位身高男性直立,如果高度不足以使此身高男性直立,则必须按照人体尺寸增大辅助空间的前后尺寸。

而且必须保证该辅助空间不得使出口通道的无障碍宽度减小到低于出口所要求的无障碍宽度。如果采用其他形状/尺寸/高度的辅助空间,需要通过演示表明提供的辅助空间足以使机组成员帮助旅客撤离。

对于 A 型、B 型出口,无论是否有辅助设施,都必须在出口的每一侧设置辅助空间;对于客座数超过 80 人的飞机,其 C 型、Ⅰ 型、Ⅱ 型出口,无论是否有辅助设施,都必须在通道的一侧提供辅助空间;对于每个 C 型、Ⅰ 型、Ⅱ 型或尾锥型出口,如果有辅助设施,则必须提供辅助空间。

为了防止机组成员手动使用辅助设施时或在撤离过程中帮助旅客时被拥挤的人流推出出口造成危险,在每个辅助空间内,必须有一个或多个手柄,手柄的位置应能供 5 百分位身高女性至 95 百分位身高男性范围内的机组成员,在手动使用辅助设施时或在撤离过程中帮助旅客时能够稳定自己。

2.1.4　第 25.813(c)款

本款是对Ⅲ型和Ⅳ型出口通道的要求。对于客座量等于或大于 60 座的飞机,Ⅲ型出口的通路需满足:对于与过道应急出口一侧相邻的每排不超过 2 个座椅的舱内布局,通道宽度至少为 254 毫米(10 英寸);对于与过道应急出口一侧相邻的每排为 3 个座椅的舱内布局,通道宽度至少为 510 毫米(20 英寸),通道宽度必须在相邻座椅调节到最不利位置时测定,通道宽度中心线相对应急出口中心线的水平偏离不超过 127 毫米(5 英寸),其示意图如图 2-1 所示。

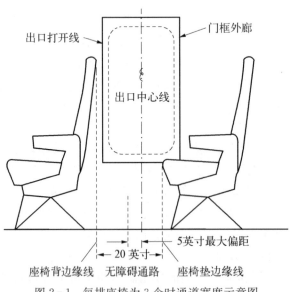

图 2-1　每排座椅为 3 个时通道宽度示意图

可用两条椅排之间的通道代替一条 254 毫米(10 英寸)或 510 毫米(20 英寸)的通道,但其宽度至少为 152 毫米(6 英寸),并直接通向应急出口前的无障碍空间,其示意图如图 2-2 所示。

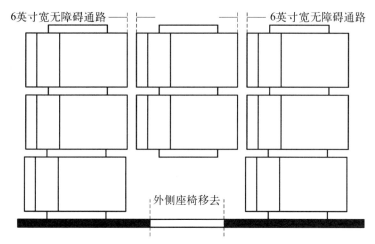

图 2-2 两条椅排间通道的示意图（可接受布局）

对于相邻出口共用一条通道的情况，条款规定是不可接受的，其示意图如图 2-3 所示。

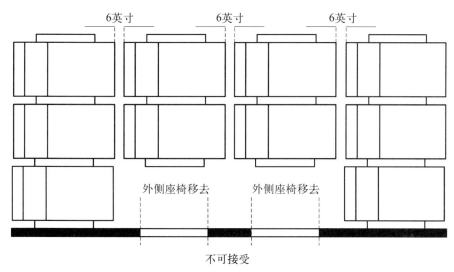

[说明：由三个乘客通道到两个出口，比前图差，FAA 做过很多试验，认为不可接受]

图 2-3 两条椅排间通道的示意图（不可接受布局）

对于客座量等于或大于 20 座的飞机，在距出口不小于机上最窄旅客座椅宽度的一段距离内，处于最不利位置的椅背、扶手、坐垫等突出物均不得阻挡该出口的投影开口或妨碍出口的开启。

对于Ⅲ型出口，无论飞机的客座量大小，都必须设置符合一定要求的标牌。

2.1.5 第 25.813(d)款
通常帘布用于公务舱、头等舱和经济舱之间的分舱板上，但需要有标牌说明此帘布必须在滑行、起飞和降落前收起。

2.1.6　第25.813(e)款

在起飞和着陆时坐人的任一旅客座椅与任一旅客应急出口之间不可设置舱门。因为这种内部舱门在应急情况下对旅客应急撤离非常不利,所以旅客往往不会意识到这个内部舱门另一侧的应急出口,即使这个应急出口离他很近,而且如果一旦此门无意关闭或卡住,会对有效应急撤离造成很大的影响。

2.1.7　第25.813(f)款

本条是对机组成员座椅(驾驶舱内座椅除外)与应急出口之间内部舱门的要求。由于机组成员接受过培训,所以内部舱门的阻挡不会妨碍其协助旅客撤离和自身安全撤离,但需要有标牌说明这个内部舱门必须在滑行、起飞和降落前闩住在打开位置,而且锁闩装置能承受第25.561条规定的应急着陆载荷。

2.2　相关条款

与第25.813条相关的条款如表2-1所示。

表 2-1　第 25.813 条相关条款

序　号	相关条款	相　关　性
1	第25.810(a)款	对于第25.810(a)款要求的辅助设施,需设置辅助空间
2	第25.561(b)款	锁闩装置必须能承受当门相对周围结构受到第25.561(b)款所述的极限惯性力时所造成的载荷

3　验证过程

3.1　验证对象

第25.813条的验证对象为应急出口通路。

3.2　符合性验证思路

按照第25.813条要求,飞机的应急出口均是旅客可到达的,而且其位置能保证有效撤离,同时考虑到旅客的分布情况,应急出口布置得尽可能均匀。针对应急出口通路、通道宽度、辅助空间及应急出口之间是否存在舱门以及帘布是否影响自由通行,可采用客舱布置图、机上检查、计算分析或实验室试验等方法来验证满足条款要求。

3.3　符合性验证方法

通常,针对第25.813条的符合性验证方法如表3-1所示。

3.4　符合性验证说明

3.4.1　第25.813条前言和第25.813(a)款符合性验证说明

通过客舱布置图说明飞机上的应急出口布置是旅客可到达,并尽可能的均匀

表 3 - 1　建议的符合性方法

条款号	专业	符合性方法										备注
		0	1	2	3	4	5	6	7	8	9	
第 25.813(a)款	总体		1						7			
第 25.813(b)款	总体		1						7			
第 25.813(c)款	总体		1						7			
第 25.813(d)款	总体		1						7			
第 25.813(e)款	总体		1						7			
第 25.813(f)款	总体								7			
第 25.813(f)款	强度			2		4						

分布。说明每侧与地板齐平的应急出口的数量,以及在客舱前端头和后端头的布置情况。

通过客舱布置图说明应急出口与最近的主过道之间通道的布置情况,说明通道无障碍物,且宽度满足第 25.813(a)款的要求。如果客舱布置存在两条或多条主过道,则还需说明通向应急出口之间横向过道的布置情况是否满足第 25.813(a)(1)项和第 25.813(a)(2)项的要求。

在飞机客舱内进行实际的检查和测量,以证明客舱应急出口布置、通道布置和宽度与图纸一致,以满足条款的要求。

3.4.2　第 25.813(b)款符合性验证说明

通过客舱布置图说明出口或通道的一侧的地板上存在辅助空间,辅助空间是矩形且空间足够,辅助空间处设置一个或多个手柄。在飞机客舱内进行实际的检查和测量,以证明辅助空间和辅助设施与图纸一致,满足条款的要求。

3.4.3　第 25.813(c)款符合性验证说明

如果设计了Ⅲ型或Ⅵ型应急出口,通路需要满足第 25.813(c)款的要求。通过客舱布置图说明出口通路的宽度满足第 25.813(c)(1)项的要求。除了通路要求之外,对客座量大于 20 座的飞机,通过客舱布置图,说明外侧座椅的所有突出物,包括椅背、扶手和其他突出物都不应阻挡出口的投影开口或妨碍出口的开启,以满足第 25.813(c)(2)项的要求。对于每个Ⅲ型应急出口,无论飞机的客座量大小,都需要提供容易为人辨读,且能准确地说明出口开启方法,以满足第 25.813(c)(3)项的要求。

在飞机客舱内进行实际的检查和测量,以证明Ⅲ型或Ⅳ型应急出口布置通路宽度、无障碍设计和标牌与图纸一致,以满足条款的要求。

3.4.4　第 25.813(d)款符合性验证说明

通过客舱布置图和机上检查说明从客舱内任一座椅都可以通过无障碍通道到达应急出口,如果使用了帘布,帘布也是不影响乘员自由通行的。

3.4.5　第 25.813(e)款符合性验证说明

通过客舱布置图和机上检查说明在起飞和着陆时允许坐人的任一旅客座椅与任一应急出口之间未设置舱门,保证没有任何横穿任何出口通道的舱门。

3.4.6　第 25.813(f)款符合性验证说明

若在起飞和着陆时坐人的任一机组乘员座椅(除驾驶舱座椅)与任一应急出口之间设置有门,门的设计图纸说明有将门固定在打开位置的设施,通过机上检查,验证此门有将其闩住在打开位置的措施。通过分析计算和/或实验室试验,验证锁闩的强度符合设计要求,且锁闩装置能承受第 25.561 条规定的载荷。

3.5　符合性文件清单

通常,针对第 25.813 条的符合性文件清单如表 3-2 所示。

表 3-2　建议的符合性文件清单

序　号	符 合 性 报 告	符合性方法
1	客舱布置图	MOC1
2	应急出口通路机上检查大纲	MOC7
3	应急出口通路机上检查报告	MOC7
4	锁闩强度计算分析报告	MOC2
5	锁闩装置强度试验大纲	MOC4
6	锁闩装置强度试验报告	MOC4

4　符合性判据

4.1　应急出口通路机上检查判据

(1) 所有的通道从过道到出口开口都是无障碍的,检查时注意厨房、机组成员座椅和辅助空间对通道宽度的影响。

(2) 条款要求的辅助空间的尺寸满足要求。

(3) 在辅助空间内提供有一个或多个辅助手柄,该手柄应能使 5 百分位身高女性和 95 百分位身高男性使用。

(4) Ⅲ型出口通道宽度满足要求,在测量通道尺寸时椅背应在最不利的位置测量。

(5) 从内侧或外侧打开Ⅲ型出口时椅背和扶手等突出物不会妨碍出口开启。

(6) 有指示Ⅲ型出口开启方法的标牌能让所有坐在通道附近并面朝通道的人辨读。

(7) 在起飞和着陆时允许坐人的任一旅客座椅与任一旅客应急出口之间未设置有舱门。

(8) 若在起飞和着陆时坐人的任一机组乘员座椅(除驾驶舱座椅)与任一应急

出口之间设置有门,门的设计有将其闩住在打开位置的措施。

4.2　锁闩强度计算判据

考虑第 25.561(b)款的极限过载系数后确定的极限载荷,计算锁闩在该极限载荷下能够将该舱门约束在打开位置。

4.3　锁闩装置强度实验室试验判据

通过强度试验,锁闩在极限载荷下不会因断裂或变形而导致舱门脱离锁闩。

参考文献

[1]　14 CFR 修正案 25 - 1 Regulations, Procedures, and Equipment for Passenger Emergency Evacuation; Flight Attendants; and Assignment of Emergency Evacuation Functions for Crewmembers [S].

[2]　14 CFR 修正案 25 - 15 Crashworthiness and Passenger Evacuation Standards; Transport Category Airplanes [S].

[3]　14 CFR 修正案 25 - 17 Crashworthiness and Passenger Evacuation Standards; Transport Category Airplanes [S].

[4]　14 CFR 修正案 25 - 32 Crashworthiness and Passenger Evacuation Standards; Transport Category Airplanes [S].

[5]　14 CFR 修正案 25 - 46 Airworthiness Review Program Amendment No. 7 [S].

[6]　14 CFR 修正案 25 - 72 Special Review: Transport Category Airplane Airworthiness Standards [S].

[7]　14 CFR 修正案 25 - 76 Improved Access to Type III Exits [S].

[8]　14 CFR 修正案 25 - 88 Type and Number of Passenger Emergency Exits Required in Transport Category Airplanes [S].

[9]　14 CFR 修正案 25 - 116 Miscellaneous Cabin Safety Changes [S].

[10]　FAA. AC25.783 - 1A Fuselage Doors and Hatches [S]. 2005.

运输类飞机适航标准
第 25.815 条符合性验证

1 条款介绍

1.1 条款原文

第 25.815 条 过道宽度

座椅之间的旅客过道宽度在任何一处不得小于下表中的值：

客座量	旅客过道最小宽度	
	离地板小于 635 毫米(25 英寸)	离地板等于或大于 635 毫米(25 英寸)
等于或小于 10 座	300 毫米*(12 英寸)	380 毫米(15 英寸)
11 到 19 座	300 毫米(12 英寸)	510 毫米(20 英寸)
等于或大于 20 座	380 毫米(15 英寸)	510 毫米(20 英寸)

* 经过适航当局认为必须的试验证实,可以批准更窄的但不小于 230 毫米(9 英寸)的宽度。

1.2 条款背景

第 25.815 条的目的是规定过道的最小宽度,以在应急情况下能确保一定的应急撤离速率。该条款提出是为了提高运输类飞机应急撤离水平的要求,同时说明允许局方可批准更窄过道的设计。

1.3 条款历史

第 25.815 条在 CCAR25 部初版首次发布,截至 CCAR - 25 - R4,该条款未进行过修订,如表 1-1 所示。

表 1-1 第 25.815 条条款历史

第 25.815 条	CCAR25 部版本	相关 14 CFR 修正案	备 注
首次发布	初版	25 - 15,25 - 38	

1985 年 12 月 31 日发布了 CCAR25 部初版,其中包含第 25.815 条,该条款参考 1967 年发布的 14 CFR 修正案 25 - 15 和 1977 年发布的 14 CFR 修正案 25 - 38

中 §25.817 的内容制定。

14 CFR 修正案 25-15 对过道宽度的要求进行了修订,此次修订前规章规定为:对于座位离地等于或大于 25 英寸以上的情况,过道最小宽度为 18 英寸。1966 年 FAA 召开会议讨论运输类飞机适坠性方面的规章要求,讨论后 FAA 认为此处宽度 15 英寸已经足够,因此将 §25.815 中"离地板等于或大于 25 英寸"的 10 座以下的 18 英寸过道宽度要求降低为 15 英寸。

14 CFR 修正案 25-38 对 10 座以下的飞机,在离地板小于 25 英寸的范围,过道宽度小于 12 英寸增加了附加说明:经过适航当局认为必需的试验证实,可以批准更窄的但不小于 230 毫米(9 英寸)的宽度。FAA 说明过去已经按照小于 12 英寸的过道宽度获得批准的 10 座以下飞机的服役经验是令人满意的,因此,此次修订中规定对于离地板小于 25 英寸的情况,经过局方认为必要的试验验证后,可以批准更窄的但不小于 9 英寸宽度的过道。

2 条款解读

2.1 条款要求

本条规定了过道宽度在任何一处(包括沿过道长度方向和过道某点的高度方向)的最小要求。由于人体上宽下窄的生理特点,决定了过道在不同高度范围可具有不同的宽度,以 635 毫米(25 英寸)的高度划分了上下两个范围,635 毫米以下的宽度要求比 635 毫米以上的要求低。

在运行中的任何阶段,包括滑行、起飞和降落时,过道宽度都必须保持满足条款规定的要求。

2.2 相关条款

第 25.815 条无相关条款。

3 验证过程

3.1 验证对象

第 25.815 条的验证对象为客舱过道。

3.2 符合性验证思路

为表明对该条款的符合性,一般采用客舱布置图和机上检查的方法:首先对飞机客舱布置情况进行描述,提供客舱过道的详细尺寸;再对客舱进行机上检查,测量实际过道宽度以表明符合性。

3.3 符合性验证方法

通常,针对第 25.815 条的符合性验证方法如表 3-1 所示。

表 3-1　建议的符合性方法

条 款 号	专 业	符 合 性 方 法										备 注
		0	1	2	3	4	5	6	7	8	9	
第 25.815 条	总 体		1						7			

3.4　符合性验证说明

针对第 25.815 条,采用的符合性验证方法包括 MOC1 和 MOC7,各项验证具体工作如下。

3.4.1　MOC1 验证过程

提供带有详细尺寸的客舱布置图说明其符合性。

3.4.2　MOC7 验证过程

进行机上检查,实际测量过道宽度表明符合性。

对真实飞机或样机进行检查时或测量时应该注意以下几点:

(1) 过道两旁为座椅时,过道宽度应测量的是两相对的空座椅在最不利位置(椅背前后调节)时的法向距离。

(2) 过道旁为厨房、衣帽间或储藏室时,应考虑门把手或门闩等突出物对过道宽度的影响,在测量时可以采用垂直投影的方式。

(3) 对于交错排列的座椅或弯曲过道,过道上的任一处的宽度应该沿与过道垂直的方向测量。

(4) 对于可上下活动的扶手,在收上和放下时,若伸入规定的过道空间,乘客入座或离座后应能自动返回到正常位置,否则需有标记说明,以便人为复位。

3.5　符合性文件清单

通常,针对第 25.815 条的符合性文件清单如表 3-2 所示。

表 3-2　建议的符合性文件清单

序 号	符 合 性 报 告	符 合 性 方 法
1	客舱布置图	MOC1
2	过道宽度机上检查大纲	MOC7
3	过道宽度机上检查报告	MOC7

4　符合性判据

针对第 25.815 条,其符合性判据为:座椅之间的旅客过道宽度在任何一处不得小于表 4-1 中的值。

表 4 - 1　过　道　宽　度

客 座 量	旅客过道最小宽度	
	离地板小于 635 毫米(25 英寸)	离地板等于或大于 635 毫米(25 英寸)
等于或小于 10 座	300 毫米(12 英寸)	380 毫米(15 英寸)
11 到 19 座	300 毫米(12 英寸)	510 毫米(20 英寸)
等于或大于 20 座	380 毫米(15 英寸)	510 毫米(20 英寸)

参考文献

［1］ 14 CFR 修正案 25 - 15 Crashworthiness and Passenger Evacuation Standards；Transport Category Airplanes［S］.

［2］ 14 CFR 修正案 25 - 38 Airworthiness Review Program，Amendment No. 3：Miscellaneous Amendments［S］.

［3］ FAA. AC25 - 17A Transport Airplane Cabin Interiors Crashworthiness Handbook［S］. 2009.

运输类飞机适航标准
第 25.817 条符合性验证

1 条款介绍

1.1 条款原文

第 25.817 条　最大并排座椅数

在只有一条旅客过道的飞机上,过道每侧任何一排的并排座椅数不得大于 3。

1.2 条款背景

第 25.817 条的目的是保证应急情况下加快撤离速度,也能提高舒适性。FAA 于 1966 年召开会议,讨论适坠性和旅客撤离方面的规章标准修订,FAA 认为本条的要求是影响快速撤离的一个因素,因此颁布 14 CFR PART 25 修正案 25 - 15 新增了此条要求。

1.3 条款历史

第 25.817 条在 CCAR25 部初版首次发布,截至 CCAR - 25 - R4,该条款未进行过修订,如表 1 - 1 所示。

表 1 - 1　第 25.817 条条款历史

第 25.817 条	CCAR25 部版本	14 CFR 相关修正案	备　注
首次发布	初版	25 - 15	

1985 年 12 月 31 日发布了 CCAR25 部初版,其中包含第 25.817 条,该条款参考 1967 年 10 月 24 日发布的 14 CFR 修正案 25 - 15 中的 § 25.817 的内容制定。

2 条款解读

2.1 条款要求

本条款的目的是提高应急情况下的撤离速度。在应急撤离时为防止过分拥挤,规定过道每侧任何一排的并排座位数不能超过 3,可使坐在任一座椅上的乘员,从座椅到过道,最多只需跨越两个座椅,从而减少疏散时间。

2.2　相关条款

第 25.817 条无相关条款。

3　验证过程

3.1　验证对象

第 25.817 条的验证对象为客舱最大并排座椅数。

3.2　符合性验证思路

为表明对该条款的符合性,一般采用飞机客舱布置图说明的方法明确飞机是单通道,任何一排的最大并排座椅数。

3.3　符合性验证方法

通常,针对第 25.817 条的符合性验证方法如表 3-1 所示。

表 3-1　建议的符合性方法

条　款　号	专　业	符 合 性 方 法										备　注
		0	1	2	3	4	5	6	7	8	9	
第 25.817 条	总　体		1									

3.4　符合性验证说明

针对第 25.817 条,采用的符合性验证方法为 MOC1 具体验证工作如下:

通过客舱布置图说明飞机客舱通道和座椅布置情况,说明过道每侧任何一排的最大并排座椅数设计为不超过 3。

3.5　符合性文件清单

通常,针对第 25.817 条的符合性文件清单如表 3-2 所示。

表 3-2　建议的符合性文件清单

序　号	符 合 性 报 告	符合性方法
1	客舱布置图	MOC1

4　符合性判据

针对第 25.817 条,其符合性判据为:飞机客舱为单个过道,每排最多有 6 个座椅,过道两边每排最多各 3 个座椅。

参考文献

[1]　14 CFR 修正案 25-15 Crashworthiness and Passenger Evacuation Standards; Transport

Category Airplanes [S].

[2]　FAA. AC25 – 17A Transport Airplane Cabin Interiors Crashworthiness Handbook [S].
　　　2009.

运输类飞机适航标准
第 25.820 条符合性验证

1 条款介绍

1.1 条款原文

第 25.820 条　厕所门

所有厕所的门必须设计成能防止任何人被困在厕所内,如果装有门锁机构,应能不用特殊工具可从外部开启。

〔中国民用航空局 2011 年 11 月 7 日第四次修订〕

1.2 条款背景

为了防止厕所内有人失能或其他原因被困闭在厕所内,14 CFR 修正案 25 - 54 发布 §25.783(j)要求厕所门的设计要考虑当厕所内有人失能或其他原因被困闭在厕所内时,能不借助特殊工具从外部将厕所门打开进行营救。之后又将此要求从 §25.783(j)中独立出来,形成新条款第 25.820 条。

1.3 条款修订历史

第 25.820 条在 CCAR - 25 - R4 版首次发布,未进行过修订,如表 1 - 1 所示。

表 1 - 1　第 25.820 条条款历史

第 25.820 条	CCAR25 部版本	相关 14 CFR 修正案	备　　注
首次发布	R4	25 - 114	

2011 年 11 月 7 日发布的 CCAR - 25 - R4 版包含第 25.820 条,条款内容参考 14 CFR 修正案 25 - 114 中的 §25.820 的内容制定,条款内容保持一致。

2 条款解读

2.1 条款要求

本条款规定了飞机上厕所门的设计必须符合以下要求:

(1) 厕所门从内侧开启是方便的,这是防止人被困闭在厕所内的措施之一。

（2）当厕所内的任何人（这里的任何人包括老弱病残）因为失能或其他原因被困闭在厕所内时，营救人员（包括乘务员）可从外部开启厕所门。

（3）如果装有门锁机构的话，要能不借助任何特殊工具从外部将门打开。特殊工具指为开启门而特别制作的工具（如钥匙）或为开启门而指定使用或必须使用的工具。

2.2 相关条款

与第25.820条相关的条款如表2-1所示。

表2-1 第25.820条相关条款

序　号	相关条款	相　关　性
1	第25.813条	第25.813条要求每个通往应急出口的通路不得有障碍物，这就要求包括第25.820条厕所门在内的所有位于应急出口通路旁的门在飞机滑行、起飞和降落时，不会妨碍应急撤离

3　验证过程

3.1　验证对象

第25.820条的验证对象为厕所门。

3.2　符合性验证思路

第25.820条要求厕所门的设计要保证从内侧开启方便，并且能够不借助特殊工具从外部将厕所门打开。

此项要求可以通过厕所门图纸或设计原理等资料表明对于此项设计特征的符合性，并通过设备鉴定对此项设计特征进行验证。

3.3　符合性验证方法

通常，针对第25.820条的符合性验证方法如表3-1所示。

表3-1　建议的符合性方法

条　款　号	专　业	符 合 性 方 法										备　注
		0	1	2	3	4	5	6	7	8	9	
第25.820条	客舱安全		1								9	

3.4　符合性验证说明

第25.820条要求厕所门从内侧开启方便，并且当厕所内有人失能或其他原因被困闭在厕所内时，能不借助特殊工具从外部将厕所门打开进行营救。应通过MOC1和MOC9的方法对厕所门的这一设计特征进行验证。

3.4.1 MOC1 验证过程

通过厕所门图纸或设计原理等资料表明符合性。

常见的厕所门的打开方式有三种：向外打开、向内打开和侧向滑动打开。

（1）对于厕所门是向外打开的，用厕所门图纸或设计原理等资料表明：厕所门从内侧开启方便，并且在相对隐蔽的位置有机构能从外部打开厕所门的锁闩。

（2）对于厕所门是向内打开的，用厕所门图纸或设计原理等资料表明：厕所门从内侧开启方便，并且在有人失能，并阻挡正常打开厕所门的情况下，能在外部从门铰链处比较容易地将门卸掉，从而将门打开。

（3）如果厕所门采用的是侧向滑动门，则用厕所门图纸或设计原理等资料表明：厕所门从内侧开启方便，并且在相对隐蔽的位置有机构能不借助特殊工具从外部打开厕所门。例如，厕所门的锁闩采用一个剪切销的形式，从门两侧都可以强制推门，从而切断剪切销开门，强制打开厕所门所施加的力不超过 170 牛顿。

3.4.2 MOC9 验证过程

使用设备鉴定的方法，按照厕所门的打开方式，通过操作检查来验证厕所门从内侧开启方便，并且能不借助特殊工具从外部将厕所门打开。

3.5 符合性文件清单

通常，针对第 25.820 条的符合性文件清单如表 3-2 所示。

表 3-2 建议的符合性文件清单

序　号	符 合 性 报 告	符合性方法
1	厕所门设计说明报告	MOC1
2	厕所门设备鉴定大纲	MOC9
3	厕所门设备鉴定报告	MOC9

4 符合性判据

通过设计说明文件及设备鉴定表明：厕所门从内侧开启方便，并且能够不借助特殊工具从外部将厕所门打开。符合性判据是：

（1）厕所门能够从内侧方便地开启。

（2）厕所门能够从外部开启。

（3）对于装有门锁机构的厕所门，不借助任何特殊工具，能从外部将门打开。

参考文献

14 CFR 修正案 25 - 114 Design Standards for Fuselage Doors on Transport Category Airplanes [S].

运输类飞机适航标准
第 25.831 条符合性验证

1 条款介绍

1.1 条款原文

第 25.831 条 通风

(a) 在正常操作情况和任何系统发生可能的失效而对通风产生有害影响条件下,通风系统都必须要能提供足够量的未被污染的空气,使得机组成员能够完成其职责而不致过度不适或疲劳,并且向旅客提供合理的舒适性。通常情况下通风系统至少应能向每一乘员提供每分钟 250 克(0.55 磅)的新鲜空气。

(b) 机组和旅客舱的空气不得含有达到有害或危险浓度的气体或蒸气。为此,采用下列规定:

(1) 一氧化碳在空气中浓度超过 1/20,000 即认为是危险的。可使用任何可接受的检测一氧化碳的方法进行测试;

(2) 必须表明飞行期间通常有旅客或者机组乘坐的舱的二氧化碳浓度不得超过 0.5% 体积含量(海平面当量)。

(c) 必须有措施保证,在通风、加温、增压或其它系统和设备出现有合理可能的故障或功能失常后,仍能满足本条(b)的规定。

(d) 如果在驾驶舱区域有合理可能积聚危险数量的烟,则必须能在完全增压的情况下迅速排烟,而减压不超出安全限度。

(e) 除了本条(f)规定的以外,必须有措施使下列隔舱和区域内的乘员能独立控制所供通风空气的温度和流量,而与供给其它隔舱和区域的空气温度和流量无关:

(1) 驾驶舱;

(2) 驾驶舱以外的机组成员舱和区域。除非在所有运行条件下,该舱或区域都是靠同其它隔舱或区域互换空气来通风的。

(f) 如果满足下列各条,则不要求有措施使飞行机组能独立控制驾驶舱通风空气的温度和流量:

（1）驾驶舱和客舱的总容积不超过 23 立方米（800 立方英尺）；

（2）通风空气进气口及驾驶舱和客舱之间的空气流动通道的布置，能使两舱之间的温差在 3℃（5°F）以内，并且使两舱乘员均有足够的通风；

（3）温度和通风控制器件的位置便于飞行机组接近。

（g）任何不可能的失效情况发生后，在给定温度下的持续时间不得超出下面曲线所定出的值。

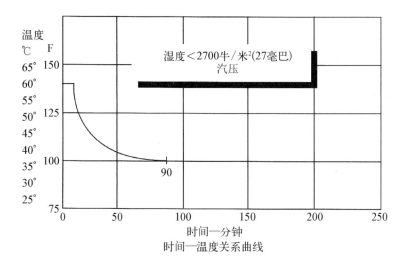

时间—温度关系曲线

〔中国民用航空局 2001 年 5 月 14 日第三次修订，2011 年 11 月 7 日第四次修订〕

1.2 条款背景

制定第 25.831 条的目的是保证飞机具有对人体无害的舱内环境条件，主要体现在温度和湿度是否合适，乘员能够呼吸到足够的新鲜空气，而不会受到一氧化碳和二氧化碳等气体的污染，在驾驶舱发生烟雾的情况下能迅速排烟，防止飞行员窒息或失去正常操纵飞机的能力。

1.3 条款历史

第 25.831 条在 CCAR25 部初版首次发布，截至 CCAR－25－R4，该条款共修订过 1 次，如表 1－1 所示。

表 1－1 第 25.831 条条款历史

第 25.119 条	CCAR25 部版本	相关 14 CFR 修正案	备　注
首次发布	初版	—	
第 1 次修订	R3	25－87，25－89	

1.3.1 首次发布

1985 年 12 月 31 日发布了 CCAR25 部初版，其中包含第 25.831 条，该条款参考 14 CFR 修正案 25 - 41 发布的 §25.831 内容制定。

1.3.2　第 1 次修订

2001 年 5 月 14 日发布的 CCAR - 25 - R3 对第 25.831 条进行了第 1 次修订，本次修订参考了 14 CFR 修正案 25 - 87 和 25 - 89 的内容。

(1) 14 CFR 修正案 25 - 87 更改包括以下方面：

强调正常及任何可能的故障情况下都有新鲜空气量的要求；

新鲜空气量由 10 立方英尺/分钟更改为 0.55 磅/分钟；

新鲜空气量的要求由只针对机组成员更改为针对所有乘员；

增加 §25.831(g) 规定给定温度曲线下的暴露时间要求和湿度要求。

14 CFR 修正案 25 - 87 颁布前，规章规定了在 41 000 英尺以下高度飞行的要求，对于在 41 000 英尺以上高度飞行的飞机，FAA 认为其具有不同寻常的设计特征，因此针对该高度以上的飞行建立了专用条件，对结构完整性、通风、增压和氧气等方面作了特殊要求。

14 CFR 修正案 25 - 87 正是在这个专用条件的基础上建立的，该修正案建立了直到 51 000 英尺高度飞行的标准。

(2) 14 CFR 修正案 25 - 89 中，将二氧化碳体积浓度由不超过 3%（海平面当量）更改为不超过 0.5%（海平面当量），删除机组成员舱内二氧化碳浓度可以更高的规定。

2　条款解读

2.1　条款要求

第 25.831(a) 款要求在正常运行和系统存在任何可能的会对驾驶舱和座舱通风空气有不利影响的故障情况下，驾驶舱和座舱都有足够的新鲜空气，通常情况下能够保证为每一位乘员提供 0.55 磅/分钟的新鲜空气。

AC25 - 20 中指出，对于可能的失效条件，通风系统的设计要保证足够的新鲜空气来防止如二氧化碳之类的污染气体的积聚。对于各种可能的失效条件（如一套空调系统失效），在任何超过 5 分钟时间的情况下，供应给每人的新鲜空气量应不小于 0.4 磅/分钟。同时指出只要舱内的环境保持在一个对乘员没有危害的水平上，可接受临时性的空气流量减少。

临时性的空气流量减少是指为了在起飞阶段获得更大的推力并节约燃油，在起飞阶段飞机临时关闭环控系统引气的情况。在这个短时间内，舱内没有新鲜空气供应。对此问题，FAA 发布了相关的政策指导"Airplane Operation with Air Conditioning Packs-Off"，其中指出，如果飞机满足 14 CFR 修正案 25 - 87 的要求，可以关闭飞机空调系统而无须进行等效安全批准，而如果是满足 14 CFR 修正案 25 - 41 的要求，那么就需要使用等效安全来表明符合性。

另外,在飞机飞行手册中,应当指出在空调系统关闭情况下的最大运行时间内。根据第 25.855 条和第 25.857 条规定,必须有措施防止危险数量的烟雾、灭火剂进入客舱或驾驶舱。因此在环控系统关闭期间,要能防止来自货舱的烟雾进入客舱,货舱烟雾探测系统应保持有效,并且飞机空调系统能够重新恢复到打开的正常构型,以便排除烟雾。

对采用发动机引气的空调系统,应重点验证:① 空调系统部分冷却装置故障下系统的新鲜空气将减少的情况;② 单发引气情况;③ 飞机下降(或滑行)过程,发动机处于慢车状态等;同时还需要考虑双发引气失效下,使用外界冲压空气通风的情况。

第 25.831(b)(1)项所规定的一氧化碳浓度,主要由燃油系统、动力装置(包括 APU)或燃烧加温器在正常或失效情况下产生。由于现有大飞机一般都没有使用燃烧加温器,所以通常的一氧化碳来源主要是燃油系统和动力装置的故障引起。

第 25.831(b)(2)项的二氧化碳主要是由客舱内乘客活动所至,舱内乘客越多,新鲜空气供应量就越小,反之其二氧化碳浓度就越高。因此,必须对满载客量下发生的空调系统故障的情况进行分析,如单 pack 故障、双 pack 故障使用应急通风、起飞阶段空调系统临时关闭等。

第 25.831(c)款主要规定在可能的合理故障状态下,系统应具有使进入座舱的空气对人员无害的能力。需对各种可能的故障(条款中的可能的故障均为 Major 级)进行安全性分析并经试验验证。

第 25.831(d)款要求驾驶舱应有合理的排烟措施,即在该区域可能聚集危险数量的烟时应能迅速排掉,且不能影响座舱的压力调节系统进行压力调节,减压应不超过安全限度。考虑到飞行中舱内空气流动和探测器敏感度与地面试验环境不同,烟雾探测试验应在飞行中进行。

AC25-9A 规定需要在飞机飞行手册(AFM)中确定着火及烟雾的处置程序方式。通常要求空勤人员通报紧急情况、戴上防护性呼吸设备,关闭通往货舱的通风装置及回流系统,或增加有人区域的通风量,或使用这些程序的某种组合来排出和防止烟雾;此外,第 25.831 条允许在安全限制内采用减压的方法使烟雾从驾驶舱中排出。例如:下降到一个中间位置,如 15 000 英尺以下,再全部解除飞机的增压。用降压法作为排出烟雾的处置程序,降压的程度应不导致使旅客用的氧气面罩从存放箱内自动落下。

第 25.831(e)款规定如空调系统不能满足(f)款的要求,则必须有措施使机组能独立控制通往各舱或区域内的通风空气的温度和流量。

第 25.831(f)款是(e)款的补充,当驾驶舱和客舱的通风空气温度和流量能满足规定的条件,则可以不采取第 25.831(e)款总要求提出的能独立控制各舱温度和流量的措施。

第 25.831(g)款规定了在失效条件下,高温和高湿状态的持续时间。在 60 年代超声速运输类飞机验证时,人们注意到增压系统无论是系统本身还是组合失效时,如果使用冲压空气应急增压,座舱内的温度可能超出人的忍受能力,所以第25.831(g)款规定任何失效或组合失效如果能够导致过度不舒适的座舱温度,规定出现此状态的概率为极不可能。在亚音速飞机的验证中,主要考虑可能的失效是温度控制系统,以确定是否提供超温保护和气流切断措施。

CAAC 的第 25.831 条与 FAA 的第 25.831 条内容一致,与 EASA 有一些差别。主要为两个方面:① 对于新鲜空气供应量,FAA 要求为所有乘员提供每分钟不小于 0.55 磅的新鲜空气,而 EASA 只要求为机组成员提供;② FAA 有(g)款,而 EASA 没有。这个差异是在 FAA 颁布 14 CFR 修正案 25 - 87 后形成。

2.2　相关条款

第 25.831 条无相关条款。

3　验证过程

3.1　验证对象

第 25.831 条的验证对象为空调系统。

3.2　符合性验证思路

该条款需验证正常操作情况和可能发生任何系统的失效情况下,空调系统提供的新鲜空气量是否满足要求。采用计算/分析、安全性分析和试验方法进行验证,验证情况包括正常工作状态和各失效模式对应的故障状态。还需考虑外部环境的影响,如高原、高湿热、高寒等因素。

针对第 25.831(a)款,通过分析计算验证一氧化碳和二氧化碳浓度是否满足要求,再通过试验进行验证。

针对第 25.831(b)款,需说明空调系统合理可能的故障或功能失效后的一氧化碳和二氧化碳浓度满足条款要求,若一氧化碳和二氧化碳浓度不满足条款要求,则该失效模式的概率满足更高的安全性等级要求。

针对第 25.831(c)(d)款,验证在合理可能的故障状态下的排烟功能,首先可进行地面试验验证该功能,同时保证飞行试验的安全,最后通过飞行试验完成验证。

选择符合第 25.831(e)款的设计,验证空调系统的温度和流量控制功能,可对驾驶舱以及驾驶舱以外的机组成员舱和区域进行独立的控制;或者选择符合第25.831(f)款的设计,验证:① 驾驶舱和客舱的总容积不超过 23 立方米(800 立方英尺);② 通风空气进气口及驾驶舱和客舱之间的空气流动通道的布置,能使两舱之间的温差在 3℃(5℉)以内,并且使两舱乘员均有足够的通风;③ 温度和通风控制器件的位置便于飞行机组接近。

针对第 25.831(g)款,通过计算分析表明正常状态和任何概率很小的失效情况发生后,温度持续时间不会超出条款中曲线的要求。

3.3　符合性验证方法

通常,针对第 25.831 条的符合性验证方法如表 3-1 所示。

表 3-1　第 25.831 条符合性方法表

条 款 号	专 业	符 合 性 方 法										备 注
		0	1	2	3	4	5	6	7	8	9	
第 25.831(a)款	空 调		1	2	3	4	5	6				
第 25.831(b)(1)项	空 调		1				5	6				
第 25.831(b)(2)项	空 调		1	2			5	6				
第 25.831(c)款	空 调		1	2	3			6				
第 25.831(d)款	空 调		1				5	6				
第 25.831(e)款	空 调		1			4						
第 25.831(f)款	空 调		1	2					7			
第 25.831(g)款	空 调		1	2	3							

3.4　符合性验证说明

3.4.1　第 25.831(a)款符合性验证说明

针对第 25.831(a)款,采用的符合性验证方法包括 MOC1、MOC2、MOC3、MOC4、MOC5 和 MOC6,各项验证具体工作如下:

1) MOC1 验证过程

对空调系统的构架、工作模式和冗余设计考虑进行说明,如采用双发引气、两套制冷系统的工作模式,无论单套制冷系统或发动机故障,单发引气和单套制冷包有足够能力保证整个系统的运行并能保证系统性能。如果出现故障,还设有应急通风系统可以保证系统继续工作,满足飞机的通风需求。

2) MOC2 验证过程

通过计算分析表明在空调系统所有的正常工作状态以及可能的失效状态下,包括考虑外部大气环境温度和压力,空调系统提供给驾驶舱每位机组成员的新鲜空气量可满足 AC25-20 规定的最低新鲜空气量要求。

3) MOC3 验证过程

说明可能的失效状态下飞机仍能满足新鲜空气量的要求,如果发生导致新鲜空气量不满足条款要求的失效,该失效模式的概率满足更高的安全性等级要求。

4) MOC4 验证过程

通过空调系统的台架试验验证空调系统的流量满足新鲜空气量设计要求。台架试验多用于功能和基本性能的验证,系统和管路安装的影响,驾驶舱和座舱内流场的影响需通过地面试验或飞行试验考虑。

5) MOC5 验证过程

通过空调系统的机上地面试验验证空调系统的流量满足新鲜空气量设计要

求,地面试验可验证空调管路安装对流量的影响。

6) MOC6 验证过程

通过空调系统的飞行试验验证空调系统的流量满足新鲜空气量设计要求,需要考虑在极冷和极湿热状态下完成。新鲜空气量满足正常工作状态下保证为每一位乘员提供 0.55 磅/分钟的新鲜空气,包括正常操作情况和任何系统发生可能的失效情况。在可能的失效条件(如一套空调系统失效)发生,且任何超过 5 分钟时间的情况下,新鲜空气的供应量每人不小于 0.4 磅/分钟。

3.4.2 第 25.831(b)款符合性验证说明

针对第 25.831(b)款,采用的符合性验证方法包括 MOC1、MOC2、MOC5 和 MOC6,各项验证具体工作如下:

1) MOC1 验证过程

通过设计文件说明空调系统的新鲜空气供气模式和循环路径,以及过滤器清洁功能。说明发动机的一氧化碳发生量是否满足规章要求,是否会进入客舱,是否有其他的一氧化碳来源。

2) MOC2 验证过程

结合空调工作模式和乘客搭乘状态计算座舱的二氧化碳浓度,分析是否满足条款要求,分析时需要考虑燃油系统和动力装置的故障情况;对一氧化碳浓度进行计算,分析是否满足条款要求,分析时需要考虑燃油系统和动力装置的故障情况。

3) MOC5 验证过程

通过空调系统的机上地面试验验证二氧化碳浓度、一氧化碳浓度满足条款要求,试验需考虑乘客呼吸产生的二氧化碳以及空调系统故障情况,一氧化碳浓度需燃油系统、发动机系统不同工作状态产生的一氧化碳。

4) MOC6 验证过程

通过空调系统的飞行试验验证二氧化碳浓度、一氧化碳浓度满足条款要求,试验需考虑乘客呼吸产生的二氧化碳以及发动机不同工作状态产生的一氧化碳。

3.4.3 第 25.831(c)款符合性验证说明

针对第 25.831(c)款,采用的符合性验证方法包括 MOC1、MOC2、MOC3 和 MOC6,各项验证具体工作如下:

1) MOC1 验证过程

通过设计文件说明空调系统采取了何种工作模式,在出现有合理可能的故障或功能失常后仍能保证一氧化碳和二氧化碳浓度满足第 25.831(b)款的要求。

2) MOC2 验证过程

计算分析空调系统合理可能的故障或功能失常后的一氧化碳和二氧化碳浓度,计算的结果需满足条款要求。

3) MOC3 验证过程

说明空调系统合理可能的故障或功能失常后的一氧化碳和二氧化碳浓度满足

条款要求,若一氧化碳和二氧化碳浓度不满足条款要求,则该失效模式的概率满足更高的安全性等级要求。

4) MOC6 验证过程

通过模拟空调系统合理可能的故障或功能失常状态下的飞行试验验证二氧化碳浓度、一氧化碳浓度满足条款要求。由于二氧化碳的最大来源是人的呼吸,因此其浓度测量需结合考虑乘员满座的情况。

3.4.4　第 25.831(d)款符合性验证说明

针对第 25.831(d)款,采用的符合性验证方法包括 MOC1、MOC5 和 MOC6,各项验证具体工作如下:

1) MOC1 验证过程

通过设计文件说明空调系统的排烟路径,说明在增压状态下可以及时将烟雾排出,且减压程度可接受。

2) MOC5 验证过程

在地面增压状态下进行空调系统的排烟试验,验证空调系统排烟功能,同时保证排烟飞行试验的安全。

3) MOC6 验证过程

通过飞行试验验证空调系统的排烟功能,表明排烟时间满足要求,同时验证排烟操作程序是合理有效的。

3.4.5　第 25.831(e)款符合性验证说明

针对第 25.831(e)款,采用的符合性验证方法包括 MOC1 和 MOC4,各项验证具体工作如下:

1) MOC1 验证过程

通过设计文件说明空调系统的温度和流量控制模式,能独立控制驾驶舱以及驾驶舱以外的机组成员舱和区域。

2) MOC4 验证过程

通过空调系统的台架试验验证温度和流量控制是否满足设计要求。

3.4.6　第 25.831(f)款符合性验证说明

针对第 25.831(f)款,采用的符合性验证方法包括 MOC1、MOC2 和 MOC7,各项验证具体工作如下:

1) MOC1 验证过程

通过设计文件、布置图等说明驾驶舱和客舱的总容积不超过 23 立方米(800 立方英尺),驾驶舱和客舱之间的空气流动通道的布置情况,温度和通风控制器件便于机组接近。

2) MOC2 验证过程

对驾驶舱和客舱的温差进行计算分析,对两舱乘员的通风流量进行计算分析。

3）MOC7 验证过程

通过机上检查表明温度和通风控制器件的位置便于飞行机组接近。

3.4.7 第 25.831(g)款符合性验证说明

针对第 25.831(g)款，采用的符合性验证方法包括 MOC1、MOC2 和 MOC3，各项验证具体工作如下：

1）MOC1 验证过程

说明任何概率很小的失效情况发生后有何种措施可保证给定温度下的持续时间不超出条款要求。

2）MOC2 验证过程

对正常状态和任何概率很小的失效情况发生后的情况进行计算分析，证明温度持续时间不会超出条款要求。

3）MOC3 验证过程

证明温度持续时间不会超出条款要求的空调系统的失效模式均为极不可能。

3.5 符合性文件清单

表 3-2 建议的符合性文件清单

序 号	符 合 性 报 告	符合性方法
1	空调系统描述文件	MOC1
2	新鲜空气量计算分析报告	MOC2
3	一氧化碳浓度计算分析报告	MOC2
4	二氧化碳浓度计算分析报告	MOC2
5	驾驶舱温度计算分析报告	MOC2
6	客舱温度计算分析报告	MOC2
7	空调系统安全性分析报告	MOC3
8	空调系统台架试验大纲	MOC4
9	空调系统台架试验报告	MOC4
10	一氧化碳浓度地面试验大纲	MOC5
11	一氧化碳浓度地面试验报告	MOC5
12	二氧化碳浓度地面试验大纲	MOC5
13	二氧化碳浓度地面试验报告	MOC5
14	空调系统地面试验大纲	MOC5
15	空调系统地面试验报告	MOC5
16	空调系统试飞大纲	MOC6
17	空调系统试飞报告	MOC6
18	空调系统机上检查大纲	MOC7
19	空调系统机上检查报告	MOC7

4 符合性判据

针对第 25.831(a)款，在正常操作情况和任何系统发生可能的失效情况下，空调系统新鲜空气量满足要求正常工作状态下,可为每一位乘员提供 0.55 磅/分钟的新鲜空气;在可能的失效条件下(如一套空调系统失效),在任何超过 5 分钟时间的情况下,新鲜空气的供应量每人不小于 0.4 磅/分钟。该条款的要求重点在于新鲜空气量的供给不会导致人员的生理危害;不会使机组人员失去正常操纵飞机的能力。采用等效安全的方式通常使用这一原则作为判据。

　　针对第 25.831(b)款,一氧化碳浓度不超过 1/20 000,二氧化碳浓度不得超过 0.5% 体积含量(海平面当量)。

　　针对第 25.831(c)款,确认合理可能的故障或功能失常状态,表明这些故障或功能失常没有导致一氧化碳和二氧化碳浓度超出规章要求。

　　针对第 25.831(d)款,设置了空调系统的排烟功能,表明可在增压状态下完成排烟,一般可接受的排除烟雾的最长时间为 3 分钟。

　　针对第 25.831(e)款,空调系统可对驾驶舱以及驾驶舱以外的机组成员舱和区域进行独立的温度和流量控制。

　　针对第 25.831(f)款,确定飞机的设计状态为驾驶舱和客舱总容积为不超过 23 立方米;确定通风空气进气口及驾驶舱和客舱之间的空气流动通道的布置,能使两舱之间的温差在 3℃(5°F)以内,并且使两舱乘员均有足够的通风;确定温度和通风控制器件设置在便于飞行机组接近的位置;确定无飞行机组能独立控制如对驾驶舱通风空气的温度和流量的设施客舱不进行独立温度控制,应表明驾驶舱和客舱总容积、温差、流量以及控制器可达性满足条款的要求。如果不满足上述设计状态,需确定设置了飞行机组能独立控制驾驶舱通风空气的温度和流量的设施,有文件描述该设施的功能,并经过试验验证其功能能够实现。

　　针对第 25.831(g)款,正常状态和任何概率很小的失效情况发生后,温度持续时间没有超出条款中所示曲线的要求。

参考文献

[1]　14 CFR 修正案 25 - 87 Standards for Approval for High Altitude Operation of Subsonic Transport Airplanes [S].

[2]　14 CFR 修正案 25 - 89 Allowable Carbon Dioxide Concentration in Transport Category Airplane Cabins [S].

[3]　FAA. AC25 - 16 Electrical Fault and Fire Prevention and Protection [S]. 1991.

[4]　FAA. AC25. 1701 - 1 Certification of Electrical Wiring Interconnection Systems on Transport Category Airplanes [S]. 2007.

[5]　FAA. AC25 - 20 Pressurization, Ventilation and Oxygen Systems Assessment for Subsonic Flight Including High Altitude Operation [S]. 1996.

[6]　FAA. AC25 - 9A Smoke Detection, Penetration, and Evacuation Tests and Related Flight Manual Emergency Procedures [S]. 1994.

[7]　FAA. AC20 - 32B Carbon Monoxide (CO) Contamination in Aircraft Detection and

Prevention [S]. 1972.

[8] FAA. AC25 – 7C Flight Test Guide for Certification of Transport Category Airplanes [S]. 2012.

[9] FAA. AC25 – 22 Certification of Transport Airplane Mechanical Systems [S]. 2000.

[10] FAA. TSO – C48 Carbon Monoxide Detector Instruments [S]. 2008.

[11] SAE. ARP4761 Guidelines and Methods for Conducting the Safety Assessment Process on Civil Airborne Systems and Equipment [S]. 1996.

运输类飞机适航标准
第25.832条符合性验证

1 条款介绍

1.1 条款原文

第 25.832 条 座舱臭氧浓度

(a) 必须表明飞行时飞机座舱中的臭氧浓度符合下列要求：

(1) 在 320 飞行高度层(高度相当于 9,750 米)以上的任何时刻,不超过 0.25/1,000,000 体积含量(海平面当量)；

(2) 在 270 飞行高度层(高度相当于 8,230 米)以上任何 3 小时期间,不超过 0.1/1,000,000 体积含量(海平面当量时间加权平均值)。

(b) 在本条中"海平面当量"是指 25℃ 和 760 毫米汞柱压力的状态。

(c) 必须根据飞机的使用程序和性能限制进行分析或试验,当证实符合下列情况之一时,则表明满足本条要求：

(1) 飞机不能在座舱臭氧浓度超过本条(a)规定限度的高度上运行；

(2) 含有臭氧控制设备的飞机通风系统,能使座舱臭氧浓度保持在不高于本条(a)规定的限度。

〔中国民用航空局 1995 年 12 月 18 日第二次修订,2001 年 5 月 14 日第三次修订〕

1.2 条款背景

臭氧是一种无味,无色的气体,由于臭氧污染和作用对身体的影响有：气急、咽喉疼痛、鼻出血、胸痛、疲劳、眼睛发痒等。第 25.832 条明确规定了对运输类飞机座舱臭氧浓度的限制。本条中的臭氧的限制目的是避免机组人员和乘客暴露在高浓度的臭氧中而导致危险。

1.3 条款历史

第 25.832 条在 CCAR25 部初版首次发布,截至 CCAR - 25 - R4,该条款共修订过 2 次,如表 1 - 1 所示。

表 1-1 第 25.832 条条款历史

第 25.832 条	CCAR25 部版本	相关 14 CFR 修正案	备 注
首次发布	初版	25-50,25-56	
第 1 次修订	R2	25-56	
第 2 次修订	R3	25-94	

1.3.1 首次发布

1985 年 12 月 31 日发布了 CCAR25 部初版,其中包含第 25.832 条,该条款参考 FAA 发布的 14 CFR 修正案 25-50 所增加的 §25.832,并结合 FAA 发布的 14CFR 修正案 25-56 的内容制定。

1980 年 2 月 20 日,FAA 发布了 14 CFR 修正案 25-50,新增 §25.832,制定了运输类飞机座舱臭氧浓度标准,要求:在任何时刻,不超过 0.25/1 000 000 体积含量(海平面当量);在任何三小时期间,不超过 0.1/1 000 000 体积含量(海平面当量时间加权平均值)。

1983 年 1 月 31 日,FAA 发布了 14 CFR 修正案 25-56,澄清和修改座舱臭氧污染规则,将要求明确为:在超过 32 000 英尺的高度的任何时刻,飞机座舱臭氧浓度不得超过 0.25%;在 27 000 英尺以上的任何三小时内,飞机座舱臭氧浓度不得超过 0.1%。

1.3.2 第 1 次修订

1995 年 12 月 18 日发布的 CCAR-25-R2 对第 25.832 条进行了第 1 次修订。参考 FAA 规章中 §25.832 原文,将第 25.832(a)(2)项中对飞机座舱中的臭氧浓度的要求改为在 270 飞行高度层(高度相当于 8 230 米)以上任何三小时期间,不超过百万分之 0.01 体积含量。

1.3.3 第 2 次修订

2001 年 5 月 14 日发布的 CCAR-25-R3 对第 25.832 条进行了第 1 次修订。本次修订参考了 FAA 发布的 14 CFR 修正案 25-94 的内容,在 §25.832(a)(2)中,删除"0.01",代之以"0.1",以更正文字排版错误。

2 条款解读

2.1 条款要求

第 25.832(a)款给出了在具体时间和高度下臭氧浓度的要求,第 25.832(a)(2)项的加权平均算法在 FAA AC25-22 和 FAA AC120-38 中给出;第 25.832(b)款定义了"海平面当量"状态;第 25.832(c)款的要求可以通过设计特征进行说明,例如,臭氧过滤器或催化式排气净化器,确保在任何高度、范围和时间内臭氧含量不会超出限制。

运行规章第 121.585 条允许使用航线和高度调整,基于全球臭氧浓度数据和飞机臭氧维持系数,避免超出臭氧安全标准。因此一些制造商通过在飞行手册中加入相关运行规范而符合第 25.832 条,在飞行手册中规定对应年度中的某些特定时期,在一些特殊的范围内的运营高度。

2.2 相关条款

第 25.832 条无 CCAR25 部相关条款,与第 25.832 条相关的 CCAR121 部条款如表 2-1 所示。

表 2-1 第 25.832 条相关条款

序　号	相 关 条 款	相　　关　　性
1	第 121.585 条	第 121.585 条是针对运营人的要求,关于臭氧浓度的要求与条款完全一致,增加了关于合格证持有人可以通过修订运行规范的方式,获得偏离批准的内容

3 验证过程

3.1 验证对象

第 25.832 条的验证对象为空调系统。

3.2 符合性验证思路

第 25.832(a)款通过设计文件说明根据预期航线上的以"海平面当量"计的各飞行高度层臭氧浓度统计值进行了分析;通过分析计算说明臭氧浓度在条款要求的两个高度层上均满足浓度要求;通过在已知臭氧历史浓度数据航线的飞行试验进行验证。对于某些局方认可的情况下,也可以采用地面试验结合臭氧浓度计算的方法进行验证。

第 25.832(b)款通过设计文件说明中明确系统中计算分析臭氧浓度采用的"海平面当量"是指 25℃和 760 毫米汞柱压力的状态进行验证。

第 25.832(c)款通过设计文件说明采用第 25.832(c)(1)项的方式或第 25.832(c)(2)项的方式满足了第 25.832(a)款的要求,并且通过分析或试验进行了验证。

3.3 符合性验证方法

通常,针对第 25.832 条的符合性验证方法如表 3-1 所示。

表 3-1 第 25.832 条符合性方法

条　款　号	专　业	符 合 性 方 法										备　注
		0	1	2	3	4	5	6	7	8	9	
第 25.832(a)款	空　调		1	2				6				
第 25.832(b)款	空　调		1									
第 25.832(c)款	空　调		1	2				6				

3.4 符合性验证说明

3.4.1 第 25.832(a)款符合性验证说明

针对第 25.832(a)款,采用的符合性验证方法包括 MOC1、MOC2 和 MOC6,各项验证具体工作如下:

1) MOC1 验证过程

通过设计文件说明基于对飞机预期航线上各飞行高度层的换算到"海平面当量"的臭氧浓度统计值,选择臭氧转化装置;并进行臭氧浓度控制浓度分析计算;说明加装设备的转化效率或操作限制等。

2) MOC2 验证过程

选取预期的臭氧浓度水平最恶劣的航线进行臭氧浓度计算如下:

假定在大气臭氧浓度为零的条件下飞行两小时,接着在臭氧浓度为百万分之 1.3 体积含量的条件下飞行四小时。同时假设客舱的臭氧维持率为 0.7,飞行高度为 7 000 英尺,并且没有安装臭氧过滤器。时间平均加权值(TMA)大气臭氧浓度采取的加权浓度算法为:

$$\frac{(0.0\ \text{ppm})(2\ \text{hrs}) + (1.3\ \text{ppm})(4\ \text{hrs})}{6\ \text{hrs}} = 0.867\%。$$

如采用臭氧控制设备,根据设备的性能进行臭氧浓度计算分析,确认飞机座舱内臭氧浓度可满足条款要求。

3) MOC6 验证过程

在预期的臭氧浓度水平最恶劣的航线进行不同高度层的飞行试验,包括在 270 飞行高度层(高度相当于 8 230 米)以上的三小时飞行和在 320 飞行高度层(高度相当于 9 750 米)以上的飞行,选取的试验航线和高度需有历史数据表明臭氧的浓度为最恶劣的试验点,测量臭氧浓度,确认在 320 飞行高度层(高度相当于 9 750 米)以上的任何时刻,不超过 0.25/1 000 000 体积含量(海平面当量)和在 270 飞行高度层(高度相当于 8 230 米)以上任何三小时期间,不超过 0.1/1 000 000 体积含量(海平面当量时间加权平均值)。

3.4.2 第 25.832(b)款符合性验证说明

针对第 25.832(b)款采用的符合性验证方法包括 MOC1,验证工作具体如下:

在空调系统设计说明中明确系统中计算分析臭氧浓度采用的"海平面当量"是指 25℃和 760 毫米汞柱压力的状态。

3.4.3 第 25.832(c)款符合性验证说明

针对第 25.832(c)款,采用的符合性验证方法包括 MOC1、MOC2 和 MOC6,各项验证工作具体如下:

1) MOC1 验证过程

若采用第 25.832(c)(1)项的方式符合该条款要求,需基于全球臭氧浓度数据和飞机臭氧维持系数明确航线和运行高度,避免超出臭氧安全标准,并在飞行手册中明确飞机的运行限制条件,包括具体限制的高度,航线,时间,操作程序。若采用第 25.832(c)(2)项的方式符合该条款要求,需对臭氧控制设备工作高度、转化效率进行说明。

2)MOC2 验证过程

选取预期的臭氧浓度水平最恶劣的航线进行臭氧浓度计算,说明限制飞机的运行后臭氧浓度水平达到的程度;如果采用臭氧控制设备,计算分析设备工作时,飞机座舱内的臭氧浓度最大值和臭氧浓度时间加权平均值,确认其符合条款要求。

3)MOC6 验证过程

在预期的臭氧浓度水平最恶劣的航线进行不同高度层的飞行试验,包括在 270 飞行高度层(高度相当于 8 230 米)以上的三小时飞行和在 320 飞行高度层(高度相当于 9 750 米)以上的飞行,选取的试验航线和高度需有历史数据表明臭氧的浓度为最恶劣的试验点,测量臭氧浓度是否满足在 320 飞行高度层(高度相当于 9 750 米)以上的任何时刻,不超过 0.25/1 000 000 体积含量(海平面当量)和在 270 飞行高度层(高度相当于 8 230 米)以上任何三小时期间,不超过 0.1/1 000 000 体积含量(海平面当量时间加权平均值)的要求。

3.5 符合性文件清单

通常,针对第 25.832 条的符合性文件清单如表 3-2 所示。

表 3-2 建议的符合性文件清单

序 号	符 合 性 报 告	符合性方法
1	空调系统设计描述文件	MOC1
2	飞行手册	MOC1
3	臭氧浓度计算报告	MOC2
4	臭氧浓度测量试飞大纲	MOC6
5	臭氧浓度测量试飞报告	MOC6

4 符合性判据

第 25.832 条符合性判据如下:

(1)计算分析和试飞试验结果表明满足不同高度层的臭氧浓度要求:在 320 飞行高度层(高度相当于 9 750 米)以上的任何时刻,不超过 0.25/1 000 000 体积含量(海平面当量);在 270 飞行高度层(高度相当地 8 230 米)以上任何三小时期间,不超过 0.1/1 000 000 体积含量(海平面当量时间加权平均值)。

(2)计算分析中采用的"海平面当量"指 25℃和 760 毫米汞柱压力的状态。

(3)分析和飞行试验结果表明采用限制运行或安装臭氧转换装置两种方式之

—均可满足条款对臭氧浓度的要求。

(4) 飞行手册中明确了运行限制条件。

参考文献

14 CFR 修正案 25 - 56 Transport Category Airplanes; Cabin Ozone Concentration [S].

运输类飞机适航标准
第 25.841 条符合性验证

1 条款介绍

1.1 条款原文

第 25.841 条 增压座舱

(a) 载人的增压座舱和隔舱必须装有设备,以保证在正常运行条件下,在飞机最大使用高度上保持座舱压力高度不超过 2,438 米(8,000 英尺)。

(1) 如果申请在 7,620 米(25,000 英尺)以上运行的合格审定,则飞机必须设计为在增压系统任何可能的失效情况发生后乘员不会经受到座舱压力高度超出 4,572 米(15,000 英尺)。

(2) 飞机必须设计成在发生任何未经表明是极不可能的失效情况而导致释压后不会使乘员经受超出下列座舱压力高度:

(i) 7,620 米(25,000 英尺),超过 2 分钟;或

(ii) 12,192 米(40,000 英尺),任何时段。

(3) 在评估座舱释压情况时应考虑机身结构、发动机和系统的失效。

(b) 增压座舱必须至少有下列控制座舱压力的活门、控制器和指示器:

(1) 两个释压活门,当压力源提供最大流量时能将正压差自动限制在预定值(当内压大于外压时,压差为正值)。释压活门的组合排气量必须足以保证任一活门的失效不会引起压差显著升高;

(2) 两个负压差释压活门(或其等效装置),能自动防止会损坏结构的负压差出现。然而,如果设计能合理地预防其故障,则一个活门即可;

(3) 使压差能迅速平衡的装置;

(4) 一个自动调节器或人工调节器,能控制进气或排气,或控制两者,以维持要求的内压和空气流量;

(5) 驾驶员和飞行工程师工作位置处的仪表,用来指示压差、座舱压力高度和压力高度变化率;

(6) 驾驶员和飞行工程师工作位置处的警告指示器,当超过压差的安全值或预

先调定值时,以及超过座舱压力高度限制时能发出指示。座舱压差指示器上相应的警告标记,要满足对压差限制的报警要求;音响或目视信号(座舱高度指示装置除外)要满足对座舱压力高度限制的要求,当座舱压力高度超过 3,048 米(10,000英尺)时向飞行机组发出警告;

(7) 如果结构不是按压差(直到释压活门的最大调定值)和着陆载荷的组合来设计的,驾驶员或飞行工程师工作位置处应设置警告标牌;

(8) 本条(b)(5)和(b)(6)及第 25.1447(c)条所要求的压力传感器,其分布及传感系统的设计必须保证,一旦任何客舱或机组舱(包括上、下厨房)泄压,上述规定的警告和自动显示装置应能立刻动作,使得减压引起的危险不致过大。

〔中国民用航空局 2001 年 5 月 14 日第三次修订,2011 年 11 月 7 日第四次修订〕

1.2　条款背景

快速减压使座舱压力高度超过 34 000 英尺后,使用乘客连续流动的氧气面罩可能无法提供缺氧保护。一些乘客可能在得不到氧气的情况下被暴露在减压状态。一些乘客可能会在 35 000 英尺丧失意识,其他的乘客即使使用了持续的氧气设备也可能在更高的高度丧失意识。暴露在超过 25 000 英尺的座舱高度下超过 2分钟而没有得到补充的氧气有可能会在某些情况下造成永久生理(大脑)伤害。第25.841 条的目的是和第 25.1447(c)款的要求结合,确保在最大审定高度发生导致减压的一个故障或故障组合后,飞行人员会保持警惕并且能使飞机安全飞行和着陆;保护舱内乘员不受缺氧影响。

1.3　条款历史

第 25.841 条在 CCAR25 部初版首次发布,截至 CCAR - 25 - R4,该条款共修订过 2 次,如表 1 - 1 所示。

表 1 - 1　第 25.841 条条款历史

第 25.841 条	CCAR25 部版本	相关 14 CFR 修正案	备　注
首次发布	初版	25 - 38	
第 1 次修订	R3	25 - 87	
第 2 次修订	R4	—	

1.3.1　首次发布

1985 年 12 月 31 日发布了 CCAR25 部初版,其中包含第 25.721 条,该条款参考 14 CFR 修正案 25 - 38 中的 §25.841 的内容制定。

14 CFR 修正案 25 - 38 修订内容为:删除两个释压阀"至少要有一个是正常调节阀"的要求;将"座舱绝对压力"更改为"座舱压力高度",增加 §25.841(b)(8),要求警告和自动脱落装置不得延迟。

1.3.2　第 1 次修订

2001 年 5 月 14 日发布的 CCAR-25-R3 对第 25.841 条进行了第 1 次修订，本次修订参考了 14 CFR 修正案 25-87 的内容：要求考虑结构、发动机和系统故障对座舱高度的影响，在未经表明是极不可能的故障情况下，要求座舱高度在 25 000 英尺高度以上不超过 2 分钟，且任何时刻座舱高度不超过 40 000 英尺。

1.3.3　第 2 次修订

2011 年 11 月 7 日发布的 CCAR-25-R4 对第 25.841 条进行了第 2 次修订，本次修订内容为：

(1) 修订条款中的公英制转换，精确到个位数；

(2) 修订第 25.841(b)(5)项，将"绝对压力变化率"更改为"压力高度变化率"。

2　条款解读

2.1　条款要求

第 25.841(a)款要求增压座舱在飞机正常运行时，其座舱压力高度不应超过 2 438 米。如果飞机在 7 620 米以上运行，在合理可能的故障情况下，则座舱压力高度不应超过 4 572 米。

座舱的压力高度的限制是由人的生理要求决定的，座舱压力高度 2 438 米（8 000 英尺）以下是使人比较舒适的压力环境；座舱压力高度 4 572 米（15 000 英尺）是人能承受的外部压力的极限，超出该极限（一定时间内），会使人呼吸困难，会导致危险。

第 25.841(a)(1)项要求列出能引起座舱压力高度上升的所有故障或组合故障，对于由增压系统故障引起且概率在 1×10^{-5} 以上的事件进行减压分析，确认这些故障不会导致座舱高度超过 15 000 英尺，同时对影响最严重的可能的故障条件要求进行飞行试验进行验证。可能的故障通常包括单空调引气系统和双空调引气系统故障，排气活门的控制或排气活门本身故障等，对本条的符合性通常需要飞行试验来验证。

第 25.841(a)(2)项与第 25.841(a)(1)项类似，在所有能引起座舱高度升高的故障中，对概率在 1×10^{-9} 以上的故障情况进行减压分析，第 25.841(a)(2)项中的故障还包括轮胎爆裂、发动机转子非包容性爆破等。

在进行快速下降分析的时候，除了需要考虑动力损失外，还要考虑由发动机损失造成的其他影响，如供气量减少以及发动机附件动力丢失（液压）。

AC25-20 要求使用临界孔尺寸对座舱的减压曲线进行计算来表明符合性。可能造成：座舱压力高度超出 7 620 米（25 000 英尺）且持续时间超过 2 分钟；或在任何时段内，座舱压力高度超出 12 192 米（40 000 英尺）的失效概率必须是极不可能的。

　　对于可能的系统故障情况,必须在最大飞行高度使用系统故障试验来演示。

　　对于不可能的故障情况,可以使用分析方法确定座舱高度,如果必要,也可以在较低的高度使用飞行试验验证,利用较低高度的飞行试验结果来预测更高高度情况下座舱的高度。

　　根据 AC25-20,第 25.841(a)(1)项和第 25.841(a)(2)项的要求都可以使用应急下降程序来满足,如图 2-1 所示。

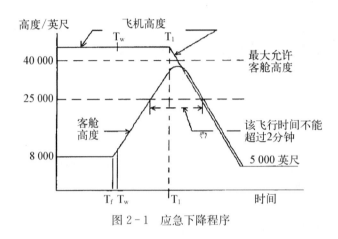

图 2-1　应急下降程序

　　第 25.841(b)款要求座舱压力调节系统应当有必要的设备来控制座舱压力、座舱压差和座舱压力变化率,并向机组人员提供必要的警告和指示。还应考虑系统在故障情况的应急措施,以便为机组人员和乘客提供最低的安全标准。

　　压力迅速平衡装置应能在应急情况下必须打开的插塞门打开时或风挡裂开时能迅速平衡压力。在人工压力控制模式下飞行员能根据对紧急情况的判断或飞行手册的规定尽可能快或慢地设置释压速率。对大型运输类飞机典型的最大速率是 30 秒内打开排气活门,2 分钟或更短的时间内释压。是否需要建立压力平衡速率可通过失效分析、非常规程序和防止灾难性失效的需要来进行评估。

　　第 25.841(b)(3)项是要求在以下两种情况下提供压力快速平衡的措施:① 在应急情况下必须打开的插塞式门;② 风挡裂开。插塞式门是指一种向内开启的门,能在压差的作用下保持关闭状态,如向内开启的飞机客舱门、应急出口门和货舱门。使压差能迅速平衡的装置的作用有两个:

　　(1) 在应急着陆时卸除座舱压差,使舱门能迅速打开,保证应急撤离。

　　(2) 在风挡出现裂缝的情况下,使舱内外压差平衡,防止裂缝进一步发展,进而丢失风挡。

　　第 25.841(b)(6)项要求当座舱压力高度超过 3 048 米(10 000 英尺)时向飞行机组发出警告。在高原运行情况下,一般对本条和第 25.1447(c)(1)项申请等效安全或者豁免。

如某飞机可在 13 500 英尺以下的高原机场起降。在 8 000～13 500 英尺之间的机场运行时，座舱压力高度告警值为 14 000 英尺，采取等效安全措施如下：警告飞行机组，座舱压力高度告警值已经转换，提供高原起飞和着陆的飞机操作程序，在高原机场起降运行期间至少一名飞行员戴上并使用氧气面罩。

2.2　相关条款

与第 25.841 条相关的条款如表 2-1 所示。

表 2-1　第 25.841 条相关条款

序　号	相关条款	相　关　性
1	第 25.1447 条	结合氧气适航条款确保在发生减压故障后：飞行员和舱内乘员不受缺氧影响，且乘员不会受到永久的生理(大脑)伤害

3　验证过程

3.1　验证对象

第 25.841 条的验证对象为空调系统。

3.2　符合性验证思路

第 25.841(a)款通过设计文件说明座舱压力调节系统的设计考虑和系统构架，可确保包括发生概率为可能的故障状态下满足第 25.841(a)(1)项要求。在发生概率为极小的故障状态下满足第 25.841(a)(2)项要求。通过分析/计算具体的失压情况下的座舱压力和变化率表明不会对乘员产生危害，利用安全评估表明相应的失压情况满足安全性等级的要求，通过实验室试验验证空调系统的压力调节功能和性能，通过综合整机的影响进行不同高度和下降模式的飞行试验，验证在条款规定的情况下不会对人体生理造成损害。

第 25.841(b)款通过设计文件说明座舱压力调节系统有正常功能和应急操作控制座舱压力、座舱压差和座舱压力变化率。座舱压力告警设置、载荷计算和氧气面罩抛放都根据座舱压力进行相应设计考虑。通过分析/计算说明压差、座舱压力高度及其变化率是可接受的。通过实验室试验、地面试验及飞行试验验证空调系统的压力调节功能和性能，验证空调系统的地面压力调节功能，通过整机不同环境条件下进行不同高度和下降模式的飞行试验，说明告警设置符合规章要求，内外压差可迅速平衡。

3.3　符合性验证方法

通常，针对第 25.841 条的符合性验证方法如表 3-1 所示。

表 3 - 1　第 25.841 条符合性方法

条　款　号	专业	符合性方法										备　注
		0	1	2	3	4	5	6	7	8	9	
第 25.841(a)款	空　调		1	2		4		6				
第 25.841(a)(1)项	空　调		1		3	4		6				
第 25.841(a)(2)项	空　调		1	2	3							
第 25.841(a)(3)项	空　调		1									
第 25.841(b)(1)项	空　调		1	2		4		6				
第 25.841(b)(2)项	空　调		1	2		4		6				
第 25.841(b)(3)项	空　调		1	2		4	5	6				
第 25.841(b)(4)项	空　调		1			4	5	6				
第 25.841(b)(5)项	空　调		1				5					
第 25.841(b)(5)项	航　电		1									
第 25.841(b)(6)项	空　调		1			4		6				
第 25.841(b)(6)项	航　电		1									
第 25.841(b)(7)项	强　度			2								
第 25.841(b)(8)项	空　调		1					6				
第 25.841(b)(8)项	航　电		1									

3.4　符合性验证说明

3.4.1　第 25.841(a)款符合性验证说明

第 25.841(a)款采用的符合性验证方法包括 MOC1、MOC2、MOC3、MOC4 和 MOC6,各项验证具体工作如下:

1) MOC1 验证过程

说明座舱压力调节系统的设计,可确保包括瞬态条件在内的所有正常工作状态下,通过控制排出座舱空气的流量调节排气活门的开度大小,控制座舱压力绝对值、座舱内外压差和座舱压力变化速率均在人体生理允许范围内。

2) MOC2 验证过程

分析/计算确认在最大飞行高度释压应急下降条件下,座舱压力高度高于 25 000 英尺的时间是否小于 2 分钟,并且座舱压力高度不会高于 40 000 英尺,包括正常模式和直接模式的应急下降。

若出现座舱高度高于 25 000 英尺的时间均超过 2 分钟或者超过 40 000 英尺的情况,如非包容性转子爆破等情况,不满足条款要求。通常申请第 25.841(a)(2)(i) 目的豁免。相关验证工作可根据 FAA 发布的 Mechanical System Harmonization Working Group Report 采用 DEI 方法进行评估,表明失压严重指数(DSI)满足要求。通常,运输类飞机在进行条款符合性验证时,均对此要求申请豁免。

3）MOC3 验证过程

对导致座舱高度超过 15 000 英尺的故障进行安全性分析，确认其发生概率在 1×10^{-5} 以下。对导致座舱压力高度超过 7 620 米（25 000 英尺）且持续时间超过 2 分钟或座舱压力高度在任何时段超过 12 192 米（40 000 英尺）的故障发生概率在 1×10^{-9} 以下。

4）MOC4 验证过程

通过实验室试验验证空调系统的压力调节功能是否正常，压力值和压力变化率满足要求；在各种情况下即条款中要求的机身结构、发动机和系统的失效，如座舱泄压应急下降、空调系统失效、高高原运行等，检查压力调节控制逻辑是否符合要求，超压情况下座舱压力安全活门能正确工作，保证座舱压力值和变化率在人体允许承受范围内。

5）MOC6 验证过程

通过飞行试验验证空调系统的压力调节功能，压力值和压力变化率满足要求，包括进行条款中要求的机身结构、发动机和系统的失效情况下的飞行试验，如座舱泄压应急下降、空调系统失效、高高原运行等情况。

通过飞行试验检查压力调节控制逻辑符合要求，超压情况下座舱压力安全活门能正确工作保证座舱压力值和变化率在人体耐受范围内。座舱压力控制系统故障除了部件本身外，往往与机身气密性、气源系统的供气能力有关，因此飞行试验还需考虑模拟结构损坏，气源系统不同引气方式的情况。

3.4.2 第 25.841(b)款符合性验证说明

第 25.841(b)款采用的符合性验证方法包括 MOC1、MOC2、MOC4、MOC5 和 MOC6，各项验证工作具体如下：

1）MOC1 验证过程

说明座舱压力调节系统安全活门的设置，如何保证座舱压力不超过规定值，保持座舱内外压差在合理的范围内，不至于压差过大而损坏飞机结构。

说明座舱压力调节系统的应急释压设置。释压过程中的座舱压力变化速率不超过人体承受能力。驾驶员的控制调节方式可实现减压及平衡内外压差的功能。

说明结构确定的载荷是否考虑了增压—释压的情况。如未考虑需设置警告标牌。

说明座舱压力调节系统告警逻辑，以及与第 25.1447 条要求的氧气面罩释放的控制关系。

2）MOC2 验证过程

通过计算分析座舱压力在起飞、下降和应急下降阶段的变化情况，以及风挡破裂、结构损坏等情况下的压力变化情况，说明飞行过程中座舱内外压差不会超过限定值。

3）MOC4 验证过程

通过实验室试验验证空调系统的压力调节功能是否正常，应急下降模式下的座舱压调系统功能正常，座舱变化率限制、座舱高度限制、高度报警、正释压、负释压、高原起降、应急卸压及水上迫降功能正常,保证飞行试验的安全。

4) MOC5 验证过程

若起飞前在地面进行预增压,则通过机上地面试验验证地面预增压功能可正常工作。

通过地面预增压检查着陆后的座舱压差能否迅速平衡,在地面观察提供给飞行员的压差、座舱压力高度及其变化率显示是否功能正常。

5) MOC6 验证过程

通过飞行试验验证空调系统的压力调节功能,应急释压功能。包括应急释压的工作逻辑、状态显示以及性能是否满足条款要求。包括释压活门是否能将正压差自动限制在预定值,并使压差能迅速平衡;压力调节系统任一活门失效情况下释压活门的排气量必须保证不会引起压差显著升高,并且能自动调节负压差以免损坏结构;系统可进行自动调节,或者飞行员能手动控制进气或排气,以调节各种故障情况下座舱压力和空气流量。

3.5 符合性文件清单

通常,针对第 25.841 条的符合性文件清单如表 3-2 所示。

表 3-2 建议的符合性文件清单

序 号	符 合 性 报 告	符合性方法
1	空调系统设计描述文件	MOC1
2	座舱压力分析报告	MOC2
3	空调系统安全性分析报告	MOC3
4	空调系统实验室试验大纲	MOC4
6	空调系统实验室试验报告	MOC4
7	空调系统机上地面试验大纲	MOC5
8	空调系统机上地面试验报告	MOC5
9	空调系统试飞大纲	MOC6
10	空调系统试飞报告	MOC6

4 符合性判据

第 25.841(a)款判据为座舱压力不超过 7 620 米(25 000 英尺),2 分钟;并且任何时段不超过 12 192 米(40 000 英尺)。

第 25.841(b)款判据为具备两个释压活门、控制器和指示器,压力迅速平衡装置可实现压力迅速平衡功能,自动/手动压力调节功能正常,压力显示仪表工作正常,告警设置逻辑和氧气面罩抛放符合要求,考虑了压力变化的影响。

参考文献

［1］　14 CFR 修正案 25 - 38 Airworthiness Review Program，Amendment No. 3：Miscellaneous Amendments ［S］.

［2］　14 CFR 修正案 25 - 87 Standards for Approval for High Altitude Operation of Subsonic Transport Airplanes ［S］.

［3］　FAA. AC25 - 7C Flight Test Guide for Certification of Transport Category Airplanes ［S］. 2012.

［4］　FAA. AC25 - 20 Pressurization，Ventilation and Oxygen Systems Assessment for Subsonic Flight Including High Altitude Operation ［S］. 1996.

［5］　FAA. AC25 - 22 Certification of Transport Airplane Mechanical Systems ［S］. 2000.

运输类飞机适航标准 第 25.843 条符合性验证

1 条款介绍

1.1 条款原文

第 25.843 条 增压座舱的试验

（a）强度试验 整个增压舱，包括门、窗和活门，必须作为一个压力容器按第 25.365(d)条规定的压差进行试验。

（b）功能试验 必须进行下列功能试验：

（1）正、负压差释压活门和应急释压活门的功能和排气量试验，以模拟调节器活门关闭的影响；

（2）增压系统试验，以表明直到申请合格审定的最大高度的每种可能的压力、温度和湿度条件下功能正常；

（3）飞行试验，以表明在定常和梯度爬升及下降时压力源、压力和流量调节器、指示器和警告信号的性能，爬升和下降的速率应相当于飞机使用限制内能够达到的最大值，高度直至申请合格审定的最大高度为止；

（4）每一舱门和应急出口的试验，以表明它们在经受本条(b)(3)规定的飞行试验后工作正常。

〔中国民用航空局 2011 年 11 月 7 日第四次修订〕

1.2 条款背景

第 25.843 条对增压舱的强度及增压系统功能提出了要求。该条款制定的目的是通过试验表明整个增压舱具有足够的强度且增压系统的功能正常。

1.3 条款历史

第 25.843 条在 CCAR25 部初版首次发布，截至 CCAR-25-R4，该条款未进行过修订，如表 1-1 所示。

1985 年 12 月 31 日发布了 CCAR25 部初版，其中包含第 25.843 条，该条款参考 1964 年 12 月 24 日发布的 14 CFR PART 25 中的 §25.843 制定。§25.843 来源于 FAA 制定的 CAR 4b.376，目的是通过试验证明整个增压舱具有足够强度且

表 1-1　第 25.843 条条款历史

第 25.843 条	CCAR25 部版本	相关 14 CFR 修正案	备　注
首次发布	初版	—	

增压系统功能正常,后续将 CAR 4b.376 的内容汇编为 14 CFR PART 25 中的 §25.843,该条款自发布以来没有修订过。

2　条款解读

2.1　条款要求

该条款规定增压舱的试验要求,分为强度试验和功能试验两部分要求。

第 25.843(a) 款是对增压舱进行强度试验的规定。规定把机身增压舱当作一个压力容器来进行强度试验,这一压力容器需包括机身、门、窗和相应的活门,同时规定试验时按第 25.365(d) 款规定的压差值进行:对于申请批准在直到 13 700 米(45 000 英尺)的高度运行的飞机,该载荷为释压活门最大调定值的 1.33 倍;对于申请批准在 13 700 米(45 000 英尺)以上运行的飞机,该载荷为释压活门最大调定值的 1.67 倍,不考虑其他载荷。需注意的是,飞机结构应按第 25.365 条规定的载荷再乘以第 25.303 条所规定的 1.5 的安全系数进行设计和强度试验;但本条是将整个增压舱作为压力容器进行充压试验,不需要再乘以 1.5 的安全系数。

第 25.843(b) 款是对增压舱进行功能试验的规定。该条款明确规定进行下列功能试验:

正、负压差释压活门和应急释压活门的功能和排气量试验,用来模拟调节器活门关闭对增压舱功能的影响,以确认可通过调节器活门的关闭达到控制增压舱的增压功能。

增压系统试验,表明飞机在整个飞行包线内预期的环境条件下(增压舱可能的压力、温度和湿度条件下),增压系统功能正常。

飞行试验。表明在整个飞行包线内,稳定爬升/下降和分段爬升/下降时,其爬升/下降的速率选取飞机使用限制内能够达到的最大值,增压系统的压力源、压力和流量调节器、指示器和警告信号的性能满足要求。咨询通告 AC25-7B 推荐了具体的试飞方法。

每一舱门和应急出口的试验。表明在经受本条(b)(3)项规定的飞行试验后,每个舱门和应急出口工作正常。

2.2　相关条款

与第 25.843 条相关的条款如表 2-1 所示。

表 2 - 1　第 25.843 条相关条款

序　号	相 关 条 款	相　　关　　性
1	第 25.365(d)款	第 25.843(a)款的强度试验压差根据第 25.365(d)款的要求确定
2	第 25.841 条	第 25.843(b)款用于验证按第 25.841 条设计的增压舱的功能

3　验证过程

3.1　验证对象

第 25.843 条的验证对象为增压舱。

3.2　符合性验证思路

针对第 25.843(a)款,通过强度试验验证增压舱的强度,其中充气压力应根据飞机的设计情况确定释压活门最大调定值对应的压差,同时考虑第 25.365(d)款中的系数。

针对第 25.843(b)(1)项和第 25.843(b)(2)项,通过实验室试验、机上地面试验和飞行试验等验证压调系统设备及增压系统功能正常,这些试验一般包括座舱应急活门功能验证试验;座舱正压差释压活门功能验证试验;座舱负压差释压活门功能验证试验;各种湿度、温度和压力条件下的增压系统环境试验。

针对第 25.843(b)(3)项,通过试飞试验验证在直至最大的飞行高度范围内,在使用限制内的最大爬升和下降速率下,稳定和逐级爬升/下降时增压系统的设备(压力源、压力与流量调节器、指示器和警告信号)的性能。

针对第 25.843(b)(4)项,通过飞行试验后检查舱门和应急出口的功能。

3.3　符合性验证方法

通常,针对第 25.843 条的符合性验证方法如表 3 - 1 所示。

表 3 - 1　建议的符合性方法

条　款　号	专　业	符 合 性 方 法										备　注
		0	1	2	3	4	5	6	7	8	9	
第 25.843(a)款	强　度					4						
第 25.843(b)(1)项	空　调					4		6				
第 25.843(b)(2)项	空　调					4	5	6			9	
第 25.843(b)(3)项	空　调							6				
第 25.843(b)(4)项	舱　门							6				

3.4　符合性验证说明

3.4.1　第 25.843(a)款符合性验证说明

针对第 25.843(a)款,采用的符合性验证方法为 MOC4。试验可以在静力机上完成,也可以在机上地面试验机上完成。增压舱作为一个整体压力容器按第 25.365(d)款规定载荷进行强度试验,在加载到限制载荷后保持 30 秒没有任何零部件损坏;卸载后进行全机检查,全机结构无损坏,所有舱门不卡死,活门功能正常。在进行座舱加压时,应控制加压速率,加压速率最好与实际座舱增压速率相当。

3.4.2　第 25.843(b)(1)项符合性验证说明

针对第 25.843(b)(1)项,采用的符合性验证方法为 MOC4 和 MOC6,各项验证具体工作如下:

1) MOC4 验证过程

通过压调系统性能台架试验表明安全活门的负释压功能正常,安全活门的正释压功能正常,自动模式和手动模式下的压调系统应急卸压功能均正常。

2) MOC6 验证过程

通过座舱正、负压差的安全释压功能验证表明压调系统非高原运行时安全活门正、负压差开启的功能正常。

若高原机场运行,通过在高原机场起降时座舱高度限制和应急卸压时座舱压力控制功能,座舱正压差的安全释压功能,座舱负压差的安全释压功能正常。

3.4.3　第 25.843(b)(2)项符合性验证说明

针对第 25.843(b)(2)项,采用的符合性验证方法为 MOC4、MOC5、MOC6 和 MOC9,各项验证具体工作如下:

1) MOC4 验证过程

通过压调系统性能台架试验表明增压系统设备功能正常。若高原机场运行,手动选择着陆机场高度和机场海拔高度气压校正时的高原降落,以及正常起飞高原降落和高原起降时的压调系统性能均正常。

2) MOC5 验证过程

通过试验座舱内外压差和座舱压力变化率达到一定值,同预增压功能定义一致,表明增压系统功能正常。

3) MOC6 验证过程

通过座舱压调系统自动工作状态试飞、座舱压力手动控制、座舱高度限制和应急卸压时座舱压力控制、座舱正、负压差的安全释压功能验证表明压调系统非高原运行时系统功能正常,性能符合要求。若高原机场运行,通过在高原机场起降时座舱压调系统的功能正常。

4）MOC9 验证过程

通过环境鉴定试验表明增压系统设备在可能的压力、温度和湿度条件下功能正常。

3.4.4　第 25.843(b)(3)项符合性验证说明

针对第 25.843(b)(3)项，采用的符合性验证方法为 MOC6，验证过程如下：

1）稳定爬升/下降

在飞机使用限制范围内，并在能产生最大相应爬升/下降率的条件（即重量、高度、温度和形态）下，进行稳定爬升/下降增压系统试验。

（1）起飞后，保持稳定、连续爬升到飞机合格审定所需要的最大使用高度。

（2）保持该高度直到座舱压力高度稳定。

（3）在飞机的使用限制范围内，以稳定而最大的下降率降落至机场。

2）分段爬升/下降

在飞机使用限制范围内，在能达到最大爬升/下降速度的条件下（如重量、高度、温度和形态等），进行分段爬升/下降增压系统试验。

（1）起飞后，分段爬升到飞机合格审定所需要的最大使用高度。分段增量应为 5 000～7 500 英尺。

（2）保持每一改平高度足够长的时间，使座舱压力高度指示稳定。

（3）从最大高度分段下降，在每一改平高度，让座舱压力高度指示稳定。分段增量应为 7 500～10 000 英尺。

3）正压释放

如果备有两个阀门，则该试验中只使用其中的一个。

（1）起飞后，飞机爬升到可获得最大座舱动压差的使用高度。

（2）手动关闭外流阀门，使座舱动压差增大。

（3）检验座舱动压差警告功能是否工作正常。

（4）检验释放阀门的功能，而且最大座舱动压差不超限。

4）负压释放/应急下降

如果备有两个阀门，则该试验中只使用其中的一个。

（1）在巡航高度，在飞机机身负压的临界条件下执行一次应急下降。

（2）检验机身的最大负动压差不超限。

5）手动座舱压力控制

如果可以以手动方式控制压力，则应该在飞机和飞行包线的正常及应急操作情况下，评定这些控制方式。

3.4.5　第 25.843(b)(4)项符合性验证说明

针对第 25.843(b)(4)项，采用的符合性验证方法为 MOC6，验证方法是进行舱门和应急出口的功能试验。在座舱压调系统功能飞行试验前、后检查舱门和应急出口功能，飞行前，应检查所有舱门和应急出口工作确保正常，在完成最大允许高度和座舱压力差试验飞行返回后，一着陆即打开客舱门和应急出口。每个舱门或应急出口的使用特性应该与其飞行前的使用没有任何变化。

3.5 符合性文件清单

通常，针对第 25.843 条的符合性文件清单如表 3-2 所示。

表 3-2 建议的符合性文件清单

序 号	符 合 性 报 告	符合性方法
1	机身增压舱实验室试验大纲	MOC4
2	机身增压舱实验室试验报告	MOC4
3	压调系统实验室试验大纲	MOC4
4	压调系统实验室试验报告	MOC4
5	压调系统地面试验大纲	MOC5
6	压调系统地面试验报告	MOC5
7	压调系统飞行试验大纲	MOC6
8	压调系统飞行试验报告	MOC6
9	压调系统设备鉴定试验大纲	MOC9
10	压调系统设备鉴定试验报告	MOC9

4 符合性判据

针对第 25.843(a)款，其符合性判据为：飞机整个增压舱能承受第 25.365(d)款中规定的压差载荷[对于申请批准在直到 13 700 米(45 000 英尺)的高度运行的飞机，该载荷为释压活门最大调定值的 1.33 倍；对于申请批准在 13 700 米(45 000 英尺)以上运行的飞机，该载荷为释压活门最大调定值的 1.67 倍，并略去其他载荷]。在加载到限制载荷后保持 30 秒，没有任何零部件损坏；卸载后进行全机检查，全机结构无损坏，所有舱门不卡死，活门功能正常。

针对第 25.843(b)(1)项，其符合性判据为：应急活门、座舱正压差释压活门及座舱负压差释压活门功能正常。

针对第 25.843(b)(2)项，其符合性判据为：从地面直到申请合格审定的最大飞行高度范围内，每种可能的压力、温度和湿度条件下，增压系统功能正常。

针对第 25.843(b)(3)项，其符合性判据为：在使用限制内的最大爬升和下降速率下，稳定和逐级爬升/下降时增压系统的设备性能应正常。

针对第 25.843(b)(4)项，其符合性判据为：在座舱压调系统功能飞行试验后检查舱门和应急出口功能，每个舱门或应急出口的使用特性应该与其飞行前的使用没有任何变化。

参考文献

［1］ FAA. AC25 – 7C Flight Test Guide for Certification of Transport Category Airplanes ［S］. 2012.

［2］ FAA. AC25 – 22 Certification of Transport Airplane Mechanical Systems ［S］. 2000.

运输类飞机适航标准
第25.851条符合性验证

1 条款介绍

1.1 条款原文

第25.851条 灭火器

(a) 手提式灭火器

(1) 客舱内必须至少有下列数目、均匀分布、可方便取用的手提式灭火器:

客 座 量	灭火器数	客 座 量	灭火器数
7 至 30	1	301 至 400	5
31 至 60	2	401 至 500	6
61 至 200	3	501 至 600	7
201 至 300	4	601 至 700	8

(2) 驾驶舱内,必须至少有一个可方便取用的手提式灭火器。

(3) 每个A级或B级货舱或行李舱和每个机组人员在飞行中可以到达的E级货舱或行李舱内,必须至少有一个易于接近取用的手提式灭火器。

(4) 位于客舱上面或下面的每个厨房内,必须至少放置或有一个易于接近取用的手提式灭火器。

(5) 每个手提式灭火器必须经批准。

(6) 在舱内要求设置的灭火器中,对客座量至少为31座和不超过60座的飞机,必须至少有一个是内装 Halon 1211 灭火剂(溴基氯二氟(代)甲烷 $CBrC_1F_2$)或等效物的,对客座量等于或大于61座的飞机,必须至少有二个是内装上述灭火剂的。

本条所要求的任何其它灭火器所用的灭火剂类型,必须与其使用部位很可能发生的火灾类型相适应。

(7) 本条要求的灭火器内的灭火剂剂量,必须与其使用部位很可能发生的火灾类型相适应。

(8) 预定用于载人舱的每个灭火器的设计,必须尽量减小其毒性气体浓度的危害。

(b) 固定式灭火器

如果安装固定式灭火器,必须满足下列要求:

(1) 每个固定式灭火系统的安装必须做到:

(i) 使很可能进入载人舱的灭火剂不致危害乘员;

(ii) 灭火剂的喷射不会引起结构损伤。

(2) 每个所要求的固定式灭火系统的容量,必须与使用该系统的隔离舱内很可能发生的任何火情相适应,并要考虑舱内容积及通风率。

〔中国民用航空局 1995 年 12 月 18 日第二次修订〕

1.2 条款背景

第 25.851(a)款对用于民用运输类飞机的客舱和货舱的手提式灭火瓶的类型、数量、有毒气体的浓度、产品的合格证明文件等提出了要求;第 25.851(b)款对固定式灭火瓶的容量及安装提出了要求。

1.3 条款历史

第 25.851 条在 CCAR25 部初版首次发布,截至 CCAR - 25 - R4,该条款共修订过 1 次,如表 1 - 1 所示。

表 1 - 1 第 25.851 条条款历史

第 25.851 条	CCAR25 部版本	相关 14 CFR 修正案	备 注
首次发布	初版	25 - 54	
第 1 次修订	R3	25 - 72,25 - 74	

1.3.1 首次发布

1985 年 12 月 31 日发布了 CCAR25 部初版,其中包含第 25.851 条,该条款参考 1964 年 12 月 24 日发布的 14 CFR PART 25 部中的 §25.851 和 14 CFR 修正案 25 - 54 的内容制定。14 CFR 修正案 25 - 54 增加了 §25.851(a)(5)和 §25.851(a)(6),规定不同旅客容量的飞机在客舱中所需配备的手提式灭火器的数量,并要求驾驶舱至少要有一个手提式灭火器。

1.3.2 第 1 次修订

2001 年 5 月 14 日发布的 CCAR - 25 - R3 对第 25.851 条进行了第 1 次修订,本次修订参考了 14 CFR PART 25 修正案 25 - 74 的内容:对 61 座以上的飞机进行了细分,规定了直到 700 座飞机的灭火器数量要求。增加要求飞行中可到达的 E 级货舱、客舱上面或下面的每个厨房内必须至少有一个易于接近取用的手提式灭火器,并细化了灭火剂的类型要求。

2　条款解读

2.1　条款要求

第 25.851(a)(1)项对不同客座数客舱内的手提灭火器的数量提出了要求,第 25.851(a)(2)项对驾驶舱内的手提灭火器数量提出了要求,第 25.851(a)(3)项对 A 级、B 级、E 级货舱的手提式灭火器数量提出了要求,第 25.851(a)(4)项对厨房内的手提式灭火器的数量提出了要求。第 25.851(a)(1)项和第 25.851(a)(2)项中所要求的"方便取用"是指每个灭火器所在位置和安装形式能保证从安装支架上快速拿出。第 25.851(a)(5)项要求每个手提式灭火器必须"经批准",FAA 在 AC25 - 17A 中指出,经批准的灭火器类型包括通过了美国 Underwriters 实验室、Factory Mutual 实验室、加拿大 Underwriters 实验室或局方认为有资质的机构的批准,或者由局方根据第 21.301 条批准。第 25.851(a)(6)项中所说的"火灾类型"有 A、B、C 和 D 四类:

A 类:在木材、衣服、纸、橡胶和塑料等普通易燃物上的火,对于这种火、水或者含水量大的溶液能对熄灭和冷却起到重要作用。

B 类:在油、油脂、焦油、油性涂料、漆等可燃液体和可燃气体上的火,对于这类火,其要点是要求灭火剂具有覆盖的效果。

C 类:在通电的电气设备上的火,对于这类火,重要的是灭火剂不能导电。

D 类:在镁、钛、锆、钠、锂和钾等可燃金属上的火,要求灭火剂是干粉类型的。

第 25.851(b)款是对固定式灭火器的规定,要求不能有大量灭火剂进入载人舱,灭火剂不能对飞机结构产生不利的影响(如腐蚀等),并且喷射后能维持足够的浓度以保证灭火效果。AMC25.851(b)指出,目前安装在飞机上的货物灭火系统主要使用 Halon1301 灭火剂。Halon1301 的初始体积浓度要达到 5%,以足够控制货物火势。为了抑制货物火灾,在后续飞行中,灭火剂的体积浓度不应降至低于 3%,直到飞机降落后火灾可以由地勤人员完全扑灭。Halon1301 固定式灭火瓶的批准要求可参见中国民航颁布的 AC25.1191 - 1。

2.2　相关条款

与第 25.851 条相关的条款如表 2 - 1 所示。

表 2 - 1　第 25.851 条相关条款

序　号	相关条款	相　关　性
1	第 25.854 条	第 25.854 条要求每个厕所内为每个收集毛巾、纸张或废弃物的废物箱配备固定式灭火器
2	第 25.857 条	第 25.857 条规定了运输类飞机货舱等级的标准和要求

3 验证过程

3.1 验证对象

第 25.851 条的验证对象为客舱、驾驶舱、货舱、行李舱内的手提式灭火器和固定式灭火器。

3.2 符合性验证思路

针对第 25.851(a)款,通过系统设计描述、机上检查和设备鉴定试验表明手提式灭火器设计的符合性。

针对第 25.851(b)款,通过系统设计描述、分析/计算、机上检查、飞行试验、设备鉴定试验表明固定式灭火器设计的符合性。

3.3 符合性验证方法

通常,针对第 25.851 条的符合性验证方法如表 3－1 所示。

表 3－1　第 25.851 条符合性方法表

条 款 号	专 业	符 合 性 方 法										备 注
		0	1	2	3	4	5	6	7	8	9	
第 25.851(a)款	防 火		1						7		9	
第 25.851(b)款	防 火		1	2				6	7		9	

3.4 符合性验证说明

3.4.1 第 25.851(a)款符合性验证说明

第 25.851(a)款,使用 MOC1、MOC7 和 MOC9 验证。具体验证情况如下:

1) MOC1 验证过程

通过飞机总体布置图说明的客舱座位数情况,飞机驾驶舱、客舱布置图说明其中安装的手提灭火瓶数量和位置及取用的方式。基于灭火瓶技术规范,说明手提式灭火瓶的灭火剂成分特性,其毒性气体的浓度已减少到不产生危害的最低程度。说明手提式灭火器符合相应的 TSO 标准。

2) MOC7 验证过程

通过机上检查,确认飞机座舱布局以及手提式灭火瓶配置数目,确认手提式灭火瓶上标注的经批准标准及标识。

3) MOC9 验证过程

通过设备鉴定表明其对相关设计和制造标准的符合性,一般手提式灭火瓶为货架产品,或者已经在多个机型上使用过。如果是水型手提式灭火瓶,则其设计和制造应符合 TSO－C19b 和 AC20－42C,如果是 Halon1211 型手提式灭火瓶,则设计和制造符合 UL711 - 5B : C、UL1093 和 AC20 - 42 标准。Halon1211 型手提式灭火瓶同时进行最低性能标准(MPS)的相关试验,试验结果符合满足 MPS 要求。

3.4.2　第 25.851(b)款符合性验证说明

第 25.851(b)款,使用 MOC1、MOC2、MOC6、MOC7 和 MOC9 验证。具体验证情况如下:

1) MOC1 验证过程

通过系统设计描述说明盥洗室废物箱灭火瓶灭火剂低毒;灭火瓶填充容量小,即使有少量灭火剂进入载人舱,也不致对人员造成伤害,货舱灭火瓶灭火剂释放时,客舱和驾驶舱等相对货舱均保持正压差,灭火剂不会进入客舱或驾驶舱,符合第 25.851(b)(1)(i)目的要求。

2) MOC2 验证过程

通过分析计算说明货舱灭火系统的安装形式可保证灭火剂喷射时不会损伤结构,货舱灭火系统的灭火剂类型与货舱内可能发生的火情相适应货舱灭火系统的容量满足要求,满足条款的要求。

3) MOC6 验证过程

通过货舱灭火剂浓度试飞,试验结果需要满足前、后货舱初始灭火剂浓度均高于 5%,后续浓度高于 3%,满足 AC25 - 22 中规定,符合第 25.851(b)(2)项的要求。

4) MOC7 验证过程

通过机上检查试验,目视检查货舱灭火瓶安装位置,均符合设计要求。盥洗室灭火瓶安装在前后盥洗室废物箱上部,其喷射出口伸至废物箱内。货舱灭火瓶的标牌正确,标识清楚,填充的灭火剂符合设计要求。

5) MOC9 验证过程

通过设备鉴定,货舱灭火瓶充填的灭火剂,灭火性能好,低毒,易挥发,热稳定性好,对结构无腐蚀,符合 NFPA 12 标准。货舱灭火瓶泄漏的可能性很低,而且即使有少量泄漏可能进入载人舱,灭火剂也不致危害乘员,符合条款的要求。货舱灭火瓶,灭火剂的容量均考虑了其工作环境处温度影响。

盥洗室废物箱灭火瓶充填的灭火剂,灭火性能好,低毒,易挥发,热稳定性好,对结构无腐蚀。盥洗室废物箱灭火瓶泄漏的可能性很低,而且即使有少量泄漏可能进入载人舱,灭火剂也不致危害乘员,符合第 25.851(b)(1)(i)目的要求。盥洗室废物箱灭火瓶需通过 MPS 试验,符合对灭火瓶容量的要求,且与可能发生的火情相适应,符合条款的要求。

3.5　符合性文件清单

通常,针对第 25.851 条的符合性文件清单如表 3 - 2 所示。

表 3 - 2　建议的符合性文件清单

序　号	符 合 性 报 告	符合性方法
1	防火系统设计描述	MOC1
2	防火系统计算分析报告	MOC2
3	防火系统试飞报告	MOC6
4	防火系统试飞报告	MOC6
5	防火系统机上检查大纲	MOC7
6	防火系统机上检查报告	MOC7
7	防火系统设备鉴定大纲	MOC9
8	防火系统设备鉴定报告	MOC9

4　符合性判据

第 25.851(a)款的符合性判据如下：

(1) 在客舱、驾驶舱、厨房等处布置有满足条款要求数量的手提式灭火瓶。

(2) 手提式灭火瓶已经过批准，取得 TSOA 或符合相关标准。

(3) 手提式灭火瓶的布置位置均匀分布，方便取用。

(4) 手提式灭火瓶填充的灭火剂类型和剂量与可能发生的火灾类型相适应。针对第 25.851(b)(1)(i)目，通过机上检查，灭火瓶的灭火剂毒性特征描述清晰，有毒性的灭火剂不会进入客舱或驾驶舱，设备本身通过鉴定试验。

第 25.851(b)款的符合性判据如下：

(1) 货舱、盥洗室等处安装的固定式灭火瓶的安装形式保证灭火剂喷射时不会损伤结构。

(2) 货舱、盥洗室等处安装的固定式灭火瓶所填充灭火剂的类型和剂量与可能发生的火情相适应。

参考文献

[1]　14 CFR 修正案 25 - 54 Airworthiness Review Program; Amendment No. 8A: Aircraft, Engine, and Propeller Airworthiness, and Procedural Amendments [S].

[2]　14 CFR 修正案 25 - 72 Special Review: Transport Category Airplane Airworthiness Standards [S].

[3]　14 CFR 修正案 25 - 74 Airplane Cabin Fire Protection [S].

[4]　FAA. Aviation Rulemaking Advisory Committee, Transport Airplane and Engine Issue Area, Flight Controls Harmonization Working Group, Task1-Flight Control Systems Report [S].

[5]　FAA. AC25 - 22 Certification of Transport Airplane Mechanical Systems [S]. 2000.

[6]　FAA. AC25 - 17A Transport Airplane Cabin Interiors Crashworthiness Handbook [S].

2009.

[7]　FAA. AC20 – 144 Recommended Method for FAA Approval of Aircraft Fire Extinguishing System Components [S]. 2000.

[8]　FAA. AC20 – 42D Hand Fire Extinguishers for Use in Aircraft，01/14/11

[9]　FAA. AC120 – 80 In-Flight Fires [S]. 2004.

[10]　CAAC. AC25. 1191 – 1 "1301"固定灭火瓶的批准[S]. 1995.

运输类飞机适航标准
第 25.853 条符合性验证

1 条款介绍

1.1 条款原文

第 25.853 条　座舱内部设施

下述规定适用于每个机组舱或旅客舱:

(a) 舱内材料(包括用于材料的涂层或饰面)必须满足本部附录 F 第 Ⅰ 部分规定的适用试验准则或其它经批准的等效试验方法,无论飞机的客座量为多少。

(b) 〔备用〕

(c) 除满足本条(a)款的要求外,无论飞机的客座量为多少,所有椅垫(飞行机组成员的椅垫除外)还必须满足本部附录 F 第 Ⅱ 部分的要求或其它等效要求。

(d) 除在本条(e)款中有规定的外,客座量为 20 人或多于 20 人的飞机的下列内饰部件除满足本条(a)中规定的燃阻要求外,还必须满足本部附录 F 第 Ⅳ 和第 Ⅴ 部分的试验要求或其它经批准的等效试验要求:

(1) 除透光片和窗户之外的内部天花板和壁板;

(2) 除增加客舱安全性所需的透明板之外的隔板;

(3) 厨房结构,包括储藏车、标准容器和中空壁板在未充满时的暴露表面;

(4) 除座椅下存放小物件(如杂志和地图)的储藏箱之外的大橱柜和座舱储藏箱。

(e) 如果各舱,如驾驶舱、厨房、厕所、机组人员休息处、大橱柜和储藏箱等这些舱室与主客舱由在应急着陆情况下通常关闭着的门或等效措施隔离开,则其内部设施不必满足本条(d)款的要求。

(f) 厕所内禁止吸烟。如果在任何机组舱或旅客舱内允许吸烟时,则必须为所有坐着的乘员在指定的吸烟区提供足够数量的可卸自容式烟灰盒。

(g) 无论飞机的任何其它区域是否允许吸烟,每扇厕所门的进入一侧上或其近旁必须在醒目位置处设置可卸自容式烟灰盒,但一只烟灰盒也可供几个厕所门使用,只要从上述每个厕所靠座舱的一侧能容易地看到该烟灰盒。

（h）用于收集可燃废弃物的废物箱必须为全封闭式，至少由耐火材料制成，并能包容在正常使用情况下其中很可能发生的起火。在使用中预期的所有可能的磨损、错位和通风情况下废物箱的这种火焰包容能力，必须通过试验证实。

〔中国民用航空局 1990 年 7 月 18 日第一次修订，1995 年 12 月 18 日第二次修订，2001 年 5 月 14 日第三次修订，2011 年 11 月 7 日第四次修订〕

1.2　条款背景

为了达到飞机减重和提高装饰件工艺性能的目的，在现代飞机的舱内装饰与设备中使用了大量的非金属材料，而这些材料都是易燃物。1965 年 2 月 1 日 FAR 首次发布了 §25.853，对座舱内部设施提出了防火要求。

1.3　条款修订历史

CCAR25.853 在 CCAR25 部初版首次发布，截至 CCAR-25-R4，该条款共修订过 4 次，如表 1-1 所示。

表 1-1　第 25.853 条条款历史

第 25.853 条	CCAR25 部版本	相关 14 CFR 修正案	备　注
首次发布	初版	25-15,25-17,25-23,25-32,25-51,25-59	
第 1 次修订	R1	25-60,25-61,25-66	
第 2 次修订	R2	25-72	
第 3 次修订	R3	25-83	
第 4 次修订	R4	25-116	

1.3.1　首次发布

1985 年 12 月 31 日 CCAR25 部初版，就包含第 25.853 条，该条款参考 14 CFR 修正案 25-59 中的 §25.853 的内容制定，条款内容保持一致。

1.3.2　第 1 次修订

CCAR-25-R1（1990 年 7 月 18 日）对第 25.853 条进行了第 1 次修订，本次修订参考了 14 CFR 修正案 25-60（1986 年 6 月 16 日）、修正案 25-61（1986 年 8 月 20 日）和修正案 25-66（1988 年 9 月 26 日）。修订后条款内容与 14 CFR 修正案 25-66 中 §25.853 的内容保持一致。具体修订内容如下：

（1）由于附录 F 的更改而对第 25.853 条进行了相应的修订。

（2）规定载客量等于或超过 20 人的飞机的相关材料需满足附录 F 第Ⅳ部分的试验要求。

（3）规定载客量等于或超过 20 人的飞机的相关材料还需满足附录 F 第Ⅴ部分的试验要求。

1.3.3　第 2 次修订

CCAR - 25 - R2(1995 年 12 月 18 日)对第 25.853 条进行了第 2 次修订,本次修订后条款内容与 14 CFR 修正案 25 - 72 中§25.853 的内容保持一致。具体修订内容如下:

为提高 25 部条款表达的清晰度和准确性,对相关条款进行了文字和顺序上的调整,对规章无实质影响。

1.3.4　第 3 次修订

CCAR - 25 - R3(2001 年 5 月 14 日)对第 25.853 条进行了第 3 次修订,本次修订后条款内容与 14 CFR 修正案 25 - 83 中§25.853 的内容保持一致。具体修订内容如下:

规定驾驶舱、厨房、厕所和机组休息室等在应急着陆期间通过门等与主客舱隔离的舱无须满足附录 F 第Ⅳ和第Ⅴ部分的试验要求。

1.3.5　第 4 次修订

CCAR - 25 - R4(2011 年 11 月 7 日)对第 25.853 条进行了第 4 次修订,本次修订后与 14 CFR 修正案 25 - 116 中§25.853 的内容保持一致。具体修订内容如下:

提高了条款表达的清晰度,对规章无实质影响。

2　条款解读

2.1　条款要求

第 25.853 条要求驾驶舱和客舱内部设施的材料和设计必须考虑防火。

第 25.853(a)款规定了舱内一般材料(包括用于材料的涂层或饰面)的可燃性要求,针对材料类型和安装位置的不同,试验可分为垂直试验、水平试验、45°试验和 60°试验,具体的试验方法和试验判据参见附录 F 的第Ⅰ部分。一般来说,垂直试验时材料所受到的燃烧条件更严酷。

FAA 在咨询通告 AC25 - 17A 中指出,材料制造商/供应商提供的材料符合第 25.853 条可燃性要求的合格证明并不能满足 FAA 的规章。所有演示符合性的可燃性试验必须由 FAA 或其代表目击。

第 25.853(c)款规定舱内所有座椅(飞行机组成员的座椅除外),除满足第 25.853(a)款的要求外,还应满足附录 F 第Ⅱ部分的要求。试验设备和方法必须符合适航部门的认可标准,参见 AC25.853 - 1。FAA 进行的全尺寸实验室着火试验已表明,大量的飞机泡沫座椅垫材料是造成舱内着火的重要因素。热辐射可以穿透座椅的表面装饰层,引燃泡沫芯。因此应对座椅垫提出更高的可燃性要求。

第 25.853(c)款的燃烧试验要求针对的是整个座椅垫,而不仅仅是泡沫芯子。试验时,必须至少试验 3 组座椅坐垫和靠垫试样。至少有 2/3 试样组的烧焦长度不得从靠近燃烧器的一边达到燃烧器对面的座椅垫边缘,烧焦长度不得超过 432 毫米(17 英寸)。试样平均百分比重量损失不得超过 10%,此外,至少有 2/3 试样组的重量损失不得超过 10%。第 25.853(c)款不适用于卧铺,除非使用问题纪要或专用条件对其规定。(注:所有试样都需要进行制造符合性检查)

试验件的组成应当与真实座椅垫一样,如果座椅垫有挡火层,挡火层应当完全覆盖椅垫。对于一个特定的座椅,如果椅背、椅垫挡火层材料不同,则需要分别制作试样,分别进行燃烧试验。如果坐垫和靠垫的材料不同,同样需要分别制作试样,分别进行燃烧试验。制作试验件时,要求试验坐垫的尺寸为 18 英寸×20 英寸×4 英寸,靠垫的尺寸为 18 英寸×25 英寸×2 英寸。由于试验件的厚度可能与真实产品不同,如果座椅垫内部由多种材料组合而成,那么需要按照实际的厚度比例进行缩放。

第 25.853(d)款规定,对于 20 座和 20 座以上飞机的天花板、内壁板、隔板、厨房结构、大橱柜和座舱储存舱等内饰材料,除了必须符合第 25.853(a)款规定的可燃性要求外,还必须符合本部附录 F 第Ⅳ部分"测定热辐射下客舱材料热释放速率的方法"和第Ⅴ部分的"测定舱内材料发烟特性的试验方法"或其他经批准的等效方法的试验要求。该试验主要针对的目标是客舱内部大面积的非金属材料,目的是为应急撤离争取时间,提高坠撞起火后乘员的存活率。

第 25.853(e)款规定与主客舱在紧急情况下通常有关闭着的门或等效方法隔离的各舱(如驾驶舱、厨房、厕所、机组人员休息处、大橱柜和储藏箱),其内部设施不必满足第 25.853(d)款要求。

第 25.853(f)款规定厕所禁止吸烟,有关禁止吸烟标牌的要求见第 25.791 条中的有关规定。其他允许吸烟舱位,要设置足够数量的可卸自容式烟灰盒。根据 AC25-17A,"自容"的定义是一个容器在另一个容器内,其中一个容器具有盖子。两个容器都被认为是烟灰盒,应当满足 14 CFR 1 部中的耐火准则,根据 14 CFR 1 部的解释,在此处"耐火"表示其材料至少跟铝合金有同样的热承受能力。装烟灰缸的盒子应密封,以防止烟灰缸不在时,燃着的物质掉进周围区域。装在可折叠式扶手上的烟灰缸,应设计成扶手折叠时(不论烟灰缸是否关闭)燃着的物质不掉出来。

第 25.853(h)款规定可燃废弃物收集箱的火焰包容能力需通过试验验证,并要求其材料必须至少是耐火的。

与本条款关联的附录为附录 F。附录 F 共有Ⅰ～Ⅴ五个部分。第Ⅰ部分:表明符合第 25.853 条或第 25.855 条的试验准则和程序;第Ⅱ部分:座椅垫的可燃性;第Ⅲ部分:确定货舱衬垫抗火焰烧穿性的试验方法;第Ⅳ部分:测定热辐射下客舱材料热释放速率的方法;第Ⅴ部分:测定舱内材料发烟特性的试验方法。附录 F 是材料阻燃性的燃烧试验要求,适用于第 25.853 条、第 25.855 条和第 25.1359 条。

2.2　相关条款

第 25.853 条款无相关条款。

3　验证过程

3.1　验证对象

第 25.853 条的验证对象为座舱内部设施的防火性能。

3.2　符合性验证思路

为表明对第 25.853(a)款至第 25.853(e)款的符合性,相关材料应当按照相应的标准进行试验,具体的试验方法和步骤详见 CCAR25 部附录 F。

对于第 25.853(f)款和第 25.853(g)款,可以使用说明性文件和航空器检查的方法来表明符合性,表明提供了足够数量的烟灰盒。

第 25.853(h)款可使用废物箱燃烧试验和航空器检查来表明符合性,确认废物箱完全封闭,并证明其对火的包容能力。

3.3　符合性验证方法

通常,针对第 25.853 条的符合性验证方法如表 3-1 所示。

表 3-1　建议的符合性方法

条款号	专业	符合性方法										备注
		0	1	2	3	4	5	6	7	8	9	
第 25.853 条	材料		1			4						
第 25.853(a)款	空调系统		1								9	
第 25.853(a)款	客舱安全		1			4					9	
第 25.853(a)款	氧气系统										9	
第 25.853(a)款	水/废水系统		1								9	
第 25.853(c)款	客舱安全										9	
第 25.853(d)款	客舱安全		1			4					9	
第 25.853(e)款	客舱安全		1									
第 25.853(f)款	客舱安全		1						7			
第 25.853(g)款	客舱安全		1						7			
第 25.853(h)款	客舱安全		1			4					9	

3.4　符合性验证说明

3.4.1　第 25.853(a)款符合性验证

针对第 25.853(a)款,采用的符合性验证方法为 MOC4 和 MOC9。在与局方协商并获得局方同意的情况下,也可以采用 MOC1。各项验证工作具体如下:

1) MOC4 验证过程

通过 CCAR25 部附录 F 第 I 部分规定的垂直放置或水平放置本生灯或特利尔灯燃烧试验方法，表明飞机各个系统位于驾驶舱和客舱的舱内设备和管路（例如，驾驶舱/客舱内饰（含行李箱）、位于主客舱侧天花板与行李箱上的集成环控管路、驾驶舱门、观察窗、后应急门上装饰板、PSU 和 EOM、厨房、盥洗室、衣帽间、储藏室及分舱板、地板覆盖物、应急撤离设备、救生绳，空调系统、氧气系统和水废水系统管路等）中用到的非金属材料符合阻燃要求。

2) MOC9 验证过程

通过旅客座椅、机组座椅、应急撤离滑梯的 CTSO 验证工作，表明旅客座椅符合阻燃要求。

3) MOC1 验证过程

通过对飞机各个系统位于驾驶舱和客舱的舱内设备和管路（例如，驾驶舱/客舱内饰（含行李箱）、位于主客舱侧天花板与行李箱上的集成环控管路、驾驶舱门、观察窗、后应急门上装饰板、PSU 和 EOM、厨房、盥洗室、衣帽间、储藏室及分舱板、地板覆盖物、应急撤离设备、救生绳，空调系统、氧气系统和水废水系统管路等）中用到的材料在其他机型上的使用经验和做过的试验进行描述，表明所应用的材料已通过 CCAR25 部附录 F 第 I 部分规定的垂直放置或水平放置本生灯或特利尔灯燃烧试验方法验证了其符合阻燃要求。

3.4.2　第 25.853(c)款符合性验证

针对第 25.853(c)款，采用的符合性验证方法为 MOC9，验证工作具体如下。

通过引用旅客座椅 CTSO 验证工作，表明旅客座椅垫已通过 CCAR25 部附录 F 第 II 部分的煤油燃烧器燃烧试验方法验证了其符合阻燃要求。

3.4.3　第 25.853(d)款符合性验证

针对第 25.853(d)款，采用的符合性验证方法包括 MOC1、MOC4 和 MOC9，各项验证工作具体如下：

1) MOC1 验证过程

除了驾驶舱、厨房、厕所、机组人员休息处、大橱柜和储藏箱等这些与主客舱由在紧急着陆情况下通常关闭着的门或等效措施隔离开的各舱室，通过对客座量为 20 人或多于 20 人的飞机驾驶舱和客舱内的内部天花板和壁板（不包括透光片和窗户）、隔板（不包括增加客舱安全性所需的透明板）、厨房结构（包括储藏车、标准容器和中空壁板在未充满时的暴露表面）、大橱柜和座舱储藏箱（不包括座椅下存放如杂志和地图之类小物件的储藏箱）中用到的非金属材料在其他机型上的使用经验和做过的试验进行描述，表明所应用的材料满足 CCAR25 部附录 F 第 IV 部分热释放率试验要求和第 V 部分烟密度试验要求或其他经批准的等效试验要求。

2) MOC4 验证过程

除了驾驶舱、厨房、厕所、机组人员休息处、大橱柜和储藏箱等这些与主客舱由在紧急着陆情况下通常关闭着的门或等效措施隔离开的各舱室,通过燃烧试验表明客座量为 20 人或多于 20 人的飞机驾驶舱和客舱内的内部天花板和壁板(不包括透光片和窗户)、隔板(不包括增加客舱安全性所需的透明板)、厨房结构(包括储藏车、标准容器和中空壁板在未充满时的暴露表面)、大橱柜和座舱储藏箱(不包括座椅下存放如杂志和地图之类小物件的储藏箱)中用到的非金属材料满足 CCAR25部附录 F 第Ⅳ和第Ⅴ部分的试验要求或其他经批准的等效试验要求。

3) MOC9 验证过程

通过引用厨房和盥洗室设备鉴定报告中的验证工作,表明厨房和盥洗室暴露在主客舱里的壁板材料满足 CCAR25 部附录 F 第Ⅳ部分和第Ⅴ部分的试验要求或其他经批准的等效试验要求。

3.4.4　第 25.853(e)款符合性验证

针对第 25.853(e)款,采用的符合性验证方法为 MOC1,验证工作具体如下。

通过符合性说明,表明驾驶舱、厨房、厕所、机组人员休息处、大橱柜和储藏箱等舱室,在紧急着陆情况下,由通常关闭着的门或等效措施与主客舱隔离开。

3.4.5　第 25.853(f)款符合性验证

针对第 25.853(f)款,采用的符合性验证方法包括 MOC1 和 MOC7,各项验证工作具体如下:

1) MOC1 验证过程

通过顶层技术方案或者技术规范规定允许吸烟的机组舱或者客舱内必须安装可卸自容式烟灰盒,表明为允许吸烟的机组舱或者客舱内坐着的乘员提供了可卸自容式烟灰盒。

2) MOC7 验证过程

通过机上检查确认允许吸烟的机组舱或者客舱内有可卸自容式烟灰盒,表明为允许吸烟的机组舱或者客舱内坐着的乘员提供了可卸自容式烟灰盒。

3.4.6　第 25.853(g)款符合性验证

针对第 25.853(g)款,采用的符合性验证方法包括 MOC1 和 MOC7,各项验证工作具体如下。

1) MOC1 验证过程

通过顶层技术方案或者技术规范规定在每个厕所门的内侧或者外侧装有一只可卸自容式烟灰盒,表明在飞机的每个厕所门附近装有可卸自容式烟灰盒。

2) MOC7 验证过程

通过机上检查确认飞机的每个厕所门附近装有可卸自容式烟灰盒。

3.4.7　第 25.853(h)款符合性验证

针对第 25.853(h)款,采用的符合性验证方法包括 MOC1、MOC4 和 MOC9,各项验证工作具体如下:

1）MOC1 验证过程

通过顶层技术方案或者技术规范规定在机组舱和客舱内（如厨房和盥洗室中）的废物箱都是全封闭式，并且由耐火材料（如铝合金）制成。

2）MOC4 验证过程

通过对机组舱和客舱内（如厨房和盥洗室中）的废物箱进行火焰包容性试验，表明其废物箱具有火焰包容能力。

3）MOC9 验证过程

通过引用厨房和盥洗室设备鉴定报告中的验证工作，表明厨房和盥洗室中的废物箱为全封闭式，由耐火材料制成，并能包容在正常使用情况下其中很可能发生的起火。

3.5 符合性文件清单

通常，针对第 25.853 条的符合性文件清单如表 3－2 所示。

表 3－2　建议的符合性文件清单

序　号	符 合 性 报 告	符合性方法
1	座舱内部材料阻燃性说明	MOC1
2	座舱内部材料热释放率和烟密度说明	MOC1
3	舱室（包括驾驶舱、厨房、厕所、机组人员休息处、大橱柜和储藏箱等）与主客舱隔离设计说明	MOC1
4	可卸自容式烟灰盒设计说明	MOC1
5	废物箱材料耐火说明	MOC1
6	座舱内部材料阻燃实验室试验大纲	MOC4
7	座舱内部材料阻燃实验室试验报告	MOC4
8	座舱内部材料热释放率和烟密度实验室试验大纲	MOC4
9	座舱内部材料热释放率和烟密度实验室试验报告	MOC4
10	厨房废物箱火焰包容实验室试验大纲	MOC4
11	厨房废物箱火焰包容实验室试验报告	MOC4
12	盥洗室废物箱火焰包容实验室试验大纲	MOC4
13	盥洗室废物箱火焰包容实验室试验报告	MOC4
14	可卸自容式烟灰盒机上检查大纲	MOC7
15	可卸自容式烟灰盒机上检查报告	MOC7
16	旅客座椅设备鉴定大纲	MOC9
17	旅客座椅设备鉴定报告	MOC9
18	机组座椅设备鉴定大纲	MOC9
19	机组座椅设备鉴定报告	MOC9

序　号	符 合 性 报 告	符合性方法
20	应急撤离滑梯设备鉴定大纲	MOC9
21	应急撤离滑梯设备鉴定报告	MOC9
22	厨房设备鉴定大纲	MOC9
23	厨房设备鉴定报告	MOC9
24	盥洗室设备鉴定大纲	MOC9
25	盥洗室设备鉴定报告	MOC9

4　符合性判据

4.1　第 25.853(a)款符合性判据

针对第 25.853(a)款，应能表明舱内材料（包括用于材料的涂层或饰面）满足 CCAR25 部附录 F 第 I 部分规定的垂直放置或水平放置本生灯或特利尔灯燃烧试验要求。应通过符合性说明、实验室试验和设备鉴定来定量地验证以上设计特征。具体判据如下：

（1）对天花板、内壁板、隔板、厨房结构、大橱柜壁板、结构地板的铺面以及用于制造储存间（座椅下的储存箱和储存杂志及地图一类小件的箱子除外）的材料，在按 CCAR25 部附录 F 第 I 部分(b)(4)项进行 60 秒垂直放置本生灯或特利尔灯燃烧试验，必须是自熄的。平均烧焦长度不得超过 152 毫米（6 英寸），移去火源后的平均焰燃时间不得超过 15 秒。试样滴落物在跌落后继续焰燃的时间，平均不得超过 3 秒。

（2）地板覆盖物、纺织品（包括帷幕和罩布）、座椅垫、衬垫、有涂层织物（装饰性和非装饰性的）、皮革制品、托盘和厨房设备、电气套管、空气导管、接头和边缘遮盖物、B 级和 E 级货舱或行李舱衬垫、B 级至 D 级或 E 级货舱或行李舱地板、货物覆罩和透明罩、模塑和热成形件、空气导管接头和镶边条（装饰用和防磨用），上述项目中凡用下面(iv)规定以外的材料制成者，在按 CCAR25 部附录 F 第 I 部分(b)(4)项进行 12 秒垂直放置本生灯或特利尔灯燃烧试验，或其他经批准的等效方法进行垂直放置试验，必须是自熄的。平均烧焦长度不得超过 203 毫米（8 英寸），移去火源后的平均焰燃时间不得超过 15 秒。试样滴落物在跌落后继续焰燃的时间，平均不超过 5 秒。

（3）电影胶片必须符合中国民用航空局适航部门认可的标准。如果胶片移动要通过导管，则导管必须按 CCAR25 部附录 F 第 I 部分(b)(4)项进行 12 秒垂直放置本生灯或特利尔灯燃烧试验，或其他经批准的等效方法进行垂直放置试验，必须是自熄的。平均烧焦长度不得超过 203 毫米（8 英寸），移去火源后的平均焰燃时间不得超过 15 秒。试样滴落物在跌落后继续焰燃的时间，平均不超过 5 秒。

（4）有机玻璃的窗户和标示、整个或部分用弹性材料制成的零件、在一个壳体内装设一个以上仪表的边光照明的仪表组件、座椅安全带、肩带以及货物和行李系留设备，包括集装箱、普通箱、集装板等，凡用于客舱或机组舱内者，在按 CCAR25 部附录 F 第 I 部分(b)(5)项进行 15 秒水平放置本生灯或特利尔灯燃烧试验时，其平均燃烧率不得超过 64 毫米/分(2.5 英寸/分)。

(5) 除电线和电缆绝缘层及对火势蔓延影响不大的小件(如旋钮、手柄、滚轮、紧固件、夹子、垫片、耐磨条带、滑轮和小的电气零件)以外，CCAR25 部附录 F 第 I 部分的(a)(1)(i)目至(iii)目或(iv)目未作规定的项目的材料，在按 CCAR25 部附录 F 第 I 部分(b)(5)项进行 15 秒水平放置本生灯或特利尔灯燃烧试验时，其燃烧率不得超过 102 毫米/分(4 英寸/分)。

4.2　第 25.853(c)款符合性判据

针对第 25.853(c)款，应能表明所有椅垫(飞行机组成员的椅垫除外)还必须满足 CCAR25 部附录 F 第 II 部分的煤油燃烧器燃烧要求。应通过设备鉴定来定量地验证以上设计特征。接受准则见 CCAR25 部附录 F 第 II 部分(a)款。

4.3　第 25.853(d)款符合性判据

针对第 25.853(d)款，应能表明驾驶舱/客舱内饰满足烟密度和热释放的要求。应通过分析计算来定量地验证以上设计特征。热释放率试验按照 CCAR25 部附录 F 第 IV 部分的试验要求或其他经批准的等效试验要求进行，接受准则见 CCAR25 部附录 F 第 IV 部分(g)款。烟密度试验按照 CCAR25 部附录 F 第 V 部分的试验要求或其他经批准的等效试验要求进行，接受准则见 CCAR25 部附录 F 第 V 部分(a)款。

4.4　第 25.853(e)款符合性判据

针对第 25.853(e)款，应能表明驾驶舱、厨房、厕所、机组人员休息处、大橱柜和储藏箱等舱室，在紧急着陆情况下，由通常关闭着的门或等效措施与主客舱隔离开。应通过符合性说明来定性地验证以上设计特征。

4.5　第 25.853(f)款符合性判据

针对第 25.853(f)款，应能表明如果在任何机组舱或旅客舱内允许吸烟时，则必须为所有坐着的乘员提供足够数量的可卸自容式烟灰盒。应通过符合性说明和机上检查来定性地验证以上设计特征。

4.6　第 25.853(g)款符合性判据

针对第 25.853(g)款，应能表明每扇厕所门的进入一侧上或其近旁在醒目位置处设置了可卸自容式烟灰盒。应通过符合性说明和机上检查来定性地验证以上设计特征。

4.7　第 25.853(h)款符合性判据

针对第 25.853(h)款，应能表明用于收集可燃废弃物的废物箱必须为全封闭式,至少由耐火材料制成,并能包容在正常使用情况下其中很可能发生的起火。应通过符合性说明来定性地验证废物箱为全封闭式,由耐火材料制成。应通过实验室试验和设备鉴定来定性地验证废物箱能包容在正常使用情况下其中很可能发生的起火。

参考文献

[1] 14 CFR 修正案 25 - 15 Crashworthiness and Passenger Evacuation Standards; Transport Category Airplanes [S].

[2] 14 CFR 修正案 25 - 17 Crashworthiness and Passenger Evacuation Standards; Transport Category Airplanes [S].

[3] 14 CFR 修正案 25 - 23 Transport Category Airplane Type Certification Standards [S].

[4] 14 CFR 修正案 25 - 32 Crashworthiness and Passenger Evacuation Standards; Transport Category Airplanes [S].

[5] 14 CFR 修正案 25 - 51 Airworthiness Review Program; Amendment No. 8: Cabin Safety and Flight Attendant Amendments [S].

[6] 14 CFR 修正案 25 - 59 Flammability Requirements for Aircraft Seat Cushions [S].

[7] 14 CFR 修正案 25 - 60 Airworthiness Standards; Fire Protection Requirements for Cargo or Baggage Compartments [S].

[8] 14 CFR 修正案 25 - 61 Improved Flammability Standards for Materials Used in the Interiors of Transport Category Airplane Cabins [S].

[9] 14 CFR 修正案 25 - 66 Improved Flammability Standards for Materials Used in the Interiors of Transport Category Airplane Cabins [S].

[10] 14 CFR 修正案 25 - 72 Special Review: Transport Category Airplane Airworthiness Standards [S].

[11] 14 CFR 修正案 25 - 83 Improved Flammability Standards for Materials Used in the Interiors of Transport Category Airplane Cabins [S].

[12] 14 CFR 修正案 25 - 116 Miscellaneous Cabin Safety Changes [S].

[13] FAA. AC25 - 17A Transport Airplane Cabin Interiors Crashworthiness Handbook [S]. 2009.

运输类飞机适航标准
第 25.854 条符合性验证

1 条款介绍

1.1 条款原文

第 25.854 条　厕所防火

客座量等于或大于 20 座的飞机,必须满足下列厕所防火要求:

(a) 每个厕所必须安装烟雾探测系统或等效装置,在驾驶舱内设置警告灯,或者在旅客舱设置空中服务员容易察觉的警告灯或音响警告;

(b) 必须在每个厕所内为每个收集毛巾、纸张或废弃物的废物箱配备固定式灭火器。灭火器必须设计成在某个废物箱内起火时,能自动向该废物箱喷射灭火剂。

〔中国民用航空局 1995 年 12 月 18 日第二次修订〕

1.2 条款背景

本条款提供了厕所烟雾探测和废物箱灭火系统的审定标准。确保能够很好地探测厕所着火的烟雾,同时也能够通过有效探测吸烟导致的烟雾。厕所里最可能着火的位置是装有纸巾的废物箱,因此,条款要求在某个废物箱内起火时,灭火器能自动向该废物箱喷射灭火剂。

1.3 条款历史

第 25.854 条在 CCAR - 25 - R2 部初版首次发布,截至 CCAR - 25 - R4,该条款未修订过,如表 1 - 1 所示。

表 1 - 1　第 25.854 条条款历史

第 25.854 条	CCAR25 部版本	相关 14 CFR 修正案	备　注
首次发布	R2	25 - 74	

1.3.1 首次发布

1995 年 12 月 18 日发布了 CCAR - 25 - R2,其中包含第 25.854 条,该条款参

考 14 CFR PART 25 中的§25.854 的内容制定和修正案 25 - 74 制定。1991 年 4 月修正案 25 - 74 增加了§25.854,对新审定的飞机做了厕所防火的规定。要求:每个厕所都要安装烟雾探测器,每个厕所废物箱都要安装灭火器,能够在着火的时候自动向废物箱喷射灭火剂。

2 条款解读

2.1 条款要求

厕所烟雾探测系统要能够及时探测出厕所着火的烟雾,并且厕所里最可能着火的位置是内有纸巾的废物箱。由于这个原因,厕所里目前使用的烟雾探测器是用燃烧的纸巾测试的。

探测器需要考虑环境和性能标准。试验在飞行中进行,并且试验用的易燃材料能够代表厕所废物箱中预计会着火的物质,例如纸巾等。作为其中的一个设计目的,探测器会在着火后 1 分钟内发出警告。如果允许飞行不加压,则此种条件下的实验也需要进行。

对于厕所烟雾探测器的批准,建议使用 TSO - C1c。TSO - C1c 提供了对货舱烟雾探测系统的批准标准。该 TSO 的要求没有考虑厕所烟雾探测的适用性,因为需要探测的燃烧环境和产物与货舱着火探测的都不同,但是这并不是说,TSO - C1c 认可的探测器是不接受的。通过合适的实验并且认识到厕所的环境与货舱的环境是不同的,TSO 批准的烟雾探测器可能是一种可接受的方法。

要求载客数不低于 20 的客运飞机上的每一个厕所,针对每一个垃圾箱(存放纸巾、纸或废物),都要安装固定式灭火器。灭火器必须设计成当废物箱内着火时自动喷灭火剂。目前,尽管没有适航规章的要求,典型的飞机厕所垃圾箱灭火器使用卤代烷作为灭火剂。

2.2 相关条款

与第 25.854 条相关的条款如表 2 - 1 所示。

表 2 - 1 第 25.854 条相关条款

序 号	相 关 条 款	相 关 性
1	第 25.851 条	第 25.851(b)款对固定式灭火瓶的容量及安装提出了要求

3 验证过程

3.1 验证对象

第 25.854 条的验证对象为飞机厕所盥洗室内的烟雾探测系统和向废物箱喷射灭火剂的灭火器。

3.2 符合性验证思路

针对第 25.854(a)款,通过对厕所烟雾探测系统的描述,地面试验、飞行试验表明其功能正常。

针对第 25.854(b)款,通过对固定式灭火器的设计描述,机上检查和设备鉴定试验表明其符合性。

3.3 符合性验证方法

通常,针对第 25.854 条的符合性验证方法如表 3-1 所示。

表 3-1　建议的符合性方法表

CCAR25 条款号	专　业	符 合 性 方 法										备　注
		0	1	2	3	4	5	6	7	8	9	
第 25.854(a)款	防　火		1				5	6					
第 25.854(b)款	防　火		1							7		9	

3.4 符合性验证说明

3.4.1　第 25.854(a)款符合性验证说明

针对第 25.854(a)款,采用的符合性方法为 MOC1、MOC5 和 MOC6,具体验证过程如下:

1) MOC1 验证过程

通过防火系统设计描述说明盥洗室烟雾探测器的功能及工作原理,以表明符合第 25.854(a)款的要求。

2) MOC5 验证过程

通过盥洗室烟雾探测系统告警地面试验,在相应烟雾探测器处释放烟雾和驱散烟雾来模拟烟雾产生和烟雾消除状态,烟雾探测系统响应和指示正确无误,符合第 25.854(a)款的要求。

3) MOC6 验证过程

进行后盥洗室烟雾探测飞行试验,在试飞试验中模拟烟雾发生情况,确认探测系统在限定时间内给出了驾驶舱目视警告和音响警告,以此验证对第 25.854(a)款的符合性。

3.4.2　第 25.854(b)款符合性验证说明

针对第 25.854(b)款,采用的符合性方法为 MOC1、MOC7 和 MOC9,具体验证过程如下:

1) MOC1 验证过程

通过防火系统设计描述说明盥洗室灭火瓶的布置、功能和工作原理,以表明符合第 25.854(b)款的要求。

2）MOC7 验证过程

通过机上检查,目视检查固定式灭火器的安装,确认符合设计要求。

3）MOC9 验证过程

进行盥洗室灭火瓶设备鉴定,包括试验振动、腐蚀、潮湿、高温等复杂环境下的鉴定试验,满足 DO - 160G 相关要求,表明符合第 25.854(b)款的要求。

3.5　符合性文件清单

通常,针对第 25.854 条的符合性文件清单如表 3 - 2 所示。

表 3 - 2　建议的符合性文件清单

序　号	符合性文件名称	符合性方法
1	防火系统设计描述	MOC1
2	防火系统机上地面试验大纲	MOC5
3	防火系统机上地面试验报告	MOC5
4	防火系统试飞大纲	MOC6
5	防火系统试飞报告	MOC6
6	防火系统机上检查大纲	MOC7
7	防火系统机上检查报告	MOC7
8	内饰系统/防火系统设备鉴定大纲	MOC9
9	内饰系统/防火系统设备鉴定报告	MOC9

4　符合性判据

第 25.854(a)款的符合性判据为:厕所烟雾探测系统在地面和飞行各个阶段状态下的探测及告警功能正常。

第 25.854(b)款的符合性判据为:厕所固定式灭火器通过设备鉴定试验,固定式灭火器装配合理、功能正常。

参考文献

[1]　14 CFR 修正案 25 - 74 Airplane Cabin Fire Protection [S].

[2]　FAA. AC25 - 9A Smoke Detection, Penetration, and Evacuation Tests and Related Flight Manual Emergency Procedures [S].

[3]　FAA. AC25 - 22 Certification of Transport Airplane Mechanical Systems [S]. 2000.

[4]　FAA. Aviation Rulemaking Advisory Committee, Transport Airplane and Engine Issue Area, Flight Controls Harmonization Working Group, Task1-Flight Control Systems Report [S].

[5]　FAA Report DOT/FAA/AR - 96/122 Development of a Minimum Performance Standard for Lavatory Trash Receptacle Automatic Fire Extinguishers [S]. 1997.

[6]　FAA. TSO - C1c Cargo and Baggage Compartment Smoke Detection Instruments [S]. 1987.

运输类飞机适航标准
第 25.855 条符合性验证

1 条款介绍

1.1 条款原文

第 25.855 条　货舱和行李舱

每个货舱和行李舱必须满足以下要求：

（a）必须满足第 25.857 条等级要求中的一种。

（b）第 25.857 条定义的 B 级至 E 级货舱或行李舱必须有同飞机结构分开的衬垫（但衬垫可与结构连接）。

（c）C 级货舱的天花板和侧壁的衬垫必须满足本部附录 F 第Ⅲ部分规定的试验或其它经批准的等效试验方法的要求。

（d）构成货舱或行李舱的所有其它材料必须满足本部附录 F 第Ⅰ部分或其它经批准的等效试验方法规定的适用试验准则。

（e）任何舱内不得含有其损坏或故障将影响安全运行的任何操纵机构、管路、设备或附件，除非这些项目具有满足下列要求的保护措施：

（1）舱内货物的移动不会损伤这些项目；和

（2）这些项目的破裂或故障不会引起着火危险。

（f）必须有防止货物或行李干扰舱内防火设施功能的措施。

（g）舱内热源必须屏蔽和隔绝，防止引燃货物。

（h）必须进行飞行试验以表明符合第 25.857 条中涉及下列方面的规定：

（1）舱的可达性；

（2）阻止危险量的烟或灭火剂进入机组舱或客舱；和

（3）C 级舱内灭火剂的消散。

（i）进行上述试验时必须表明，在灭火过程中或灭火后，任何货舱内的烟雾探测器或火警探测器不会由于任何另一货舱内的着火而产生误动作，除非灭火系统同时向每个货舱喷射灭火剂。

（j）货舱或行李舱的电气线路互联系统部件必须符合 25.1721 条的要求。

〔中国民用航空局 1990 年 7 月 18 日第一次修订，1995 年 12 月 18 日第二次修订，2001 年 5 月 14 日第三次修订，2011 年 11 月 7 日第四次修订〕

1.2 条款背景

为了达到减轻飞机重量和提高装饰件工艺性能的目的，在现代飞机的舱内装饰与设备中使用了大量的非金属材料，而这些材料都是易燃物。1965 年 2 月 1 日 FAA 首次发布了 §25.855，对货舱和行李舱内饰的材料标准和设计考虑提出了要求。

1.3 条款修订历史

第 25.855 条在 CCAR25 部初版首次发布，截至 CCAR - 25 - R4，该条款共修订过 4 次，如表 1 - 1 所示。

表 1 - 1　第 25.855 条条款历史

第 25.855 条	CCAR25 部版本	相关 14 CFR 修正案	备　　注
首次发布	初版	25 - 15，25 - 32	
第 1 次修订	R1	25 - 60	
第 2 次修订	R2	25 - 72	
第 3 次修订	R3	25 - 93	
第 4 次修订	R4	25 - 116，25 - 123	

1.3.1　首次发布

1985 年 12 月 31 日发布了 CCAR25 部初版，就包含第 25.855 条，该条款参考 14 CFR 修正案 25 - 32 中的 §25.855 内容制定，条款内容保持一致。

1.3.2　第 1 次修订

1990 年 7 月 18 日发布的 CCAR - 25 - R1 对第 25.855 条进行了第 1 次修订，本次修订参考了 14 CFR 修正案 25 - 60 中 §25.855 的内容，对货舱材料增加了更严格的可燃性标准要求。

1.3.3　第 2 次修订

1995 年 12 月 18 日发布的 CCAR - 25 - R2 对第 25.855 条进行了第 2 次修订，本次修订参考了 14 CFR 修正案 25 - 72 中 §25.855 的内容，主要提高了 25 部条款表达的清晰度和准确性，因此对相关条款进行了文字和顺序上的调整，规章的实质并没有发生改变。

1.3.4　第 3 次修订

2001 年 5 月 14 日发布的 CCAR - 25 - R3 对第 25.855 条进行了第 3 次修订，本次修订参考了 14 CFR 修正案 25 - 93 中 §25.855 的内容，删除了 D 级货舱。

1.3.5　第 4 次修订

2011 年 11 月 7 日发布的 CCAR - 25 - R4 对第 25.855 条进行了第 4 次修订，

本次修订参考了 14 CFR 修正案 25 - 116 和 14 CFR 修正案 25 - 123 中 §25.855 的内容,提高了条款表达的清晰度,引用 §25.1721 规定对导线提出要求。

2　条款解读

2.1　条款要求

本条款要求货舱和行李舱的材料和设计必须考虑防火要求。

第 25.855(h)(2)项要求"阻止危险量的烟或灭火剂进入机组舱或客舱",为了演示对该要求的符合性,需要进行烟雾渗透试验。

AC25 - 9A 指出,烟雾渗透试验的目的是演示含有大量烟雾的货舱、行李舱和设备舱内的烟不会进入有人舱。一般不允许烟雾在试验期间从货舱等区域进入有人舱,因为烟雾的毒性是不可预知的,并且在可以实施降落前烟雾可能会达到危险的水平。缕状烟雾进入有人舱但是立即排除是可接受的,但是不能形成层状薄雾。

第 25.855(h)(3)项中"灭火剂的消散"是指采取一定的措施尽量延缓舱内灭火剂浓度的降低,如切断货舱通风、关闭相关风扇和活门等。

2.2　相关条款

与第 25.855 条相关的条款如表 2 - 1 所示。

表 2 - 1　第 25.855 条相关的条款

序　号	相　关　条　款	相　　关　　性
1	第 25.857 条	第 25.857 条定义了货舱等级,第 25.855 条对不同等级的货舱提出了不同的防火要求
2	第 25.1721 条	第 25.855 条对货舱或行李舱中电气布线互联系统部件的要求见第 25.1721 条

3　验证过程

3.1　验证对象

第 25.855 条的验证对象为货舱和行李舱的设计特征及材料的防火性能。

3.2　符合性验证思路

采用设计描述文件,表明飞机的货舱和行李舱设计符合第 25.855(a)款要求的第 25.857 条中对应货舱等级的设计要求。

采用设计图纸,结合航空器检查,确认货舱和行李舱衬垫的连接方式符合第 25.855(b)款的要求。

通过实验室试验确认货舱和行李舱内的衬垫及所有其他材料符合第 25.855 (c)款和(d)款的材料防火要求。

通过设计图纸、区域安全性分析和航空器检查,确认货舱和行李舱内没有一旦损坏或故障会影响安全运行的操纵机构、导线、管路、设备或附件,或这些项目已受到保护,符合第 25.855(e)款要求。

通过设计图纸、设计描述文件,结合航空器检查,确认货舱和行李舱内货物不会干扰防火功能,舱内热源已采取隔绝措施,符合第 25.855(f)款和第 25.855(g)款要求。

通过飞行试验表明货舱和行李舱隔舱的可达性、没有危险量的烟雾进入驾驶舱和客舱、灭火剂的浓度能保持在规定的范围内,以及烟雾探测器不会误动作,符合第 25.855(h)款和第 25.855(i)款要求。

通过货舱和行李舱电气布线互联系统部件的设计和安装描述,结合航空器检查,表明其不会由于舱内货物/行李的移动而损坏和着火,不会由于机内人员的移动和乘员所携带物品造成其损坏,符合第 25.855(j)款要求。

3.3 符合性验证方法

通常,针对第 25.855 条的符合性验证方法如表 3-1 所示。

表 3-1 建议的符合性方法表

条 款 号	专 业	符 合 性 方 法										备 注
		0	1	2	3	4	5	6	7	8	9	
第 25.855(a)款	货舱		1									
第 25.855(b)款	货舱		1						7			
第 25.855(c)款	材料					4						
第 25.855(d)款	材料					4						
第 25.855(e)款	货舱		1		3				7			
第 25.855(f)款	防火系统		1						7			
第 25.855(g)款	防火系统		1						7			
第 25.855(h)款	防火系统							6				
第 25.855(i)款	防火系统							6				
第 25.855(j)款	布线系统		1						7			

3.4 符合性验证说明

3.4.1 第 25.855(a)款符合性验证

针对第 25.855(a)款,采用的符合性验证方法为 MOC1,验证工作具体如下。

通过设计描述文件,明确飞机的各个货舱和行李舱分别符合第 25.857 条中定义的 A、B、C、E 级货舱或行李舱中的哪个货舱等级。

3.4.2 第 25.855(b)款符合性验证

针对第 25.855(b)款,采用的符合性验证方法为 MOC1 和 MOC7,验证工作具体如下。

1）MOC1 验证过程

通过衬垫安装图纸，表明飞机的 B 级至 E 级货舱或行李舱衬垫的安装方式，符合与飞机结构分开的要求。

2）MOC7 验证过程

通过航空器检查，确认飞机的 B 级至 E 级货舱或行李舱衬垫的安装方式，符合与飞机结构分开的要求。

3.4.3　第 25.855(c)款符合性验证

对于有 C 级货舱的飞机，针对第 25.855(c)款，采用的符合性验证方法为 MOC4，验证工作具体如下。

通过对 C 级货舱天花板和侧壁的衬垫材料进行 CCAR25 部附录 F 第Ⅲ部分规定的货舱衬垫抗火焰烧穿性试验，或采用其他经批准的等效试验方法，表明其能够抗火焰烧穿。

3.4.4　第 25.855(d)款符合性验证

针对第 25.855(d)款，采用的符合性验证方法为 MOC4，验证工作具体如下。

通过对构成货舱或行李舱的所有其他材料（例如：货舱内部设施、货舱地板等）进行 CCAR25 部附录 F 第Ⅰ部分规定的 12 秒垂直燃烧试验和 30 秒 45°燃烧试验，或采用其他经批准的等效试验方法，表明其能够阻燃。

3.4.5　第 25.855(e)款符合性验证

针对第 25.855(e)款，采用的符合性验证方法包括 MOC1、MOC3（按需）和 MOC7，各项验证工作具体如下。

1）MOC1 验证过程

通过设计描述文件，说明飞机货舱和行李舱内没有安装一旦损坏或故障会影响安全运行的任何操纵机构、导线、管路、设备或附件。

如果飞机货舱和行李舱内安装了，一旦破坏或故障会影响安全运行的操纵机构、导线、管路、设备或附件，则需明确货舱内安装有货网，货网可对装载的货物进行固定和防护；明确货舱内有装载高度限制，可防止货物对货舱内设备的损伤；明确货舱内安装的操纵机构、导线、管路、设备或附件有隔板或保护罩，能够防止货舱内货物的移动对其造成损伤等。

如果飞机货舱和行李舱内铺设有电缆，则需说明铺设的电缆均受到主结构支承的保护，并且还有内饰板保护。货舱和行李箱舱内装货区域没有铺设电缆，不存在发生电缆损伤或电缆破裂故障引起着火危险的情况。

2）MOC3 验证过程（按需）

如果飞机货舱和行李舱安装了一旦损坏或故障会影响安全运行的任何操纵机构、导线、管路、设备或附件，则需通过对飞机防火系统进行故障树分析，表明丧失货舱烟雾探测和告警功能的失效影响、货舱烟雾探测误报警的失效影响、丧失货舱灭火功能的失效影响，为Ⅲ并且小于 10×10^{-5} 的概率，或者为Ⅳ，符合系统安全性要求。货舱烟雾探测系统和灭火系统的安全性满足防火系统 FHA 中所定义的相关要求。表明货舱和行李舱内安装的操纵机构、导线、管路、设备或附件的破裂或故障不会引起着火危险。

3) MOC7 验证过程

通过对飞机布线进行机上检查,确认货舱和行李舱内未铺设电缆。或者铺设有电缆,但是铺设的电缆均受到主结构支承的保护,并且还有内饰板保护。并且货舱和行李箱舱内装货区域没有铺设电缆,不存在发生电缆损伤或电缆破裂故障引起着火危险的情况。

3.4.6 第 25.855(f)款符合性验证

针对第 25.855(f)款,采用的符合性验证方法为 MOC1 和 MOC7,各项验证工作具体如下。

1) MOC1 验证过程

通过设计描述文件,说明飞机货舱和行李舱内有防止货物或行李干扰舱内防火设施功能的措施。例如:货舱烟雾探测器安装在货舱天花板和客舱地板之间,不会由于货舱内货物移动而损伤;烟雾探测系统的烟雾探测器有保护罩,保护罩的设计细节能够防止舱内货物的移动对探测器的损伤;灭火系统的灭火瓶、DMU、叉形阀、灭火导管安装在货舱三角区内或货舱天花板和客舱地板之间,不会由于货舱内货物移动而损伤等。

2) MOC7 验证过程

通过对货舱和行李舱进行机上检查,确认舱内有防止货物或行李干扰舱内防火设施功能的措施。

3.4.7 第 25.855(g)款符合性验证

针对第 25.855(g)款,采用的符合性验证方法为 MOC1 和 MOC7,各项验证工作具体如下。

1) MOC1 验证过程

通过设计描述文件,说明飞机货舱和行李舱内热源的有无。如果有热源,则明确对飞机货舱和行李舱内热源采取的隔绝措施。

2) MOC7 验证过程

通过对货舱和行李舱进行机上检查,确认舱内热源的有无。如果有热源,则进一步确认热源已采取隔绝措施。

3.4.8 第 25.855(h)款符合性验证

针对第 25.855(h)款,采用的符合性验证方法为 MOC6,验证工作具体如下。

针对 A 级货舱或行李舱,通过飞行试验来表明在飞行中容易接近舱内每个部位。

针对 B 级货舱或行李舱,通过飞行试验来表明有足够的通路使机组成员在飞行中能携带手提灭火瓶有效地到达舱内任何部位。通过烟雾穿透飞行试验,表明货舱或行李舱的烟雾不会渗透到机组舱或客舱,或者进入机组舱或客舱的烟雾浓度低于可接受的浓度。通过灭火剂浓度测试飞行试验,表明货舱或行李舱的灭火剂不会渗透到机组舱或客舱,或者进入机组舱或客舱的灭火剂浓度低于可接受的浓度。

针对 C 级货舱或行李舱,通过烟雾穿透飞行试验,表明货舱或行李舱的烟雾不会渗透到机组舱或客舱,或者进入机组舱或客舱的烟雾浓度低于可接受的浓度。通过灭火剂浓度测试飞行试验,表明货舱或行李舱的灭火剂不会渗透到机组舱或客舱,或者进入机组舱或客舱的灭火剂浓度低于可接受的浓度;并且通过控制舱内通风和抽风的措施,能够使灭火剂的浓度在规定的时间内保持在规定的浓度。

针对 E 级货舱或行李舱,通过飞行试验来表明在任何装货情况下,所要求的机组应急出口是可以接近的。通过烟雾穿透飞行试验,表明货舱或行李舱的烟雾不会渗透到机组舱或客舱,或者进入机组舱或客舱的烟雾浓度低于可接受的浓度。

3.4.9　第 25.855(i)款符合性验证

针对第 25.855(i)款,采用的符合性验证方法为 MOC6,验证工作具体如下。

通过货舱或行李舱烟雾探测功能测试飞行试验,表明在灭火过程中或灭火后,任何货舱内的烟雾探测器或火警探测器不会由于任何另一货舱内的着火而产生误动作。例如,前货舱烟雾探测器不会因后货舱灭火剂释放而告警,后货舱烟雾探测器不会因前货舱灭火剂释放而告警。

3.4.10　第 25.855(j)款符合性验证

针对第 25.855(j)款,采用的符合性验证方法为 MOC1 和 MOC7,各项验证工作具体如下。

1) MOC1 验证过程

通过设计描述文件,表明货舱和行李舱电气布线互联系统部件的设计和安装不会由于舱内货物/行李的移动而损坏和着火,不会由于机内人员的移动和乘员所携带物品造成其损坏。

2) MOC7 验证过程

通过对货舱和行李舱进行机上检查,进一步确认舱内货物/行李的移动、机内人员的移动和乘员所携带物品都不会导致舱内电气布线互联系统部件的损坏或着火。

3.5　符合性文件清单

通常,针对第 25.855 条的符合性文件清单如表 3 - 2 所示。

表 3 - 2　建议的符合性文件清单

序　号	符 合 性 报 告	符合性方法
1	货舱和行李舱及舱内系统安装设计描述	MOC1
2	货舱和行李舱衬垫安装图纸	MOC1

序　号	符 合 性 报 告	符合性方法
3	货舱和行李舱内电气布线设计描述	MOC1
4	货舱烟雾探测系统和灭火系统安全性分析报告	MOC3
5	C 级货舱天花板和侧壁衬垫材料抗火焰烧穿实验室试验大纲	MOC4
6	C 级货舱天花板和侧壁衬垫材料抗火焰烧穿实验室试验报告	MOC4
7	货舱和行李舱所有其他材料(例如,货舱内部设施、货舱地板等)阻燃实验室试验大纲	MOC4
8	货舱和行李舱所有其他材料(例如,货舱内部设施、货舱地板等)阻燃实验室试验报告	MOC4
9	货舱和行李舱可达性飞行试验大纲	MOC6
10	货舱和行李舱可达性飞行试验报告	MOC6
11	货舱和行李舱烟雾穿透飞行试验大纲	MOC6
12	货舱和行李舱烟雾穿透飞行试验报告	MOC6
13	货舱和行李舱灭火剂浓度测试飞行试验大纲	MOC6
14	货舱和行李舱灭火剂浓度测试飞行试验报告	MOC6
15	货舱和行李舱烟雾探测功能测试飞行试验大纲	MOC6
16	货舱和行李舱烟雾探测功能测试飞行试验报告	MOC6
17	货舱和行李舱内电气布线机上检查大纲	MOC7
18	货舱和行李舱内电气布线机上检查报告	MOC7
19	货舱和行李舱机上检查大纲	MOC7
20	货舱和行李舱机上检查报告	MOC7

4　符合性判据

4.1　第 25.855(a)款的符合性判据

飞机的 A、B、C 或 E 级货舱或行李舱分别符合第 25.857 条中对应货舱等级的设计要求。

4.2　第 25.855(b)款的符合性判据

飞机的 B 级至 E 级货舱或行李舱衬垫的连接方式使得舱内衬垫同飞机结构分开。

4.3　第 25.855(c)款的符合性判据

(1) C 级货舱天花板和侧壁的衬垫材料抗火焰烧穿实验室试验按照 CCAR25

部附录 F 第Ⅲ部分规定的试验方法或其他经批准的等效试验方法进行。

（2）施加火焰后 5 分钟内，任何试样均未被烧穿，且在水平试样上表面上方 102 毫米（4 英寸）处测得的峰值温度不超过 203℃（400°F）。

4.4　第 25.855(d)款的符合性判据

（1）构成货舱或行李舱的所有其他材料阻燃实验室试验按照 CCAR25 部附录 F 第Ⅰ部分规定的 12 秒垂直燃烧试验方法和 30 秒 45°燃烧试验方法，或其他经批准的等效试验方法进行。

（2）12 秒垂直燃烧试验的试样平均烧焦长度不超过 203 毫米（8 英寸），移去火源后的平均焰燃时间不超过 15 秒，试样滴落物在跌落后继续焰燃的平均时间不超过 5 秒。

（3）30 秒 45°燃烧试验的试样均未烧穿，移去火源后的平均焰燃时间不超过 15 秒，平均阴燃时间不超过 10 秒。

4.5　第 25.855(e)款的符合性判据

（1）飞机货舱和行李箱内没有安装一旦损坏或故障会影响安全运行的任何操纵机构、导线、管路、设备或附件。

（2）对于货舱和行李箱内安装有一旦损坏或故障会影响安全运行的操纵机构、导线、管路、设备或附件的飞机，这些项目得到了适当的保护。并且货舱烟雾探测系统和灭火系统的安全性满足防火系统 FHA 中所定义的相关要求。

（3）对于货舱和行李舱内铺设有电缆的飞机，电缆得到了适当的保护。并且舱内装货区域没有铺设电缆。

4.6　第 25.855(f)款的符合性判据

飞机货舱和行李箱内有防止货物或行李干扰舱内防火设施功能的措施。

4.7　第 25.855(g)款的符合性判据

（1）飞机货舱和行李箱内无热源。

（2）如果飞机货舱和行李箱内有热源，则热源已采取隔绝措施。

4.8　第 25.855(h)款的符合性判据

（1）A 级货舱或行李舱在飞行中容易接近舱内每个部位。

（2）B 级货舱或行李舱有足够的通路使机组成员在飞行中能携带手提灭火瓶有效地到达舱内任何部位；货舱或行李舱的烟雾不会渗透到机组舱或客舱，或者进入机组舱或客舱的烟雾浓度低于可接受的浓度；货舱或行李舱的灭火剂不会渗透到机组舱或客舱，或者进入机组舱或客舱的灭火剂浓度低于可接受的浓度。

（3）C 级货舱或行李舱的烟雾不会渗透到机组舱或客舱，或者进入机组舱或客舱的烟雾浓度低于可接受的浓度；货舱或行李舱的灭火剂不会渗透到机组舱或客舱，或者进入机组舱或客舱的灭火剂浓度低于可接受的浓度；通过控制舱内通风和抽风的措施,能够使灭火剂的浓度在规定的时间内保持在规定的浓度。

(4) E 级货舱或行李舱,所要求的机组应急出口可以接近。货舱或行李舱的烟雾不会渗透到机组舱或客舱,或者进入机组舱或客舱的烟雾浓度低于可接受的浓度。

4.9 第 25.855(i)款的符合性判据

在灭火过程中或灭火后,任何货舱内的烟雾探测器或火警探测器不会由于任何另一货舱内的着火而产生误动作。

4.10 第 25.855(j)款的符合性判据

货舱和行李舱电气布线互联系统部件的设计和安装不会由于货物/行李的移动、机内人员的移动和乘员所携带物品导致舱内电气布线互联系统部件的损坏或着火。

参考文献

[1] 14 CFR 修正案 25 - 15 Crashworthiness and Passenger Evacuation Standards; Transport Category Airplanes [S].

[2] 14 CFR 修正案 25 - 32 Crashworthiness and Passenger Evacuation Standards; Transport Category Airplanes [S].

[3] 14 CFR 修正案 25 - 60 Airworthiness Standards; Fire Protection Requirements for Cargo or Baggage Compartments [S].

[4] 14 CFR 修正案 25 - 72 Special Review: Transport Category Airplane Airworthiness Standards [S].

[5] 14 CFR 修正案 25 - 93 Revised Standards for Cargo or Baggage Compartments in Transport Category Airplanes [S].

[6] 14 CFR 修正案 25 - 116 Miscellaneous Cabin Safety Changes [S].

[7] 14 CFR 修正案 25 - 123 Enhanced Airworthiness Program for Airplane Systems/Fuel Tank Safety [S].

[8] FAA. AC25 - 9A Smoke Detection, Penetration, and Evacuation Tests and Related Flight Manual Emergency Procedures [S]. 1994.

运输类飞机适航标准
第 25.856 条符合性验证

1 条款介绍

1.1 条款原文

第 25.856 条 隔热/隔音材料

(a) 机身的隔热/隔音材料必须满足本部附录 F 第Ⅵ部分规定的火焰蔓延试验要求,或其它经批准的等效试验要求。本条不适用于本部附录 F 第Ⅰ部分定义的"小件"。

(b) 客座量等于或大于 20 座的飞机,安装在飞机机身下半部分的隔热/隔音材料(包括将该材料固定在机身处的手段)必须满足本部附录 F 第Ⅶ部分规定的抗火焰烧穿试验要求,或其它经批准的等效试验要求。本条不适用于局方认为对抗火焰烧穿性没有贡献的隔热/隔音的安装。

〔中国民用航空局 2011 年 11 月 7 日第四次修订〕

1.2 条款背景

为了在飞机上使用隔绝材料,降低客舱内火焰的传递和外部火焰进入机身内的可能性,从而加强民用航空的安全性。2003 年 9 月 2 日 14 CFR 修正案 25 - 111 发布了 §25.856 对安装在机身内的隔热/隔音材料提出了防火要求。

1.3 条款修订历史

第 25.856 条在 CCAR - 25 - R4 版首次发布,截至目前未对条款内容进行过修订,如表 1 - 1 所示。

表 1 - 1 第 25.856 条条款历史

第 25.856 条	CCAR25 部版本	相关 14 CFR 修正案	备 注
首次发布	R4	25 - 111	

2011 年 11 月 7 日发布的 CCAR - 25 - R4 版,就包含第 25.856 条,该条款参考 14 CFR 修正案 25 - 111 中的 §25.856 的内容制定,条款内容保持一致。

2　条款解读

2.1　条款要求

第 25.856 条要求考虑所有安装在机身内的隔热/隔音材料的燃烧性。

第 25.856(a)款要求安装在机身内的隔热/隔音材料不蔓延火势。需要考虑的对象包括安装在不可触及区域中的隔热/隔音材料和安装在不可进入区域、经过声阻尼涂层处理会导致火焰蔓延的内饰板。还包括安装在隔热/隔音材料上的附件，包括将材料附于薄膜上的带子和非金属材料的紧固件等。

第 25.856(b)款针对客座量等于或大于 20 座的飞机，要求所有安装在机身下半部分的隔热/隔音材料，能够延迟飞机外部火焰烧穿进入机舱。对抗烧穿不起作用的隔热/隔音材料不需要遵守此规则。

2.2　相关条款

第 25.856 条无相关条款。

3　验证过程

3.1　验证对象

第 25.856 条的验证对象为安装在机身内的隔热/隔音材料。

3.2　符合性验证思路

为表明安装在机身内的隔热/隔音材料防火焰蔓延，应按照 CCAR25 部附录 F 第 Ⅵ 部分规定的火焰传播试验要求，或其他经批准的等效试验要求进行实验室试验。

为表明安装在机身内的隔热/隔音材料抗火焰烧穿，应按照 CCAR25 部附录 F 第 Ⅶ 部分规定的抗火焰烧穿试验要求，或其他经批准的等效试验要求进行实验室试验。

3.3　符合性验证方法

通常，针对第 25.856 条的符合性验证方法如表 3-1 所示。

表 3-1　建议的符合性方法

条款号	专业	符合性方法										备注
		0	1	2	3	4	5	6	7	8	9	
第 25.856(a)款	客舱安全					4						
第 25.856(b)款	客舱安全					4						

3.4　符合性验证说明

3.4.1　隔热/隔音材料防火焰蔓延

第 25.856(a)款要求安装在机身内的隔热/隔音材料防火焰蔓延，应按照

CCAR25 部附录 F 第 Ⅵ 部分规定的火焰传播试验要求,或其他经批准的等效试验要求进行 MOC4 实验室试验,验证工作具体如下。

验证的关键是试验件构型的选取。根据对条款的理解,试验件必须包括用在隔热/隔音层上的全部材料,且与飞机上所用材料的铺层顺序及厚度相同,包括附于隔热/隔音层上的带子和非金属材料的紧固件等,因此要选用飞机上隔热/隔音层所用到的全部组合作为试验件的构型。

验证的具体步骤则可参考 CCAR25 部附录 F 第 Ⅵ 部分提供的测定隔热/隔音材料的可燃性和火焰蔓延性的试验方法。

3.4.2　隔热/隔音材料抗火焰烧穿

第 25.856(b)款要求安装在机身内的隔热/隔音材料抗火焰烧穿,应按照 CCAR25 部附录 F 第 Ⅶ 部分规定的抗火焰烧穿试验要求,或其他经批准的等效试验要求进行 MOC4 实验室试验,验证工作具体如下。

验证的关键是试验件构型的选取。根据条款的要求,试验件必须包括用在隔热/隔音层上的全部材料,且与飞机上所用材料的铺层顺序及厚度相同,包括附于隔热/隔音层上的带子和非金属材料的紧固件等,因此要选用飞机上隔热/隔音层所用到的全部组合作为试验件的构型。也可以根据飞机上的具体安装构型情况,选择相同材料及相同铺层顺序中厚度较薄的构型作为典型试验件的构型。

验证的具体步骤则可参考 CCAR25 部附录 F 第 Ⅶ 部分规定的测定隔热/隔音材料的抗烧穿性的试验方法。

3.5　符合性文件清单

通常,针对第 25.856 条的符合性文件清单如表 3－2 所示。

表 3－2　建议的符合性文件清单

序　号	符 合 性 报 告	符合性方法
1	隔热/隔音层防火焰蔓延实验室试验大纲	MOC4
2	隔热/隔音层防火焰蔓延实验室试验报告	MOC4
3	隔热/隔音层抗火焰烧穿实验室试验大纲	MOC4
4	隔热/隔音层抗火焰烧穿实验室试验报告	MOC4

4　符合性判据

4.1　第 25.856(a)款的符合性判据

(1) 安装在机身内的隔热/隔音材料防火焰蔓延试验,按照 CCAR25 部附录 F 第 Ⅵ 部分规定的测定隔热/隔音材料的可燃性和火焰蔓延特性的试验方法,或其他经批准的等效试验方法进行。

（2）隔热/隔音材料试验件，在防火焰蔓延实验室试验中暴露在辐射热源和火焰下，在移开燃烧器后火焰燃烧时间不超过 3 秒。

4.2　第 25.856(b)款的符合性判据

（1）安装在机身内的隔热/隔音材料抗火焰烧穿实验室试验，按照 CCAR25 部附录 F 第Ⅶ部分规定的测定隔热/隔音材料的抗烧穿性的试验方法，或其他经批准的等效试验方法进行。

（2）隔热/隔音材料试验件，在抗火焰烧穿实验室试验中，暴露在高强度开放火焰下，在 4 分钟内不被火或者火焰烧穿，并且试样冷面一侧距试验架表面 30.5 厘米（12 英寸）的那一点的热流不超过 2.27 瓦/厘米 2(2.0 英制热量单位/英尺^2 秒）。

参考文献

［1］　14 CFR 修正案 25 - 111 Improved Flammability Standards for Thermal/Acoustic Insulation Materials Used in Transport Category Airplanes［S］.

［2］　FAA. AC25.856 - 1 Thermal/Acoustic Insulation Flame Propagation Test Method Details［S］. 2005.

［3］　FAA. AC25.856 - 2A Installation of Thermal/Acoustic Insulation for Burnthrough Protection［S］. 2008.

［4］　FAA. AC25 - 17A Transport Airplane Cabin Interiors Crashworthiness Handbook［S］. 2009.

运输类飞机适航标准 第25.857条符合性验证

1 条款介绍

1.1 条款原文

第25.857条 货舱等级

(a) A级 A级货舱或行李舱是指具备下列条件的舱:

(1) 机组成员在其工作位置上能容易地发现着火;

(2) 在飞行中容易接近舱内每个部位。

(b) B级 B级货舱或行李舱是指具备下列条件的舱:

(1) 有足够的通路使机组成员在飞行中能携带手提灭火瓶有效地到达舱内任何部位;

(2) 当利用通道时,没有危险量的烟、火焰或灭火剂进入任何有机组或旅客的舱;

(3) 有经批准的、独立的烟雾探测或火警探测器系统,可在驾驶员或飞行工程师工作位置处给出警告。

(c) C级 C级货舱或行李舱是指不符合A级和B级要求的舱,但是这类舱应具备下列条件:

(1) 有经批准的、独立的烟雾探测或火警探测器系统,可在驾驶员或飞行工程师工作位置处给出警告;

(2) 有从驾驶舱处可操纵的、经批准的固定式灭火或抑制系统;

(3) 有措施阻止危险量的烟、火焰或灭火剂进入任何有机组或旅客的舱;

(4) 有控制舱内通风和抽风的措施,使所有灭火剂能抑制舱内任何可能的着火。

(d) 〔备用〕

(e) E级 E级货舱指仅用于装货的飞机上的货舱:

(1) 〔备用〕

(2) 有经批准的、独立的烟雾探测或火警探测器系统,可在驾驶员或飞行工程师工作位置处给出警告;

(3) 有措施切断进入货舱的或货舱内的通风气流,这些措施的操纵器件是机组

舱内的飞行机组可以接近的;

(4) 有措施阻止危险量的烟、火焰或有毒气体进入驾驶舱;

(5) 在任何装货情况下,所要求的机组应急出口是可以接近的。

〔中国民用航空局 1990 年 7 月 18 日第一次修订,2001 年 5 月 14 日第三次修订,2011 年 11 月 7 日第四次修订〕

1.2 条款背景

本条款规定运输类飞机货舱等级的标准和要求,但不包括厕所和储存舱。

1.3 条款历史

第 25.857 条在 CCAR25 部初版首次发布,截至 CCAR - 25 - R4,该条款共修订过 2 次,如表 1 - 1 所示。

表 1 - 1　第 25.857 条款历史

第 25.857 条	CCAR25 部版本	相关 14 CFR 修正案	备　注
首次发布	初版	25 - 32	
第 1 次修订	R1	25 - 60	
第 2 次修订	R3	25 - 93	

1.3.1　首次发布

1985 年 12 月 31 日发布了 CCAR25 部初版,其中包含第 25.857 条,该条款参考 1964 年 12 月 24 日发布的 14 CFR PART 25 中的 §25.857 的内容和 14 CFR 修正案 25 - 32 制定。修正案 25 - 32 将 B 级到 E 级货舱的衬垫要求转移到 §25.855。

1.3.2　第 1 次修订

第 1 次修订参考 1986 年发布的 14 CFR 修正案 25 - 60 将 D 级货舱的体积限制为最大 1 000 立方英尺。

1.3.3　第 2 次修订

第 2 次修订参考 1998 年发布的 14 CFR 修正案 25 - 93 修改了 §25.857(c)(2),增加了对抑制系统和灭火系统的考虑,同时删除了 D 级货舱的要求并保留了 §25.857(d)。

2　条款解读

2.1　条款要求

条款对 A 级、B 级、C 级、E 级四个级别货舱的防火特性提出要求。

A 级货舱离机组的位置很近,机组能直接发现着火。此外,货舱的每一部分,机组都能轻易接近并且能快速地使用手提式灭火器灭火。此外,A 级货舱不允许有衬垫。

B 级货舱与 A 级货舱的区别在于减少了机组之间发现的要求,通过增加驾驶舱内有提醒的烟雾或火警探测装置来实现。

C 级货舱在 A、B 级货舱的基础上再增加驾驶舱内可以操纵的自动灭火或抑制系统。

E 级货舱适用于纯载货而不载客的飞机。对纯货机的货舱设计提出了要求,要求有烟雾探测系统可以在驾驶舱内提供火警告警,要求有措施切断货舱通风气流。要求货舱与驾驶舱是隔开的,不能有气流串通。

2.2　相关条款

第 25.857 条无相关条款。

3　验证过程

3.1　验证对象

第 25.857 条的验证对象为 A 级、B 级、C 级、E 级 4 个级别货舱的防火特性。

3.2　符合性验证思路

针对第 25.857(a)款、第 25.857(b)款通过系统设计描述和机上地面试验表明符合性。

针对第 25.857(c)(1)项和第 25.857(c)(2)项,通过系统设计描述、机上地面试验和飞行试验表明烟雾探测系统或火警探测器系统可在驾驶员或飞行工程师工作位置处给出警告。

针对第 25.857(c)(3)项和第 25.857(c)(4)项,通过系统设计描述、飞行试验中表明货舱中的烟雾不会进入客舱。针对第 25.857(e)(2)项,通过系统设计描述表明符合性。

针对第 25.857(e)(3)项和第 25.857(e)(4)项,通过系统设计描述和机上检查表明有措施切断进入货舱的或货舱内的通风气流;有措施阻止危险量的烟、火焰或有毒气体进入驾驶舱。

针对第 25.857(e)(5)项,通过系统设计描述和机上检查表明机组应急出口是可以接近的。

3.3　符合性验证方法

通常,针对第 25.857 条的符合性验证方法如表 3-1 所示。

表 3-1　建议的符合性方法

条　款　号	专业	符合性方法										备　注
		0	1	2	3	4	5	6	7	8	9	
第 25.857(a)款	防　火		1				5					
第 25.857(b)款	防　火		1				5					

条 款 号	专 业	符 合 性 方 法										备 注
		0	1	2	3	4	5	6	7	8	9	
第25.857(c)(1)项	防 火		1				5	6				
第25.857(c)(2)项	防 火		1				5	6				
第25.857(c)(3)项	防 火		1						6			
第25.857(c)(4)项	防 火		1						6			
第25.857(e)(2)项	防 火		1									
第25.857(e)(3)项	防 火		1						6			
第25.857(e)(4)项	防 火		1						6			
第25.857(e)(5)项	防 火		1							7		

3.4 符合性验证说明

3.4.1 第25.857(a)款符合性验证说明

第25.857(a)款使用MOC1和MOC5进行验证,具体验证过程如下:

1) MOC1验证过程

通过系统设计描述说明A级货舱或行李舱所有部位均在机组成员的目视范围之内,且机组成员能够接近其任何部位。

2) MOC5验证过程

通过地面试验验证机组成员在所有工作位置均可以看到货舱和行李舱的每一个部位,并且机组成员可以接近货舱和行李舱的任何一个部位。

3.4.2 第25.857(b)款符合性验证说明

第25.857(b)款使用MOC1和MOC5进行验证,具体验证过程如下:

1) MOC1验证过程

通过系统设计描述说明描述B级货舱或行李舱有通道能够让机组成员携带手提灭火瓶到达舱内任何位置,而且舱内着火产生的烟雾不能进入有人舱,需确认烟雾或火警探测系统得到适航批准,功能使用正常。

2) MOC5验证过程

通过地面试验验证货舱或行李舱有通道能够让机组成员携带手提灭火瓶到达舱内任何位置,而且舱内着火产生的烟雾不能进入有人舱。

3.4.3 第25.857(c)(1)项和第25.857(c)(2)项符合性验证说明

第25.857(c)(1)项,第25.857(c)(2)项使用MOC1、MOC5和MOC6进行验证。具体验证过程如下:

1) MOC1验证过程

通过防火系统设计描述,说明防火系统在前、后货舱布置的烟雾探测器,其布置需考虑货舱体积以及烟雾探测器的探测范围,确保货舱有烟雾时及时给出告警。探测器探测范围覆盖整个前、后货舱区域,烟雾探测器符合 TSO - C1c 标准,并已经取得 TSO,防火控制盒(FOCU)对探测回路的状态实施实时检测,检测间隔为 15 分钟,检测到系统故障时,FOCU 通过航电系统告警并将故障信息记录到 CMS,告警通过 FOCU 作出判断,在驾驶舱内给出告警指示,包括语音,主告警灯,CAS 信息和响铃,符合第 25.857(c)(1)项的要求。当机组观察到货舱烟雾告警时,可通过布置在飞行操纵台上的 FCP 的货舱灭火按钮,对有烟雾告警的货舱进行灭火操作,符合第 25.857(c)(2)项的要求。

2)MOC5 验证过程

通过货舱烟雾探测系统告警地面试验,在相应烟雾探测器处释放烟雾和驱散烟雾来模拟烟雾产生和烟雾消除状态,烟雾探测系统响应和指示正确无误,符合条款第 25.857(c)(1)项和第 25.857(c)(2)项的要求。

3)MOC6 验证过程

通过前/后货舱烟雾探测系统功能检查飞行试验中,货舱烟雾发生后,驾驶舱内(驾驶员或飞行工程师工作位置)可收到相应的告警。前货舱烟雾探测系统响应在驾驶舱内有声光警告提示,试验结果表明能够满足第 25.857(c)(1)项的要求。

在前/后货舱灭火剂浓度测试试飞中,需有从驾驶舱处可操纵固定式灭火系统的实验步骤,以符合第 25.857(c)(2)项的要求。

3.4.4 第 25.857(c)(3)项和第 25.857(c)(4)项符合性验证说明

第 25.857(c)(3)项和第 25.857(c)(4)项使用 MOC1 和 MOC6 进行验证。具体验证过程如下:

1)MOC1 验证过程

通过系统设计描述说明飞机的前后货舱需为密封舱,驾驶舱和客舱在所有预期的运行环境下,均保持对货舱正压差,以防止有可能产生的烟雾、火焰或是释放的灭火剂进入到客舱。在正常的飞行条件下,前货舱无通风,后货舱有通风能力,整个货舱与客舱一起设计为气密舱,货舱的泄漏率被设计能够保证灭火瓶所填充的灭火剂能够抑制整个着火货舱内的火情,以符合第 25.857(c)(3)项和第 25.857(c)(4)项的要求。

2)MOC6 验证过程

通过前货舱和后货舱的烟雾穿透飞行试验,试验过程中客舱和驾驶舱内均无烟雾出现,满足第 25.857(c)(3)项的要求。Halon1301 的浓度超过 7.5% 会对人体造成危害,在前/后货舱灭火剂浓度测试试飞试验中,测量客舱的灭火剂浓度需远小于 7.5%,满足第 25.857(c)(3)项要求;在飞行试验释放灭火剂前,有措施可以关闭再循环风扇和货舱通风,用以符合第 25.857(c)(4)项要求。

3.4.5 第 25.857(e)(2)项符合性验证说明

第 25.857(e)(2)项使用 MOC1 进行验证。具体验证情况如下:描述烟雾探测或火警探测系统的认证和适航批准情况,并通过机上检查确认烟雾或火警探测系统能够及时准确的在驾驶舱中给出警告提示。

3.4.6　第 25.857(e)(3)项、第 25.857(e)(4)项符合性验证说明

第 25.857(e)(3)项、第 25.857(e)(4)项使用 MOC1 和 MOC6 进行验证。具体验证情况如下:

1) MOC1 验证过程

通过系统设计描述机舱舱内,机组有切断进入货舱或货舱内通风气流的措施。

通过系统设计描述货舱、行李舱一旦着火发生的烟雾不会进入驾驶舱。

2) MOC6 验证过程

通过前货舱和后货舱的烟雾穿透飞行试验,试验过程中客舱和驾驶舱内均无烟雾出现,Halon1301 的浓度超过 7.5% 会对人体造成危害,在前/后货舱灭火剂浓度测试试飞试验中,测量客舱的灭火剂浓度需远小于 7.5%,在飞行试验释放灭火剂前,有措施可以关闭再循环风扇和货舱通风,满足第 25.857(e)(3)项,第 25.857(e)(4)项的要求。

3.4.7　第 25.857(e)(5)项符合性验证说明

第 25.857(e)(5)项使用 MOC1 和 MOC7 进行验证。具体验证情况如下:

1) MOC1 验证过程

通过 E 级货舱设计描述应急出口以及通道处无货物装载。

2) MOC7 验证过程

通过机上检查确认,在按设计要求装满货物的情况下,机上应急出口处不会被货物装载阻挡。

3.5　符合性文件清单

通常,针对第 25.857 条的符合性文件清单如表 3-2 所示。

表 3-2　建议的符合性文件清单

序　号	符　合　性　报　告	符合性方法
1	防火系统设计描述	MOC1
2	防火系统机上地面试验大纲	MOC5
3	防火系统机上地面试验报告	MOC5
4	防火系统试飞大纲	MOC6
5	防火系统试飞报告	MOC6
6	防火系统机上检查大纲	MOC7
7	防火系统机上检查报告	MOC7

4　符合性判据

第 25.857 条符合性判据如下:

针对第 25.857(a)款,A 级货舱或行李舱所有部位均在机组成员的目视范围之内,且机组成员能够接近其任何部位。

针对第 25.857(b)款,B 级货舱或行李舱设置有烟雾探测或火警探测器系统;有足够的通路供机组成员达到着火部位;且利用通道时,不会有危险量的烟、火焰或灭火剂进入载人舱。

针对第 25.857(c)款,对于 C 级货舱,设置有烟雾探测或火警探测器系统和灭火系统;可防止危险量的烟、火焰或灭火剂进入载人舱;有控制舱内通风和抽风的措施。

针对第 25.857(e)款,对于 E 级货舱,设置有烟雾探测或火警探测器系统和灭火系统;可防止危险量的烟、火焰或灭火剂进入载人舱;有控制舱内通风和抽风的措施;且在装货情况下,机组应急出口可接近。

参考文献

[1] 14 CFR 修正案 25 - 32 Crashworthiness and Passenger Evacuation Standards; Transport Category Airplanes [S].

[2] 14 CFR 修正案 25 - 60 Airworthiness Standards; Fire Protection Requirements for Cargo or Baggage Compartments [S].

[3] 14 CFR 修正案 25 - 93 Revised Standards for Cargo or Baggage Compartments in Transport Category Airplanes [S].

[4] FAA. Aviation Rulemaking Advisory Committee, Transport Airplane and Engine Issue Area, Flight Controls Harmonization Working Group, Task1-Flight Control Systems Report [S].

[5] FAA. AC20 - 144 Recommended Method for FAA Approval of Aircraft Fire Extinguishing System Components [S]. 2000.

[6] FAA. AC25 - 9A Smoke Detection, Penetration, and Evacuation Tests and Related Flight Manual Emergency Procedures [S]. 1994.

运输类飞机适航标准
第 25.858 条符合性验证

1 条款介绍

1.1 条款原文

第 25.858 条 货舱或行李舱烟雾或火警探测系统

如果申请带有货舱或行李舱烟雾探测或火警探测装置的合格审定,则对于每个装有此种装置的货舱或行李舱,必须满足下列要求:

(a) 该探测系统必须在起火后一分钟内,向飞行机组给出目视指示;

(b) 该系统能探测到火警时的温度,必须远低于使飞机结构完整性显著降低的温度;

(c) 必须有措施使机组在飞行中能检查每个火警探测器线路的功能;

(d) 必须表明,探测系统在所有经批准的运行形态和条件下均为有效。

〔中国民用航空局 2001 年 5 月 14 日第三次修订〕

1.2 条款背景

为了能够及时探测和发现货舱或行李舱中产生的火情,以使机组能够快速采取纠正行动扑灭火灾,根据火警/烟雾警告发生后纠正行动的紧急程度直接取决于风险的类别,并应体现在相应的驾驶舱和客舱操作程序中。例如,一个货舱火警/烟雾警告会以一个红色警告的形式显示给驾驶舱机组,这表示机组必须立即采取纠正行动。如

(1) 必须关闭所有的通风系统,以及相关舱位的隔离活门。

(2) 灭火系统必须打开。

(3) 机组必须尽快使飞机降落等。

只要机组当时无法判别是真的还是假的火警,就必须按照批准的程序进行操作。在不能接近的舱位中发生假的火/烟雾警告的影响是广泛的,可能包括飞行转场、宣告应急情况、乘客应急撤离、舱内检查、灭火装置更换、旅客不满、对警告系统失去信心等。

为了减小风险,在飞行中必须能够尽快地检测到火/烟雾,以便在适当的时间内采取纠正行动。换句话说,即使虚假的/没有确认的告警也可能是关键的。

为了满足一分钟探测报警的时间要求,系统设计总是需要综合考虑兼顾快速探测和警告信号可靠性等方面的要求,为此成熟的飞机制造厂往往会考虑在满足 TSO 标准的基础上,制定自己更高的技术规范,以保证能够在快速检测的同时保证较高的报警可靠性。这个一分钟的时间要求最初被指定于货舱的应用,并随后也经常地被适航当局要求,及被设计人员应用在飞行中其他不能接近的舱位或远程布置的机组休息室中。

1.3　条款历史

第 25.858 条在 CCAR25 部初版首次发布,截至 CCAR - 25 - R4,该条款共修订过 1 次,如表 1 - 1 所示。

表 1 - 1　第 25.858 条条款历史

第 25.858 条	CCAR25 部版本	相关 14 CFR 修正案	备　注
首次发布	初版	25 - 54	
第 1 次修订	R3	25 - 93	

1.3.1　首次发布

1985 年 12 月 31 日发布了 CCAR25 部初版,其中包含第 25.858 条,该条款参考 1980 年发布的 14 CFR PART 25 部中的 §25.858 的内容制定。14 CFR 修正案 25 - 54 对货舱火警探测系统提出了具体的技术要求。

1.3.2　第 1 次修订

2001 年 5 月 14 日发布的 CCAR - 25 - R3 对第 25.858 条进行了第 1 次修订,本次修订参考了 14 CFR 修正案 25 - 93 的内容,把适用范围从原来的"货舱"扩大到"货舱或行李舱",把要求的探测功能从原来的"火警探测"扩大到"烟雾或火警探测"。

2　条款解读

2.1　条款要求

第 25.858(a)款要求该探测系统必须能够在其监测区域起火后一分钟内,向飞行机组提供目视警告显示信息。报警时间比动力装置系统中的火警探测报警时间要长一些,主要是因为考虑到货舱的容积大,无明火等因素,起火的可能性相对来说比较小,即使有个别部位发生火情,一分钟之内也不会燃烧到无法扑灭的程度;第 25.858(b)款要求应适当地确定探测系统的火警探测报警温度,该探测温度必须远低于会导致飞机货舱内结构损坏的温度,以确保能在飞机结构没被损坏(即保证飞机安全)前,就能发现并扑灭火灾。该探测温度应根据相关的技术标准规定 TSO - C1c 和工业标准 AS 8036,以及拟采用的货舱结构材料的温度特性进行确定;第 25.858(c)款要求该火警探测系统在飞行中必须是可检测的(一般采用自检测),以确保机组能够在飞行中始终了解该火警探测系统是否处于正常可用状态;第 25.858(d)款中所谓的"运行形态"是指飞机操作时可能具有的构型、飞行剖面和装载方案等。在对货舱火警探测系统进行设计时,应把火警探测时间、探测温度、线路的可检测性及运行的形态和条件等进行综合考虑,以确定火警探测器的数量和安装位置。火警探测器的数量和安装位置必须能够保证迅速探测货舱区域内任何可能发生的火情。

2.2 相关条款

与第 25.858 条相关的条款如表 2-1 所示。

表 2-1 第 25.858 条相关条款

序 号	相关条款	相 关 性
1	第 25.857 条	第 25.857 条要求,飞机上有些货舱或行李舱必须安装经过单独批准的烟雾探测器或火警探测系统。第 25.858 条规定了第 25.857 条要求安装的那些货舱或行李舱烟雾或火警探测系统所必须满足的具体技术要求,包括探测报警时间、温度、可检测性、工作有效性等方面的具体性能要求

3 验证过程

3.1 验证对象

第 25.858 条的验证对象为防火系统中针对货舱、行李舱的烟雾或火警探测系统。

3.2 符合性验证思路

针对第 25.858(a)款,通过系统设计描述、地面试验和飞行试验表明货舱或行李舱烟雾或火警探测系统功能满足要求。

针对第 25.858(b)款,通过系统设计描述货舱烟雾探测系统在发生烟雾后 1 分钟之内给出告警,此时间内货舱温度不足以上升到导致耐火材料性能显著下降,烟雾探测器的设备鉴定试验表明其符合性。

针对第 25.858(c)款,通过在飞行试验中表明机组可以检查每个火警探测器线路的功能。

针对第 25.858(d)款,通过系统设计描述说明在飞机飞行包线和经批准运行条件下设备功能正常,飞行试验中探测系统功能正常,对探测系统进行设备鉴定表明符合性。

3.3 符合性验证方法

通常,针对第 25.858 条的符合性验证方法如表 3-1 所示。

表 3 - 1　建议的符合性方法表

条 款 号	专 业	符 合 性 方 法										备 注
		0	1	2	3	4	5	6	7	8	9	
第 25.858(a)款	防　火		1				5	6				
第 25.858(a)款	指示、记录		1									
第 25.858(b)款	防　火		1								9	
第 25.858(c)款	防　火							6				
第 25.858(d)款	防　火		1					6			9	

3.4　符合性验证说明

1) MOC1 验证过程

防火系统烟雾探测器探测到烟雾后发出告警信号,在货舱任意位置由于着火而产生烟雾,货舱烟雾探测系统在 1 分钟内发出告警,告警通过 FOCU 做出判断,并通过航电系统在驾驶舱内给出告警指示,包括语音、主告警灯、CAS 信息和响铃,符合第 25.858(a)款的要求。

货舱烟雾探测系统在发生烟雾后 1 分钟之内给出告警,此时间内货舱温度不足以上升到导致耐火材料性能显著下降,货舱内饰衬板已经按 CCAR25 部附录 F 第Ⅲ部分进行试验,其他暴露在货舱内的结构、系统部件等已经按 CCAR25 部附录 F 第Ⅰ部分进行试验,涉及的结构及设备的材料均达到耐火要求,符合第 25.858(b)款要求。前、后货舱烟雾探测系统中货舱烟雾探测器性能及探测器布置经过设计,在飞机运行时,货舱任意位置着火产生烟雾后,在任意的通风气流和货舱装载条件下,处于巡航条件下的 MMEL 可派遣的通风和增压各种构型状态(单制冷组件、双制冷组件、座舱非增压等),货舱烟雾探测系统均能够在 1 分钟内给出告警,在该条件下试验能够验证货舱烟雾探测系统在所有经批准的运行形态和条件下均为有效,符合第 25.858(d)款的要求。

指示记录系统,在前、后货舱的特定位置装有烟雾探测装置,一旦烟雾探测装置探测到烟雾时,防火系统给出货舱烟雾告警,并将告警信号送到 EICAS 中处理,EICAS 在收到烟雾信号短时间内告警系统发出警告,此时在驾驶舱 EICAS 上有红色警告信息"FWD CARGO SMOKE"或(和)"AFTCARGO SMOKE"显示,并伴有三声谐音和"SMOKE"语音警告,同时主警告按钮灯闪亮,中央操纵台防火控制板上前货舱"ARM"灯或(和)后货舱"ARM"灯随相应的前、后货舱烟雾警告信息点亮,符合第 25.858(a)款的要求。

2) MOC5 验证过程

进行探测系统机上地面试验,在相应烟雾探测器处释放烟雾和驱散烟雾来模拟烟雾产生和烟雾消除状态,烟雾探测系统响应和指示正确无误,符合第 25.858(a)款的要求。

3）MOC6 验证过程

通过飞行试验,货舱烟雾探测系统响应并在驾驶舱给出目视指示的时间,满足第 25.858(a)款的要求。飞行机组人员通过驾驶舱防火控制面板上的"TEST"按钮进行系统自检,来确认整个系统是否正常工作,能够满足第 25.858(c)款的要求。试飞试验中,最大座舱压差巡航状态下和最大正常通风流量状态下,处于巡航条件下的 MMEL 可派遣的通风和增压各种构型状态(单制冷组件、双制冷组件、座舱非增压等),货舱烟雾探测系统均有效,可表明货舱烟雾探测系统在所有经批准的运行形态和条件下均有效,满足第 25.858(d)款的要求。

4）MOC9 验证过程

货舱烟雾探测器温度工作范围应满足 DO-160G 相关要求,设备鉴定试验验证货舱烟雾探测器的环境温度满足要求,探测系统在所有经批准的运行形态和条件下均为有效,探测器能在探测到烟雾时发出信号,符合第 25.858(b)款、第 25.858(d)款的要求。

3.5 符合性文件清单

通常,针对第 25.858 条的符合性文件清单如表 3-2 所示。

表 3-2 建议的符合性文件清单

序 号	符 合 性 报 告	符合性方法
1	防火系统设计描述	MOC1
2	防火系统机上地面试验大纲	MOC5
3	防火系统机上地面试验报告	MOC5
4	防火系统试飞大纲	MOC6
5	防火系统试飞报告	MOC6
6	防火系统设备鉴定大纲	MOC9
7	防火系统设备鉴定报告	MOC9

4 符合性判据

针对第 25.858(a)款,地面状态和空中飞行状态下,在货舱任意位置由于着火而产生烟雾,货舱烟雾探测系统会在 1 分钟内发出告警并给飞行机组目视指示。

针对第 25.858(b)款,货舱内饰衬板等相关涉及的结构及设备的材料均达到耐火要求,货舱烟雾探测器通过设备鉴定试验表明环境温度满足要求。

针对第 25.858(c)款,飞行试验过程中飞行机组人员通过驾驶舱防火控制面板上的"TEST"按钮进行系统自检,确认整个系统正常工作,能够满足要求。

针对第 25.858(d)款,飞行试验中所有经批准的运行条件的通风和增压构型状态下,货舱烟雾探测系统均功能正常。

参考文献

［1］ 14 CFR 修正案 25 - 54 Airworthiness Review Program；Amendment No. 8A：Aircraft，Engine，and Propeller Airworthiness，and Procedural Amendments ［S］.

［2］ 14 CFR 修正案 25 - 93 Revised Standards for Cargo or Baggage Compartments in Transport Category Airplanes ［S］.

［3］ FAA. AC25 - 9A Smoke Detection，Penetration，and Evacuation Tests and Related Flight Manual Emergency Procedures ［S］. 1994.

［4］ FAA/EASA. TSO/ETSO - C1c 货舱火警探测器 (Cargo Compartment Fire Detection Instruments) ［S］.

［5］ AS 8036 Cargo Compartment Fire Detection Instruments ［S］.

［6］ SAE. DO - 160 Environmental Conditions and Test Procedures for Airborne Equipment ［S］.

［7］ EN 54 - 9 Components of automatic fire detection systems Part 9 Methods of test of sensitivity to fire ［S］.

［8］ EN 54 - 7 Components of automatic fire detection systems Part 7 Specification for point-type smoke detectors ［S］.

［9］ FAA. Aviation Rulemaking Advisory Committee，Transport Airplane and Engine Issue Area，Flight Controls Harmonization Working Group，Task1-Flight Control Systems Report ［S］.

运输类飞机适航标准
第25.863条符合性验证

1 条款介绍

1.1 条款原文

第25.863条 可燃液体的防火

(a) 凡可燃液体或蒸气可能因液体系统渗漏而逸出的区域,必须有措施尽量减少液体和蒸气点燃的概率以及万一点燃后的危险后果。

(b) 必须用分析或试验方法表明符合本条(a)的要求,同时必须考虑下列因素:

(1) 液体渗漏的可能漏源和途径,以及探测渗漏的方法;

(2) 液体的可燃特性,包括任何可燃材料或吸液材料的影响;

(3) 可能的引燃火源,包括电气故障,设备过热和防护装置失效;

(4) 可用于抑制燃烧或灭火的手段,例如截止液体流动,关断设备,防火的包容物或使用灭火剂;

(5) 对于飞行安全是关键性的各种飞机部件的耐火耐热能力。

(c) 如果要求飞行机组采取行动来预防或处置液体着火(例如关断设备或起动灭火瓶),则必须备有迅速动作的向机组报警的装置。

(d) 凡可燃液体或蒸气有可能因液体系统渗漏而逸出的区域,必须确定其部位和范围。

1.2 条款背景

制定本条款的目的在于最大限度地防止与减小因可燃液体导致的着火风险。可燃液体引起着火而带来的飞行不安全,是飞机设计必须考虑的因素,有必要采用适当的火警探测和灭火系统来提高"着火安全"及降低飞行中着火的风险。

1.3 条款历史

第25.863条在CCAR25部初版首次发布,截至CCAR-25-R4,该条款未进行过修订,如表1-1所示。

1985年12月31日发布了CCAR25部初版,其中包含第25.863条,该条款参考1964年12月24日发布的14 CFR PART 25中的§25.863和14 CFR修正案

25 - 23 的内容制定。

表 1 - 1　第 25.863 条条款历史

第 25.863 条	CCAR25 部版本	相关 14 CFR 修正案	备　注
首次发布	初版	25 - 23	

14 CFR 修正案 25 - 23(35 FR 5665,1970 年 4 月 8 日)撤销了原建议的(a)款中要求在飞机指定区域有着火或过热探测器和灭火措施。原建议的(b)款成为新的(a)款。对警告机组措施(需要机组去处置或防止着火)的要求包含在了新的(c)款。

2　条款解读

2.1　条款要求

对于第 25.863(a)款和第 25.863(b)款的要求,必须有措施尽量减少渗漏液体或蒸气被点燃的概率。在民用运输类飞机上所装的可燃液体通常有燃油、滑油、液压油及酒精等,这些可燃液体或其蒸气在飞机的某些部分可能由于系统故障而发生泄漏,在遇到明火时,必然造成火灾。为此,必须对机上的可燃液体提出防火要求。

对于可能出现可燃液体泄漏的每一区域,必须有措施尽量减少液体和蒸气的点燃概率以及万一点燃后的危险后果。根据不同的分区,需满足相应的防止可燃蒸气点燃的措施:

2.1.1　指定火区

(1) 具有火警探测器和灭火系统。

(2) 火区须用防火墙隔开。

(3) 任何可穿透的孔隙和火墙的相邻结构应采用耐火密封胶封严,防止可燃蒸气的扩散。

(4) 所有的可燃液体导管至少应是耐火的。

(5) 渗漏出的可燃液体应排出机体外。

(6) 电气设备对可燃液体或其蒸气不应是点燃源。

2.1.2　易燃区

(1) 结构、设备、部件和电缆的表面温度不应超过规定值。

(2) 电气设备应满足规定的安全性要求。

2.1.3　可燃液体泄漏区

(1) 通过轮舱的任何燃油导管应是防护或屏蔽的,以防止轮胎爆破后造成危害,护套应通向机外。

(2) 可燃液体泄漏应排出机外。

2.1.4　非危险区

(1) 必须满足 CCAR25 部的有关防火要求。

(2) 装有燃油或其蒸气的导管要有套管,套管可将泄漏的液体或蒸气排向机外。

(3) 装有可燃液体或其蒸气的导管不应有接头。

(4) 该区域内的设备在正常使用期间不应是点燃火源。

对于第 25.863(b)款要求需关注:

(1) 必须分析渗漏时可能的漏源和路径,比如燃油的储存油箱、燃油的交输管路及其路径、滑油系统管路的铺设位置与走向、液压系统管路的铺设及其路径,是否通过热区,是否是非气密舱,能否避免液压油、汽油的聚集等。在飞机设计中应尽量从设计上解决渗漏的问题。对于实在无法解决的渗漏,一般采用通风的手段或通过管道排出机外,不使油、气聚积。

(2) 对于飞机上使用的各种可燃液体,必须说明其可燃特性,确保其工作温度不超过安全工作的温度范围。

(3) 要对可能的点燃源,包括电气故障、设备过热和防护设施失灵等情况进行详细的分析。

(4) 对于抑制或熄灭着火的手段,要进行详细的说明,如安装火警探测器、油温告警系统、灭火系统等。

(5) 要考虑飞机关键部件的耐火能力,比如对于飞行安全极为关键的防火墙、防火封严板、水平防火隔板的材料必须是防火的。发动机滑油系统的软管和散热器也必须是防火的。

对于第 25.863(c)款要求,如果要求飞行机组采取行动来预防或处置液体着火,必须备有迅速动作的向机组报警的装置。比如,当发动机仪表板上的"火警"指示灯亮时,驾驶员可操纵控制开关,使燃油切断开关切断通向发动机的供油管路,使燃油不能进入防火墙的热区,并停止向发动机供油。又如,液压系统中安装液压油超温警告指示灯,提醒驾驶员切断液压源以使液压油油温低于闪点等。再如,报警装置使机组人员及时启动灭火瓶扑灭已发生的初始火情等。

对于第 25.863(d)款要求,对于可燃液体或蒸气可能逸出的区域,必须确定其部位和范围,以便采取有效措施,防止可能发生的任何火灾。

2.2　相关条款

与第 25.863 条相关的条款如表 2-1 所示。

表 2-1　第 25.863 条相关条款

序　号	相关条款	相　关　性
1	第 25.869 条	第 25.869 条要求电气系统的部件必须满足第 25.831(c)款和第 25.863 条中有关的防火和防烟要求

3 验证过程

3.1 验证对象

第 25.863 条的验证对象为全机可燃液体泄漏区内系统以及相关的结构防火特性。

3.2 符合性验证思路

针对第 25.863 条,针对全机可能受可燃液体以及蒸气影响划分全机防火区域。针对不同区域可能着火的可能性,通过设计图纸、方案文件、设计说明书等文件描述对各个区域的防火特性。对可能的点火源采取一定的防护措施对不同区域的设备进行相应的安全性分析。对可能造成点火源的电器设备等进行防爆设备鉴定试验。

对全机可燃液体、蒸气可能泄漏的区域,明确可能影响的区域和部位,需要通过地面试验、飞行试验验证可燃液体一旦漏出,能够顺利排出机外,不会引发火情。

3.3 符合性验证方法

通常,针对第 25.863 条的符合性验证方法如表 3-1 所示。

表 3-1　建议的符合性方法表

条款号	专业	符合性方法										备注
		0	1	2	3	4	5	6	7	8	9	
第 25.863(a)款	区域/结构		1		3							
第 25.863(a)款	空调		1		3						9	
第 25.863(a)款	通信		1									
第 25.863(a)款	电源		1									
第 25.863(a)款	防火		1	2	3							
第 25.863(a)款	飞控		1									
第 25.863(a)款	燃油		1		3							
第 25.863(a)款	液压		1									
第 25.863(a)款	防冰		1		3						9	
第 25.863(a)款	起落架		1		3							
第 25.863(a)款	照明		1									
第 25.863(a)款	引气		1		3						9	
第 25.863(a)款	APU		1									
第 25.863(a)款	动力装置		1	2								
第 25.863(a)款	吊挂		1									
第 25.863(a)款	后设备舱		1									
第 25.863(a)款	翼身鼓包		1									
第 25.863(a)款	后机身		1									

（续表）

条 款 号	专 业	符 合 性 方 法										备 注
		0	1	2	3	4	5	6	7	8	9	
第 25.863(a)款	起落架		1									
第 25.863(a)款	电气互联		1									
第 25.863(b)(1)项	飞控		1									
第 25.863(b)(1)项	燃油		1									
第 25.863(b)(1)项	液压		1									
第 25.863(b)(1)项	起落架		1		3							
第 25.863(b)(1)项	APU			2								
第 25.863(b)(1)项	动力装置			2								
第 25.863(b)(1)项	吊挂		1					6				
第 25.863(b)(1)项	后设备舱		1				5	6				
第 25.863(b)(1)项	翼身鼓包		1				5	6				
第 25.863(b)(1)项	后机身		1				5	6				
第 25.863(b)(1)项	起落架		1				5	6				
第 25.863(b)(2)项	飞控		1									
第 25.863(b)(2)项	燃油		1									
第 25.863(b)(2)项	液压		1		3							
第 25.863(b)(2)项	起落架		1		3							
第 25.863(b)(2)项	APU			2								
第 25.863(b)(2)项	动力装置			2								
第 25.863(b)(2)项	吊挂		1									
第 25.863(b)(2)项	后设备舱		1									
第 25.863(b)(2)项	翼身鼓包		1									
第 25.863(b)(2)项	后机身		1									
第 25.863(b)(2)项	起落架		1									
第 25.863(b)(3)项	通信		1									
第 25.863(b)(3)项	电源		1								9	
第 25.863(b)(3)项	防火		1								9	
第 25.863(b)(3)项	飞控		1								9	
第 25.863(b)(3)项	燃油		1									
第 25.863(b)(3)项	液压		1								9	
第 25.863(b)(3)项	起落架		1		3						9	
第 25.863(b)(3)项	照明		1								9	
第 25.863(b)(3)项	APU		1	2							9	
第 25.863(b)(3)项	动力装置		1	2							9	
第 25.863(b)(3)项	吊挂		1									
第 25.863(b)(3)项	后设备舱		1									
第 25.863(b)(3)项	翼身鼓包		1									

（续表）

条 款 号	专 业	符 合 性 方 法										备 注
		0	1	2	3	4	5	6	7	8	9	
第 25.863(b)(3)项	后机身		1									
第 25.863(b)(3)项	起落架		1									
第 25.863(b)(4)项	飞控		1		3							
第 25.863(b)(4)项	燃油		1									
第 25.863(b)(4)项	液压		1									
第 25.863(b)(4)项	起落架		1									
第 25.863(b)(4)项	照明		1		3							
第 25.863(b)(4)项	APU			2								
第 25.863(b)(4)项	动力装置			2								
第 25.863(b)(4)项	吊挂		1									
第 25.863(b)(4)项	后设备舱		1									
第 25.863(b)(4)项	翼身鼓包		1									
第 25.863(b)(4)项	后机身		1									
第 25.863(b)(4)项	起落架		1									
第 25.863(b)(5)项	飞控		1									
第 25.863(b)(5)项	燃油		1								9	
第 25.863(b)(5)项	液压		1								9	
第 25.863(b)(5)项	起落架		1		3							
第 25.863(b)(5)项	APU			2							9	
第 25.863(b)(5)项	动力装置			2							9	
第 25.863(b)(5)项	吊挂		1									
第 25.863(b)(5)项	后设备舱		1									
第 25.863(b)(5)项	翼身鼓包		1									
第 25.863(b)(5)项	后机身		1									
第 25.863(b)(5)项	起落架		1									
第 25.863(c)款	防火		1		3						9	
第 25.863(c)款	飞控		1									
第 25.863(c)款	燃油		1									
第 25.863(c)款	液压		1									
第 25.863(c)款	APU		1								9	
第 25.863(c)款	动力装置		1								9	
第 25.863(c)款	吊挂		1									
第 25.863(c)款	后设备舱		1									
第 25.863(c)款	翼身鼓包		1									
第 25.863(c)款	后机身		1									
第 25.863(c)款	起落架		1									
第 25.863(d)款	防火		1									

条 款 号	专业	符合性方法										备 注
		0	1	2	3	4	5	6	7	8	9	
第25.863(d)款	飞控		1									
第25.863(d)款	燃油		1									
第25.863(d)款	液压		1									
第25.863(d)款	起落架		1		3							
第25.863(d)款	APU			2								
第25.863(d)款	动力装置			2								
第25.863(d)款	吊挂		1					6				
第25.863(d)款	后设备舱		1				5	6				
第25.863(d)款	翼身鼓包		1				5	6				
第25.863(d)款	后机身		1				5	6				
第25.863(d)款	起落架		1	2			5	6			9	

3.4 符合性验证说明

3.4.1 第25.863(a)款符合性说明

针对第25.863(a)款，使用MOC1、MOC2、MOC3和MOC9进行验证。

1）MOC1验证过程

根据受可燃液体及蒸气影响的情况，将全机进行区域划分。根据增压情况将全机分为增压舱和非增压舱以及APU舱和发动机舱。非增压舱可以划分为雷达舱、RAT舱、前起落架舱、中央翼、主起落架舱、APU舱、尾舱（除APU舱外）、垂尾、平尾、发动机舱、吊挂、翼身整流罩、机翼前缘、机翼后缘、机翼盒段和翼梢小翼等。增压舱可以划分为：驾驶舱、客舱、前EE舱、前货舱、再循环风扇舱、中EE舱、后货舱、散货舱和水/废水舱等。

对于各个舱室，需详细描述舱室的位置边界，舱室内的系统布置，结构材料组成以及电子电气设备的分布情况等。

根据着火三要素描述各个舱室的易燃液体泄漏源、点火源以及防火设计特征。通过密封降低液体泄漏率，通过电搭接和电路保护设计，以降低产生电弧和电火花的概率，通过通风措施降低易燃蒸气在舱内的积聚等降低着火的概率，满足第25.863(a)款的要求。

2）MOC2验证过程

分析动力装置，短舱主要由进气道舱、风扇舱、核心舱、反推滑动罩舱、机身内侧的悬挂梁和外侧的锁扣梁区域5个通气腔体组成，风扇舱和核心舱为指定火区，反推滑动罩舱以及悬挂梁和锁扣区为可燃液体泄漏区。

在发动机指定火区内：

（1）设计有可靠排液和通风系统，及时将火区内的可燃液体和蒸气排尽。

（2）可燃液体部件和管路至少采用耐火设计，对于维系飞行安全或着火阻隔的关键可燃液体部件均满足防火要求，管路接头均采用二次密封或喷洒防护保护措施，在可燃液体部件与管路的接头密封圈或垫圈处引有排液管路。

（3）火区内不含吸液材料。

（4）电气线束已尽可能远离可燃液体管路，所有电气设备都进行了电搭接、全密封处理或防爆认证，电缆均由 PEER 编织保护层进行包裹，电缆接头处都进行了密封处理，在布置管线时，已将风扇舱和核心舱内的电气线束与可燃液体管路尽可能分隔开来，在紧急情况下发生着火时用于安全切断的必要电缆都满足耐火要求。

（5）风扇舱气温、风扇机匣温度及核心舱前部区域气温都在舱内可燃液体最低自燃点温度以下，核心舱后部区域则在设计上避免燃油喷洒并防止与滑油的接触。

（6）同时在指定火区内装有火警探测系统和灭火系统，一旦发生着火，可将点燃后的危险后果降至最低。以上措施可有效防止可燃液体在发动机指定火区的渗漏和有害积聚，并将点燃的概率及万一点燃后的危险后果降至最小。

在发动机可燃液体泄漏区：

（1）采用了必要的排液和通风措施，当反推处于收起状态时只有可能发生液滴形式的液压油渗漏，当反推打开时则有可能发生较大的液压油泄漏，但排液和通风系统会及时将产生的漏液和蒸气排尽。

（2）可燃液体泄漏区内不含吸液材料。

（3）在可燃液体泄漏区域内不存在名义点火源，电气部件符合相应的标准航空要求，并都保持适当的接地和采用密封的断路接触装置，电缆也已尽可能远离液压管路。

（4）反推滑动罩舱内壁温度及气流温度均在液压油自燃点以下。以上措施可有效防止可燃液体在发动机可燃液体泄漏区的渗漏和有害积聚，并将点燃的概率降至最小，满足第 25.863(a) 款的要求。

空气管理系统引气管路因管路失效而导致高温气体泄漏的情况，在多个引气区域内均布置有过热探测器，当某探测区域发生高温引气泄漏，FOCU 将发送报警信号至驾驶舱的防火控制板，飞行员可通过控制板将故障区域的阀门关断，阻断泄漏的发生，过热探测器选用货架产品，根据飞行包线和运行条件，满足 DO-160 的环境条件要求，满足第 25.863(a) 款的要求。

3）MOC3 验证过程

针对 MOC3，分别针对吊挂区域、后附件舱（除 APU 舱外）、前起落架舱、主起落架舱、RAT 舱、翼身整流鼓包区、垂直安定面和方向舵、水平安定面和升降舵、机翼前缘、机翼后缘—内段、机翼后缘—外段、翼身支臂整流罩等区域分析区域布置、泄漏源、点火源，并分析每个区域的防火设计，包括部件鉴定与防护，分离、通风和排液的措施，符合第 25.863(a) 款的要求。分析过程及结果示例如下：

空调系统高温引气管路通过合理的安装与防护来降低气体泄漏的可能性，分析确认空调系统高温引气外部泄漏的概率,构成点火源的概率极小,气源系统高温引气管路通过合理的安装与防护来降低气体泄漏的可能性,分析确认气源系统引气元件故障导致高温引气外部泄漏构成点火源的概率极小。

防火系统,需从三个方面进行安全性分析:

(1) 可燃液体渗漏安全性分析。

(2) 可燃液体切断装置安全性分析。

(3) 可燃液体防火报警装置安全性分析。

防火系统部件中没有可燃液体,不会导致可燃液体泄漏。

用于可燃液体切断的装置包括发动机燃油切断阀、APU 燃油切断阀和发动机液压油切断阀。根据防火系统安全性评估结论,发动机着火同时发动机灭火系统失效或无法切断发动机燃油阀、液压阀危害级别为灾难级,其同时失效的概率为极不可能,远低于 10×10^{-9};APU 着火同时 APU 灭火系统失效或无法切断 APU 燃油供油阀危害级别为灾难级,其同时失效的概率为极不可能,远低于 10×10^{-9}。可燃液体防火报警装置,发动机火警探测器/APU 舱火警探测器和引气导管渗漏过热探测器,用于探测相关区域的火警和过热情况,并向机组给出告警。发动机火警探测器分布在发动机风扇区和核心区,APU 舱火警探测器分布在 APU 前/后防火墙上,引气导管过热渗漏探测器分布在主起舱、后附件舱、左/右吊挂等区域的引气导管上。所有的探测器均采用双环路冗余设计,电源输入、电缆布置和控制板卡均采用双通道,物理和电气上相互隔离。防火系统火警和过热探测器均是货架产品,符合 TSO - C11b 标准,可靠性高。

燃油系统,分别从燃油箱结构、燃油分配系统管路及燃油箱外燃油系统部件三个方面说明。

燃油箱结构区域,属于可燃液体泄漏区,为了防止油气泄漏或者聚集,中央翼油箱区域、外翼油箱区域均有相应的通风和排液设计,能尽可能减少因燃油蒸气引起的点火。

燃油分配系统在油箱外面的管路主要是供油系统管路,具有较强的防漏功能和排漏设计,发动机和 APU 的供油管路上需安装一套防火、燃油切断阀,当遇到火情时供油切断阀可以自动关闭,停止供油,防止火势蔓延。

油箱外燃油系统部件,可以分为火区部件和非火区部件,火区部件有 APU 供油软管、发动机供油管路上的快卸接头,燃油系统快卸接头按规范做防火鉴定试验,APU 供油软管为标准件,软管外层为耐火材料,具有耐火能力,满足防火要求;非火区部件主要有燃油切断阀作动器、加油电磁阀、温度传感器、压力传感器等部件,在可燃液体泄漏区内,对以上部件分别进行分析,不会引起电火花,具有点火源防护特征,满足第 25.863(a)款的相关要求。

燃油的泄漏源包括飞机内的单层管路连接、含油设备连接和油箱口盖,不包含双层管路连接,除机翼前缘和 APU 舱外,其他区域的燃油管路为不锈钢双层套管。

双层燃油管的内层管若发生泄漏,外层管可以包容泄漏燃油并通过排漏管和排漏阀排出机外,减小燃油管路泄漏的概率,符合第 25.863(a)款的要求。

起落架控制系统,分别对前起落架舱区域、电子设备舱和前货舱区域、EE 舱和前货舱区域、中央翼下部区域、主起落架舱区域、翼身整流鼓包区域进行安全性分析,对布置区域所在的危险源均有相应的防护措施,对有漏液的危险源,采用布置在危险源上方或同一安装面上,以避免危险源漏液腐蚀系统管件。对有高温及可燃危险源,采取远离危险源,且通过结构通气孔,利用空气流动性使热量或可燃物不会聚集,保证安全。起落架系统的布线尽可能敷设在水管、燃油管及液压管路的上方,在可能有液压油的地方采用硅橡胶卡箍固定,对线束的敷设还考虑了区域安全性(余度设计),线束分开敷设,刹车控制单元(BCU)内、外通道的线束分开敷设。

4) MOC9 验证过程

空调系统位于座舱内及货舱内的各设备(包括低压导管、通风温度传感器、货舱加热器、货舱关断活门、再循环风扇、再循环过滤器、电子设备风扇等),根据条款的要求需进行相应的试验或者相似性分析证明对第 25.863(a)款的符合性;对可燃液体或蒸气可能泄漏的区域如后附件舱的设备(含流量控制活门、配平空气压力调节活门、温度控制活门、冲压空气活门、组件进口压力传感器、组件进口温度传感器、组件进口流量传感器、压气机出口温度传感器、组件温度传感器、组件出口压力传感器、组件出口温度传感器等)进行爆炸防护性的鉴定工作。

机翼防冰系统中的机翼防冰流量传感器、机翼防冰压力传感器、机翼防冰温度开关设备、防冰管设备、绝热层设备等电子设备满足防火的要求,引气系统设备的高压活门设备、压力调节关断活门、引气温度传感器、绝热层设备、预冷器、高压管路设备、滑动接头设备均需通过分析和试验验证表明防火特性,符合第 25.863(a)款的要求。

3.4.2　第 25.863(b)(1)项符合性说明

第 25.863(b)(1)项,使用 MOC1、MOC2、MOC3、MOC5 和 MOC6 进行验证。

1) MOC1 验证过程

通过系统描述文档描述主飞控系统以及襟缝翼系统的舵面作动器使用的液压油具有高阻燃特性,作动器液压管接头为可能的可燃液体泄漏源。

通过系统描述文档表明燃油系统油箱中央翼前梁和上壁板为气密线,皆涂有密封涂层,降低了燃油蒸气渗漏的可能,外翼前后梁外封闭结构皆留有排漏孔,避免了油液、蒸气的聚积,符合第 25.863(b)(1)项的要求。

通过系统描述文档表明液压能源系统的可能泄漏源为发动机泵、电动泵、油箱、PTU 上的外部接头、其他液压元件的外部接头及管路的连接处。

通过系统描述文档表明起落架系统的可能泄漏源为液压附件的外部无扩口接头及管路的连接处,液体渗漏的途径为接头以及管路连接处的渗漏。

通过系统描述文档说明驾驶舱、客舱、EE 舱、前货舱、后货舱、前附件舱、中部设备舱、再循环风扇舱、雷达舱、翼梢小翼区域、翼身支臂整流罩区域内无可燃液体泄漏源。

通过系统描述文档说明吊挂区域泄漏源包括液压管路接头和反推力液压系统管路接头。燃油系统管路为双层套管,不作为泄漏源。液压系统1♯管路由左发动机舱进入左吊挂区域,2♯管路由右发动机舱进入右吊挂区域,说明可燃液体泄漏点的数量和位置。反推液压系统管路在左、右吊挂舱内对称分布,说明可燃液体泄漏点的数量和位置。

后附件舱泄漏源包括1♯、2♯液压能源系统元件接头和1♯、2♯、3♯液压系统管路接头。对于从APU舱上方经过的液压管路,在其从APU舱前防火墙开始直到进入尾翼的管路上,管路连接均为死接头,无泄漏源,不会发生可燃液体滴落在APU舱上的情况。1♯、2♯液压能源系统的主要元件分别安装在后附件舱的左、右侧,其中含可燃液体的元件包括1♯液压系统油箱、2♯液压系统油箱、放油/热泄压阀、单向阀(回油)、单向阀(热交换器和壳体回油)、单向阀(反推力装置和能源转换装置)、电动泵吸油快卸接头(自密封)、地面维护加油快卸接头、地面维护压力快卸接头、地面维护回油快卸接头、旁通阀、壳体回油滤、能源转换装置、能源转换装置选择阀、放油/热卸压阀。在后附件舱(除APU舱)的液压管路包括1♯、2♯、3♯液压系统的管路,管路连接处多采用一端永久性压接,一端螺接的方式,泄漏源为管路连接处。

前起落架舱内安装有前轮转弯系统的转弯控制阀及相关液压导管、起落架收放系统的液压导管等,起落架系统在前起落架舱区域存在可燃液体泄漏源。

主起落架舱泄漏源集中在液压能源系统和起落架系统。燃油系统管路为双层管路,其接头不作为泄漏源。例如:液压能源系统管路分别由后货舱进入主起舱,贯穿整个主起舱直至中央翼后梁。该处连接件多采用一端永久性压接,一端螺接的方式,螺接端属于可燃液体泄漏点。起落架系统在主起落架舱内安装有内/外轮刹车管路、起落架收放管路和应急放辅助液压管路。对收放系统液压管路的可燃液体泄漏源,外轮刹车系统液压管路的可燃液体泄漏源。内轮刹车系统液压管路的可燃液体泄漏源进行了梳理、明确。

翼身整流鼓包区域邻近中央翼油箱,其中含可燃液体的设备及部件有:3♯液压系统的油箱及管路、起落架控制系统液压管路、中央翼燃油口盖。

RAT舱内包含可燃液体的部件为释放作动器(含软管),作动器的软管采用可拆卸连接件,连接处通常会由于磨损或密封失效而存在泄漏的风险。燃油系统管路为双层管路,其接头不作为泄漏源。

2) MOC2 验证过程

APU系统,在APU舱中输送可燃液体的管道除去APU本身的导管外,有一条从防火墙接入提供给APU燃油的供油管和涡轮机匣下面和进气机匣下面的两个漏油管。供油导管采用防火材料。漏油管采用树脂加强的复合材料层,漏油管与 APU 端接头采用不锈钢接头,为防火设计,APU 本体中通过可燃液体管道接头密封满足 TSO‐C77b 5.2.2 节及 5.2.3 节要求。

动力装置、风扇舱和核心舱作为指定火区,其中的可燃液体管路系统主要由燃油系统、EBU 燃油供油管(由吊挂防火墙快卸接头至燃油泵进口管路)、滑油系统、IDG 滑油冷却系统、液压系统、反推液压作动系统(TRAS:位于风扇舱)以及排液系统组成,对以上各可燃液体系统的部件、管路及接头的防火性能和接头的密封性能均需进行具体分析。

3) MOC3 验证过程

起落架控制系统对布置区域所在的危险源均有相应的防护措施。对有漏液腐蚀性的危险源,采用布置在危险源上方或同一安装面上,以避免危险源漏液腐蚀系统管件。对于高温及可燃危险源,采取远离危险源,且通过结构通气孔,利用空气流动性使热量或可燃物不会聚集,保证安全。起落架系统的布线尽可能敷设在水管、燃油管及液压管路的上方,在可能有液压油的地方采用硅橡胶卡箍固定。对线束的敷设还考虑了区域安全性(余度设计),线束分开敷设,BCU 内外通道的线束分开敷设,起落架控制系统的区域安全性满足要求。

4) MOC5 验证过程

针对 MOC5,在翼身鼓包和后设备舱区域、吊挂区域位置、机翼前缘位置、机翼后缘位置进行可燃泄漏区地面试验,试验区域舱内任意单个积水部位液体积存量不能超过 44 毫升,试验区域机身外排液孔处容器在 10 分钟内收集到的液体应不少于注入水的 90%,试验结果能满足第 25.863(b)(1)项的要求。

5) MOC6 验证过程

通过试飞,分别在滑跑、起飞、爬升、巡航、侧滑、下滑、下降、着陆所有姿态进行全机排液试验,试验选取排液速率为 1 加仑/分钟,排液点布置示例为:翼身鼓包区 2 个试验点,分别布置在主起落架舱前墙右侧处(喷射点 1)和液压 3 号系统处(喷射点 2),吊挂前部 1 个试验点,位于吊挂前缘液压接头处(喷射点 3),后设备舱 3 个试验点,分别布置在液压 1 号(喷射点 6)、2 号系统处(喷射点 4)和球面框底部右侧液压接头处(喷射点 5),在每个飞行姿态下分别向各试验区域喷射染色水,试验区域包括翼身整流鼓包区、吊挂和后设备舱区域,排出的染色水未污染机身底部和左右两侧表面、后设备舱左右两侧格栅,沿着设计的排液路径顺畅地排出后设备舱,机身内部无明显积液,并且排出的染色水未进入发动机进气道和尾喷口、APU 进气道和尾喷口、后设备舱、客舱和货舱区域,不会造成其他危害。

3.4.3 第 25.863(b)(2)项符合性说明

第 25.863(b)(2)项,使用 MOC1、MOC2 和 MOC3 进行验证。

1) MOC1 验证过程

通过系统设计描述表明各系统使用可燃液体的型号、物理特性,表明可燃液体的可燃特性——挥发性、闪点、自燃温度、稳定性。

2）MOC2 验证过程

通过系统设计描述说明燃油选用了不易挥发、窄馏分的燃油,如三号喷气燃料(GB6537—94)、Jet A(ASTM－D1655)、Jet A－1(ASTM－D1655)、JP5(MIL－DTL－5624T)等规格的燃油。

动力装置系统火区以及可燃液体泄漏区内,根据发动机所用航空燃油自燃点温度、滑油自燃点温度以及液压油自燃点温度,分析燃油、滑油和液压油在存在流动气流的热表面的最低点燃温度随气流流速变化的多次试验测量结果,可燃液体在存在气流的热表面的点燃温度要高于自燃点温度。对于发动机核心舱而言,只要在发动机处于开车状态,舱内各表面就存在快速流动气流,因此应采用可燃液体热表面点燃温度判断着火的危险。

3）MOC3 验证过程

起落架控制系统对布置区域所在的危险源均有相应的防护措施。对有漏液腐蚀性的危险源,采用布置在危险源上方或同一安装面上,以避免危险源漏液腐蚀系统管件。对有高温及可燃危险源,采取远离危险源,且通过结构通气孔,利用空气流动性使热量或可燃物不会聚集,保证安全。起落架系统的布线尽可能敷设在水管、燃油管及液压管路的上方,在可能有液压油的地方采用硅橡胶卡箍固定。对线束的敷设还考虑了区域安全性(余度设计),线束分开敷设,BCU 内外通道的线束分开敷设,区域安全性满足要求。

液压能源系统设计需采取多重措施预防系统温度过高,根据 FTA 计算结果,液压能源系统发生失控的极度过热和未通告的极度过热是极不可能的,满足系统防火的要求。

3.4.4 第 25.863(b)(3)项符合性说明

第 25.863(b)(3)项,使用 MOC1、MOC2、MOC3 和 MOC9 进行验证。

1）MOC1 验证过程

通过系统设计描述通信内话系统、电源系统位于前附件舱、驾驶舱前部的点火源。APU 系统发电机内部和外部电气接口产生电弧以及电火花的可能性,防火系统设备均通过设备鉴定,其符合 DO－160 第 9 章防爆的设备鉴定等级,防火系统设备的防爆鉴定等级与其安装环境相适应。

通过系统设计描述主飞控系统和襟/缝翼系统可能的点火源防护措施,燃油系统加油电磁阀的安装及防护措施,传感器需采取防爆设计,电机作动切断阀需按照防爆要求设计。

通过系统设计描述液压系统可能的引燃火源主要是:在发动机短舱内因发动机启动造成的火源;在其他区域,电路打火可能点燃液压油蒸气。

通过系统设计描述起落架液压导管和液压附件在飞机上的连接方式为无扩口连接和永久式连接,连接及密封形式安全可靠;所有液压导管和液压附件都布置在为非气密区,不易产生油气聚集现象,即使出现少量液压油渗漏,也容易排出机外;

液压导管和液压附件没有潜在火源。所以起落架系统满足第 25.863(b)(3)项相关要求。

通过系统设计描述 APU 系统舱内为火区,潜在点火源有三个:APU 点火激励器(电气故障)、燃烧室破裂(防护装置失效)、APU 本体(设备过热),舱内设置有火警探测和灭火系统,钛合金材料防火墙,可燃液体管路及接头组件等均采用耐火的不锈钢材料和耐火性能较好的橡胶,APU 安装架采用不锈钢材料,APU 供油管路也设有切断措施,舱内设有通风系统和排液系统,保证舱内在 APU 工作状态下不至于积聚大量的可燃液体与气体,满足第 25.863(b)(3)项的要求。

通过系统设计描述在动力装置系统短舱内装有迅速作动的火警探测系统和灭火系统以便检测短舱火区内各个名义点火源和潜在点火源附近区域的温度,在温度超限时将及时向飞机发出火灾告警信息,以便机组人员迅速开启灭火系统扑灭火源。

通过系统设计描述吊挂区域内无名义点火源,潜在点火源有风扇空气活门(火花/电弧),EWIS 部件(火花/电弧)和气源管路(热流体和热表面)。

通过系统设计描述后设备舱空调系统部件内没有名义点火源,有潜在点火源,火花/电弧潜在点火源包含:流量控制活门、组件进口流量传感器、组件进口压力传感器、组件进口温度传感器、臭氧转化器、制冷组件、组件出口温度传感器和配平空气压力调节活门。热流体潜在点火源包含:流量控制活门、流量文氏管、引气过滤器、制冷组件、配平空气压力调节活门和热空气单向活门接头密封。航电系统的服务内话插孔板安装在后附件舱,为火花/电弧潜在点火源。后附件舱内液压系统部件,潜在点火源有蓄压器、蓄压器充气阀、优先阀、自增压优先阀、放油/热卸压阀、防火切断阀、地面维护面板、电动泵、压力油滤组件、主回油滤和能源转换装置选择阀,类型为火花/电弧潜在点火源。防冰系统火花/电弧点火源包括机翼防冰流量传感器、机翼防冰活门,热表面点火源为防冰导管。照明系统的点火源包括照明灯、标志灯电源盒、APU 舱灯开关和后航行灯变压器,类型为火花/电弧点火源。气源系统引气温度传感器、交输引气活门在故障状态下有可能会产生火花/电弧,构成潜在点火源。引气导管破裂以及 APU 单向活门、交输引气活门、高压地面接头、管路接头的密封失效会导致高温引气泄漏,并在管路表面形成高温热表面,构成热流体和热表面潜在点火源。防冰管内部高温气体温度为 $225\pm7℃$,导管表面用绝热材料(12.7 毫米)包裹,正常工作时外表面最高温度为 $117℃$,管路泄漏时外表面最大温度达 $204℃$。引气管路泄漏导致高温气体逸出的概率为 10×10^{-6},故此点火源出现概率很低。尾段的后附件舱内线束布置主要分 4 个通道:左上、左中、右上、右中,还有 APU 系统的 ESC 起动单线敷设在后附件舱底。EWIS 线束为火花/电弧潜在点火源。

通过系统设计描述货舱及服务区照明系统安装在可燃液体可能泄漏区域的设备包括加油灯、起落架舱灯、后附件舱灯和 APU 舱灯,加油灯通过 DO-160D 中第

9 章 E 类设备的防爆试验,试验结果表明设备正常工作时不会成为引燃火源。起落架舱灯、后附件舱灯和 APU 舱灯正常工作时,设备温度远低于飞机燃油最低燃烧温度(204 摄氏度),不会成为引燃火源。上述设备均采用断路器作为线路保护装置,在发生短路故障时,能及时断开电路,避免出现由电气故障引起的设备过热。安装在可燃液体可能泄漏的区域的外部照明设备均通过 DO - 160D 中第 9 章 E 类设备的防爆试验,试验结果表明这些设备正常工作时不会成为引燃火源。这些设备均采用断路器作为线路保护装置,在发生短路故障时,能及时断开电路,避免出现由电气故障引起的设备过热。

通过系统设计描述电气布线器件均进行防爆合格鉴定,安装与可燃液体设备和管路均满足安全隔离的要求。对于各种飞行状态,需考虑最恶劣情况迫降状态下,在迫降阶段着陆过程中 APU 将应急停车,接地后推力手柄(双发)处于 IDLE 状态,发动机燃油切断开关"CUT OFF",灭火手柄(全部)拉出并旋转,蓄电池(全部)关断,这样做的目的是使可能产生点火源的概率降到最低限度。

2) MOC2 验证过程

对于 APU 系统,分析在 APU 舱内 APU 本体相关的潜在点火源有三个: 点火激励器(电气故障),燃烧室破裂(防护装置失效),APU 本体(设备过热),此外还有 APU 舱内其他系统故障导致出现点火源,包括 APU 舱灯电缆、APU 起动尾段 ESC 单线、APU 火警探测 A 环路、APU 火警探测 B 环路的短路,APU 本体依靠滑油冷却,表面最高温度均不超过 400°F。

发动机系统在其所有运行工况下,风扇舱内起动机引气管道表面温度、防冰引气管道表面温度和滑油系统部件表面温度均需在舱内可燃液体最低自燃点以下;风扇舱和核心舱内所有电缆均由 PEER 编织保护层(非吸湿性材料)进行包裹,电缆接头处都需进行密封处理以防止空气、湿气以及燃油泄漏液的渗透,在布置管线时,将风扇舱和核心舱内的电气线束与可燃液体管路尽可能分隔开来,在紧急情况下或发生着火时用于安全切断的必要电缆都需满足耐火要求;并且所有电气设备都进行电搭接保持接地,其中大部分包含电气次级部件的电气线束部件都采用密封的断续触点次级部件(如继电器或开关),都不能成为潜在点火源,而其他为采用非密封断续触点次级部件的电气线束部件则均需经过防爆认证。

3) MOC3 验证过程

起落架控制系统对布置区域所在的危险源均有相应的防护措施。对有漏液腐蚀性的危险源,采用布置在危险源上方或同一安装面上,以避免危险源漏液腐蚀系统管件。对有高温及可燃危险源,采取远离危险源,且通过结构通气孔,利用空气流动性使热量或可燃物不会聚集,保证安全。起落架系统的布线尽可能敷设在水管、燃油管及液压管路的上方,在可能有液压油的地方采用硅橡胶卡箍固定。对线束的敷设还考虑了区域安全性(余度设计),线束分开敷设,BCU 内、外通道的线束分开敷设。

4）MOC9 验证过程

电源系统的部件需通过防爆合格鉴定。

防火系统安装在可燃液体泄漏区域内的设备(包括发动机火警探测器、APU 火警探测器、主起舱过热探测器、引气导管渗漏过热探测器、发动机灭火瓶、APU 灭火瓶)均需通过 DO‐160 第 9 章的防爆鉴定,正常工作情况下不会产生电火花,符合第 25.863(b)(3)项的要求。

飞控系统的设备,舵面位置传感器均进行防爆试验,符合 RTCA/DO‐160H 类第 9 章的要求,满足第 25.863(b)(3)项的要求。

升降舵、副翼、方向舵作动器使用的电子元器件和材料可以通过相似分析或设备鉴定。

多功能扰流板作动器上没有电器元件,并且安装有电搭接线,故该设备没有产生电火花或者点燃可燃气体的风险。

襟缝翼系统倾斜传感器以及驱动装置均进行相应的防爆试验,满足第 25.863 (b)(3)项的要求。

液压系统所有电气设备均可能成为潜在的点火源,均进行防爆试验验证,液压系统在发动机吊舱内的液压发动机驱动泵和液压管路,液压泵 EDP 在 4 194 转/分钟转速,排量 1.5g 每分钟的情况下能够耐受符合第 25.1183(a)款以及 FAA AC20‐135 的要求。

起落架收放系统在前起舱、主起舱以及翼身整流罩的安装位于防火区域,潜在火源为电火花。对这三个区域中起落架收放系统进行分析,起落架选择阀、应急放选择阀、回油单向阀、接近传感器以及应急放子系统位于其中。其中,应急放选择阀、回油单向阀以及应急放子系统属于机械元件不会产生电火花;起落架选择阀以及接近传感器均做过防爆性鉴定试验,满足相关防爆性要求,满足第 25.863(b)(3)项中的要求。前轮转弯系统位于防火区域的元件有转弯反馈传感器、转弯控制阀和转弯过行程传感器,不可能产生引燃火源。停机/应急刹车阀、转换阀、液压保险、刹车蓄压器、刹车单向阀、停机/应急刹车钢索没有电气部件,不会产生火花。刹车控制阀、切断阀、压力传感器、刹车蓄压器压力传感器、轮速传感器、刹车温度传感器通过爆炸性环境和静电放电方面的试验或分析说明刹车系统位于防火区域的元件不可能产生引燃的火源。

照明系统灯具设备通过 DO‐160 第 9 节 E 类环境 II 等级试验鉴定,满足第 25.863(b)(3)项的要求。

APU 系统,供应商按照飞机的要求,APU 系统的电气设备通过 DO‐160 第 9 节 E 类环境 II 等级试验鉴定。

动力装置系统中油门台控制组件(TCQ)安装于飞机驾驶舱,发动机振动监测单元(EVMU)和发动机接口控制单元(EICU),安装于 E‐E 舱,以上均为增压舱设备,既非火区也非可燃液体泄漏区,无须表明对防火条款的符合性。短舱内电气设备,NAI VALVE、EBU Wiring Harness 等均完成相关设备鉴定试验。

在 EWIS 系统选用的电气通用元器件中,有部分元器件具有一定的防爆能力;没有防爆能力的电气元器件,没有安装在区域划分定义的危险区域内,电线电缆以及其他元器件材料的阻燃性满足阻燃性要求。

3.4.5　第 25.863(b)(4)项符合性说明

第 25.863(b)(4)项,使用 MOC1、MOC2 和 MOC3 进行验证。

1) MOC1 验证过程

对于防火系统,指定火区(发动机舱和 APU 舱)可能存在的可燃液体,用于可燃液体切断的装置包括发动机燃油切断阀、APU 燃油切断阀和发动机液压油切断阀。发动机舱和 APU 舱设计有火警探测和灭火系统,可对相关区域可燃液体进行防护,对于没有切断手段和灭火设备的区域通过隔离可燃液体和点火源、通风、排液等方法保证可燃液体防火的安全性。

对于飞控系统,FCC 安装在 EE 舱内,FCC 内部有过热保护设计。HS-ACE 安装在再循环风扇舱内,在空间上做了隔离。襟/缝翼系统动力驱动装置本身有过热保护设计,系统机载电子设备安装时在空间上做了隔离。

燃油系统电机作动切断阀的阀体安装在油箱内,驱动电机和电气接头安装在油箱外;供油切断阀和驾驶舱内防火手柄联动,当有火警时,提起手柄切断阀自动关闭;同时电机作动切断阀按照防爆要求进行设计,并通过相关的试验验证,以确保不会点燃附近可能泄漏的可燃蒸气。

液压能源系统在发动机短舱和吊挂内的部件:发动机驱动泵、液压软管和液压管路,都是由不锈钢制造,发动机舱内的液压软管配有防火衬套,满足耐火耐热能力要求。

起落架系统的电气故障可能引燃液压油蒸汽时,液压系统在电动泵、防火切断阀、卸荷阀对应的 11 个电流断路器,过载时会自动断开,进而切断起落架系统的液压油源,满足第 25.863(b)(4)项的相关要求。

吊挂区域用于抑制燃烧或灭火的手段包括部件鉴定保护、分/隔离、通风、排液、过热探测。吊挂区域内的电气部件风扇空气活门通过了防爆鉴定等级 RTCA DO-160 条款 9 分部 E 类 Ⅱ 级的试验,液压管路正下方未布置线缆及电气部件,以避免可燃液体意外泄漏滴落到电气部件或线缆上引起火灾,液压管路与用电设备和线缆等可能的点火源保持足够的分离距离。线缆及电气部件与液压管路最小间距大于 1 英寸,与运营经验相符(AC25.863 草案)。吊挂与发动机/短舱火区通过防火墙进行隔离,系统管线路穿过防火墙均采用防火密封。飞机每侧吊挂下蒙皮开有 2 个进气口和 1 个出气格栅,另有 18 个排液孔可起到一定的通风作用,吊挂通风分析计算显示,飞机吊挂区域在飞行包线内的通风量均大于每分钟 5 倍通风区域体积(不包括地面静止和低速状态),裕度较大,且通风效果良好。吊挂前缘区域的可燃液体在吊挂内部进行收集,并通过中后机身内部导流管引流至后附件舱排液孔附近,与后附件舱可燃液体一同排放。吊挂区域内安装了 2 段引气泄漏过热探测器,气源导管过热探测器采用双回路设计,能够提供不间断的监控。

后附件舱内的电气部件通过 RTCA DO-160 第 9 章防爆鉴定的合格,可用来表明其正常工作状态下不会产生电火花。液压管路与用电设备、引气导管、防冰导管及线缆等可能的点火源保持足够的分离距离,最小间距大于 1 英寸,与运营经验相符(参见 AC25.863 草案)。大部分液压管路均布置在线缆、引气导管和防冰导管下方与用电设备两侧,避免可燃液体滴落在上面而起火。少量线缆会从液压管路下方穿过,这些线缆均与上方的液压管路呈一定夹角,而不是平行布置,以降低可燃液体滴落到线缆上的风险。舱内线缆均采用热收缩管和屏蔽套进行隔离防护,避免其影响或接触到可燃液体管路。

前起落架舱内的电气部件通过 RTCA DO-160 第 9 章防爆鉴定的合格,可用来表明其正常工作状态下不会产生电火花。前起落架舱顶灯外部有金属灯罩对其进行防护,大大降低了其因意外撞击而破裂的可能。前起落架舱内所有用电设备均有合理的电搭接设计,避免产生电火花。前起落架舱内的电缆主要是沿着前起落架侧壁板进行敷设。液压管路正下方未布置布线线缆及电气部件,以避免液压油意外泄漏滴落到电气部件或线缆上引起火灾。液压管路与布线线缆及电气部件保持足够的分离距离,且有良好的固接措施,不会相互摩擦而导致线缆的磨损。前起落架舱为非增压舱。前起落架放下时,舱内与外界大气完全相通;前起落架收上时,舱门关闭,机轮与机身结构相贴合,会在一定程度上封闭前起落架舱,但仍会与外界大气有一定的气流通量,可保证前起舱段的通风,避免可燃蒸气积聚。前起落架舱内未布置排水、排液孔,但飞机在空中飞行中,即使有液体泄漏,待到降落前,液体也会随起落架舱门打开而自然而然排到飞机之外。

主起落架舱内的电气部件需通过 RTCA DO-160 第 9 章防爆鉴定的合格,可用来表明其正常工作状态下不会产生电火花。内话板上的耳机插孔(PN:M111X)和话筒插孔(P/N:MS112B),为 TSO 件,正常空闲状态下插孔处于断路状态,无电流流过。主起落架舱顶灯外部有金属灯罩对其进行防护,大大降低了其因意外撞击而破裂的可能。主起落架舱内所有用电设备均需有合理的电搭接设计,避免产生电火花。

主起落架舱内的大部分空间为收入舱内的主起落架所占据,其余部件布置在主起落架周围。大部分的线缆布置在顶部,少部分沿后壁板(SD714 框)布置,而液压管路主要布置在左右两侧,少量从左右机轮中部的空隙穿过。液压管路、燃油导管与主机轮、用电设备、防冰导管及线缆等可能的点火源保持足够的分离距离,最小间距大于 1 英寸,与运营经验相符(参见 AC25.863 草案)。大部分液压管路均布置在线缆下方与主机轮两侧,避免可燃液体滴落在线缆或主机轮上而起火。少量线缆从起落架控制系统的液压管路下方穿过,这些线缆均与上方的液压管路呈一定夹角,而不是平行布置,以降低可燃液体滴落到线缆上的风险。主起落架舱为非增压舱,且与机翼上的主三角区相通。主起落架放下时,舱内与外界大气完全相通。主起落架收上时,机翼上的舱门关闭,主起落架舱仍会与外界大气有一定的气流通量。这种设计一方面可降低舱内温度,另一方面也可避免可燃蒸气积聚。主起落架舱内的液体导流到对称面上,通过 Φ10 毫米排液孔导入整流罩外侧收集导管,再通过排液杆排放出机体外。主起落架舱内安装了 2 段引气泄漏过热探测器(226A1650 - 000 - 001)和 4 段主起舱过热探测器(226A1500 - 000 - 001),满足第25.863(b)(4)项的要求。

2)MOC2 验证过程

分析 APU 灭火系统由一个灭火瓶组件、一个爆炸帽、灭火管路、FOCU、FCP 灭火手柄和飞机电缆组成。APU 灭火系统有 Unattended 和 Attended 两种灭火模式,Unattended 模式只适用于地面状态。在 Unattended 模式下,APU 着火后,FOCU 自动启动 5 秒计时器,5 秒后若驾驶员没有动作则发出 APU 应急停车、切断燃油阀的信号并自动喷射灭火剂,若 5 秒内驾驶员拉出灭火手柄,则自动转为 Attended 模式。灭火剂采用 CBrF$_3$ Bromotrifluoromethane,并充装 Nitrogen 气体,灭火瓶瓶体采用 SST21 - 6 - 9 材料。

动力装置指定火区内装有火警探测系统和灭火系统。火警探测线主要布置于名义点火源或潜在点火源附近,风扇舱 AGB 为名义点火源,风扇舱火警探测线布置在 AGB 表面,核心舱燃烧室机匣和高压压气机机匣为名义点火源,因此核心舱火警探测线则布置在燃烧室机匣和高压压气机机匣的周向表面。高压压气机以后的机匣表面温度虽在燃油最低自燃点以上,但由于该区域无燃油管路经过,因此未布置火警探测线。

3)MOC3 验证过程

针对 MOC3,需分析防火系统部件中没有可燃液体,不会导致可燃液体泄漏。飞机用于可燃液体切断的装置包括发动机燃油切断阀、APU 燃油切断阀和发动机液压油切断阀。根据飞机防火系统安全性评估结论,发动机着火同时发动机灭火系统失效或无法切断发动机燃油阀、液压阀危害级别为灾难级,其同时发生的概率极低,远低于 $10×10^{-9}$;APU 着火同时 APU 灭火系统失效或无法切断 APU 燃油供油阀危害级别为灾难级,其同时发生的概率极低,远低于 $10×10^{-9}$。飞机装有发动机火警探测器、APU 舱火警探测器和引气导管渗漏过热探测器,用于探测相关区域的火警和过热情况,并向机组给出告警。发动机火警探测器分布在发动机风扇区和核心区,APU 舱火警探测器分布在 APU 前/后防火墙上,引气导管过热渗漏探测器分布在主起舱、后附件舱、左/右吊挂等区域的引气导管上。所有的探测器均采用双环路冗余设计,电源输入、电缆布置和控制板卡均采用双通道,物理和电气上相互隔离。防火系统火警和过热探测器均是货架产品,符合 TSO - C11b 标准,可靠性高。

起落架控制系统需分析对布置区域所在危险源均有相应的防护措施,对有漏液腐蚀性的危险源,采用布置在危险源上方或同一安装面上,以避免危险源漏液腐蚀系统管件,对高温及可燃危险源,采取远离危险源,通过结构通气孔,使用空气流动性使热量或可燃物不聚集来保证安全,系统布线尽可能敷设在水管、燃油管及液压管路的上方,在可能有液压油的地方采用硅胶卡箍固定。

3.4.6　第25.863(b)(5)项符合性说明

第25.863(b)(5)项,使用MOC1、MOC2、MOC3和MOC9进行验证。

1) MOC1验证过程

描述襟/缝翼系统的动力驱动装置本身有过热保护设计,并且防爆相似性分析符合系统要求,扭力管和105度角齿轮箱为铝合金材料制造的机械设备,都属于非火源设备。缝翼倾斜传感器和位置传感器都进行了防爆相似性分析,符合系统要求,其他设备都是采用铝合金或不锈钢制造的机械设备,属于非火源设备。襟缝翼电子控制装置安装在EE舱后部的中层设备架上,采用散热片作为散热措施,并且内部采用了过热保护设计。主飞控系统的P‐ACE、HS‐ACE,自身具有良好的散热和过热保护措施,FCC内部还安装了风扇作为散热措施,同时内部有过热保护设计,作动器使用的液压油具有高阻燃特性,且设备自身能够保证不会生成明火。

燃油系统中发动机舱内和APU舱内的燃油管路均为耐高温的软管。

液压能源系统在发动机短舱和吊挂内的部件:发动机驱动泵、液压软管和液压管路,都是由不锈钢制造,发动机舱内的液压软管配有防火衬套,满足耐火耐热能力要求,满足第25.863(b)(5)项所有条款的要求。

起落架系统,影响飞行安全的相关设备均做过耐火、耐热鉴定试验,按要求具备一定的耐火、耐热能力。

2) MOC2验证过程

分析APU的关键部件均是防火的。发动机外部包含燃油、滑油或液压油的可燃液体部件均满足防火或耐火标准,其中对于维系飞行安全或着火阻隔的关键可燃液体部件均满足防火要求,而其他对飞行安全并非关键或带有隔离护罩的可燃液体部件则满足耐火要求。

3) MOC3验证过程

安全性分析起落架系统,在EE舱和前货舱区域选用防火线缆,控制组件内部设置防火板,中央翼油箱下部、翼身整理鼓包区内附件及线缆均为防火材料,安全性分析满足要求。

4) MOC9验证过程

燃油系统关键部件需完成爆破压力鉴定试验,符合第25.863(b)(5)项的要求。

液压系统EDP和在发动机吊舱内的液压导管均需进行设备鉴定试验/类比分析,满足第25.863(b)(5)项的要求。

APU 满足 TSO – C77b 中的转子包容性要求，即 APU 的结构设计充分考虑了转子包容性（包括叶片和轮毂的包容）；另外，APU 结构的材料选择充分考虑对 APU 内起火及火焰蔓延的恶劣情况，同时，在高温部件区域及关键部件区域采取加装防火保护层的措施。在转子包容试验的基础上进行相似性说明，结果表明设计符合 TSO – C77b 的相关条款要求，满足第 25.863(b)(5) 项的要求。发动机所有设备除 EBU Brackets 和 GMO Switch 外均通过防火环境的设备鉴定试验，EBU Brackets 为防火材料制造的纯结构件，GMO Switch 仅在地面使用且不含可燃液体也非点火源，防火要求不适用。

3.4.7 第 25.863(c) 款符合性说明

第 25.863(c) 款，使用 MOC1、MOC3 和 MOC9 进行验证。

1) MOC1 验证过程

描述防火系统，当发动机舱有着火告警后，飞行机组执行灭火操作，拔出防火控制板上相应的发动机灭火手柄时，该发动机燃油切断阀和液压切断阀关闭，燃油和液压油被切断；当 APU 舱有着火告警后，飞行机组执行灭火操作，拔出防火控制板上 APU 灭火手柄时，APU 燃油切断阀关闭，燃油被切断。

燃油系统电机作动切断阀的阀体安装在油箱内，驱动电机和电气接头安装在油箱外；供油切断阀和驾驶舱内防火手柄联动，当有火警时，提起手柄，切断阀自动关闭；同时电机作动切断阀按照防爆要求进行设计，并通过相关的试验验证，以确保不会点燃附近可能泄漏的可燃蒸气。

液压能源系统可以为机组提供了警告信息，当油箱温度大于 150℃ 时或者驾驶员拉动灭火手柄时，液压能源系统会使用防火切断阀切断相应系统的 EDP 供油（1# 系统、2# 系统）或者关断电动泵（3# 系统），在驾驶舱 EICAS 会显示"系统 1#（或 2#、3#）过热"警告信息，同时中央警告系统提供音响警告。

APU 系统有专门的火警探测系统，火警探测元件为线状金属热敏电阻型探测器，符合 TSO – C11e 标准，探测器电阻随温度升高而减小。

动力装置系统短舱内装有迅速作动的火警探测系统和灭火系统，以便检测短舱火区内各个名义点火源和潜在点火源附近区域的温度，在温度超限时将及时向飞机发出火灾告警信息，以便机组人员迅速开启灭火系统扑灭火源。

应分析吊挂区域、后附件舱（除 APU 舱）、主起落架舱过热探测器的安装情况以及与机组人员的反馈机制。

吊挂区域内安装了 2 段引气泄漏过热探测器，气源导管过热探测器采用双回路设计，能够提供不间断的监控，当探测到环境温度高于 254℃ 时，给出告警信号，并发送至相应系统的 CMS，并在 EICAS 上显示告警信息，通知机组人员关断发生泄漏的气源管路。

2) MOC3 验证过程

对防火系统进行安全性分析。

3) MOC9 验证过程

APU 和发动机均有针对火情的火警探测和报警系统，系统设备均需通过设备鉴定，符合 DO‑160 第 9 章防爆的设备鉴定等级，防爆鉴定等级与其安装环境相适应。

3.4.8　第 25.863(d)项符合性说明

第 25.863(d)项，使用 MOC1、MOC2、MOC3、MOC5、MOC6 和 MOC9 进行验证。

1) MOC1 验证过程

描述全机可燃液体可能泄漏的区域，设计排液通路和排液出口，在所有预期运行状态下可能产生的可燃液体泄漏均能够被及时排出机外，并能保证排出机外的路径是安全的。对于指定火区发动机舱和 APU 舱，需进行排液试验，对排液的有效性和排液在机外的路径进行验证；可燃液体泄漏区对翼身整流鼓包区、主起舱、后设备舱、吊挂和后机身进行排液试验，验证排液路径的有效性。

主飞控系统水平安定面配平作动器和方向舵作动器安装在垂直安定面盒段区域，升降舵作动器和升降舵 LVDT 安装在水平安定面盒段，副翼作动器、副翼 LVDT、多功能扰流板作动器、地面扰流板作动器和地面扰流板接近开关都安装在机翼后缘，设备自身能够保证不会生成明火。

在主起落架舱内安装襟翼动力驱动装置、扭力管、105 度角齿轮箱。襟缝翼动力驱动装置本身有过热保护设计，并且防爆相似性分析符合系统要求。缝翼倾斜传感器和位置传感器都进行了防爆相似性分析。

燃油系统为保证机身内燃油管路的密封安全性，自油箱出口至发动机短舱的发动机供油管路及自油箱出口至 APU 短舱的 APU 供油管路，都采用不锈钢双层套管形式，管段与管段之间内外层皆采用柔性连接，可承轴向与角度变形，柔性接头也采用双层不锈钢接头。

液压系统中，由于电器故障可能引燃液压油蒸汽，因此系统在电动泵、防火切断阀、卸荷阀等处总共配备有 11 个电流短路器，过载时会自动断开。液压系统为机组提供过热警告信息，当发生系统过热时，设有语音和 CAS 告警，机组可以用此操作顶部板上的 EDP 防火开关，切断向发动机吊舱的供油，防止火灾的扩展。

起落架系统，液压导管和液压附件在飞机上的连接方式，连接及密封形式，所有液压导管和液压附件都布置在为非气密区，不易产生油气聚集现象，即使出现少量液压油渗漏，也容易排出机外。

2) MOC2 验证过程

APU 舱中输送可燃液体的管道除去 APU 本身的导管外，有一条从防火墙接入提供给 APU 燃油的供油管和涡轮机匣下面和进气机匣下面的两个漏油管，与飞机机身上的漏油管连接，将 APU 机匣内的余油或积液排出机外。由于 APU 舱内存在负压，设计了引射系统，引射气源来自 APU。

动力装置系统火区,风扇舱和核心舱可燃液体管路系统中所有金属导管都采用内部承压设计,导管之间采用可靠接头进行连接,固定导管所用支架均能承受高振动载荷;可燃液体的管路大部分布置于发动机中轴线正下方(包括所有的滑油管路和一部分燃油管路),以此避免因导管接头或管路的泄漏而使可燃液体滴落至发动机高温机匣表面的可能性。火区内所有可燃液体管路的连接接头处都采用保护措施。风扇舱和核心舱内存在正常渗漏的发动机部件及附件,其与可燃液体导管的接头密封圈或垫圈处都单独引有排液管路,以便将产生的废液或漏液及时排出舱外。

动力装置系统的可燃液体泄漏区,悬挂梁和锁扣梁区域开有排液孔,上反推滑动罩内产生的非预期可燃液体可通过排液孔排入下反推滑动罩,并通过6点钟位置反推滑动罩与风扇框之间的缝隙排到短舱外,以此防止可燃液体的危险量积聚。

对于起落架系统,分析计算起落架结构,按照安全寿命的原则设计,因结构破损导致油液大量泄漏的情况属于发生概率小于 10×10^{-7} 每飞行小时的II级失效条件,起落架失效模式与影响分析(FMEA)表明缓冲支柱可燃液体的大量泄漏属于发生概率极端少的事件,而小量的渗油又因其不影响飞行且便于通过地面目视检查发现而通过及时更换密封圈等措施予以纠正飞行状态下起落架也处在相对封闭的环境内,在可见的所有飞行工况内均不存在导致起落架破损油液大量泄漏的工况。结合起落架设备鉴定试验大纲的要求和试验结果,对可燃液体泄漏范围的分析以 1/20 毫升的微量泄漏为前提进行。泄漏油液渗过密封圈后的分布区域只能是以油膜的形式均布在活塞杆表面,起落架舱属于通风良好的非气密区,不存在油气积聚条件。

3) MOC3 验证过程

起落架控制系统在 EE 舱和前货舱区域、中央翼油箱下部区域、主起落架舱区域、翼身整流鼓包区中,对有漏液腐蚀性的危险源,采用布置在危险源上方或同一安装面上,以避免危险源腐蚀系统管件,对有高温及可燃危险源,采取远离危险源,且通过结构通气孔,利用空气流动性使热量或可燃物不会聚积。

4) MOC5 验证过程

在翼身鼓包、后设备舱区域进行可燃液体泄漏区地面验证试验,选取试验点,并且每个试验点试验液体沿着设计的排液路径排出机外。

5) MOC6 验证过程

进行全机排液试飞试验,在翼身鼓包区、后设备舱、后机身、吊挂区域、起落架区域,结合试验后的观察和积液检查,可以得知,染色水可以沿着设计的排液路径顺畅地排出后设备舱,机身内部无明显积液,并且排出染色水未进入发动机进气道和尾喷口、APU 进气道和尾喷口、后设备舱、客舱和货舱区域,且不会造成其他危害。

6) MOC9 验证过程

起落架系统应通过主起落架缓冲支柱落震试验,在所有限制落震工况条件下,以 2.1 MPa 和 2.4 MPa 充气压力分别充填缓冲支柱时，试后支柱均不能发生油液泄漏的情况。

3.5　符合性文件清单

通常，针对第 25.863 条的符合性文件清单如表 3-2 所示。

表 3-2　建议的符合性文件清单

序　号	符 合 性 报 告	符合性方法
1	全机区域防火设计描述文件	MOC1
2	防火系统计算分析报告	MOC2
3	APU 系统可燃液体防火分析报告	MOC2
4	飞机发动机舱内可燃液体分析报告	MOC2
5	各系统故障树分析	MOC3
6	可燃液体防火安全性分析报告	MOC3
7	液压能源系统安全性评估报告	MOC3
8	起落架控制系统区域安全性分析报告	MOC3
9	防火系统可燃液体防火安全性分析报告	MOC3
10	可燃液体泄漏区排液地面试验报告	MOC5
11	可燃液体泄漏区排液地面试验大纲	MOC5
12	防火系统飞行试验大纲	MOC6
13	可燃液体泄漏区排液飞行试验报告	MOC6
14	设备鉴定大纲	MOC9
15	设备鉴定报告	MOC9

4　符合性判据

第 25.863 条的符合性判据如下：

（1）液体和蒸气点燃的概率已减至最小：

a. 已识别所有可能的可燃液体泄漏源、泄漏途径、泄漏液体可能存在的区域和范围。

b. 飞机所选用的可燃液体具有高的自燃温度。

c. 在可燃液体可能存在泄漏的区域，未选用吸收性的材料，或采取了遮蔽措施，避免液体积聚。

d. 可燃液体的排液路径可确保排除所有泄漏的液体，且排出的液体不会进入飞机的其他区域。

e. 对于飞行安全至关重要的部件均至少是耐火的。

f. 可燃液体管路和潜在点火源之间的隔离已将着火的可能减至最小。

g. 可能接触到可燃液体或蒸气的电子电气部件均按 DO-160 第 9 章鉴定是

防爆安全的。

（2）在飞机的指定火区、货舱等区域出现火情时，能及时向机组告警，并设置有可靠的灭火设计。

参考文献

［1］ 14 CFR 修正案 25 - 23 Transport Category Airplane Type Certification Standards［S］.

［2］ FAA. AC25 - 21 Certification of Transport Airplane Structure［S］. 1999.

［3］ FAA. AC20 - 135 Powerplant Installation and Propulsion System Component Fire Protection Test Methods，Standards，and Criteria［S］. 1990.

［4］ FAA. Aviation Rulemaking Advisory Committee，Transport Airplane and Engine Issue Area，Flight Controls Harmonization Working Group，Task1-Flight Control Systems Report［S］.

运输类飞机适航标准第 25.865 条符合性验证

1 条款介绍

1.1 条款原文

第 25.865 条 飞行操纵系统、发动机架和其它飞行结构的防火

位于指定火区或可能受到火区着火影响的邻近区域内必不可少的飞行操纵系统、发动机架和其它飞行结构,必须用防火材料制造或加以屏蔽,使之能经受住着火影响。

1.2 条款背景

第 25.865 条对飞机操纵系统、发动机架和其他飞行结构的防火等提出了要求。由于着火产生的热量引起飞机功能失效,可能导致飞机的严重安全危害,因此需要增加结构防火保护的要求。

1.3 条款历史

第 25.865 条在 CCAR25 部初版首次发布,截至 CCAR - 25 - R4,该条款未进行过修订,其修订历史如表 1 - 1 所示。

表 1 - 1 第 25.865 条条款历史

第 25.865 条	CCAR25 部版本	相关 14 CFR 修正案	备　注
首次发布	初版	25 - 23	

1985 年 12 月 31 日发布了 CCAR25 部初版,其中包含第 25.865 条,该条款参考了 14 CFR 修正案 25 - 23 中的 §25.865 的内容制定。14 CFR 修正案 25 - 23 的内容为新增 §25.865,对于可能受着火影响而损坏的飞机操纵系统,发动机架和其他飞行结构需要由防火材料组成或被屏蔽。

2 条款解读

2.1 条款要求

本条款要求位于指定火区或其邻近可能受到着火影响区域的飞行操纵系统、

发动机架和其他飞行结构，必须用防火材料制造或加以屏蔽，使之能经受住着火影响。指定火区和邻近火区一般依据不同型号制定相应的文件说明在飞机上的部位。

2.2 相关条款

第25.865条无相关条款。

3 验证过程

3.1 验证对象

第25.865条的验证对象为可能受指定火区着火影响的飞行操纵系统、发动机架和其他飞行结构。

3.2 符合性验证思路

通过系统设计描述说明位于指定火区或可能受到火区着火影响的邻近区域内必不可少的飞行操纵系统、发动机架和其他飞行结构（如滑轮、钢索、防火隔板、支架、设备表面的防火涂料、防火密封条、滑油软管、发动机安装段的蒙皮、长桁和框腹板、防火墙等）所用的材料的防火性能，一般钢或不锈钢、钛合金等材料不进行防火性能试验，需分析评估其耐受指定火区着火影响的能力。

3.3 符合性验证方法

通常，针对第25.865条的符合性验证方法如表3-1所示。

表3-1 第25.865条符合性方法

条款号	专业	符合性方法										备注
		0	1	2	3	4	5	6	7	8	9	
第25.865条	飞控		1									
第25.865条	APU		1									
第25.865条	动力		1									
第25.865条	吊挂		1	2								

3.4 符合性验证说明

针对第25.865条，采用的符合性验证方法包括MOC1和MOC2，各项验证具体工作如下：

1) MOC1验证过程

通过制定飞机火区的顶层要求说明型号中各火区的定义及其相关的防火要求。通过相关系统、结构的系统描述文档说明系统内是否在指定火区和邻近指定火区内布置相关飞行结构部件，并且通过材料性质说明吊挂所用的材料的防火性能满足防火要求相关结构的材料性质。

2）MOC2 验证过程

对于可能受指定火区着火影响的由非防火材料制成的部件，分析其在预期工况下的耐火耐热能力。例如：某发动机安装节采用钛合金材料，但对其在各种火情下着火 5 分钟和 15 分钟时的强度安全裕度分析结果显示，最小值均大于零，进而可知发动机安装节各个分析截面在各种火情下且相应着火时间时的强度安全裕度均大于零，表明发动机安装节可满足条款第 25.865 条规定的防火要求。

3.5　符合性文件清单

通常，针对第 25.865 条的符合性文件清单如表 3 - 2 所示。

表 3 - 2　建议的符合性文件清单

序　号	符 合 性 报 告	符合性方法
1	防火系统设计描述文件	MOC1
2	安装节防火分析报告	MOC2

4　符合性判据

针对第 25.865 条，判定以下条件满足，则符合条款要求：可能受指定火区着火影响的飞行操纵系统、发动机架和其他飞行结构由防火材料组成，或经分析确认其在指定火区着火情况下不会导致危险状态。

参考文献

［1］　14 CFR 修正案 25 - 23 Transport Category Airplane Type Certification Standards［S］.

［2］　FAA. Aviation Rulemaking Advisory Committee，Transport Airplane and Engine Issue Area，Flight Controls Harmonization Working Group，Task1-Flight Control Systems Report［S］.

［3］　FAA. AC25 - 21 Certification of Transport Airplane Structure［S］. 1999.

运输类飞机适航标准第 25.867 条符合性验证

1 条款介绍

1.1 条款原文

第 25.867 条 其它部件的防火

(a) 发动机短舱后面距短舱中心线一个短舱直径范围内的机体表面至少必须是耐火的。

(b) 本条(a)不适用于位于发动机短舱后,而不易受到来自指定火区或任何短舱中发动机舱的热、火焰或火花的影响的尾面。

1.2 条款背景

第 25.865 条要求位于指定火区或可能受到火区着火影响的邻近区域内必不可少的飞行操纵系统、发动机架和其他飞行结构的防火,而第 25.867 条对于指定火区之外的部件的防火的有所要求,所以称作其他部件的防火。

本条款同几个其他的动力装置防火要求都来源于 CAR 的修正案 4b-2。这些要求描述成"主要为涡轮动力装置安装的防火而设计的几种新的措施"。

1.3 条款历史

第 25.867 条在 CCAR25 部初版首次发布,截至 CCAR-25-R4,该条款未修订过,如表 1-1 所示。

表 1-1 第 25.867 条条款历史

第 25.867 条	CCAR25 部版本	相关 14 CFR 修正案	备 注
首次发布	初版	25-23	

1985 年 12 月 31 日发布了 CCAR25 部初版,其中包含第 25.867 条,该条款参考 1970 年 5 月 8 日发布的 14 CFR 修正案 25-23 新增的 §25.867 的内容制定。

2 条款解读

2.1 条款要求

飞机除指定防火区外,尚有一部分没有规定的区域亦要求防火。本条对这些防火区域作了补充。条款要求发动机短舱后距短舱中心线一个短舱直径范围内的机体表面至少必须是耐火的,而对于发动机短舱后不易受到来自指定火区或任何短舱中发动机舱的热、火焰或火花的影响的尾面,可以不做耐火要求。

使用经验已经表明:如果靠近发动机的机体表面不是耐火的,那么邻近发动机的着火可能会对飞机产生危害。例如,燃油箱维护口盖和气动表面可能会被发动机短舱附近的着火损坏。本条的目的是确保邻近发动机的着火不会对飞机产生危害。

参考 FAA AC20 - 135,耐火 (fire resistant)的定义为材料或者部件暴露在 2 000 华氏度火焰温度下,至少 5 分钟内能够维持其功能和完整性的特性。

发动机短舱后面距短舱中心线一个短舱直径范围的横切面如图 2 - 1 所示。

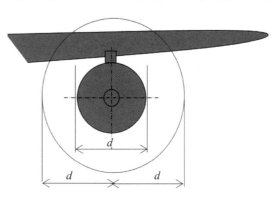

图 2 - 1　距短舱中心线一个短舱直径范围的横切面

2.2 相关条款

与第 25.867 条相关的条款如表 2 - 1 所示。

表 2 - 1　第 25.867 条相关条款

序　号	相关条款	相　关　性
1	第 25.865 条	第 25.865 条对指定火区或可能受火区着火影响的邻近区域的机体提出了要求,除此之外还需对指定火区之外的部件的防火提出要求,即为第 25.867 条要求的内容

3 验证过程

3.1 验证对象

第 25.867 条的验证对象为飞机发动机短舱后距短舱中心线一个短舱直径范围内的机体,包括机身、机翼和襟缝翼系统等。

3.2　符合性验证思路

针对第 25.867 条,采用设计描述和计算的方法说明飞机指定火区以外的其他部件的耐火范围,耐火范围内的机体机构部件以及结构部件的材料组成及其耐火特性。

3.3　符合性验证方法

通常,针对第 25.867 条的符合性验证方法如表 3－1 所示。

表 3－1　建议的符合性方法表

条 款 号	专 业	符 合 性 方 法										备 注
		0	1	2	3	4	5	6	7	8	9	
第 25.867(a)款	结　构		1	2								
第 25.867(b)款	结　构		1	2								

3.4　符合性验证说明

针对第 25.867 条,采用的符合性方法为 MOC1 和 MOC2。

1) MOC1 验证过程

通过安装图纸详细描述与第 25.867 条相关的耐火范围内的机体结构部件,并对对应每一处结构部件的组成进行分析。描述每一处结构部件的材料组成,并对每一处材料进行耐火性能和特性进行分析。

2) MOC2 验证过程

通过计算分析耐火范围内的每一处结构部件的材料组成、结构特征,并对每一处部件材料进行耐火性能和特性分析。

以耐火范围内的机身为例,分析该范围内机身的蒙皮厚度、加强垫板等结构,各部分的材料组成、工艺规范和耐火特性,其中对于钛合金的结构及耐火性要求可参考 FAA AC20－135 中描述钛合金蒙皮和加强垫板的最小厚度为 0.016 in (0.4 mm)。对于铝合金的耐火性能,FAA 及相关通告缺少明确表述,但与 FAR25.867 等同耐火性能要求的 CS25.867 明确认可铝合金的耐火性能。此外,对于复合材料可能还需进行耐火试验以验证其耐火特性。

3.5　符合性文件清单

通常,针对第 25.867 条的符合性文件清单如表 3－2 所示。

表 3－2　建议的符合性文件清单

序 号	符合性文件名称	符合性方法
1	短舱后机体表面耐火符合性说明	MOC1
2	短舱后机体表面材料耐火特性分析计算	MOC2

4　符合性判据

针对第 25.867 条的符合性判据为：定性描述发动机短舱后面距短舱中心线一个短舱直径范围内的结构及其系统部件的组成，定量分析耐火区域范围内的所有结构和系统部件的耐火特性。

参考文献

［1］　FAA. AC20 - 135 Powerplant Installation and Propulsion System Component Fire Protection Test Methods，Standards，and Criteria［S］. 1990.

［2］　FAA. Aviation Rulemaking Advisory Committee，Transport Airplane and Engine Issue Area，Flight Controls Harmonization Working Group，Task1-Flight Control Systems Report［S］.

运输类飞机适航标准 第25.869条符合性验证

1 条款介绍

1.1 条款原文

第25.869条 系统防火

(a)电气系统部件

(1)电气系统的部件必须满足第25.831(c)条和第25.863条中有关的防火和防烟要求;

(2)位于指定火区并在应急程序中使用的设备必须至少是耐火的;

(3)EWIS部件必须符合25.1713条的要求。

(b)在泵出口一侧的可能含有可燃蒸气或液体的每一真空系统导管和接头,如果位于指定火区内,则必须满足第25.1183条的要求。在指定火区内的其它真空系统部件必须至少是耐火的。

(c)氧气设备和管路必须满足下述要求:

(1)不得位于任何指定火区内;

(2)必须加以防护,免受任何指定火区可能产生或逸出的热量的影响;

(3)其安装必须使得所漏出的氧气不致点燃正常工作时存在的和因任何系统失效或故障而聚积的油脂、油液或蒸气。

〔中国民用航空局1995年12月18日第二次修订,2011年11月7日第四次修订〕

1.2 条款背景

本条款制定的主要目的是针对电气系统、空调系统和氧气系统的部件,从选用和安装的角度就有关防火方面的安全性要求进行了相应的规定。

1.3 条款历史

第25.869条在CCAR25部初版首次发布,截至CCAR-25-R4,该条款共修订过2次,如表1-1所示。

1.3.1 首次发布

1985年12月31日发布了CCAR25部初版,其中包含第25.869条,该条款参考 1964 年 12 月 24 日发布的 14 CFR PART 25 中的 § 25.869 的内容制定。

表 1-1　第 25.869 条条款历史

第 25.869 条	CCAR25 部版本	相关 14 CFR 修正案	备　　注
首次发布	初版	—	
第 1 次修订	R2	25-72	
第 2 次修订	R4	25-113,25-123	

1.3.2　第 1 次修订

1995 年 12 月 18 日发布的 CCAR-25-R2 对第 25.869 条进行了第 1 次修订,本次修订参考了 14 CFR 修正案 25-72 的内容,对运输类飞机电气系统部件相关的防火方面的条款要求进行了归纳和整理。本次修订主要是为了使条款阅读更加清楚而作的编排上的修改,将系统所有的防火要求归纳到了新增的 § 25.869 中,其中原来的 § 25.1359 成为新的 § 25.869(a),原来的 § 25.1433(b) 和 § 25.1433(c) 成为新的 § 25.869(b),原来的 § 25.1451 成为新的 § 25.869(c)。

1.3.3　第 2 次修订

2011 年 11 月 7 日发布的 CCAR-25-R4 对第 25.869 条进行了第 2 次修订,本次修订参考了 14 CFR 修正案 25-113 和 2007 年 12 月 10 日生效的 14 CFR 修正案 25-123 的内容。14 CFR 修正案 25-113 对其中的 § 25.869(a)(4) 进行了修订,将原来规定的机上安装的有防火要求的导线和电缆的适用范围,从机身"fuselage"扩大到了飞机"airplane",目的是与 EASA 的相关条款协调一致。

14 CFR 修正案 25-123 再次修订了 § 25.869(a)(2)、(3) 和 (4),将原来这些款项中规定的对机上安装的导线和电缆有关防火方面的具体要求,全部移到新增加的 H 分部的 § 25.1713,本条仅保留了要求 EWIS 部件必须满足 § 25.1713 的相关指引说明。本次修订的目的是配合新增的 H 分部 EWIS 的相关要求。

2　条款解读

2.1　条款要求

第 25.869(a)(2) 项中的"指定火区"是指按照第 25.1181 条要求确定的指定火区,"应急程序"是指按照第 25.1585 条要求定义的应急程序。

第 25.869(a)(3) 项中 EWIS 是指飞机上任何部位的,用于在两个或多个端点之间传输电能(包括数据和信号)的任何导线、布线装置或其组合,包括端接装置。术语"导线"是指用于传输电能、接地或搭接的裸线和绝缘线,包括电缆、同轴电缆、带状电缆、馈电线和数据总线。

第 25.869(a) 款要求电气系统的部件首先必须满足第 25.831(c) 款和第 25.863 条中提出的有关防火和防烟要求,其次要求装在火区内并被用于应急操作的设备必须至少是耐火的,同时要求其相关的电气线路互联系统(EWIS)部件必须满足第25.1713条的要求。对于这些要求,可以解读为:

(1)对于紧靠防火墙外侧区域和发动机吊舱附着结构的电气部件,其材料的构造以及与防火墙之间的安装距离应使得:如果防火墙靠近火的表面被加热到1 100℃(2 012℉)并持续15分钟,那么它们将不会因此而遭受到可能危及飞机的损坏。

(2)电气设备应当被构造和(或)安装成能确保在发生故障时,没有危险量级(具体规定见第25.831条)的有毒或有害物质(如烟雾)会蔓延到驾驶舱或客舱中。

(3)对于可能接触到易燃性蒸气的电气设备,应该设计和安装成能最大限度地减少在正常和故障条件下引发蒸气爆炸的危险。这可通过满足航空无线电技术委员会(RTCA)DO-160/EUROCAE ED-14文件中规定的防爆性标准来实现。

(4)对第25.1713条要求的符合性。第25.869(a)(3)项要求EWIS部件必须满足第25.1713条的要求,第25.1713条包含了本条在14 CFR修正案25-123修订以前含在§25.869(a)(1),§25.869(a)(2)和§25.869(a)(4)中的与EWIS相关的要求。第25.869(a)(3)项中的措辞仅是对第25.1713条的一个指引,以阐明与14CFR PART 25条款相关的EWIS必须满足该条的要求。

对于第25.869(b)款,在泵出口一侧的可能有可燃蒸气或液体的每一真空系统导管和接头,如果位于指定火区内,则必须满足第25.1183条的要求。要求在指定火区内的其他真空系统部件必须至少是耐火的。

对于第25.869(c)款的氧气设备防火,应当设计高压氧气关断阀门以提供有效的缓慢打开和关闭,从而避免可能引发的火灾或爆炸的危险。如果安装机上充氧系统,则应具有相应的设计措施,以防止过度充氧而可能导致的危险的系统内高温,同时,充氧系统还应该提供相应的防污染保护。提供现场充氧设施的位置,其所处的舱位应该可以从飞机的外面进行接近,并且应当充分远离其他的勤务点和设备,以及诸如油脂、燃油蒸气或液压油等易燃材料,以避免着火。应当将氧气系统的部件和管道安装成:与电气和流体系统充分分离,最大限度地减少管路上的接头和急弯,与活动控制器件和其他机构分离,防止油脂或其他润滑剂污染,以及防止振动的影响。若氧气是由化学发生器提供的,则应考虑在正常和误操作时,其安装位置处和其他相邻设备上散热产生的影响。

2.2 相关条款

与第25.869条相关的条款如表2-1所示。

表2-1 第25.869条相关条款

序 号	相关条款	相 关 性
1	第25.1181条	第25.869(a)(2)项中的"指定火区"是指按照第25.1181条要求确定的指定火区

（续表）

序　号	相关条款	相　　关　　性
2	第25.1585条	第25.869(a)(2)项中的"应急程序"是指按照第25.1585条要求定义的应急程序
3	第25.831(c)款	第25.869(a)款要求电气系统的部件首先必须满足第25.831(c)款中提出的有关防火和防烟要求
4	第25.863条	第25.869(a)款要求电气系统的部件首先必须满足第25.863条中提出的有关防火和防烟要求
5	第25.1713条	第25.869(a)(3)项中相关的电气线路互联系统(EWIS)部件必须满足第25.1713条的要求
6	第25.853条	设备装饰系统的驾驶舱装饰和设备用的非金属材料满足第25.853条阻燃要求,客舱装饰和设备用的非金属材料满足第25.853条阻燃和防火焰穿透要求
7	第25.1183条	第25.869(b)款中指出:"如果位于指定火区内,则必须满足第25.1183条的要求。"

3　验证过程

3.1　验证对象

第25.869条的验证对象为飞机的系统防火特性。

3.2　符合性验证思路

针对第25.869(a)款,通过系统设计说明描述相关电气系统部件的防火防烟设计情况,说明指定火区应急系统设备满足耐火的要求,电气互联系统防火特性的设计要求,并对电气系统部件进行设备鉴定试验。

针对第25.869(b)款,通过空调系统设计描述说明系统中泵出口一侧存在可燃蒸气或液体的区域,进入指定火区的真空系统导管和接头,说明其采用防火与耐火材料的情况。

针对第25.869(c)项,通过氧气系统设计描述说明系统所使用材料的防火要求,并通过氧气系统排气功能的飞行试验,验证氧气系统的防火特性。

3.3　符合性验证方法

通常,针对第25.869条的符合性验证方法如表3-1所示。

3.4　符合性验证说明

3.4.1　第25.869(a)款符合性说明

针对第25.869(a)款,采用的符合性方法包括 MOC1、MOC3、MOC7 和 MOC9,各项验证具体工作如下。

表 3-1　第 25.869 条的符合性方法

条 款 号	专 业	符 合 性 方 法										备 注
		0	1	2	3	4	5	6	7	8	9	
第 25.869(a)款	自动飞行		1						7		9	
第 25.869(a)款	电源		1		3				7		9	
第 25.869(a)款	设备装饰		1								9	
第 25.869(a)款	指示记录		1						7		9	
第 25.869(a)款	照明		1						7		9	
第 25.869(a)款	导航		1						7			
第 25.869(a)款	氧气		1						7		9	
第 25.869(a)款	中央维护		1						7		9	
第 25.869(a)(1)项	空调		1								9	
第 25.869(a)(1)项	通信		1									
第 25.869(a)(1)项	防冰		1								9	
第 25.869(a)(1)项	引气		1								9	
第 25.869(a)(1)项	防火		1								9	
第 25.869(a)(1)项	飞控		1									
第 25.869(a)(1)项	液压		1									
第 25.869(a)(1)项	起落架		1									
第 25.869(a)(1)项	动力装置		1									
第 25.869(a)(1)项	电气互联		1									
第 25.869(a)(1)项	标准材料										9	
第 25.869(a)(2)项	液压		1									
第 25.869(a)(2)项	动力装置		1									
第 25.869(a)(2)项	电气互联		1									
第 25.869(a)(2)项	标准材料										9	
第 25.869(a)(3)项	电气互联		1						7			
第 25.869(b)款	电气互联		1								9	
第 25.869(c)款	设备装饰		1		3				7			
第 25.869(c)款	氧气		1		3			6	7			

1) MOC1 验证过程

在各系统设计描述中(各系统包括自动飞行、电源电气、内饰、指示记录、氧气、空调、中央维护、液压、动力装置等)说明所选用的线缆都是自熄的,导线和电缆均要求进行材料的阻燃性设备鉴定。说明各系统中的电气部件在飞机上的安装位置,明确处于指定火区的电气部件,提出针对处于指定火区或其他区域电气部件的防火防烟或耐火要求。

飞机在前附件舱装有内含可燃液体的设备回收泵及其部分管路,驾驶舱前部也有部分管路,内含有液压油。前附件舱和驾驶舱均有通风系统,在其发生泄漏的情况下可进行稀释;在通风系统失效的情况下也应不至于导致机组和客舱的空气含有达到有害或危险浓度的气体或蒸汽。

电源系统整体驱动发电机(IDG)以及 APU 发电机及相关线束组件均不会产生电弧或火花。

在机上内饰系统中,PSU(旅客服务装置)和 EOM(应急氧模块)等的选择满足第 25.853 条的防火防烟要求的非金属材料,说明 PSU 和调节板上的电气元件不在飞机指定火区,并与可燃流体、管路隔离。

指示记录系统的 EICAS、打印机、FDR 和 QAR、集成式备用仪表系统、备用磁罗盘、飞机时钟、EFIS 系统所选用的线缆符合自熄、阻燃特性。

说明各系统安装位置,设备接口短路而引起的电火花发生的概率,大电源线通过电源控制盒、线路控制、安装措施等有效的防范馈电线短路事故。

说明氧气系统(包括空勤氧气系统、旅客氧气系统和便携式氧气设备)的设备和管路没有位于指定火区(包括发动机核心区、发动机风扇区、APU 舱)与邻近指定火区(包括发动机进气道,吊挂、后附件舱,除 APU 舱外),满足防火要求。氧气系统无主电源电缆,各设备安装在通风性良好的区域,并且安装区域内无可燃液体和气体。氧气设备和管路安装位置不在指定火区;安装在燃油、滑油和液压系统上方,与高温导管和散发出热量的设备的距离合理;与飞机上所有电缆距离合理,且电缆有固定卡箍或卡夹支承,氧气瓶组件及氧气管路安装区域通风性好,不会因泄漏导致氧气大量聚集而产生起火和爆炸危险。

说明中央维护系统的主电源电缆、设备安装在电子、电器设备舱中,电气部件主要安装区域在驾驶舱、前附件舱和电子电气设备舱中。

说明电气互联系统(EWIS)的线路设计规范,通过工艺规范 ZPS01834 - 00700 的"导线、电缆和导线束的内弯曲半径"和"电缆松弛度"在安装过程中得到保证。说明其按照第 25.1713 条要求进行设计,线缆敷设采用的相应防护措施。

2) MOC3 验证过程

通过各系统安全性分析,说明各系统的电气部件具备良好的安全性防护措施,针对危险源附件的线束在空间上进行有效的物理隔离。安装空间限制等特殊情况时,在保证系统功能及安全性的前提下,通过增加保护将线束与危险源隔离。

3) MOC7 验证过程

各系统的线缆设计和安装允许变形和拉伸而不会失效,在直线敷设中,两卡箍之间应满足松弛度要求,布线符合最小安装间隔。机上检查确认各系统主电源电缆设置了适当的松弛度,并与可燃液体管路隔离,电缆外层采用波纹管保护。

氧气系统,检查设备和管路安装在燃油、滑油和液压系统上方,并离开它们距离合理,与飞机上所有的电缆距离合理,且电缆要有固定卡箍支承,与高温导管和散发出热量的设备的距离合理,氧气瓶组件及氧气管路安装区域通风性要良好,不会因泄漏导致氧气大量聚集而产生起火和爆炸的危险。各系统布线机上检查确认主电源电缆,设置适当的松弛度,并与可燃液体管路隔离,电缆外层采用波纹管保护。

4) MOC9 验证过程

对各系统进行相关设备按 DO-160 第 9 章的防爆鉴定,验证正常工作情况下不会产生电火花/电弧,同时对设备的阻燃特性进行鉴定,确保其不支持燃烧和火焰传播。

氧气系统的管路部包括毛细管组件、高压充氧管、高压软管组件和低压氧气软管,其外部材料为黄铜或不锈钢,不会支持燃烧和火焰传播,满足阻燃要求。氧气系统的电气设备包括低压开关和温度-压力转换器,低压开关主体结构为铝合金,温度-压力转换器外壳为不锈钢,均不会支持燃烧和火焰传播。

对空调系统座舱内及货舱内的各设备进行相应的鉴定试验或者相似性分析;对可燃液体或蒸汽可能泄漏的区域如后附件舱的设备(含流量控制活门,配平空气压力调节活门,温度控制活门,冲压空气活门,组件进口压力传感器,组件进口温度传感器,组件进口流量传感器,压气机出口温度传感器,组件温度传感器,组件出口压力传感器,组件出口温度传感器等)进行爆炸防护性的鉴定工作。机翼防冰系统相关电子设备需做防火的设备鉴定。防火系统安装在可燃液体泄漏区域内的设备(包括发动机火警探测器、APU 火警探测器、主起舱过热探测器、引气导管渗漏过热探测器、发动机灭火瓶、APU 灭火瓶)通过 DO-160G 第 9 章的防爆鉴定,说明正常工作情况下不会产生电火花。

气源系统部件也进行相应的鉴定试验或者相似性分析。

对供应急程序所用的液压部件进行设备耐火特性鉴定试验。

对供应急程序使用的动力装置系统,部件进行设备耐火特性鉴定。

3.4.2　第 25.869(b)款验证说明

针对第 25.869(b)款,采用的符合性方法包括 MOC1 和 MOC9,各项验证具体工作如下。

1) MOC1 验证过程:

通过空调系统设计描述说明所有泵出口一侧系统导管和接头的设计状态,采用材料情况和系统导管与接头的安装情况,明确处于指定火区的可能有可燃蒸气或液体的每一真空系统导管和接头,说明这些系统导管与接头满足第 25.1183 条的要求,而其他的处于指定火区的空调系统部件设计成具备耐火特性的产品。

2) MOC9 验证过程:

对泵出口一侧真空系统导管和接头进行设备耐火特性鉴定。

3.4.3　第 25.869(c)款验证说明

针对第 25.869(c)款,采用的符合性方法包括 MOC1、MOC3、MOC6 和 MOC7,各项验证具体工作如下。

1）MOC1 验证过程

通过设计描述文件说明内部装饰系统中的 PSU（旅客服务组件）和 EOM 选择的材料，电气元件所在的位置是否为指定火区，及其与可燃液体、管路隔离的情况。

通过设计描述文件说明氧气系统（包括空勤氧气系统、旅客氧气系统和便携式氧气设备）的设备和管路位于指定火区的情况，说明氧气系统设计必须满足的防火要求。

2）MOC3 验证过程

针对火灾特殊风险进行特殊风险分析，说明内部装饰系统的驾驶舱装饰和设备用的非金属材料满足第 25.853 条阻燃要求，客舱装饰和设备用的非金属材料满足第 25.853 条阻燃和防火焰穿透要求。

说明氧气系统安装区域内的危险源对氧气系统没有威胁。另外，在前货舱和电子电气设备舱，氧气系统设备附近都安装有电缆，氧气系统在设计时做相应的防止泄漏和减小泄漏影响的措施，氧气系统设备和电缆安装满足 SAE AIR825/12。通过对飞机各区域进行的相容性检查，氧气系统设备的安装符合安全性设计要求，位于同一区域内其他系统与氧气系统之间的相互影响程度不危及飞机的继续安全飞行，满足飞机各区域内各系统之间的相容性和完整性。氧气系统所有设备和管路不位于任何指定火区内，穿越电子设备舱的氧气低压导管外表面增加阻燃的热压缩管起防护作用，系统安装所漏出的氧气可以通过通风设施排出机外不致点燃正常工作时存在的和因任何系统失效或故障而聚积的油脂、油液或蒸汽。

3）MOC6 验证过程

进行氧气舱排气功能试飞，飞行过程中，排气功能正常，不致点燃正常工作时存在的和因任何系统失效或故障而聚积的油脂、油液或蒸汽。

4）MOC7 验证过程

通过机上检查，确认内部装饰系统中 PSU 化学氧发生器未安装在第 25.1181 条指定的火区，PSU 化学氧发生器有压力释放活门，金属输氧管路无急弯形管路，周围没有聚集可燃的油脂、油液或蒸汽。

通过机上检查，确认氧气设备和管路安装位置没有位于指定火区，其位于燃油、滑油和液压系统的上方，离开它们至少 150 毫米，与飞机上所有的电缆距离不小于 13 毫米，且电缆有固定卡箍或卡夹支承，与高温导管和散发出热量的设备的距离不小于 150 毫米，检查氧气瓶组件及氧气管路安装区域通风性好，不会因泄漏导致氧气大量聚集而产生起火和爆炸的危险，空勤氧气瓶隔舱能够隔离空勤氧气瓶和周围电缆。

3.5　符合性文件清单

通常，针对第 25.869 条的符合性文件清单如表 3-2 所示。

表 3-2　建议的符合性文件清单

序　号	符合性文件名称	符合性方法
1	各系统设计描述文件	MOC1
2	各系统功能危害性评估(FHA)	MOC3
3	各系统安全性分析报告	MOC3
4	氧气舱排气功能试飞大纲	MOC6
5	氧气舱排气功能试飞报告	MOC6
6	各系统机上检查大纲	MOC7
7	各系统机上检查报告	MOC7
8	各系统设备鉴定大纲	MOC9
9	各系统设备鉴定报告	MOC9

4　符合性判据

针对第 25.869(a)(1)项,空调、防冰、通信、防火、飞控、液压、起落架、动力装置系统符合防火防烟的要求,空调、机翼防冰、防火、气源系统通过设备鉴定试验。

针对第 25.869(a)(2)项,指定火区液压、动力装置、电气互联系统设备满足耐火要求,相应设备通过设备鉴定试验。

针对第 25.869(a)(3)项,电气互联系统具备防火特性,电气互联系统的防火特性通过机上检查。

针对第 25.869(a)(4)项,线缆阻燃特性通过设备鉴定。

针对第 25.869(b)款,泵出口系统部件的耐火特性通过设备鉴定。

针对第 25.869(c)款,内饰系统和氧气系统材料满足防火要求,满足安全性的要求。氧气系统在飞行过程中满足排气功能要求,氧气系统的防火特性通过机上检查。

参考文献

[1] 14 CFR 修正案 25 - 72 Special Review: Transport Category Airplane Airworthiness Standards [S].

[2] 14 CFR 修正案 25 - 113 Electrical Equipment and Installations, Storage Battery Installation; Electronic Equipment; and Fire Protection of Electrical System Components on Transport Category Airplanes [S].

[3] 14 CFR 修正案 25 - 123 Enhanced Airworthiness Program for Airplane Systems/Fuel Tank Safety [S].

运输类飞机适航标准
第 25.871 条符合性验证

1 条款介绍

1.1 条款原文

第 25.871 条 定飞机水平的设施

必须有确定飞机在地面处于水平位置的设施。

1.2 条款背景

飞机在生产、试验、运行过程中都会遇到需要确定飞机在地面上处于水平状态的情况,在地面上调整飞机至处于水平状态称为飞机调水平,第 25.871 条即是对飞机调水平应该具备的设施的要求。

1.3 条款历史

第 25.871 条在 CCAR25 部初版首次发布,截至 CCAR - 25 - R4,该条款未进行过修订,如表 1 - 1 所示。

表 1 - 1 第 25.871 条条款历史

第 25.871 条	CCAR25 部版本	相关 14 CFR 修正案	备 注
首次发布	初版	25 - 23	

第 25.871 条在 1985 年 12 月 31 日发布的 CCAR25 部初版首次提出,该条款参考 14 CFR 修正案 25 - 23 中的 §25.871 制定,该修正案将“定水平标记”改为“定飞机水平的设施”,扩宽了飞机定水平可选用的方法。

2 条款解读

2.1 条款要求

第 25.871 条要求,为便于确定飞机在地面上处于水平状态,需提供用于使飞机处于水平状态的设施。

有以下几种情况需确认飞机处于水平状态:

（1）飞机生产过程中，在总装结束后需进行全机水平测量，以检验飞机装配的公差是否满足设计要求；飞机使用过程中，若经历了严重的飞行机动和硬着陆等非正常使用，或者更换大部件等情况，需要对飞机进行水平测量，以检测飞机是否有潜在的结构破坏性变形，或检查确认更换部件的装配准确度。在进行水平测量前需对飞机进行调水平。

（2）飞机运行或试飞过程中，在进行称重、起落架收放试验及一般性维修等工作前，需要调整飞机使飞机在地面上达到水平姿态，即飞机调水平。

确定飞机处于水平位置的设施通常有调平测量点（定水平标记）和铅垂、水泡式倾斜仪等。14 CFR 修正案 25 - 23 将 § 25.871 从定飞机水平的"标记"改为定飞机水平的"设施"，放宽了限制范围，认为没有必要限制必须使用定水平"标记"，任何能够确定飞机在地面处于水平位置的可靠的"设施"都可接受。铅垂和水泡等设施用于称重、起落架收放试验及一般性维修工作时的调平精度是足够的，而进行全机水平测量时则需要通过调平基准点来进行精确调平，这时铅垂和水泡等设施通常会作为精确调平之前的粗调来使用。

2.2 相关条款

第 25.871 条无相关条款。

3 验证过程

3.1 验证对象

第 25.871 条的验证对象为飞机上用于定飞机水平的设施，通常包括在飞机机体结构上标识的调平基准点以及安装在飞机上的铅垂、水泡和倾斜仪等。

3.2 符合性验证思路

通过设计描述和机上检查两种途径表明符合性。通过设计描述介绍飞机定水平设施的设计构型、调平原理和操作方法等，在机上检查时现场演示通过定水平设施对飞机进行调平的过程。

水泡式倾斜仪是无 TSO 标准的设备，通常为货架产品，需要随机取证，与其他定水平设施机上检查一起验证。

3.3 符合性验证方法

通常，针对第 25.871 条的符合性验证方法如表 3 - 1 所示。

表 3 - 1　建议的符合性方法表

条　款　号	专　业	符合性方法										备　注
		0	1	2	3	4	5	6	7	8	9	
第 25.871 条	外　形		1						7			

3.4 符合性验证说明

针对第 25.871 条,采用的符合性验证方法包括 MOC1 和 MOC7。各项验证工作内容如下:

1) MOC1 验证过程

通过设计方案说明定飞机水平设施的设计构型、调平原理和操作方法。针对调平基准点,包括设计原则、在机身上的位置选取、标识方式和调平判据等;针对铅垂和水泡式倾斜仪,包括设计原则、配置组合、在机上的布置区域、设计特征、安装要求及基本操作方法等。

2) MOC7 验证过程

根据飞机实际安装的定飞机水平的设施,编制机上检查大纲,按大纲规定的操作程序进行检查。对水平测量基准点、顶起支承点等在飞机上的标识,以及铅垂、水泡、倾斜仪等快速调平装置的安装等进行检查,确认是否合理、可用。通过调平基准点和快速调平装置等设施分别以及组合对飞机进行调水平,考察能否实现预定的调水平功能,精度是否满足设计要求。

3.5 符合性文件清单

通常,针对第 25.871 条的符合性文件清单如表 3-2 所示。

表 3-2 建议的符合性文件清单

序 号	符 合 性 报 告	符合性方法
1	飞机定水平/调平装置设计报告	MOC1
2	飞机定飞机水平设施的机上检查大纲	MOC7
3	飞机定飞机水平设施的机上检查报告	MOC7

4 符合性判据

确认调平基准点以及铅垂、水泡、倾斜仪等定飞机水平设施功能正常,能够按预定程序完成飞机调水平,调水平的精度符合设计要求。

参考文献

[1] 14 CFR 修正案 25-23 Transport Category Airplane Type Certification Standards [S].

[2] FAA. AC25-21 Certification of Transport Airplane Structure [S]. 1999.

[3] Notice of Proposed Rulemaking. Notice No. 68-18 [S]. 1968.

运输类飞机适航标准
第25.899条符合性验证

1 条款介绍

1.1 条款原文

第25.899条 电搭接和防静电保护

(a) 电搭接和防静电保护的设计,必须使得造成如下危害的静电积聚最小:

(1) 人员电击受伤

(2) 点燃可燃蒸气,或

(3) 干扰安装的电子电气设备

(b) 通过如下方法,以证明符合本条(a)段的要求:

(1) 将部件对机身可靠搭接,或

(2) 采取其他可接受的方法消除静电,使其不再危及飞机、人员或其他安装的电子电气系统的正常运行。

〔中国民用航空局2011年11月7日第四次修订〕

1.2 条款背景

已有的第25.581条、第25.954条和第25.1316条包含了保护飞机及其系统免受闪电影响的要求,但是这些要求没有明确可能由于静电积聚导致的危害。静电可对人产生电击危害,点燃燃油蒸气和引起飞机系统的电磁干扰等,故制定第25.899条明确电搭接和防静电保护要求。

1.3 条款历史

第25.899条在CCAR-25-R4版首次发布,其条款历史如表1-1所示。

表1-1 第25.899条条款历史

第25.899条	CCAR25部版本	相关14 CFR修正案	备 注
首次发布	R4	25-123	

2011年11月7日发布的CCAR-25-R4新增了第25.899条,新增的第

25.899 条参考 14 CFR 修正案 25-123 提出电搭接和防静电保护的设计要求：即必须使得造成人员电击受伤、点燃可燃蒸气或干扰电子电气设备的静电积聚最小，可以通过将部件对机身可靠搭接或采取其他可接受的办法消除静电。

2　条款解读

2.1　条款要求

静电积聚：飞机飞行时撞击到飞机表面的尘埃、冰晶、雨、砂石、烟、冰雹或其他微粒产生了静电电荷或摩擦电荷，与这些微粒接触，在飞机外表面的撞击点上转移电荷会引起静电电荷积累。经验表明，对于固定翼飞机，浓厚的卷云及严重的前向雪天将会在飞机表面产生最大量的摩擦电荷。

电搭接：在导电的结构件、设备、附件之间形成一条可靠的低阻抗电连接通路的机械连接方法。其目的是在满足规定的功能和环境条件下为电气能量在飞机结构、部件和设备间传导提供导电通路。

静电积聚到一定程度将导致电荷在飞机尖端部位的表面发生放电现象，可能导致电击、点燃可燃蒸汽或干扰安装的电子电气设备（如无线电通信和导航设备）。静电放电一般有三种形式：电晕放电、电弧放电和流光放电。电晕放电是静电放电的主要形式，一般发生在飞机尾端（如翼尖、天线尖端和其他的突出物）且周围有电离空气存在的场合。电晕放电产生的干扰可以耦合到天线的接收机中去，特别会对以低频、中频段调制的接收机产生严重的干扰。电弧放电的发生源于飞机不同组件之间的电势差，如云层中的冰晶颗粒在塑胶表面的沉积可导致飞机的导体结构与绝缘体的间隙间产生跳火花。流光放电是指不导电的飞机部件，如雷达罩、挡风玻璃和纤维玻璃板之间的放电。三种放电形式引起的频谱范围如图 2-1 所示，这些静电放电对高频及甚高频通信将产生干扰，使甚高频导航和仪表着陆系统产生指示误差。

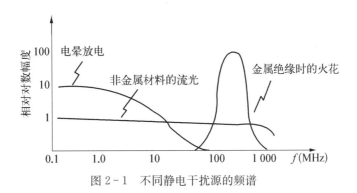

图 2-1　不同静电干扰源的频谱

鉴于以上静电积聚的危害，第 25.899 条对电搭接和防静电保护的设计要求作了规定。第 25.899(a) 款提出了电搭接和防静电保护的设计要求，即通过电搭接和防静电保护的设计来主动泄放静电以使静电积聚最小。针对上述不同的静电放电形式，可采用对应的保护方法：对于电晕放电，可通过在飞机典型电晕电荷释放位置处布置静电放电器来实现，静电放电器的电晕阈值比飞机结构要低，放电器释放的电晕电流从飞机较低的电位开始且大大少于自然条件从飞机上发生的电晕电流；对于电弧放电，通过将暴露在所有的气流冲击下的导电部件搭接到飞机主结构来实现，当搭接电阻小于 100 kΩ 时即可避免电弧放电；对于流光放电，通过在介电外表面喷涂导电漆或在很薄的喷漆表面下喷导电层来实现，导电层必须合适地搭接到结构以提供导电通路，避免电压积累产生流光放电。

第 25.899(b) 款给出了对电搭接和防静电保护设计的验证方法，前文所述的电搭接和放静电保护方法一般需要通过计算分析和机上检查来验证其防护效果，如通过计算和分析来确定静电放电器的安装位置和数量，测量搭接电阻是否小于 100 kΩ，检查导电漆和导电层的喷涂情况以及导电层是否适当地搭接到飞机主结构上。

2.2　相关条款

与第 25.899 条相关的条款如表 2-1 所示。

表 2-1　第 25.899 条相关条款

序　号	相关条款	相　关　性
1	第 25.581 条	第 25.581(b)(1) 项提出金属组件搭接至机体上的方式来防止闪电引起灾难性后果，而第 25.899(b)(1) 项提出了采用电搭接方式来防止静电危害
2	第 25.954 条	第 25.954 条提出要防止雷击点燃燃油蒸气，而第 25.899(a)(2) 项提出了静电积聚引燃可燃蒸气的可能性要设计成最小
3	第 25.1316 条	第 25.1316 条提出电气和电子系统免受闪电间接效应干扰的要求，而第 25.899(a)(3) 项提出了静电积聚干扰电子电气设备的可能性要设计成最小
4	第 25.1715 条	第 25.1715(a) 款要求用于电气接地和防静电保护的 EWIS 部件必须符合第 25.899 条的要求

3　验证过程

3.1　验证对象

第 25.899 条的验证对象为导电的结构件、电子电气设备和静电放电器等。

3.2　符合性验证思路

针对第 25.899(a) 款，通过顶层文件（如《电搭接规范》和《防静电保护规范》）给出电搭接和防静电设计的依据和方法，各系统按照上述顶层文件进行电搭接和防静电设计。各系统需按照 DO-160 第 25 节《静电放电》的试验方法、程序进行设备级（MOC9）的静电放电鉴定试验。

　　针对第 25.899(b) 款，需进行全机电搭接和静电防护机上检查（MOC7），确认静电放电器的安装数量和位置，测量电搭接阻抗，检查导电漆和导电层的喷涂情况，最后检测静电放电噪声。

3.3　符合性验证方法

　　通常，针对第 25.899 条的符合性验证方法如表 3-1 所示。

表 3-1　建议的符合性方法

条　款　号	专　业	符 合 性 方 法										备　注
		0	1	2	3	4	5	6	7	8	9	
第 25.899(a) 款	沉积静电/静电泄放		1	2								
第 25.899(a) 款	空气调节		1									
第 25.899(a) 款	自动飞行		1									
第 25.899(a) 款	通信		1									
第 25.899(a) 款	电源		1									
第 25.899(a) 款	防火		1									
第 25.899(a) 款	飞行控制		1									
第 25.899(a) 款	燃油		1									
第 25.899(a) 款	液压能源		1									
第 25.899(a) 款	防冰除雨		1									
第 25.899(a) 款	指示记录		1									
第 25.899(a) 款	起落架		1									
第 25.899(a) 款	照明		1									
第 25.899(a) 款	导航		1									
第 25.899(a) 款	氧气		1									
第 25.899(a) 款	气源		1									
第 25.899(a) 款	水/废水		1									
第 25.899(a) 款	核心处理		1									
第 25.899(a) 款	客舱		1									
第 25.899(a) 款	中央维护		1									
第 25.899(a) 款	信息		1									
第 25.899(a) 款	辅助动力装置		1									
第 25.899(a) 款	动力装置		1									

(续表)

条 款 号	专 业	符 合 性 方 法										备 注
		0	1	2	3	4	5	6	7	8	9	
第25.899(b)款	沉积静电/静电泄放								7		9	
第25.899(b)款	空气调节										9	
第25.899(b)款	自动飞行										9	
第25.899(b)款	通信										9	
第25.899(b)款	电源										9	
第25.899(b)款	防火										9	
第25.899(b)款	飞行控制										9	
第25.899(b)款	燃油										9	
第25.899(b)款	液压能源										9	
第25.899(b)款	防冰除雨										9	
第25.899(b)款	指示记录										9	
第25.899(b)款	起落架										9	
第25.899(b)款	照明										9	
第25.899(b)款	导航										9	
第25.899(b)款	氧气										9	
第25.899(b)款	气源										9	
第25.899(b)款	水/废水										9	
第25.899(b)款	核心处理										9	
第25.899(b)款	客舱										9	
第25.899(b)款	中央维护										9	
第25.899(b)款	信息										9	
第25.899(b)款	辅助动力装置										9	
第25.899(b)款	动力装置										9	

3.4 符合性验证说明

3.4.1 第25.899(a)款符合性验证说明

针对第25.899(a)款,采用的符合性验证方法包括MOC1和MOC2,各项验证具体工作如下。

1) MOC1验证过程

电磁环境效应(electromagnetic environment effect, E3)专业通过《电搭接和防静电保护规范》等顶层文件给出电搭接和防静电保护的设计目标和方法,具体设计方法概述如下。

　　飞机外表面的尖端及边缘容易产生电晕放电,可通过布置静电放电器来及时平稳地泄放静电,具体布置位置和数量可通过计算分析(见下文"MOC2 验证过程")确定。

　　导体或部件的静电积聚有可能会和邻近的导体之间产生电弧放电,可通过将导体或部件搭接到邻近的飞机结构进行防护。电搭接可以用面搭接、搭接条、搭接件和导体紧固件实现。防静电电弧的电搭接阻值应该小于 100 千欧。所有传输燃油或其他液体、气体的金属导管和软管均应彼此搭接构成低阻抗的电气通路,并用机械方法牢固地搭接到飞机结构,搭接电阻不大于 10 兆欧。

　　对于非导电的部件,为避免流光放电,可采用嵌入导电金属线或喷涂导电涂层并在涂层上喷涂油漆的方式实现。对于导电涂层的处理方式,应有小于 300 千欧/平方米的阻抗。导电涂层还应与临近的金属部件或飞机结构进行电搭接。

　　表 3-1 中的各系统应按照上述顶层文件进行电搭接和防静电设计并反映在相应的设计图纸中。

　　2) MOC2 验证过程

　　通过《静电放电器计算分析报告》来确定其安装的位置并计算静电放电器数量。静电容易集中在曲率半径小的尖端,如飞机的机翼、水平尾翼、垂直尾翼翼尖及后缘,这些均是电荷分布密度最大、电场最强的区域,因此这些区域的空气首先被电离,即发生电晕放电。在这些位置上安装静电放电器,在达到电离之前就泄放掉电荷是最合理的,静电放电器的典型安装如图 3-1 所示。同时,翼尖区域往往是飞行中气动力形成涡流且局部压力低的区域,可以导致放电电流较大。

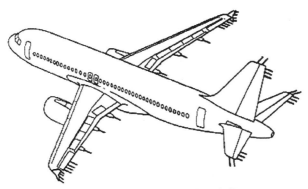

图 3-1　静电放电器的典型安装

　　静电放电器彼此间的距离应大于 300 mm,从外端起第 1 至第 2 个放电器之间应相距 300 mm,从第 2 个起均应相距 600 mm,以避免发生相互屏蔽。静电放电器数量由飞机总的静电放电电流和静电放电器额定电流决定,某型窄体民用运输类飞机的静电放电器配置数为 39 个。

　　3.4.2　第 25.899(b)款符合性验证说明

　　针对第 25.899(b)款,采用的符合性验证方法包括 MOC7 和 MOC9,各项验证具体工作如下：

1）MOC7 验证过程

进行电搭接和静电防护机上检查内容如下。

每个装机部件在装配结束后，都需要对其电搭接电阻值进行测量并记录，机上检查时可检查这些电阻测量值的记录，确认没有超过设计电搭接电阻值。

目视检查并确认导电涂层及油漆的喷涂状态及喷涂记录，确保涂层及油漆的厚度能够有效释放静电电荷，一般油漆厚度应不大于 100 微米。

检测静电放电噪声：可参照 SAE ARP 5672《飞机 P-静电审定》给出的方法实施，即在向飞机表面任何位置处施加电荷（使用高电压试验装置来积聚电荷或强加的空气将充电颗粒沉积到飞机任何表面）时，监视所有的可能受静电噪声影响的系统（如通信系统接收机），确认飞机表面不存在对装机系统产生静电噪声的区域。通常越是接近无线电天线安装位置的飞机表面越容易产生较高的无线电噪声，无线电接收机对静电干扰的敏感度顺序为：自动定向仪、高频通信、甚高频通信、甚高频全向信标/航向信标、下滑信标接收机和其他敏感系统。例如，不具备阻抗接地通路的高频通信探针天线在高频通信系统中就容易产生噪声。

2）MOC9 验证过程

对于在正常操作和/或飞机维护过程中容易接近的电子电气设备，应按照 DO-160 第 25 节《静电放电》的试验方法、程序进行设备级的静电放电鉴定试验（MOC9），确认设备在经受由空气释放的静电脉冲作用后，设备仍能执行其预期功能而不出现性能永久退化的能力，以验证对第 25.899(b) 款的符合性。

3.5 符合性文件清单

通常，针对第 25.899 条的符合性文件清单如表 3-2 所示。

表 3-2 建议的符合性文件清单

序　号	符　合　性　报　告	符合性方法
1	电搭接和防静电保护设计规范	MOC1
2	静电放电器计算分析报告	MOC2
3	全机电搭接和静电防护机上检查大纲	MOC7
4	全机电搭接和静电防护机上检查报告	MOC7
5	某设备鉴定试验大纲	MOC9
6	某设备鉴定试验报告（或 TSOA）	MOC9

4 符合性判据

针对第 25.899(a) 款，当各系统按照《电搭接规范》和《防静电保护规范》等顶层文件给出电搭接和防静电的方法进行了电搭接和防静电保护的设计，可最大限度地减少静电荷的积累,可确认满足该款要求。

针对第 25.899(b)款,当电搭接和防静电保护的设计在机上实施后,可通过机上检查确认电搭接和防静电保护设计能有效消除静电,可确认满足该款要求。

参考文献

[1] 14 CFR 修正案 25 - 123 Enhanced Airworthiness Program for Airplane Systems/Fuel Tank Safety [S].

[2] FAA. AC25.899 - 1, Electrical Bonding And Protection Against Static Electricity [S]. 2005.

[3] FAA. AC25.1701 - 1 Certification of Electrical Wiring Interconnection Systems on Transport Category Airplanes [S]. 2007.